Holger Tauer

**Stereo 3D**
Grundlagen, Technik und Bildgestaltung

Holger Tauer

# Stereo 3D
## Grundlagen, Technik und Bildgestaltung

**SCHIELE & SCHÖN**

ISBN: 978-3-7949-0791-5

© Fachverlag Schiele und Schön 2010
1. Auflage

Für die in diesem Buch enthaltenen Angaben wird keine Gewähr hinsichtlich der Freiheit von gewerblichen Schutzrechten (Patente, Gebrauchsmuster, Warenzeichen) übernommen. Auch in diesem Buch wiedergegebene Gebrauchsnamen, Handelsnamen und Warenbezeichnungen dürfen nicht als frei zur allgemeinen Benutzung im Sinne der Warenzeichen- und Markenschutzgesetzgebung betrachtet werden.
Die Verletzung dieser Rechte im Rahmen der geltenden Gesetze ist strafbar und verpflichtet zu Schadenersatz.

© 2010 Fachverlag Schiele & Schön GmbH, Markgrafenstr. 11, 10969 Berlin.
Alle Rechte, insbesondere das der Übersetzung in fremde Sprachen, vorbehalten. Ohne ausdrückliche Genehmigung des Verlages ist es auch nicht gestattet, dieses Buch oder Teile daraus in irgendeiner Form zu vervielfältigen. Printed in Germany.

**Gestaltung** Anne-Kristin Rudorf
**Grafiken** Joshua Röbisch
**Satz** Fachverlag Schiele & Schön GmbH, Berlin
**Produktion** NEUNPLUS1 Verlag+Service GmbH

„Wir verfügen nicht ohne Grund über die Fähigkeit in Stereo-3D zu sehen. Sie machte uns zu besseren Jägern, ließ uns Raubtiere früher erkennen und vor ihnen entkommen. Wieso sollten wir dieses Erbe aus Jäger- und Sammlerzeiten nicht auch heute bei der Arbeit, in der Freizeit und Unterhaltung einsetzen, kurzum überall da, wo wir die Welt visuell erleben?"

James Cameron, Regisseur

# Vorwort

Lange Zeit galt die Aufnahme und Wiedergabe räumlicher Bilder als etwas Außergewöhnliches und Besonderes. Inzwischen hat die Stereoskopie ihre Außenseiterstellung, und damit auch einen Teil ihrer Exotik abgelegt. Was sich hinter dem Begriff Stereo-3D verbirgt, gehört heute zum Allgemeinwissen. Populär wurde das Thema besonders durch die Digitalisierung der Kinos und der damit einhergehenden Produktion hochqualitativer 3D-Filme. Stereo-3D ist aber nicht nur in Kinos oder Computerspielen weit verbreitet, sondern auch in der Industrie und Wissenschaft. So können beispielsweise Biologen und Chemiker komplexe Molekularstrukturen stereoskopisch betrachten und dadurch komplizierte Vorgänge besser verstehen. Chirurgen arbeiten bei Operationen mithilfe der medizinischen Robotik und Stereo-3D-Displays viel präziser und auch die Steuerung von Roboterarmen in der Industrie hat sich auf diese Weise vereinfacht. Beim Ausrichten und Platzieren von Objekten muss der Benutzer nicht erst im „Trial and Error"-Verfahren lernen, die fehlende Tiefeninformation zu kompensieren. Stereoskopische Daten werden sogar zu Vermessungszwecken der Erdoberfläche herangezogen. Mithilfe von geoseismischen Daten können Geologen dreidimensional unter die Erdoberfläche schauen und potentielle Rohstoffvorkommen ausmachen. Ein besonders wichtiger Anwendungsbereich von Stereo-3D ist die Ausbildung von Spezialisten. Schwierige Situationen lassen sich mit Fahr-, Flug- oder Schiffssimulatoren gefahrlos darstellen und Schäden an Mensch oder Material effektiv vermeiden. Die zusätzlich damit verbundene Ersparnis von Zeit, Material und Geld gibt es auch in anderen Bereichen. So werden beispielsweise in Designstudien computergenerierte Stereo-3D-Modelle statt teurer Prototypen erstellt. Der größte Anwendungsbereich von Stereo-3D ist aber die Freizeit- und Spielebranche mit Edutainment, 3D-Games, 3DTV und dem 3D-Kino. Mit diesem Bereich befasst sich das vorliegende Buch.

Vor ihrem ersten Besuch in einem 3D-Kino haben viele Menschen hohe Erwartungen. Sie suchen den sprichwörtlichen „3D-Effekt", also die ständig aus der Leinwand ragenden Objekte und nicht wenige glauben sogar, die Räumlichkeit wäre überall um sie herum darstellbar, ähnlich wie auf dem Holo-Deck der „Enterprise". Stereo-3D ist aber keine Zauberkunst, sondern basiert auf Gesetzen der Physik und der Mathematik. Es entspricht auch nicht wirklich der Art, wie wir die Welt natürlich sehen. Stereo-3D ist eine Technik, die das räumliche Sehvermögen nutzt, um den Raumeindruck bei Bildern effekthaft zu verstärken. Somit lässt sich die Stereoskopie eher als ein weiteres Verfahren zur Aufnahme und Wiedergabe von Bildern begreifen, als ein neues Gestaltungsmittel, oder als zusätzliches Werkzeug der Bildgestaltung.

So wird deutlich, dass herkömmliche Filme durch Stereo-3D nicht abgelöst, sondern ergänzt werden. Auch hier gilt: Die Möglichkeiten erzeugen den Bedarf. Vom großen Interesse an der Neuheit „3D" ist der gesamte Film- und Fernsehbereich betroffen, egal ob Gerätehersteller, Verleiher, Kinos, Produzenten oder kreatives Personal wie Drehbuchautoren, Regisseure, Kameraleute, Cutter oder VFX-Artists.

Dabei ist Stereo-3D nicht wirklich neu. Schon vor über 150 Jahren erkannte der Engländer Charles Wheatstone das zugrundeliegende Prinzip. Er gilt als Vater der Stereoskopie. Diese entwickelte sich seitdem in einer kurvenartigen Bewegung mit einzelnen Höhepunkten wie dem 3D-Fotoboom im 19. Jahrhundert oder dem kurzzeitigen 3D-Kinoboom der 1950er Jahre. Die Zeit war aber noch nicht reif für einen endgültigen Durchbruch. Erst im Zuge der Digitalisierung um die Jahrtausendwende wurde es möglich, Stereo-3D in einer Qualität zu erzeugen, die auch bei langen Filmen nicht zur Visuellen Überforderung beim Publikum führt. Die Entwicklung ging dabei Hand in Hand mit Animationsfilmen, ebenfalls ein Produkt der Digitalisierung. Sie erlauben eine präzise und jederzeit veränderbare Steuerung der Stereo-3D-Parameter. Inzwischen gibt es auch viele real gedrehte Filme hoher Qualität in Stereo-3D. Mit neu entwickelter Aufnahmetechnik und digitaler Postproduktion ist es heute möglich, jedes denkbare Projekt auch tatsächlich stereoskopisch umzusetzen.

Das vorliegende Buch gibt eine umfassende Übersicht zu allen Aspekten von Stereo-3D. Es beschäftigt sich sowohl mit der Technik als auch mit der Gestaltung für stereoskopische Bildaufnahmen, deren Bearbeitung und Wiedergabe. Dabei wird der gesamte Bereich von einfachen Methoden bis hin zu professionellen Werkzeugen für Film, Fernsehen, Video und Fotografie abgedeckt. Das Buch wendet sich also einerseits an Leser, die sich einen ersten Überblick über das Thema Stereoskopie verschaffen wollen, gleichzeitig ist es aber auch für eine intensivere Auseinandersetzung mit Stereo-3D geeignet. Ein Grundverständnis der Praxis von Fotografie, Film und Fernsehen wird dabei vorausgesetzt.

Ausgestattet mit dem Grundlagenwissen aus diesem Buch empfiehlt es sich, die praktische Erfahrung zu vertiefen. Beim künftigen Besuch eines 3D-Kinos wird jeder Leser auf Dinge achten, die er vorher nicht bemerkte. In allen 3D-Filmen lassen sich Besonderheiten finden, seien es zu große oder sehr geringe Disparitäten, Geisterbilder, Rahmenverletzungen, Schwebefenster, Pseudo-3D und vieles mehr. Wer sich weiter und intensiver mit Stereo-3D beschäftigt, will irgendwann auch alles selber ausprobieren. Jedes Projekt, jeder Film ist auf seine Weise einzigartig und bietet zahlreiche neue Erkenntnisse. Abseits von Mathematik und Theorie ist Stereo-3D vor allem ein Gebiet von Intuition und Erfahrung. Ein Buch wie dieses kann Ratgeber, Nachschlagewerk und Begleiter sein. Die praktische Arbeit, das selbst erzeugte und erlebte Stereo-3D sind aber wichtiger als jede Theorie.

▶ Räumliches Sehen ist eine fundamentale Fähigkeit, die uns eine bessere Orientierung in der Umwelt ermöglicht. Durch die stereoskopische Tiefenwahrnehmung können Dinge im Nahbereich mit sehr großer Genauigkeit lokalisiert werden. Erst dadurch sind wir zu höchster handwerklicher Präzision in der Lage.

**Stereosehen**

Es gibt einige simple Methoden, die Bedeutung des stereoskopischen Sehens praktisch zu erfahren. Eine davon ist der Bleistiftversuch. Dabei geht es darum, zwei Stifte mit ihren Spitzen zusammenzuführen während nur ein Auge geöffnet ist. Anschließend wird der Versuch wiederholt, dann aber mit beiden Augen. Der Unterschied wird schnell offensichtlich. Mit zwei Augen ist der Mensch in der Lage, schnell und präzise zu hantieren. Alle Tätigkeiten im Nahbereich lassen sich dadurch wesentlich genauer ausführen.

**Auf einen Blick**

Stereo-3D basiert darauf, dass der Mensch zwei leicht versetzte Augen hat. Die Welt wird dementsprechend aus zwei unterschiedlichen Perspektiven gesehen. Analog dazu ist auch bei Stereo-3D alles doppelt vorhanden. Bei der Aufnahme gibt es zwei Kameras beziehungsweise zwei Bildsensoren, während der Übertragung und Verarbeitung werden linkes und rechtes Teilbild unterschieden und bei der Wiedergabe müssen schließlich zwei Bilder getrennt zum jeweiligen Auge gelangen. In der Praxis gibt es auch Stereo-3D-Systeme, bei denen scheinbar nicht alles doppelt vorkommt, statt zwei Kameras also nur eine verwendet wird oder statt zwei Projektoren nur einer. Bei solchen Systemen werden die beiden Teilbilder über einen gemeinsamen Kanal verarbeitet. Ganz am Ende des Prozesses müssen bei Stereo-3D aber immer zwei separate Bilder zum jeweils rechten und linken Auge gelangen.

Der populäre Ausdruck „3D" ist ein etwas schwammiger Oberbegriff für alles, was in irgendeiner Art Tiefe darstellt. Er kommt als Attribut schon seit Langem bei Grafikprogrammen und Spielen vor, mit denen eine Bewegung im dreidimensionalen Raum möglich ist. Allerdings werden dabei im Wesentlichen monokulare Tiefenhinweise angewendet. Eine Ausnahme bilden spezielle Grafikkarten, die eine echte stereoskopische Darstellung mit zwei Perspektiven ermöglichen.

Für das linke und rechte Bild eines Stereobildpaares sind in der Literatur die Begriffe Halbbild und Teilbild gebräuchlich. In diesem Buch wird „Teilbild" verwendet, um Verwechslungen mit den Halbbildern des Zeilensprungverfahrens zu vermeiden.

# Inhalt

**1 Funktionsweise des räumlichen Sehens**    1

- 1.1 Optische Physiologie    4
  - 1.1.1 Anatomie    4
  - 1.1.2 Funktionsweise    6
  - 1.1.3 Auge und Kamera    9
- 1.2 Neurophysiologie    10
  - 1.2.1 Netzhaut    10
  - 1.2.2 Sehbahn    14
  - 1.2.3 Sehzentrum    16
- 1.3 Kenngrößen des Stereo-3D-Sehens    20
  - 1.3.1 Parallaxe    21
  - 1.3.2 Akkommodation    28
  - 1.3.3 Vergenzfähigkeit    31
  - 1.3.4 Temporale Auflösung    32
  - 1.3.5 Spatiale Auflösung    35

**2 Psychologie des räumlichen Sehens**    41

- 2.1 Tiefenhinweise    44
  - 2.1.1 Monokulare Bildindikatoren    45
  - 2.1.2 Monokulare Bewegungsindikatoren    50
  - 2.1.3 Okulomotorische Informationen    52
  - 2.1.4 Binokulare Disparität    53
- 2.2 Binokularsehen    55
  - 2.2.1 Fusion    55
  - 2.2.2 Stereopsis    61
- 2.3 Teilbildkonflikte    67
  - 2.3.1 Visuelle und Okuläre Dominanz    67
  - 2.3.2 Binokulare Summation    68
  - 2.3.3 Binokulare Rivalität    72
- 2.4 Kompensationsprinzipien    77
- 2.5 Gestaltgesetze    81

**3 Wahrnehmung von Stereo-3D**    87

- 3.1 Störeffekte und Artefakte    90
  - 3.1.1 Störeffekte    90
  - 3.1.2 Bildrauschen    92
  - 3.1.3 Unschärfe-Artefakte    93
  - 3.1.4 Blockartefakte    95
  - 3.1.5 Übersprechen    96
  - 3.1.6 Tiefenwiedergabe    97
  - 3.1.7 Autostereo-Effekte    103
  - 3.1.8 Scherungsartefakte    103
  - 3.1.9 Kulisseneffekt    105
  - 3.1.10 Modelleffekt    106
- 3.2 Visuelle Überforderung    109
  - 3.2.1 Augenstellung    110
  - 3.2.2 Fusionsschwierigkeiten    112
  - 3.2.3 Individuelle Differenzen    114
- 3.3 Qualitätsaspekte    116
- 3.4 Optische Abbildungsfehler    118
- 3.5 Sehfehler    130

| | | |
|---|---|---|
| **4 Wiedergabe von Stereo-3D** | **141** | |
| | | |
| 4.1 Wiedergabemethoden | 144 | |
| 4.1.1 Stereoblick | 147 | |
| 4.1.2 Örtliche Bildtrennung | 148 | |
| 4.1.3 Anaglyphen | 150 | |
| 4.1.4 Polarisation | 157 | |
| 4.1.5 Shutterverfahren | 158 | |
| 4.1.6 Interferenzfilter | 160 | |
| 4.1.7 Autostereoskopie | 162 | |
| 4.1.8 Pulfrich-Verfahren | 164 | |
| | | |
| 4.2 Wiedergabesysteme | 166 | |
| 4.2.1 Technologien | 167 | |
| 4.2.2 Displays | 172 | |
| 4.2.3 Projektoren | 176 | |
| | | |
| 4.3 Wiedergabeparameter | 186 | |
| 4.3.1 Statische Auflösung | 186 | |
| 4.3.2 Zeitliche Auflösung | 188 | |
| 4.3.3 Synchronität | 189 | |
| 4.3.4 Bildstand | 191 | |
| 4.3.5 Disparitäten | 191 | |
| 4.3.6 Wiedergabegeometrie | 195 | |
| 4.3.7 Verschiebung der Teilbilder | 203 | |
| | | |
| **5 Nachbearbeitung von Stereo-3D** | **207** | |
| | | |
| 5.1 Kodierung und Übertragung | 209 | |
| 5.1.1 Kodierungsverfahren | 210 | |
| 5.1.2 Videoformate | 212 | |

| | | |
|---|---|---|
| 5.1.3 Bildauflösungen | 218 | |
| 5.1.4 Schnittstellen | 222 | |
| 5.1.5 Fernsehübertragung | 224 | |
| 5.1.6 Digitale Server | 227 | |
| | | |
| 5.2 Stereo-3D-Formate | 232 | |
| 5.2.1 Prinzipien | 232 | |
| 5.2.2 Übertragungsformate | 237 | |
| 5.2.3 Darstellungsmodi | 241 | |
| | | |
| 5.3 Stereoskopische Postproduktion | 245 | |
| 5.3.1 Teilbildausrichtung | 246 | |
| 5.3.2 Korrekturen und VFX | 259 | |
| 5.3.3 Schnitt | 271 | |
| 5.3.4 Generierung stereoskopischer Bilder | 281 | |
| | | |
| **6 Kameraarbeit bei Stereo-3D** | **287** | |
| | | |
| 6.1 Kamerakonfiguration | 291 | |
| 6.1.1 Kameratypen | 292 | |
| 6.1.2 Bildwandler | 300 | |
| 6.1.3 Auflösung | 309 | |
| 6.1.4 Objektive | 311 | |
| 6.1.5 Schärfentiefe | 315 | |
| 6.1.6 Einstellungen | 317 | |
| 6.1.7 Synchronität | 320 | |
| 6.1.8 Vorschau | 326 | |

| | | |
|---|---|---|
| 6.2 | Kameraausrichtung | 331 |
| 6.2.1 | Grundlagen | 333 |
| 6.2.2 | Justierung | 339 |
| 6.2.3 | Stereobasis | 349 |
| 6.2.4 | Brennweite | 355 |
| 6.2.5 | Distanzen | 360 |
| 6.2.6 | Konvergenz | 362 |
| 6.2.7 | Nullebene | 369 |
| 6.2.8 | Tiefenspielraum | 372 |
| 6.2.9 | Stereofaktor | 376 |
| | | |
| 6.3 | Stereo-3D-Aufnahmeverfahren | 381 |
| 6.3.1 | Side-by-Side | 383 |
| 6.3.2 | Kompaktkameras | 387 |
| 6.3.3 | Spiegel | 390 |
| 6.3.4 | Tiefenscankameras | 399 |
| 6.3.5 | Zeitmultiplex | 401 |
| 6.3.6 | Sonstige Verfahren | 403 |
| | | |
| 6.4 | Gestaltungsmittel | 408 |
| 6.4.1 | Stereo-3D-Bildgestaltung | 409 |
| 6.4.2 | Kamerabewegungen | 413 |
| 6.4.3 | Zoomfahrten | 417 |
| 6.4.4 | Schärfe | 420 |
| 6.4.5 | Kadrierung | 423 |
| 6.4.6 | Filter | 429 |
| 6.4.7 | Licht | 429 |
| | | |
| 6.5 | Standardsituationen | 435 |
| 6.5.1 | Normalsituation | 436 |
| 6.5.2 | Landschaft | 437 |
| 6.5.3 | Fernaufnahme | 439 |
| 6.5.4 | Luftaufnahme | 441 |
| 6.5.5 | Unterwasser | 443 |
| 6.5.6 | Nahaufnahme | 446 |
| 6.5.7 | Mikroskopie | 448 |
| 6.5.8 | Live-Produktionen | 452 |
| 6.5.9 | Sport | 455 |
| 6.5.10 | Musikvideo | 457 |
| 6.5.11 | Bewegte Kamera | 458 |
| 6.5.12 | Interview | 460 |
| 6.5.13 | Architektur | 463 |
| 6.5.14 | Nachtaufnahme | 466 |
| 6.5.15 | Stillleben | 467 |
| 6.5.16 | Puppentrick | 469 |
| 6.5.17 | Animation | 470 |
| | | |
| 6.6 | Phänomene und Effekte | 472 |
| 6.6.1 | Diffuse Medien | 472 |
| 6.6.2 | Reflektionen | 476 |
| 6.6.3 | Brechung | 479 |
| 6.6.4 | Optische Abbildungsfehler | 480 |
| 6.6.5 | Lichteffekte | 482 |

| | |
|---|---|
| **Anhang** | **487** |
| Testfeld für die Anaglyphenbrille | 488 |
| Tabellen | 488 |
| Glossar | 494 |
| Übersetzungen | 535 |
| Index | 538 |
| Bildnachweis | 546 |
| **Danksagung** | |

# 1 Funktionsweise des räumlichen Sehens

1.1 Optische Physiologie

1.2 Neurophysiologie

1.3 Kenngrößen des Stereo-3D-Sehens

## 1 Funktionsweise des räumlichen Sehens

Auf der Erde existiert eine Vielzahl unterschiedlichster Lebewesen. Im Lauf der Evolution haben sie sich an ihre jeweiligen Lebensräume optimal angepasst. Auch der Sehsinn ist entsprechend unterschiedlich ausgeprägt.

Einige Lebensformen sehen infrarot, andere ultraviolett oder wie der Mensch im Bereich des weißen Lichts. Es gibt auch zahlreiche Arten, die gar nicht sehen, sondern andere Sinne zur Orientierung nutzen. So vielfältig wie die Sinne sind auch die Sinnesorgane. Allein beim Sehsinn lassen sich Facettenaugen, Grubenaugen, Flachaugen, Spiegelaugen und viele mehr unterscheiden. Manche „Augen" sind winzig klein. Sie bestehen lediglich aus einigen Lichtsinneszellen. Dagegen existieren in der Dunkelheit der Tiefsee Kalmare mit Augen so groß wie ein Fußball. Diese sind damit in der Lage, auch das geringste Quantum an Licht auszunutzen.

Säugetiere verfügen über zwei horizontal voneinander getrennte Augen. Auch hier gibt es der Lebensweise entsprechend deutliche Unterschiede. Beutetiere wie Hasen oder Pferde verfügen durch ihre seitlich liegenden Augen über eine ausgezeichnete Rundumsicht, die allerdings mit einer starken Reduzierung der stereoskopischen Tiefenwahrnehmung verbunden ist. Dafür können solche Tiere oftmals die Augen unabhängig voneinander bewegen, um den Sichtbereich noch zu erweitern. Auch beim Menschen sind die Augen auf einer tieferen Bewusstseinsebene separat steuerbar. Beim Träumen können beispielsweise extreme Augenstellungen auftreten. Durch das Erlernen der stereoskopischen Sehweise während der ersten Lebensmonate agieren die Augen im höheren Stadium des Wachseins aber synchron, wie bei fast allen Tieren mit vorwärts gerichteten Augen und der Fähigkeit des Stereo-3D-Sehens.

Die räumliche Wahrnehmung beruht aber nicht ausschließlich auf der Stereoskopie, sondern in wesentlich größerem Maße auf sogenannten monoskopischen Tiefenindikatoren. Das sind Tiefenhinweise, die bereits mit einem einzelnen Auge erkennbar sind. Die Nutzung beider Augen, deren Sichtbereiche sich beim Menschen stark überlappen, macht jedoch sehr präzise Tiefenunterscheidungen besonders im greifnahen Bereich möglich. Für Menschen, aber beispielsweise auch für Affen ist dieser Bereich von großer Wichtigkeit, denn dadurch können sie ihre Hände besonders effektiv einsetzen.

Das Gehirn generiert die Tiefeninformationen mithilfe der beiden leicht versetzten Perspektiven der menschlichen Augen. Da der Abstand der Augen nicht veränderbar ist, sind binokulare Tiefenbestimmungen (Stereo-3D-Sehen) nur bis zu einer bestimmten Maximalreichweite möglich. Für weiter entfernt liegende Objekte ist die Stereobasis zu klein, die Unterschiede der beiden Bilder für die Netzhaut nicht mehr registrierbar. Im Nahbereich gibt es ebenfalls eine Grenze. Befinden sich Objekte zu nah, wird der Abstand der Augen im Verhältnis zu groß und die Perspektiven sind zu verschieden.

Zu Beginn dieses Grundlagenkapitels werden der strukturelle Aufbau und die Funktionsweise des menschlichen Auges betrachtet. Im ersten Unterkapitel „Optische Physiologie" geht es also um die Anatomie der Augen und um die Abbildung des einfallenden Lichts.

Die Hauptgrundlage der menschlichen Wahrnehmung besteht aber in einem komplexen Prozess der Verarbeitung von neuronalen Signalen im visuellen System. Die Signale stammen einerseits von dem auf die Netzhaut projizierten und in bioelektrische Energie umgewandelten Bild, sowie andererseits aus Informationen, die von anderen Sinnen und dem Gedächtnis übermittelt werden. So entsteht immer ein von äußerst vielen verschiedenen Faktoren beeinflusstes subjektives Bild. Die Zusammenhänge werden im zweiten Unterkapitel „Neurophysiologie" beschrieben.

Aus den unterschiedlichen Stationen beim Sehvorgang ergeben sich einige Kenngrößen, die prinzipiell bei allen Menschen gleich sind. Ihre Werte und Toleranzen unterscheiden sich jedoch bei jeder einzelnen Person. Für Stereo-3D ist das Wissen um die Kenngrößen von großer Bedeutung. Das dritte Unterkapitel vermittelt umfangreiche Grundkenntnisse dieser wichtigen Kenngrößen räumlicher Wahrnehmung.

## 1.1 Optische Physiologie

Der menschliche Sehsinn basiert auf der Wahrnehmung von Licht durch die Augen. Von allen Sinnen, über die ein Mensch verfügt, hat der Sehsinn die größte Bedeutung. Zum Verständnis der Physiologie des Sehens wird in diesem Kapitel die Anatomie des Auges grundlegend erläutert. Darauf folgt eine Betrachtung der Funktionsweise. Es geht dabei hauptsächlich um die Frage, wie die einzelnen anatomischen Bestandteile arbeiten, um das Licht optimal zu bündeln und zur Netzhaut zu leiten. Schließlich wird das Auge mit einer Kamera verglichen. Der Schwerpunkt liegt dabei nicht nur auf Gemeinsamkeiten von Auge und Kamera, sondern vor allem auf den Unterschieden, die sich schon aus dem jeweiligen Einsatzzweck heraus ergeben.

### 1.1.1 Anatomie

Die Augen sind die Sinnesorgane der optischen Wahrnehmung. Sie sind rund und haben auf der Vorderseite eine Öffnung, durch die das Licht eintreten kann. Im Innern eines Auges befindet sich die lichtempfindliche Netzhaut. Wie eine Wandtapete bedeckt sie die gewölbte Rückwand des Augapfels. Das Licht wird von der Augenlinse auf die Netzhaut projiziert und dort in neuronale Signale gewandelt.

#### Der Augapfel

Das Auge ist aus verschiedenen Schichten aufgebaut. Den äußeren Mantel bildet die Lederhaut. Gleich darunter befindet sich die Aderhaut, die das Auge mit Nährstoffen versorgt. An die Aderhaut schmiegt sich die Netzhaut an. Sie sind nicht miteinander verwachsen, sondern liegen nur

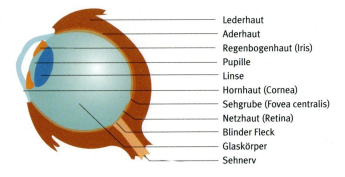

Aufbau des menschlichen Auges

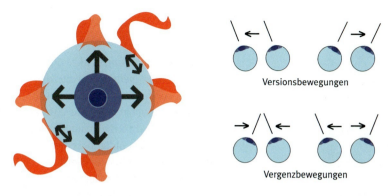

Augenmuskeln und mögliche Augenbewegungen    Blickbewegungen der beiden Augen

deshalb flach aufeinander, weil die Netzhaut vom Glaskörper (gallertartige Flüssigkeit im Augeninnern) nach hinten angedrückt wird. Das kugelförmige Auge hat auf der Vorderseite eine Öffnung, durch die das Licht eintritt (Pupille). Zuerst muss das Licht die Hornhaut passieren und gelangt danach durch die Iris zur Linse. Die Lichtstrahlen werden von der Linse gebrochen. Sie wandern dann durch den Glaskörper und treffen auf der Netzhaut auf. Auch wenn der Name Anderes vermuten lässt, besteht der Glaskörper zu 98 Prozent aus Wasser. Die Lichtstrahlen werden also in diesem Medium nicht abgelenkt. Alle Bestandteile zusammen bilden den Augapfel und damit das eigentliche Auge. Der Augapfel hat auf seiner Rückseite eine weitere Öffnung. Diese ist sehr klein und dient dem Sehnerv als Ausgang in Richtung Sehzentrum.

## Blickbewegung

In den beiden Augenhöhlen des Schädels befindet sich Fettgewebe, innerhalb dessen jeweils ein fast kugelförmiger Augapfel liegt. Der Augapfel ist an sechs Muskeln elastisch befestigt. Diese Muskeln ermöglichen die Bewegung des Augapfels auf allen Drehachsen, während er seine Lage stets beibehält. Dabei werden Versionen und Vergenzen unterschieden. Versionen sind Bewegungen beider Augen in die gleiche Richtung und kommen zum Einsatz, wenn sich das Auge einem Objekt zuwendet. Vergenzen hingegen bezeichnen die Bewegungen beider Augen aufeinander zu oder voneinander weg (Schielbewegungen). Versionen und Vergenzen treten fast nie unabhängig voneinander auf. Die wichtigsten Vergenzen sind die Divergenz, also ein Schielen nach außen und die Konvergenz, ein Schielen nach Innen. Letztere ist für die Stereoskopie von besonderer Bedeutung.

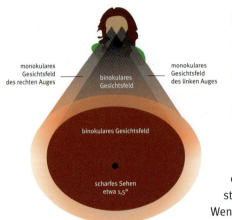

Gesichtsfeld des Menschen

## Gesichtsfeld

Die Vergenzbewegungen dienen nicht der Erweiterung des sichtbaren Bereichs, also des Gesichtsfeldes, sondern der Fokussierung auf einen bestimmten Punkt innerhalb des Gesichtsfeldes. Dieses selbst ist durch die anatomischen Strukturen begrenzt. Es beträgt bei einem Erwachsenen im Durchschnitt 180° horizontal und 120° vertikal, wovon in der Horizontalen nur etwa 120° von beiden Augen erfasst und damit stereoskopisch ausgewertet werden können.

Wenn die Augen einen Punkt fixieren wollen, bewegen sie sich nicht nur selbst auf diesen zu, sondern werden fast immer von einer Kopfbewegung begleitet. Dazu muss sich das fixierte Objekt nicht am Gesichtsfeldrand befinden, auch bei kleinen Blickbewegungen wird meist der Kopf mitgedreht. Die Wahrnehmung ist eben bestrebt, den Fixationspunkt stets im Zentrum zu halten. Extreme Augenstellungen kommen dadurch in der Praxis kaum vor.

### 1.1.2 Funktionsweise

Sehen ist ein aktiver Vorgang. Die Augen verfügen über verschiedene Mechanismen, den Blick gezielt zu lenken. Sie sehen kein komplettes Bild, sondern tasten die Umgebung unaufhörlich ab. So entsteht ein sich dynamisch veränderndes Puzzle der Realität. Zur Einstellung des Auges auf den jeweils kurz fixierten Punkt dient ein spezieller Mechanismus, die Akkommodation. Zusätzlich gibt es mit der Pupille (Irisblende) die Möglichkeit, das Auge an die Helligkeit des fixierten Punkts anzupassen.

### Akkommodation

Die Scharfstellung der Augen erfolgt über eine Brennweitenänderung und wird Akkommodation genannt. Die Brennweite ist die Entfernung von der Linse, in der parallele, also unendliche Strahlen konvergieren und folglich scharf abgebildet werden. Beim gesunden und normal funktionierenden Auge liegt der Brennpunkt parallel einfallender Strahlen direkt auf der Netzhaut. Eine Änderung der Brennweite wird durch die Krümmung der Augenlinse und damit ihrer Brechkraft erreicht. Die Augenlinse ist also verformbar. Damit ist sie für die Feinjustierung der Lichtbrechung verantwortlich. Die blitzschnelle Verformung der Augenlinse erfolgt über einen speziellen Ringmuskel, den sogenannten Ziliarmuskel. Zur Befestigung der Linse dienen die Zonulafasern. Sie spannen die Linse innerhalb des Ziliarmuskels regelrecht auf. Wenn er kontrahiert, erschlaffen die Zonulafasern und die Linse kann ihre natürliche, relativ dicke Form annehmen (Nahakkommodation). Die Brechung ist dabei stärker als mit entspanntem Ziliarmuskel und straffen Zonulafasern, die die Linse flach ziehen. (Fernakkommodation).

Der optische Strahlengang im Augapfel wird in erster Linie von Hornhaut und Linse beeinflusst. Die starre Hornhaut bereitet das einfallende Licht mit einer festen Brennweite von rund 24 Millimetern für die Augenlinse auf. Die Brennweite der Linse liegt dagegen im entspannten Zustand des Auges, genauer der Ziliarmuskeln, bei rund 60 Millimetern. So ergibt sich eine Gesamtbrennweite der beiden Komponenten Linse und Hornhaut von ungefähr 17 Millimetern.

Diese Brennweite bezieht sich auf Luft. Der optische Block des Auges weist aber unterschiedliche Medien auf. Außen befindet sich Luft und innen der gallertartige Glaskörper. Dadurch ergeben sich verschiedene Brennweiten. Im entspannten, fernakkommodierten Zustand beträgt die objektseitige Brennweite (Luft) 17 Millimeter und die bildseitige Brennweite (Glaskörper) 24 Millimeter. Diese 24 Millimeter entsprechen dem Abstand zur Netzhaut, auf der sich einfallende Parallelstrahlen schneiden.

Bei einer Fokussierung auf nähere Objekte wird die Brennweite durch Verformung der Linse verkürzt und unendliche Brennpunktstrahlen kommen mitten im Augapfel zum Schnitt. Dann ist die Bildweite größer als die Brennweite und Unendlichpunkte erscheinen unscharf auf der Netzhaut. Gleichzeitig werden dort aber die näher liegenden Objekte scharf abgebildet und darum geht es bei der Akkommodation schließlich auch. Der Mensch nimmt diese Brennweitenänderungen nicht bewusst wahr.

▶ *Brennweiten lassen sich nicht direkt addieren oder subtrahieren. Zum Rechnen mit Linsen dienen Dioptrien. Sie sind der Kehrwert der Brennweite (in Metern).*

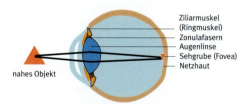 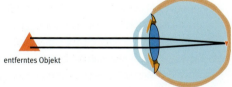

Nahakkommodation: Ziliarmuskel angespannt, Zonulafasern und Linse entspannt (dicke Linse)

Fernakkommodation: Ziliarmuskel entspannt, Zonulafasern und Linse angespannt (flache Linse)

### Pupille

Die Pupille regelt den Lichteinfall ins Auge.

Ein weiterer Bestandteil des Auges ist die Regenbogenhaut oder Iris, die der Linse vorgelagert ist und in der Mitte eine kreisrunde, im Durchmesser veränderbare Öffnung aufweist. Diese Öffnung wird Pupille genannt und sie ermöglicht dem Auge, plötzliche Lichtschwankungen bis etwa der 16-fachen Helligkeit sofort auszugleichen. Größere Helligkeitsunterschiede, wie sie gewöhnlich beim Übergang von Tag und Nacht auftreten, werden über die Rezeptoren der Netzhaut adaptiert. Dabei können sogar Unterschiede bis zum Zehnmilliardenfachen ausgeglichen werden. Durch die Öffnungsgröße der Pupille ändert sich gleichzeitig, wenn auch im täglichen Gebrauch meist unbemerkt, die Schärfentiefe des Auges. Durch leichtes Zukneifen der Augen oder besser mit Hilfe einer Lochblende lässt sich dieser Effekt gut beobachten.

**Das Wichtigste in Kürze – Wie das Auge sieht:** Beim Sehvorgang werden Lichtstrahlen durch die Pupille ins Auge gelassen. Dort bündelt die Linse das Licht in einem Brennpunkt. Die Entfernung von der Linse bis zu diesem Brennpunkt heißt Brennweite. Das Auge ist im Inneren mit einer lichtempfindlichen Schicht ausgekleidet, der Netzhaut. Wenn die Brennweite genau dem Abstand von der Linse bis zur Netzhaut entspricht, dann erscheint dort ein scharfes Bild. Es steht zwar auf dem Kopf, wird vom Gehirn aber später wieder richtig herum gedreht. Damit das Auge verschiedene Dinge des Alltags, also verschiedene Entfernungen scharf auf die Netzhaut projizieren kann, ist die Linse in der Lage sich zu verformen. Dabei verändert sich ihre Brennweite. Über diese Methode, die Akkommodation, kann das Auge wahlweise nah gelegene Dinge als auch weit entfernte Dinge scharf sehen.

### i Das subjektive Auge

Die Aufgaben von Auge und Kamera sind sehr unterschiedlich. Das Auge soll nur für ein einzelnes Individuum gezielte, selektive Informationen (Reizstichproben) im Zusammenspiel mit den anderen Sinnen liefern, um eine Orientierung im Raum zu gewährleisten. Hingegen muss eine Kamera das vollständige Bild einer ganzen Fläche gleichzeitig in bestmöglicher Qualität und maximalem Informationsreichtum abbilden. Kameras arbeiten daher eher passiv und objektiv, das Auge mit dem Sehapparat hingegen aktiv und subjektiv. Durch diese Subjektivität kann sich der Mensch in seiner Umwelt orientieren und wird nicht von der Flut der visuellen Informationen erschlagen. Eine Kamera blendet jedoch keine Dinge aus, um andere verstärkt zu erkennen, sondern bildet den Gegenstandsraum auch mit „unwichtigen" Details ab.

### 1.1.3 Auge und Kamera

Der oft herangezogene Vergleich zwischen Auge und Kamera ist nicht unproblematisch, denn das Auge arbeitet subjektiv und eine Kamera objektiv. Dennoch soll an dieser Stelle deutlich gemacht werden, welche Analogien und Unterschiede prinzipiell zwischen Auge und Kamera bestehen.

#### Gemeinsamkeiten

Die Blende der Kamera lässt sich mit der Iris des Auges vergleichen. Beide passen das dahinter liegende System über die Öffnungsgröße der Pupille den Lichtverhältnissen an. Dabei variiert sowohl bei einer Kamera als auch beim Auge der Bereich der Schärfentiefe. Beide Systeme verfügen über optische Elemente, die das Licht bündeln. Beim Auge sind dies die Hornhaut und Augenlinse, bei einer Kamera das Objektiv oder die Linse.

#### Unterschiede

Die Scharfstellung wird in optischen Systemen wie dem Kameraobjektiv über eine Änderung der Bildweite erzielt. Beim Auge verhält es sich auf den ersten Blick ähnlich, denn die Augenlinse verändert durch ihre Verformung den Abstand der hinteren Hauptebene zur Netzhaut. Dies geschieht allerdings in einem sehr kleinen Wertebereich. Die eigentliche Scharfstellung wird beim Auge über die Änderung der Linsenbrechkraft, also der Brennweite des Auges, erreicht. Die Variation der Brennweite ist beim Auge allerdings längst nicht so groß wie bei einem modernen Zoomobjektiv. Deshalb und auch wegen der psychologischen Aspekte der Erfahrungswerte nimmt der Mensch die Brennweitenänderung nicht bewusst als solche wahr. Sowohl die Kamera als auch das Auge besitzen einen Bildwandler. Die Unterschiede in der Arbeitsweise zwischen dem Sensor einer Kamera und der Netzhaut sind indes sehr groß und lassen sich nur schwer miteinander vergleichen.

---

**Zusammenfassung**

Der Sehsinn basiert auf den beiden Augen, die sich in den Augenhöhlen befinden. Das im Auge eintreffende Licht wird auf die Netzhaut projiziert, die auf der Rückseite des Augeninneren liegt. Dazu dienen zwei optische Komponenten: die starre Hornhaut und die verformbare Linse. Die Linse kann ihre Brechkraft ändern und damit die Schärfeneinstellung für den Nahbereich anpassen. Die Iris kann mit der Pupillenöffnung in bestimmten Grenzen die Lichtmenge steuern, die ins Auge gelangt. Viele Elemente des Auges finden sich in Kameras wieder. Dennoch lassen sich beide nur begrenzt vergleichen, da sie unterschiedliche Aufgaben haben.

## 1.2 Neurophysiologie

Der Sehapparat ist im Gegensatz zu der pixelorientierten Arbeitsweise einer Kamera völlig auf das Registrieren von Bewegungen und Strukturen ausgerichtet. Licht, das ins Auge fällt, wird in Nervenimpulse gewandelt und über Nervenfasern ins Gehirn weitergeleitet. Dort wird es über komplexe Nervenverknüpfungen verarbeitet. Die Neurophysiologie ist das Fachgebiet, das sich mit diesem Prinzip der neuronalen Verarbeitung beschäftigt. Beim Menschen lässt sich der Weg der visuellen Signale im Wesentlichen in drei Teile untergliedern: Netzhaut, Sehbahn und Sehrinde.

### 1.2.1 Netzhaut

Das ins Auge einfallende Licht wird auf die Netzhaut projiziert. Zur Bilderkennung muss es aber erst in bioelektrische Signale umgewandelt werden. Dieser Vorgang findet innerhalb der Netzhaut statt. Da die Netzhaut ein ausgelagerter Bereich des Gehirns ist, beginnt bereits hier der neurologische Teil des Sehens.

#### Belichtung

Zur Wahrnehmung des Lichts verfügt die Netzhaut über zwei Arten von Rezeptoren. Aufgrund ihrer Form werden sie Zapfen und Stäbchen genannt. Die Rezeptoren enthalten lichtempfindliche Retinal-Moleküle, die auf Photonen (Licht) mit einer Formänderung reagieren. Dabei entsteht ein bioelektrisches Signal. Das Retinal muss anschließend wieder regene-

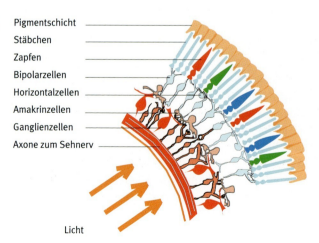

Aufbau der Netzhaut

Pigmentschicht
Stäbchen
Zapfen
Bipolarzellen
Horizontalzellen
Amakrinzellen
Ganglienzellen
Axone zum Sehnerv

Licht

riert werden, damit es seine ursprüngliche Form annimmt und erneut auf Licht reagieren kann. Die Regenerierung erfolgt über Stoffe aus der Netzhaut, weshalb die Zapfen und Stäbchen auch direkt in der Netzhaut, also auf der lichtabgewandten Seite liegen und die Zellen für die weitere Verarbeitung im Lichtstrom vorgelagert sind. Diese bipolaren Zellen sortieren die Signale der Rezeptoren über bestimmte Zwischenschaltungen vor und leiten sie an die Ganglienzellen weiter. Dabei erfolgt bereits eine Gewichtung der Informationen der einzelnen Rezeptoren (laterale Inhibition), wodurch sich Effekte wie die Machschen Bänder oder der Simultankontrast erklären lassen. Die Subjektivität des Sehsinns wird somit schon in der Netzhaut erkennbar.

## Rezeptoren

Auf der Netzhaut sind rund sechs Millionen Zapfen und 120 Millionen Stäbchen in unterschiedlichen Konzentrationen verteilt. Stäbchen kommen an der Stelle des schärfsten Sehens, der Sehgrube, nicht vor. Dort befinden sich ausschließlich Zapfen. Daher ist die Sehgrube der Fokalpunkt des optischen Systems Hornhaut/Linse, sozusagen der „Scanner" beim Abtasten der Umgebung. Die Sehgrube ist so wichtig, dass die Signale ihrer rund 80.000 Zapfen mindestens im Verhältnis 1:1 (teilweise sogar bis 1:4) an die Ganglienzellen übertragen werden. Dadurch erhält das Sehzentrum im Gehirn aus diesem Bereich Daten, die die reine native Auflösung noch übertreffen. In den Randbereichen der Netzhaut werden hingegen jeweils etwa 120 Rezeptoren auf eine Ganglienzelle geschaltet. Ganglienzellen münden immer in eine eigene Faser des

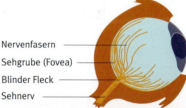

Nervenfasern verlassen das Auge im Blinden Fleck

Nervenfasern
Sehgrube (Fovea)
Blinder Fleck
Sehnerv

### ℹ Laterale Inhibition

Die Wahrnehmung verfügt über Mechanismen, welche die Kantenschärfe erhöhen. Bei der lateralen Inhibition unterdrücken Rezeptoren, die stark gereizt werden, benachbarte Rezeptoren, die nur wenig gereizt werden. So ist der Kontrast an diesen Stellen stärker als in der Realität. Die empfundene Schärfe steigt an und das Bild wird deutlicher. Bilder werden vom Sehzentrum auf Kanten und Linien ausgewertet. Durch die laterale Inhibition sind die Ausgangsbedingungen für diese Auswertung besser. Es kann aber durch die Verschaltung von bipolaren Zellen und Horizontalzellen in der Netzhaut auch zur Verstärkung von Signalen kommen.

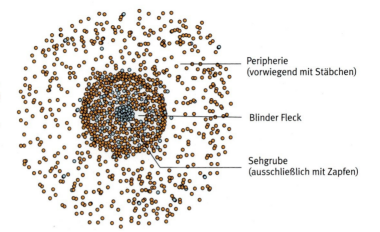

Symbolische Verteilung der Rezeptoren auf der Netzhaut (nicht maßstabsgetreu)

Peripherie (vorwiegend mit Stäbchen)

Blinder Fleck

Sehgrube (ausschließlich mit Zapfen)

Sehnervs. Mit diesem verlassen an der Stelle des Blinden Flecks etwa eine Million Nervenfasern das Auge in Richtung Sehzentrum. Der Blinde Fleck wird nicht bewusst wahrgenommen, da er über die Information der jeweils anderen Netzhaut interpoliert werden kann.

### Sakkaden

▶ *Beim natürlichen Sehen stehen die Augen nie still, sondern oszillieren ständig um den gerade anvisierten Punkt. Diese winzigen, vom Menschen unbemerkten Augenbewegungen heißen Sakkaden.*

Außerhalb des kleinen Bereichs der Sehgrube wird das Bild auf der Netzhaut unscharf wahrgenommen. Beim Sehen wird dieses unscharfe und mit zahlreichen Abbildungsfehlern versehene Grundbild puzzleartig mit scharfen punktuellen Eindrücken ausgefüllt. Dazu muss die Fixation in hoher Geschwindigkeit wechseln können. Diese extrem schnellen Augenbewegungen werden „Sakkaden" genannt.

### Farbe und Helligkeit

Vor allem aus der sakkadischen Abtastung des Gesehenen resultiert die selektive Wahrnehmung des Menschen. Daher werden bestimmte Dinge auf Fotos oftmals als Fehler angesehen. Stürzende Linien, die vor allem bei Architekturaufnahmen deutlich erkennbar sind, werden beim natürlichen Sehen nicht bemerkt.

Bilder, die mit einer Kamera hoher Empfindlichkeit bei minimalen Lichtverhältnissen aufgenommen werden, behalten ihre Farben, während der Mensch in dieser Situation nur noch Grauwerte erkennt. Das liegt an einer anderen Besonderheit der Netzhaut. Die Rezeptoren weisen unterschiedliche maximale Empfindlichkeiten auf. Stäbchen sind mit etwa 500 Nanometern eher auf bläuliche Lichtverhältnisse der Nacht optimiert.

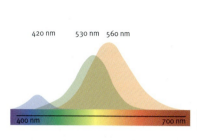
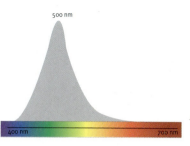

Spektrale Empfindlichkeit der Zapfen (links) und Stäbchen (rechts)

Zapfen sind hingegen in ihrer Gesamtheit im Bereich von 550 Nanometern am empfindlichsten, was tendenziell eher dem Tageslicht entspricht. Sie lassen sich allerdings in drei verschiedene Typen unterteilen, die den Menschen zur Wahrnehmung von Farben befähigen. Nach ihrem jeweiligen spektralen Empfindlichkeitsmaximum werden diese drei Zapfentypen nach Blau (420 nm), Grün (530 nm) und Rot (560 nm) unterschieden.

## Adaption

Wird es dunkler, steigt die Empfindlichkeit der Rezeptoren an. Dieser Vorgang der Anpassung heißt Adaption. Die Zapfen erreichen ihr Empfindlichkeitsmaximum schon nach rund vier Minuten. Stäbchen werden dagegen noch wesentlich empfindlicher. Ihre Adaption kann durchaus bis zu einer halben Stunde andauern. In Situationen mit sehr wenig Licht wird fast ausschließlich mit den empfindlichen Stäbchen gesehen.

Durch die Umstellung von Zapfen auf Stäbchen werden die Farben weniger, aber auch die Schärfe verringert sich drastisch. Die Sehgrube hat dann kaum noch eine Funktion. Nachts werden mit den äußeren Netzhautbereichen nur noch „Umrisse" gesehen. Durch diese Dunkeladaption ist der Mensch aber in der Lage, ein sehr großes Spektrum von Lichtintensitäten wahrzunehmen. Die Netzhaut ist wunderbar auf den natürlichen Lebenszyklus angepasst. Grobe, plötzliche Helligkeitsunterschiede wer-

### ℹ Fixation

Blicken die Augen auf einen nahen Punkt, drehen sich die Augäpfel um ihre Mittelpunkte aufeinander zu, sie konvergieren. Der fixierte Punkt wird dadurch stets in der jeweiligen Sehgrube abgebildet. Durch die Konvergierung werden die Abbildungen trapezförmig verzerrt auf der Netzhaut dargestellt. Da aber der Sehwinkel der Sehgrube mit rund 1/60 Grad sehr klein ist, fällt diese Verzerrung nicht auf.

den durch den Pupillenreflex der Iris ausgeglichen. Etwas länger andauernde Unterschiede werden durch die Zapfen kompensiert. Bei großen Lichtintensitätsunterschieden wie der Dämmerung kommen die langsamen, aber hochempfindlichen Stäbchen zum vollen Einsatz.

### Rezeptive Felder

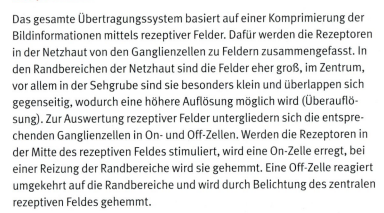

Prinzip der rezeptiven Felder

Das gesamte Übertragungssystem basiert auf einer Komprimierung der Bildinformationen mittels rezeptiver Felder. Dafür werden die Rezeptoren in der Netzhaut von den Ganglienzellen zu Feldern zusammengefasst. In den Randbereichen der Netzhaut sind die Felder eher groß, im Zentrum, vor allem in der Sehgrube sind sie besonders klein und überlappen sich gegenseitig, wodurch eine höhere Auflösung möglich wird (Überauflösung). Zur Auswertung rezeptiver Felder untergliedern sich die entsprechenden Ganglienzellen in On- und Off-Zellen. Werden die Rezeptoren in der Mitte des rezeptiven Feldes stimuliert, wird eine On-Zelle erregt, bei einer Reizung der Randbereiche wird sie gehemmt. Eine Off-Zelle reagiert umgekehrt auf die Randbereiche und wird durch Belichtung des zentralen rezeptiven Feldes gehemmt.

## 1.2.2 Sehbahn

Die Sehbahn beschreibt den Weg der Informationen von der Netzhaut, also von den Ganglienzellen ausgehend, bis hin zum Sehzentrum auf der Hinterseite des Kopfs, wo eine Verarbeitung stattfindet, die ein Entstehen von Bildern im Großhirn ermöglicht.

Sehbahn vom Auge bis ins Sehzentrum

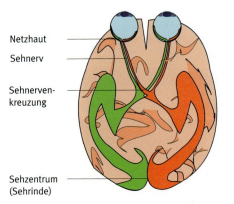

Netzhaut
Sehnerv
Sehnervenkreuzung

Sehzentrum (Sehrinde)

### M- und P-System

Das von der Netzhaut bekannte Prinzip der rezeptiven Felder wird bis ins Sehzentrum des Großhirns fortgeführt. Auf diese Weise ist die Auswertung nach bestimmten Gesichtspunkten möglich. So wird beim menschlichen Sehvorgang ein magnozellulares (M) und ein parvozellulares (P) System unterschieden, die jeweils bestimmte Funktionen wahrnehmen.

M-Ganglienzellen reagieren nur auf Änderungen. Dafür benötigen sie größere rezeptive Felder. Sie erkennen sowohl Bewegungen als auch Änderungen in der Helligkeit. Da sie alle drei Zapfentypen gleichermaßen verwenden, sind sie nicht farbspezifisch. P-Ganglienzellen sind langsamer, dafür aber genauer. Sie haben kleinere rezeptive Felder und sind entweder auf Farben, Farbkontraste oder Helligkeiten spezialisiert.

## Sehnervenkreuzung

Die bioelektrischen Ströme treten schließlich ihren Weg von den Ganglienzellen aus an und fließen durch den Sehnerv zur nächsten Station, der Sehnervenkreuzung. Hier werden die Fasern der beiden Sehnerven untereinander vorsortiert. Die inneren, der Nase zugewandten Anteile der Netzhautbilder werden auf den jeweils anderen Sehnerv geleitet, die äußeren, den Schläfen zugewandten Anteile werden hingegen beibehalten. Erst so können die Disparitäten (Unterschiede) einander entsprechender Netzhautstellen beider Augen später effektiv ausgewertet und damit binokulare Tiefe (Stereo-3D) wahrgenommen werden. Die zentralen Bereiche der beiden Gesichtsfelder werden auf beide Gehirnhälften projiziert.

**Das Wichtigste in Kürze – Vom Auge zum Gehirn:** Auf der Netzhaut des Auges entsteht ein Bild. Dieses Bild wird über viele kleine Nervenfasern zum Gehirn übertragen. Die Fasern sind dabei in einem großen Strang, dem Sehnerv zusammengefasst. Es gibt zwei Sehnerven, von jedem Auge verläuft einer in Richtung Gehirn. Die gesamten Bildinformationen beider Augen werden dort gemeinsam verarbeitet. Für diese Aufgabe hat das Gehirn ein Sehzentrum. Die vielen Einzelfasern, die an der Netzhaut gestartet sind, treffen hier nach einigen Zwischenstationen mit ihren Bildinformationen ein. Sie ermöglichen dem Menschen, die Welt so wahrzunehmen, wie er sie kennt – in Stereo-3D

## Seitliche Kniehöcker

Nach dieser Sortierung enthält der Sehnerv des linken Auges alle Nervenfasern der beiden rechten Sehfelder. Er mündet in den rechten seitlichen Kniehöcker. Die Informationen der linken Sehfelder gelangen mit dem Sehnerv des rechten Auges in den linken seitlichen Kniehöcker. Einige Nervenfasern zweigen vorher ab, sie sind nicht für den Sehvorgang zuständig, sondern für vegetative Aufgaben, Schlaf- und Wachrhythmus, die Reflexmotorik und die innere Uhr.

Die übergroße Mehrheit der Fasern endet jedoch im seitlichen Kniehöcker und wird nach M- und P-Ganglienzellen vorsortiert. Trotzdem bleiben die Fasern weiterhin nach linkem und rechtem Auge getrennt, denn erst damit wird stereoskopisches Sehen möglich. Zusätzlich gelangen in den seitlichen Kniehöckern Informationen aus Großhirnrinde und Thalamus in die Sehbahn. Dabei handelt es sich vorrangig um Rückkopplungssignale zur Steuerung der Sehstrahlung, die durch Erinnerungen und andere Sinnesinformationen beeinflusst den Sehsinn nochmals deutlich subjektivieren. Von den Kniehöckern verlaufen die Ströme als Sehstrahlung zum visuellen Zentrum, der sogenannten Sehrinde. Die mehrfach vorsortierten Axone landen nun in verschiedenen Ebenen, in denen sie auf Rindenzellen geschaltet sind.

### 1.2.3 Sehzentrum

Auf der rückwärtigen Seite des menschlichen Gehirns befindet sich das Sehzentrum. Es ist Teil der Hirnrinde, die das Groß- und Kleinhirn von außen überzieht. Daher wird das Sehzentrum auch Sehrinde genannt. In der Hirnrinde gibt es außerdem das Sprachzentrum, das Hörzentrum und weitere Bereiche. Die Zellen der Sehrinde verfügen ebenso wie die Ganglienzellen der Netzhaut über rezeptive Felder. Während die rezeptiven Felder der Ganglienzellen aus Rezeptoren (Zapfen und Stäbchen) gebildet werden, bestehen die rezeptiven Felder der Rindenzellen wiederum aus verschiedenen Ganglienzellen. Dadurch sind die Rindenzellen in der Lage, auf verschiedene geometrische Strukturen zu reagieren, wie zum Beispiel Striche oder Linien bestimmter Ausrichtung oder Längen.

Das menschliche Sehzentrum auf der Hinterseite des Kopfs

#### Kolumnen

Wenn die Sehstrahlung das Visuelle Zentrum erreicht, wird sie aufgeteilt. Das Sehzentrum besteht aus Arealen, in denen unterschiedliche Aspekte der visuellen Informationen ausgewertet werden.

Die Axone der Sehstrahlung münden in das erste Areal mit dem Namen V1. Dort wird quasi die Netzhaut nachgebildet, es entsteht ein hyperfein aufgelöstes Bild. Die nachfolgenden Areale greifen darauf zurück und werten es nach den jeweiligen Gesichtspunkten (beispielsweise Bewegungen oder komplexere Formen) aus.

Einfache Formen, also Striche bestimmter Ausrichtungen, werden bereits in V1 analysiert. Dazu befinden sich innerhalb des Areals viele Neurone (Nervenzellen), deren rezeptive Felder auf den Ganglienzellen

  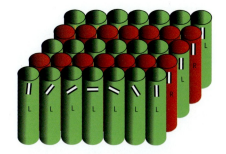

Orientierungskolumnen verschiedener Richtungen werden in linke und rechte Dominanzkolumnen zusammengefasst.

Eine Hyperkolumne enthält Orientierungskolumnen aller Bewegungsrichtungen. In der Realität sind sie nicht so übersichtlich angeordnet wie in der Grafik.

der Netzhaut liegen. Diese Neurone, auch Rindenzellen genannt, sind säulenhaft in Kolumnen angeordnet. So entsteht ein komplexes Netzwerk mit einer geordneten Struktur zur schnellen und effektiven Auswertung der Bildinformationen.

### Orientierungskolumnen
Die Umwelt wird also in der Sehrinde vorrangig auf Kanten, Winkel und Ecken hin analysiert. Rindenzellen, die an der gleichen Netzhautstelle auf identische Richtungsreize reagieren (beispielsweise waagerechte oder senkrechte Linien), befinden sich gemeinsam in einer sogenannten Orientierungskolumne. Damit ist jede einzelne Orientierungskolumne nur für eine bestimmte Bewegungsrichtung empfindlich. In der Grafik wird diese Richtungsempfindlichkeit durch Striche verdeutlicht.

### Hyperkolumnen
Für jede Stelle der Netzhaut (vor allem in der Sehgrube) gibt es zahlreiche solcher Orientierungskolumnen, die zusammengenommen alle Richtungen eines Kreises analysieren können. Sie bilden eine Hyperkolumne. Eine Hyperkolumne stellt also für einen kleinen Teil auf der Netzhaut sämtliche Orientierungen und Richtungsspezifitäten beider Augen dar. Damit bildet sie die Grundlage zum Vergleich von linkem und rechtem Bildinhalt. Jede Hyperkolumne enthält außerdem einige Blobs. Blobs sind Farbkolumnen ohne jegliche Richtungspräferenz.

### Dominanzkolumnen
Alle Orientierungskolumnen sind in einer Hyperkolumne doppelt vorhanden, einmal für das linke und einmal für das rechte Auge. Zur Verdeutlichung dieses Unterschieds gibt es den Begriff Dominanzkolumne. Eine

▶ *Die Tiefenwahrnehmung arbeitet gewissermaßen im „Schwarz-Weiß-Modus".*

Kolumne kann also für linkes oder rechtes Auge dominant sein. Zwischen diesen Dominanzkolumnen gibt es auch einen regen Informationsaustausch, der zum Vergleich des linken und rechten Bildinhalts wichtig ist. Je nach physiologischer Gegebenheit (Schwäche oder Verlust eines Auges) können die Kolumnen des schlechten Auges ihre Stoffwechseltätigkeit reduzieren, wodurch automatisch das bessere Auge übergewichtet wird.

*Selbst ein invertiertes, also falschfarbiges Stereo-3D-Bild wirkt räumlich, solange Linien und Kanten gut erkennbar sind.*

### Organisation und Funktion

Jede der etwa einen Millimeter breiten Hyperkolumnen beinhaltet Millionen von Nervenzellen und auf jeder Hirnseite existieren rund 1000 dieser Hyperkolumnen in der Eingangsstufe der primären Sehrinde. Entsprechend der Rezeptoren auf der Netzhaut sind auch die Hyperkolumnen ungleich gewichtet. Etwa die Hälfte von ihnen ist mit dem kleinen Bereich der Sehgrube assoziiert, der Rest verteilt sich auf die großen Randbereiche des Gesichtsfeldes. Die Auswertung von Tiefeninformationen erfolgt auf rein luminanzbasierten Vergleichen, da sich Blobs mangels Richtungsinformationen nicht dazu eignen. Farbinformationen werden also für die binokulare Tiefenwahrnehmung nicht herangezogen.

*Schon abstrakte Linien und Umrisse führen dazu, dass ein Bild deutlich erkannt wird.*

### i Linien

Der Wahrnehmungsapparat baut auf dem Erkennen von Linien, Kanten und Strukturen auf. Rezeptive Felder und Dominanzkolumnen werten die vom Auge gesehenen Dinge auf Linien bestimmter Richtungen aus. So entstehen Bilder erst aus einem groben Raster und werden dann mit feinerem Inhalt gefüllt. Ein Stereo-3D-Bild kann eben auch dann räumlich wirken, wenn das ganze Bild verfremdet ist. Solange die Linien und Kanten, also die Grundstruktur der Objekte erkennbar sind, kann die Stereopsis funktionieren und Disparitäten auswerten. Diese Arbeitsweise des Gehirns ist wichtig für die Bildgestaltung und für die Stereoskopie.

## Stereozellen

Das räumliche Sehen basiert darauf, dass die Unterschiede der Bilder von linkem und rechtem Auge ausgewertet werden. In den Schichten der Kolumnen findet sich dafür eine Vielzahl an binokularen Zellen. Binokular bedeutet in diesem Zusammenhang, dass solche Zellen über ein rezeptives Feld in jeder Netzhaut verfügen. Dazu gibt es Verbindungen zwischen den Dominanzkolumnen für linkes und rechtes Auge. Diese zahlreichen Querverbindungen lassen Binokularsehen und damit Stereo-3D erst möglich werden. Sie werden auch Stereozellen genannt. Ihre Bedeutung für das Raumsehen wird im nächsten Kapitel deutlich gemacht. Dort wird der Begriff Disparität näher beleuchtet, für den die Stereoneurone grundlegende Bedeutung haben.

## Areale im Sehzentrum

Das Sehzentrum teilt die Verarbeitung der visuellen Informationen in verschiedene Areale auf. Alle Informationen gelangen von den seitlichen Kniehöckern ins V1-Areal, in dem die Netzhaut mithilfe der Hyperkolumnen in hoher Auflösung wiedergegeben wird. Von hier gibt es Verbindungen zu nachfolgenden Arealen, die aus einer gröberen Perspektive bestimmte Gesichtspunkte global analysieren. So ist V3 vor allem für bewegte Formen, V4 für die Verarbeitung farbiger Konturen und V5 für die Bewegungsanalyse zuständig. Das Areal V1 lässt sich als eine Art Grundschablone ansehen, da die rezeptiven Felder hier am feinsten angelegt sind. Wie letztendlich die Erkennung ganzer Figuren und Objekte in das menschliche Bewusstsein gelangt, ist noch nicht gänzlich geklärt.

Areale des Sehzentrums

## Zusammenfassung

Der gesamte Sehapparat ist auf das Erkennen von Kanten, Linien und Strukturen, sowie Bewegung spezialisiert. Das vom Auge erblickte Bild wird nicht als Ganzes gesehen, sondern subjektiv ausgewertet, mit einem scharfen „Scanner", der Sehgrube, umgeben von einer unscharfen Peripherie. Das scharfe Bild arbeitet im Graustufenmodus, Farben können daher nur subjektiv scharf gesehen werden. Die Auswertung binokularer Disparität erfolgt schnell und effektiv über Stereozellen, die über rezeptive Felder in beiden Augen verfügen. Jedoch sind sie auf einen bestimmten Bereich begrenzt.

## 1.3 Kenngrößen des Stereo-3D-Sehens

Das grundsätzliche Prinzip des Stereo-3D-Sehens mit zwei nebeneinander liegenden Augen ist bei allen Menschen gleich. Die Werte der einzelnen Kenngrößen unterscheiden sich jedoch von Person zu Person recht stark. Werden Angaben gemacht, wie beispielsweise über den Augenabstand oder die Maximaldisparität, kann es sich nur um Durchschnittswerte handeln. Daher nimmt jeder Mensch Bilder auch anders wahr, zwar nicht grundlegend, aber dennoch individuell verschieden.

Viele Werte haben keine festen Grenzen, sondern liegen in fließend ineinander übergehenden Bereichen. Einige der Kenngrößen sind angeborene Eigenschaften, während andere im Laufe des Lebens, vor allem aber in den ersten Kindheitsjahren in einer Art Programmierung erlernt werden. Diese Programmierung ist auch während des weiteren Lebens anpassungsfähig. Besonders deutlich wird dies, wenn sich beispielsweise durch Krankheit oder Unfall Veränderungen der „Hardware", also des Sehapparats, ergeben.

Das Wissen um physiologische Kenngrößen spielt im Umgang mit der Stereoskopie eine wichtige Rolle, wobei es unterschiedlich genutzt werden kann. So lassen sich die Werte verwenden, um ein möglichst massenkompatibles Stereobild zu erzeugen, also etwas konservativ unter den durchschnittlichen Grenzwerten zu bleiben. Dadurch wird die Gefahr von Kopfschmerzen (Visueller Überforderung) auf ein Minimum reduziert. Bei Filmen, die sich an ein junges Publikum richten, können die Werte hingegen gewagter ausfallen, da Kinder wesentlich toleranter sind. Es zeigt sich aber auch, dass ein übertrieben exaktes Arbeiten nach Formeln und

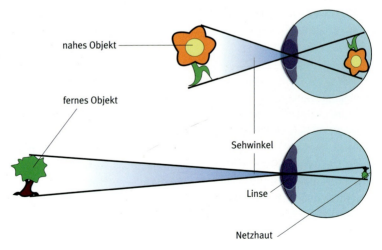

Sehwinkel: Die Größe von Objekten kann in Winkelgrad angegeben werden.

Werten wenig Vorteil bringt, da im Endeffekt alle Angaben nur richtungweisenden Charakter haben.

Die wichtigsten Kenngrößen sind die Augenparallaxe, die Akkommodation und die Konvergenz sowie die zeitliche und die räumliche Auflösung. Sie werden in diesem Kapitel näher erläutert und ihre Relevanz hinsichtlich Stereo-3D wird klar gemacht. Viele Kenngrößen, die das Auge betreffen, lassen sich in Winkelmaßen angeben.

### 1.3.1 Parallaxe

Die Grundlage für stereoskopisches Sehen sind zwei nebeneinander liegende Augen. Die beiden Augen sehen ein bestimmtes Objekt aus leicht unterschiedlichen Perspektiven, bilden also eigene Sehachsen zu diesem Objekt. Die unterschiedlichen Sehachsen werden Parallaxe genannt und bilden den Parallaxenwinkel. Auf der Parallaxe begründet sich eine ganze Reihe bestimmter Sachverhalte und Besonderheiten.

▶ *Die Parallaxe bezeichnet in der Stereoskopie den Unterschied zwischen beiden Sehachsen mit dem Augenabstand als Basis.*

#### Disparität

Die Disparität (in der Wissenschaft oft Querdisparation genannt) stellt den Unterschied zwischen einem Objektpunkt auf der linken und rechten Netzhaut dar. Disparitäten sind die Grundlage für die Fähigkeit, stereoskopisch zu sehen.

> **i  Winkelmaße**
>
> Mit den Winkelmaßen werden Winkel mathematisch unterteilt. Die bekannteste Einheit ist das Grad (Winkelgrad). Ein Kreis besteht aus 360°. Feinere Einteilungen werden mit Minuten und Sekunden gemacht. Ein Grad besteht also aus 60 Winkelminuten und eine Winkelminute aus 60 Winkelsekunden. Da das Auge kugelförmig ist und schalenförmige Abbildungen der Dinge erzeugt, eignen sich die Winkelmaße gut zur Abstandsbestimmung zwischen Punkten im Blickfeld der Augen. Der kleinste wahrnehmbare Abstand zweier Punkte ergibt schließlich die Schärfe- oder Auflösungsgrenze des Auges. Auch Disparitäten lassen sich in Winkelgraden angeben, weil beide Netzhautbilder im Gehirn übereinander gelegt werden, um so die Abstände zwischen versetzten Punkten zu ermitteln. Disparitäten sind also lediglich Abstände und diese können mit Winkelmaßen angegeben werden. Würden statt Winkelmaßen absolute Werte wie Zentimeter verwendet, muss dazu stets die Relation, also beispielsweise die jeweilige Entfernung, genannt werden. Durch Winkelangaben sind diese Faktoren automatisch mit berücksichtigt.

Sehwinkel und Parallaxenwinkel

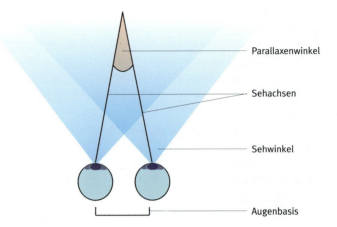

### Stereozellen

Zur Ermittlung der Disparitäten verfügt das Gehirn über Disparitätszellen (Stereoneurone). Jede dieser Zellen hat gleichzeitig Verbindungen zur linken und zur rechten Netzhaut. Die dortigen rezeptiven Felder können an identischen Stellen liegen (korrespondierende Punkte) oder einen Versatz aufweisen (Disparität). Wenn das Auge einen Punkt erblickt, der eine bestimmte Disparität aufweist, werden nur die Stereoneurone erregt, die für diese Disparität sensibel sind. Auf diese Weise ist das Gehirn in der Lage, Bilder schnell und effektiv auf Disparitäten auszuwerten.

Disparitäten sind vor und hinter der Nullebene entgegengesetzt verschoben.

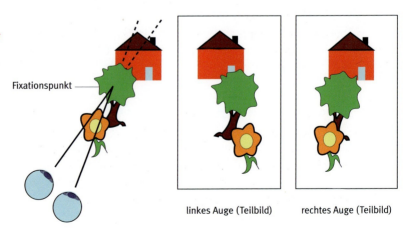

## Disparitätsgrenzen

In den Hyperkolumnen des Sehzentrums werden die beiden Netzhautbilder punktweise miteinander verglichen und auf Disparitäten analysiert. Wenn die Disparitäten zu groß sind, befinden sie sich nicht mehr in dem Bereich, der sich vergleichen lässt. Stereoneurone mit derart weit voneinander entfernten rezeptiven Feldern sind nicht vorhanden.

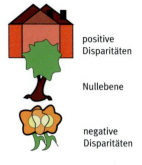

positive Disparitäten

Nullebene

negative Disparitäten

Der gesamte Vergleichsbereich des Auges umfasst etwa 1,5 Grad Sehwinkel, also 90 Winkelminuten. Dieser Wert ist eine grundlegende Kenngröße für die Stereoskopie. Bei stereoskopischen Bildern stellt er die ungefähre Grenze zwischen angenehmer und unangenehmer Betrachtung dar.

## Flexibilität

Stereozellen sprechen vorwiegend auf horizontale Disparitäten an, denn die Augen liegen neben- und nicht übereinander. Da diese Programmierung in der frühesten Kindheit eines jeden Menschen stattfindet, ist die Fähigkeit binokularen Sehens weitestgehend erlernbar. Kleine Kinder sind noch in der Lernphase und weisen deshalb eine größere Toleranz gegenüber großen Disparitäten oder Vertikalfehlern auf. Das zeigt sich auch bei der Vorführung stereoskopischer Filme. Je älter ein Mensch wird, desto unflexibler reagiert er auf Abweichungen.

▶ *Im angloamerikanischen Sprachgebrauch wird der Begriff der Parallaxe (parallax) etwas großzügiger ausgelegt und kann nicht direkt mit dem deutschen Begriff gleichgesetzt werden.*

## Bedeutung

Die Disparität ist ein sehr wichtiger Begriff und für die Stereoskopie von großer Bedeutung. Das liegt daran, dass die Fähigkeit der Augen, räumlich zu sehen, auf der Disparität beruht. Daher findet sich der Begriff Disparität als Unterschied zwischen linkem und rechtem Teilbild auch bei stereoskopischen Abbildungen, Wiedergabemethoden, Aufnahmetechniken, sowie der Kodierung und Übertragung wieder. Im Verlaufe dieses Buches taucht die Disparität deshalb immer wieder auf.

## Augenabstand

Die meisten Menschen haben einen Augenabstand zwischen fünf und acht Zentimetern. Im Durchschnitt beträgt er 6,5 Zentimeter. Jedes Individuum hat sich im Laufe seiner Entwicklung an diese physiologische Größe angepasst und ist darauf geeicht. Deshalb lassen sich mit der Aufnahme und Wiedergabe stereoskopischer Bilder bei wechselnden Basisweiten ungewohnte Sichtweisen erzeugen.

### Fusion

Das Gehirn ist in der Lage, die beiden Teilbilder zu einem virtuellen, dazwischen befindlichen Gesamtbild zu verschmelzen. Durch diese Fusion entsteht ein sogenanntes zyklopisches Bild, welches die egozentrische Sichtweise des Menschen reflektiert. In der Regel wird der Fusionsmechanismus von der Stereopsis begleitet. Bei der Stereopsis handelt es sich um die Wahrnehmung räumlicher Tiefe durch Auswertung und Vergleich der beiden stereoskopischen Teilbilder, genauer gesagt, durch die Auswertung der jeweiligen Disparitäten. Durch die Fusion werden die Disparitäten später im Gesamtbild nicht gesehen. Unterschiede werden also fusioniert.

Die Fusion funktioniert allerdings nicht universell und in jedem Fall. Sie ist vielmehr auf einen kleinen Bereich rings um den anvisierten Punkt begrenzt. Dieser Punkt liegt stets auf dem sogenannten Horopterkreis, dem Kreis an dem keine Disparitäten auftreten.

**Praxisbeispiel – Bedeutung des Stereo-3D-Sehens:** Die Bedeutung des räumlichen Sehens lässt sich auf einfache Weise erfahren. Durch das Schließen oder Verdecken eines Auges funktioniert das Binokularsehen, also das Stereosehen nicht mehr.

In diesem Zustand geben einfache Handlungsabläufe Aufschluss über den Unterschied zwischen monokularem und binokularem Sehen. Ein Praxisbeispiel dazu ist das Umgießen von Wasser von einer Flasche in eine andere. Mit zwei Augen gelingt es wesentlich leichter, die Treffsicherheit ist größer. Ein anderes Beispiel besteht im Zusammenführen der Zeigefinger bei ausgestreckten Armen. Diese Übung lässt sich mit zwei Bleistiften noch besser ausführen, da ihre Spitzen wesentlich feiner sind. Mit einem Auge ist es merkbar schwerer, beide Spitzen punktgenau aufeinander zu bewegen.

### Horopter und Panumraum

Auf einer gedachten gewölbten Linie, die sich vom Fixationspunkt aus erstreckt, ist die Disparität gleich Null. Das bedeutet, einander entsprechende Punkte auf linker und rechter Netzhaut sind deckungsgleich.

Von dieser Kreislinie, dem sogenannten Horopter, ausgehende Disparitäten bis zu zehn Winkelminuten werden problemlos fusioniert. Der

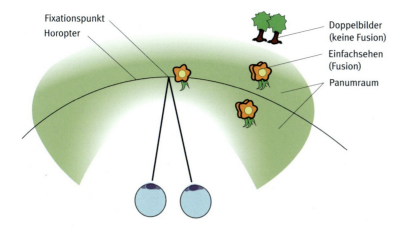

Bereich wird Panumareal oder auch Panumscher Fusionsraum genannt. Außerhalb des Panumraums entstehen Doppelbilder. Diese werden von der Wahrnehmung beim natürlichen Sehen permanent unterdrückt. Andernfalls wäre eine Orientierung im Raum kaum möglich.

Bei Abbildungen wie Stereofotos oder dem 3D-Kino funktioniert der Unterdrückungsmechanismus allerdings nicht so effektiv. Er reicht ohne weiteres bis zu einer Disparität von 25 Winkelminuten und lässt dann langsam nach. Ab einer Disparität von etwa 90 Winkelminuten, also 1,5 Grad gelingt die Unterdrückung kaum noch. Es kommt an den entsprechenden Stellen zu binokularer Rivalität. Dabei springt der betroffene Bildteil zwischen beiden Augen hin und her, wird dort also partiell monokular gesehen. An solchen Stellen kann auch die Stereopsis nicht mehr funktionieren.

Diese Angaben beziehen sich alle auf den wichtigen Bereich der Sehgrube, da dort scharf gesehen wird und die von den Augen fixierten Objekte dort abgebildet werden. Außerhalb der Sehgrube, also auf der Netzhautperipherie, können noch wesentlich größere Disparitätswerte störungsfrei verarbeitet werden, da das Bild dort nur sehr unscharf wahrgenommen wird. Genauer befasst sich das Kapitel „Binokularsehen" mit der Thematik von Horopter und Panumraum.

▶ Es gibt nicht nur einen Horopter, denn mit jedem neuen Fixationspunkt (Blick) entsteht auch ein neuer Horopter.

## Anderthalb Grad

Die Sehgrube oder auch Fovea ist der Punkt der höchsten Schärfe auf der Netzhaut. Der Durchmesser der Sehgrube beträgt rund 90 Winkelminuten. Er ist somit ein für die Stereopsis maßgeblicher Wert und reflektiert sich auch im Aufbau des Sehzentrums. Dort werden aus den Teilbildern über

Die Sehgrube (Fovea) ist die Stelle des schärfsten Sehens.

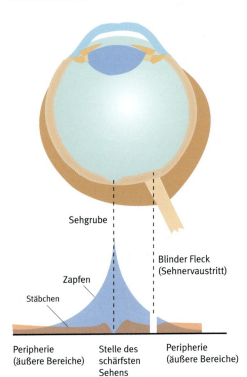

Auswertung der Dominanzkolumnen Tiefeninformationen gewonnen. Stereoneurone, die auf Disparitäten über 90 Winkelminuten reagieren, sind kaum vorhanden. Auch in verschiedenen anderen Kenngrößen findet sich der Wert wieder. So liegt die Maximaltoleranz bei divergenten Bildern ebenfalls bei etwa eineinhalb Grad, also 90 Winkelminuten. Divergierende Bilder kommen bei normalsichtigen Menschen nicht vor, da sie für den Sehapparat keine Relevanz besitzen. Es ist jedoch möglich, solche Toleranzen zu verarbeiten. Auch in vertikaler Richtung reicht die maximale Toleranz bis eineinhalb Grad. Da aus vertikalem Versatz keine Tiefeninformation generiert wird, können dabei keine Überreizungen entstehen. Trotzdem kann sich vertikaler Versatz bereits ab etwa einem halben Grad problematisch auf die Stereopsis auswirken, da die korrespondierenden Bildpunkte durch zunehmenden Höhenversatz schwerer zugeordnet werden können. Möglicherweise werden vertikale Disparitäten, vor allem durch die Sakkaden auch zur Kalibrierung der horizontalen Disparität eingesetzt.

### Physiologie und Bildgestaltung

Etwa die Hälfte des Sehzentrums ist mit der Verarbeitung der Informationen aus der Sehgrube, also der Stelle, auf der das Augenmerk liegt, betraut. Die andere Hälfte verarbeitet die komplette Netzhautperipherie, also die großen äußeren Bereiche.

So wird deutlich, wie wichtig es ist, das Auge des Betrachters zu lenken. Der Bereich, in dem die wichtige Handlung spielt, sollte hinsichtlich Disparität, Farbe, Form und Helligkeit optimal gestaltet sein, er muss das Auge wie ein Magnet anziehen. Die Peripherie im Bild hat die Aufgabe, nicht davon abzulenken, es sei denn, es liegt in der dramaturgischen Absicht. Sie sollte vielmehr eine zum Hauptgeschehen hinführende Funktion haben.

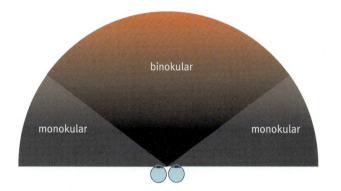

Monokulares und binokulares Gesichtsfeld des Menschen.

### Gesichtsfeld

Aufgrund des horizontalen Versatzes der Augen entsteht ein Gesichtsfeld von rund 180°. Der fusionierbare, binokulare Teil begrenzt sich jedoch auf die Schnittmenge der beiden Einzelbereiche. Links und rechts davon gibt es Bildinformationen, die nur jedes Auge einzeln wahrnimmt. Diese unscharfen monokularen Bereiche spielen aber für die Stereopsis und damit die Tiefenwahrnehmung keine Rolle. Sie dienen nur der Aufmerksamkeitserregung grober Bewegungs- oder Lichtreize „aus dem Augenwinkel".

### Stereosehgrenze

Aufgrund der beschränkten Tiefenauflösung der Augen von etwa fünf Winkelsekunden kann die Stereopsis, also das Wahrnehmen von „Davor" und „Dahinter" mithilfe der Parallaxe nur mit Objekten einer bestimmten Maximalentfernung funktionieren. Diese lässt sich mathematisch mit rund 1500 Metern bestimmen. In so großer Entfernung ist die Tiefenauflösung entsprechend grob und liegt selbst bei mehreren hundert Metern. Die Relevanz der Disparität ist bei diesen Entfernungen vernachlässigbar. Sie

> **ℹ Die stereoskopische Grenze**
>
> Das natürliche Stereosehen hat seine Hauptbedeutung in der genauen Tiefenbeurteilung im Nahbereich. Ab zwei bis drei Metern lässt die Bedeutung der Stereopsis gegenüber anderen Tiefenhinweisen deutlich nach und ist ab etwa 20 Metern kaum noch relevant. Die Genauigkeit der Tiefenbestimmung ist mit der Stereopsis zu gering. Rein rechnerisch reicht sie aber noch bis über einen Kilometer. Ab der stereoskopischen Grenze kann ein anvisierter Punkt stereoskopisch nicht mehr von weiter entfernten Punkten unterschieden werden.

nimmt in der Praxis mit größer werdender Entfernung sehr schnell ab. Disparitäten sind für den Menschen vor allem im unmittelbaren Nahbereich von Bedeutung, um Entfernungen akkurat abzuschätzen und Oberflächen und Strukturen gut zu erkennen. So sind geschickte handwerkliche Fähigkeiten möglich, aber auch zielsicheres Greifen, Gehen, Springen oder auch Werfen und Fangen. Zur Wahrnehmung von Tiefe und Räumlichkeit hat der Mensch auch zahlreiche andere Möglichkeiten. Es kann also gesagt werden, dass das Stereosehen nicht der Orientierung im Raum dient, sondern lediglich der besseren Orientierung im Raum.

### 1.3.2 Akkommodation

▶ *Die Akkommodation ist nur bis ungefähr sieben Meter von Bedeutung. Erscheint ein Objekt in dieser Entfernung scharf, dann werden Objekte in größerer Entfernung auch scharf gesehen.*

Die Fähigkeit der Augen, auf eine bestimmte Entfernung scharf zu stellen, wird Akkommodation genannt. Dieser Mechanismus nutzt die Verformbarkeit der Augenlinse und einer damit verbundenen Änderung der Brechkraft. Ab einer Entfernung von ungefähr sieben Metern befindet sich das Auge, genauer der Ziliarmuskel, in entspannter Position. Diese Entfernung entspricht dem Fernpunkt, das heißt die Schärfeneinstellung des Auges steht auf Unendlich. Die Linse ist dabei durch die straffen Zonulafasern gespannt und konvergiert Parallelstrahlen auf die Netzhaut.

### Altersabhängigkeit

Die Akkommodation verändert sich wie die meisten anderen Kenngrößen individuell und mit zunehmendem Alter. Der Grund dafür sind Hornhaut und Linse, deren Größe, Konsistenz und Steifheit sich im Laufe des Lebens ändern, aber auch der Glaskörper, der sich eintrüben kann und somit die optische Abbildungsleistung verschlechtert. Kleinkinder haben noch einen Nahpunkt von nur wenigen Zentimetern. Bei Zwanzig- bis Dreißig-

Nah- und Fernakkommodation

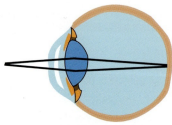
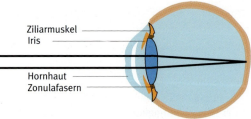

Nahobjekt
(bei mindestens 20 Zentimetern)
Linse dick, Zonulafasern entspannt

Fernobjekt
(ab etwa sieben Meter)
Linse dünn, Zonulafasern gespannt

jährigen beträgt er dann rund 10-15 Zentimeter und kann im Alter auf über zwei Meter anwachsen, die sogenannte Altersweitsichtigkeit.

## Mikrosakkaden

Gesteuert wird die Akkommodation durch eine Auswertung des Bildsignals. Vom Bewusstsein unbemerkt werden ständig kleine und unbewusste Augenbewegungen durchgeführt, die Mikrosakkaden. Sie beinhalten Fehlfokussionen und versetzen das Gehirn so in die Lage, die Akkommodation permanent anzupassen und dynamisch nachzustellen, ähnlich der Funktionsweise eines modernen Autofokus. Der Sehapparat verfügt aber noch über weitere Möglichkeiten zur Ermittlung der Entfernung.

## Erfahrungswerte

Während über die Mikrosakkaden feine und exakte Einstellungen möglich sind, wird eine Grobeinstellung unter anderem über Erfahrungswerte vollzogen. Das Gehirn nutzt monokulare Bildinformationen, wie die Größe von Menschen oder bestimmten bekannten Objekten im Bild, um sie mit Werten aus der Erinnerung zu vergleichen und kann damit eine ungefähre Entfernung abschätzen. Die erste grobe Fokussierung auf solch eine Entfernung erfolgt über die entsprechende Anspannung des Ziliarmuskels. Das Verhältnis von der Fixationsentfernung und dem Grad der Kontraktion ist dem Sehapparat bekannt. Somit kann die Wahrnehmung über die Anspannung des Augenmuskels auch schnell auf die fokussierte Entfernung schließen.

> **ℹ Naheinstellungstrias**
>
> Zwischen Akkommodation, Konvergenz und Pupillenreflex besteht eine starke Verkopplung. Alle drei reagieren in der erlernten Abhängigkeit, selbst wenn der Impuls nur von einer der drei Komponenten kommt. Bei bestimmten freiäugigen Betrachtungsarten stereoskopischer Bilder, wie dem Parallelblick oder dem Kreuzblick, müssen Konvergenz und Akkommodation jedoch entkoppelt werden, was einige Menschen nach etwas Training durchaus gut beherrschen. Eine solche Entkoppelung spielt in geringer Form auch bei stereoskopischen Wiedergabemethoden wie Videobrillen, 3D-Displays oder Projektionen eine Rolle, da die Akkommodation dort stets auf die Bildebene erfolgt, während sich die Konvergenz ändert. Unter Umständen kann ein guter stereoskopischer Bildeindruck dadurch beeinträchtigt werden. Die Abhängigkeit von Konvergenz und Akkommodation spielt bei der Orientierung im Raum als okulomotorischer Tiefenhinweis eine wichtige Rolle, besonders im Nahbereich.

Sakkadenbewegungen der Augen beim Abtasten eines Bildes

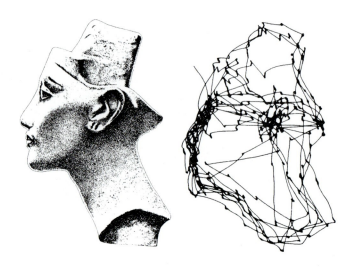

### ℹ Sakkaden

Genau betrachtet gibt es für das sehende Auge keinen Ruhezustand. Unablässig führt es Mikrobewegungen aus, die vor allem dem Zweck dienen, den Fokus zu optimieren, die Stereopsis aufrecht zu erhalten und das Bild selektiv abzutasten. Die Mikrobewegungen lassen sich dabei in Mikrosakkaden, Drifts und einen Tremor (hochfrequentes Zittern) unterteilen. Sie zählen zu den schnellsten Bewegungen, die der menschliche Körper ausführen kann. Zusammen mit dem Prinzip der rezeptiven Felder sind die Mikrobewegungen für die hohe Auflösung und effektive Auswertung des Gesehenen verantwortlich. Ein Reiz wechselt dadurch ständig seinen Ort auf der Netzhaut und wird so über verschiedene Rezeptoren wahrgenommen, wodurch Veränderungen oder Bewegungen besser erkannt werden.

Beim Fixieren auf ein bewegtes Objekt kommt es zu einer Augenfolgebewegung, um es trotz der Bewegung in der Sehgrube abzubilden. Kurz bevor das Objekt aus dem Blickfeld zu verschwinden droht, springt der Blick zurück ins Bild und fixiert einen anderen Punkt. Solche Wechsel von Augenfolgebewegungen und Rückstellsakkaden sind typisch für den Blick aus einem fahrenden Zug.

Sakkaden treten aber auch beim Lesen auf, wenn das Auge von Wort zu Wort springt oder am Zeilenende über eine Rückstellsakkade wieder nach links wandert. Für die kurze Dauer einer Sakkadenbewegung wird die Wahrnehmung an dieser Stelle unterdrückt. Größere Sakkaden und auch Kopfbewegungen werden dafür in der Regel zusätzlich von einem Lidschlag begleitet.

**Konvergenz und Stereopsis**

Es gibt noch weitere Hilfsmittel für die Steuerung der Akkommodation. Die Fähigkeit der Augen, zur Fixation nach innen zu schielen, wird Konvergenz genannt. Dabei kommt es zu einer Schneidung der Sehachsen im fixierten Punkt (Konvergenzpunkt). Bei normalsichtigen Menschen wird die Konvergenz in gegenseitiger Abhängigkeit mit der Akkommodation ausgeführt. Somit wird zur Steuerung der Akkommodation auch der Konvergenzwinkel mit ausgewertet.

Eine der wichtigsten Funktionen für das stereoskopische Sehen ist die Stereopsis. Sie vermittelt ein Gefühl von „Davor" und „Dahinter". Die Akkommodation kann dadurch schnell und präzise die Richtung für eine Umfokussierung auf ein anderes Objekt erhalten. Im Kapitel „Binokularsehen" wird die Stereopsis genauer betrachtet.

### 1.3.3 Vergenzfähigkeit

Das Auge ist in der Lage, um seinen Mittelpunkt zahlreiche Bewegungen und Drehungen auszuführen. Versionen sind Bewegungen beider Augen in die gleiche Richtung. Bei Vergenzen handelt es sich um Bewegungen beider Augen in entgegengesetzte Richtungen, sowohl voneinander weg als auch aufeinander zu. Letzteres trägt den Namen Konvergenz und hat eine besondere Bedeutung. Beim Fixieren eines Punkts konvergieren beide Augen so, dass der Punkt in der Sehgrube jeder Netzhaut abgebildet wird. Je nachdem, in welcher Stellung die Augen vorher waren, führen sie dazu eine divergente oder konvergente Zielbewegung aus.

Konvergenzbewegung

Divergenzbewegung

Vergenzbewegungen der Augen

**Fernbereich**

Eine genaue Festlegung von Konvergenzwerten ist aufgrund deutlicher Unterschiede zwischen den Personen sehr schwierig. Streng genommen gibt es keine unendlichen Lichtstrahlen und somit auch keine Parallelstellung der Augen. Ab einer bestimmten Entfernung werden die Parallaxenwinkel aber so klein, dass die Augen quasi parallel stehen. Darüber hinaus gibt es in diesem Wertebereich auch Grenzen in der Feinheit der Augenbewegung, die ein weiteres Unterscheiden von noch feineren Konvergenzwinkeln unmöglich machen.

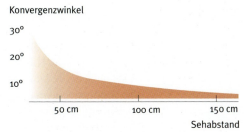

Die Konvergenz der Augen verliert mit steigender Entfernung stark an Bedeutung.

Zeitlicher Versatz führt zu Problemen an der jeweiligen Stelle, hier die rechte Hand. Bei Bewegtbildern tritt das Problem noch deutlicher auf.

### Nahbereich

Bereits bei zwei Metern werden die Parallaxenwinkel sehr klein. Die Konvergenz hat im täglichen Gebrauch spätestens ab einer Entfernung von 20 Metern keine Relevanz mehr. Gemeinsam mit der Akkommodation ist die Konvergenz jedoch ein wichtiger Tiefenhinweis im Nahbereich. Besonders im unmittelbaren, greifnahen Bereich ändert sie sich signifikant, von etwa 17° bei 20 Zentimeter Abstand auf rund 3,5° bei einem Meter. Die Auswertung der Vergenzstellung geschieht stets im Kontext zu anderen Mechanismen, wie der Akkommodation oder der Stereopsis. Die Stereopsis und die Fusion der Teilbilder werden im Nahbereich erst durch die Fähigkeit des Konvergierens ermöglicht.

Möglicherweise wertet das Auge die Vergenz nicht nach ihrem Betrag, sondern über die jeweiligen kon- oder divergenten Bewegungen aus. Dieses Thema ist auch heute noch nicht vollständig erforscht.

### 1.3.4 Temporale Auflösung

Beim Sehvorgang lassen sich zwei Arten der Bildauflösung unterscheiden – die flächige oder spatiale Auflösung und die zeitliche oder temporale Auflösung. Beide werden durch die Rezeptoren in der Netzhaut bestimmt. Die temporale Auflösung ergibt sich dabei durch die „Belichtung" der Zapfen und Stäbchen. Dabei wird das in den Rezeptoren eingelagerten Sehpigment durch Lichtquanten aktiviert und es findet eine chemische Veränderung des Retinals statt. Dieser Vorgang stellt die kleinste zeitliche Auflösungseinheit in der Netzhaut dar.

## Flimmerfusionsfrequenz

Die zeitliche Auflösung des Auges ist dennoch kein absoluter Wert. Sie ist abhängig von der Art des Rezeptors, der belichteten Fläche auf der Netzhaut, der Intensität und der Wellenlänge des Lichtreizes. Die Frequenz, ab der zwei aufeinanderfolgende Reize zu einem verschmolzen werden, heißt Flimmerfusionsfrequenz. Diese erreicht ihre höchsten Werte bei hellem Licht in der Sehgrube, wobei sogar zeitliche Auflösungen bis zu 80 Hertz erreicht werden können. In dunkler Umgebung werden vor allem die in den Randbereichen der Netzhaut liegenden Stäbchen angeregt, wobei eine relativ geringe Frequenz von 10 bis 25 Hertz die Grenze bildet. In der Praxis ist aber die Flimmerfusionsfrequenz der Zapfen wesentlich relevanter, da in den meisten Situationen stroboskopisch dargebotener Bilder auch eine gewisse Helligkeit vorhanden ist. Monitore und Fernseher sind dafür gute Beispiele. Wären sie zu dunkel, könnte ihre Bildwiederholfrequenz zwar recht niedrig bleiben ohne dass das Flackern auffällt, ein scharfes und farbiges Bild ließe sich über die Stäbchen aber nicht erkennen. Für eine angenehme Betrachtung in den meisten Wiedergabesituationen sollte als Minimum eine Bildwiederholrate von 50 Hertz angesehen werden.

Phi-Phänomen: Einzelne Bilder werden von der Wahrnehmung zu einer flüssigen Bewegung zusammengefasst.

## Phi-Phänomen

Das zeitliche Verschmelzen aufeinanderfolgender Bilder ist auch unter dem Begriff Scheinbewegung oder Phi-Phänomen bekannt. Ab einer bestimmten Frequenz wird aufgrund der Trägheit des Wahrnehmungsapparats eine kontinuierliche Bewegung statt der tatsächlichen Einzelbilder wahrgenommen. Dieser Effekt wird bei der Wiedergabe von Film- und Fernsehbildern genutzt, die in der Regel mit 48, 50 oder 60 Hertz arbeiten.

## Alternierende Bilder

Stereoskopische Tiefe kann bei abwechselnd präsentierten Teilbildern noch bis etwa ein oder zwei Hertz wahrgenommen werden. Das bedeutet, dass bei schnellem Hin- und Herschalten der Teilbilder, beispielsweise beim Ausrichten im Schnitt, ohne weitere Hilfsmittel bereits ein erster Eindruck der zu erwartenden Tiefe erzeugt werden kann.

Bewegungen erregen Aufmerksamkeit.

Allerdings nimmt die Tiefensehschärfe bei langsam alternierender Darstellung der Teilbilder stark ab. Unter optimalen Sehbedingungen (vor allem bei großer Helligkeit) lassen sich alternierende Punkte noch bis etwa 40 Winkelsekunden scharf erkennen, während der Grenzwert beim normalen Sehen bei rund fünf Winkelsekunden liegt. Ab weniger als etwa 16 Hertz verschlechtert sich die Tiefensehschärfe bis zu 120 Winkelsekunden und ab ungefähr einem Hertz lassen sich die Bilder nicht mehr fusionieren.

Stereoskopische Wiedergabeverfahren, die auf der alternierenden Darstellung basieren, sogenannte zeitsequentielle Verfahren, benötigen daher eine besonders hohe Bildfrequenz, um solche Nachteile zu kompensieren. Davon sind die meisten Systeme betroffen, bei denen nur ein Bildschirm oder Projektor verwendet wird. Die Mindestfrequenz für angenehmes Stereosehen liegt bei 50 Hertz pro Teilbild, besser sind jedoch Frequenzen um die 70 Hertz.

### Bewegung

Bewegungen haben ebenfalls einen Einfluss auf die empfundene Schärfe. Aufgrund der rezeptiven Felder des Sehapparats werden die Wahrnehmung von Formen und das Erkennen von Bewegung weitgehend unabhängig vollzogen. Besonders der Bereich der äußeren Netzhaut, die Peripherie, ist sehr bewegungsempfindlich. Schon ab ein bis zwei Winkelminuten pro Sekunde können dort Bewegungen erkannt werden. Unbewegte Objekte werden in diesem Bereich hingegen kaum wahrgenommen.

Wie der ganze Wahrnehmungsapparat ist auch das Sehen von Bewegung relativ. Bewegungen werden nicht absolut, sondern im Vergleich zu

In jedem Augenblick sieht der Mensch mit etwa 1,6 Winkelminuten nur einen winzigen Ausschnitt scharf. Das ist nochmals deutlich weniger als in diesem Beispiel.

benachbarten Punkten erkannt. Ohne Vergleichsobjekt im Bild können Objekte sogar bis 15 Winkelminuten pro Sekunde bewegungslos erscheinen, beispielsweise ein Vogel vor blauem, wolkenfreien Himmel.

Langsame Bewegungen bis zu zehn Winkelminuten pro Sekunde haben eine größere Bildschärfe als unbewegte Bildpunkte. In diesen Situationen kommt es zu Augenfolgebewegungen mit einer besonders starken Fixierung auf das Objekt, wobei durch die ständigen sakkadischen Messbewegungen eine extreme Fokussierung auf die Sehgrube und damit eine hohe Schärfe erreicht wird. Ist die Bewegung jedoch zu schnell, funktioniert dieser Mechanismus nicht mehr effektiv und die Schärfe nimmt gegenüber unbewegten Objekten immer weiter ab.

### 1.3.5 Spatiale Auflösung

Wenn einfach nur von der Auflösung gesprochen wird, handelt es sich meist um die statische Auflösung. Sie trägt auch den Namen räumliche oder flächige Auflösung und unterscheidet sich von der zeitlichen Auflösung.

▶ *Die Fachbegriffe zu statischer und zeitlicher Auflösung lauten spatiale und temporale Auflösung.*

#### Sehschärfe

Das Auflösungsvermögen ist der kleinste Abstand, unter dem zwei Punkte noch getrennt wahrgenommen werden können. Der Kehrwert der in Winkelminuten gemessenen Auflösung ist der Visus, der auch Sehschärfe genannt wird. Aufgrund der Größe der Rezeptoren und ihrem Abstand untereinander erreicht das Auge seine höchste Auflösung in der Mitte der Sehgrube. Die Zapfen haben dort einen Abstand von rund 2,5 Mikrometern, das entspricht einem Sehwinkel von einer halben Winkelminute. Damit lässt sich der Zerstreuungskreisdurchmesser ermitteln, der kleinste wahrnehmbare Unschärfen erzeugen kann. Dieser muss mindestens zwei Zapfen überdecken und demzufolge fünf Mikrometer oder eine Winkelminute groß sein. Die Zapfen erreichen damit eine Auflösung, die dem Auflösungsvermögen eines normalsichtigen Auges entspricht. Selbst bei noch enger stehenden Rezeptoren wäre keine höhere Auflösung zu erwarten, da die optische Abbildungsqualität des Auges keine feinere Darstellung zulässt.

Durch die gleichzeitige Fixierung eines Punkts mit beiden Augen liegt das Auflösungsvermögen bei etwa 1,6 Winkelminuten, da die Augen ständig minimal oszillieren, vergleichbar mit einem permanenten Autofokus. Bequemes Sehen, also ohne sich extrem auf einen Punkt zu konzentrieren, beginnt ungefähr bei vier Winkelminuten.

**Praxisbeispiel – Messen der Sehschärfe:** Die Sehschärfe wird vom Optiker mit Sehtafeln ermittelt. Es gibt verschiedene Symbole, die auf Sehtafeln verwendet werden können wie Landolt-Ringe, Snellen-Haken oder gewöhnliche Buchstaben. Die jeweiligen Zeichen sind in verschiedenen Größen auf der Sehtafel aufgedruckt. Werden sie aus einer bestimmten Entfernung erkannt, hat der Visus den Wert 1 (100 Prozent). Damit ist eine vollständige Sehschärfe nach amtlicher Definition gegeben. Die getestete Person kann dann zwei Punkte unterscheiden, die eine Winkelminute voneinander entfernt sind. Normalsichtige Menschen haben aber in der Regel einen deutlich höheren Visus als 1 und damit mehr als 100 Prozent Sehstärke.

Sehtesttafel mit E-Haken

### Nonius-Schärfe

Tatsächlich ist der Mensch jedoch in der Lage wesentlich feinere Strukturen zu erkennen. Die gemessene Auflösung liegt sogar bei rund fünf Winkelsekunden.

Dies erklärt sich durch die Tatsache, dass die Feinheit des Sehvorgangs nicht auf den Zapfen basiert, sondern auf den rezeptiven Feldern des Sehzentrums. So ist die effektive Auflösung durch geschickte Interpolation im Sehzentrum wesentlich höher, als sie physiologisch eigentlich sein könnte. Es sind wesentlich mehr Neuronen mit der Verarbeitung der Netzhautreize beschäftigt, als es dort überhaupt Rezeptoren gibt. Da diese Neuronen nicht einzelne Rezeptoren, sondern ganze rezeptive Felder nach bestimmten

Schwerpunkten verarbeiten, entsteht ein extrem leistungsfähiger und schneller Mechanismus zur Bildwahrnehmung, der die physiologischen Grenzen der Auflösung bei weitem übertrifft.

Diese entstehende Überauflösung wird Nonius-Sehschärfe oder auch Vernier-Sehschärfe genannt. Im täglichen Leben ist die Sehschärfe aber selten so hoch wie die maximale Nonius-Sehschärfe unter optimalen Messbedingungen, denn verschiedene Faktoren nehmen ständig Einfluss.

### Beeinflussungsfaktoren

Die Sehschärfe oder Auflösung lässt sich von verschiedenen Faktoren beeinflussen. Sie ist beispielsweise vom Netzhautort abhängig, wobei sich das Auflösungsvermögen außerhalb der Sehgrube reduziert. Die Sehschärfe sinkt besonders deutlich bei Sichtbedingungen mit vermindertem Kontrast. Ähnlich verhält es sich mit der Helligkeit. Ab etwa 1000 cd/m² ist die Sehschärfe in der zapfenbesetzten Sehgrube am höchsten (photopisches Sehen). Bei geringerer Helligkeit sinkt die Sehschärfe, da die Stäbchen der restlichen Netzhautbereiche größeres Gewicht bekommen. Bei nächtlicher Dunkelheit sind ausschließlich die Stäbchen aktiv (skotopisches Sehen).

Die Pupille ist ein weiterer Faktor für die Sehschärfe. Eine kleine Pupillenöffnung führt zu größerer Schärfentiefe, erhöht jedoch auch den Beugungseffekt, der die Schärfe wiederum reduziert. Eine große Pupillenöffnung hingegen verhindert Beugungsunschärfen, doch durch die gleichzeitige Nutzung der Randbereiche von Linse und Hornhaut treten Effekte wie sphärische und chromatische Aberration auf, die die Bildschärfe wieder mindern, wenngleich die Lichtstärke höher ist. Optimal liegt der Pupillen-

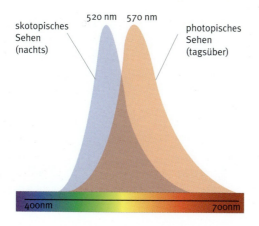

Tag- und Nachtsehen mit unterschiedlichen Rezeptoren

Funktionsweise des räumlichen Sehens | 37

durchmesser daher bei einem Mittelwert von rund drei Millimetern. Nicht zuletzt spielt bei der Auflösung auch die Bewegung eine Rolle. Langsam bewegte Objekte können schärfer wahrgenommen werden als gänzlich unbewegte oder zu schnelle Bewegungen.

Neben gesundheitlichen Einflüssen, wie Hornhauttrübungen, gibt es auch neuronale Aspekte, die das Auflösungsvermögen kennzeichnen. Das visuelle Zentrum ist auf horizontale und vertikale Linien spezialisiert und kann diese somit schärfer erkennen als Diagonalen. Diese Spezialisierung, Oblique-Effekt genannt, entwickelt sich erst nach der Geburt.

---

**Zusammenfassung**  Beim natürlichen Raumsehen gibt es wichtige Kenngrößen, die sich aus der Anatomie und Funktionsweise des Sehapparates ableiten lassen. Sie bilden auch die Grundlage für eine Bildaufnahme und -wiedergabe in Stereo-3D. Diese Kenngrößen umfassen die Augenparallaxe, die Akkommodation und die Konvergenz, sowie die temporale und spatiale Auflösung. Alle Kamera- und Bildparameter, die in den folgenden Kapiteln des Buchs behandelt werden, basieren auf diesen grundlegenden Kenngrößen der visuellen Wahrnehmung.

## Das Auge in Zahlen

| | |
|---|---|
| Mittlerer Augenabstand | 6,3 Zentimeter |
| Gesichtsfeld | horizontal etwa 180 Winkelgrad |
| | vertikal etwa 120 Winkelgrad |
| Durchmesser eines Auges | 2,2 Zentimeter |
| Gewicht eines Auges | 8 Gramm |
| Durchmesser der Iris | 12 Millimeter |
| Durchmesser der Pupille | maximal 9 Millimeter |
| | minimal 1 Millimeter |
| Brechkraft der Hornhaut | 43 Dioptrien |
| Brechkraft der Linse | 16 – 33 Dioptrien |
| Durchmesser der Linse | 6,5 – 9 Millimeter |
| Dicke der Linse | Kinder 3,5 – 4 Millimeter |
| | Erwachsene 4 – 5 Millimeter |
| Fläche der Netzhaut | etwa 12 Quadratzentimeter |
| Fläche des Gelben Flecks | etwa 2 Quadratmillimeter |
| Spektrale Empfindlichkeit | 400 – 760 Nanometer |
| Zapfen | 7 Millionen |
| Stäbchen | 120 Millionen |
| Schaltzellen | 1 Million |
| (und damit auch Zahl der Nervenfasern im Sehnerv) | |
| Zapfenabstand | 2,5 Mikrometer oder 30 Winkelsekunden |
| (in der Sehgrube) | |
| Sehschärfe | 60 Winkelsekunden |
| (Auflösung in der Sehgrube) | |
| Noniussehschärfe | 5 – 10 Winkelsekunden |
| (und damit auch Tiefensehschärfe oder Stereosehschärfe) | (Rekord bei 2 Winkelsekunden) |
| Stereo-Gebrauchssehen | rund 20 Meter |
| Stereo-Grenze | rund 1500 Meter |
| Akkommodationsnahpunkt | Kinder 7 – 10 Zentimeter |
| | Erwachsene 10 – 40 Zentimeter |
| | (im Alter bis 4 Meter) |
| Akkommodationsfernpunkt | 7 Meter |
| Panumraum | 10 Winkelminuten in der Sehgrube |
| | 1 – 2 Winkelgrad in der äußeren Netzhaut |
| Bewegungssehen | ab 1 – 2 Winkelminuten/Sekunde |

# 2 Psychologie des räumlichen Sehens

2.1 Tiefenhinweise

2.2 Binokularsehen

2.3 Teilbildkonflikte

2.4 Kompensationsprinzipien

2.5 Gestaltgesetze

## 2 Psychologie des räumlichen Sehens

Im vorangegangenen Kapitel wurde die Funktionsweise des Sehens beschrieben. Nach vielen Jahren ist der Stand der Forschung über die physiologischen Aspekte des Sehvorgangs mittlerweile weit fortgeschritten. Wie die Seheindrücke jedoch zur Wahrnehmung von ganzen Figuren und Bildern führen, ist noch nicht geklärt. Klar ist aber, dass die Bildinformationen, die im visuellen Zentrum verarbeitet und ausgewertet werden, anschließend mit Informationen anderer Sinne, wie etwa Gehör, Geruch oder Geschmack, sowie mit der Erfahrung und Erinnerung verknüpft werden. Dabei wird die starke Subjektivierung oder Relativierung des Gesehenen deutlich.

Forscher auf dem Gebiet der Psychologie versuchen, die Vorgänge von der anderen Seite aus zu betrachten und beschäftigen sich mit den Auswirkungen, die sich aus der Funktionsweise des Sehens ergeben. Dazu untersuchen sie verschiedene psychologische Phänomene des menschlichen Sehens und ziehen daraus Schlüsse hinsichtlich der Arbeitsweise des Gehirns.

Phänomene und optische Täuschungen treten auf, weil der menschliche Wahrnehmungsapparat im Verlauf der Evolution zahlreiche Strategien entwickelt hat, um das gigantische Datenaufkommen der sensorischen Informationen verarbeiten zu können. Dazu zählen vor allem die Bewertung und das Weglassen von Redundanz und die durch die spezielle Lebensweise des Menschen bedingte selektive Wahrnehmung. Für die stereoskopische Bildgestaltung sind solche Erkenntnisse von besonderer Relevanz.

Dieses Kapitel befasst sich daher mit den Aspekten der psycho-optischen Tiefenwahrnehmung. Dazu zählen die verschiedenen Tiefenhinweise, das Binokularsehen sowie Teilbildkonflikte. All das hat eine starke Bedeutung für die Bildgestaltung und die Rezeption stereoskopischer Bilder und wird in den gleichnamigen Unterkapiteln behandelt.

Die räumliche Wahrnehmung unterliegt aufgrund ihrer Funktionsweise bestimmten Regeln. Die wichtigsten werden im Unterkapitel „Kompensationsprinzipien" zusammengefasst und dargestellt.

Mit dem Unterkapitel „Gestaltgesetze" wird am Ende des Kapitels auf wichtige Aspekte aus der Gestaltpsychologie eingegangen, die für die Orientierung im Raum relevant sind.

## 2.1 Tiefenhinweise

Für die Wahrnehmung von Tiefe nutzt das visuelle System verschiedene Methoden, die auf die spezielle Lebensweise des Menschen zugeschnitten sind. Die verschiedenen Indikatoren für Tiefe (Tiefenhinweise) werden vom Gehirn je nach Entfernung, physiologischen Gegebenheiten und anderen Einflüssen unterschiedlich gewichtet und eingesetzt.

| Ein Auge (monokular) | Beide Augen (binokular) |
|---|---|
| Monokulare Bildindikatoren | Okulomotorische Indikatoren |
| Bewegungsindikatoren | Binokulare Disparität |

### ℹ Nah- und Fernpunkt

Die Bestimmung eines Nah- und eines Fernpunkts ist den meisten Bildgestaltern bereits von der Schärfe und der Schärfentiefe eines Bildes her bekannt. Bei Stereo-3D gibt es eine ähnliche Bestimmung. Der stereoskopische Nahpunkt bezeichnet dabei immer das vordergründigste Objekt des Bildes. Analog dazu bildet das Objekt mit der größten Entfernung zur Kamera den stereoskopischen Fernpunkt. Dieser kann durchaus schon in der sogenannten stereoskopischen Unendlichkeit liegen. Damit wird der Bereich bezeichnet, in dem ein Objekt keinen perspektivischen Unterschied mehr aufweist, der noch wahrnehmbar wäre. Dieses Prinzip ähnelt wiederum der Bildschärfe, bei der es ebenfalls einen Unendlichbereich gibt.

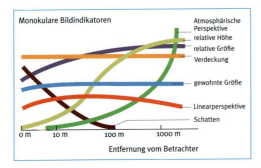

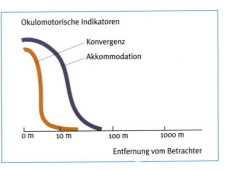

Die ungefähre Relevanz der einzelnen Tiefenhinweise in Bezug auf die Entfernung: Die Stärke der einzelnen Tiefenhinweise ist nicht absolut zu sehen, da ihre Wichtigkeit je nach situativem Kontext und in gegenseitiger Beeinflussung variiert.

Tiefenhinweise lassen sich in vier verschiedene Kategorien unterteilen. Monokulare Bildindikatoren und Bewegungsindikatoren sind bereits mit einem einzigen Auge auswertbar. Dagegen basieren okulomotorische Informationen sowie die binokulare Disparität auf der Nutzung beider Augen. Die binokulare Disparität ist der entscheidende Tiefenhinweis für die Stereoskopie.

▶ *Wenn alle Tiefenhinweise zusammenwirken, ist der 3D-Eindruck exzellent.*

### 2.1.1 Monokulare Bildindikatoren

Bei dieser Art von Tiefenhinweisen handelt es sich um erlernte, nicht angeborene Methoden der menschlichen Wahrnehmung, anhand von statischen Indikatoren im Bild Tiefeninformationen abzuleiten. Monokulare Bildindikatoren finden sich bei allen Arten zweidimensionaler Bilder, da sie weder Bewegung noch binokulares Sehen erfordern.

### Linearperspektive

Die Nutzung der Perspektive basiert auf der einfachen Erkenntnis, dass parallele Linien in der Tiefe scheinbar zusammenlaufen. Klassische Beispiele dafür sind Eisenbahnschienen, eine Straße oder eine Allee. Bilder mit einem solchen Fluchtpunkt, in dem sich die Linien zu treffen scheinen, haben eine sehr starke Tiefenwirkung.

Parallele Linien scheinen in der Ferne zusammenzulaufen.

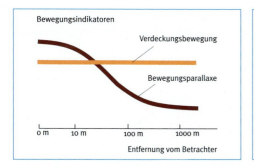

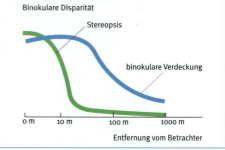

Psychologie des räumlichen Sehens | 45

Verdeckung: Die Orange verdeckt die Banane, liegt also vor ihr.
Schatten: Die Früchte werfen Schlagschatten und haben Eigenschatten auf der Oberfläche.

### Verdeckung, Überlappung

Überschneiden sich zwei Objekte, so wird das verdeckte Objekt hinter dem verdeckenden Objekt gesehen. Dadurch kann die Wahrnehmung Informationen über „Davor" und „Dahinter" ableiten, eine genauere Einschätzung über die jeweiligen Distanzen gelingt jedoch nur durch die kombinierte Auswertung mit anderen Tiefenhinweisen. Die Verdeckung ist ein besonders starkes und wichtiges Tiefenkriterium.

### Schatten

Durch Licht entsteht Schatten, den unsere Wahrnehmung zur Auswertung der Lage und Größe von Objekten im Raum heranzieht. Dabei wird zwischen Eigenschatten und Schlagschatten unterschieden.

Der Eigenschatten charakterisiert das Objekt selbst hinsichtlich seiner Struktur, Oberflächenbeschaffenheit und Form. Licht, das in einem spitzen Winkel auf das Objekt fällt, erzeugt stärkere Hell-Dunkel-Unterschiede als Licht aus der Kameraachse.

Der Schlagschatten stellt den Gegenstand in den Kontext zur Umgebung, indem er auf den Untergrund oder auf andere Objekte fällt. So lässt sich das Objekt besser im Raum einordnen.

### Relative Höhe

Die Wahrnehmung ist stets bestrebt eine Horizontlinie zu finden, um eine optimale Orientierung im Raum zu gewährleisten. Im Freien fällt dies recht leicht, da der Horizont meist sichtbar ist. In Gebäuden oder geschlossenen

Je weiter entfernt Objekte liegen, desto näher rücken sie an die Horizontlinie.

Größere Kreuze werden näher und kleinere weiter entfernt gesehen.

Räumen werden Strukturen ersatzweise auf horizontale Linien wie zum Beispiel einen Türbalken untersucht. Solche horizontalen Linien sind ein wichtiger Teil des Grundrasters beim Bildaufbau des visuellen Systems. Objekte im Bild werden daran ausgerichtet. Je näher sich ein Objekt im Bild an der Horizontlinie befindet, desto tiefer wird es im Raum wahrgenommen. Nahe Gegenstände weisen hingegen einen großen Abstand zum Horizont auf.

## Relative Größe

Befinden sich gleichartige Objekte im Sichtfeld, wird dasjenige näher empfunden, das größer auf der Netzhaut abgebildet wird. Die Erfahrung lehrt, dass Dinge mit wachsender Entfernung kleiner erscheinen. Der Mechanismus funktioniert auch bei verschiedenen Objekten, wenn die Größenverhältnisse zueinander bekannt sind. Dabei wirken die Tiefenhinweise der relativen Größe und der gewohnten Größe zusammen.

## Gewohnte Größe

Dinge des täglichen Lebens sind in Form, Farbe und Größe gut bekannt und so nutzt die Wahrnehmung diese gern als Vergleichsmaßstab für die Tiefenschätzung. Einer der meistgenutzten Maßstäbe ist der Mensch selbst. Da ein Mensch meist zwischen anderthalb und zwei Meter misst, niemals aber zehn Meter, hat die Wahrnehmung ein hervorragendes Kalibrierungsmittel, sobald sich eine Person im Sichtbereich befindet.

Die Größe eines Baums lässt sich gut abschätzen. Auch die Person im hinteren Teil des Bildes hilft, Größen und Tiefen besser zu beurteilen.

## Atmosphärische Perspektive

Die Erde besitzt eine Atmosphäre aus Gasen (Luft), die Partikel (Wasser, Staub) enthalten, an denen sich das Licht streut. Die dadurch in der Tiefe abnehmenden Kontraste, begleitet von zunehmender Helligkeit und Unschärfe, werden als Luftperspektive oder Dunstperspektive bezeichnet. Die Änderung der Farben von Rot-, Gelb- oder Grüntönen ins Bläuliche wird hingegen als Verblauung oder Vergrauung bezeichnet. Klare Kontraste und kräftige Farben werden eher als Vordergrund wahrgenommen, weiche Kontraste und blasse Farben eher in der Tiefe. Die atmosphärische Perspektive kann je nach Ort und Wetterlage unterschiedlich ausfallen.

Mit zunehmender Entfernung reduziert sich die Helligkeit und die Strukturen werden undeutlicher.

Warme Farben scheinen näher zu liegen als kältere.

## Farbperspektive

Warme Farben scheinen sich näher am Beobachter zu befinden als kalte Farben. Dies kann psychologische Gründe haben, aber auch physikalisch bedingt sein. Rot wird von der Augenlinse weniger stark gebrochen als Blau. Dadurch werden rötliche Punkte größer auf die Netzhaut projiziert als bläuliche und erscheinen näher.

## Texturgradient

Muster oder Strukturen mit gleichem Abstand scheinen zunehmend kleiner zu werden, wenn sie in die Tiefe führen. Gleichzeitig verringern sie mit steigender Entfernung scheinbar ihre Abstände. Mit diesem Wissen

Texturgradienten werden in der Tiefe kleiner.

Psychologie des räumlichen Sehens | 49

Tiefenkonflikt: Die Erfahrung sagt, dass die Sonne unendlich entfernt ist, doch der Sonnenstrahl verdeckt den Vordergrund (optischer Abbildungsfehler Blendensterne).

ausgerüstet, nutzt die menschliche Wahrnehmung Fliesen an der Wand genauso wie die Schwellen einer Eisenbahnschiene oder die Ähren eines Kornfeldes zur Gewinnung von Tiefeninformationen. Texturen sind ein sehr wichtiges Mittel, um Gegenstände innerhalb eines Raums richtig anzusiedeln. Gerade Bodentexturen werden von der Wahrnehmung bevorzugt für die Erkennung des vorhandenen Raums herangezogen.

### Konflikte der Tiefenindikatoren

Oft kommt es auch im täglichen Leben zu Konflikten bei der Bewertung der unterschiedlichen Tiefenhinweise. Der Wahrnehmungsapparat trifft dann schnelle Entscheidungen und gewichtet bestimmte Indikatoren stärker als andere. Dieser Mechanismus zur Orientierung im Raum ist sehr komplex und funktioniert dennoch blitzschnell, was für alle Lebewesen, die sich visuell orientieren, besonders wichtig ist. Schon seit Langem beschäftigt sich die Neurophysiologie intensiv mit solchen Wahrnehmungsphänomenen. Konflikte bei Tiefenhinweisen werden auch oft von Magiern und Zauberern oder in optischen Täuschungen angewendet.

### 2.1.2 Monokulare Bewegungsindikatoren

Bewegung verhält sich wie ein Magnet für die visuelle Wahrnehmung. Das mag ein Relikt aus der Jäger- und Sammlerzeit sein, ist aber immer noch sehr dominant. Wird irgendwo Bewegung wahrgenommen, springt die Aufmerksamkeit, also der Blick, sofort in diese Richtung.

Bewegungsindikatoren sind ein sehr starkes monokulares Tiefenkriterium und sie werden vom Wahrnehmungssystem oft dazu benutzt, fehlende binokulare Informationen zu kompensieren. Bei Menschen, auf die das zutrifft, lässt sich meist eine unwillkürliche Kopfbewegung zur Bewegungserzeugung beobachten.

### Bewegungsparallaxe

In der Hauptsache handelt es sich bei Bewegungsindikatoren um die Bewegungsparallaxe. Die Relativbewegungen von Betrachter und Objekten zueinander geben Aufschlüsse auf die Tiefe, da sich entfernte Objekte scheinbar langsamer bewegen als nahe Objekte. Dabei ist sowohl aktive als auch passive Bewegung relevant. Das heißt, es gibt sie als Betrachterbewegung (beziehungsweise Kamerabewegung) oder als Objektbewegung sowie in Kombination.

Bei schnellen Vorwärtsbewegungen wie Fahrten in der Realität oder bei Motion Rides (Bewegungsplattformen im Unterhaltungsbereich) ist die Bewegungsparallaxe sehr stark. Bedingt durch die zentrale Gerade-

Im Vordergrund entsteht Bewegungsunschärfe, weil sich die Objekte schneller bewegen als im Hintergrund.

### i Optisches Fließen

Eine Sonderform der Bewegungsparallaxe ist das Optische Fließen. Der Effekt ist beim Autofahren zu beobachten, beim Blick aus einem Flugzeugcockpit oder einer fahrenden Lokomotive nach vorn. Vorhandene Objekte und Strukturen erzeugen den Eindruck, sie würden seitlich wegfließen. Nur der Mittelpunkt bleibt stabil und wird dadurch auch fixiert. In der Praxis des Fahrzeugführens wird dieser Punkt angesteuert.

Die mit den Randbereichen der Netzhaut wahrgenommenen Fließbereiche wirken besonders unscharf und schnell, da diese Netzhautbereiche nicht auf Schärfe, sondern auf Bewegung spezialisiert sind. Je weiter sich das Optische Fließen zur Bildmitte hin ausdehnt, desto größer ist die empfundene Geschwindigkeit. Besonders bei Simulatoren und Science-Fiction-Filmen (beispielsweise wenn Raumgleiter durch Sternenkreuzer rasen) spielt das Optische Fließen eine große Rolle, genauso aber auch bei Bewegungen durch ein Kornfeld oder dichtes Dickicht.

Bei schnellen Geradeausfahrten tritt Optisches Fließen auf.

ausbewegung verbunden mit der meist hohen Geschwindigkeit kommt dabei noch ein weiterer Tiefenhinweis zum Tragen – das Optische Fließen. Dies ist eine Extremform der Bewegungsparallaxe.

Die Bewegungsparallaxe wird oft gezielt eingesetzt, um in Film und Fernsehen einen guten räumlichen Eindruck zu erreichen. Zu diesem Zweck wurden zahlreiche Werkzeuge, wie Dolly, Kran oder Schwebestativ entwickelt.

## Verdeckungsbewegung

▶ *Die Verdeckung ist ein Tiefenhinweis, der sowohl monokular als auch binokular bedeutsam ist.*

Als weiterer Indikator wird die bewegte Verdeckung angesehen. Die Verdeckung des hinteren Objekts durch das vordere Objekt ist wegen der Bewegung zu jedem einzelnen Zeitpunkt anders. Sie ändert sich also gemeinsam mit der Bewegungsparallaxe. Dieser Effekt kann zustande kommen, wenn sich ein Objekt oder mehrere Objekte bewegen oder wenn sich der Betrachter beziehungsweise die Kamera bewegt und natürlich auch, wenn beides zutrifft.

Im Prinzip handelt es sich bei diesem Tiefenindikator um eine Kombination des monokularen Tiefenhinweises der Verdeckung mit der Bewegungsparallaxe. In der Praxis wird die Verdeckungsbewegung selten von der Bewegungsparallaxe unterschieden. Besonders gute Aufschlüsse über die Tiefe und den dazwischen liegenden Raum geben Objekte, die sich verdecken und gleichzeitig unterschiedlich schnell bewegen. Gleichzeitig wirken weitere Tiefenhinweise mit, wie die relative Größe oder die Erfahrung.

Die Verdeckung des Schiffs durch das Schild ändert sich fortlaufend mit der Bewegung des Schiffs.

### 2.1.3 Okulomotorische Informationen

Die Fokussierung oder auch Akkommodation der Augen und die Konvergenz, also der Schielwinkel der Augen zueinander, bilden die Gruppe der okulomotorischen Tiefenhinweise. Konvergenz und Akkommodation werden gewöhnlich im gegenseitigen Kontext ausgewertet. Ihre Hauptbedeutung liegt im Nahbereich. Das Gehirn steuert sie zusammen mit der Pupillenöffnung, wodurch der Begriff „Naheinstellungstrias" geprägt wurde.

Die größte Relevanz haben Konvergenz und Akkommodation im unmittelbaren greifnahen Bereich. Ab etwa einem Meter Entfernung verändern sich die Werte nur noch geringfügig, wodurch die Bedeutung der Akkommodations-Konvergenz-Verkopplung mit zunehmender Entfernung stetig abnimmt.

Die Verkopplung spielt besonders bei der Betrachtung von Stereo-3D-Bildern eine Rolle, denn dann kommt es zu einer Abweichung im Vergleich zum natürlichen Sehen. Dies ist insbesondere bei Displays der Fall, bei denen eine geringe Distanz zur Bildebene gegeben ist.

### 2.1.4 Binokulare Disparität

Die Verschiebung zwischen einander entsprechenden Punkten in den beiden Teilbildern heißt Disparität. Das englische Wort „disparity" bedeutet auf Deutsch „Abweichung" und hat seine Ursprünge im lateinischen „disparatio" (Trennung).

Die binokulare Disparität spielt für Stereo-3D eine besondere Rolle. Als Herausstellungsmerkmal eines stereoskopischen Bildes handelt es sich bei der Disparität quasi um den vielzitierten „3D-Effekt".

### Stereopsis und Fusion

Die Funktionsweise von Fusion und Stereopsis basiert auf der räumlichen Trennung der Augen (Parallaxe). So werden Objekte aus zwei unterschiedlichen Perspektiven gesehen. Das Gehirn ist in der Lage, aus diesen beiden Bildern Tiefeninformationen abzuleiten. Durch die Stereopsis können Objekte in Bezug auf den fixierten Punkt räumlich eingeordnet werden. Diese lassen sich dann davor oder dahinter wahrnehmen. Werden die beiden Teilbilder verschmolzen, entsteht ein virtuelles Bild, welches ungefähr mittig zwischen beiden reellen Teilbildern liegt. Dieser Vorgang heißt Fusion. Das entstehende Gesamtbild wird zyklopisches Bild genannt.

Das folgende Kapitel „Binokularsehen" befasst sich eingehend mit den Auswirkungen der binokularen Disparität und geht insbesondere auf die Fusion und die Stereopsis ein, die dadurch erst ermöglicht werden.

### Binokulare Verdeckung

Ein weiterer Tiefenhinweis, der durch das zweiäugige Sehen möglich wird, ist die Verdeckung. Sie ist schon von den monokularen Tiefenhinweisen bekannt. Durch die beiden unterschiedlichen Perspektiven einer Stereo-3D-Kamera entstehen Unterschiede in der Verdeckung. In jedem der

Vor und hinter dem Baum (Nullebene) gibt es Disparitäten.

▶ *Die Disparität enthält keine Information über die absolute Entfernung eines Objekts, sondern lediglich über die Entfernung relativ zum Fixationspunkt.*

Die Binokulare Verdeckung wird durch abwechselndes Betrachten mit linkem und rechtem Auge durch die 3D-Brille deutlich. Um die Personen kann sozusagen herumgesehen werden.

beiden Teilbilder ist die relative Lage der einzelnen Objekte zueinander etwas verschieden. Auch durch diese binokulare Verdeckung wird stereoskopische Tiefe wahrgenommen.

Der Wahrnehmungsapparat erkennt Verdeckungen als Überlagerungen von Punkten durch andere Punkte oder Objekte. Damit lässt sich dieser Effekt eher zur Gestaltwahrnehmung zählen, nicht jedoch zur Stereopsis. Die binokulare Verdeckung ist ein von der Stereopsis unabhängiger Vorgang. Zusammen mit der Fusion wird durch die binokulare Verdeckung das „Herumsehen" um Objekte möglich. Es tritt besonders bei nah gelegenen Objekten auf, die jeweils für ein Auge mehr Hintergrund verdecken als für das andere Auge. Durch die Fusion beider Augen kann im Gesamtbild gewissermaßen ein wenig um die Kanten des Objekts herum gesehen werden.

**Zusammenfassung**

Zur Erkennung von Tiefe und Räumlichkeit bedient sich der Wahrnehmungsapparat unterschiedlicher Methoden. Diese sogenannten Tiefenindikatoren lassen sich in vier Gruppen gliedern. Bildindikatoren und Bewegungsparallaxe sind die beiden monokularen Gruppen. Sie funktionieren bereits mit einem Auge und gewährleisten damit eine grundlegende Orientierung im Raum. Durch das Zusammenspiel von zwei Augen können wesentlich feinere Tiefenunterscheidungen gemacht werden. Hier sind die beiden binokularen Gruppen der Tiefenindikatoren zu nennen – okulomotorische Tiefenhinweise und die Binokulare Disparität. Diese ist besonders im Nahbereich relevant und bildet die Grundlage für Stereo-3D.

## 2.2 Binokularsehen

Die Nutzung von zwei Augen beim Sehvorgang wird Binokularsehen genannt. Je mehr sich die Gesichtsfelder der beiden Augen überdecken, desto mehr Stereo-3D-Informationen kann das Gehirn ermitteln. Auf diese Weise analysiert es den Raum auf stereoskopische Tiefe. Abstände zwischen Objekten und ihre Lage im Raum können dabei besonders gut eingeschätzt werden. Beim binokularen Einfachsehen werden vor allem zwei Dinge unterschieden – die Stereopsis und die Fusion. Beide Mechanismen sind für die Stereoskopie von besonderer Bedeutung.

### 2.2.1 Fusion

Wenn beim Binokularsehen zwei Teilbilder übereinander liegen, kann die Stereopsis Tiefeninformationen ableiten. Das sehende Individuum würde dabei aber Doppelbilder wahrnehmen, welche die Orientierung im Raum und das klare Erkennen von Objekten deutlich erschweren. Das Gehirn hat deshalb einen Mechanismus entwickelt, der die beiden Teilbilder oder bestimmte Stellen der Teilbilder zu einem einzigen Gesamtbild verschmelzen lässt. Das fusionierte Bild wird in der Regel mittig gesehen, also zwischen den beiden Augen liegend. Dabei werden aber nicht nur disparate Punkte zu einem Punkt verschmolzen, sondern auch unterschiedliche Verdeckungen im Bild zu einer Verdeckung im Gesamtbild verrechnet.

Zyklopenbild: Eine linke und eine rechte Ansicht verschmelzen zu einer mittigen Ansicht. In diesem Beispiel sind die Perspektiven zu verschieden für eine Fusion (zu große Basis und konvergente Kameras). Die Teilbildunterschiede sind besonders im Vordergrund gut erkennbar.

## Horopter

Die Netzhäute der beiden Augen sind weitestgehend identisch. Auf beiden Seiten existieren einander entsprechende Bereiche. Sie werden korrespondierende Stellen genannt. Wenn die Augen einen Punkt im Raum fixieren, wird dieser Punkt auf solche korrespondierenden Stellen in der jeweiligen Sehgrube projiziert. Auch links und rechts der fixierten Stelle gibt es Punkte, die in korrespondierenden Netzhautstellen abgebildet werden. Diese Punkte bilden eine Linie, die entsprechend der Wölbung der Netzhaut gebogen ist. Diese Linie ist der Horopter.

Mathematisch betrachtet bildet die Linie einen Kreis, in dem sie den fixierten Punkt mit den Knotenpunkten der beiden Augen verbindet. Nach seinen Entdeckern wird er Vieth-Müller-Horopterkreis genannt. Darüber hinaus wurde auch eine vertikale Horopterlinie ermittelt, die ebenfalls durch den Fixationspunkt verläuft. Diese beiden Linien bilden jedoch keine Fläche. Sie werden Punkthoropter oder Totalhoropter genannt. In empirischen Untersuchungen wurde ein davon abweichender tatsächlicher Horopter ermittelt. Dieser gleicht dem Punkthoropter nur im Nahbereich und entwölbt sich dann bis zu einer Linie, die sich in großer Entfernung sogar in die entgegengesetzte Richtung biegt. In den meisten Fällen hat der Horopter eine relativ flache und breite Form. Die vertikale Linie des empirischen Horopters ist leicht nach hinten geneigt, wodurch sich die Orientierung auf Ebenen wie dem Erdboden verbessert.

Beim natürlichen Sehen treffen alle Punkte, die auf der Horopterlinie liegen, auf identische Netzhautstellen. Die Disparität beträgt an dieser Stelle stets Null, linker und rechter Bildpunkt sind also deckungsgleich. Befindet sich ein Objekt vor oder hinter dem Horopter, so korrespondieren die beiden Bildpunkte links und rechts nicht miteinander, sie sind dispa-

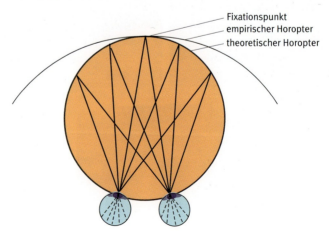

Empirischer und theoretischer Horopter

rat. Aus dem Wert dieses Versatzes leiten die genau dafür zuständigen Stereoneurone (Zellen für räumliche Tiefe in der Sehrinde) die Information ab, in welcher Entfernung vom Horopter sich das Objekt befindet. Liegt das Objekt vor dem Horopter, handelt es sich um gekreuzte Disparität, befindet es sich dahinter, handelt es sich um ungekreuzte Disparität.

Einige Stereozellen haben ihre höchste Empfindlichkeit im Bereich von wenigen Winkelminuten um den Horopter, andere sind nur für größere Disparitäten hinter oder vor dem Horopter empfindlich. Je größer die Entfernung vom Horopter ist, desto weniger Stereozellen sprechen an. Es gibt auch etliche Zellen, deren rezeptive Felder direkt auf dem Horopter liegen und damit auf Objekte in der fixierten Entfernung reagieren.

**Das Wichtigste in Kürze – Fusion:** Beim normalen Sehen im Alltag werden Bildstellen oder ganze Bilder summiert, das heißt, sie werden miteinander verschmolzen. Dieses Phänomen wird Fusion genannt. Die Fusion findet dann statt, wenn Abweichungen zwischen beiden Teilbildern innerhalb der Toleranzgrenzen liegen. Werden diese jedoch überschritten, kommt es zu einer Unterdrückung der problematischen Bildstellen. Dazu verfügt die Wahrnehmung über einen Mechanismus – die Suppression. Bei Abbildungen wie Fotos, Film oder Video funktioniert der Suppressionsmechanismus, also die Unterdrückung problematischer Stellen nicht. Deshalb kann es hier zu binokularer Rivalität kommen, ein Phänomen, das beim natürlichen Sehen nicht auftritt. Die Wahrnehmung schaltet bei der Rivalität in größeren Zeitabständen zwischen den beiden Teilbildern hin und her, es wird also lokal oder sogar global monokular gesehen.

Punkte vor oder hinter dem Horopter (Fixationspunkt) treffen auf linker und rechter Netzhaut verschiedene (disparate) Stellen. Dieser Versatz ist die Disparität.

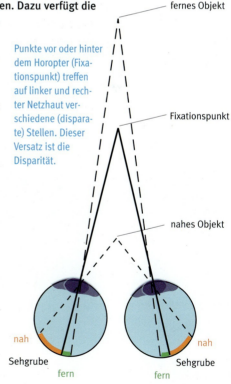

Das Auge ist beim natürlichen Sehen bestrebt, wichtige Dinge zu fokussieren, also mit der Sehgrube zu erfassen. Dafür werden ständig Sakkadenbewegungen durchgeführt. Mit jeder Blickbewegung oder Fixationsänderung gibt es einen neuen Horopter und damit eine neue Tiefenrelation. Die Umgebung wird auf diese Weise ständig neu ertastet und gescannt, anders als beim stereoskopischen Bewegtbild, bei dem die Nullebene schließlich nicht wild umherspringt.

Psychologie des räumlichen Sehens | 57

▶ *Vor dem Horopter liegende Punkte werden gekreuzt disparat und dahinter liegende Punkte ungekreuzt disparat abgebildet. So kann das Sehzentrum zwischen „Davor" und „Dahinter" unterscheiden.*

Die Relevanz des Horopters konzentriert sich vor allem im Bereich des Fixierpunkts, da die davon weit entfernten Punkte ohnehin nur mit Randbereichen der Netzhaut wahrgenommen werden und somit kaum Auflösung und Schärfe erhalten.

## Panumraum

Entlang der Linien des Horopters kommt es zum binokularen Einfachsehen, da alle Punkte auf identische, korrespondierende Netzhautstellen fallen. Aber auch innerhalb eines kleinen Bereichs um den Horopter herum werden Punkte problemlos verschmolzen. Dieser Bereich wird Panumscher Fusionsraum oder kurz Panumraum genannt. Doppelstrukturen, die durch disparate Punkte auftreten müssten, werden in diesem Bereich durch die Fusion unterdrückt. Im Zentrum der Netzhaut fallen Disparitäten bis etwa zehn Winkelminuten in den Bereich des Panumraums. Bei einer Entfernung von fünf Metern sind das gerade einmal 1,5 Zentimeter. An den äußeren Stellen der Netzhaut werden sogar zwei Winkelgrad erreicht. Dort werden also wesentlich größere Disparitäten verschmolzen. Der Panumraum wird auch in vertikaler Richtung größer. Scharf gesehen werden kann allerdings nur im Fixationsbereich, weil die beiden Fixationspunkte direkt in die Sehgrube projiziert werden. Damit die Fixation und die Akkommodation ständig nachjustiert werden können, gibt es winzige Defokussierungen und Mikrosakkaden. Diese sind erst durch den Panumraum möglich. Sie würden andernfalls bereits zu Fusionsstörungen führen.

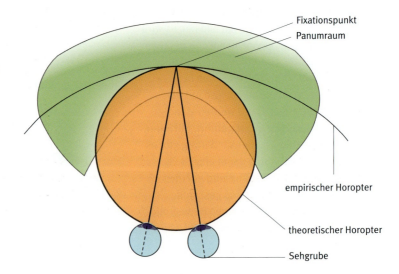

Der Panumraum erstreckt sich um den Horopter.

## Einfachsehen

Bei der Fusion werden die Raumwerte der beiden Teilbilder zu einem neuen binokularen Wert verrechnet. Dabei kann es aufgrund verschiedener Sehstärken und anderer Faktoren zur Übergewichtung eines Auges kommen, ohne dass die Fusion beeinträchtigt wird. Erst wenn ein Auge komplett kompensiert werden muss, ist keine Fusion mehr möglich. Die fehlenden stereoskopischen Bildinformationen werden dann durch monokulare Tiefenhinweise ersetzt.

Die Fusion und damit das binokulare Einfachsehen kann nur innerhalb eines kleinen Raums um den Fixationsbereich funktionieren. Dieser Raum ist der Panumraum, dessen Zentrum aus horizontalem und vertikalem Horopter gebildet wird. Innerhalb dieses schmalen Raums werden Objekte einfachgesehen, also verschmolzen. Außerhalb des Panumraums entsteht Doppeltsehen.

Durch die Fusion ergibt sich für den Betrachter ein einzelnes Bild statt zweier Teilbilder. Dieses eine Bild wird in der Regel

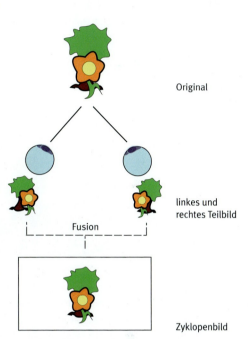

Teilbilder verschmelzen zu einem Zyklopenbild.

> **i Fusion und Stereopsis**
>
> Das stereoskopische Sehen ermöglicht dem Menschen gerade im Nahbereich einen besonders plastischen Raumeindruck. Diese Wahrnehmung der Tiefe basiert auf der Stereopsis und funktioniert unabhängig von Bildfusion und Panumraum. Die Stereopsis ist eine relative Tiefenwahrnehmung, sie ermöglicht also eine gute Abschätzung der Tiefe einzelner Objekte oder verschiedener Objekte zueinander. Der eigene Abstand zum Gesehenen lässt sich über die Stereopsis jedoch kaum bestimmen. Dafür werden andere Tiefenhinweise herangezogen.
>
> Im Bereich des Panumraums, der sich um den Horopter erstreckt, kommt es in der Regel zur Fusion der beiden monokularen Teilbilder zu einem Gesamtbild. Lokale Stereopsis findet unabhängig davon an verschiedenen Stellen der Netzhaut statt und wird zu einer globalen Stereopsis summiert. Das funktioniert auch dann noch, wenn die Fusion nicht mehr möglich ist und bereits Doppelbilder auftreten.

Die einzelnen Teilbilder sind monoskopisch. Stereoskopische Tiefe entsteht erst mit dem Zyklopenbild.

genau zwischen den beiden Augen empfunden und in Analogie zu dem einäugigen Wesen aus der griechischen Mythologie Zyklopenbild genannt. Die beiden tatsächlichen Sehstrahlen der Augen haben bei Konvergenz auf einen Punkt eine andere Richtung als das durch die Fusion entstandene zyklopische Bild.

**Praxisbeispiel – Fusion:** Eine Papröhre lässt sich gut einsetzen, um den beiden Augen separate Bilder zuzuführen. Die Rolle muss wie ein Fernrohr vor ein Auge gehalten werden, während beide Augen geöffnet bleiben. Der Blick soll entspannt sein, sodass er in die Ferne akkommodiert. Nun wird die andere Hand seitlich an die Papprolle herangeführt. Bei gleichzeitiger Betrachtung entsteht der Eindruck, die Hand hätte ein Loch, durch das hindurch gesehen wird. Das Gehirn hat die beiden Teilbilder zu einem neuen Bild verschmolzen. Dabei hat es einige Teile des einen Bildes und einige Teile des anderen Bildes verwendet.

Wird die Hand durch einen Gegenstand, beispielsweise eine Münze ersetzt und dieser Gegenstand von der Röhrenöffnung dicht neben der Röhre zur Nase geführt, so wird der Eindruck erweckt, dass der Gegenstand durch das Papprohr auf den Betrachter zufliegt.

## 2.2.2 Stereopsis

Die Stereopsis funktioniert über die Auswertung korrespondierender Bildpunkte, das heißt sie analysiert horizontalen Versatz von identischen Punkten auf der Netzhaut im linken und rechten Auge. Ist dieser Versatz positiv (ungekreuzte Disparität) ergibt sich der Eindruck „weiter", bei negativem Versatz (gekreuzte Disparität), wird der Punkt „näher" als die Fixationsentfernung gesehen.

Die Stereopsis ist damit nur zu relativer Wahrnehmung der Tiefe in der Lage. Sie ermöglicht eine hervorragende Beurteilung von Objekten im Nahbereich, deren Ausdehnung und Oberflächenbeschaffenheit und hilft, Abstände von Objekten zueinander zu erkennen. Die Entfernung des Objekts zum Betrachter selbst lässt sich damit aber nicht ermitteln.

Vertikale Disparitäten (Höhenversatz) kommen beim natürlichen Sehen ebenfalls vor. Liegen Objekte im seitlichen Gesichtsfeld und außerhalb des Horopters, haben sie unterschiedliche Entfernungen zu linkem und rechtem Auge, wodurch geringer Höhenversatz entsteht. Dieser wirkt nicht störend, zumal diese Randbereiche nur undeutlich wahrgenommen werden können. Er führt aber auch zu keiner Tiefenwahrnehmung.

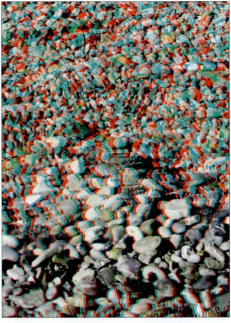

Selbst bei komplexen Strukturen ermöglicht die Stereopsis eine blitzschnelle Zuordnung der linken und rechten Bildpunkte.

### Qualitative und quantitative Stereopsis

Nach der Funktionsweise lässt sich die Stereopsis in fein und grob unterteilen. Die grobe, auch qualitativ genannte Stereopsis ist nicht an binokulares Einfachsehen, also die Fusion gebunden. Teilbilder können in Form, Leuchtdichte oder Kontrast sogar recht unterschiedlich sein, ohne dass der Eindruck relativer Tiefe verloren geht. Dies ist außerdem über einen großen Raum an Disparitäten über den Panumraum hinaus möglich, so sind durchaus Werte von acht Winkelgrad im zentralen Gesichtsfeld bis hin zu 15 Winkelgrad in den Randbereichen erreichbar. Die feine oder quantitative Stereopsis beschränkt sich hingegen auf einen recht kleinen Bereich von Disparitäten, der ungefähr dem Panumraum entspricht. Über die feine Stereopsis ist es möglich, Objekte sehr genau in ihrer tatsächlichen Tiefe zu erfassen, während die grobe Stereopsis lediglich ein „Davor" und „Dahinter" unterscheidet.

▶ Die Stereopsis ist nicht immer das dominierende Kriterium der Tiefenwahrnehmung, aber ruft die mit Abstand plastischste Raumempfindung hervor.

Die feine, quantitative Stereopsis bleibt auf einen kleinen Bereich um den Fixationspunkt beschränkt. Die grobe, qualitative Stereopsis geht über den Panumraum hinaus.

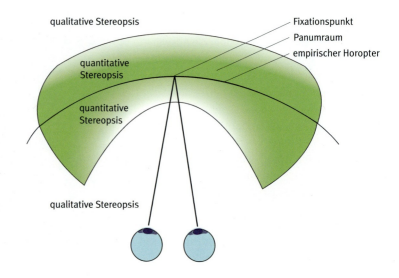

## Globale und lokale Stereopsis

Des Weiteren wird lokale und globale Stereopsis unterschieden. Die Vergleiche von Netzhautbereichen hinsichtlich disparater Punkte erfolgt über Stereoneurone, die bestimmte, relativ kleine rezeptive Felder haben. Über diese Felder ist die Größenordnung der lokalen Stereopsis vorgegeben. Da sie lokal arbeitet, muss sie nicht über das ganze Bild möglich sein. In einer höheren Ebene des visuellen Zentrums werden die Ergebnisse der lokalen Stereopsis zu einer globalen Stereopsis zusammengefasst. Erst so ergibt sich ein Tiefeneindruck des gesamten Bildes. Bei der globalen Stereopsis wird durch Hemmungs- und Verstärkungsmechanismen die Entstehung kompletter Objekte und Flächen begünstigt.

## Statische und kinetische Stereopsis

Nicht zuletzt gibt es noch eine Unterscheidung von statischer und kinetischer Stereopsis. Während die meisten Fälle von Stereopsis statischen Charakter haben und damit die genaue und feine Tiefenerkennung von statischen oder langsam bewegten Objekten ermöglichen, geht es bei der kinetischen Stereopsis um eine drastische Reduzierung der Genauigkeit zugunsten einer Erkennbarkeit von schnell bewegten Objekten. Dabei kann es sich beispielsweise um Gegenstände handeln, denen der Betrachter ausweichen muss, um Gefahren vorzubeugen.

Klare Linien und Strukturen erleichtern die Stereopsis.

**Das Wichtigste in Kürze – Stereopsis:** Bei der Auswertung der beiden Netzhautbilder analysiert das Sehzentrum die Unterschiede (Disparitäten) in der Lage zusammengehöriger Punkte. Wenn ein Versatz entdeckt wird, schließt die Wahrnehmung daraus, dass der Punkt nicht an der Stelle liegt, die das Auge gerade fixiert, sondern entweder davor oder dahinter. Dieser Mechanismus heißt Stereopsis. Die Stereopsis ist in der Lage, sehr kleine Unterschiede zwischen den zusammengehörigen (homologen) Punkten zu erkennen. Dadurch ist eine äußerst feine und genaue Tiefenabstufung möglich. Die Stereopsis kann nur funktionieren, wenn zwei Teilbilder vorhanden sind, wenn also mit 3D-Kameras gefilmt oder fotografiert wird. Sie bildet die Grundlage für Stereo-3D.

### i  Stereopsis und Bildgestaltung

Die Stereopsis beruht auf dem Vergleich von Linien und Strukturen. Kontraste sind daher im Bild von enormem Vorteil. Klare Linien wie Geländer, Mauern, Pfosten können den räumlichen Eindruck deutlich verbessern. Helle Bereiche lassen sich stereoskopisch wesentlich besser wahrnehmen, da die feine Stereopsis vor allem im Bereich der Sehgrube stattfindet. Diese ist nur mit Zapfen besetzt, die eine relativ geringe Lichtempfindlichkeit aufweisen. Helle Bildstellen erweisen sich auch als dominant. Ist in einem der beiden Teilbilder ein heller Reflex vorhanden, der im anderen Teilbild fehlt, wird der Reflex im Gesamtbild gesehen.

### Korrespondenzproblem und Rauschmuster-Stereogramm

Beim natürlichen Sehvorgang werden alle Tiefenhinweise zusammen ausgewertet, was die Genauigkeit des Sehens erhöht, aber die Messung einzelner Komponenten erschwert. Um die Bedeutung der binokularen Disparität und die Funktionsweise der Stereopsis besser zu verstehen, wurde von Bela Julesz das Rauschmuster-Stereogramm entwickelt. Damit lassen sich alle anderen Tiefenhinweise ausschalten und die Stereopsis isoliert untersuchen. Auch die Stereo-Sehfähigkeit einer Person kann auf diese Weise geprüft werden.

Das Rauschmuster-Stereogramm ist ein per Zufallsgenerator erschaffenes Muster aus Punkten, welches aber keine erkennbare Bildinformation beinhaltet. Rechtes und linkes Teilbild unterscheiden sich darin, dass einige der Punkte horizontal verschoben sind. Während die Unterschiede in den beiden Bildern mit bloßen Augen kaum zu entdecken sind, werden sie bei stereoskopischer Sehweise sofort erkannt. Die versetzten Punkte werden dann entsprechend vor oder hinter der Bildebene gesehen.

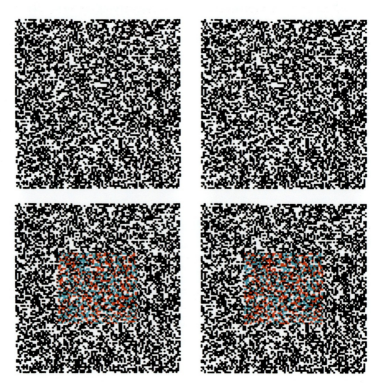

Oben: Rauschmuster-Stereogramm von Julesz (linkes und rechtes Auge);

Unten in Stereo-3D: Links richtig kombiniert – Quadrat schwebt davor. Rechts seitenvertauscht – Quadrat liegt dahinter

Beim Aufsetzen der 3D-Brille entsteht sofort ein räumliches Bild. Zusammengehörige linke und rechte Bildpunkte werden durch die Stereoneurone blitzschnell erkannt.

Durch das Rauschmuster-Stereogramm wirft sich die Frage auf, wie es möglich ist, dass das Sehzentrum im Bruchteil einer Sekunde die richtigen Punktpaare gefunden hat, obwohl das Bild abstrakter nicht sein kann. Dieses Phänomen wird von Wahrnehmungspsychologen Korrespondenzproblem genannt. Darunter fällt auch die Frage, wozu ein solch präziser Erkennungsmechanismus überhaupt existiert, da doch in der Natur eindeutige Punktpaare vorkommen.

Inzwischen ist bekannt, dass die schnelle Zuordnung der Bildpunkte durch die Stereoneurone im visuellen Zentrum ermöglicht wird. Dort gibt es Millionen von verschiedenen „Spezialisten", die nur auf bestimmte Disparitäten reagieren, sodass eine Tiefenauswertung über die globale Stereopsis schnell und effektiv erfolgen kann.

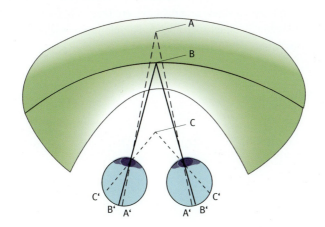

Auf dem Horopter und innerhalb des grün gekennzeichneten Panumraums werden keine Doppelbilder gesehen.

Psychologie des räumlichen Sehens | 65

**Funktion des Auges – Fixierung und Horopter:** Blickt das Auge auf ein bestimmtes Objekt in nicht unendlicher Entfernung, konvergieren die Augenachsen auf diesen Punkt (in der Grafik mit B gekennzeichnet), der in der jeweiligen Fovea abgebildet wird (B´). Die Disparität ist dabei gleich null. Der Punkt A ist nur kurz hinter dem Fixationspunkt und wird in beiden Augen disparat, also leicht versetzt abgebildet. Da er aber noch mit der Sehgrube wahrgenommen wird, erscheint er scharf. Die Disparität ist kleiner als neunzig Winkelminuten, sodass sie zur Tiefenauswertung herangezogen werden kann.

Punkte, die außerhalb des Panumraums liegen (beispielsweise Punkt C), lassen sich kaum fusionieren. Sie sorgen für starke Doppelbilder, die jedoch nicht stören, da bei solch großen Abständen vom Zentrum der Sehgrube keine scharfen Strukturen mehr erkannt werden können.

Die ungleiche Verteilung des scharfen Sehens auf der Netzhaut und die begrenzte Fähigkeit der Auswertung binokularer Disparität ergänzen sich also gegenseitig und sorgen beim natürlichen Sehen dafür, dass durch die ständige Überschreitung von Grenzwerten keine Wahrnehmungsprobleme auftreten.

**Zusammenfassung** Das Binokularsehen ist für die räumliche Wahrnehmung im Nahbereich von großer Bedeutung. Durch die Stereopsis können feinste Tiefenverhältnisse und Materialstrukturen erkannt werden. Die Fusion sorgt dabei für das Sehen eines einzelnen Bildes anstatt zweier überlagerter Teilbilder. Die Wahrnehmung basiert auf Vergleichen mit Mittelwerten und Zentralpunkten. Auch binokulares Sehen nutzt keine absoluten Werte, sondern erkennt beispielsweise davor und dahinter, größer und kleiner. So kann die Stereopsis zum Beispiel auch noch funktionieren, wenn die Grenzwerte des Panumraums deutlich überschritten wurden.

## 2.3 Teilbildkonflikte

Erhalten die Augen widersprüchliche Signale, kommt es zu Unterschieden in den beiden Teilbildern, die im visuellen Zentrum zu Problemen führen. Je nach Art und Stärke der Teilbildkonflikte reagiert das Gehirn mit bestimmten Maßnahmen wie Summation und Rivalität.

Unterschiedliche Teilbilder können nicht nur beim Betrachten von Stereo-3D-Bildern entstehen, sondern auch beim natürlichen Sehen. Ein sehr nahes Objekt, das nur von einem Auge gesehen wird, wäre eine solche Situation. Aber auch durch Sehfehler und Augenkrankheiten können Probleme mit dem Stereosehen entstehen.

Unterschiede in Helligkeit, Kontrast oder Farben treten vorwiegend bei Wiedergabesystemen auf. Beim Normalsehen werden derartige Differenzen langfristig adaptiert, insofern sie Hornhautveränderungen oder anderer Augenfehler zuzuschreiben sind. Damit fallen sie quasi nicht mehr ins Gewicht.

Die Toleranzen und Grenzwerte, die durch die Physiologie des Auges vorgegeben sind, sollten bei stereoskopischen Bildern besonders beachtet werden, damit die Anstrengung für den Betrachter nicht unnötig erhöht wird. Unterschiede, die beim natürlichen Sehen auftreten, kann das Sehzentrum ohnehin wesentlich besser verarbeiten als Unterschiede in Abbildungen der Realität. Die dafür zur Verfügung stehenden Methoden und Mechanismen werden in diesem Kapitel näher beschrieben, da es sich hierbei um wahrnehmungspsychologische Grundlagen handelt. Mit den Auswirkungen von Teilbildkonflikten befasst sich dagegen der Teil „Störeffekte und Artefakte" im Kapitel „Wahrnehmung von Stereo-3D-Bildern".

Äugigkeit: Wenn mit der 3D-Brille ein Bild gesehen wird, kann anschließend durch abwechselndes Zukneifen der Augen erkannt werden, welches der beiden unterschiedlichen Teilbilder dominant ist (rechts oder links).

### 2.3.1 Visuelle und Okuläre Dominanz

Die Vielzahl verschiedener Sinneswahrnehmungen kann bei gegensätzlichen Informationen leicht zu Konflikten führen.

Das ist beispielsweise der Fall, wenn die Schallquelle eines Geräuschs in einer anderen Richtung gesehen wird, als das Geräusch zu hören ist. In einem solchen Fall muss das Wahrnehmungssystem eine Auswertung und Gewichtung vornehmen. Dabei werden Bilder im Zweifelsfall am stärksten gewichtet. Das zeigt sich eindrucksvoll beim

„Bauchrednereffekt", bei dem die Sprache einen anderen Ursprung hat, als zu sehen geglaubt wird. Dieses Prinzip der Übergewichtung der Augen wird visuelle Dominanz genannt.

Dagegen handelt es sich bei der okulären Dominanz um die Übergewichtung eines Auges. Eine solche Dominanz besteht immer, auch wenn die Person zwei gleich starke Augen hat. Eines der Augen übernimmt dabei quasi die Führungsrolle. Die okuläre Dominanz oder „Äugigkeit" ist vergleichbar mit der Bevorzugung einer Hand bei Linkshändern und Rechtshändern.

Das bei der Fusion entstehende Zyklopenauge, mit dem der Mensch seine Umwelt sieht, befindet sich tendenziell näher am dominanten Auge und nicht exakt mittig zwischen beiden Augen. Die Gründe für die okuläre Dominanz können vielfältig sein. Sie spielt jedoch in der Praxis keine bedeutende Rolle.

**Praxisbeispiel – Augendominanz:** Zum Herausfinden der Äugigkeit gibt es zwei einfache Versuche. Zuerst wird auf ein Objekt fixiert, das in einiger Entfernung liegt. Mit dem Zeigefinger des ausgestreckten Armes wird dieses Objekt verdeckt. Anschließend wird abwechselnd ein Auge geschlossen. Das dominante Auge ist jenes, bei dem der Finger nicht „zur Seite springt".

Bei der zweiten Methode wird mit Zeigefinger und Daumen ein Kreis gebildet und dieser möglichst entfernt vom Gesicht gehalten. Die Augen blicken durch diesen Kreis auf ein Objekt, welches sich in kurzer Entfernung dahinter befindet. Beim abwechselnden Schließen der Augen wird das Führungsauge erkannt, da es das Objekt weiterhin sieht, während das Objekt beim nicht dominanten Auge „zur Seite springt".

### 2.3.2 Binokulare Summation

Beim normalen Sehen werden die beiden Teilbilder der Augen vom Gehirn zu einem zyklopischen Gesamtbild verschmolzen. Dieses Phänomen heißt Fusion. Die Summation ist der zugrunde liegende Mechanismus.

Unterschiede in beiden Teilbildern, die schon allein durch die verschiedenen Perspektiven vorhanden sind, werden miteinander verrechnet. Sie werden summiert, also zusammengefasst und gemittelt. Das geschieht über eine Analyse der Teilbilder. Einander entsprechende Bildpunkte werden entdeckt und miteinander verknüpft. Bei diesem Vorgang muss das Sehzentrum über bestimmte Toleranzen verfügen, denn sonst wäre eine solche Fusion nicht möglich. Die Toleranzen führen auch dazu, dass andere Unterschiede der zusammengehörigen Punkte, wie in der Farbe

Der Junge auf der rechten Seite ist nur in einem Teilbild vorhanden. Im fusionierten Bild erscheint er geisterhaft transparent.

oder Helligkeit, ebenfalls summiert werden. Dabei kommt es zu einer Mittelwertbildung. Verschiedene Helligkeiten können dabei zu einer mittleren Helligkeit werden, leicht unterschiedliche Farben zu einer Mischfarbe. Die geometrische Summation der Punkte und die Summation von deren Eigenschaften gehen Hand in Hand und sind keine unterschiedlichen Mechanismen.

Da der Summation zwei Signalquellen zugrunde liegen, die miteinander verrechnet werden, kann die Empfindlichkeit für Reize erhöht werden (probabilistische Summation). Das macht sich vor allem bei geringen Helligkeiten bemerkbar. Dort ist ein mit monokularem Sehen verglichen höherer Signalpegel erreichbar.

▶ *Binokulare Summation ist der Normalfall beim Sehvorgang. Sie ermöglicht die Fusion eines räumlichen Bildes.*

Die Summation umfasst auch Helligkeit und Farben. In Anaglyphen können dadurch Falschfarben entstehen, wie hier bei der eigentlich roten Ampel.

Psychologie des räumlichen Sehens | 69

Solange die Summation erfolgt, wird der Gesamtbildeindruck nicht bewusst gestört. Erreichen die Unterschiede zwischen den Teilbildern aber eine bestimmte Stärke, wird es für die Wahrnehmung zunehmend schwieriger, die zusammengehörigen Punkte zu orten. Die Toleranzschwellen sind bei unterschiedlichen Individuen auch entsprechend verschieden.

Die binokulare Summation lässt sich nach zwei verschiedenen Aspekten unterscheiden. Für das Grundverständnis spielt diese Unterscheidung keine große Rolle. Dafür muss nur klar sein, dass die Summation für die Verschmelzung der beiden Teilbilder verantwortlich ist. Für das tiefere Verständnis werden die beiden Unterscheidungen probabilistische und neuronale Summation kurz beschrieben.

### Probabilistische Summation

Das erste Prinzip basiert auf der Mathematik. Die Bildinformationen der beiden Teilbilder müssen für die Fusion vom Sehzentrum erst einmal zusammengefasst werden. Dabei ergibt sich ein positiver Nebeneffekt, denn zwei Augen sehen mehr als eines. In diesem Fall gilt das für statistische Mindestreize. Der Mindestreiz für das Erkennen eines Bildpunkts liegt mathematisch gesehen für zwei Augen deutlich niedriger als bei der Nutzung eines einzelnen Auges. Die probabilistische Summation hat aber nur bei der unteren Wahrnehmungsschwelle Bedeutung. Normale Bildanteile werden mit zwei Augen schließlich nicht heller wahrgenommen als mit einem Auge.

### Neuronale Summation

Im Sehzentrum befinden sich unter anderem spezielle Stereoneurone. Diese reagieren nur dann, wenn ihre in beiden Augen befindlichen rezeptiven Felder gleichzeitig gereizt werden. Die Stereoneurone werten weder Farben noch Helligkeiten aus, sind aber für bestimmte Disparitäten empfindlich. Im Vergleich zu monokularen Zellen reagieren die Stereozellen mit einer höheren Aktivität auf Reize. Aufgrund der gleichzeitigen Reizung in jeder Netzhaut kommt es dabei zu einer Summation, denn die Signale werden zu einem Reiz summiert. Die neurale binokulare Summation lässt sich als ein Mechanismus betrachten, der mit der Fusion der beiden Teilbilder zusammenhängt. Die Fusion wird wahrscheinlich in höheren Ebenen der visuellen Wahrnehmung vollzogen als die Summation. Trotzdem basiert sowohl die Fusion als auch die Summation auf der Bildauswertung durch Stereoneurone, die innerhalb des Panumraums erfolgt.

Linkes und rechtes Ausgangsbild mit unterschiedlichen Farb- und Helligkeitswerten sowie Schärfe- und Rotationsdifferenzen

Durch die Differenzen entstehen in Stereo-3D Artefakte wie das Ghosting am Horizont. Aufgrund der Summation kommt es dennoch zur Fusion.

## Stereopsis

Die Stereopsis ist eng mit der Fusion und Summation verbunden. Sie alle basieren auf der Auswertung von Disparitäten, also der Suche nach zusammengehörigen Punkten in linkem und rechtem Teilbild. Solche Punkte werden von Stereoneuronen im Gehirn ausgewertet und liefern damit Informationen über ihre relative Lage zur fixierten Ebene, dem Horopter.

Diese Bestimmung der relativen Lage und Entfernung von der Fixationsebene heißt Stereopsis. Durch diesen Mechanismus erkennt das Gehirn, ob ein Punkt vor oder hinter der gerade anvisierten Stelle liegt. Zur Verschmelzung der Punkte (Summation) kommt es, wenn sich die gefundenen Punkte innerhalb des Toleranzbereichs, also des Panumraums befinden. Dabei werden eventuelle Unterschiede in Farbe und Helligkeit gemittelt. Durch die Summation kommt es zur Fusion der Teilbilder und es entsteht ein zyklopisches Bild.

## Bedeutung der Summation

Für störungsfreies Sehen spielt die binokulare Summation eine wichtige Rolle. Sie gleicht kleinere Unterschiede zuverlässig aus und erleichtert damit die Orientierung in der Umwelt. Der Wahrnehmungsapparat ist in der Lage verschiedenste Aspekte zu summieren, so zum Beispiel den Kontrast, die Flimmerverschmelzungsfrequenz, die Reaktionszeit oder die Helligkeit. Auch geometrische Unterschiede werden bis zu bestimmten Grenzen summiert, beispielsweise unterschiedliche Größen oder eine leichte Verdrehung der Teilbilder.

### 2.3.3 Binokulare Rivalität

Durch zu starke Unterschiede in Helligkeit, Farbe, Lage, Größe, Schärfe oder der Orientierung von Linien kann die Summation versagen. Eine Fusion wäre an solchen Stellen des Bildes nicht mehr möglich, denn es würden Doppelbilder entstehen, die eine Orientierung im Raum erheblich behindern. Damit das nicht geschieht, entscheidet sich der Wahrnehmungsapparat für eines der beiden Teilbilder und blendet das andere zeitweise aus. Unablässig werden die Bildinformationen auf eine Verbesserung analysiert, damit die normale Fusion wieder hergestellt werden kann. Dabei kann es auch zum Wechsel von einem Teilbild auf das andere kommen, je nachdem, welches gerade als besser erachtet wird. Dieser Wechsel wird binokularer Wettstreit oder Rivalität genannt. Er kann durchaus mehrere Sekunden dauern. Dem Beobachter fällt das Springen nicht bewusst als solches auf, es kann jedoch auf Dauer für das Sehzentrum anstrengend sein.

▶ *Die binokulare Rivalität ist ein reines Bildwiedergabephänomen. Beim natürlichen Sehen werden problematische Stellen supprimiert.*

### ℹ Bildentstehung beim Sehen

Der Bereich des scharfen Sehens beim Auge ist ungefähr eine Winkelminute breit (also ein Sechzigstel von einem Grad). Mit diesem engen Bereich tastet das Auge die Umgebung ständig ab wie mit einer Nadel. Alles, was sich vor, hinter oder rings um den gerade fixierten Punkt befindet, ist für das Auge extrem unscharf und verschwommen. Diese Bildbereiche werden automatisch unterdrückt und mit Bildinformationen aufgefüllt, die kurz vorher gesehen und als zyklopisches Bild grob abgespeichert wurden. Nur schnelle Bewegungsreize werden von den äußeren Bereichen der Netzhaut erkannt und vom Sehzentrum auf die entsprechenden Stellen dieses zyklopischen Gesamtbilds gelegt. Die Aufmerksamkeit kann bei solchen Ereignissen blitzschnell mit einer Blick- oder Kopfzuwendung reagieren. Insgesamt entsteht also ein Gesamtbild, welches der Mensch zu sehen glaubt, obwohl er nur einen winzigen Ausschnitt daraus tatsächlich live wahrnimmt. Alles andere wird mit Erinnerungen aufgefüllt, die nur wenige Augenblicke alt sind.

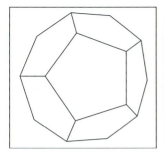 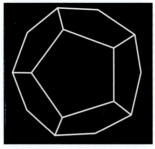 

Wettstreitbilder von Helmholtz: Trotz invertierter Teilbilder ist eine Fusion möglich. Die Konturenauswertung ist wichtiger als andere Merkmale.

Helmholtz-Figur in anaglypher Darstellung: Mit der 3D-Brille wird die Rivalität mit stereoskopischem Glanz erkennbar.

## Suppression

Nicht nur bei Abbildungen, sondern auch beim natürlichen Sehen sind die Teilbilder in den allermeisten Fällen nicht exakt gleich. Die meisten Menschen haben ein stärkeres und ein schwächeres Auge, meist liefert das eine Auge schärfere Bilder als das andere. Starke Unterschiede in den Teilbildern würden zu binokularer Rivalität führen oder Doppelbilder hervorrufen. Mit der Suppression steht ein Mechanismus zur Verfügung, der solche Konflikte nicht offensichtlich werden lässt. Dazu wird das vermeintlich schlechtere Teilbild beziehungsweise nur die entsprechende Stelle unterdrückt. Dabei kommen die äußerst geringe Schärfentiefe und der sehr kleine Kreisdurchmesser des scharfen Sehens zu Hilfe.

Die Suppression ergänzt sich dabei wunderbar mit der sukzessiven Sehweise, dem sprunghaften Abtasten oder Abscannen der Umgebung. Die binokular und deutlich gesehenen Anteile bleiben auf einen kleinen Umkreis um den Fixationspunkt beschränkt. Sie werden nicht von unscharfen Doppelbildern überlagert. Mit jeder neuen Fixation ändert sich die Akkommodation und damit sind andere Unschärfen vorhanden, die leicht unterdrückt werden.

▶ *Der Mensch sieht nur gespeicherte Bilder, außer an dem Punkt der momentanen Fixierung, denn nur dieser wird „live" gesehen.*

Wird beim natürlichen Sehen ein Objekt fixiert, entstehen immer Disparitäten, die außerhalb des Panumraums liegen. Solche Doppelbilder würden die Wahrnehmung und Orientierung erheblich stören. Die Suppression geht daher mit einer normalen Fusion der Teilbilder einher und ist für binokulares Einfachsehen von großer Bedeutung.

Bei Abbildungen kann die Suppression allerdings nicht funktionieren, weil notwendige Grundinformationen wie die Akkommodation fehlen. Abbildungen haben immer nur eine Schärfeebene und werden ganzheitlich wahrgenommen. Bei einer Überschreitung der Grenzwerte in stereoskopischen Bildern kommt es daher nicht zur Suppression, sondern zu binokularer Rivalität.

**Praxisbeispiel – Suppression:** Ist ein Auge geschlossen, wird das entsprechende Teilbild schwarz. Dadurch müssten sich extreme Rivalitäten ergeben. Beim natürlichen Sehen weiß aber das Gehirn, dass nur ein Auge offen ist und kann die schwarze Bildinformation leicht supprimieren. Beim Sehen von Stereo-3D-Bildern mit einem schwarzen Teilbild weiß das Gehirn jedoch nicht, dass ein Auge geschlossen sein soll und es kommt zu Rivalitäten. Die normale Suppression, die beim natürlichen Sehen ständig auftritt, kann dann natürlich nicht funktionieren.

Ein anderes Beispiel ist ein störendes Objekt, das zu nah am Auge liegt. Der Betrachter wird dann auf einen fernen Punkt fixieren, wodurch das nahe Objekt unterdrückt wird. Bei Stereo-3D-Abbildungen wäre dies nicht so einfach möglich, da die Schärfe durch die Aufnahme bereits festgelegt wurde. Der zu nahe Vordergrund bleibt so wie bei der Aufnahme. Er lässt sich durch die Akkommodation des Auges nicht verändern, da es immer auf die Bildebene akkommodiert. Auch Kopfbewegungen bringen bei Bildern keine Verbesserung.

### Lokale Rivalität

Der Sehapparat tastet die Umwelt sukzessive, also in schneller Folge ab. Dabei werden linkes und rechtes Teilbild vom Gehirn vor allem an den jeweils anvisierten Stellen verglichen. Binokularer Wettstreit entsteht somit in erster Linie an diesen kurz fixierten Bereichen.

Bei zu großen Unterschieden wird dort das Teilbild mit den schlechteren Bildinformationen lokal unterdrückt. In solch einem Fall wird also partiell nur noch monokular gesehen. Gleich daneben könnte beispielsweise das andere Teilbild lokal unterdrückt sein. So lässt sich auch erklären, dass es bei bestimmten Bildern zu einer Verflechtung der beiden Teilbilder kommt.

### Globale Rivalität

Ist der Unterschied besonders groß, kann die binokulare Rivalität auch global, das heißt für das ganze Bild stattfinden. Dabei kommt es zu einem Über- und Untergewichten der beiden Teilbilder. In diesem Fall wird zwar fast monoskopisch gesehen, aber in der Regel hält solch ein Zustand nur für einen sehr kurzen Moment an, da die Wahrnehmung stets bemüht ist, eine Fusion herbeizuführen und daher unablässig beide Teilbilder vergleicht.

### Auslöser für die Rivalität

Die Rivalität setzt erst dann ein, wenn alle Versuche der Summation und Fusion gescheitert sind. Dabei gibt es Grenzen für maximal mögliche Unterschiede in den Teilbildern, die sich von Person zu Person unterscheiden. Solche Differenzen sind zudem nicht absolut, sondern stehen im Kontext zu ihrer Umgebung. Das lässt sich anhand eines Beispiels besser verstehen. Ein Bildspratzer, der nur in einem Teilbild vorkommt, verursacht an dieser Stelle einen Wettstreit, dessen Intensität vom Motiv abhängig ist. In einem Bild voller Kieselsteine verspielt sich der Spratzer eher als in einer homogenen Fläche.

Kanten und Konturen bilden das Gerüst beim Bildaufbau. Da diese sehr wichtig sind, nimmt sich der Sehapparat hier mit bis zu 150 Millisekunden viel Zeit zum Vergleichen, bevor es zur Rivalität kommt. Farbunterschiede innerhalb einer klaren Struktur werden beispielsweise länger summiert als reine Farbflächen.

Binokulare Rivalität wird nicht nur durch zu starke Unterschiede in Farbe, Form und Helligkeit, sondern auch durch übertriebene Disparitätswerte ausgelöst. Liegen diese außerhalb des Panumraums, gelingt die Wahrnehmung eines einheitlichen Bildes nicht mehr oder nur noch eingeschränkt. Deshalb ist es bei Stereo-3D-Bildern sehr wichtig, dass auch die Grenzwerte maximaler Disparitäten eingehalten werden.

Die Unterschiede in den Teilbildern sind zu stark – eine Fusion ist schwer erreichbar. Wenn die Doppelbilder verschwinden, wird monokular gesehen. Bei langer Betrachtung springt das Bild (binokulare Rivalität).

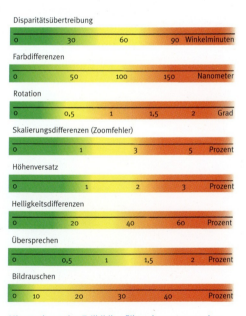

Mit zunehmenden Teilbildkonflikten kommt es zu visueller Überforderung. Damit steigt die Gefahr, statt fusionierter Stereo-3D-Bilder nunmehr Doppelbilder zu sehen. Auch binokulare Rivalität tritt dann wahrscheinlich auf.

Psychologie des räumlichen Sehens | 75

**Zusammenfassung**  Die Summation führt beim natürlichen Sehen zur Fusion der beiden Teilbilder zu einem Gesamtbild. Unterschiede, die dabei stets auftreten, werden durch die Summation ausgeglichen, indem das visuelle Zentrum Mittelwerte bildet. Solche Unterschiede sind einerseits die Disparitäten, die von der Stereopsis für eine Tiefenwahrnehmung benötigt werden, aber auch Differenzen in Helligkeit und Farbe. Werden die Toleranzbereiche der Summation überschritten, kommt es zur Suppression. Stellen mit zu starker Abweichung werden dabei unterdrückt, die Fusion des Gesamtbildes aber nicht beeinträchtigt. Bei Abbildungen funktioniert der Suppressionsmechanismus nicht. Dort entsteht binokularer Wettstreit, also ein Umherspringen zwischen den rivalisierenden Bildteilen, die eigentlich einander entsprechen sollten. Die Fusion kann an diesen Stellen nicht mehr aufrechterhalten werden. Solche Teilbildkonflikte führen zu erhöhtem Rechenaufwand im Sehzentrum und führen auf Dauer zu Augenermüdung oder visueller Überforderung.

## 2.4 Kompensationsprinzipien

Das Gehirn ist stets bestrebt, wahrgenommene Informationen schnell und effizient auszuwerten. Visuelle Daten werden bereits auf ihrem Weg vom Auge ins Sehzentrum mit Informationen aus der Erinnerung und Erfahrung kombiniert. Wie der Ablauf im Gehirn im Detail vonstatten geht, ist noch immer Gegenstand der Forschung. Sicher ist aber, dass in dieser Arbeitskette besonders schnelle Bewertungsprozesse notwendig sind. Nur so können wichtige von unwichtigen Daten getrennt und angemessene Handlungen daraus abgeleitet werden.

Um Bewertungsprozesse zu vereinfachen und zu automatisieren, entwickelt das Gehirn bereits in der frühen Kindheit Kompensationsprinzipien, die auf die Umwelt des Menschen zugeschnitten sind. Je nach Lage, Entfernung, Beleuchtung oder Betrachtungswinkel erscheinen gleiche Objekte sehr unterschiedlich. Die Wahrnehmung ist in der Lage, diese Abweichungen zu kompensieren und das Objekt schnell mit seinen korrekten Attributen, also Größe, Farbe und Form zu erkennen. Hier wird die Subjektivität des menschlichen Sehens besonders deutlich. Beispiele dafür finden sich in den Konstanzprinzipien, die in diesem Kapitel beschrieben werden.

Kompensationsprinzipien laufen vom Betrachter unbemerkt ab. In bestimmten Situationen werden die Mechanismen aber sichtbar. Sie äußern sich in Form einer optischen Täuschung, meist in Verbindung mit widersprüchlichen Tiefeninformationen. Solche optischen Täuschungen sind beispielsweise der Amessche Raum, der White-Out-Effekt oder die Mondtäuschung.

Der White-Out-Effekt kann zu Orientierungslosigkeit führen.

Im Ames-Raum lassen sich Tiefenhinweise und Kompensationsprinzipien der Wahrnehmung überlisten (optische Täuschung).

Psychologie des räumlichen Sehens | 77

### Größenkonstanz

Die Wahrnehmung verfügt mit der Größenkonstanz über einen Mechanismus, der es ermöglicht, die Größe von Objekten auch in unterschiedlichen Entfernungen richtig einzuschätzen, obwohl die Objekte dabei Netzhautbilder ganz unterschiedlicher Größe hervorrufen. Das funktioniert, indem die Tiefeninformation genutzt wird, um die Entfernung des Objektes zu ermitteln. Anschließend kommt es durch Relativierung zu einer Größenbestimmung. Vor allem wird in Bezug auf Dinge und Personen im Nahbereich die tatsächliche Größenänderung kompensiert, sodass der Daumen, wenn man ihn zum Auge führt, nicht auf die dreifache Größe anwächst. Die Dinge behalten subjektiv in etwa die ihnen von der Wahrnehmung zugeschriebene Größe. Beim Betrachten von zweidimensionalen Bildern und Filmen kann die Größenkonstanz nicht funktionieren.

### Formkonstanz

Die Form eines Objekts wird auch dann richtig wahrgenommen, wenn das Objekt seine Lage im Raum ändert. Bei unterschiedlichen Positionen im Raum ändert sich das Abbild auf der Netzhaut und eigentlich würden Größe und Form dann unterschiedlich wahrgenommen. Da aber auch die Tiefenindikatoren mit ausgewertet werden, steht das Objekt im Kontext des Raums und im Bewusstsein entsteht die wahre Form. Dies wird am

---

#### i Mondtäuschung

Der Mond scheint in seiner höchsten Position kleiner zu sein als direkt über dem Horizont. Für dieses Phänomen gibt es eine Reihe von Erklärungsversuchen. Wahrscheinlich ist ein Zusammenhang mit Tiefenindikatoren, die beim Blick auf den Horizont stets verfügbar sind.

Die Mondtäuschung wird in Bildern durch lange Brennweiten noch stärker empfunden.

Objekte der Erdoberfläche wie Häuser, Bäume oder auch Wasser werden in Relation zum tief am Horizont stehenden Mond gesehen. Damit steht er in einem direkten Vergleich zu irdischen Dingen und Entfernungen und wirkt viel näher und damit auch größer. Steht er jedoch hoch am Firmament, im Zenit, so fehlen diese Tiefeninformationen und der Mond wirkt im Verhältnis klein. Das Prinzip der Mondtäuschung gilt übrigens auch für die Sonne.

Farbverschiebungen wie diese fallen beim natürlichen Sehen nicht auf, da die Wahrnehmung stets adaptiert.

Beispiel eines Quadrats deutlicher. Frontal betrachtet entwirft es auf der Netzhaut ebenfalls ein Quadrat, schräg betrachtet ist es jedoch trapezförmig verzerrt. Da diese Verzerrung bei reellen Objekten Tiefeninformationen enthält, kann auf das Quadrat rückgeschlossen werden. Die Formkonstanz sorgt dafür, dass die wahrgenommene Form eines Objekts unabhängig von seiner Orientierung unverändert bleibt.

### Helligkeitskonstanz

Wie hell ein Gegenstand erscheint, ist weitgehend unabhängig von der Lichtstärke. Helligkeiten werden nicht absolut, sondern immer im Verhältnis zueinander gesehen. So kann ein Lichtpunkt auf einer schwarzen Fläche weiß wirken, solange kein Vergleich existiert, wie etwa ein weißes Stück Papier, das gleichzeitig beleuchtet wird. Die Helligkeitskonstanz unterstreicht damit die Bedeutung von Kontrasten für die Wahrnehmung. Ihre Relevanz erstreckt sich nicht nur auf die Aufnahme von Bildern, sondern auch auf deren Wiedergabe. Es ist durchaus ein Unterschied, ob der Bildschirm oder die Projektion in einem dunklen Raum oder unter Tageslichteinfluss stehen.

### Farbkonstanz

Die Farbkonstanz ähnelt in ihrer Funktionsweise sehr stark der Helligkeitskonstanz, denn bei beiden spielt die Umgebung des betrachteten Objekts eine große Rolle. Farben werden im Kontext zu benachbarten Farben ausgewertet. Dies macht den subjektiven farblichen Eindruck der gesehenen Dinge relativ unabhängig von unterschiedlichen Beleuchtungen und Umweltbedingungen. Aber nicht nur die Verhältnisse der Farben, sondern auch die Erfahrung sorgt dafür, dass bekannte Dinge ihre Farbe auch in verschiedenen Situationen beibehalten. Das wohl bekannteste Beispiel ist ein weißes Blatt Papier, das sowohl bei Kunstlicht als auch bei Tageslicht betrachtet weiß erscheint. Der Wahrnehmungsapparat verfügt über eine Art automatischen Dauerweißabgleich.

### Vertikalenkonstanz

Für die Orientierung im Raum ist es für den Menschen von großer Bedeutung, stets Oben und Unten zu kennen. Die Wahrnehmung reagiert am empfindlichsten auf horizontale und vertikale Linien. Beim Sehen bilden solche Linien die Grundlage des Orientierungsrasters. Die Horizontlinie ist eine sehr starke Linie. Auf dem horizontalen Boden stehen die vertikalen Linien wie Bäume, Häuser oder auch der Mensch selbst. Die Bedeutung solcher Linien ist so groß, dass sie selbst bei geneigtem Kopf vertikal gesehen werden.

### Richtungskonstanz

Feststehende Objekte werden von Personen, die ihre Augen bewegen oder selbst in Bewegung sind, trotzdem am gleichen Platz wahrgenommen. Wenn die betroffenen Objekte ebenfalls in Bewegung sind, ist die Wahrnehmung in der Lage, die Richtung dieser Bewegung korrekt wahrzunehmen. Dabei ist es unerheblich, ob der Betrachter sich bewegt oder in welche Richtung sich seine Augen bewegen.

---

**Zusammenfassung**  Gleiche Objekte erscheinen in verschiedenen Situationen anders. Das kann zum Beispiel die Form betreffen, die Farbe oder die Größe. Die Wahrnehmung ist in der Lage, das Objekt trotzdem richtig zu erkennen, indem die Abweichungen entsprechend der Darstellungssituation kompensiert werden. Dazu bedient sich der Kompensationsmechanismus aller verfügbaren Bild- und Tiefeninformationen und ordnet die einzelnen Objekte in den richtigen Kontext ein. So kann das Gehirn auf die tatsächliche Erscheinung der Gegenstände schließen. Steht nur eine einzige Tiefeninformation zur Verfügung, funktioniert der Kompensationsmechanismus nicht. Dies wurde in Experimenten mehrfach nachgewiesen.

## 2.5 Gestaltgesetze

Während des Sehvorgangs wird bekanntlich zuerst ein unscharfes, undifferenziertes Grundbild erzeugt, das vor allem auf der Wahrnehmung von Kontrasten, Linien und Kanten beruht. Diese Strukturen bilden eine Art Raster. Das Sehzentrum ist in der Lage, schon dieses Rasterbild auf Tiefeninformationen auszuwerten. Solch eine grobe stereoskopische Auswertung wird qualitative Stereopsis genannt. Anschließend analysiert das Gehirn mittels punktueller Reizwahrnehmung die Einzelheiten des Bildes. Die dabei stattfindende feine Tiefenauswertung trägt die Bezeichnung quantitative Stereopsis.

In tiefer liegenden Ebenen des Sehzentrums wird das Gesehene auf ganze Objekte oder Bildteile untersucht. Einfache geometrische Strukturen der qualitativen Stereopsis bilden dabei die Grundlage. Für eine effiziente Auswertung der Bildinformationen und eine gute Orientierung im Raum ist es für die Wahrnehmung von großer Bedeutung, das Gesehene stets in einen Grund und eine Figur zu trennen. Das Gehirn ist bestrebt, Formen und Gestalten optimal und effektiv zu erkennen. Dafür haben sich im Verlauf der Entwicklung verschiedene Schemata und Spielregeln herausgebildet. Sie werden seit Langem durch die Gestaltpsychologie untersucht. Die wichtigsten der über 100 existierenden „Gestaltgesetze" werden hier behandelt. Sie bilden auch die grundlegenden Regeln für die filmische und stereoskopische Arbeit.

Das Gehirn analysiert Bilder immer erst auf grobe Strukturen. Auch diese werden schon stereoskopisch ausgewertet.

### Gesetz der Prägnanz oder Einfachheit

Die Wahrnehmung ist stets bestrebt, Bilder auf einfache geometrische Figuren hin zu analysieren und dabei Bereiche abzugrenzen, die später konkretisiert werden. Für eine klare und direkte Darstellung sollten Bilder aus einfachen und prägnanten geometrischen Formen aufgebaut sein. Um besonders herausgestellt zu werden, sollte sich ein Objekt einfach und klar hervorheben.

Prägnanz: einfache Formen (hier Quadrate) werden bevorzugt wahrgenommen.

### Gesetz der Nähe

Befinden sich Elemente nahe beieinander, werden sie leicht als zusammengehörige Gruppe wahrgenommen. Größere Abstände separieren Elemente in verschiedene Gruppen. So lassen sich allein schon durch die Nähe verbundene Menschen eher als eine Einheit erkennen. Umgekehrt kann die größere Entfernung eines Objekts zu den anderen Objekten den Eindruck erwecken, dass es nicht zu der Gruppe gehört, wobei eine gewisse Spannung aufgebaut wird.

Nähe: Elemente, die nahe beieinander liegen, werden als zusammengehörig wahrgenommen. Links werden eher Spalten, rechts eher Zeilen gesehen.

### Gesetz der Ähnlichkeit oder Gleichheit

Elemente werden auch bevorzugt als zusammengehörig empfunden, wenn sie ähnliche Aussehensmerkmale aufweisen. Dies könnten Farbe, Größe, Form, Strukturen, Helligkeit, Orientierung, Bewegungsrichtung oder Position sein. Im Falle einer Konfrontation mit dem Gesetz der Nähe überwiegt tendenziell das Gesetz der Ähnlichkeit. In solch einem Fall entstehen im Bild jedoch auch besonders interessante Spannungen mit vielen möglichen Lösungen.

Gleichheit: Dinge, die ähnlich sind, werden als zusammengehörig wahrgenommen. Die vier blauen Quadrate scheinen ein Viereck zu markieren.

### Gesetz der Fortsetzung oder Kontinuität

Linienrichtungen werden automatisch fortgesetzt, wenn die Linie plötzlich durch eine Verdeckung unterbrochen wird. Das dient der leichteren Abgrenzung von verschiedenen Elementen und ist wichtig für eine schnelle Auswertung des Bildes auf Figuren und Objekte. Auch Bewegungen und Bewegungsrichtungen von Objekten werden bei Unterbrechung des Sichtkontakts ergänzend mit den zuletzt gesehenen Parametern fortgesetzt. Fährt also ein Auto aus dem Bild, so fährt es in den Gedanken des Zuschauers weiter bis eine Änderung dieses Vorgangs gezeigt wird.

Linien und Richtungen werden automatisch fortgesetzt.

### Gesetz der Verbundenheit

Sind Objekte sichtbar miteinander verbunden, so werden sie als zusammengehörig erkannt. Dies muss keine massive Verbindung wie ein Balken oder eine Stange sein. Schon ein Band oder der um die Schulter gelegte Arm genügen, um deutliche Verbundenheit darzustellen. Über die Art der Verbindung lässt sich die Spannung regulieren. Auf diese Weise können sehr interessante Verhältnisse im Bild geschaffen werden. Die Wirkung einer solchen Verbundenheit ist so stark, dass damit sogar die Gesetze der Nähe und der Ähnlichkeit außer Kraft gesetzt werden können.

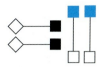

Verbundenheit: Die Verbindungslinien wirken stärker als die Gesetze von Ähnlichkeit und Nähe.

### Gesetz der Geschlossenheit

Elemente werden auch dann als zusammengehörig empfunden, wenn sie eine geschlossene Form als Begrenzung besitzen. Dies kann ein Rahmen sein, wie bei einem Bild, aber auch ein Zaun oder Käfig, ein Torbogen oder ein gezeichnetes Viereck. Die innerhalb des Rahmens enthaltenen Objekte werden tendenziell als Einheit angesehen. Dinge, die als zusammengehörig gesehen werden sollen, können durch eine entsprechende Kadrierung auch so erscheinen. Die Objekte wirken auch dann geschlossen, wenn sie sich auf einer abgrenzbaren Fläche befinden, wie auf einer kleinen Wiese oder in einem Korb. Auch eine gleiche Hintergrundfläche kann die Objekte geschlossen wirken lassen, beispielsweise wenn sie vor einem Plakat oder einer Mauer stehen. Der Hang danach, geschlossene Flächen zu sehen, ist so stark, dass die Umrisse einer umgrenzenden Fläche sogar bei großen Lücken von der Wahrnehmung selbstständig komplettiert werden.

Geschlossenheit: Obwohl nicht wirklich vorhanden, wird ein weißes Quadrat erkannt, indem nur vier Eckpunkte definiert werden.

### Gesetz der Symmetrie

Symmetrische Anordnungen wirken harmonisch und ausgeglichen. Sie sorgen für Ruhe, können aber auch den Eindruck von Langeweile erwecken. Zur Erzeugung von Spannung ist die Symmetrie weniger geeignet. Spannung entsteht stets durch Major und Minor, wie das bedeutsame Gestaltungsprinzip des Goldenen Schnitts veranschaulicht. In der Natur, aus welcher der Goldene Schnitt abgeleitet wurde, existieren immer leicht unausgewogene Verhältnisse. Ein gelungenes Verhältnis zwischen Symmetrie und Asymmetrie ist ein zentrales Mittel der Bildgestaltung, die ein Leitmotiv künstlerischen Schaffens darstellt.

Der Goldene Schnitt ist asymmetrisch. Er teilt Linien und Flächen, aber auch Räume in ein Minor und Major, deren Verhältnis zueinander dem Verhältnis von Major zur Gesamtstrecke entspricht.

Fokussierung: Der Kreis hebt sich als Blickfang deutlich von den anderen Figuren ab.

### Gesetz der Fokussierung

Objekte ziehen die Aufmerksamkeit des Betrachters auf sich, wenn sie im Zentrum der Wahrnehmung angeordnet werden. Das können harmonische Stellen des Bildes sein, beispielsweise der Mittelpunkt oder Stellen, die im Goldenen Schnitt liegen. Auch eine Anordnung des Objekts inmitten fremder Elemente verschafft ihm zentrale Aufmerksamkeit. Das Gesetz der Fokussierung ist von Bedeutung, wenn es darum geht, den Blick des Zuschauers zu lenken. Als sogenannter Blickfänger befindet sich das Objekt im Fokus der Wahrnehmung. Die Kenntnis darüber ist auch von Vorteil, um Stellen zu erkennen, die den Betrachter vom eigentlichen Inhalt ablenken würden.

Erfahrung: Schon scheinbar willkürlich angeordnete Farbkleckse lassen unschwer einen Hund erkennen.

### Gesetz der Erfahrung

Durch Erfahrungswerte ist es möglich, Objekte selbst dann wiederzuerkennen, wenn sie in ihrer Form abstrahiert dargestellt werden. Dabei spielt es keine Rolle, ob der Gegenstand gedehnt, gestreckt oder sonst in Farbe oder Form verändert wurde. Die Toleranzgrenzen der Wiedererkennung liegen bei jedem Individuum unterschiedlich hoch. Das liegt einerseits an der individuellen Informationsverarbeitung, andererseits aber auch an individuellen Erfahrungen und Erlebnissen.

Da diese sehr weit auseinander liegen können, führen Symbole und Bilder bei verschiedenen Menschen womöglich zu unterschiedlichen Interpretationen. Somit sollte bei Medienproduktionen durchaus berücksichtigt werden, welches Publikum aus welchem Kulturkreis mit welchem Bildungsniveau und mit welchem Erfahrungshintergrund angesprochen wird.

### Gesetz der Konstanz

Bekannte Objekte werden in Relation zu den gespeicherten Informationen und Eigenschaften bewertet. Die tatsächlich gesehene Größe und Form kann dadurch stark relativiert werden. Eine bekannte Person wird auch bei halber Abbildungsgröße auf der Netzhaut, also doppelter Entfernung, nicht halb so groß wahrgenommen. Die Erfahrung ordnet allen bekannten Objekten Attribute zu, die bei der optischen Wahrnehmung mit berücksichtigt werden. Daher bleiben Objekte auch in verschiedenen Ansichten wahrnehmungspsychologisch konstant.

### Gesetz der Figur-Grund-Beziehung

Die Figur-Grund-Beziehung beschreibt das ständige Bestreben der Wahrnehmung danach, das Gesehene in einen Vorder- und Hintergrund zu untergliedern. Hier zeigt sich die große Bedeutung des Erkennens von Tiefe für die Wahrnehmung. Dabei werden flächige, große und unsymmetrische Elemente eher als Hintergrund gesehen. Objekthafte, kleine und symmetrische Elemente erscheinen hingegen eher als Figur. Die Unterteilung in Figur und Grund spielt bei der Bildgestaltung eine große Rolle, da sie dem Zuschauer die Orientierung im Bild erleichtert.

Rubinsche Vase: Bei längerer Betrachtung wechselt Figur und Grund ständig, mal erscheint eine Vase, mal zwei Gesichter im Vordergrund.

### Buchstaben und Wörter

Schrift hat aufgrund der Abstraktion und klaren Konturen einen äußerst hohen Aufmerksamkeitswert (Gesetz der Prägnanz). In Bildern wandert das Auge bei Vorhandensein von Schrift meist zuerst dorthin. Wörter werden beim Lesen nicht aus ihren Einzelbestandteilen, den Buchstaben zusammengesetzt, sondern bilden als Ganzes abstrakte Schablonen, sogenannte Grapheme. Diese werden mit der Erinnerung verglichen und somit auch in Abwandlung, also anderen Schriftarten oder -größen schnell wiedererkannt (Gesetz der Konstanz). Beim Lesen von Sätzen werden ganze Silben oder Wörter als Grapheme auf einmal erfasst, so wie ein Chinese beim Lesen ein komplettes Schriftzeichen auf einmal erfasst, ohne es genau analysieren zu müssen. Dabei wird der Mechanismus der Sakkaden stark gefordert. Das Auge springt ruckartig von Graphem zu Graphem, denn die Zeile bildet durch das Gesetz der Nähe eine starke Linie, an welcher der Blick entlang geführt wird.

Schriftzeichen und Wortsilben werden als Grapheme wahrgenommen.

---

Damit sich der Mensch in seiner Umwelt leichter orientieren kann, versucht die Wahrnehmung, das Gesehene in bestimmter Art und Weise zu sortieren. Ein Bild wird als erstes immer in einen Hintergrund und eine oder mehrere Figuren getrennt. Diese Figuren können je nach ihrer Form, Lage und Erscheinung verschiedene Assoziationen auslösen. Auch mit bewegten Objekten gibt es solche Assoziationen und Ergänzungsmechanismen. Die Gestaltgesetze haben auch im dreidimensionalen Bereich Gültigkeit.

**Zusammenfassung**

# 3 Wahrnehmung von Stereo-3D

3.1 Störeffekte und Artefakte

3.2 Visuelle Überforderung

3.3 Qualitätsaspekte

3.4 Optische Abbildungsfehler

3.5 Sehfehler

# 3 Wahrnehmung von Stereo-3D

Zwischen der Wahrnehmung der Realität und der Wahrnehmung stereoskopischer Bilder bestehen wichtige Unterschiede. Beim natürlichen Sehvorgang werden die interessanten Stellen der betrachteten Umgebung mit sakkadischen Augenbewegungen abgetastet. Die Augen fixieren einzelne Punkte separat und haben dabei jeweils optimale Disparitätsbereiche.

▶ *Eine Abbildung kann die Funktionsweise des Auges beim natürlichen Sehen nicht simulieren, da durch die Kamera keine sakkadischen Abtastbewegungen möglich sind.*

Werden Bilder betrachtet, funktioniert das nicht. Im stereoskopischen Bild gibt es immer nur eine einzige Fixationsebene (Nullebene), die durch die Aufnahme und Teilbildausrichtung festgelegt wurde. Das Betrachten von Stereo-3D-Bildern kann daher nicht mit dem natürlichen Sehen gleichgestellt werden.

Aufgrund der Unterschiede zum natürlichen Sehen kommt es beim Betrachten räumlicher Abbildungen zu einer ganzen Reihe von Besonderheiten. Mit diesen Besonderheiten befasst sich das Unterkapitel „Störeffekte und Artefakte".

Probleme beim Betrachten stereoskopischer Bilder können zu Schwierigkeiten der Bildverarbeitung im Sehzentrum führen. Sie machen sich als Visuelle Überforderung bemerkbar und werden im gleichnamigen Unterkapitel näher behandelt.

Um Visuelle Überforderung zu vermeiden, gibt es bestimmte Werte und Empfehlungen, die im Unterkapitel „Qualitätsaspekte" behandelt werden. Generell lässt sich durch höhere Qualität die Gefahr von Visueller Überforderung beim Zuschauer verringern.

Das darauf folgende Unterkapitel beschäftigt sich mit „optischen Abbildungsfehlern". Diese spielen nicht nur in zweidimensionalen Bildern eine Rolle, sondern auch bei Stereo-3D. Hier sind einige Besonderheiten zu beachten, denn die zweidimensionalen Fehler der einzelnen Teilbilder können sich gegenseitig beeinflussen und dadurch eine störungsfreie Verschmelzung zu einem räumlichen Bild erschweren.

Einem weiteren Aspekt der räumlichen Bildwahrnehmung widmet sich das Unterkapitel „Sehfehler". Da diese nicht in jedem Fall dramatisch sind, bleiben sie oftmals unentdeckt. Dennoch spielen sie beim Betrachten räumlicher Bilder eine Rolle. Unter anderem gibt es auch Personen, die aufgrund spezieller Augenprobleme nur eingeschränkt oder gar nicht stereoskopisch sehen können.

## 3.1 Störeffekte und Artefakte

Bei der Betrachtung von Abbildungen kann es zu Besonderheiten kommen, die beim natürlichen Sehen nicht auftreten. Der Grund dafür liegt in der unterschiedlichen Art der Wahrnehmung von Bildern und Realität. Dies gilt nicht nur für zweidimensionale Abbildungen, sondern in noch stärkerem Maße für Stereo-3D. Welche Störeffekte oder Artefakte in welcher Weise auftreten, hängt in erster Linie mit der Art der Aufnahme, der Bildverarbeitung und der Wiedergabe zusammen.

Einige der empfundenen Bildfehler sind spezifisch für stereoskopische Bilder, andere sind auch in 2D zu beobachten. Darüber hinaus gibt es Effekte, die mit bestimmten Übertragungsmethoden oder Wiedergabearten verknüpft sind. Das Image Flipping und der Picket-Fence-Effekt sind beispielsweise typische Artefakte bei autostereoskopischen Displays. Blockstörungen kommen hingegen in erster Linie durch den Einsatz bestimmter Kodierungsformate zustande. Durch die Kenntnis der möglichen Probleme lassen sich viele Fehler bereits im Vorfeld vermeiden oder verringern.

### 3.1.1 Störeffekte

Stereo-3D-Aufnahmen sollten aus Teilbildern bestehen, die gut zueinander passen. In den meisten Fällen bestehen jedoch Unterschiede, die sich als Störeffekte äußern können. Die häufigsten Unterschiede finden sich in der Farbe, dem Kontrast, der Helligkeit und in der Geometrie.

#### Geometrische Unterschiede

Die Person im Vordergrund weist störende Skalierungsunterschiede und geometrische Fehler auf und das linke Teilbild ist unscharf.

Nahezu jede stereoskopische Aufnahme beinhaltet in irgendeiner Art geometrische Unterschiede. Dazu zählen Fehler in der Bildlage, im Bildmaßstab oder auch Abweichungen von der Linearität. Aufgrund von Fertigungstoleranzen bei Kameras und Objektiven, Schwierigkeiten bei der Ausrichtung der Kameras, Ungenauigkeiten beim Bearbeiten der Bilder und möglicher Abweichungen bei der Wiedergabe lassen sich geometrische Fehler nie ausschließen. Solange sie gering genug sind, fallen diese Fehler nicht auf.

Zueinander verdrehte Teilbilder fallen erst ab etwa einem halben Grad Drehung auf. Vertikaler Versatz der Teilbilder wird erst bei knapp einem Prozent der Bildhöhe bemerkt und bei Skalierungsunterschieden, die etwa durch unterschiedliche Brennweiten entstehen können, liegt die Grenze bei rund einem Prozent. Störend wirken sich die Abweichungen aber in der Regel erst bei größeren Werten aus. Bei einem Skalierungsunterschied unterscheidet sich die Größe in beide Richtungen. Dadurch wird auch die horizontale Ausrichtung beeinflusst und die wahrgenommene Tiefe ebenfalls verzerrt.

Das Einzige, was an diesem Waschbecken glänzt, ist der binokulare Glanz. Er wird an den Wasserhähnen als Schimmer sichtbar. Im rechten Teilbild fehlen die hellen Reflexe, so entsteht an den Stellen ein starker Helligkeitsunterschied.

## Helligkeitsunterschiede

In stereoskopischen Bildern kann es vorkommen, dass die Helligkeit der beiden Teilbilder nicht identisch ist. Solche Luminanzunterschiede werden in den meisten Fällen von der Wahrnehmung gemittelt. Ist ein Teilbild jedoch mehr als zwei- bis dreimal so hell wie das andere, lassen sich die Differenzen durch die binokulare Summation nicht mehr ausgleichen und es kommt an diesen Stellen zu binokularer Rivalität.

### Stereoskopischer Glanz

Bei starken Helligkeitsdifferenzen kommt es oft zu einem Phänomen, das aufgrund des Bildeindrucks an solchen Stellen „stereoskopischer Glanz" genannt wird. Dieser wirkt wie ein glänzendes Grau oder ein leicht metallischer Schimmer. Teilweise kann das Glänzen sogar einen unbestimmten Tiefeneindruck hervorrufen. Es enthält aber selbst keine Tiefeninformationen. Analog zur binokularen Rivalität, mit der der Glanzeffekt einhergeht, wird die Wahrnehmung der Tiefe nicht beeinträchtigt, da diese auf dem Vergleichen von Kanten und Strukturen beruht. Binokularer Glanz wird oft an Blockstörungen beobachtet. Diese kommen vor allem bei Kodierungen und Signalübertragungen vor und erzeugen partielle Helligkeitsdifferenzen. Ebenso kann der Glanz auch bei bestimmten flächigen Mustern auftreten. Er kann in den Stereo-3D-Bildern dieses Buches beobachtet werden, in denen gesättigtes Rot oder Cyan enthalten ist. Solche Bildstellen werden von der Anaglyphenbrille auf einem Auge total unterdrückt und auf dem anderen komplett durchgelassen, wodurch Helligkeitsunterschiede und Rivalität entstehen. Farbkontraste lösen jedoch keinen Glanz aus.

### Kontrastunterschiede

Bereits bei der Aufnahme kann es durch abweichende Filter, Gradationen oder Kameraeinstellungen zu unterschiedlichen Kontrasten in den Teilbildern kommen. Weitere Fehlerquellen liegen in der Bearbeitung und Übertragung, insbesondere aber bei der Wiedergabe der Bilder. Daher ist eine genaue Kalibrierung der Projektoren oder Bildschirme notwendig.

### Farbunterschiede

Durch Fehler in der Übertragung oder Kodierung von Bildern ist es möglich, dass die Farben der beiden Teilbilder voneinander abweichen. Durch die binokulare Summation können solche Chrominanzunterschiede mit Wellenlängendifferenzen bis zu 100 Nanometern noch als Mischfarbe wahrgenommen werden. Darüber hinaus kommt es aber auch hier zur binokularen Rivalität. Solange es sich um symmetrische, also einheitliche Farbverschiebungen handelt, können sie beim Kalibrieren der Projektoren oder Displays in der Wiedergabe korrigiert werden.

### 3.1.2 Bildrauschen

Eine häufig anzutreffende Störung ist das Bildrauschen. Es tritt sowohl bei klassischem Filmmaterial, als auch im Zusammenhang mit elektronischen oder digitalen Aufnahmeverfahren auf. Das Rauschen manifestiert sich als Griesel und wird besonders auf homogenen Flächen sichtbar. In bewegten Bildern „lebt" der Griesel und kann ab einer bestimmten Stärke sehr störend wirken (grieselige Bilder).

Meist entsteht das Rauschen durch die Verstärkung unterbelichteter Aufnahmen. Zusätzlich spielt beim Film die Körnung des Materials eine Rolle und bei elektronischen Bildsensoren der Signal-Rausch-Abstand,

Links Original, rechts stark verrauschtes Bild

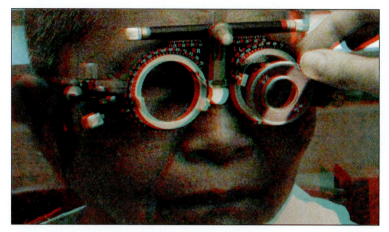

Selbst bei stark verrauschten Bildern gelingt eine Fusion, solange die Kanten gut erkennbar sind. Rauschen macht sich vor allem in den Schattenbereichen bemerkbar.

also die Güte des Chips. Ein verrauschtes Bildsignal kann auch bei der Übertragung mit ungenügend abgeschirmten Kabeln entstehen. Das gilt insbesondere für analoge Verfahren. Nicht zuletzt kann die Kodierung von Bildmaterial mit bestimmten Kompressionsverfahren eine weitere Quelle für Bildrauschen darstellen. Werden die Koeffizienten bei einer Diskreten Kosinustransformation (DCT) zu grob quantisiert, kann neben der Unschärfe auch ein Bildrauschen als Überlagerungsstörung auftreten.

Das Rauschen wirkt sich sowohl in zweidimensionalen als auch in dreidimensionalen Bildern aus, wobei die Toleranzgrenze in Stereo-3D durch die binokulare Summation etwas höher liegt. Bildrauschen ist unabhängig vom Motiv und gilt sowohl für natürliche als auch künstlich erzeugte Bilder. Auf den Tiefeneindruck hat es keine direkte Auswirkung.

Da jedem Realbild ein gewisses, äußerst feines Bildrauschen anhaftet, wirken künstlich erzeugte Bilder sehr steril. Heute ist es üblich, in Filmen ein zusätzliches, leichtes Rauschen auf die Bilder anzuwenden, um sie natürlicher wirken zu lassen. Beim „Grain Matching" wird die Stärke des Rauschens den einzelnen Bildern angepasst.

### 3.1.3 Unschärfe-Artefakte

Schärfenversatz im stereoskopischen Bild fällt ab etwa einem Prozent auf. Dieser Wert kann schnell erreicht sein. Die Schwelle zu einer Störempfindung liegt etwas höher. Durch die Summation werden Schärfedifferenzen ausgeglichen. Sie sorgt gleichzeitig dafür, dass stereoskopische Bilder, mit identischen monoskopischen Bildern verglichen, stets schärfer wirken. Schließlich steht die doppelte Menge an Bildinformationen zur Verfügung.

Linkes Bild für Linksäuger, rechtes Bild für Rechtsäuger. Eines der Teilbilder ist jeweils deutlich unschärfer, binokular betrachtet fällt das aber nicht auf, denn die Tiefensehschärfe funktioniert trotzdem.

### Schärfentiefe

Bereits bei der Aufnahme kann es zu Defokussierungen kommen, wenn die Scharfstellung vor oder hinter das eigentliche Objekt erfolgt. Bei Bildern mit hoher Schärfentiefe entstehen dabei kaum sichtbare Nachteile. Allerdings verschieben sich mit dem fokussierten Punkt auch der Beginn und das Ende des Schärfentiefebereichs. In zweidimensionalen Bildern ist das selten ein Problem. Bei stereoskopischen Bildern kann es dabei aber gerade im Nahbereich zu unterschiedlich scharfen Abbildungen kommen. Für Aufnahmen mit geringer Schärfentiefe ist eine solche Schärfendifferenz besonders kritisch. Hier muss nicht nur der Schärfentiefebereich exakt übereinstimmen, sondern auch die Schärfeebene.

### Stereo-Sehschärfe

Neben der Bildschärfe oder Sehschärfe gibt es auch die stereoskopische Schärfe oder Tiefensehschärfe. Diese wird im Kapitel „Optische Physiologie" näher beschrieben. Verglichen mit der normalen Sehschärfe nimmt die Tiefensehschärfe bei zunehmender Defokussierung eines Teilbildes wesentlich schneller ab. Dies hängt mit der Funktionsweise der Überauflösung zusammen.

### Unschärfequellen

Neben der Aufnahme kann es auch bei der Wiedergabe und der gesamten Verarbeitungskette mit Kodierung, Übertragung und Verarbeitung zur Entstehung von Unschärfen kommen. Gerade bei Komprimierungen wird mit der DCT oft ein verlustbehaftetes Reduktionsverfahren angewendet. Wenn dabei die Quantisierung der hohen DCT-Koeffizienten zu grob erfolgt, entsteht sichtbare Unschärfe.

Auch normale Tiefpassfilter, die die feinen Strukturen eines Bildes wegschneiden, führen zu einer reduzierten Bildschärfe. Für die Tiefensehschärfe ist das jedoch kein Problem, da die Tiefenschätzung des visuellen Systems stufenweise von groben zu immer feineren Auflösungen der Netzhautbilder verbessert wird. Würden die niedrigen Frequenzen entfernt, fehlt mit den groben Auflösungen die Basis zur Einordnung der feinen Berechnungsebenen. Die Tiefensehschärfe würde im Gegensatz zur normalen Schärfe regelrecht zusammenbrechen.

### 3.1.4 Blockartefakte

Ein für die Kodierung von Bildern typisches Artefakt sind Blockstörungen. Die meisten standardisierten Kodierverfahren arbeiten blockorientiert. Sie setzen dabei die Diskrete Kosinustransformation und Koeffizientenkodierung ein, die besonders bei niedrigen Koeffizienten und bei sehr feinen Bildstrukturen zu Blockartefakten führen. Dazu kann es aber auch durch fehlerhafte Prädiktion oder fehlerhafte Übertragung der Korrekturinformationen kommen.

Blockstrukturen sind sowohl im monoskopischen Bild als auch im stereoskopischen Bild von Nachteil. Die Stereopsis funktioniert am effektivsten bei Linien und Kanten. Durch Blockartefakte sind diese aber oft gestört. Zudem wird der Block selbst als geometrische Form wahrgenommen. Dadurch entstehen zusätzliche Fehler vor allem in der Helligkeit und in der Form.

Wie auch bei der Schärfe, dem Bildrauschen und generell bei verfremdeten oder neuen Strukturen im Bild, werden die Fehler nicht sofort als störend empfunden, solange sie sich nur in einem Teilbild befinden. Die binokulare Rivalität orientiert sich dann am „gesunden" Teilbild. Unabhängig davon funktioniert die Tiefenwahrnehmung immer noch, wenn die

Links Originalbild, rechts mit deutlichen Blockstrukturen

An der Felsenkante ist der Kontrast sehr hoch und gleichzeitig sind Disparitäten vorhanden; so besteht die Gefahr von Geisterbildern.

Formfehler als solche schon längst erkannt wurden. Blockausfälle stören daher weniger aufgrund einer Verfälschung der Tiefenwahrnehmung, als eher durch ihre Form-, Farb- und Helligkeitsdifferenzen.

### 3.1.5 Übersprechen

Nahezu alle stereoskopischen Wiedergabemethoden weisen Übersprechungsartefakte auf. Dabei handelt es sich um eine ungenügende Trennung der beiden Kanäle, also der Teilbilder. Einige Bildinformationen sind dann im jeweils benachbarten Teilbild zu finden. Da damit jedoch sichtbare Qualitätsmängel in der Wiedergabe verbunden sind, ist das Übersprechen ein wichtiges Kriterium bei allen Wiedergabemethoden.

Um Geisterbilder zu vermeiden, müssen Objekte mit hohem Kontrast wie dieses Fenstergitter auf der Nullebene liegen.

#### Geisterbilder

Für den Betrachter äußern sich die Übersprechungsartefakte je nach Art und Stärke als Geisterbilder, Schatten oder auch in Form von Doppelkonturen. Solche Artefakte können die Bildbetrachtung bereits in geringem Ausmaß deutlich stören. Besonders stark wirkt sich das Übersprechen in Bildern mit hohen Kontrastverhältnissen oder großer Disparität aus.

Geisterbilder sind zwar auch in zweidimensionalen Bildern problematisch, wirken jedoch in der Stereoskopie subjektiv störender, da sie das Zustandekommen eines guten Tiefeneindrucks behindern können.

Bleibt das Übersprechen unter dem Wert von knapp einem halben Prozent, bemerkt es der Betrachter in der Regel nicht. Wenn es aber erst einmal wahrgenommen wird, verschlechtert die weitere Verstärkung des Fehlers den Störeindruck nur noch geringfügig.

### Entstehung

Die verschiedenen stereoskopischen Wiedergabetechnologien erzeugen Übersprechen auf unterschiedliche Weise. Bei Anaglyphenfiltern sind ungenügende Filtereigenschaften ursächlich, ebenso bei Polarisationsfiltern. Bei linearen Polarisationsfiltern kommt es zusätzlich noch zu einer rapiden Verschlechterung, wenn die Filter nicht exakt zum Bild ausgerichtet sind, also schon durch einen leicht geneigten Kopf. Shutterbrillen schalten oft nicht schnell und präzise genug um, Röhrenbildschirme haben Probleme mit nachglühenden Phosporen, bei LC-Displays ist meist der Bildaufbau zu träge.

Auch autostereoskopische Displays weisen oft Übersprechungsartefakte auf. Diese entstehen jedoch dadurch, dass das Display die beiden Teilbilder entsprechend der Augenposition des Betrachters nachsteuern muss. Geisterbilder können dann wahrgenommen werden, wenn ein Auge bereits in den Randbereich des anderen Teilbildes kommt, weil die Nachsteuerung zu träge für die menschlichen Blickbewegungen ist.

### 3.1.6 Tiefenwiedergabe

Bei der Wahrnehmung und der Wiedergabe von Tiefe kommt es zu einigen geometrischen Besonderheiten. Diese können sich auf Bildern stärker äußern als beim natürlichen Sehen, da die Realität von den Augen sukzessiv abgetastet wird.

### Tiefenverzerrung

Die Wahrnehmung der Tiefe erfolgt beim natürlichen Sehen ungleichmäßig. Der Vordergrund wird tiefer und räumlicher empfunden als große Entfernungen. Je weiter entfernt sich etwas befindet, desto geringer erscheint dessen Tiefenausdehnung. Dafür gibt es einfache geometrische Gründe, die mit dem kleineren Sehwinkel zu tun haben.

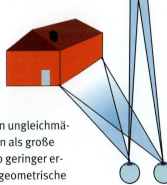

Die Tiefe eines Objekts nimmt mit größer werdender Entfernung immer schneller ab. Auch der Sehwinkel der Objekttiefe wird kleiner, wenn sich das Objekt weiter entfernt.

Der Vordergrund hat für den Menschen eine größere Bedeutung als der Hintergrund.

▶ Aus geometrischen Gründen nimmt die Tiefe eines Objekts mit größer werdender Entfernung schneller ab als Höhe und Breite.

### Natürliche Wahrnehmung

Passenderweise ist für die menschliche Wahrnehmung besonders im Nahbereich eine genaue und vor allem richtige Tiefenbeurteilung wichtig. Für große Entfernungen reicht eine ungefähre Tiefenabschätzung nach monokularen Kriterien im Alltagsleben völlig aus.

### Abbildungen

Die Tiefenverzerrung ist nicht auf das natürliche Sehen beschränkt. Auch in räumlichen Bildern tritt sie auf. Im Bereich der Nullebene ist die Verzerrung Null. Dort entspricht das Verhältnis von Objektgröße und Tiefe der realen Vorlage. Außerhalb der Nullebene kann die Tiefe im Verhältnis zum Original verkleinert oder vergrößert sein. Diese Kompression oder Expansion erfolgt aber nicht unbedingt linear (gleichmäßig). Zumeist ist der Bereich vor der Nullebene gedehnt und der Bereich hinter der Nullebene gestaucht.

Die Tiefe von Bildern dehnt sich in der Wiedergabe fast nie gleichmäßig aus. Die Art der Verformung hat viele Einflussfaktoren. Hier nur zwei Beispiele.

normal
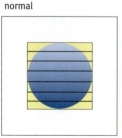
Identische Einstellungen Kameras und Projektoren parallel

gestaucht

Stereobasis halbiert Kameras und Projektoren parallel

gedehnt
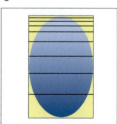
Brennweite verdoppelt Kameras und Projektoren parallel

Tiefenexpansion: Die Tiefe wird gedehnt. Der Effekt ist besonders gut an der Wiese und dem Weg im Vordergrund erkennbar.

## Parameter

Die Faktoren, von denen die Art der Tiefenausdehnung beeinflusst wird, sind zahlreich. Kamerabasis, Brennweite der Objektive, Größe des Bildsensors, Abstand zum Nah- und Fernpunkt sind nur die wichtigsten Mittel zur Beeinflussung der Tiefenwiedergabe. Auch durch die Teilbildausrichtung wird die Tiefenausdehnung verändert. Nahaufnahmen, die auf die Tiefe des Wiedergaberaums aufgezogen werden, sind gedehnt. Große Landschaftsaufnahmen werden durch Verschiebung der Nullebene hingegen gestaucht dargestellt, um in den Tiefenspielraum der Wiedergabe zu passen.

## Praxis

Dem Zuschauer fallen Tiefenverzerrungen nicht bewusst auf. Nahezu alle Bilder sind in der Tiefe mehr oder weniger verzerrt, so wie auch zweidimensionale Bilder selten exakt den originalen Proportionen entsprechen. Eine originalgetreue Tiefenwiedergabe (Ortho-Stereo) hat eher wissenschaftlichen Charakter. Es gibt bestimmte Anwendungen in der Medizin und der Industrie, bei denen eine solche Tiefenwiedergabe gefordert ist. Dort lässt sich mathematisch mithilfe des Stereofaktors herleiten, wie die einzelnen Parameter eingestellt werden müssen. Beträgt der Stereofaktor 100 Prozent, ist der Ortho-Stereo-Zustand erreicht.

Tiefenkompression: Die Tiefe wird gestaucht. Der Effekt ist besonders gut an der Bank erkennbar.

**Das Wichtigste in Kürze – Tiefenverzerrungen:** Die Tiefe einer räumlichen Abbildung ist aus geometrischen Gründen beinahe in jedem Fall verzerrt. Das stellt keine Ausnahme, sondern den Normalfall dar. Die Art und die Stärke der Verzerrung oder Krümmung können sehr unterschiedlich sein. Sie wird beeinflusst durch die zahlreichen Parameter während der Aufnahme, der Bearbeitung und in der Wiedergabe. Auch beim natürlichen Sehen wird die Tiefe verzerrt. Ein Mensch nimmt solche Verzerrungen aber nicht wahr, denn schließlich sieht er immer nur einen kleinen Teil des Bildes scharf mit der Sehgrube. In diesem Fixationspunkt sind die geometrischen Verhältnisse in Ordnung. Wenn Verzerrungen in Bildern wahrgenommen werden, dann sind sie bereits sehr stark, führen aber nicht automatisch zu Problemen oder Nachteilen. Tiefenverzerrungen wirken meist auf einer unbewussten Ebene. Nur derjenige, der explizit darauf achtet, wird solche geometrischen Verhältnismäßigkeiten auch objektiv erkennen. In der Praxis treten Tiefenverzerrungen fast immer auf. Bei konvergenten Kameras werden sie zudem von Tiefenkrümmungen begleitet.

### Fehldisparitäten

Im Idealfall besteht der einzige Unterschied zwischen zwei stereoskopischen Teilbildern in der horizontalen Verschiebung, also der Disparität. Tatsächlich lassen sich in der Praxis aber oft darüber hinausgehende Abweichungen feststellen, sogenannte Fehldisparitäten. Sie können sowohl in der Breite als auch in der Höhe auftreten.

Durch die Verzeichnung, die bei vielen Objektiven mehr oder minder entsteht, krümmen sich horizontale Linien zu den Bildkanten hin. So erhält jedes Bild mit horizontaler Disparität automatisch vertikale Fehldisparitäten (Höhenfehler). Die Stärke dieser Vertikaldisparitäten richtet sich nach dem Abstand von der optischen Achse der Objektive, sowie dem Wert der horizontalen Disparität und den Eigenschaften der Objektive.

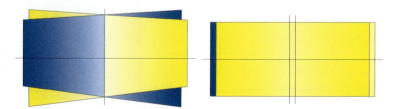

Oben: gegensätzliche trapezförmige Verzerrungen entstehen durch konvergierte Kameras. Durch parallele Kameras gibt es lediglich den gewünschten Horizontalversatz.

Konvergente Kameras erzeugen gegensätzliche Verzerrungen und Fehldisparitäten in Höhe und Breite.

Parallele Kameras erzeugen ein Bild, das für die Bearbeitung besser geeignet ist.

Eine weitere Quelle für Vertikaldisparitäten ist die trapezförmige Verzerrung, die durch die perspektivische Abbildung von Gegenständen entsteht. Linien, die nicht parallel zur Bildebene liegen, werden schräg abgebildet, da sie das Bestreben haben, in der Tiefe zusammenzulaufen. In zweidimensionalen Bildern ist das kein Problem. In der Stereoskopie spielt die trapezförmige Verzerrung jedoch eine große Rolle, da diese Verzerrungen in beiden Teilbildern unterschiedlich ausfallen. Sie entstehen durch eine konvergente Ausrichtung der Kameras zueinander, in deren Folge sich die Bildsensoren in verschiedenen Bildebenen befinden. Mit größerer Entfernung vom Bildmittelpunkt steigt die Stärke der vertikalen Fehldisparitäten und erreicht den höchsten Wert in den Ecken des Bildes. Die Höhenfehler weisen auf den beiden Seiten des Bildes verschiedene Richtungen auf. Bei steigender Kamerabasis, kürzerer Brennweite und größerem Konvergenzwinkel tritt der Effekt deutlicher in Erscheinung. Durch trapezförmige Verzerrungen wird auch der horizontale Versatz zu den Seiten hin uneinheitlich, es werden also horizontale Fehldisparitäten eingeführt. Diese fallen aber nicht auf, weil sie mit den Tiefeninformationen verrechnet werden. Absolut identisch und richtig ist das Bild nur noch an der Schnittlinie der beiden Teilbilder im Raum.

### Tiefenkrümmung

Horizontale und vertikale Fehldisparitäten führen in ihrer Gesamtheit zu einer Krümmung der einzelnen Tiefenebenen. Seitlich gelegene Objekte scheinen sich in einer anderen Entfernung zu befinden als zentrale Objekte. Die Krümmung der Tiefenebenen lässt sich durch parallele Kameras nahezu vermeiden, weil dann keine gegensätzlichen trapezförmigen Verzerrungen auftreten.

Draufsicht auf einen Kreis im Quadrat: Bei gleichen Parametern in Aufnahme und Wiedergabe wird das Bild wie das Original dargestellt. Durch Konvergenz bei Aufnahme oder Wiedergabe entstehen Tiefenkrümmungen. Weichen Parameter wie Brennweite oder Stereobasis zwischen Aufnahme und Wiedergabe voneinander ab, kommt es zusätzlich zur Verzerrung der Tiefe.

identische Einstellungen
Kameras und Projektoren parallel

Kameras parallel
Projektoren konvergent

Stereobasis halbiert
Kameras und Projektoren konvergent

Brennweite verdoppelt
Kameras und Projektoren konvergent

Um auch bei paralleler Kameraausrichtung die Konvergenzebene (Nullebene) festzulegen, gibt es verschiedene Möglichkeiten. Bei der Aufnahme lässt sich die Konvergenz über das Verschieben der Bildsensoren relativ zum Objektiv erreichen (CCD-Offset). Dabei werden aber die Randbereiche der Objektive genutzt, welche keine hohe Abbildungsqualität liefern.

Eine andere Möglichkeit besteht in der Festlegung der Nullebene bei der Teilbildausrichtung. Diese Methode stellt eine Art Nachkonvergenz dar („reconvergence"). Dabei werden die beiden Teilbilder horizontal zueinander verschoben, wodurch aber an den Seiten monokulare Bereiche entstehen, die beschnitten werden müssen. Jede dieser Varianten hat Vor- und Nachteile. Sie werden im Kapitel „Stereoskopische Postproduktion" näher behandelt.

### Nichtlinearität der Entfernung

Bewegt sich ein Gegenstand mit gleichbleibender Geschwindigkeit auf den Betrachter zu, scheint er sich bei großer Entfernung kaum zu bewegen. Mit kürzer werdender Entfernung scheint seine Geschwindigkeit exponentiell zu steigen. Auch dabei handelt es sich um eine geometrische Gesetzmäßigkeit. Das visuelle System nutzt diesen Effekt ebenfalls zur Tiefenwahrnehmung.

### 3.1.7 Autostereo-Effekte

Der Begriff Autostereoskopie steht für Stereo-3D-Wiedergabegeräte, bei denen keine 3D-Brille nötig ist. Im Kapitel „Wiedergabemethoden" wird näher auf die Thematik eingegangen. Bei autostereoskopischen Bildschirmen kommen gänzlich andere Prinzipien zum Einsatz als bei den üblichen brillenbasierten Verfahren. In der Hautsache handelt es sich dabei um Linsenraster und Parallaxbarrieren. Beide Verfahren erzeugen einige spezielle Effekte, die typisch für Autostereo-Displays sind.

#### Image Flipping

Ein Hauptproblem bei Autostereo-Displays ist die Notwendigkeit, die beiden Augen innerhalb eines kleinen Bereichs zu positionieren. Dieser Bereich wird „sweet spot" genannt. Um dem Betrachter die Möglichkeit zu geben, seinen Kopf wenigstens minimal bewegen zu können, ohne dass das Bild verschwindet, wird versucht, mehrere eng beieinander liegende Bildansichten zu generieren. Jede Ansicht entspricht einem Bildpaar für die beiden Augen. Dadurch wird in gewissem Maß auch die Darstellung der Bewegungsparallaxe, also der perspektivischen Änderung des Bildes bei Betrachterbewegungen möglich.

Bei einer Kopfbewegung kommt es für die Augen des Betrachters zu einem Wechsel von einem auf das nächste Bildpaar. Dabei entstehen Bildsprünge, sogenanntes „Image Flipping". Dieser störende Effekt ist umso stärker, je geringer die Anzahl der Bildpaare und je größer der Abstand zwischen ihnen ist.

#### Picket-Fence-Effekt

Ein weiterer Effekt, der besonders typisch für autostereoskopische Displays ist, wird Picket-Fence-Effekt genannt. Dieser entsteht durch die Streifenmaske der Flüssigkristallbildschirme und äußert sich in der störenden Wahrnehmung von senkrechten Bändern, die an einen Lattenzaun erinnern.

### 3.1.8 Scherungsartefakte

Fast alle stereoskopischen Wiedergabemethoden und -geräte, seien es Fotodrucke, Bildschirme oder Projektoren, ermöglichen dem Betrachter nur eine bestimmte Ansicht des Bildes. Die Perspektive ändert sich durch Kopfbewegungen im Gegensatz zur Realität nicht. Nur sehr wenige und speziel-

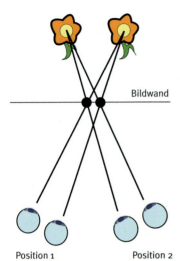

Scherung: Je nach Perspektive werden Objekte an unterschiedlichen Stellen gesehen.

le stereoskopische Displays können mehrere Perspektiven zeigen. Die Qualität solcher Multiview-Geräte ist derzeit noch nicht befriedigend. Mit ihrem Funktionsprinzip ist es aber theoretisch möglich, die Bewegungsparallaxe darzustellen und um die abgebildeten Dinge herumzusehen.

Alle stereoskopischen Wiedergabegeräte mit nur einer Perspektive weisen Scherungsartefakte auf. Dabei scheint die Perspektive dem Betrachter zu folgen, wenn er sich seitwärts bewegt. Objekte vor der Nullebene, scheinen sich mit dem Betrachter zu bewegen und Bildanteile, die hinter der Nullebene liegen, in die entgegengesetzte Richtung. In der Bildebene selbst bleiben sie in Ruhe.

Wäre ein Display in der Lage, die Bewegungsparallaxe wiederzugeben, könnten Scherungsartefakte gänzlich vermieden werden. Solch ein Bildschirm würde das natürliche Sehen recht gut imitieren, ist aber auch entsprechend schwer zu konstruieren. Scherungsartefakte (auch Scheinbewegungen genannt) kommen nur durch Seitwärtsbewegungen des Betrachters zustande. Da diese sich aber beim Betrachten von Bildern oder Filmen selten seitlich bewegen, können sie in den meisten Fällen vernachlässigt werden.

Spielt die Bewegung des Betrachters jedoch eine Rolle, muss sie mittels Head-Tracking und entsprechender Live-Korrektur der stereoskopischen Bilddaten korrigiert werden. Das ist aber nur bei Echtzeitbildern oder mit objektbasierten Verfahren möglich.

Scherung: Bei seitlichen Kopfbewegungen scheint sich der Papagei in Relation zum Rest des Bildes zu verschieben.

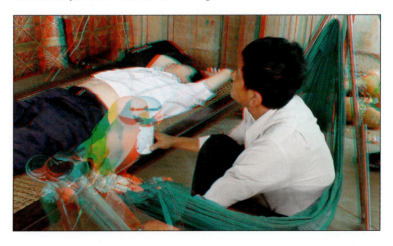

Durch das Auftreten von Scheinbewegungen kann es zu einer falschen Abschätzung der relativen Abstände unter den Objekten und zu einer falschen Bewegungseinschätzung im Bild kommen. So könnte eine Bewegung gesehen werden, die gar nicht vorhanden ist. Diese Probleme sind vor allem bei Fahrzeugsteuerungen oder Simulatoren von Belang. Besonders deutlich wird der Effekt bei Objekten, die sehr weit von der Wiedergabeebene entfernt sind.

### 3.1.9 Kulisseneffekt

Manchmal wirken Objekte in stereoskopischen Bildern flächenhaft und weisen selbst kaum Tiefe auf. Dieses Phänomen wird Kulisseneffekt oder Cardboard-Effekt genannt. Er entsteht vorrangig durch eine gestauchte Tiefenwiedergabe (Kompression). Dabei werden unnatürlich viele Tiefenebenen innerhalb der spezifischen Tiefe abgebildet.

Dieser Fall tritt vor allem dann ein, wenn bei der Aufnahme lange Brennweiten benutzt werden. Auch beim zweidimensionalen Filmen verflachen lange Brennweiten das Bild. Der Effekt wirkt sich bei räumlichen Bildern besonders bei der Wiedergabe von Personen aus, die dann wie Pappkameraden empfunden werden.

Ein Kulisseneffekt kann nicht nur im Bild, sondern auch beim natürlichen Sehen auftreten, wo er aber kaum wahrgenommen wird. Das liegt vor allem daran, dass ein Mensch nicht alles auf einmal scharf sehen kann, sondern immer nur selektiv den kleinen Ausschnitt von etwa 1,5° Sehwinkel (Durchmesser der Sehgrube). Bei Stereo-3D-Bildern kann aber nicht selektiv gesehen werden, denn die Augen stellen stets auf die Bildebene scharf (AKD). Ein Kulisseneffekt wird bei Bildern also schneller offensichtlich.

Bei Menschen wird ein Kulisseneffekt besonders deutlich wahrgenommen. Sie wirken dann im Vergleich zum Gesamtraum eher flach.

Reduzieren lässt er sich durch die Verkürzung der Brennweite oder die Vergrößerung der Stereobasis. Dadurch wird der Bildraum gedehnt (expandiert) und die Objekte selbst wirken plastischer. So wird das Kulissenhafte in den Hintergrund gedrängt, in dem nur zweidimensional gesehen wird. Aber auch durch die Bildgestaltung lässt sich der Effekt mildern, beispielsweise über Flächen oder Objekte, die in die Tiefe führen.

Foto: D. Broberg

In diesem Bild wird ein möglicher Kulisseneffekt entschärft, weil das Auge über den Ring in der Tiefe wandern kann.

Foto: D. Broberg

Eine andere Form des Kulisseneffekts kann durch 2D-3D-Konversionsverfahren entstehen. Besonders die simplen Varianten und die Echtzeitverfahren sind dafür anfällig, denn sie analysieren zweidimensionale Bilder auf einzelne Objekte, die sie dann durch unterschiedliche Disparitäten voneinander abheben. So erhalten die Objekte selbst jedoch keine Tiefe und sind flache Ebenen im Raum. Darüber hinaus gibt es weitere Arten des künstlichen, also nicht geometrisch bedingten Kulisseneffekts. Im Wesentlichen handelt es sich dabei um Fehler, die durch Probleme bei der Kodierung und Übertragung von Signalen entstehen können.

**Verständnisbeispiel – Kulisseneffekt:** Wer beim natürlichen Sehen darauf achtet, kann den Kulisseneffekt auch bewusst bemerken. Besonders einzelne Objekte wie Bäume oder Personen, die in mittleren Abständen über zehn Meter im Raum verteilt sind, weisen im Vergleich zum Raum selbst kaum eigene Tiefe auf. Der Effekt wird nicht bewusst, weil der Blick normalerweise direkt auf einen Punkt fixiert und alles davor, dahinter und auch ringsherum in Unschärfe verschwimmt. Auf Abbildungen ist jedoch alles gleichzeitig klar erkennbar.

### 3.1.10 Modelleffekt

Beim Modelleffekt wirkt die betrachtete Szene klein und modellhaft. Er wird durch eine relativ große Stereobasis verursacht. Besonders Menschen und Tiere wirken dabei unnatürlich klein, etwa wie durch die Augen eines Riesen betrachtet. Daher wird der Effekt auch sehr anschaulich als Liliputismus oder Puppenstubeneffekt bezeichnet. Ist die Stereobasis

Großbasisaufnahmen wirken oft wie Modellansichten.

besonders klein, wirkt die Szene wie durch Zwergenaugen betrachtet. Dabei kommt es zum gegensätzlichen Effekt, dem Gigantismus, der aber selten als Effekt wahrgenommen wird, da er nicht ungewöhnlich erscheint.

Beide Effekte kommen durch die menschliche Wahrnehmung zustande. Diese ist auf eine Stereobasis von etwa 65 Millimetern geeicht (Augenabstand) und reagiert umso stärker, je größer die Abweichungen werden. Das trifft vor allem dann zu, wenn Lebewesen im Bild vorkommen.

▶ Ein Objekt wirkt bei halbierter Stereobasis doppelt so groß und bei doppelter Stereobasis halb so groß.

Beide Abweichungen wirken sich in den wenigsten Fällen überhaupt störend aus. Der Zuschauer ist sich stets bewusst, dass er Bilder sieht. Aufnahmen mit einer Kleinbasis werden als natürlich empfunden und können ebenso wie Großbasisaufnahmen einen besonderen Reiz ausüben. Bei einer Ortho-Stereo-Aufnahme sind beide Effekte ausgeschlossen, da die Stereobasis dann dem Augenabstand entspricht.

Die Bezeichnung Modelleffekt wird manchmal auch verwendet, um die Wirkung von Bildern auf kleinen stereoskopischen Displays zu beschreiben. Der empfundene größere Raum wird dabei auf eine geringe Größe geschrumpft, was entfernt an ein Puppentheater erinnern kann. Bei großem Betrachtungsabstand oder kleinem Bild kann der Effekt daher auch in der Projektion auftreten.

Aus hohen Perspektiven wirken die Dinge manchmal wie auf einer Modelleisenbahnplatte.

Selbst bei monoskopischen Bildern lässt sich ein Modelleffekt beobachten. So entsteht beim Blick aus dem Flugzeug oder von Hochhäusern oft der Eindruck, die Menschen wären so klein wie Ameisen und die Erde kann dabei wirken wie eine Modelleisenbahnplatte. Das hängt auch mit der Perspektive zusammen, denn die schräge Aufsicht entspricht einer Sichtweise, aus der ein Betrachter üblicherweise Modelle betrachtet.

**Zusammenfassung** Durch die verschiedenen Möglichkeiten, räumliche Bilder darzustellen, ergeben sich unterschiedliche Störeffekte und Artefakte. Viele sind geometrisch bedingt und keine Bildfehler im eigentlichen Sinn. Aufgrund der besonderen Sehweise der Augen fallen sie erst in Bildern auf und nicht beim natürlichen Sehen. Dann gibt es Fehler, die bereits aus dem 2D-Bereich bekannt sind und hier erweiterte Folgewirkungen haben können. Große Bedeutung für Stereo-3D haben Übersprechungsartefakte sowie die verschiedenen Teilbilddifferenzfehler. Außerdem gibt es spezielle Störeffekte, die nur bei autostereoskopischen Displays auftreten. Die Kenntnis möglicher Effekte ist notwendig, sie sollten jedoch weder überbewertet noch pauschalisiert werden. Mancher Fehler fällt dem Zuschauer überhaupt nicht auf, andere lassen sich wiederum gestalterisch nutzen.

## 3.2 Visuelle Überforderung

In bestimmten Fällen kann es passieren, dass beim Betrachten stereoskopischer Bilder ein unangenehmes Gefühl in den Augen entsteht. Dies kann sich in vielerlei Ausprägung äußern und ebenso verschiedene Ursachen haben. Auch bei zweidimensionalen Bildern und beim natürlichen Sehen treten ab einer bestimmten Dauer Ermüdungserscheinungen oder eine Überanstrengung des Sehsinns ein, vor allem bei längerer Fixation auf eine bestimmte Entfernung, wie es beim Fernsehen oder beim Autofahren der Fall ist.

In der Stereoskopie reichen die beschriebenen Empfindungen von einem Ziehen oder einem leichten Brennen in den Augen über das Gefühl schwerer Lider oder Erschlaffung bis hin zu einer deutlichen Überanstrengung der Augenmuskeln.

Aufgrund der Vielfältigkeit der Empfindungen gibt es auch zahlreiche Begriffe. Sie reichen von Augenschmerz über Augenprobleme bis hin zur Augenermüdung. Häufig sind Probleme im Sehzentrum für Anstrengungen und Ermüdungen verantwortlich, die vor allem durch zu große Disparitäten verursacht werden. Schmerzen werden dagegen meist mit Überdehnung der Augenmuskeln in Zusammenhang gebracht, die durch zu starkes Konvergieren auftreten können.

Ein passender Begriff, der alle diese Empfindungen umfasst, ist „Visuelle Überforderung". Beim Auftreten von Visueller Überforderung kommt es zu einer Minderung der Leistungsfähigkeit des visuellen Systems. In der Stereoskopie spielt die Visuelle Überforderung eine besondere Rolle, weil gerade durch deren Auftreten das Betrachten von Filmen oder Bildern nicht nur erschwert wird, sondern sogar unangenehm sein kann. Den Ursachen und deren Vermeidung wird daher große Beachtung geschenkt.

### ℹ Visual Fatigue

Für die Visuelle Überforderung gibt es im englischsprachigen Raum viele verschiedene Namen. Bekannt sind vor allem Visual Strain, Visual Fatigue, Eyestrain oder Visual Discomfort. Diese kommen ebenso wie im Deutschen durch die verschiedenen subjektiven Empfindungen bei Visueller Überforderung zustande. Ein umfassender Begriff für alle diese Umschreibungen ist im Englischen nicht bekannt.

In diesem Bild liegen die Fernpunkte zu weit auseinander. Sie können zu divergenten Augenstellungen führen.

Es gibt eine ganze Reihe an Gründen für Visuelle Überforderung, beispielsweise Anomalien des Binokularsehens, Asymmetrien zwischen den Teilbildern, Akkommodations-Konvergenz-Diskrepanzen (AKD) oder extreme binokulare Disparitäten. Im folgenden Kapitel werden die wichtigsten Punkte dargestellt.

### 3.2.1 Augenstellung

Die Augen des Menschen sind von klein auf an das natürliche Sehen angepasst. Unnatürliche Augenstellungen, wie sie beim Betrachten stereoskopischer Bilder entstehen können, führen leicht zu Visueller Überforderung.

#### Vergenzgrenzen

Bei Stereo-3D ist der Spielraum natürlicher Augenbewegungen zu berücksichtigen. Die Vergenzbewegung der Augen hat bestimmte Grenzen. Anstrengung wird zunehmend empfunden, je extremer eine Vergenzbewegung wird. Die Konvergenz kann sehr große Winkel erreichen. Dabei lassen sich die Punkte aber kaum noch fusionieren, einerseits weil das Objekt dann zu nah ist und nicht mehr darauf akkommodiert werden kann und andererseits, weil die Unterschiede zwischen den Perspektiven zu groß werden. Bei einer divergenten Bewegung sind die Toleranzen wesentlich geringer. Da Divergenzen nicht zur Fusion führen, sind sie offenbar nutzlos und werden nicht eingesetzt. Die Augenmuskeln sind daher nicht darauf trainiert und es wird eine deutliche Anstrengung empfunden, wenn der Bereich eingenommen werden soll.

## AKD

Alle Wiedergabemethoden benötigen eine Projektionsfläche oder einen Bildschirm, auf dem die Bilder erscheinen können. Dadurch fixieren die Augen immer eine konstante Entfernung. Auf Dauer ist das ermüdend, so wie es von längerer Bildschirmarbeit oder von langen Autofahrten bekannt ist. Bei der stereoskopischen Wiedergabe kommt zur gleich bleibenden Schärfeebene (Akkommodation) noch hinzu, dass die Konvergenz der Augen ständig wechseln muss. Jeder Wechsel würde aber auch eine Änderung der Akkommodation erfordern. Bei Akkommodation und Konvergenz handelt es sich gemeinsam mit der Pupillengröße um reflexhaft miteinander gekoppelte Mechanismen. Wird einer der drei stimuliert, reagieren alle gemeinsam auf den Reiz.

Eine Diskrepanz zwischen Akkommodation und Konvergenz ist eher unnatürlich. Sie tritt nur bei der Bildwiedergabe auf. Besonders stark kann sich die Akkommodations-Konvergenz-Diskrepanz (AKD) auswirken, wenn Objekte im Nahbereich dargestellt werden. Die Wahrscheinlichkeit der Visuellen Überforderung ist dabei recht groß.

Die AKD lässt sich minimieren, indem bei der Wiedergabe möglichst helle Displays eingesetzt werden, die ein Verkleinern der Pupille und damit eine größere Schärfentiefe ermöglichen. Die Schärfentiefe wird außerdem durch einen größeren Abstand vom Display erhöht, dieser lässt sich durch besonders große Displays oder mit Leinwänden erreichen. Bei höchstmöglicher Schärfentiefe hat das Auge in der Akkommodationseinstellung einigen Spielraum. Eine gewisse Fehlakkommodation ist ohnehin unproblematisch. Die Grenzen liegen etwa bei 0,3–0,4 Dioptrien. Das entspricht einer Winkeldifferenz von rund 70 Winkelminuten.

Die Problematik der AKD spielt in der Praxis oft eine geringere Rolle als angenommen wird. Die Leinwand in Kinos oder bei Diavorführungen liegt in der Regel einige Meter vom Betrachter entfernt. Damit befindet sich die Nullebene in einer Distanz, die für die Akkommodation bereits im Unendlich-Bereich liegt. Die AKD tritt dann vor allem bei Objekten auf, die weit aus der Leinwand herausragen. Bei Abbildungen wie in diesem Buch oder auch bei kleinen stereoskopischen Displays liegen die Verhältnisse etwas anders, denn die Augen akkommodieren dauerhaft auf eine näher liegende Bildebene. AKD wird dann vorzugsweise im maximalen Fernbereich

AKD: Beim Blick auf den Flügel im Vordergrund konvergieren die Augen stark, während sie weiterhin auf die Wiedergabeebene (das Papier) akkommodieren.

auftreten. Dieser wird aber bei kleinen Wiedergabeformaten selten erreicht, weil er dem Augenabstand entspricht und damit leicht einen Großteil der Bildbreite einnehmen würde.

### Nachbearbeitung

Objekte können in stereoskopischer Betrachtung vor der Nullebene liegen und somit in den Zuschauerraum ragen. Durch einen harten Schnitt in ein solches Bild müssten die Augen aber plötzlich eine stark konvergente Stellung einnehmen. Nur wenige Zuschauer sind dazu in der Lage. Werden die Augen jedoch in diese Stellung geführt, indem sich das Objekt oder die Kamera aufeinander zubewegen, sind sogar extreme Positionen möglich. Soll die Fusion an der Stelle aufrechterhalten werden, dürfen Bewegungen aus der Tiefe oder in die Tiefe nicht zu schnell erfolgen.

▶ *Werden die Augen in eine divergente Stellung gezwungen, resultiert daraus eine spürbare Visuelle Überforderung.*

Die Visuelle Überforderung kann bei Bildern, die nahe Objekte enthalten, reduziert werden, indem der Hintergrund unscharf, weich, dunkel oder anderweitig unklar erscheint. So wird der Blick zum Vordergrundobjekt gezwungen. Mögliche Verzerrungen und Verschiebungen im Hintergrund fallen dann nicht mehr so stark auf.

### 3.2.2 Fusionsschwierigkeiten

Probleme bei der Fusion der Teilbilder können weitere Ursachen für Visuelle Überforderung sein. Solche Probleme lassen sich im Wesentlichen in zu große Disparitäten und in binokulare Asymmetrien unterscheiden.

*Der neblige Hintergrund verwischt entfernte Disparitäten. So reduziert sich der Tiefenumfang auf die Säulen der Walhalla.*

Die Unterschiede zwischen Fern- und Nahdisparitäten sind in diesem Bild recht groß. Eine längere Betrachtung solcher Bilder ist anstrengend.

## Überzogene Disparität

Bei Bildern mit einem zu großen Tiefenumfang können zu hohe Disparitätswerte entstehen. Es gibt zwar viele Menschen, die relativ große Disparitäten verarbeiten können, ohne dass es zur Visuellen Überforderung kommt. Es geht jedoch bei der Bilderstellung darum, den kleinsten gemeinsamen Nenner zu finden, damit auch empfindlichere Personen keine Probleme beim Betrachten bekommen. Bis auf bestimmte Ausnahmen sollten daher Disparitätswerte von 70–90 Winkelminuten nicht überschritten werden.

## Binokulare Asymmetrien

Auch ungewollte Unterschiede zwischen den beiden Teilbildern können ein Grund für Überanstrengung der binokularen Fusion sein. Bis zu gewissen individuellen Grenzen können solche Differenzen zwar toleriert werden, sie zwingen jedoch die Wahrnehmung zu ungewöhnlichen Operationen. Dabei handelt es sich zum Beispiel um Unterschiede in der Helligkeit, Farbe, Kontrast oder Schärfe, aber auch um geometrische Unterschiede wie Verdrehung, Verkantung, vertikale Verschiebung oder Größenunterschiede sowie Übersprechen. Bei einem zeitlichen Versatz der Teilbilder kann es zu falschen Tiefenempfindungen kommen oder zu Störungen aus der genannten Reihe, die dann Visuelle Überforderung zur Folge haben.

Solche Asymmetrien in den beiden Teilbildern entstehen durch Fehler in der Aufzeichnung, Kodierung, Übertragung, Nachbearbeitung oder auch während der Wiedergabe. Näheres zu Teilbildunterschieden ist in den Kapiteln „Teilbildkonflikte" und „Qualitätsaspekte" nachzulesen.

Das linke Teilbild ist unscharf und mit Kompressionsartefakten versehen, beim rechten Teilbild wurde die Gradation und die Sättigung erhöht, sowie geometrische Verzerrungen und Rotationsfehler erzeugt. Die vielen Differenzen führen zu binokularer Rivalität. (mit 3D-Brille abwechselnd die Augen zu kneifen, um die Unterschiede zu sehen)

**Praxisbeispiel – Visuelle Überforderung:** Das Gefühl der Visuellen Überforderung lässt sich erfahren, indem ein Finger immer näher vor das Gesicht geführt wird und gleichzeitig der Fokus darauf gerichtet bleibt. Die Augen nehmen dabei eine immer stärkere Konvergenzstellung ein, wobei ein leichtes Ziehen in den Augenmuskeln spürbar werden kann. Irgendwann ist außerdem der perspektivische Unterschied beider Teilbilder so groß, dass im Gehirn Schwierigkeiten bei der Fusion entstehen. Das dabei empfundene Gefühl tritt in stereoskopischen Vorführungen meist dann auf, wenn die Parameter die Grenzwerte überschreiten.

### 3.2.3 Individuelle Differenzen

Ganz besonders hängt das Empfinden von Visueller Überforderung mit der individuellen Verfassung eines Betrachters zusammen. Manche Menschen vertragen nur recht kleine Disparitäten, andere können auch Punkte jenseits der sogenannten Grenzwerte problemlos fusionieren. Die einen können besser in die Tiefe des Bildes hinein, die anderen besser aus der Tiefe heraus schauen. Einige Personen können ihre Augen sogar über die Parallelstellung hinaus divergieren.

Für junge Menschen ist es tendenziell einfacher, Teilbildasymmetrien und große Disparitäten zu verarbeiten. Im Kindesalter, in dem sich die Wahrnehmung noch entwickelt, zeigen sich besonders hohe Toleranzen.

Neben dem Alter spielt wie bei so vielen Dingen auch die Erfahrung eine große Rolle. Bei erfahrenen Zuschauern reduziert sich allerdings auch entsprechend die Verblüffung über den „3D-Effekt". Die verschiedenen individuellen Eigenschaften lassen sich bei stereoskopischen Vorführungen recht gut durch die Platzwahl kompensieren. Tendenziell sollten sich empfindliche Personen eher nach hinten setzen, da die Disparitäten dadurch kleiner werden. Wer viel verträgt, ist in kürzeren Abständen zur Wiedergabeebene besser aufgehoben. Rein geometrisch betrachtet gibt es einen Platz, an dem die Betrachtungsbedingungen optimal sind. Dieser ist aber nicht nur von der Geometrie, sondern auch noch von den Eigenschaften des Betrachters sowie den Produktions- und Projektionsumständen abhängig und variiert somit stark.

**Zusammenfassung**

Die menschliche Wahrnehmung ist völlig an die natürliche Umgebung der Erde angepasst. Stereoskopische Abbildungen können durch abweichende Parameter schnell zu unnatürlichen Anforderungen an die Augen führen. Eine Visuelle Überforderung des Sehsystems kann insbesondere durch zu große Teilbildunterschiede und Disparitäten, aber auch durch zu starke Vergenzbewegungen entstehen. Jeder Mensch verfügt über individuelle Grenzwerte. Die optimale Beeinflussung der Parameter in einer stereoskopischen Aufnahme ist eine der Hauptaufgaben des Stereografen. Dadurch lässt sich Visuelle Überforderung reduzieren.

## 3.3 Qualitätsaspekte

Kriterien bezüglich der Qualität zweidimensionaler Bilder gelten gleichermaßen für stereoskopische Bilder, wobei durch die dritte Dimension weitere Aspekte hinzukommen. Beim Betrachten stereoskopischer Bilder wird oft das Gefühl empfunden, selbst vor Ort oder zumindest irgendwie dabei zu sein. Realismus, Natürlichkeit und Miteinbeziehung sind Begriffe, die dabei häufig genannt werden. Bei einer Beurteilung der stereoskopischen Bildqualität muss auch der Qualitätsgewinn durch die empfundene Tiefe des Bildes berücksichtigt werden. In diesem Kapitel werden Kriterien der objektiven und subjektiven Bildqualität bei Stereo-3D aufgezeigt.

### Objektive Qualität

Bei objektiven Bildqualitätsfaktoren handelt es sich im Wesentlichen um das Vorhandensein messbarer Bildfehler, wie sie im Kapitel „Störeffekte und Artefakte" beschrieben wurden. Je stärker solche objektiven Bildfehler auftreten, desto stärker leidet die Qualität des Bildes.

Zur Beurteilung der Bildqualität werden Kriterien wie Schärfe, Auflösung und die Störungsfreiheit herangezogen. Störungen können in Form von Blockstrukturen, Bildrauschen, Geisterbildern oder anderer Effekte auftreten, die ab bestimmten Stärken eine negative Auswirkung auf die Bildqualität haben. Auch Aspekte wie optimale Helligkeit sowie die Farb- und Kontrastwiedergabe spielen eine wichtige Rolle bei der Bildqualität. Durch gezielte Eingriffe in den Bereichen Akquisition, Kompression, Übertragung, Dekodierung, Nachbearbeitung und Wiedergabe lässt sich die Bildqualität beeinflussen.

### Subjektive Qualität

Während Bildfehler wie Spratzer oder Aussetzer recht klar wahrgenommen und definiert werden können, verläuft die Beurteilung der räumlichen Tiefe sehr subjektiv. In Untersuchungen über die subjektive Wirkung möglicher Fehler wird daher meist auf die ITU-Empfehlung BT.500-10 zurückgegriffen. Die Wahrnehmungsschwelle wird durch die Stufe 4 beschrieben: „wahrnehmbar, aber nicht störend".

| Stufe | Qualität | Störempfindung |
|---|---|---|
| 5 | Hervorragend | Nicht wahrnehmbar |
| 4 | Gut | Wahrnehmbar, aber nicht störend |
| 3 | Befriedigend | Leicht störend |
| 2 | Schlecht | Störend |
| 1 | Ungenügend | Sehr störend |

Skala nach der Norm ITU-R BT.500-10: Qualität und Störempfindung

Zur genaueren Beurteilung stereoskopischer Bilder werden die Begriffe Telepräsenz und Natürlichkeit verwendet. Die Telepräsenz beschreibt das Gefühl des Zuschauers, sich tatsächlich in der Szene zu befinden. Damit entspricht sie auch dem Grad der Immersion eines Wiedergabesystems.

Ein ebenso subjektives Maß ist die Natürlichkeit. Dazu gibt es verschiedene Untersuchungen. Wenn die Qualität, beispielsweise bei der Farbsättigung oder dem Tiefeneindruck, höher bewertet wird, wirken stereoskopische Bilder interessanterweise weniger natürlich. Wahrscheinlich wird der Abstraktionsgrad dadurch verstärkt. Hingegen wird bei orthostereoskopischen Bildern meist eine große Natürlichkeit empfunden.

Durch die Verwendung solcher subjektiver Bewertungsbegriffe wie Telepräsenz und Natürlichkeit bekommen die Tiefe und der Gesamteindruck des Bildes ein höheres Gewicht, während die Bedeutung von Bildstörungen abnimmt. Die stereoskopische Bildqualität in Form von Telepräsenz und Natürlichkeit kann durch verschiedene Kriterien beeinflusst werden. Dazu zählen unter anderem gegensätzliche Verzerrungen, Übersprechen, Teilbilddifferenzen, Blockbildung, Rauschen, Unschärfe und die daraus folgende Betrachtungsanstrengung.

Über diese technischen Unzulänglichkeiten und Störartefakte hinaus gibt es noch einige psychologische Aspekte, die qualitätsmindernde Folgen haben können. Unter ausgeprägtem Modelleffekt oder Kulisseneffekt kann insbesondere die Natürlichkeit stereoskopischer Bilder leiden. Dies ist aber auch stets eine Frage der Gestaltung, da gerade bei Bildern nicht grundsätzlich auf hohe Natürlichkeit geachtet wird.

---

Zur Beurteilung der Bildqualität existieren neben den objektiven Merkmalen auch einige subjektive Aspekte. Diese lassen sich hauptsächlich mit den Begriffen Telepräsenz und Natürlichkeit beschreiben. Telepräsenz ist das Gefühl des Betrachters, tatsächlich vor Ort zu sein und Natürlichkeit die Empfindung eines realistischen Bildes.

**Zusammenfassung**

## 3.4 Optische Abbildungsfehler

Ein Gegenstand sendet oder reflektiert Licht in alle Richtungen. Eine irgendwo in diesem Strahlengang vorhandene Abbildungsebene erhält von jedem Punkt des Gegenstands unendlich viele Abbildungspunkte. Der Gegenstand wird demnach unendlich oft abgebildet und ist durch diese immense Überlagerung auf der Abbildungsebene nicht sichtbar. Würde aus den Strahlengängen ein einziger gefiltert, entsteht ein Abbild, welches genauso scharf ist wie das Original. Eine derartige idealisierte Filterung wäre ein Loch mit dem Durchmesser eines Lichtstrahls in einer zwischengeschalteten Wand. Eine solche Lochblende würde sich also ideal für Abbildungen eignen. Für die praktische Anwendung ist sie jedoch zu lichtschwach. Die Öffnung muss also wesentlich größer sein, um möglichst viele Lichtstrahlen zur Abbildung zu bringen. Dabei gelangen aber wieder viele verschiedene Abbilder desselben Gegenstandes in den Bildraum.

▶ Bilder lassen stets irgendeine Art von optischen Abbildungsfehlern erkennen. Verantwortlich sind dafür Linsen und Objektive.

Um nun überhaupt klare Bilder sehen zu können, nutzt das Auge aber auch die Kamera eine Linse um die verschiedenen Abbilder auf eine einzige Lage, die sogenannte Brennebene, zu projizieren. Eine solche Vereinigung verschiedener Bilder geschieht nicht fehlerlos. Optische Elemente, wie das menschliche Auge oder eben Linsen und damit auch die aus ihnen aufgebauten Objektive weisen unterschiedliche Arten von Abbildungsfehlern auf. Dabei handelt es sich um die monochromatischen Fehler Kugelgestaltsfehler, Koma, Astigmatismus, Bildfeldkrümmung und Verzeichnung sowie die beiden chromatischen Fehler Farblängs- und Farbquerfehler. Weitere „Abbildungsfehler" sind Vignettierung und Blendenfehler. Das Kapitel stellt die einzelnen Fehler dar und beschreibt neben ihren Auswirkungen auch die Korrekturmöglichkeiten.

| Schärfefehler | Lagefehler | Farbfehler | Blendenfehler | Vignettierung |
|---|---|---|---|---|
| Kugelgestaltsfehler | Bildfeldwölbung | Farbquerfehler | Blendenflecke | natürlicher Randhelligkeitsabfall |
| Koma | Verzeichnung | Farblängsfehler | Blendensterne | künstlicher Randhelligkeitsabfall |
| Astigmatismus | | | Unschärfekreise | |

Übersicht optischer Abbildungsfehler

## Kugelgestaltsfehler

Die äußeren Zonen einer Linse brechen das Licht stärker als die inneren. Somit ist die äußere Brennweite kleiner als die der Linsenmitte. Es entsteht kein Abbildungspunkt, sondern ein dreidimensionaler „Abbildungskörper". Die Fläche, die diesen Bereich umschließt, wird Kaustik genannt.

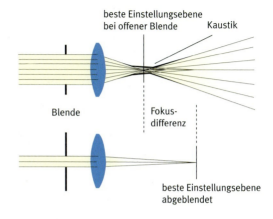

Durch die sphärische Aberration kann die Schärfeebene bei verschiedenen Blenden variieren.

Der Kugelgestaltsfehler (auch sphärische Aberration genannt) lässt sich durch Abblenden mildern. Dabei werden die Randstrahlen ausgeblendet. Eine richtige Korrektur wird durch asphärische Linsen erreicht, die zum Rand hin spitzwinkliger werden, oder über asymmetrische Linsen, bei denen Vorder- und Hinterseite unterschiedliche Krümmungen aufweisen. In bestimmten Fällen werden symmetrische Linsen in zwei plankonvexe, aufeinander zeigende Linsen aufgeteilt. Diese Lösung wird vor allem beim Kondensor von Vergrößerern angewendet. Im Bereich hochwertiger Objektive gibt es meist eine Kombination von Sammel- und Zerstreuungslinsen mit derartig unterschiedlichen Durchbiegungen, dass sich die Kugelgestaltsfehler gegenseitig aufheben.

Aufwändige Zoom- oder Weitwinkelobjektive enthalten sehr viele Linsengruppen und sind deshalb groß und schwer. Zur Gewichts- und Linsenreduzierung werden deshalb neben Gläsern mit hohen Brechzahlen oft auch Asphären eingesetzt. Der Kugelgestaltsfehler wird gezielt bei sogenannten „echten Weichzeichnerobjektiven" angewendet. Diese

### Abblenden

Oft wird bei offener Blende scharf gestellt, da die Schärfeebene so leichter zu finden ist. Weist das Objektiv sphärische Aberration auf, liegt die Schärfeebene an der schmalsten Stelle der Kaustik. Bei der anschließenden Abblendung auf die Arbeitsblende verlagert sich die Schärfeebene auf die Brennweite der achsennahen Parallelstrahlen, weil die Randstrahlen ausgeschaltet werden. Diese Problematik wird jedoch durch die mit kleinerer Blende erhöhte Schärfentiefe wieder weitgehend aufgehoben.

erzeugen einen scharfen Bildmittelpunkt und dazu weiche Überlagerungen, vor allem in den Lichtern. Die erzielte Wirkung ist eine etwas andere als bei der Verwendung von Weichzeichnervorsatzlinsen.

### Koma

Die Koma ist prinzipiell ebenfalls eine sphärische Aberration, allerdings in Bezug auf schräg einfallende Strahlen, sogenannte „schiefe Bündel". Dadurch wirkt die sphärische Aberration asymmetrisch und führt zu oval verzerrten, kometenhaften Gebilden, die dem Abbildungsfehler den Namen geben.

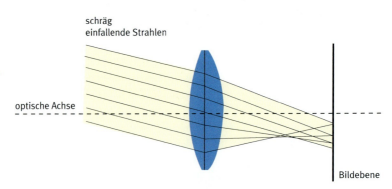

Koma: Die Verzerrungen schräger Strahlen treten in den Randbereichen des Bildes auf und weisen nach außen.

> **i  Linsen und Objektive**
>
> Objektive werden vom Konstrukteur grundsätzlich für den Unendlichbereich, also auf Parallelstrahlen korrigiert. Bei einigen speziellen Objektiven wie den Makroobjektiven gilt das nicht. Um Korrekturen in Objektiven generell auch während einer Brennweitenänderung oder Scharfstellung beizubehalten, bewegen sich sogenannte Floating Elements mit und verlagern dadurch die Korrektur so gut wie möglich. In den meisten Fällen liegt die ideal korrigierte Entfernung im Unendlichen, im Bereich nahe der optischen Achse und je nach Objektiv bei einer bestimmten Blende, meist 5.6 oder 8. Objektivkonstrukteure stehen vor dem Problem, dass die Minimierung eines einzelnen Abbildungsfehlers zur Verschlimmerung der anderen Abbildungsfehler führen kann. Daher sind Kompromisse notwendig. Objektive sind deswegen auf ihren jeweiligen Aufgabenbereich optimiert. Die Reduzierung von Abbildungsfehlern fällt bei Vario- oder Zoom-Objektiven aufgrund ihrer Komplexität deutlich schwerer. Sie sind deshalb für bestimmte Einstellungen, meist auf den achsennahen Bereich und eine mittlere Brennweite hin optimiert. Festbrennweiten bieten dagegen den Vorteil, auf eine Brennweite optimal berechnet zu sein.

Die Koma verdankt ihren Namen der Astrofotografie. Mit Koma behaftete Stellen nehmen Formen an, die entfernt einem solchen Kometen ähneln.

Durch die Ausblendung achsenferner Strahlen lässt sich die Koma vermeiden. Erreicht wird dies durch eine optimale Blendenlage, bei Objektiven speziell durch symmetrisch angeordnete Linsengruppen mit Mittelblende. Koma ist jedoch auch bei modernen Objektiven, die auf sphärische Aberration korrigiert sind, noch möglich, kommt dann allerdings nur bei besonders hohem Kontrast und ganz offener Blende vor.

## Astigmatismus

Ein abzubildender Punkt sendet viele Strahlen aus, die auf die verschiedenen inneren und äußeren Bereiche eines Objektivs treffen. Liegt der Punkt auf der optischen Achse, werden die Wegstrecken zu den Außenbereichen der Linse länger. Dadurch kommt es zu einer Bildfeldwölbung. Der Brennpunkt der mittleren Strahlen ist dann weiter entfernt als die Brennpunkte der Randstrahlen. Liegt aber ein Ausgangspunkt stattdessen weit außerhalb der optischen Achse, haben die Strahlen zu allen Teilen der Linse

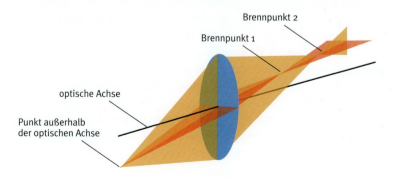

Keine einheitlichen Brennpunkte bei schräg einfallenden Strahlen

Astigmatismus führt zu einer leichten Unschärfe des Bildes.

deutlich unterschiedliche Wege zurückzulegen. Und das ist das Problem des Astigmatismus. Er ist vor allem im Nahbereich relevant, denn je weiter sich ein Punkt von Objektiv entfernt, desto näher scheint er zur optischen Achse zu rücken. Der Astigmatismus führt also zur Abbildung eines Objekts in mehreren Schalen. Zur Vereinfachung wird eine sagittale und eine meridionale Schale unterschieden, die im rechten Winkel zueinander stehen. Werden die meridionalen und sagittalen Strahlen in ihrer Gesamtheit betrachtet, so entwerfen sie keine Punkte, sondern entsprechende Linien in unterschiedlichen Ebenen. Es entsteht ein „Unschärfegebilde". Der Astigmatismus wird auch Punktlosigkeit genannt.

Er lässt sich durch eine kleinere Blendenöffnung mildern. Eine echte Korrektur wird aber auch hier durch die Kombination aus Sammel- und Zerstreuungslinse erreicht, wobei die Zerstreuungslinse einen kleineren Brechungsindex bei höherer Dispersion haben muss („Anastigmat"). Die Differenz der beiden Schalen wird dabei weitgehend ausgeglichen und es entsteht eine gemeinsame Schale, die Petzvalschale.

### Bildfeldwölbung

Während der Astigmatismus die Differenz der verschiedenen Schalen ist, beschreibt die Bildfeldwölbung generell die schalenförmige, also gewölbte Abbildung eines Objekts durch eine Linse. Auch die Petzvalschale, die nach einem korrigierten Astigmatismus entsteht, ist somit eine Bildfeldwölbung. Das gewölbte Bild führt zu einem sichtbaren Schärfeabfall an den Randbereichen des Bildes. Besonders in Weitwinkelobjektiven wird der Fehler sichtbar.

Um die Wölbung auszugleichen, müsste der Bildwandler gewölbt werden, was aber nicht praxisgerecht sein kann. Eine Korrektur wird daher über optische Mittel und hier wieder mit Kombinationen von Sammel- und

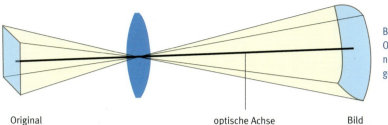

Original      optische Achse      Bild

Bildfeldwölbung: Die Objektebene wird nicht plan, sondern gewölbt abgebildet.

Zerstreuungslinse erzielt. Das gelingt jedoch selbst bei modernen Objektiven nicht immer über das gesamte Bildfeld. Durch eine kleinere Blendenöffnung reduziert sich die Randunschärfe, da die achsenfernen Strahlen ausgeblendet werden und sich die Schärfentiefe erhöht.

Auch durch die Linse des Auges entsteht eine Bildfeldwölbung. Gleichzeitig existiert dort aber eine natürliche Korrektur in Form der Netzhaut, die schalenartig gewölbt ist.

## Verzeichnung

Jeder Objektpunkt strahlt in alle Richtungen Licht ab. Die Linsen eines Objektivs brechen viele Strahlen eines Objektpunkts, um sie auf der Bildebene wieder in einem Punkt zu vereinen. Viele Objektpunkte ergeben ein Objekt. Durch die Blende werden jedoch gewisse Objektstrahlen ausgeklammert, und zwar je nach Blendenlage jeweils andere.

Die Bildfeldwölbung kommt häufig bei Mikroskopaufnahmen vor. Sie äußert sich als deutliche Unschärfe zu den Rändern hin.

Wahrnehmung von Stereo-3D | 123

Die Verzeichnung beruht auf der Bauweise und der Blendenlage eines Objektivs.

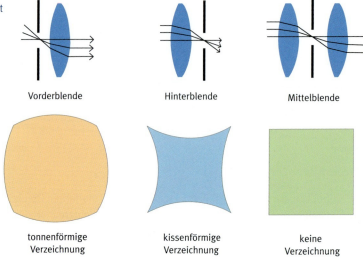

Die Zentralstrahlen wie im Fall einer Mittelblende gehen ungebrochen durch und stellen den Objektpunkt deshalb unverzerrt als Bildpunkt dar. Bei einer Vorderblende gelangen vorwiegend die steilen Strahlen durch die Blende zum Bildraum. Diese werden im Bildraum durch die Brechung flacher. Deshalb verzerrt sich das Bild tonnenförmig, wird also kleiner. Bei einer Hinterblende gelangen vorwiegend die flachen Strahlen durch die Blende zum Bildraum. Diese werden dort aufgrund der Brechung steiler und deshalb wird das Bild kissenförmig verzerrt, also nach außen größer. Die Verzeichnung ist von der Dicke der Linse abhängig, je dicker, desto stärker der Fehler.

Die tonnenförmige Verzeichnung ist an den „verbogenen" Säulen gut erkennbar.

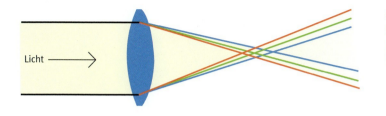

Chromatische Aberration: Farben werden unterschiedlich gebrochen.

Hochwertige Festbrennweiten besitzen oft eine Mittelblende, bei der die Verzeichnung vernachlässigbar ist. Bei den heute sehr weit verbreiteten Zoomobjektiven sind symmetrische Bauweisen nicht üblich. Sie weisen daher alle eine mehr oder weniger starke Verzeichnung auf. Der Fehler lässt sich bei der Objektivkonstruktion durch Verwendung dünner Linsen immerhin mildern.

## Farbfehler

Die unterschiedlichen Wellenlängen des Lichts werden vom Menschen als Farben wahrgenommen. Linsen brechen diese Wellenlängen nicht gleichmäßig. Von Rot zu Blau nimmt die Stärke der Brechung zu. Linsen haben also für jede Farbe eine minimal abweichende Brennweite. Bei der Abbildung von Objekten kann es daher vorkommen, dass verschiedene Wellenlängen in verschiedenen Entfernungen scharf abgebildet werden. Diese unter dem Namen Farblängsfehler bekannte Fokusdifferenz führt zu sichtbaren Farbsäumen.

Durch Abblenden kann die Stärke des Farblängsfehlers vermindert werden, da die Fokusdifferenzen bei stärkerer Linsenkrümmung, also vor

Besonders an den Randbereichen ist hier die chromatische Aberration deutlich erkennbar.

Vignettierung: Helligkeitsabnahme an den Rändern des Bildkreises

allem an den Randbereichen der Linsen auftreten. Eng damit verbunden ist der Farbquerfehler. Objekte werden durch die unterschiedliche Brechung der Farben unterschiedlich groß abgebildet, weshalb dieser Fehler auch Farbvergrößerungsfehler genannt wird. Er fällt besonders bei Objektiven mit großen Bildwinkeln auf und wird vor allem an den Bildrändern sichtbar.

Farbfehler werden auch Chromatische Aberration genannt. Sie lassen sich durch Kombinationen von Kron- und Flintglas sowie Sammel- und Zerstreuungslinse weitgehend eliminieren. Derart korrigierte Objektive heißen Achromaten, wenn sie für Rot und Blau korrigiert sind und Apochromaten, wenn sie für alle drei Grundfarben korrigiert sind.

### i  Abbildungsfehler und Stereoskopie

Abbildungsfehler werden für die Stereoskopie problematisch, wenn dadurch unnatürliche Unterschiede in den beiden Teilbildern erzeugt werden. Von besonderem Interesse sind die Verzeichnung, Vignettierungen und Schärfefehler. Letztere treten vor allem bei sehr preisgünstigen Vorsatzlinsen und Objektiven auf. Die Gefahr von Vignettierungsproblemen besteht am ehesten bei sehr weitwinkligen Aufnahmen sowie bei Shift- oder Tiltobjektiven. Verzeichnungen sind für die Stereoskopie besonders problematisch, da es zu Vertikaldisparitäten und damit zu Höhenunterschieden kommen kann, die an den Bildrändern leicht die Grenzwerte überschreiten können.

Blendenstern. Gleichzeitig sind im Bild eckige Blendenflecke zu erkennen.

### Blendensterne

Bei besonders kleinen Blenden tritt der Effekt der Beugung stärker in Erscheinung. Lichter mit starkem Kontrast, wie beispielsweise Selbstleuchter oder auch Reflexe, können dadurch im Bild als diffuser Kreis sichtbar werden. Ist die Blende nicht kreisförmig, erfolgt auch die Beugung nicht gleichmäßig. Bei den oft eingesetzten Lamellenblenden entstehen daher sternenförmige Beugungsscheibchen, wobei sich die Anzahl der Sternchenstrahlen nach der Anzahl der Blendenlamellen richtet.

Ähnlich wie die Blendenflecke ist auch dieser Abbildungsfehler ein wichtiges Stilmittel geworden und kommt fast in jeder Show und bei Konzerten zum Einsatz. Dabei werden jedoch fast ausschließlich einschwenkbare Vorsatzfilter eingesetzt, die die Beugung der hellen Lichtpunkte an einer feinen Gitterstruktur hervorrufen. Je nach Art des Gitters können Sternchen mit verschiedener Anzahl von Strahlen erzeugt werden.

Der Effekt des Sternchenfilters ist ursächlich nicht mit den durch die Blende des Objektivs entstehenden Blendensternen zu verwechseln. Blendensterne können durch Aufblenden in ihrer Größe reduziert werden, da dann die Beugung geringer ist.

### Unschärfekreise

Helle, punktförmige Lichtquellen wie auch Reflexe oder Selbstleuchter werden bei einer Abbildung mit geringer Schärfentiefe außerhalb der Schärfezone ebenfalls vergrößert und unscharf dargestellt. Solche Unschärfekreise haben jedoch meist eine scharfe Begrenzung, die durch die Blende hervorgerufen wird. Die Form der Blende beeinflusst somit die Form der Unschärfekreise. Auch die Eigenschaften des Objektivs, beispielsweise die Art der Korrektur der sphärischen Aberration, kann Einfluss auf die Form der Unschärfekreise haben.

In der filmischen Bildsprache wird dieser Abbildungsfehler vor allem als Effektblende bei Schärfenverlagerungen eingesetzt, aber auch bei Reflexen wie auf regennasser Straße kann es zu Unschärfekreisen kommen. Unschärfekreise werden bei Bildern mit geringer Schärfentiefe oftmals bewusst erzeugt und dienen als Stilmittel.

Unschärfekreise einer DSLR-Kamera

Die subjektiv empfundene Schönheit der Unschärfekreise wird Bokeh genannt. Jedes Objektiv hat ein ihm eigenes Bokeh. Doch nicht immer sind die Unschärfekreise gewollt. Sie lassen sich durch eine hohe Schärfentiefe verringern oder beseitigen. Reflexe, welche die Unschärfekreise deutlicher hervortreten lassen, können beispielsweise mit einem Polarisationsfilter reduziert werden.

---

**Zusammenfassung**

Die ideale Abbildung eines Punkts ist theoretisch mit einer unendlich kleinen Lochblende erreichbar. Die Lichtausbeute wäre für eine Aufnahme jedoch viel zu klein. Deshalb werden in der Natur und in der Technik Linsen und optische Glieder eingesetzt. Diese bündeln viele Abbilder eines Objekts so, dass sie übereinander liegen. Eine perfekte und fehlerfreie Deckungsgleichheit lässt sich dabei nicht erreichen. Abbildungsfehler entstehen also immer, wenn Linsen eingesetzt werden. Über eine Vielzahl von Möglichkeiten können diese Fehler aber reduziert und für spezielle Anwendungen optimiert werden. In der Bildgestaltung sind einige Fehler sogar zu Gestaltungsmitteln avanciert, die bewusst erzeugt werden.

## 3.5 Sehfehler

Es gibt verschiedene Krankheiten und Anomalien, die zu einer mehr oder minder starken Einschränkung des stereoskopischen Sehens führen können. Der Extremfall, die Stereoblindheit, ist die völlige Unfähigkeit, unter Nutzung der Stereopsis räumlich zu sehen. Dieser Fall liegt beispielsweise bei einer Einäugigkeit vor, aber auch dann, wenn beide Augen nicht richtig zusammenarbeiten.

In letzterem Fall gibt es durchaus Möglichkeiten zur Korrektur der Sehfehler, beispielsweise durch Sehhilfen, Training oder Operationen. Die Folgen von bereits in der frühen Kindheit erworbenen Augenerkrankungen auf das Raumsehen sind dagegen meist irreparabel, da sich die Fähigkeit zum stereoskopischen Sehen in den ersten Lebensmonaten herausbildet. Ist dies nicht geschehen, fehlt die psycho-physiologische Grundlage für die Stereopsis. In diesem Kapitel werden die wichtigsten Augenerkrankungen und Anomalien aufgezeigt, ihre Besonderheiten erläutert und ihre Auswirkung auf die räumliche Wahrnehmung beschrieben.

### Phorien

Um das binokulare Einfachsehen und die Stereopsis aufrecht zu erhalten, müssen beide Augen genau auf einen Punkt fixieren. Abweichungen bei solchen Fixationsbewegungen werden Heterophorien oder allgemein Phorien genannt. Phorien entstehen vor allem durch unausgewogen arbeitende Augenmuskeln. Sie entsprechen im Prinzip einem versteckten Schielen. Je nachdem, ob ein Auge von links oder rechts hinterherzieht,

Normal

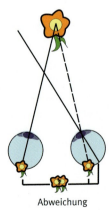
Abweichung

wird in Exophorie und Esophorie unterschieden. Die meisten Menschen weisen in geringem Maß eine solche Abweichung auf.

Phorien werden beim natürlichen Sehen meist durch die Fusion ausgeglichen. Betroffene Personen fühlen sich erst dann in ihrem Sehen beeinträchtigt, wenn die Phorie zu stark ist und nicht mehr kompensiert werden kann. In diesem Fall entsteht ein bestimmter Schielwinkel, es kann zu Doppelbildern kommen und das räumliche Sehen ist beeinträchtigt. Solche Situationen werden bevorzugt durch Übermüdung, Krankheit oder Stress hervorgerufen.

## Brechungsfehler

Ist ein Auge bei entspannter Akkommodation nicht in der Lage, einen unendlich entfernten Punkt scharf auf der Netzhaut abzubilden, liegt eine Ametropie vor. Das Gegenteil, also die Normalsichtigkeit wird Emmetropie genannt. Die meisten Menschen haben leicht ametrope Augen. Bei dieser Fehlsichtigkeit wird im Allgemeinen Weitsichtigkeit, Kurzsichtigkeit und Stabsichtigkeit unterschieden. Unkorrigiert kann es zu Schärfeunterschieden kommen, wenn die Augen unterschiedlich starke Brechungsfehler aufweisen. Wird die Ametropie mit einer Brille korrigiert, sind zwar beide Bilder scharf, jedoch entstehen durch den Abstand der Linse zum Auge Größendifferenzen des korrigierten Bildes. Eine Fusion der beiden Teilbilder ist in beiden Fällen schwieriger zu erreichen. Gleichzeitig steigt die Wahrscheinlichkeit zum Schielen und einer Schwachsichtigkeit. Ametropien lassen sich am besten mit Kontaktlinsen korrigieren, da diese direkt auf dem Auge liegen und das korrigierte Bild so seine Größe beibehält.

Normalsichtig

Verschiedene Arten
von Fehlsichtigkeit

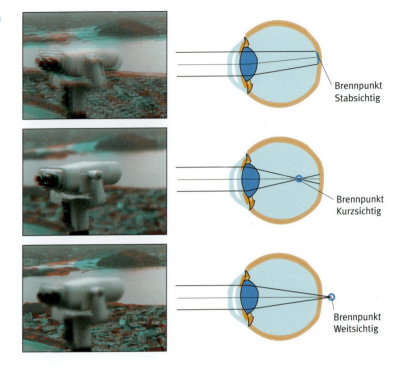

Brennpunkt
Stabsichtig

Brennpunkt
Kurzsichtig

Brennpunkt
Weitsichtig

## Schielen

Ein Strabismus (Schielen) ist die ständige Fehlstellung der beiden Augen zueinander. Bei dieser Anomalie führt die Parallaxe, also der Konvergenzwinkel der beiden Augen, nicht mehr zur beidäugigen Fixation eines Objekts. Es lassen sich mehr oder minder starkes Außenschielen und Innenschielen unterscheiden. Ein Schielen kann angeboren sein, aber auch im Laufe des Lebens durch Unfall oder Krankheit entstehen. In den meisten Fällen liegt die Beeinträchtigung, die letztlich zum Schielen führt, in den sechs Muskeln zur Steuerung des Auges begründet, die nicht mehr richtig miteinander harmonieren. Anomalien reichen von verkürzten Muskeln bis hin zu Lähmungserscheinungen. Oft wird vom Betroffenen versucht, durch das Schielen entstehende Doppelbilder über bestimmte Kopfhaltungen zu kompensieren.

Bleibt das Schielen unbehandelt, entsteht langfristig in fast allen Fällen eine Schwachsichtigkeit. Diese ist, im Gegensatz zum Schielen selbst, nur im Kindesalter korrigierbar. Personen, die nur ein wenig nach innen schielen, können immerhin ein qualitativ befriedigendes Binokularsehen entwickeln, welches sogar eine Stereopsis ermöglicht. Bei Schielwinkeln über fünf Grad ist jedoch kein Binokularsehen mehr möglich, denn wenn beide Augachsen zu weit voneinander abweichen, kommt es zur Unterdrückung eines ganzen Auges. Das führt langfristig zu einer Quasi-Erblindung dieses Auges.

In solch extremen Fällen wird heutzutage eine Schieloperation an den Muskeln durchgeführt, die den Augapfel bewegen. Eine solche Operation sollte noch im Vorschulalter erfolgen, da die Entwicklung des Binokularsehens bereits sehr früh stattfindet und später außerdem schon eine ausgeprägte Schwachsichtigkeit vorliegen kann. Bei einer rechtzeitigen Beseitigung der Schwachsichtigkeit sowie einer Korrektur der Schielstellung ist die Möglichkeit für binokulares Sehen gegeben.

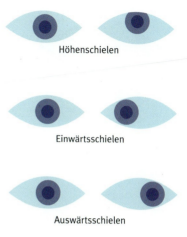

Strabismus: Schielstellungen der Augen

## Farbenblindheit

Die Farbenblindheit, auch Achromatopsie genannt, kommt sehr selten vor. Betroffene haben im Fall der angeborenen Farbenblindheit keine funktionsfähigen Zapfen in ihrer Netzhaut, sondern nur Stäbchen. Damit sind sie sehr empfindlich gegen Licht, können jedoch gleichzeitig weder Farben noch hohe Schärfe wahrnehmen, da die Sehgrube in diesem Fall keine intakten Rezeptoren enthält. Die Stereopsis funktioniert damit nur eingeschränkt. Es mangelt an der nötigen Bildschärfe für die quantitative Stereopsis, die zudem ohnehin nur innerhalb des Panumschen Fusionsraums funktionieren würde. Im Prinzip kann bei einer Farbenblindheit nur die qualitative Stereopsis erfolgen, also ein „Davor" und „Dahinter" empfunden werden. Jedoch gibt es auch den Fall erworbener Farbenblindheit. Diese ist neurologisch bedingt und hat daher keine Schärfereduzierung zur Folge. Das stereoskopische Sehen ist dann nicht beeinträchtigt.

## Farbfehlsichtigkeit

Oft fälschlicherweise Farbenblindheit genannt, handelt es sich bei der meist angeborenen Farbfehlsichtigkeit um den Defekt oder die Einschränkung eines der drei Zapfentypen in der Netzhaut. Dabei kann es vorkommen, dass eine bestimmte Zapfenart völlig fehlt, wodurch die Person für die entsprechende Farbe blind ist, andere Farben jedoch wahrnimmt. Oft liegt aber auch eine Verschiebung des Empfindlichkeitsmaximums eines Zapfentyps vor. Dadurch entstehen die Schwierigkeiten beim Differenzie-

| Normalsehen | Die totale Farbenblindheit kommt sehr selten vor. | Die Rot-Grün-Sehschwäche ist die häufigste Farbfehlsichtigkeit. |

ren der eigentlichen Farben. Es kommt meist zur Rot-Grün-Sehschwäche, seltener zur Blau-Gelb-Sehschwäche.

Entgegen einer weit verbreiteten Meinung wirkt sich die Rot-Grün-Schwäche nicht negativ auf die Anwendung des Anaglyphenverfahrens aus. Bei Anaglyphen werden meist rote und blaugrüne Farbfilter zur Darstellung stereoskopischer Bilder verwendet. Da die Filterung aber vor den Augen geschieht, werden diese dadurch nicht beeinflusst. Für Menschen mit einer Rot-Grün-Schwäche ist das Anaglyphenverfahren sogar gut geeignet, da bei ihnen kein Farbenwettstreit durch die Rot-Grün- oder Rot-Cyan-Brillen entsteht.

### Schwachsichtigkeit

Eine Schwachsichtigkeit (Amblyopie) entsteht meist durch Probleme in der Entwicklung der Sehschärfe im frühen Kindesalter. Ursachen können unter anderem Schielen, Trübungen von Hornhaut oder Linse, aber auch Fehlsichtigkeiten sein. Einmal vorhanden ist diese Störung später kaum heilbar. Bei der Amblyopie gibt es meist ein „gutes" und ein „schlechtes" Auge, eher selten ist der Fall zweier schwachsichtiger Augen.

Durch die resultierenden starken Unterschiede der Teilbilder kommt es oft zu Doppelbildern und die räumliche Wahrnehmung ist gestört. Das visuelle System versucht in solch einem Fall über die Suppression das vermeintlich schlechtere Bild zu unterdrücken. Eine ständige Unterdrückung eines Auges kann auf Dauer zu dessen faktischer Erblindung führen. Da dem Auge dadurch die Übung fehlt, wird stereoskopisches Sehen unmöglich, es wird nur noch mit dem Führungsauge gesehen. Menschen mit einer solchen Schwachsichtigkeit nutzen zur Orientierung verstärkt monokulare Tiefenhinweise, wie die Bewegungsparallaxe oder die Verdeckung.

## Diplopie

Wenn die Punkte eines Objekts beim Binokularsehen an sehr unterschiedlichen Netzhautstellen abgebildet werden, kann es zur Wahrnehmung von Doppelbildern kommen. Die Grenzwerte des Abstands korrespondierender Punkte sind dann überschritten, also außerhalb des Panumraums und das Gehirn kann die Punkte nicht mehr einander zuordnen.

Doppelbilder, die durch zu große Disparitätswerte entstehen, werden beim natürlichen Sehen in der Regel unterdrückt. Dafür gibt es die Bezeichnung physiologische Diplopie. Das Raumsehen ist jedoch nicht beeinträchtigt, da solche Doppelbilder nicht im Fixationsbereich entstehen. In anderen Fällen gelingt die Unterdrückung nicht so leicht. Häufig ist ein schielendes Auge für eine derartige Diplopie verantwortlich. Werden diese Doppelbilder dennoch erfolgreich unterdrückt, kann an den Stellen nur monoskopisch gesehen werden.

In bestimmten Fällen, wie einer Hornhautveränderung oder dem grauen Star, kann sogenannte monokulare Diplopie auftreten. Das sind Doppelbilder, die bereits mit einem Auge entstehen. Werden Doppelbilder wahrgenommen, stört das in jedem Fall das Sehen und den Raumeindruck.

## Aniseikonie

Die Bilder, die auf die Netzhaut beider Augen projiziert werden, können in manchen Fällen Größendifferenzen aufweisen. Eine solche Aniseikonie führt, wenn sie besonders stark ist, zu Problemen beim stereoskopischen Sehen. Selbst eine Fusion durch binokulare Summation kann dabei verhindert werden. Die Ursachen liegen in Fehlern der optischen Bestandteile des Auges oder in Unterschieden bei der Anordnung der Rezeptoren sowie der Neurone im Sehzentrum.

Normal

Diplopie: Sehen von Doppelbildern

Darüber hinaus gibt es eine natürliche Aniseikonie. Diese rührt schlicht daher, dass seitlich liegende Objekte vom näheren Auge größer abgebildet werden als vom ferneren. Dies spielt in der Praxis aber keine große Rolle, da zu wichtigen Objekten eine Kopfzuwendung erfolgt.

### Nystagmus

Der Nystagmus bezeichnet in der Regel unkontrollierbare Augenbewegungen und Augenzittern. Der dem Nystagmus zugrunde liegende Mechanismus dient der menschlichen Wahrnehmung eigentlich zum Ausgleichen von Bewegungen, indem das fixierte Objekt ständig auf die Sehgrube projiziert wird. Der Nystagmus tritt auch als krankhaftes Symptom in Form von Augenzuckungen auf. Dafür können Fehler in der Augensteuerung, die Einnahme von Drogen oder eine Schädigung im Gehirn verantwortlich sein. Ein krankhafter Nystagmus kann zu reduzierter Sehschärfe und einer Beeinträchtigung der Stereopsis und der Fusion führen. Mikrosakkaden oder der okuläre Tremor sind kein Nystagmus. Näheres zu diesen Mechanismen findet sich im Kapitel „Kenngrößen des Stereo-3D-Sehens".

### Medientrübungen

Durch die Abnutzung und Alterung verschlechtert sich im Verlauf der Zeit die Konsistenz und Lichtdurchlässigkeit der optischen Medien des Auges. Hauptsächlich kommt es dabei zu einer Trübung der Hornhaut oder der Augenlinse. Daraus folgt eine Streuung des Lichts mit entsprechender Kontrastreduzierung und einem nebligen Seheindruck. Die Linsentrübung ist eine besonders mit hohem Alter häufig vorkommende Augenerkran-

Aniseikonie: Sehen von unterschiedlichen Bildgrößen

Medientrübung, auch Grauer Star oder Katarakt genannt

kung. Sie trägt den Namen Grauer Star oder Katarakt. In schweren Fällen wird heutzutage die Augenlinse gegen eine Linse aus Kunststoff ersetzt. Unbehandelte Medientrübungen verschlechtern die Sehschärfe und tragen damit auch zu möglichen Problemen beim Binokularsehen bei.

## Grüner Star

Innerhalb des Augapfels herrscht ein bestimmter Druck, der durch den fast vollständig aus Wasser bestehenden Glaskörper erzeugt wird. Er sorgt für die richtige Form und Stabilität des Auges und drückt die Netzhaut an den Augenhintergrund. In manchen Fällen kann es zu einem erhöhten Augeninnendruck kommen. Dabei besteht die Möglichkeit einer Schädigung der Netzhaut, aber auch der rund eine Million Nervenfasern, die sich von den Ganglienzellen ausgehend zum Sehnerv vereinigen. Das Glaukom oder der Grüne Star ist die Bezeichnung für eine Beeinträchtigung der Nervenfasern. Je nachdem, welche der Fasern beschädigt werden, kommt es zu bestimmten Gesichtsfeldausfällen. Die Zerstörung des gesamten Sehnervs führt zu völliger Blindheit auf dem betroffenen Auge. Damit wäre stereoskopisches Sehen unmöglich.

## Gesichtsfeldausfall

Durch Schädigungen in der Netzhaut, dem Sehnerv oder anderer Stellen des Sehapparats kann es zum Ausfall bestimmter Stellen des Gesichtsfeldes kommen (Skotom). In diesem Fall fehlen dem visuellen Zentrum die Bildinformationen zum Vergleich der beiden Teilbilder. Stereopsis und Fusion sind an solchen Stellen nicht möglich, das binokulare Sehen ist beeinträchtigt.

Glaukom: So könnte ein sehr fortgeschrittener Grüner Star aussehen.

Skotom: Der Gesichtsfeldausfall in diesem Beispiel ist bereits sehr fortgeschritten.

### Netzhauterkrankungen

Diabetes und viele andere Ursachen können zu Durchblutungsstörungen der Netzhaut führen. In der Folge besteht die Möglichkeit einer Sehschärfenverschlechterung bis hin zu Netzhautablösungen und Blindheit. Reißt die Netzhaut an einer Stelle ein, entweicht Flüssigkeit aus dem Augeninnern und der Druck, der die Netzhaut an ihrer Stelle hält, sinkt. Dadurch löst sich die Netzhaut von dieser Stelle ausgehend nach und nach ab. In

Gesunde Netzhaut

Makuladegeneration

Netzhautablösung

diesem Zustand ist ein normales Sehen nicht mehr möglich, es kommt zu Gesichtsfeldausfällen und Wahrnehmung dunkler Schatten. Das Problem lässt sich medizinisch beheben.

Mit fortschreitendem Alter kommt es auch zu einer Abnutzung innerhalb der Netzhaut. Dabei fallen einige Sinneszellen aus, was gerade im zentralen Netzhautbereich der Sehgrube eine Reduzierung der Schärfe („Makuladegeneration") zur Folge hat. Durch eine verminderte Sehschärfe ist auch das stereoskopische Sehen beeinträchtigt.

> **i Sehfehlerhäufigkeit**
>
> Augenerkrankungen zählen zu den häufigsten Leiden überhaupt. Verstecktes Schielen, das erst durch Alkoholeinfluss oder starke Müdigkeit offensichtlich wird, kommt bei etwa 70 Prozent der Bevölkerung vor. In der Regel wird es jedoch durch Fusion und Summation nicht störend wahrgenommen. Ein größeres Problem ist die Schwachsichtigkeit, von der immerhin rund vier Prozent aller Menschen betroffen sind. Oft ist sie eine Folge des Strabismus, also des schielenden Auges. Ein Schielen ist bei knapp fünf Prozent der Deutschen feststellbar. Darüberhinaus ist bei nahezu einem Drittel der Bevölkerung die Sehschärfe nicht optimal. Dies lässt sich jedoch gut mit Linsen korrigieren. Bei Farbenfehlsichtigkeiten gibt es große Unterschiede zwischen den Geschlechtern. Während nur ein Prozent der Frauen betroffen sind, kommen die Männer auf immerhin fast acht Prozent.

**Zusammenfassung**

Augenerkrankungen führen in der westlichen Welt selten zu Problemen mit dem räumlichen Sehen, da sie entweder schwach ausgeprägt oder gut korrigiert sind. Kleinere Abweichungen von der Norm hat fast jedes Auge, ohne dass es dabei zu Einschränkungen kommt. Zu ernsten Beeinträchtigungen des Stereosehens führen insbesondere unbehandelte oder sehr schwere Fälle von Augenkrankheiten, oft verbunden mit starker Reduktion der Sehschärfe, großem Schielwinkel oder sogar dem Ausfall eines ganzen Auges. Je nach Beeinträchtigung kann die Stereo-Sehfähigkeit in einigen Fällen durch ein gezieltes Augentraining verbessert werden.

# 4 Wiedergabe von Stereo-3D

4.1 Wiedergabemethoden

4.2 Wiedergabesysteme

4.3 Wiedergabeparameter

# 4 Wiedergabe von Stereo-3D

Die Aufnahme wird durch die Wiedergabe bestimmt. Nur wenn ein Bildgestalter weiß, wie das Material in der weiteren Verwertungskette eingesetzt wird, kann er während der Aufnahme die richtigen Entscheidungen fällen.

Dazu ist es notwendig, über bestimmte Grundkenntnisse zu verfügen, die in diesem Fall die Besonderheiten stereoskopischer Bildwiedergabe betreffen. Zur Darstellung räumlicher Bilder gibt es eine große Anzahl verschiedener Verfahren. Hauptsächlich lassen sich hier die Holografie, Volumendisplays und die Stereoskopie unterscheiden.

Jede dieser Technologien hat ihre Besonderheiten. Volumendisplays stehen noch am Anfang der Entwicklung. Bis es Geräte gibt, die realistisch wirkende Bilder darstellen können, wird noch viel Zeit vergehen. Der Anwendungsbereich wird aber auch dann weniger in Kinovorführungen liegen, sondern eher im Messe- und Ausstellungsbereich. Auch die Holografie wird für absehbare Zeit auf Spezialanwendungen beschränkt bleiben, denn die anfallenden Datenmengen sind für Filme in guter Darstel-

> **i  Holografie**
>
> Bei der Holografie werden mit Hilfe eines Laserreferenzstrahls Überlagerungsmuster mit dem Licht der aufgenommenen Objekte erzeugt. Die entstehenden Daten mit einer Auflösung im Bereich der Lichtwellenlänge müssten für eine erfolgreiche Rekonstruktion der Bilder gespeichert, übertragen und ausgelesen werden. Es gibt Ansätze für Wiedergabegeräte, diese enorme Datenflut in der Darstellung zu reduzieren, indem nur die für das Auge sichtbaren Anteile der Holografie berechnet werden. Das ist mit aufwändigen Eye-Tracking-Verfahren verbunden. Prinzipiell bietet sich mit der Holografie die Möglichkeit völliger Dreidimensionalität. Einige holografische Verfahren machen Objekte von allen Seiten sichtbar und ermöglichen damit, um das Objekt herumzugehen. In Kino und Fernsehen sitzt der Betrachter jedoch auf einem festen Platz. Außerdem beschränkt sich die Darstellung auf einzelne Objekte und nicht auf komplexe Bilder mit Hintergrund. Nachteile anderer Holografieverfahren sind gleiche Bildorte bei Bewegungen, enge Winkelbeschränkungen oder das Problem einer Leinwandprojektion.

lungsqualität bei weitem zu hoch. Außerdem besteht das große Problem einer echten Wiedergabe des gesamten Raums mit Hintergrund statt reiner Einzelobjekte. Die Stereoskopie ist als bisher einziges Verfahren massentauglich geworden. Durch die Digitalisierung der Wiedergabesysteme kann Stereo-3D nun auch mit hoher Qualität und vor großem Publikum eingesetzt werden.

Dem Betrachter soll bei der Rezeption stereoskopischer Bilder ein bequemer und möglichst störungsfreier Raumeindruck verschafft werden. In der Vergangenheit wurden zu diesem Zweck verschiedenste Verfahren entwickelt. Einige Systeme sind im Laufe der Zeit wieder von der Bildfläche verschwunden, andere konnten sich behaupten. In diesem Kapitel werden die derzeit wichtigen und gängigen Verfahren erläutert und anschließend die einzelnen Faktoren und Parameter, die bei einer stereoskopischen Wiedergabe von Bedeutung sind, näher betrachtet.

3D-Display mit fokussierten Lasern, welche die Luftteilchen in einen Plasmazustand versetzen.

## i Volumendisplay

Der Ansatz volumetrischer Displays liegt darin, das gesamte Bild echt im Raum darzustellen und nicht auf eine flache Wiedergabeebene zu projizieren. Bisherige Prototypen können dies allerdings nur innerhalb kleiner, mit transparenten Kuppeln bedeckter Volumen. Sowohl die Farbdarstellung als auch die Auflösung stellen große Probleme dar. Zudem sind die Bilder in Volumendisplays meist unscharf umrissen und weisen einen Glow-Effekt auf. Für die Darstellung dreidimensionaler Pixel, sogenannter Voxel, gibt es verschiedene Ansätze. Eine Methode ist die sehr schnelle Bewegung eines flachen Bildschirms auf der Z-Achse. Dabei müssen sich die Einzelbilder so schnell ändern, dass sie vom Betrachter zeitlich zu einem Gesamtbild summiert werden. Ähnlich funktioniert auch ein transparenter, sich schraubenförmig drehender Projektionskörper, auf den in schneller Folge Bilder projiziert werden. Andere Prinzipien verzichten auf bewegte Teile und nutzen innerhalb des Volumens verteilte transparente LEDs. Durch separate Ansteuerung lassen sich dabei in schneller zeitlicher Abfolge Voxel erzeugen. Außerdem sind Volumendisplays geplant, bei denen innerhalb des Mediums fluoreszierende Lichtpunkte entstehen, indem sich Laserstrahlen oder Strahlen weißen Lichts nach dem DMD-Prinzip kreuzen. Volumetrische Displays haben noch einen weiten Weg der Entwicklung vor sich, wobei sehr langfristig durchaus gute Ergebnisse erwartet werden können.

Volumendisplay mit rotierendem Spiegel für autostereoskopische Rundumsicht.

## 4.1 Wiedergabemethoden

Stereoskopische Wiedergabemethoden verfolgen generell das Prinzip, jedem Auge sein entsprechendes Bild getrennt zukommen zu lassen. Im Laufe der Zeit wurden die unterschiedlichsten Verfahren entwickelt, um dieses Ziel zu erreichen. Die besten Ergebnisse lassen sich prinzipiell mit örtlich getrennten Methoden erreichen, da es in diesen Fällen zu keinerlei Übersprechungen oder sonstiger gegenseitiger Beeinflussung der beiden Teilbilder kommen kann. Nach diesem Prinzip arbeitete schon das erste stereoskopische Wiedergabegerät überhaupt, das Stereoskop. Auch moderne Geräte, beispielsweise stereoskopische Videobrillen nutzen die örtlich getrennte Übertragung. Das Verfahren hat jedoch bestimmte Nachteile, vor allem hinsichtlich des Bildwinkels und der sehr nahen Bildebene. Die meisten anderen Methoden übertragen beide Teilbilder auf einem Medium. Bei dieser Übertragung besteht die Schwierigkeit in einer optimalen Verkoppelung und Entflechtung beider Teilbilder. Am Ende muss im linken und rechten Auge das jeweils richtige Teilbild sichtbar werden.

Jedes stereoskopische Wiedergabeprinzip ist für unterschiedliche Anwendungen mehr oder weniger gut geeignet. Die perfekte Lösung gibt es nicht. Daher existiert heute eine große Vielfalt entsprechender Systeme. Dieses Kapitel gibt eine Übersicht über die derzeitig vorhandenen Verfahren und Technologien. Dabei werden die Vorteile und Nachteile des jeweiligen Systems genauer betrachtet.

**Praxisbeispiel – Stereo-3D-Darstellung:** Wer mit einem Bildbearbeitungsprogramm wie **Adobe Photoshop** umgehen kann, ist auch in der Lage, auf einfache Weise stereoskopische Grafiken zu erstellen und dadurch praktisch zu erfahren, wie Ebenen in der Tiefe verschoben werden. Zuerst wird ein einfa-

Identische Teilbilder (nichts verschoben)

Vordergrund (Kugel) verschoben

Hintergrund (Würfel) verschoben

Vorder- und Hintergrund verschoben

ches Objekt gezeichnet, beispielsweise ein Quadrat. In einer neuen Ebene wird ein zweites Objekt, ein Kreis, gezeichnet. Beide Ebenen werden nun in ein neues Bild kopiert. Dieses neue Bild stellt die zweite Ansicht dar, sozusagen das andere Auge. Um Disparitäten zu erzeugen, muss nun eine Ebene horizontal verschoben werden. Durch diese Verschiebung wird diese Ebene frei in der Tiefe bewegt. Je größer die Verschiebung ist, desto weiter entfernt sie sich von der Nullebene. Natürlich kann auch die zweite Ebene verschoben werden, dann befindet sich kein Objekt mehr auf der Nullebene. Zur stereoskopischen Betrachtung der beiden Teilbilder gibt es viele mögliche Methoden. Am einfachsten gelingt es über das Anaglyphenverfahren. Zur Umwandlung sind im Internet zahlreiche Programme frei verfügbar. Da in diesem Beispiel als Grundlage lediglich ein 2D-Bild und dessen Kopie benutzt wurde, entsteht kein plastisches Bild sondern nur zwei voneinander getrennte flache Tiefenebenen.

### Das stereoskopische Wiedergabeprinzip

Die Wahrnehmung binokularer Tiefe erfolgt über die Auswertung von Disparitäten zwischen den Bildpunkten der linken und der rechten Netzhaut. Bei der Wiedergabe stereoskopischer Bilder müssen diese Disparitäten daher nachgebildet werden. Es gibt grundsätzlich sechs mögliche Fälle der Punktanordnung für die Augen.

Betrachtet werden die Schnittpunkte der beiden Blicklinien mit der Wiedergabeebene (Nullebene). Im ersten Fall ist der Versatz der beiden Punkte zu groß, um noch fusioniert werden zu können. Die verlangte Konvergenz ist zu stark für die Augen, was bei den meisten Betrachtern zu Visueller Überforderung, in dem Fall einem „Ziehen" in den Augen führt. Beim zweiten Fall liegt die Verschiebung innerhalb des Toleranzbereichs.

Wiedergabe von Stereo-3D: Die Schnittpunkte der Blicklinien mit der Bildwand ergeben die Disparität und damit die Lage in der Tiefe.

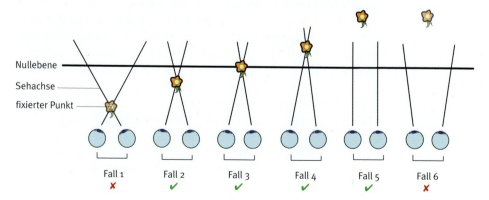

Da die Punkte eine gekreuzte Disparität aufweisen, wird das Objekt vor der Wiedergabeebene gesehen. Sind die Punkte deckungsgleich, wie im dritten Fall, erscheint das Objekt auf der Wiedergabeebene. Der vierte Fall stellt die ungekreuzte Disparität dar, bei der das fusionierte Objekt hinter der Leinwand wahrgenommen wird. Entspricht der Abstand der beiden Punkte dem Augenabstand, befinden sich die Augen in einer Parallelstellung, wie es im fünften Fall dargestellt ist. Diese Punkte werden in stereoskopisch unendlicher Entfernung empfunden. Im sechsten Fall nehmen die Augen bereits eine stark divergente Stellung ein und können die Punkte nicht mehr fusionieren. Für eine gute stereoskopische Wiedergabe müssen der erste und der sechste Fall vermieden werden.

### Multiplex der beiden Teilbilder

Der Begriff Multiplex kommt aus dem Lateinischen und bedeutet „vielfältig". In der Nachrichtentechnik wird der Begriff genutzt, wenn verschiedene Daten über einen Kanal übertragen werden sollen. Je nach Art des verwendeten Mediums und der Daten gibt es sehr verschiedene Verfahren, um die Übertragung zu realisieren.

Bei stereoskopischen Übertragungs- und Wiedergabeverfahren werden solche Methoden ebenfalls genutzt, denn auch hier handelt es sich im Grunde genommen nur um die gemeinsame Übertragung von getrennten Informationen.

Beim Zeitmultiplex werden die Daten abwechselnd nacheinander übertragen oder dargestellt. Die bekannteste Anwendung ist das Shutterverfahren. Werden unterschiedliche Farben zur Kanalkodierung verwendet, handelt es sich um das Farbmultiplex-Verfahren. In der Praxis wird es als Anaglyphen angewendet. Eine besonders große Bedeutung für heutiges Stereo-3D hat das Polarisationsmultiplex-Prinzip. Dabei werden Polfilter verwendet, um die Teilbildinformationen auf dem gleichen Medium, dem Licht zu übertragen. Beim Wellenlängenmultiplex werden bestimmte Wellenlängen zur Übertragung verwendet. Das Infitec-Verfahren basiert auf diesem Prinzip und streng genommen ist auch das Anaglyphenverfahren hier einzuordnen, denn Farben sind Wellenlängen. Schließlich gibt es noch das Ortsmultiplex-Verfahren, welches vor allem bei autostereoskopischen Bildschirmen angewendet wird. Die Pixel der Teilbilder sind dabei örtlich voneinander getrennt und auf die örtliche Trennung der Augen angepasst. Dafür besteht auch die Bezeichnung Richtungsmultiplex, denn das jeweilige Teilbild darf nur in die Richtung des jeweiligen Auges, jedoch nicht zum anderen Auge gelangen. Verfahren, die eine örtlich getrennte

Bildübertragung zu den Augen verwenden, nutzen keinen Multiplex, denn sie übertragen die Informationen nicht auf dem gleichen Medium oder Kanal.

### 4.1.1 Stereoblick

Der Stereoblick bietet die Möglichkeit, Bilder ohne weitere Hilfsmittel stereoskopisch zu betrachten. Dazu werden die beiden Teilbilder nebeneinander gelegt und mit den Augen parallel oder über Kreuz so betrachtet, dass jedes Auge nur das richtige Teilbild sieht. Es können sowohl Drucke als auch Bildschirmdarstellungen genutzt werden.

Beim Parallelblick fixieren die Augen einen unendlich entfernten Punkt. Die so erzielte Parallelstellung ermöglicht das getrennte Wahrnehmen der beiden Teilbilder, die in kurzer Entfernung positioniert werden. Die gesehene Bildbreite darf aber die Augenbasis von etwa sechs Zentimetern nicht überschreiten, da die Augen sonst divergieren müssten. Die Augenmuskeln sind beim Parallelblick relativ entspannt und die Bilder werden in ihrer normalen Größe wahrgenommen.

Beim Kreuzblick fixieren die Augen einen Punkt auf der halben Strecke zum Stereobild. Dadurch sieht das rechte Auge das linke Teilbild und umgekehrt. Die beiden Teilbilder müssen also im Druck auch seitenvertauscht angeordnet werden. Die Bildbreite kann deutlich breiter sein als beim Parallelblick. Sie hängt davon ab, wie weit die Augen konvergieren können. Das virtuelle stereoskopische Bild entsteht an den Schnittpunkten der Blicklinien und ist verglichen mit den Originalbildern deutlich kleiner. Auf Dauer strengt diese Blickart mehr an als der Parallelblick.

Für das freiäugige Stereosehen nebeneinander dargestellter Teilbilder muss die Akkommodation von der Konvergenz entkoppelt werden. Dazu ist nicht jeder in der Lage. Wegen des notwendigen Trainings, der empfundenen Anstrengung und damit auch der nicht vorhandenen Massenkompatibilität spielt das Verfahren keine große Rolle in der Stereoskopie.

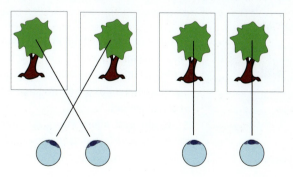

Links: Kreuzblick,
Rechts: Parallelblick

Stereoskop nach
Charles Wheatstone

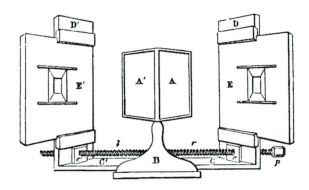

## 4.1.2 Örtliche Bildtrennung

Verfahren mit örtlicher Bildtrennung eignen sich nur für einzelne Personen und scheiden daher für das Kino und viele andere Anwendungen aus. Qualitativ wird aber mit dieser Methode die beste Kanaltrennung erreicht. Durch die örtliche Bildtrennung können störende Übersprechungsartefakte und Geisterbilder völlig ausgeschaltet werden.

### Stereoskop

Bereits das erste Stereobetrachtungsgerät, das „Stereoskop" von Wheatstone, basierte auf dem Prinzip der örtlichen Bildtrennung. Die Zuführung der beiden Teilbilder zu den Augen wurde dabei noch über Spiegel gelöst. Generell ist zur Trennung der Teilbilder auf der Vorlage aber nur ein Sichtschutz notwendig. Dies wäre die einfachste Variante eines Stereoskops.

Stereoskop nach dem Holmes-Prinzip

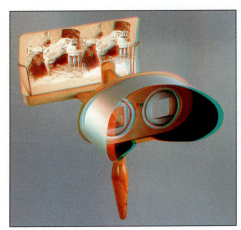

Zur Verbesserung der optischen Qualität und der Bildtrennung nutzten jedoch viele spätere Modelle spezielle Prismen und Linsen.

### Stereobetrachter

Einfache Betrachtungshilfen bestehen aus Karton in einer oder mehreren Lagen. In der richtigen Entfernung gehalten kann durch die Sichtlöcher nur das jeweils richtige Teilbild gesehen werden.

Es gibt auch kleine Plexiglasbetrachter mit einfachen Plastiklinsen, die ebenfalls über die Entfernung an die Vorlage angepasst werden. Im Laufe der Zeit haben sich viele Varianten herausgebildet, sodass heute eine große Zahl an Stereoskopen, Guckkästen und sonstigen Betrachtungsgeräten zur Verfügung steht.

## KMQ

Beim KMQ-Verfahren werden die beiden neben- oder übereinanderliegenden Teilbilder über eine spezielle Prismenbrille auf das jeweilige Auge gelenkt. Durch die Prismen können Farbdispersionen und geometrische Verzerrungen auftreten und der Betrachter muss den Kopf in einer bestimmten Position halten. KMQ lässt sich mit Bildschirmen verwenden, konnte aber nie größere Bedeutung bei stereoskopischem Film und Fernsehen erlangen. Die drei Buchstaben stehen übrigens für die Namen der Entwickler.

## HMD

Durch die fortschreitende Entwicklung in der Elektrotechnik gibt es inzwischen spezielle Videobrillen oder Head Mounted Displays (HMD). Deren größte Nachteile liegen noch in der meist nur geringen Auflösung und Bildqualität. Sind die verwendeten Displays in der Videobrille zu klein, werden sie selbst erkennbar, zusammen mit der Displaymechanik. So wird der gute Bildeindruck gestört.

HMDs sind in vielen Fällen ungenügend gegen Streulicht abgedichtet und auch der Tragekomfort ist selten gut. Sehr hochwertige Geräte sind diesbezüglich besser konstruiert, aber auch diese müssen erst genau kalibriert und justiert werden. Statt eines horizontalen Bildwinkels von lediglich 30 bis 60 Grad sind bei einigen wenigen Geräten immerhin bis zu 140 Grad realisiert worden.

▶ *Aufnahmen für Stereoskope, Stereobetrachter und HMDs benötigen aufgrund ihrer geringen Wiedergabegröße eine etwas größere Stereobasis.*

## Bildebene

Alle genannten Geräte dienen im Endeffekt nur der Unterstützung eines parallelen Stereoblicks. So entsteht wie beim freiäugigen Stereobetrachten eine Diskrepanz zwischen der Akkommodation und der Konvergenz (AKD). Es ist also notwendig, die Bildvorlage in einem Mindestabstand von den Augen zu platzieren, damit die Akkommodation möglichst weit hinten erfolgt und die Diskrepanz nicht zu groß wird.

Eine solche Entfernung lässt sich gerade bei HMDs aufgrund ihrer geringen Bautiefe schwer erzielen. In der Praxis wird ein System aus Spiegeln verwendet, das den optischen Weg hinreichend verlängert. Ein

Head Mounted Display (HMD)  Virtual Retinal Display (VRD)

anderer Ansatz besteht in der Verwendung von Linsen. Eine direkt vor den Augen angebrachte Lupenlinse ermöglicht die scharfe Betrachtung des nahen Displays. Prinzipiell sollte es auch möglich sein, eine Linse auf das Display statt vor das Auge zu setzen. Dafür müssten aber die Displays deutlich größer gefertigt werden.

Für eine Bildwiedergabe, die dem menschlichen Sehen entspricht, ist ein großer Bildwinkel erforderlich, der das Gesichtsfeld ausfüllt. Dabei ist nur das zentrale Bild scharf beizubehalten, während die Randbereiche mit sehr unscharfen Bewegungsinformationen ausgefüllt werden können. Für eine höhere Immersion wäre dies zukünftig anzustreben.

### Netzhautdisplay

Ganz ohne Bildschirm kommt die Retinal-Display-Technologie aus. Dabei werden Bilder mit Laserstrahlen direkt auf die Netzhaut projiziert. Retinale Displays können beispielsweise in einer Videobrille eingesetzt werden, wobei der Betrachter dann nur das Displaybild sieht. Wird das Bild aber vom Laser direkt auf das freie Auge projiziert, überlagert es sich sogar mit der Realität. Als Anwendung sind hier besonders Steuerungsaufgaben denkbar wie bei Fahrzeugführern, Fluglotsen oder Mikrochirurgen. Diese Technologie steckt allerdings noch in einem frühen Entwicklungsstadium.

### 4.1.3 Anaglyphen

Die Anaglyphentechnik gehört zu den ältesten Verfahren der stereoskopischen Bildtrennung. Sie basiert auf dem Prinzip der Komplementärfarbenstereoskopie, bei dem die beiden Teilbilder gegensätzlich eingefärbt werden. Der Betrachter blickt durch eine mit entsprechenden Farbfiltern versehene Brille. Jedes Filter lässt das eigene Bild hindurch und sperrt gleichzeitig das für das andere Auge bestimmte Bild. Anaglyphenfilter sind sehr preisgünstig herzustellen und werden deshalb oft für Wegwerfbrillen aus Karton verwendet.

### Vorteile

Vorteilhaft ist die recht einfache Übertragung beider Bilder über nur einen Kanal sowie die Möglichkeit der problemlosen Anwendung mit Druckerzeugnissen. Die Kodierung der Bilder ist verhältnismäßig einfach und kann ohne weiteres auch in Echtzeit durchgeführt werden.

### Nachteile

Der größte Nachteil liegt in der Farbwiedergabe, weil die Filter selbst farbig sind. Bildstellen, die eine der beiden Filterfarben aufweisen, können nicht optimal für beide Augen kodiert werden. Solche Stellen werden dann nur von einem Auge gesehen und erzeugen binokulare Rivalität. Ein anderer Nachteil liegt in der schlechten Kanaltrennung, wodurch das Verfahren anfällig für Übersprechen ist. Je nach Disparität treten dadurch mehr oder weniger starke Geisterbilder auf. Als weiteres Problem stellt sich stereoskopischer Glanz dar, der indirekt durch die Farbunterschiede der Brillen entsteht. Verschiedene Farben erzeugen unterschiedliche Helligkeiten und durch diese Helligkeitsdifferenzen kann das Phänomen entstehen. Die Gefahr der Glanzbildung ist bei den einzelnen Anaglyphenverfahren unterschiedlich hoch und richtet sich nach der jeweiligen Farbkombination.

Rot-Cyan-Anaglyphenbrille

**Praxisbeispiel – Horizontale:** Horizontale Linien, die im Tiefenraum liegen, lassen sich nur schwer darstellen. Ist eine weitgehend homogene Linie streng horizontal, wird ihre Disparität nicht mehr deutlich. In der Anaglyphendarstellung verschmilzt an solchen Stellen zudem die Farbkodierung und damit die Tiefeninformation zu einer Mischfarbe. Die Linie kann nicht mehr im Tiefenraum lokalisiert werden. Sie liegt dann automatisch auf der Nullebene und weist besonders starke Fehlfarben auf.

Die Rohre sind zu homogen, ihre Disparität wird nicht erkannt und so liegen sie scheinbar auf der Nullebene. Die Disparität des Holzbalkens ist durch die Strukturen gut erkennbar. Daher lässt er sich im Raum einordnen.

### Farbsysteme

Unter Verwendung des additiven Farbsystems (Rot, Grün und Blau) gibt es drei Möglichkeiten, die Bilder mit komplementären Grundfarben zu kodieren. Komplementärfarben sind Gegenfarben. Sie stellen den größten Farbkontrast in einem Farbkreis dar. Daher ist die Trennung der beiden Teilbilder bei Komplementärfarben am besten. Gleichzeitig wird aber eine starke Farbrivalität zwischen den Augen erzeugt, die zwar summiert wird, auf Dauer den Betrachter aber anstrengt.

Blau-Gelb eignet sich für Hautfarben, gelbe Farben wie in dem Ball erzeugen aber Rivalität.

#### Blau-Gelb
Der Helligkeitsunterschied zwischen beiden Augen ist bei Blau-Gelb-Brillen besonders groß, weil Gelb eine sehr helle und Blau eine sehr dunkle Farbe ist. Dafür werden bei dieser Methode aber die Originalfarben recht gut erhalten. Sie eignet sich besonders für Motive mit Menschen, da sich Hautfarben gut wiedergeben lassen. Das populäre ColorCode-3D-System verwendet Blau-Gelb.

#### Grün-Magenta
Wesentlich geringer fällt der Helligkeitsunterschied bei Grün-Magenta aus. Auch dieser Kontrast ist verhältnismäßig gut für Personen einsetzbar, weil die kritische Farbe Rot nicht verwendet wird. Besonders bei Naturaufnahmen ist aber wegen des Grün-Filters eher ein anderes Farbsystem zu bevorzugen.

## Vignettierung

Die natürliche Vignettierung beschreibt den Helligkeitsabfall in den Randbereichen eines Objektivs. Sie beruht auf der Tatsache, dass schräg von der Seite einfallende Strahlen nicht in der Quantität durch das Objektiv treten können wie gerade, achsennahe Strahlen. Im Unterschied dazu beruht die künstliche Vignettierung auf der Begrenzung von schräg einfallenden Strahlen durch die Fassungen des Objektivs. Daher lässt sich die künstliche Vignettierung nur durch Abblenden reduzieren. Für die Reduzierung der natürlichen Vignettierung werden konzentrische Verlaufsfilter eingesetzt. Bei Zoomobjektiven kann durch eine Verkürzung der Brennweite Abhilfe geschaffen werden, denn die Vignettierung tritt in den äußeren Bereichen des Bildkreises auf, das heißt also an den Bildrändern.

## Blendenflecke

Licht geht durch Linsen nie hundertprozentig hindurch, sondern wird zu einem sehr geringen Teil auch reflektiert. In Objektiven mit einer Vielzahl an Linsen und Linsengruppen wird dieser winzige Anteil hin- und herreflektiert, was vor allem bei Motiven mit starken Lichtquellen im Bild wie bei Gegenlichtaufnahmen zu sichtbaren Lichtflecken führen kann. Diese sind in ihrer Form durch die Blende gekennzeichnet. Blendenflecke sind Abbildungsfehler, die inzwischen zum Stilmittel geworden sind und werden oft sogar künstlich ins Bild eingefügt. Bei der Aufnahme lassen sich mit Gegenlichtblenden oder Kompendien Blendenflecke im Falle schrägen Lichteinfalls vermeiden oder zumindest reduzieren.

Die Form und Art der Blendenflecke hängt vom jeweiligen Objektiv ab.

### Rot-Cyan

Das bekannteste Farbsystem bei Anaglyphen ist Rot-Cyan. Diese Brillen werden in der Praxis am häufigsten eingesetzt. Der Helligkeitsunterschied ist moderat. Rot-Cyan-Anaglyphen sind für Hautfarben weniger gut geeignet. Anders als bei Blau-Gelb lassen sich Bilder, die mit Rot-Cyan kodiert sind, nur schwer ohne Brille betrachten.

### Sonstige Anaglyphen

In den direkten Komplementärkontrasten wie Rot-Cyan, Grün-Magenta und Blau-Gelb sind jeweils alle RGB-Farben enthalten. Andere Anaglyphenverfahren enthalten hingegen nur zwei Farben. In Rot-Grün-Brillen gibt es beispielsweise kein Blau und in Rot-Blau-Brillen kein Grün. Da die beiden Letzteren nicht direkt komplementär arbeiten, ist dafür die Farbrivalität etwas geringer.

### Farbrivalität

Die Farbrivalität ist eine zusätzliche Belastung für den Wahrnehmungsapparat. Farbrezeptoren in linkem und rechtem Auge werden durch die Anaglyphen dauerhaft mit gegensätzlichen Farben beansprucht. Die Farbsättigung erreicht künstliche, in der Natur nicht vorkommende Werte.

Rote Objekte sind für die meisten Farbanaglyphen nicht geeignet.

Beim Betrachter kann sich der Wettstreit in einem blitzschnellen Umspringen der Komplementärfarben und einem temporären Nachlassen der Farbempfindung äußern. Menschen mit einer Rot-Grün-Sehschwäche werden diese Rivalität kaum bemerken. Für sie sind Anaglyphen gut zur Darstellung von Stereo-3D geeignet.

Ein anderes Problem liegt in der durch die verschiedenen Zapfentypen bedingten unterschiedlichen Spektralempfindlichkeit des Menschen. Bei dunklen Bildern kann es dazu kommen, dass das rote Teilbild im Gegensatz zum grünen oder blaugrünen Teilbild nicht mehr gesehen wird.

### Anwendung

Aufgrund der Farbverfälschung eignen sich Anaglyphen am besten für Graustufenbilder. Mit der modernen Rechentechnik stehen aber verschiedene Möglichkeiten zur Verfügung, die Farben der Bilder über bestimmte Algorithmen zu beeinflussen. Sie können in vielen Fällen so optimiert werden, dass die Nachteile farbiger Anaglyphen geringer werden. Daher werden (optimierte) Anaglyphen auch heute sehr häufig mit Farbbildern eingesetzt.

Es gibt zahlreiche Algorithmen zur Erzeugung von Anaglyphenbildern, die für unterschiedliche Fälle auch unterschiedlich gut geeignet sind. Grundsätzlich lassen sich aber, abgesehen von speziellen Systemen wie ColorCode-3D, drei prinzipielle Verfahren unterscheiden.

Echte Anaglyphen, links für Rot-Blau- und rechts für Rot-Grün-Brillen

### Echte Anaglyphen

Das eigentliche Anaglyphenverfahren wurde vor mehr als 150 Jahren erfunden. Damals gab es noch keine Farbfotografie. Zur Kodierung der Teilbildinformationen bot sich die Nutzung von Farbe daher an.

Die beiden Teilbilder wurden so eingefärbt, dass sie ohne Anaglyphenbrille praktisch wertlos waren. Bevorzugt wurden die Farben Rot und Blau eingesetzt. Die Spektralkurve der Augen ist jedoch im Grünbereich am empfindlichsten. Deshalb wirken solche Anaglyphenbilder sehr dunkel.

Der größte Vorteil bei echten Anaglyphen ist der gute Raumeindruck, da die beiden Farbkanäle kaum übersprechen und somit auch keine Geisterbilder auftreten. Heute wird dieses Verfahren aber kaum noch eingesetzt. Mit modernen Methoden lassen sich Anaglyphen so mit dem Original verrechnen, dass nur die Unterschiede zwischen den beiden Ansichten kodiert werden und nicht pauschal das gesamte Bild.

### Graue Anaglyphen

Prinzipiell werden graue Anaglyphen genauso erzeugt wie echte Anaglyphen, nur wird hier der grüne Kanal mitverwendet. Dadurch verbessert sich die Wiedergabe und das Bild behält seine natürliche Helligkeit. Allerdings verschlechtert sich gleichzeitig die Abgrenzung der Teilbilder zueinander und die Gefahr von Geisterbildern steigt. Schärfe und Klarheit sind aber deutlich besser als bei farbigen Anaglyphen.

Für Graustufenbilder ist das Anaglyphenverfahren gut geeignet.

Im Vergleich zu farbigen Anaglyphen (links) reduzieren halbfarbige Anaglyphen (rechts) die Farbrivalität an kritischen Stellen.

Da Graustufenbilder ohnehin von vielen Menschen als ästhetisch empfunden werden, eignen sich die grauen Anaglyphen gut für Präsentationen aller Art. Zur Betrachtung kommt eine Rot-Cyan-Brille zum Einsatz.

### Farbige Anaglyphen

Farbige Anaglyphen lassen sich trotz aller Nachteile gut realisieren, wenn einige Dinge beachtet werden. Die Problematik der Farbwiedergabe bei Anaglyphenbildern sind die Filter, da sie selbst auf Farben basieren. Objekte im Bild, die genau die gleiche Farbe haben wie die Filter, also rote und cyanfarbige Punkte hoher Sättigung, können nur von einem Auge gesehen werden. Die andere Seite filtert solche Objekte komplett heraus. An den entsprechenden Stellen entsteht binokulare Rivalität, das Bild wird dort undeutlich und flimmert.

Dennoch ist das Verfahren ein guter Kompromiss, um räumliche Bilder mit einfachen Mitteln farblich darzustellen. Durch die vollen Farbanteile in jedem Kanal ist aber die Gefahr auftretender Geisterbilder bei dieser Anaglyphenvariante am stärksten.

Zur Verringerung des Problems gibt es halbfarbige Anaglyphen, bei denen die Sättigung entsprechend geringer ausfällt, sowie optimierte Anaglyphen, die durch einen speziellen Rechenalgorithmus für die Wiedergabe optimiert werden.

### Optimierte Anaglyphen

Die Farboptimierung reduziert kritische Farben wie Rot. So erscheinen die orangen Kutten der Mönche in diesem Beispiel nur noch Gelb.

Farbige Anaglyphen leiden oft an Farbübersprechungen. Mit optimierten Anaglyphen wird versucht, diese Probleme über mathematische Algorithmen zu mildern. Anteile des Rotkanals werden in die anderen Kanäle übertragen und kritische Helligkeitswerte über eine Gammakorrektur reduziert. Diese Variante wurde auch bei den meisten Anaglyphenbildern in diesem Buch eingesetzt.

## 4.1.4 Polarisation

Mit der Polarisationsfilter-Technologie lassen sich qualitativ bessere Ergebnisse erzielen als mit Anaglyphen. Polfilter kommen vor allem in Verbindung mit Projektoren zum Einsatz. Es gibt aber auch Stereo-3D-Displays mit dem Polarisationsprinzip. Eine Variante sind Bildschirme mit abwechselnd gegensätzlich polarisierten Pixeln. Diese müssen aber auch eine doppelt so hohe native Auflösung haben. Die andere Methode besteht in winklig angeordneten Bildschirmen mit Polfiltern, die über halbdurchlässige Spiegel zusammengeführt werden.

### Lineare Polarisation

Polarisationsfilter lassen Licht bestimmter Schwingungsrichtungen durch und filtern das restliche Licht weitestgehend. Der Betrachter trägt eine Brille mit zwei um 90° verdrehten Polfiltern vor den Augen. Das Licht der Teilbilder ist ebenfalls entgegengesetzt polarisiert und so kann nur das Licht eines Teilbildes zu dem passenden Auge durchgelassen werden. Das andere Bild wird jeweils gesperrt. Dadurch entsteht aber die Gefahr einer zunehmend schlechteren Kanaltrennung, sobald der Betrachter seinen Kopf und damit die Polfilterbrille seitlich neigt.

Stereo-3D-Brille mit linearen Polarisationsfiltern

### Zirkulare Polarisation

Neben den linear polarisierenden Filtern gibt es auch zirkular polarisierende Filter. Eine zirkulare Polarisation kann auf unterschiedliche Weise erzeugt werden. Die verbreitetste Methode ist die Verwendung eines Phasenschiebers (λ/4-Platte), der hinter einem Linearpolfilter angebracht wird. Die Wellenanteile unterschiedlicher Phasen werden dadurch überlagert und erzeugen Licht mit einer schraubenförmigen Drehrichtung. Solche zirkularen Polfilter können links- oder rechtsdrehend sein. Dadurch ist eine Trennung in die beiden Signale der Teilbilder möglich. Die Filter sind in der Herstellung teurer als Linearfilter. Sie bieten aber den Vorteil, dass auch

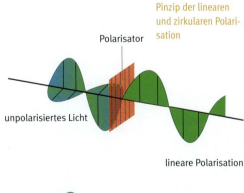
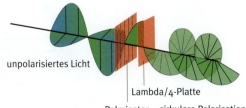

Pinzip der linearen und zirkularen Polarisation

beim Verdrehen des Kopfs keine Bildverschlechterung eintritt. Die Trennung der Kanäle ist nicht ganz so gut wie bei linearen Filtern, wodurch das Übersprechen und die Entstehung von Geisterbildern etwas stärker ausfallen können.

### Besonderheiten

Polarisationsfilterbrillen können verhältnismäßig preiswert und mit geringem Gewicht gefertigt werden. Bei der Projektion wird jedoch eine spezielle Silberleinwand benötigt, die wegen ihrer metallischen Beschichtung das polarisierte Licht nicht streut und so wieder depolarisiert.

Durch die Polarisation wird ein Großteil des Lichts geschluckt. Deshalb sind sehr lichtstarke Projektoren oder Displays nötig. Wie das Anaglyphenverfahren arbeitet auch das Polarisationsverfahren prinzipiell passiv. Jedoch gibt es auch Kombinationen mit aktiven Verfahren, also Shutterbrillen, die gleichzeitig polarisiert sind.

### 4.1.5 Shutterverfahren

Bei der Shutterbrillentechnologie handelt es sich um ein aktives und zeitsequentielles Verfahren. Zeitlich aufeinander folgende Bilder werden aktiv auf rechtes und linkes Auge umgeschaltet. Der Betrachter trägt eine Brille, die mithilfe von piezoelektrischen oder mechanischen Elementen oder durch Flüssigkristalle dunkel und hell schalten kann. Für eine exakte Synchronisation werden Kabel-, Funk- oder Infrarotsteuerungen eingesetzt.

Durch das Aufeinanderfolgen der ursprünglich zeitgleich aufgenommenen Teilbilder kann es bei der Wiedergabe zu Problemen kommen. Bilder mit schnellen horizontalen Bewegungen und Kameraschwenks könnten bei der zeitlich versetzten Wiedergabe der bewegten Punkte zu einem Tiefeneindruck führen, der nicht vorhanden ist. Solche Bewegungs-

Moderne Shutterbrillen arbeiten mit Flüssigkristallen.

artefakte lassen sich aber vermeiden, indem bei der Synchronisation des rechten und linken Bildes ein Versatz von einigen Millisekunden durchgeführt wird. Szenen ohne schnelle Bewegung sind von vornherein unkritisch.

Shutterbrillen reduzieren die Helligkeit, verfälschen die Farben ein wenig und manche Modelle sind aufgrund der Empfänger und Batterien oder der Kabel unbequem zu tragen. Alte mechanische Versionen weisen störende Klappergeräusche durch das Umschalten auf, was bei den heutigen Flüssigkristallbrillen nicht mehr der Fall ist. Hochwertige Shutterbrillen zeichnen sich durch eine gute Bildtrennung und geringes Gewicht aus.

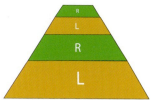

Linkes und rechtes Teilbild wechseln in schneller Folge.

Im Heimbereich wurde lange Zeit das Zeilensprungverfahren der klassischen Röhrenmonitore genutzt, indem die beiden Teilbilder auf die Halbbilder des FBAS-Signals verteilt wurden. Pro Auge ergeben sich dadurch aber nur 25 Bilder in der Sekunde statt 50 und so kommt es leicht zu einem Flackern. Außerdem wird das Bild nur noch mit der halben Auflösung dargestellt. Die Synchronisierung solcher Shutterbrillen erfolgt über das Burst-Signal. Auf diesem Verfahren basierten auch die unter anderem von IMAX vertriebenen 3D-DVDs für Heimanwender.

Einen anderen Weg ging das Sensio-System. Neben spezieller Hardware, einem Sensio-Prozessor sind Sensio-DVDs notwendig. Diese enthalten die Teilbilder im Side-by-Side-Format als normales MPEG2 und der Prozessor wandelt daraus 30 Vollbilder pro Sekunde und Auge. Der Zeilensprung wird nicht genutzt, stattdessen sind geeignete 60-Hertz-Bildschirme nötig, die möglichst synchron mit den Shutterbrillen laufen.

Moderne Shutterverfahren für den Hausgebrauch arbeiten mit Bildschirmen, die weitaus höhere Bildwiederholfrequenzen darstellen können. Für einen guten Bildeindruck sollten mindestens 50 Hertz für jedes Auge zur Verfügung stehen. Die Bildwiederholrate des Displays oder Projektors muss aber doppelt so hoch sein wie die eigentliche Zielbildwiederholfrequenz, da beide Teilbilder über den Zeitmultiplexkanal laufen. Bei 120-Hertz-LCDs bleiben für jedes Auge 60 Hertz und damit mehr als beim PAL-Fernsehen. Als einer der ersten hat nVidia mit dem System „3D Vision" eine günstige Shutterbrille für solche Bildschirme auf den Markt gebracht. Aber auch Displayhersteller wie Sony und Panasonic haben inzwischen Stereo-3D-Geräte mit hohen Bildwiederholraten im Angebot. Digitale Kinoprojektoren arbeiten nach der DCI-Norm mit 144 Hertz. Pro Sekunde werden also 72 Teilbilder links und rechts zeitversetzt dargestellt. Für flimmerfreie Bilder reicht das bereits völlig aus. Das bekannteste Kinosystem mit Shutterbrillen ist XpanD. Bei diesem Verfahren und generell im

▶ *DLP-Wiedergabegeräte mit nur einem DMD-Chip nutzen ein Farbrad zur Darstellung von Farben. Zur Steigerung der Helligkeit beinhaltet solch ein Farbrad auch ein Weiß-Segment. DLP-Link-Shutterbrillen nutzen diesen Weißimpuls zur 3D-Synchronisation, wodurch Kabel- oder Infrarotverbindung bei DLP-Link überflüssig werden.*

professionellen Bereich wird eine Steuereinheit (Sync-Box) benutzt, welche die Brillen mit dem Bild synchronisiert. Auch manche IMAX-3D-Kinos verwenden Shutterbrillen. In einigen Fällen werden sie in Kombination mit Polarisationsverfahren eingesetzt.

Die hohen Herstellungskosten der Brillen machen eine Mehrfachverwendung notwendig. Bei Publikumsvorstellungen muss deshalb ein Reinigungsprozess einkalkuliert werden. Durch den häufigen Nutzerwechsel liegen Verschleiß und Ausfallquote hoch, sodass das Shutterverfahren bei kleineren Vorführungen oder im Einzelplatzbereich die größte Kosten-Nutzen-Effizienz aufweist.

Ein großer Vorteil liegt aber gleichzeitig darin, dass kein zweites Wiedergabegerät benötigt wird. Eine Stereo-3D-Projektion im Shutterverfahren kommt mit einem Projektor aus.

### 4.1.6 Interferenzfilter

Das Auge besitzt für die Farberkennung drei Rezeptorentypen in der Netzhaut, Blau-Zapfen, Rot-Zapfen und Grün-Zapfen. Daraus lassen sich alle Farben eines Bildes erzeugen. Auch Wiedergabegeräte wie Bildschirme und Projektoren basieren auf der additiven Farbmischung, bestehen also aus einem Rot-, Grün- und Blaukanal. Diese drei Grundfarben belegen im Farbspektrum weite Bereiche, Grün liegt beispielsweise im Bereich von 520 bis 570 Nanometern. Mit Hilfe von dichroitischen Filtern lassen sich sehr enge Bereiche von Wellenlängen und damit von Farben ausfiltern. Das gleiche Prinzip verfolgen Interferenzfilter.

Vor dem Projektor oder im Projektor angebracht lassen diese speziellen Filter von jeder der drei Farben nur ein sehr schmales Spektralband durch. Das führt zu einer für das menschliche Auge besonders hohen Farbsättigung der einzelnen Kanäle, da die Rezeptoren des Auges sehr selektiv gereizt werden. Das entsprechende Gegenfilter vor dem Auge des Betrachters ist genau auf dieselben schmalen Frequenzbereiche zugeschnitten und lässt keine Spektralanteile des anderen Teilbildes und auch kein sonstiges Licht durch. So ist das Verfahren relativ unempfindlich gegenüber Streulicht.

Die zur Kodierung verwendeten Wellenlängen für die Farben Rot, Grün und Blau bilden ein Wellenlängentriplet. Davon gibt es mindestens zwei, für jedes Auge eines.

Frequenzbandbildpaare für Rot, Grün und Blau

Prinzipiell ist es möglich, mehr als zwei Triplets zu übertragen. Je schmaler die Bänder sind, desto mehr Triplets lassen sich in den Spektralbereichen der einzelnen Farben unterbringen.

Durch die Verwendung von Laserlicht soll es künftig möglich sein, die Bänder so schmal werden zu lassen, dass viele Stereopaare parallel projiziert werden können. Dadurch werden Anwendungen in Bereichen wie „Multiview" und „Look-around" mit Interferenzfiltern denkbar. Außerdem kann eine solche Projektion auch in sehr hellen Räumen ohne große Qualitätsverluste stattfinden.

Interferenzfilterbrille von Dolby 3D

Ein Problem dieses Verfahrens ist das spektrale Empfindlichkeitsmaximum der Zapfen. Dieses deckt sich nicht mit den Triplets und ist darüber hinaus unregelmäßig. Die rotempfindlichen Zapfen haben zum Beispiel neben ihrem Maximum von 560 Nanometern noch ein kleineres Maximum im Bereich des blauen Lichts bei etwa 420 Nanometern. Das ist für die Kodierung der beiden Teilbilder unerheblich, spielt jedoch eine Rolle bei der farblichen Wahrnehmung des gesamten Bildes. Interferenzfilterverfahren weisen leichte Farbverschiebungen im roten und grünen Bereich auf. Die Kanaltrennung mit Interferenzfiltern ist etwas besser als bei Polarisationsverfahren, wodurch sich Übersprechen und Geisterbilder in Grenzen halten. Das bei DaimlerChrysler entwickelte „Infitec"-Verfahren wird derzeit kommerziell unter dem Namen Dolby 3D vermarktet. Nachteilig sind in der Praxis vor allem die hohen Herstellungskosten der empfindlichen Filterbrillen.

### Farbverschiebungen

Verschiedene Systeme erzeugen Farbverschiebungen. Bei Polarisationsverfahren sind diese recht gering. Shutterbrillen und Interferenzfilter sind dafür schon anfälliger, wobei moderne Systeme hervorragend optimiert sind. Vor allem im Kinobereich sind Farbverzerrungen ein Tabu. Interferenzfilter sind anfälliger dafür. Besonders stark wird die Problematik aber bei Anaglyphen deutlich. Farbverschiebungen lassen sich beim Kalibrieren der Projektoren oder Bildschirme korrigieren. Bei einer manuellen Justierung werden die Werte als Farbprofil gespeichert (Color Management). Manche Systeme beinhalten darüber hinaus vorgefertigte Farbanpassungen, die systemspezifische Probleme automatisch reduzieren. Treten Farbverschiebungen auf, muss das aber nicht zwangsläufig am verwendeten Stereo-3D-System liegen, sondern kann auch mit dem Projektor, der Wiedergabefläche oder anderen Faktoren zusammenhängen. Da es viele Ursachen für Farbdifferenzen geben kann, ist eine individuelle Farbkalibrierung für jedes professionelle System ratsam.

## 4.1.7 Autostereoskopie

Autostereoskopische Displays sind Bildschirme, bei denen der Betrachter keine Brillen oder sonstige Hilfsmittel benötigt, um stereoskopisch zu sehen. Die Forschung und Entwicklung an dieser Technologie findet bereits seit Jahrzehnten insbesondere am deutschen Fraunhofer Heinrich-Hertz-Institut (HHI) und dem japanischen Staatsfernsehen (NHK) statt. Entsprechende Geräte existieren unter anderem von Sony, Sharp, Philips, Samsung, Pavonine und Sanyo.

### Linsenraster

Das Funktionsprinzip der Autostereoskopie ist bereits seit Anfang des 20. Jahrhunderts bekannt und erlebte seine Boomzeit mit den 3D-Postkarten („Wackelbilder"). Die dabei eingesetzten Lentikularfolien bilden auch die Grundlage moderner Linsen- oder Prismenraster. Auf dem eigentlichen Bildschirm werden die Pixel des linken und rechten Teilbildes nebeneinander verschachtelt dargestellt. Davor befindliche kleine optische Elemente lenken diese leicht ab, sodass jedes Auge innerhalb eines bestimmten Blickwinkels sein zugeordnetes Bild sieht.

### Barriere

Ein zweites populäres Prinzip ist das Barriereverfahren. Abwechselnd transparente und nichttransparente Streifen verdecken jeweils eine Pixelreihe für das eine Auge, während sie für das andere Auge sichtbar ist.

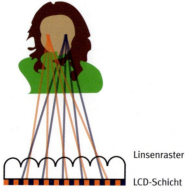

Funktionsprinzip des Linsenrasters

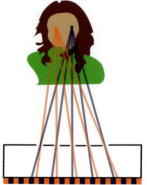

Funktionsprinzip der Parallaxenbarriere

So werden die beiden Teilbilder zum entsprechenden Auge geleitet. Eine Variante davon besteht im Einsatz von gelöcherten Masken statt Streifenmasken, eine andere Variante ist die Verwendung eines weiteren LC-Displays als schaltbare Barriere statt fester Raster. Das Barriereverfahren reduziert durch die Verdeckungseffekte die Lichtstärke.

## Einzel-Display

Sowohl Linsenraster- als auch Barriereverfahren erfordern vom Betrachter, dass er sich innerhalb einer kleinen Stereozone, dem sogenannten „Sweet Spot" befindet. Durch kleine Kopfbewegungen kann es vorkommen, dass die Stereozone verlassen wird und das Bild verloren geht.

Um dieses Problem zu minimieren, werden Eye-Tracking-Verfahren eingesetzt, die durch eine kleine Kamera ermitteln, wo sich die Augen des Betrachters befinden und das Display in Echtzeit nachsteuern. Dabei werden entweder die Rasterfolien mechanisch bewegt oder die Bildpixel hinter den Rastern angepasst.

In einem anderen Verfahren wird versucht, den Bildverlust bei seitlichen Kopfbewegungen über mehrere nebeneinander platzierte Stereopaare zu vermeiden. Beim Wechsel auf das nächste Stereopaar durch die Kopfbewegung besteht aber die Gefahr eines wahrnehmbaren Flippings sowie einer Unschärfe, die durch ungenügend scharfe Abgrenzung der Paare entsteht. Um das zu vermeiden und einen flüssigen Übergang zwischen den Perspektiven zu erreichen, sind mindestens 60 Bildpaare pro Augenabstand notwendig. Das entspricht etwa einer Ansicht pro Millimeter.

Autostereoskopischer Monitor vom Heinrich-Hertz-Institut.

### Multi-Display

Für einen möglichst realistischen Eindruck ist es darüber hinaus notwendig, bei seitlichen Kopfbewegungen auch verschiedene Ansichten darzustellen. Andernfalls scheint sich das Bild mitzudrehen. Diese sogenannte Lookaround-Fähigkeit simuliert die vom natürlichen Sehen bekannte Bewegungsparallaxe und kann zu einer Verbesserung des Tiefeneindrucks beitragen.

Ein weiterer Aspekt autostereoskopischer Bildschirme ist die Multiuser-Fähigkeit. Gerade im heimischen Fernsehbereich ist eine solche Funktionalität von Bedeutung. Die Zuschauer müssen sich allerdings in festgelegten Stereozonen befinden. Eine Nachführung per Head-Tracking ist in der Regel nur bei Displays für eine Person möglich.

Sowohl bei Multiuser- als auch bei Multiview-Fähigkeit wird die reelle Auflösung des Bildschirms durch die Anzahl der verschiedenen Ansichten geteilt. Um letztlich dennoch ein passables Bild zu erhalten, sind besonders hoch auflösende Displays nötig.

Aufgrund der angesprochenen Problematiken, vor allem der begrenzten Stereozone und Multiuser-Fähigkeit von guter Qualität, ist das Betrachten autostereoskopischer Displays anstrengend. Früher oder später kommt es zu Visueller Überforderung und manchmal zu einem steifen Nacken. Es gibt aber auch Geräte mit zufriedenstellender Qualität. Der Raumeindruck ist allerdings nicht mit einem brillenbasierten Verfahren zu vergleichen, Autostereo-Artefakte sind nach wie vor ein Problem. Die Entwicklung autostereoskopischer Bildschirme ist aber in den letzten Jahren merkbar vorangeschritten.

### 4.1.8 Pulfrich-Verfahren

Das Pulfrich-Verfahren ist kein stereoskopisches Verfahren im eigentlichen Sinn, sondern basiert auf einem Effekt, der eine nicht vorhandene Tiefe vortäuscht. Carl Pulfrich fand in den 1920er Jahren heraus, dass das Auge bei der Wahrnehmung dunkler Bilder etwas länger braucht als bei hellen Bildern. Beim Pulfrich-Verfahren nutzt der Betrachter eine Brille, die auf einer Seite eine dunklere Folie hat. Tritt im Bild Bewegung auf, sehen beide Augen das gleiche Objekt leicht versetzt und interpretieren diesen Versatz fälschlicherweise als Parallaxe.

Mit einer ND-Folie reduziert die Pulfrich-Brille die Helligkeit für das rechte Auge.

Nachteile des Verfahrens sind die verschiedenen Helligkeiten auf jedem Auge und die notwendigen Kamerabewegungen in eine bestimmte Richtung, ohne die das Bild flach erschiene. Da keine echten Tiefeninformationen wiedergegeben werden, wird es auch als pseudostereoskopisches Verfahren bezeichnet. Für einige kommerzielle Anwendungen wie 3Depix und Nuoptix 3D wurde der Effekt in der Vergangenheit dennoch genutzt, da die Übertragung mit der vorhandenen Fernsehtechnik leicht umsetzbar war. Für eine stereoskopische Anwendung heutigen Standards hat das Verfahren jedoch keine Bedeutung.

| Methode | Kino | Bildschirm | Druck | Zuschauer | Farbe | Bildtrennung/ Geisterbilder | Tiefeneindruck | 3D-Brille |
|---|---|---|---|---|---|---|---|---|
| Stereoblick | ✗ | ✓ | ✓ | ♦♦ | ••• | •• | •• | ✗ |
| Örtliche Bildtrennung | ✗ | ✓ | ✓ | ♦ | •••• | •••• | •••• | ✗ |
| Anaglyph | ✓ | ✓ | ✓ | ♦♦♦ | • | •• | ••• | ✓ |
| Polarisation | ✓ | ✓ | ✗ | ♦♦♦ | •••• | ••• | ••• | ✓ |
| Shutter | ✓ | ✓ | ✗ | ♦♦♦ | ••• | ••• | ••• | ✓ |
| Interferenzfilter | ✓ | ✗ | ✗ | ♦♦♦ | ••• | ••• | ••• | ✓ |
| Autostereoskopie | ✗ | ✓ | ✓ | ♦♦ | ••• | •• | •• | ✗ |
| Pulfrich | ✓ | ✓ | ✗ | ♦♦♦ | ••• | •• | • | ✓ |

✓ – Ja   ✗ – Nein   ♦ – Einer   ♦♦ – Wenige   ♦♦♦ – Viele   • Gering   •• Mittel   ••• Gut   •••• Sehr gut

**Zusammenfassung**

Stereoskopische Wiedergabemethoden sind zahlreich und vielfältig. Für moderne 3D-Kinos sind Polarisation, Interferenzfilter und Shutterverfahren relevant. Die Anaglyphentechnik wird wegen ihrer einfachen Umsetzung vor allem bei der Wiedergabe gedruckter Bilder oder am heimischen Bildschirm eingesetzt. Autostereoskopische Bildschirme werden zukünftig Bedeutung erlangen, sind aber vorerst ebenso wie Volumendisplays und die Holografie noch nicht praxisgerecht. Bei Stereoskopen, dem KMQ-Verfahren oder auch dem Pulfrich-Prinzip handelt es sich um historische oder um Liebhabersysteme ohne große künftige Relevanz.

## 4.2 Wiedergabesysteme

Wie das vorige Kapitel zeigt, sind die Möglichkeiten der Wiedergabe stereoskopischer Bilder sehr zahlreich. Jedes Stereo-3D-Wiedergabeprinzip ist für bestimmte Anwendungsbereiche jeweils mehr oder weniger geeignet. So sind Verfahren mit örtlicher Bildtrennung in der Regel nur für Einzelpersonen einsetzbar, beispielsweise bei HMDs. Im fotografischen Bereich finden sich oft noch die klassischen Stereoskope und im wissenschaftlichen Bereich „Binokulare", also zweiäugige Mikroskope. Anaglyphenverfahren sind eher für Papierabzüge und kleine Bilder im Privatgebrauch geeignet, Polarisationsverfahren hingegen für das große Kino.

Dieses Kapitel liefert eine umfassende Übersicht aktueller Technologien der Bildwiedergabe und stellt jeweils kurz die Funktionsweise dar. Viele dieser Technologien sind sowohl mit Displays als auch mit Projektoren möglich. Diese beiden Methoden der Darstellung müssen grundlegend unterschieden werden. Während Displays vorwiegend für kleine Personenkreise gedacht sind, zielen Projektionen hauptsächlich auf die Anwendung „3D-Kino" ab. Diese Unterscheidung und die damit verbunde-

Übersicht moderner Wiedergabetechnologien

| Technologie | Reaktionszeit/ Bildwiederholrate | Auflösung/ Schärfe | Lichtstärke/ Helligkeit | Kontrast | Hauptanwendung |
|---|---|---|---|---|---|
| CRT | •• | ••• | •• | •••• | Bildschirme und sehr lichtstarke Projektoren |
| Plasma | •••• | •• | •• | •••• | Vor allem besonders großflächige Displays |
| LCD / TFT | • | •• | •• | ••• | Kleine und mittlere Displays und kostengünstige Projektoren |
| DLP | ••••• | •••• | ••• | ••• | Lichtstarke Projektoren, durch Rückprojektion auch als TV-Gerät |
| LCoS / D-ILA / SXRD | •• | •••• | •••• | ••• | Lichtstarke Projektoren sehr hoher Auflösung, durch Rückprojektion auch als TV-Gerät |
| OLED | ••••• | •••• | ••• | ••••• | Bildschirme, Spezialanwendungen wie Videotapete oder elektronisches Papier |

• Langsam  •• Mittel  ••• Hoch  •••• Sehr hoch  ••••• Extrem hoch

nen Besonderheiten sind Gegenstand dieses Kapitels. In dem Zusammenhang werden auch die wichtigsten kommerziellen Systeme auf dem Markt der Stereo-3D-Wiedergabe vorgestellt.

### 4.2.1 Technologien

Verschiedene Technologien zur Bildwiedergabe sind parallel auf dem Markt vertreten. Am weitesten verbreitet sind CRT, DLP, LCD, LCoS, OLED und Plasma. Zur Darstellung stereoskopischer Inhalte eignen sie sich unterschiedlich gut.

Bei der Wiedergabe stereoskopischer Laufbilder ist eine hohe Auflösung und Bildwiederholrate gefordert. Die Bilder sollen nicht nur von einer, sondern von möglichst vielen Personen betrachtet werden können. Auch andere Parameter wie Schwarzwert, Kontrast und Frequenzumschaltung spielen eine wichtige Rolle. Die meisten der in diesem Bereich verwendeten Geräte sind speziell auf ihren Einsatzzweck hin konstruiert und optimiert worden.

### CRT

Der englische Begriff „Cathode Ray Tube" (CRT) bedeutet Kathodenstrahlröhre. Mit dieser Bezeichnung sind klassische Bildröhren gemeint, wie sie schon seit Beginn des Fernsehens verwendet werden. In der Vergangenheit kamen Röhren auch für die Wiedergabe von Stereo-3D zum Einsatz, sei es in Projektoren oder in Bildschirmen mit Strahlenteiler.

Da besonders das grüne Phosphor naturgemäß recht lange nachleuchtet, mussten für CRT-Projektoren spezielle „fast phosphor green CRTs" entwickelt werden. Kontrastverhältnis und Schwarzwert sind bei solchen

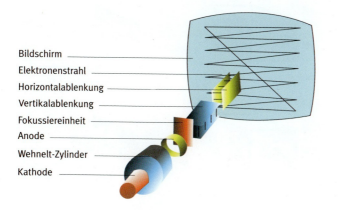

Funktionsprinzip einer Bildröhre

Geräten meist hervorragend, da an dunklen Stellen einfach kein Licht emittiert wird. Problematisch sind die Röhrenprojektoren jedoch aufgrund der großen Bauform und des hohen Gewichts sowie der schwierigen Justierung der drei Farbröhren zueinander, bei der es leicht zu Konvergenzfehlern kommen kann. Darüber hinaus werden die äußeren Bildränder von Röhren typischerweise leicht verzerrt. Die Geschwindigkeit und damit die Bildwiederholfrequenz bei einem CRT ist durch den Bildaufbau beschränkt, der zeilenweise erfolgt. Speziell bei Bildschirmen kommt hinzu, dass die zur Wiedergabe nötige Streifen- oder Lochmaske störend sichtbar werden kann.

Inzwischen ist der Umstieg auf Flachbildschirme weitestgehend vollzogen. Pixelstrukturen, die bei diesen modernen Geräten sichtbar werden können, gibt es bei Röhren nicht. CRT-Projektoren weisen im Gegensatz zu den Bildschirmen nicht einmal eine Streifenstruktur auf, da ihr Elektronenstrahl nicht durch Streifenmasken behindert wird. Sie können deshalb besonders hohe Auflösungen erreichen. Durch die analoge Arbeitsweise sind mit Röhren theoretisch unendlich viele Farben darstellbar.

## LCD

Flüssigkristalle (Liquid Crystals) verändern durch das Anlegen einer Spannung die Polarisationsrichtung von eintreffenden Lichtstrahlen. In Verbindung mit Polarisationsfiltern kommt ein Durchlassen oder Sperren

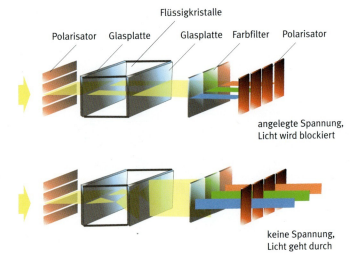

Funktionsprinzip eines LC-Displays

des Lichts zustande. Heutige Displays arbeiten fast ausschließlich mit einer Aktiv-Matrix. Das bedeutet, dass jeder Pixel separat über kleinste Transistoren gesteuert werden kann. Diese Geräte werden TFT genannt (Thin-Film-Transistor).

Lange galten LC-Displays wegen ihrer prinzipbedingten Trägheit für Zeitsequenzverfahren, also Shutterbrillen als wenig geeignet. Inzwischen gibt es aber Flüssigkristalldisplays, deren Bildwiederholrate hoch genug ist.

Werden LC-Displays seitlich betrachtet, verändert sich das Bild. Die Farben und der Kontrast können stark abweichen. Bei neueren LCDs werden Leuchtdioden als Hintergrundbeleuchtung für die Flüssigkristalle eingesetzt. Diese führen zu besserer Energieeffizienz als Leuchtstoffröhren und sind zudem präzise steuerbar, wodurch sich die Kontrastdarstellung deutlich verbessert.

Ein weiterer Nachteil von LC-Displays liegt in der leicht sichtbar werdenden Pixelstruktur. Da die Leiterbahnen zwischen den einzelnen Pixeln verlaufen, können diese nicht enger gebaut werden und sichtbare Zwischenräume sind die Folge (Fliegengitter-Effekt). Die LCD-Technologie kommt vor allem bei Bildschirmen und günstigen Projektoren im Consumer-Bereich zum Einsatz.

Für passives Stereo-3D mit Polarisationsfiltern sind LCDs nur bedingt geeignet. Da sie aufgrund ihres Funktionsprinzips bereits polarisiertes Licht abstrahlen, ist eine getrennte Polarisierung für linkes und rechtes Teilbild schwierig. Es gibt zwar Methoden diese dennoch zu erreichen, beispielsweise über eine 45°-Verdrehung oder mit zirkularen Filtern, es ist aber immer vom Display abhängig und führt in jedem Fall zu einem hohen Lichtverlust. Für solche Zwecke ist die DLP-Technologie besser geeignet.

DLP: Winzige Mikrospiegel reflektieren das Licht.

## DLP

Beim Digital-Light-Processing (DLP) wird Licht über mikroskopisch kleine Spiegel gelenkt, die quasi die Pixel darstellen. Einer der großen Vorteile liegt in der separaten Ansteuerbarkeit jedes Spiegels. Bei DLPs wird das gesamte Bild auf einmal aufgebaut. Dadurch sind hohe Bildwiederholraten möglich. So sind etliche Geräte in der Lage, separate Teilbilder auch alternierend mit hoher Geschwindigkeit korrekt darzustellen (Zeitsequenz-Verfahren).

Wiedergabe von Stereo-3D | 169

Nahezu alle professionellen Stereo-3D-Digitalprojektoren nutzen das DLP-Verfahren in der Drei-Chip-Variante. DLP-Projektoren mit nur einem Chip verwenden ein Farbfilterrad, um die drei Farbauszüge hintereinander zu präsentieren. Geschieht das nicht schnell genug, wird beim Betrachter ein Regenbogeneffekt sichtbar. Neue Entwicklungen führen zur Verwendung von Lasern als Lichtquelle. Dadurch steigt die Präzision hinsichtlich Schärfe, Farbwiedergabe und Kontrastumfang. Aufgrund der guten Lichteffizienz und der kurzen Ansprechzeiten sind DLPs sowohl für aktives als auch passives Stereo-3D gut geeignet.

## Plasma

Bei diesem Verfahren wird Strom an eine winzige Kammer mit einem Edelgasgemisch angelegt. Je nach Stromstärke finden innerhalb dieses Gases winzige, mehr oder weniger starke Entladungen statt. Das entstehende UV-Licht bringt den an der Rückseite der Zelle befindlichen Phosphor in einer bestimmten Farbe zum Leuchten. Drei solcher Zellen bilden mit den Grundfarben Rot, Grün und Blau einen Pixel. Folglich entsteht das Licht direkt in jedem Pixel selbst. So kommt es auch, dass der Stromverbrauch bei der Wiedergabe mittels Plasmatechnologie mit der Bildhelligkeit steigt.

Das Verfahren kommt ausschließlich in Bildschirmen zur Anwendung, Plasmaprojektoren gibt es nicht. Die Plasma-Technologie eignet sich in erster Linie zur Herstellung besonders großer Bildschirme. Aufgrund ihrer sehr kurzen Ansprechzeit setzt beispielsweise der Hersteller Panasonic für künftige Stereo-3D-Bildschirme auf Plasma.

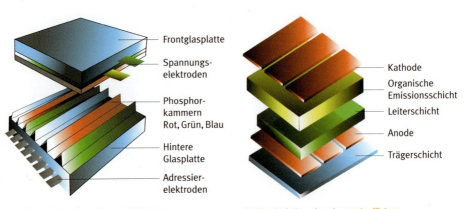

Funktionsprinzip eines Plasma-Displays

OLEDs sind simpel und energieeffizient.

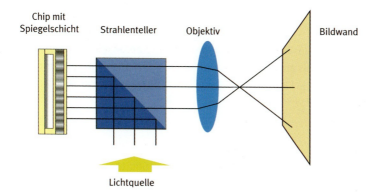

Aufbau eines LCoS/D-ILA-Displays

## LCoS / D-ILA / SXRD

Als eine Art Mischung aus Techniken des DLP und des LCD wird auch hier Licht reflektiert, jedoch nicht von beweglichen Mikrospiegeln wie beim DLP, sondern von einer großen spiegelnden Fläche, die sich hinter den Flüssigkristallen befindet. Das Durchlassen des reflektierten Lichts zum Betrachter erfolgt pixelweise und wird wie bei LC-Displays über die Flüssigkristalle gesteuert.

Die Steuerleitungen verlaufen bei LCoS-Panels jedoch hinter der Pixelschicht. Dadurch sind besonders enge Anordnungen der Pixel und hohe Auflösungen möglich. Vor allem wird aber die Sichtbarkeit der Pixelstruktur reduziert. Je nach Hersteller trägt diese Technologie die Bezeichnung LCoS oder D-ILA. Sony hat nach dem gleichen Funktionsprinzip die SXRD-Technologie entwickelt, mit der besonders hochauflösende Bildschirme und auch die High-End-Projektoren ausgestattet sind.

## OLED

Als zukunftsweisende Technologie entwickelt sich die organische Leuchtdiode (OLED) rasant. Mit einem relativ simplen Funktionsprinzip lassen sich vielfältige Anwendungen umsetzen. Bei OLEDs befinden sich extrem dünne Schichten organischer Materialien zwischen zwei Elektroden und werden durch eine Spannung zum Leuchten angeregt. OLEDs sind sehr vielseitig verwendbar. Sie können als Display, als Lichtquelle und sogar als elektronisches Papier zum Einsatz kommen. Bei der Wiedergabe von Bewegtbildern punkten OLEDs mit einem unübertroffenen Kontrast und besonders schnellen Ansprechzeiten. Darüber hinaus sind sie in der Herstellung einfacher und kostengünstiger als herkömmliche LEDs und sparen beim Betrieb vergleichsweise viel Energie. Von Nachteil sind die geringeren Haltbarkeitszeiten.

### 4.2.2 Displays

Fast alle stereoskopischen Wiedergabeprinzipien lassen sich sowohl mit Projektoren als auch mit Bildschirmen umsetzen. Die einzelnen Verfahren sind in der Regel auf bestimmte Displays optimiert. Generell werden aktive und passive Verfahren unterschieden.

▶ *Alle namhaften Hersteller von Displays haben auch Stereo-3D-Bildschirme in ihrem Programm. Sie setzen dabei auf unterschiedliche Verfahren.*

#### Aktive Verfahren

In Verbindung mit aktiven Verfahren, also den Shutterbrillen, wurde lange Zeit das FBAS-Burst-Signal zur Synchronisierung genutzt. Moderne Verfahren verwenden eigene Controller und sind damit nicht mehr von der niedrigen Frequenz des Fernsehsignals abhängig. Röhrenmonitore und ältere LC-Displays sind jedoch für moderne Shutterverfahren ungeeignet, da sie die erforderlichen hohen Bildwiederholraten nicht leisten können. Displays mit Plasma oder DLP-Technologie sind in diesen Fällen die bessere Wahl.

*Passives Stereo-3D Display (Polfilter)*

#### Passive Verfahren

Stereoskopische Wiedergabemethoden, bei denen die verwendeten Brillen keine Elektronik enthalten, gehören zu den passiven Verfahren. Dazu zählt die Mehrheit der vorhandenen Systeme.

Am einfachsten funktioniert das Anaglyphenverfahren. Dabei werden lediglich ein Farbdisplay und die Anaglyphenbrille benötigt. Die erzielte Qualität ist allerdings aufgrund der Farbproblematik nicht besonders hoch.

Besser für Displays geeignet ist das Polarisationsverfahren. Spezielle Displays verwenden kleine optische Elemente direkt auf dem Panel, die benachbarte Pixel

---

**ⓘ 3D-ready**

Oft werden die Attribute 3D-ready oder stereo-ready verwendet, obwohl es sich dabei nicht um eine offizielle Spezifikation handelt. Viele Hersteller bieten jedoch entsprechende TV-Geräte an. Auch bei Projektoren wird das Label 3D-ready eingesetzt. Allgemein steht eine solche Kennzeichnung synonym für die Fähigkeit des Geräts, hohe Bildraten (mindestens 120 Hertz) darzustellen. Das macht es beispielsweise möglich, aktives Stereo-3D mit Shutterbrillen einzusetzen, ohne dass das Bild ruckelt.

unterschiedlich polarisieren. Auf diese Weise wird zwar die effektive Auflösung halbiert, gleichzeitig jedoch eine hohe stereoskopische Wiedergabequalität mit nur einem Gerät erreicht. Andere Konstruktionen verwenden zwei Displays in L-Bauweise, die mit gegensätzlichen Polfilterfolien versehen sind und im rechten Winkel zueinander auf einen halbdurchlässigen Spiegel ausgerichtet werden. Dadurch kann die native Auflösung der Displays beibehalten werden.

**Praxisinfo – Stereo-3D-Bildschirme:** In der heutigen praktischen Anwendung werden kaum autostereoskopische Displays eingesetzt. Da viele Perspektiven angeboten werden müssen, reduziert sich die Auflösung zu stark. Es entstehen viele Effekte, die die Bildqualität beeinflussen. Im Consumer-Bereich kommen häufig aktive Verfahren (Shutter) zur Anwendung. Durch die Entwicklung von Displays, die hohe Bildfrequenzen von mindestens 120 Hertz darstellen können, ist eine flüssige Wiedergabe gewährleistet. Ab etwa 70 Hertz (also 140-Hertz-Display) spielt Flackern keine Rolle mehr. Auch im professionellen Bereich gibt es aktive Verfahren. Allerdings hat sich hier eher die passive Polfiltertechnologie etabliert. Viele der modernen Geräte verwenden das zirkulare Polarisationsverfahren. Dieses ermöglicht nicht nur das Verdrehen der Köpfe, sondern erlaubt auch wesentlich höhere Bildraten, da die Displayfrequenz nicht durch zwei geteilt werden muss. Allerdings kommt es auch zur Halbierung der Auflösung.

JVC Stereo-3D-Monitor mit zirkulären Polfiltern

### Stereoskopisches Fernsehen 3DTV

Fernsehen wird anders konsumiert als Kino. Der Zuschauer ist es gewohnt, sich zu Hause auch während des Fernsehens frei im Zimmer bewegen zu können. Für diesen Konsum sind 3D-Brillen nicht geeignet. Autostereoskopische Displays haben meist nur eine kleine Stereozone (Sweet-Spot). Außerhalb dieser Zone wird das TV-Bild nicht mehr räumlich gesehen.

Die magischen Worte für die 3DTV-Industrie lauten „look-around-capability" und „multi-user-functionality". Langfristig gesehen geht es also um die Darstellung verschiedener Ansichten und Perspektiven für mehrere Zuschauer. Zur Realisierung dieser Eigenschaften sind einerseits extrem hoch auflösende Displays nötig und andererseits müssen sehr fortschrittliche Head-Tracking-Verfahren entwickelt werden.

Hyundai 3D-Fernseher mit japanischem Programm

▶ Räumliches Fernsehen wird vorerst mit 3D-Brillen realisiert. Der langfristige Erfolg hängt von der Entwicklung guter autostereoskopischer Fernsehgeräte ab.

Es ist zu vermuten, dass das von den Japanern propagierte Ultra-High-Definition-Format (7680x4320 Pixel) vor dem Hintergrund autostereoskopischer Fernsehübertragung (mehrere Bildpaare und Ansichten) erdacht wurde. Für flaches Fernsehen und normales Stereo-3D wäre solch eine Auflösung unnötig hoch. Die geplante Einführung von UHD zwischen 2015 und 2020 könnte tatsächlich mit dem Erscheinen erster alltagstauglicher Autostereo-Displays zusammenfallen. So passt es auch ins Bild, dass Philips die jahrelangen Entwicklungen autostereoskopischer Displays vorerst komplett eingestellt hat und wie die meisten anderen Hersteller den ersten Schritt zu 3DTV mit Hilfe von Brillen realisieren wird.

Stereo-3D für Zuhause wird also im Jahr 2009 mit entsprechenden Shutter- oder Polfilterverfahren umgesetzt. Wer Filme oder Fernsehen auf diese Weise zuhause ansieht, wird sich auch auf den Film konzentrieren, denn beim Kochen oder Bügeln ist die 3D-Brille eher störend. 3DTV wird zu Beginn als spezieller Zusatzdienst angeboten. Die Fernsehgeräte sind heute schon in großer Zahl auf dem Markt verfügbar. Als einer der ersten überträgt der japanische TV-Sender BS11 schon seit Längerem bestimmte Programme in Stereo-3D. Auch westliche Sender wie Sky, Discovery und ESPN haben inzwischen nachgezogen und bieten 3DTV an.

### Mobile Geräte

Bei tragbaren Geräten wie PDAs, Navigationsgeräten oder Mobiltelefonen ist ein kleines, scharfes Display nötig. Aufgrund der Praktikabilität sollten sie autostereoskopisch arbeiten. Besonders bei Geräten, die im Stehen oder Gehen benutzt werden, wäre eine 3D-Brille sehr hinderlich. Die Verwendung von Brillen ist nur in sitzender Position sinnvoll, beispielsweise, wenn mit dem Gerät Filme angesehen werden. Portable Filmabspielgeräte könnten also durchaus brillenbasierte Verfahren einsetzen, bei Mobiltelefonen sind hingegen autostereoskopische Systeme vorzuziehen.

Mobiltelefon mit Stereo-3D-Display

Ein großer Vorteil stereoskopischer Mobiltelefone ist die Möglichkeit, die Menüführung in die dritte Dimension zu erweitern. Dadurch können Informationen besser vermittelt werden und Strukturen sind deutlicher zu erkennen. Auf einem Display gleicher Höhe und Breite lassen sich stereoskopisch mehr Informationen darstellen als mit herkömmlichen Verfahren.

Bisherige Entwicklungen solcher Geräte konzentrieren sich einerseits auf Barriereverfahren und andererseits auf die Verwendung von Mikrolinsen. Die Firma Ocuity konzipierte ein entsprechendes Display, in dem diese Mikrolinsen an- und abschaltbar sind, wodurch sich das Gerät vom 2D- zum 3D-Display wandeln kann. Auch bei den großen Elektronikkonzernen wie Samsung, Toshiba und NEC werden autostereoskopische Displays für den Mobilgerätemarkt entwickelt.

## HMD

Die Problematik bei Videobrillen und Datenhelmen, kurz HMDs, liegt darin, sehr kleine und gleichzeitig besonders hochauflösende Displays zu konstruieren. Da der Abstand zu den Augen sehr klein ist, müssen Linsen oder Spiegel eingesetzt werden, um die Wiedergabeebene optisch auf eine bestimmte Mindestentfernung zu bringen.

Durch HMDs lässt sich ein hoher Grad an Immersion ermöglichen. Gleichzeitig besteht hier die Möglichkeit erweiterter Interaktivität durch Kombinationen mit Bewegungssensoren. Der Betrachter kann dann durch Kopf- oder Körperbewegungen den Bildinhalt steuern.

Kleines HMD für Mobilgeräte

Bislang ist die gewünschte Immersion noch in weiter Ferne. Viele HMDs haben eine ungenügende Seitenabdichtung, sodass Streulicht einfällt. Darüber hinaus sind die Displays meist zu klein und die Auflösung zu gering, ein freier

Panoramablick ist damit nicht zu verwirklichen. Hinzu kommt die Unhandlichkeit durch Form und Gewicht. Moderne Entwickler scheinen diese Probleme ernst zu nehmen. Geräte wie der Zeiss Cinemizer lassen sich auch längere Zeit benutzen, ohne dass es unangenehm wird.

### 4.2.3 Projektoren

Situationen, in denen besonders große Bilder gezeigt werden sollen oder besonders viele Zuschauer im Bild sind, stellen klassische Einsatzgebiete für Projektoren dar. Damit sind sie prädestiniert für Filmtheater, Vorträge und Konferenzen, werden aber auch etwa in Spezialbereichen der Wissenschaft und Forschung eingesetzt.

Für eine räumliche Darstellung mit Projektionstechnik gibt es zahlreiche Möglichkeiten. Stereo-3D-Projektoren lassen sich nach folgenden Gesichtspunkten unterscheiden:
- Bauart (digital, analog/elektronisch oder Film)
- Art der Bildgeber (LCD, DLP, CRT, SXRD)
- Anzahl der Bildgeber (Ein-Chip oder Drei-Chip)
- Aufbau (Einzel- oder Doppelprojektion)
- Funktionsprinzip (aktiv oder passiv)

Projektoren für den professionellen Bereich werden inzwischen nahezu standardmäßig in digitaler Bauart gefertigt. Filmprojektoren haben im Stereo-3D-Bereich nur noch eine historische Rolle. Röhrenprojektoren werden trotz bestimmter Vorteile ebenfalls kaum für Stereo-3D verwen-

> **i Auflösungen**
>
>
> Bildauflösungen im Vergleich
>
> Bei der Kategorisierung von Bildschirmauflösungen wird mittlerweile Full-HD, also 1920 x 1080 Pixel als Norm angesehen. Davon ausgehend ist der nächste Schritt Quad-Full-HD, auch 2160p genannt. Durch die doppelte Full-HD-Auflösung in beide Richtungen erreicht es 3840 x 2160 Pixel.
> Mit einer Vervierfachung der Quad-Full-HD-Auflösung ergibt sich das bisher höchstauflösende Format Super Hi-Vision oder auch 4320p. Dieses von der japanischen NHK als Ultra-High-Definition bezeichnete Format bildet sagenhafte 7680 x 4320 Pixel ab und löst damit 16-mal so hoch auf wie Full-HD.

det. Bei Röhren (CRT) entsteht die Farbe durch Gemische aus Phosphor, welche die Frontseite der Röhre von innen bedecken und vom Elektronenstrahl auf dem Weg zur Leinwand durchschossen werden. Bei DLP-Geräten, die für Stereo-3D fast ausschließlich eingesetzt werden, wird das Licht von den Mikrospiegeln zur Leinwand durch Farbfilter gesendet.

Lightspeed Design war mit DepthQ einer der ersten Anbieter von 120-Hertz-Projektoren für Stereo-3D.

Professionelle Projektoren haben üblicherweise drei Bildgeber (Drei-Chip), einer pro additiver Grundfarbe. Dadurch wird einerseits die Farbwiedergabe verbessert und andererseits die Lichtstärke deutlich erhöht.

Mit der DLP-Technologie können aber auch über einen einzigen Chip Farben dargestellt werden. Diese Variante wird vor allem in kleineren und kostengünstigeren Projektoren genutzt. Ein Farbrad rotiert mit hoher Geschwindigkeit vor dem Chip, sodass die einzelnen Farbauszüge zeitlich schnell nacheinander entstehen.

Für stereoskopische Projektionen im Shutterverfahren (aktives Stereo-3D) ist diese Technik eigentlich ungeeignet, da es durch das Farbrad bei schnelleren Bewegungen leicht zu Flackern kommt. Bei 3D-Ready-Projektoren wird daher ein besonders schnelles Farbrad genutzt, das den Projektor auf 120 Hertz Bildwiederholrate bringt. Durch das stereoskopische Zeitsequenzverfahren mit LCD-Shutterbrillen hat das endgültige Bild an jedem Auge immerhin 60 Hertz. Als Ziel für eine flimmerfreie Betrachtung sind 72 Hertz effektive Bildwiederholrate und damit 144 Hertz für den Projektor anzusehen. Ein-Chip-Projektionssysteme eignen sich gut für Heimkinos oder Konferenzen und Vorträge.

▶ *Digitale Kinos verwenden fast ausschließlich Projektoren mit DLP-Technologie.*

Systeme, die keine Shutterbrillen verwenden, arbeiten passiv. Früher wurden für passives Stereo-3D zwei Projektoren verwendet (Doppelprojektion). Inzwischen gibt es alternativ dazu auch Verfahren, die passive Bilder (beispielsweise Polarisation oder Interferenzfilter) zeitversetzt darstellen und mit einem einzelnen Projektor auskommen.

|  | Barco | Christie | NEC | Sony | JVC | Digital Projection | Projection Design |
|---|---|---|---|---|---|---|---|
| DCI-Norm | ✔ | ✔ | ✔ | ✘ | ✘ | ✘ | ✘ |
| HD | ✔ | ✔ | ✔ | ✔ | ✔ | ✔ | ✔ |
| 2K | ✔ | ✔ | ✔ | ✔ | ✘ | ✔ | ✘ |
| 4K | ✘ | ✘ | ✘ | ✔ | ✔ | ✘ | ✘ |

Hersteller digitaler Kino-Projektoren (Stand Anfang 2010)

### Einzelprojektion

In 3D-Kinos sind Einzelprojektor-Systeme weit verbreitet. Sie haben zwar eine deutlich geringere Lichtausbeute als Doppelprojektionssysteme, dafür aber einen geringeren Justierungsaufwand und niedrigere Anschaffungskosten.

Einzelprojektionsverfahren arbeiten zunächst einmal aktiv, stellen die stereoskopischen Teilbilder also abwechselnd für linkes und rechtes Auge dar. Dafür sind besonders hohe Bildwiederholraten nötig, die aufgrund des Shutterverfahrens doppelt so hoch sein müssen wie die eigentliche Zielbildrate. Bei einigen Verfahren wird die aktive Projektion mit passiven 3D-Brillen kombiniert, um verschiedene Vorteile miteinander zu vereinen. Das populärste dieser Verfahren heißt RealD.

**RealD** basiert auf einem besonderen Projektionsvorsatz, dem sogenannten Z-Screen. Dieser wechselt mit Hilfe von Flüssigkristallen 144-mal pro Sekunde die Polarisationsrichtung. Entsprechende Projektoren verfügen über eine spezielle Schnittstelle für den RealD-Objektivvorsatz, um eine perfekte Synchronisation zu gewährleisten. Das Publikum trägt lediglich passive Polfilterbrillen. Statt linearer Filter werden die teureren Zirkularfilter verwendet, was ein Kopfverdrehen beim Zuschauer ermöglicht, gleichzeitig aber die Gefahr von Geisterbildern erhöht. Um diesen Nachteil auszugleichen, wurde von RealD ein 3D-EQ-Softwareverfahren entwickelt. Bei diesem „Ghostbusting" genannten Prozess werden kritische Bildstellen entschärft und damit die Kanaltrennung des Bildmaterials für RealD-Kinos optimiert. Die entsprechende „ghostbu-

Passive 3D-Brille von RealD mit zirkularen Polarisationsfiltern

---

### ℹ Multiflash

Die Spezifikation, die in der DCI-Norm steht, basiert auf dem herkömmlichen analogen Kino. So dienen auch im digitalen Kino 24 Bilder pro Sekunde als Basis und ebenso wird auch hier für eine flimmerfreie Wiedergabe jedes Bild doppelt projiziert (double flash, 48/96 Hertz). Moderne DLP-Projektoren schaffen in der Praxis wesentlich mehr, sodass jedes Bild dreimal projiziert werden kann (triple flash, 72 / 144 Hertz). Auch wenn das Bild dadurch flimmerfrei gesehen wird, bleibt die eigentliche Bewegungsauflösung genauso niedrig wie bei analogen Filmaufnahmen der letzten achtzig Jahre. Die Bewegungsauflösung lässt sich nur durch eine entsprechend echte hohe Bildrate steigern, welche bereits bei der Aufnahme gewährleistet sein muss.

sted version" des Films kommt dann als DCP zum Kino. Im Vergleich zu anderen Verfahren ist die Lichtausbeute bei RealD eher gering. Da parallel zur Polarisation auch das Zeitsequenzverfahren angewendet wird, bei dem sich die beiden Teilbilder zeitlich gesehen einen Projektor teilen, kommen am Ende lediglich nur rund zwölf Prozent des Lampenlichts beim Zuschauer an.

Anders ist das bei Projektionen mit dem 4K-Projektor von Sony, dessen Chips auf der SXRD-Technologie basieren. Eine speziell für diesen Projektor entwickelte Objektivkonstruktion macht aus dem einzelnen 4K-Projektor ein 3D-fähiges Gerät. Dabei wird das hochauflösende Bild in zwei übereinander liegende 2K-Teilbilder geteilt. Die zeitliche Auflösung des Bildsignals von bis zu 60 Hertz bleibt bestehen, sodass auf Triple Flash verzichtet werden kann. RealD ist der von Sony autorisierte Alleinvermarkter für den CineAlta-Projektor mit 3D-Vorsatz in den USA, Kanada und Europa.

Sony 4K-Projektion mit 3D-Adapter

**XpanD** war im deutschsprachigen Raum eines der ersten großen Systeme im Stereo-3D-Kinobereich. Seit die große Konkurrenz RealD durch die Ausstallung einer großen Multiplex-Kino-Kette mit 3D-Projektoren auch hier an Stärke gewonnen hat, herrscht ein reger Wettbewerb. Die Technik hinter XpanD war früher unter dem Namen NuVision bekannt, wurde aber nach und nach von der Firma X6D Ltd. aufgekauft. XpanD arbeitet aktiv, das heißt mit dem Shutterverfahren.

▶ *Zuschauer adaptieren auf die Helligkeit des Bildes im Kinosaal. Unterschiede in der Lichtstärke der einzelnen Verfahren sind eher bei Open-Air-Projektionen relevant.*

Die 3D-Brillen werden mit 144 Hertz über Infrarotsender im Zuschauerraum synchronisiert. Ältere Modelle waren noch Einwegbrillen, bei denen ein Batteriewechsel nicht möglich war. Die neue Generation von XpanD-Brillen ist waschbar, wiegt weniger und ermöglicht ein Wechseln der Batterien. Neben dem Design wurde auch die Empfangsqualität verbessert. Mittlerweile ist XpanD eines der zuverlässigsten Systeme und bietet hervorragende Darstellungsqualität. Aufgrund der teuren Brillen ist es aber weniger für große Kinos geeignet. Verluste oder Defekte bei XpanD-Brillen machen sich finanziell bemerkbar, anders als beispielsweise bei den günstigen RealD-Brillen. Ebenso wie RealD erlaubt XpanD das Verdrehen des Kopfs. Es bietet den Vorteil guter Kanaltrennung, die Geisterbilder und Übersprechen reduziert. Anders als bei Polfilterverfahren wie MasterImage oder RealD ist keine spezielle Silberleinwand notwendig.

3D-Brille von XpanD

Wiedergabe von Stereo-3D | 179

MasterImage mit rotierender Polfilterscheibe

**MasterImage/KDC** ist ein koreanisches System, das ebenfalls die zirkulare Polarisation nutzt, um die Bilder eines einzelnen Projektors abwechselnd zu projizieren. Wie bei den anderen Verfahren werden auch hier 144 Bilder in jeder Sekunde vom Projektor geliefert. Der Projektionsvorsatz wird nicht am Objektiv angebracht, sondern als ganze rollbare Einheit davor geschoben. Die Einheit enthält eine Scheibe mit Segmenten aus zirkulären Polfiltern, die mit hoher Geschwindigkeit vor dem Projektor rotiert. Durch diese Rotation entsteht ein recht hoher Geräuschpegel. Die Herausforderung bei MasterImage liegt in der perfekten Synchronisation der Drehscheibe mit dem Bildwechsel des Projektors. Ein anderes Problem ist, dass die freiliegende Scheibe für Staub anfällig ist. Sie muss daher in regelmäßigen Abständen vorsichtig gereinigt werden. Der Wartungsaufwand ist also insgesamt etwas höher als bei anderen Systemen. Die Stereo-3D-Bildqualität des MasterImage-Systems ist aber sehr gut.

Dolby-3D-Filterrad mit Interferenzfiltern

Bei **Dolby 3D** handelt es sich um ein System, welches als Einzelprojektion aber auch als Doppelprojektion betrieben werden kann. Für die Einzelprojektion sind Projektoren mit entsprechend hoher Bildwiederholrate notwendig.

Die Besonderheit ist hierbei, dass im Gegensatz zu den Polarisationsverfahren der meisten anderen Doppelprojektionssysteme die Interferenzfiltertechnologie (Infitec) zum Einsatz kommt. Dabei können grundsätzlich alle Arten von Projektoren verwendet werden, sowohl DLPs, als auch die LCDs mit dem stärkeren Pixelraster oder andere Technologien. Eine spezielle Leinwand ist nicht erforderlich, da Dolby 3D keine Polarisationsfilter verwendet. Ähnlich wie bei XpanD sind die speziellen 3D-Brillen relativ teuer und Verschleiß oder Verlust sind finanziell spürbar.

Steuer- und Synchronisationseinheit

## Doppelprojektion

Doppelprojektionen sind in der Regel unabhängig von Systemherstellern wie RealD oder XpanD und ihren Lizenzkonzepten. Besitzer einer Anlage für Doppelprojektion haben außerdem die Möglichkeit, die Projektoren bei Bedarf auch für zwei parallele monoskopische Vorführungen zu verwenden. Diese Freiheit muss aber durch die höheren Anschaffungskosten erkauft werden. Der denkbare Extremfall wäre der Betrieb zweier Cinealta-4K-Projektoren, bei dem ein Höchstmaß an Helligkeit und Bildschärfe erreichbar wäre. Die Auflösung des stereoskopischen Bildes würde dem Vierfachen einer heute gängigen 2K-Doppelprojektion entsprechen. Eine solche Konstellation wäre aber auch finanziell rekordverdächtig.

Prinzip einer Doppelprojektion mit linearen Polfiltern

Durch den Einsatz von zwei Projektoren lässt sich generell die Lichtstärke erhöhen, was sich gerade bei großen Sälen positiv bemerkbar macht. Durch die Polarisationsfilter vor den Objektiven und in den 3D-Brillen ergibt sich eine Gesamteffizienz von rund 40 Prozent der eigentlichen Lampenleistung. Da die Bildwiederholfrequenz der Projektoren nicht halbiert werden muss, können theoretisch auch bei der zeitlichen Auflösung sehr hohe Werte erzielt werden. In der Praxis bleibt die Bildrate aber meist bei 72 Hertz (triple flash). Hinsichtlich der geometrischen Ausrichtung, der Lichtstärke und der Farbwiedergabe kann es aber leichter zu Differenzen kommen als bei Einzelprojektionen.

Auch das klassische IMAX-3D-Format ist eine Doppelprojektion. Hier werden zwei 70mm-Filmprojektoren nebeneinander betrieben. Die beiden wassergekühlten 15kW-Xenonlampen erzeugen häufig Helligkeitsunterschiede auf der Leinwand. Weiterhin gibt es vor allem bei schnellen Bewegungen einen deutlichen Shuttereffekt mit Bewegungsunschärfen im Bild, da bei IMAX 3D lediglich zweimal 24 Bilder pro Sekunde projiziert werden. Um dieses Problem zu reduzieren, wurde das IMAX-HD-System mit doppelter Bildrate (48 Hertz) entwickelt.

3D-Kino mit Nebeneinander-Doppelprojektion und Polarisationsfilterprinzip

Drei Übereinander-Doppelprojektionen für ein Stereo-3D-Panoramabild.

Doppelprojektionen weisen geometrische Verzerrungen auf, die durch Abbildungsfehler der Objektive und der unterschiedlichen Perspektive der Projektoren entstehen. Sind die ausgerichteten Teilbilder im Zentrum deckungsgleich, entstehen an den Bildrändern und Ecken geometrisch bedingte Fehldisparitäten. Dies ist die Analogie der Aufnahmesituation mit konvergierten Kameras, denn die beiden Projektoren in der Wiedergabe konvergieren ebenfalls. Bei genügendem Betrachtungsabstand und Abstand der Projektoren zur Leinwand sind die Verschiebungen nicht störend. Sie werden vom Zuschauer durch die Fusion summiert. Mit einem Testgitter lassen sie sich sehr gut sichtbar machen.

### Rückprojektion

Mit Rückprojektionen gibt es eine interessante Alternative zum gängigen Front- oder Aufprojektionsverfahren, das heute die große Mehrheit ausmacht. Durch die Platzierung der Geräte auf der Rückseite der Bildwand ist es nicht mehr möglich, dass Personen durch das Bild laufen oder störende Schatten entstehen. Die Bilder einer guten Rückprojektion bieten mehr Helligkeit und Kontrast. Selbst in hellen Räumen oder bei direktem Lichteinfall auf die Projektionswand können die Bilder besser

---

**IMAX-3D-Digital**

Eines der größten Probleme von IMAX 3D im heutigen Konkurrenzkampf mit anderen stereoskopischen Wiedergabeverfahren sind die vergleichsweise hohen Kosten. Deshalb führt auch IMAX die Digitaltechnik ein und stattet zahlreiche Multiplex-Kinos mit 2K-Doppelprojektionen aus. Damit befindet sich das neue digitale IMAX-Format in einer Liga mit der Konkurrenz und hat das Alleinstellungsmerkmal der riesigen Leinwände und der hohen Auflösung geopfert, um auch ein Stück vom großen Kuchen der Kinodigitalisierung abzubekommen. Im Unterschied zu normalen Doppelprojektionen setzt IMAX-3D-Digital einige interne Algorithmen zur Bildoptimierung ein. Dabei handelt es sich vor allem um eine künstliche Schärfeanhebung und Optimierungen in der Kanaltrennung.

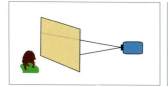 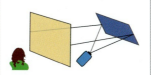 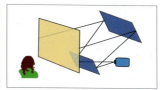

Es gibt zahlreiche Möglichkeiten für Rückprojektionen.

und klarer wirken als bei einer Frontprojektion. Daher eignen sich Rückprojektionen insbesondere für Anwendungen, in denen der Zuschauerraum nicht wie im Kino komplett abgedunkelt werden kann. Nach Möglichkeit sollte jedoch der Raum hinter der Bildwand dunkel sein. Oft werden Rückprojektionen bei Ausstellungen, Messen und Installationen angewendet.

Bei normalen Frontprojektionen befinden sich sowohl die Projektoren als auch die Zuschauer vor der Leinwand. Deshalb muss die Projektion erhöht, also über den Köpfen angebracht werden, wodurch ein ungünstiger Winkel zur Leinwand entsteht. Fast alle Projektoren verfügen zum Ausgleich über einen festen oder variablen Lens Shift. Mit Rückprojektionen ist es möglich, das Bild optimal zu projizieren. Der Projektor kann in der passenden Höhe platziert werden und eine Neigung mit Keystone-Ausgleich oder Lens Shift lässt sich vermeiden. Geometrische Verzerrungen sind damit nahezu ausgeschlossen, solange es sich um Einzelprojektoren handelt. Bei Doppelprojektionssystemen ist aber noch der perspektivische Unterschied der beiden Geräte zueinander zu beachten. Gerade bei kurzen Entfernungen kann er sich recht stark auswirken. Um den meist knappen Platz hinter der Leinwand virtuell zu vergrößern, lassen sich die Bilder über Spiegel projizieren. Das ist auch oft notwendig, um einen gewissen Mindestabstand (Projektionsverhältnis) zu erreichen.

Die Bildwand einer Rückprojektion muss aus speziellem Material sein, damit das auftreffende Licht mit einem möglichst hohen Wirkungsgrad durchgelassen wird. Dazu werden Projektionsscheiben eingesetzt, die in den meisten Fällen aus Glas oder Acrylglas bestehen. Es sind auch Folien oder Stoffe hoher Qualität für Rückprojektionen erhältlich. Aufgeklebte Folien sind allerdings meist sehr empfindlich und Kratzer können das Bild beeinträchtigen. Am besten sind Acrylglasscheiben geeignet, bei denen die Diffusoren im Material eingearbeitet sind.

Die Diffusoren dienen der Wiedergabe des eigentlichen Bildes, dessen Qualität stark mit dem Betrachtungswinkel zusammenhängt. Je nach verwendetem Material liegt dieser Winkel zwischen 10 und 120 Grad. Außerhalb des optimalen Winkels ist das Bild zwar nicht verschwunden, verliert aber deutlich an Lichtstärke. Auch der Raumeindruck bei einer stereoskopischen Wiedergabe ist in der Mitte am besten. Nahezu alle stereoskopi-

Wiedergabe von Stereo-3D | **183**

schen Projektionsverfahren können als Rückprojektion eingesetzt werden. Für Polfilter-Systeme ergibt sich dabei sogar ein bedeutender Vorteil, denn das Licht wird bei der Rückprojektion nicht depolarisiert. Auf spezielle Silberleinwände kann also verzichtet werden.

Für die verschiedenen Arten der Projektion gibt es flache, aber auch nach innen oder nach außen gewölbte Bildwände. Damit lässt sich die Bildfeldwölbung einigermaßen ausgleichen, die vor allem durch Weitwinkelobjektive in Erscheinung treten kann. Allerdings wird von dieser Möglichkeit eher selten Gebrauch gemacht.

Je kürzer die Entfernung zur Leinwand ist, desto größer ist die Gefahr eines Hot Spots, das heißt die Bildhelligkeit in der Mitte ist besonders hoch und fällt zum Rand hin ab. Durch besondere Materialien lässt sich dieses Problem verringern, aber nicht vermeiden. Spezielle Rückprojektionswände beinhalten Mikrolinsen auf ihrer Oberfläche, wodurch das Licht gleichmäßiger verteilt wird. Besonders hochwertige Scheiben verfügen über Lentikularstreifen, die das Licht vertikal leicht bündeln und somit beim Zuschauer ein wesentlich helleres Bild erzeugen. Manchmal werden Fresnellinsenstrukturen über die ganze Bildwand eingesetzt, die das Bild gerichtet und gleichmäßig wirken lassen.

### CAVE

Wenn es darum geht, die Immersion, also das Eintauchen in die dargestellte Welt zu erhöhen, genügt eine einzige Projektionsebene nicht. Selbst bei IMAX mit der ohnehin schon gigantischen Leinwand wurde eine Version

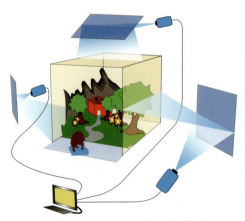

Die CAVE ermöglicht ein besseres Eintauchen in die virtuelle Realität.

Der Name CAVE lässt sich auf Platons Höhlengleichnis zurückführen.

entwickelt, in der auch der Boden als Projektionsfläche genutzt wird. Populärer ist jedoch die Kuppelform (IMAX Dome), bei der der Betrachter den Eindruck hat, im Raum zu sitzen. Auch 360°-Rundkinos nutzen diesen Ansatz.

Mit der CAVE (Cave Automatic Virtual Environment) wird das Prinzip aufgegriffen und für kleine Personengruppen umgesetzt. In der Regel werden stereoskopische Projektionen in mehreren Seiten installiert, entweder rechtwinklig oder in der Form einer Hohlkehle. Sinnvoll und für eine CAVE meist sogar erforderlich ist der Einsatz von Rückprojektionen. Durch die Verwendung aktiver Stereo-3D-Verfahren (Shutterbrillen) lässt sich die große Anzahl von Projektoren halbieren. Bei der Justierung der Projektoren muss besonders auf die Übergänge der einzelnen Bilder geachtet werden. Sichtbare Trennkanten an den Bildübergängen sollten vermieden werden, was eine der großen Schwierigkeiten bei der CAVE sein kann.

Bei mindestens zwei und im Extremfall sogar sechs Seiten fühlt sich der Betrachter weitestgehend in den virtuellen Raum versetzt. Solche Anwendungen dienen aber selten der Darstellung gefilmter Sequenzen, sondern vielmehr der Projektion künstlicher, virtueller Welten und werden vorrangig in der Industrie und der Wissenschaft eingesetzt. Der Betrachter trägt eine Stereobrille und wird in den meisten Fällen über verschiedene Tracking-Verfahren in den Raum integriert. Dafür sind Hochleistungsrechner nötig, die die Grafik entsprechend seiner Bewegung in Echtzeit erzeugen können.

---

Stereoskopische Displays sind vorhanden und bieten mit Polarisations- oder Shutterverfahren oft eine gute räumliche Bildqualität. Für massenkompatible Anwendungen wie 3DTV sind langfristig spezielle autostereoskopische Geräte notwendig. Die Qualität und Praktikabilität der Autostereoskopie ist aber bisher noch nicht ausgereift.

Wird von digitalen Kinoprojektoren gesprochen, handelt es sich in den allermeisten Fällen um Drei-Chip-DLP-Geräte. Deren Bildqualität und Bildwiederholrate sind hoch genug, um stereoskopische Filme in Kinoqualität wiederzugeben. Sie sind in verschiedene Systeme implementierbar und werden daher bei Front- und Rückprojektionen, Doppel- und Einzelprojektionen und damit bei allen namhaften Systemen wie RealD, XpanD, MasterImage, IMAX Digital und Dolby 3D eingesetzt.

**Zusammenfassung**

## 4.3 Wiedergabeparameter

Die zahlreichen Möglichkeiten, stereoskopische Bilder auf Displays oder mit Projektoren darzustellen, wurden in den vorherigen Kapiteln behandelt. Im Folgenden geht es um die einzelnen Parameter und ihre Auswirkung auf die Wiedergabe.

Als erstes beschäftigt sich dieses Kapitel mit der statischen und der zeitlichen Auflösung. Beide Faktoren haben einen erheblichen Anteil an der Qualität der Darstellung. Weiterhin ist bei Bewegtbildern auf die Synchronität und im Falle analoger Filmwiedergabe auf den Bildstand zu achten.

▶ *Die Wiedergabe- oder Nullebene trennt das räumliche Bild in ein „Davor" und „Dahinter". Sie wird selbst nur empfunden, wenn auch die Rahmenlinien sichtbar sind.*

Ein großes Thema sind die geometrischen Verhältnisse einer Stereo-3D-Wiedergabe. Dabei gibt es etliche Aspekte wie die Sitzposition des Betrachters, Disparitäten auf der Bildebene, Abstände der Projektoren oder Vergrößerungsfaktoren des Bildes. Diese werden im zweiten Teil des Kapitels beleuchtet.

### 4.3.1 Statische Auflösung

Technisch gesehen ergibt die spatiale oder auch statische Auflösung des Bildes in Abhängigkeit zum Betrachtungsabstand die empfundene Bild-

---

**ⓘ Stereofenster**

Ein Bild wird immer von einem Rand begrenzt. In räumlichen Abbildungen wirkt dieser Bildrand wie ein Fenster, durch das ein Betrachter scheinbar auf die Szene blickt. Daher wird das Stereofenster manchmal auch Scheinfenster genannt (vor allem in der Fotografie). Einzelne Objekte können durch diesen „Rahmen in die Räumlichkeit" aus dem Bildraum in den Zuschauerraum treten. Das Stereofenster liegt dort, wo die seitlichen Begrenzungen der beiden Teilbilder deckungsgleich sind. Oft wird es mit der Nullebene verwechselt oder synonym verwendet. Es gibt jedoch Unterschiede. Die Nullebene liegt dort, wo die Disparität Null beträgt, also wo die Kameras konvergieren. Stehen sie parallel, liegt die Nullebene im Unendlichen, denn dort konvergieren parallele Kameras. Im Englischen heißt die Nullebene übrigens passenderweise „convergence plane". Stereofenster und Nullebene liegen zwar meist an der gleichen Stelle, können aber auch entkoppelt werden, wobei das Stereofenster seine Lage verändert (Schwebefenster). Der Ausdruck Stereofenster bezieht sich im eigentlichen Sinn nur auf den deckungsgleichen Bildrahmen. Bei einer großen Projektion wie in IMAX-3D-Kinos ist dieser kaum sichtbar. Das Stereofenster spielt in solchen Fällen eine eher untergeordnete Rolle.

schärfe. Je höher die statische Auflösung ist, desto besser kann auch eine Tiefenauflösung erfolgen. Nur dann lässt sich die Tiefe klar und scharf wahrnehmen.

## Formate

Inzwischen stehen zahlreiche Systeme und Formate zur Verfügung, die eine hohe statische Auflösung möglich machen. Das Full-HD-Format mit seinen 1920 x 1080 Pixeln kann mit einigen Kameras bereits progressiv mit 50 oder 60 Bildern pro Sekunde aufgezeichnet werden. Darüber hinaus gibt es eine ganze Reihe von 2K- und 4K-Kameras, ebenfalls mit hohen progressiven Bildraten. Langfristige Bestrebungen zielen auf die Einführung eines 8K-Formats für das Fernsehen ab.

## Zeilensprung

Das Zeilensprungverfahren war schon zum Zeitpunkt seiner Festlegung kaum mehr als ein Kompromiss zur Erzielung einer hohen Bewegungsauflösung bei niedriger Übertragungsbandbreite. Anders formuliert ermöglichte der Zeilensprung einen einigermaßen ruhigen Bildeindruck mit der damals verfügbaren Technologie. Inzwischen sind die zugrunde liegenden Probleme durch Digitalisierung und moderne Kompressionsverfahren nicht mehr vorhanden. Dennoch existiert das Zeilensprungverfahren noch heute und selbst digitale Kameras zeichnen oft nach diesem Prinzip auf. Das Ziel einer guten Bildwiedergabe sollte sein, den Zeilensprung zu vermeiden und gleichzeitig hohe Bildauflösungen zu erreichen.

Zeilensprung: die beiden Halbbilder wirken ineinander verkämmt. (Bildausschnitt)

## Seitenverhältnis

Als Seitenverhältnis ist für eine gute Raumbildwiedergabe mindestens 16:9 zu wählen. Wenn es die Aufnahme- und Wiedergabemöglichkeiten zulassen, sollte ein breiteres Format wie 2,2:1 oder sogar 2,75:1 eingesetzt werden. Das Gesichtsfeld ist dadurch besser ausgefüllt und der Tiefeneindruck wird verstärkt. Auch in den Randbereichen der Netzhaut können dann noch Bildinformationen wahrgenommen werden.

### Tiefenauflösung

Der Wahrnehmungsapparat ist in der Lage, sehr feine Disparitätsunterschiede zu erkennen. Diese sind für eine stereoskopische Tiefenwahrnehmung verantwortlich. Damit diese Tiefenwahrnehmung auch im Bild optimal funktioniert, muss die statische Auflösung des Aufnahme- und Wiedergabesystems ebenfalls sehr hoch sein.

### 4.3.2 Zeitliche Auflösung

Im klassischen Kinobereich werden durch die zweifache Projektion jedes Einzelbildes (Double Flash) Frequenzen von 48 Hertz erreicht. Beim Fernsehen sind es durch die Verwendung des Zeilensprungverfahrens 50 oder 60 Hertz. Auf diese Weise wird ein relativ flimmerfreies Bild dargestellt, bei dem der Augenblick etwa 20 Millisekunden dauert. Für die meisten Anwendungen genügt das, zumal sich der Zuschauer im Lauf der Jahrzehnte an diese Bildfrequenzen gewöhnt hat. Computerbildschirme auf Röhrenbasis werden in der Regel erst ab etwa 80 Hertz als flimmerfrei angesehen. Flüssigkristallbildschirme erscheinen aufgrund ihrer Trägheit schon bei wesentlich kleineren Wiederholraten flimmerfrei.

### Stereo-3D-Heimanwendung

Für eine stereoskopische Bildbetrachtung sind im Heimbereich moderne Shutterverfahren anzutreffen, die mit mindestens 120 Hertz (also 60 Hertz pro Teilbild/Auge) betrieben werden. Mit den 3D-ready-Bildschirmen und -Projektoren, die Bildraten von 120 Hertz und mehr erreichen, lohnt es sich auch, Filme in Stereo-3D zu schauen. Ein weiterer Anwendungsbereich dieser Technik liegt bei Computerspielen.

Alte Systeme, die auf dem FBAS-Signal basieren, erreichen pro Teilbild lediglich 25 Hertz. Das ist für eine längere Betrachtung definitiv zu wenig. Die günstigen Heimgeräte kommen unabhängig von der zeitlichen Auflösung nicht an die Qualität der teuren Profiversion im Kino heran. Faktoren wie Gewicht,

nVidia 3D Vision-System mit Shutterbrille und Samsung 120-Hertz-Display

Blickwinkel und Kontrast, Zuspieler und Quellmaterial sowie Bildschirm- oder Leinwandgröße spielen ebenfalls eine Rolle.

### Stereo-3D-Cinema

Fast alle der heute gängigen professionellen Stereo-3D-Projektionsverfahren erzielen Bildwiederholraten von 144 Hertz und damit 72 Hertz pro Auge. Das genügt, um flimmernde Bilder selbst bei schnelleren Bewegungen zu vermeiden. Allerdings handelt es sich um eine Mogelpackung. Der Trick besteht darin, ein und dasselbe Bild mehrmals zu projizieren (Multi Flash). Die eigentliche Bewegungsauflösung liegt lediglich bei 24 Bildern pro Sekunde. Langfristige Tendenzen gehen jedoch in die Richtung, eine progressive Aufnahmefrequenz von mindestens 48 Hertz zu gewährleisten, was einer echten hohen Bewegungsauflösung nahe kommt. Wenn dieses Material mit Double Flash projiziert wird, ist ein wahrnehmbarer Stroboskopeffekt ausgeschlossen.

### 24p

Durch die Verwendung von Material mit 24 Bildern pro Sekunde wird bei schnellen Bewegungen (dazu müssen auch schon einfache Horizontalschwenks gezählt werden) deutliche Bewegungsunschärfe sichtbar. Diese Unschärfe kommt bei einer digitalen Filmprojektion stärker zum Vorschein, denn ein hochauflösendes digitales Kinobild wirkt subjektiv schärfer als das analoge Pendant auf Filmkornbasis.

Die geringe Bildrate bei digitalem Kino ergibt sich aus der DCI-Norm, die sich an das analoge Kino und das internationale Filmaustauschformat anlehnt. In ihrer ersten Version sind 24 Hertz und damit 48 stereoskopische Teilbilder pro Sekunde definiert. Die Norm wird mit der Entwicklung der Technik entsprechend auf höhere Bildwiederholraten erweitert.

### 4.3.3 Synchronität

Die beiden Teilbilder müssen bei der Wiedergabe synchron, also ohne zeitlichen Versatz dargestellt werden. Bilder werden zwar schon bei 24 Hertz zu einer Bewegung verschmolzen, jedoch wirkt es wahrnehmbar störend, wenn zu einem bestimmten Zeitpunkt unterschiedliche Bildinhalte zu sehen sind. Solche Unterschiede können von einigen wenigen Menschen je nach Helligkeit und Bildinhalt noch im Bereich von 70 Bildern pro Sekunde, also etwa 14 Millisekunden je Bild wahrgenommen werden.

Hochwertige Wiedergabeverfahren wie XpanD oder RealD arbeiten daher mit 72 Bildern pro Sekunde in jedem Teilbild.

### Filmprojektion

In den Anfangszeiten der stereoskopischen Filmprojektion war eine feste Synchronisierung noch nicht möglich. Häufig kam es zu einem Auseinanderlaufen der Teilbilder. Besonders negativ wirkten sich Filmrisse aus, bei denen der Vorführer stets neu einfädeln musste. Selbst ein einigermaßen stabiles Stereo-3D-Bild war in solchen Fällen kaum noch realisierbar. Später wurde dazu übergegangen, spezielle mechanische Wellen zur Verkoppelung der Projektoren einzusetzen. Doch auch dabei gab es immer wieder Probleme. Schließlich wurden die beiden Teilbilder auf den gleichen Film belichtet und über einen Projektor mit speziellem Strahlenteilervorsatz projiziert. Damit ging aber auch ein deutlicher Qualitätsverlust einher, denn das effektive Bild verkleinerte sich. Mit den Projektionsverfahren konnten sowohl Anaglyphen-, als auch Polarisationstechniken eingesetzt werden. Heutige Stereo-3D Filmprojektionen beschränken sich im Wesentlichen auf die IMAX-3D-Kinos. Dort werden hochwertige Geräte verwendet, die elektronisch gesteuert absolute Synchronität aufweisen.

### Digitalprojektion

Die modernen Digitalprojektoren sind inzwischen Standard bei stereoskopischen Vorführungen. Sie erhalten ihre Bilder in der Regel von einem speziellen Filmserver, der nebenbei auch für die nötige Synchronität sorgt. Bei den oft verwendeten Einzelprojektionssystemen, die zeitsequenziell arbeiten, gibt es ohnehin eine systembedingte Synchronität, da immer abwechselnd ein linkes und ein rechtes Bild projiziert wird. Bei diesen

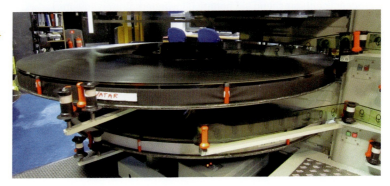

Filmrollen einer IMAX-3D-Projektion mit 70-mm-Filmstreifen

Systemen ist eine hohe Bildwiederholrate besonders wichtig, damit die nacheinander gezeigten Bilder zu einem gleichzeitig gesehenen Bild verschmelzen und ein sichtbares Flimmern vermieden werden kann.

### 4.3.4 Bildstand

Ein guter Bildstand ist bei Filmprojektionen allgemein von großer Bedeutung. Bei stereoskopischen Projektionen spielt er eine noch größere Rolle, da beide Bilder perfekt zueinander passen müssen. Kleinere Ungenauigkeiten, die bei herkömmlichen Projektionen noch nicht weiter auffallen würden, können den räumlichen Eindruck schnell stören. Dieses Problem war beim Stereo-3D-Filmboom in den 1950er Jahren einer der großen qualitativen Minuspunkte.

Beim kanadischen IMAX-System wird für einen guten Bildstand jedes einzelne Bild für den Bruchteil einer Sekunde mittels Unterdruck auf eine Glasscheibe gelegt, wo es perfekt plan aufliegt. Heute werden fast nur noch Digitalprojektoren für Stereo-3D verwendet, wodurch die Problematik des Bildstandes an Bedeutung verliert.

### 4.3.5 Disparitäten

Der Unterschied zwischen einander entsprechenden Punkten in den beiden Teilbildern heißt Disparität. Disparitätswerte können positiv oder negativ sein. Ist die Disparität gleich Null, sind die einander entsprechenden Punkte in den Teilbildern deckungsgleich. Sie befinden sich dann auf der Nullebene.

Durch die Physiologie der Augen ergibt sich für Disparitäten ein Maximalwert von rund 90 Winkelminuten. Näheres ist in den Kapiteln „Kenngrößen räumlicher Wahrnehmung" und „Binokularsehen" nachzulesen.

▶ *Das stereoskopische Bild muss überall, auch in den Ecken und an den Rändern, die strengen Anforderungen der Disparitätsgrenzen der Sehgrube erfüllen.*

#### Ausdehnung der Tiefe

Die maximale Tiefenausdehnung eines Stereo-3D-Bildes sollte 90 Winkelminuten nicht überschreiten. Bei Bildern, deren Tiefe auf der Nullebene beginnt, dürfen die Fernpunkte folglich um maximal 90 Winkelminuten verschoben sein. Befinden sich aber im Bild auch Dinge vor der Leinwand, reduziert sich die Maximaldisparität der Fernpunkte entsprechend.

Angenommen, ein Vordergrundobjekt hat eine negative Disparität von 30 Winkelminuten, so reduziert sich die positive Disparität der Fernpunkte um diesen Betrag und darf nur noch 60 Winkelminuten groß sein.

Disparitäten bestimmen die Tiefenausdehnung.

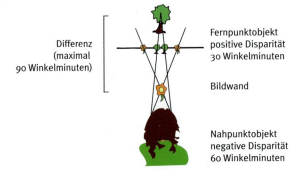

## Überschreitung der Maximalwerte

Die tatsächliche Tiefenausdehnung in einem Bild heißt Tiefenumfang. Der Tiefenumfang sollte eine maximale Ausdehnung von maximal 90 Winkelminuten haben. Er kann bei der Wiedergabe innerhalb eines Bereichs variiert werden. Dieser Bereich ist der Tiefenspielraum der Wiedergabe. Er entspricht der maximalen Tiefe, die ein Wiedergabesystem darstellen kann, ohne Visuelle Überforderung zu verursachen. Die Obergrenze des Tiefenspielraums ist der maximale Fernpunkt und die Untergrenze der halbe Abstand vom Betrachter zur Leinwand.

**Obergrenze**
Wenn die Augen in eine Divergenzstellung gezwungen werden, kommt es schnell zu Visueller Überforderung. Die Betrachtung des Bildes fällt dann sehr schwer. Um Divergenzen zu vermeiden, sollte der Abstand der Fern-

### i Disparitäten

Ungekreuzte oder positive Disparitäten lassen die Dinge hinter der Bildebene erscheinen. Bei einer positiven Disparität von etwa 65 Millimetern (durchschnittlicher Augenabstand) liegt das Objekt im Unendlichbereich. Durch gekreuzte oder negative Disparität wird ein Objekt vor der Bildebene empfunden. Eine negative Disparität mit 65 Millimetern lässt Objekte genau auf halbem Weg zum Betrachter erscheinen. Disparitäten werden in Winkelgraden angegeben, können aber auch in absoluten Werten (z.B. Millimeter oder Pixeln) ausgedrückt werden. Dabei muss die Bezugsgröße, also das exakte Bildformat bekannt sein. Ebenso lassen sich Disparitäten in Prozent angeben, dann ebenfalls auf die Bildbreite bezogen.

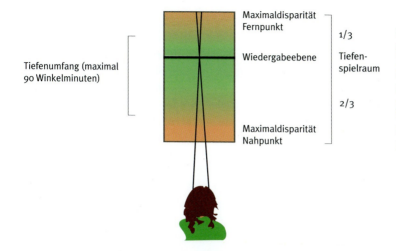

Das Bild kann mit seinem Tiefenumfang innerhalb des Tiefenspielraums des Wiedergabesystems positioniert werden. Nur kurzzeitig darf der Tiefenumfang die Grenzen verletzen.

punkte im Bild maximal dem Augenabstand entsprechen. Hinzu kommt eine Toleranz, die sich nach der Entfernung zur Bildwand richtet. Für jeden Meter kann ein Zentimeter Fernpunktdisparität addiert werden. Ein Zuschauer, der nah an der Bildwand sitzt, sieht Fernpunkte mit paralleler Augenstellung, während die entfernte Person bei den gleichen Fernpunkten bereits konvergiert. Dies ist jedoch nicht von Nachteil, es führt nur zu einer leicht unterschiedlich empfundenen Tiefenwiedergabe.

Eine Visuelle Überforderung durch Divergenz tritt nicht auf, solange die Fernpunkte auch bei kurzer Entfernung nicht zu weit auseinander liegen. Dennoch kann die Maximaldisparität auch in bestimmten Fällen überschritten werden ohne Probleme zu verursachen. Eine solche Überschreitung muss von sehr kurzer Dauer sein. Aufgrund der Trägheit der Augen wird die Störung vom Betrachter dann kaum erkannt.

**Untergrenze**
Auch im Nahbereich sind kurzzeitige Überschreitungen möglich. Dabei kann die Disparität durchaus bis auf das Zehnfache der eigentlichen Maximaldisparität ansteigen (also rund 30 Prozent der Bildbreite). Die homologen (einander entsprechenden) Punkte können an solchen Stellen nicht mehr fusioniert werden und wirken eher nach dem Prinzip des optischen Fließens. Solche Überschreitungen können daher nur für einen Moment und in schneller Bewegung angewendet werden. Sie rufen dabei eine starke Raumwirkung hervor. Dies ist auch einer der Hauptgründe für die vielen auf die Kamera zufliegenden Objekte, die in so manchem Stereo-3D-Film für ein begeistertes Publikum sorgen.

### Kino

Für die Kinoauswertung ist die Begrenzung der Disparitätsdifferenz wichtig, da viele Kinogänger gerade bei stereoskopischen Filmen unverhältnismäßig nah an der Leinwand sitzen möchten, um noch besser ins Geschehen einzutauchen. So wird es schließlich immer beworben. Genau dabei kann es aber auch leicht zu divergierenden Punkten wegen übergroßer Disparitäten der Fernpunkte kommen.

### Diavorführung

Um die genannten Vorgaben einhalten zu können, gibt es für analoge Diaprojektionen eine Vereinbarung. Sie basiert auf einer Maximaldisparität von drei bis vier Prozent der Bildbreite, die idealerweise schon bei der Aufnahme, spätestens aber bei der Teilbildausrichtung beachtet werden sollte. Beim populären Kleinbildformat ergibt sich daraus ein maximaler Abstand homologer Punkte von etwa 1,4 Millimetern. Bei einem Vergrößerungsfaktor von 1:50 in der Diaprojektion wird für die Fernpunkte eine Leinwanddisparität von sieben Zentimetern erreicht. Deutlich höhere Werte könnten zu unerwünschten Divergenzstellungen der Augen führen.

Bei größeren Projektionen, also stärkeren Vergrößerungsfaktoren, müsste zur Divergenzvermeidung der Betrachtungsabstand entsprechend vergrößert werden. Alternativ könnten die Projektoren eingeschwenkt werden, denn dadurch verringern sich die Disparitäten der Fernpunkte. Gleichzeitig wird aber auch die Nahpunktdisparität geändert und die Bildtiefe verschiebt sich zum Zuschauer hin. Das eigentliche Problem bei eingedrehten Projektoren sind die trapezförmigen Verzerrungen.

### Digitalprojektion

▶ *Bei großen Wiedergabeflächen reicht der normale darstellbare Tiefenraum von den unendlich empfundenen Fernpunkten hinter der Leinwand bis zur halben Entfernung des Betrachters vor der Leinwand.*

Bei digitalen Filmprojektionen hat sich bislang noch keine standardisierte Vorgehensweise durchgesetzt. Der Tiefenumfang von Filmen wird in der Postproduktion nach Gefühl und anhand von Testvorführungen festgelegt. In der Praxis werden die Disparitäten zwar pixelgenau bestimmt, aber jeder Stereograf hat seine eigenen Ansichten zu Minimal- und Maximalwerten. So entstehen Filme mit ganz unterschiedlich starken Disparitäten und bei der Vorführung wird die Platzwahl für die Zuschauer zum Glücksspiel. Würde der Filmverleih entsprechende Angaben mitliefern, die sich bei der Erstellung des Masters ergeben, könnte der Filmvorführer diese Werte auf die Projektions- und Betrachtungsverhältnisse im Haus umrechnen. Damit können Zuschauer bei der Platzwahl beraten werden, die auch deren stereoskopische Empfindlichkeit berücksichtigt.

Auf sehr kleinen Displays kann keine große Tiefe dargestellt werden.

## Kleinformate

Die Grenzwerte der Ferndisparität auf sehr großen Bildschirmen und bei großen Projektionen werden durch den Augenabstand bestimmt. Anders verhält es sich bei sehr kleinen Wiedergabegeräten, denn die Disparitäten werden dort längst nicht so groß wie der Abstand der Augen. Manche Displays sind so klein, dass selbst die gesamte Bildbreite noch nicht einmal den Augenabstand erreicht. Das ist vor allem bei PDAs oder Mobiltelefonen der Fall. Doch auch bei größeren Geräten wie 3DTVs oder Computerbildschirmen ist die darstellbare Maximaldisparität noch geringer als der Augenabstand. Der Tiefenspielraum solcher Displays ist also naturgemäß kleiner als bei einer großen Kinoleinwand.

Verglichen mit dem Kino werden kleine Displays aus einer entsprechend kurzen Distanz betrachtet. Die Diskrepanz zwischen Konvergenz und Akkommodation (AKD) wird in diesem Nahbereich recht stark. Unendliche Fernpunkte können nicht in der Unendlichkeit (Disparitäten im Augenabstand) dargestellt werden. Ein derart intensives räumliches Bild wie im Kino lässt sich daher mit kleinen Displays unmöglich erreichen.

### 4.3.6 Wiedergabegeometrie

Um die geometrischen Verhältnisse bei einer Projektion allgemein zu beschreiben, werden im Wesentlichen zwei Verhältnisgrößen genutzt – das Betrachtungs- und das Projektionsverhältnis.

#### Betrachtungsverhältnis

Beim Betrachten von Material in Stereo-3D gibt es immer zwei wichtige Größen, die in ihrem Verhältnis zueinander relevant sind. Dies sind die Entfernung zur Wiedergabeebene und damit verbunden die Auflösung des Bildes sowie die Größe des Bildes (gemessen in der Bildbreite). Bei der Bildgröße müsste eigentlich das Seitenverhältnis mitbeachtet werden. In der Praxis wird aber der Einfachheit halber die Bildbreite verwendet, denn für eine gute Immersion ist vor allem das Ausfüllen der Randbereiche des Gesichtsfeldes wichtig.

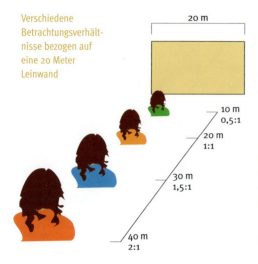

Verschiedene Betrachtungsverhältnisse bezogen auf eine 20 Meter Leinwand

Diese Größen spiegeln sich im Betrachtungsverhältnis wider. Es ergibt sich als Verhältnis aus der Entfernung und der Bildbreite. Im Abstand von zehn Metern vor einer zwanzig Meter breiten Leinwand beträgt das Betrachtungsverhältnis also 0,5:1. Schaut der Zuschauer aber aus einem Abstand von 30 Zentimetern auf ein Display mit einer Bildbreite von 15 Zentimetern, ergibt sich schon ein Verhältnis von 2:1. Für die Stereoskopie spielt das eine wichtige Rolle, denn einerseits besteht so eine gute Vergleichsmöglichkeit zwischen völlig verschiedenen Formaten wie Kino und Fernsehen und andererseits lassen sich die maximalen Disparitäten für die unterschiedlichen Formate universell beschreiben.

### Projektionsverhältnis

Das Projektionsverhältnis wird verwendet, um den richtigen Abstand des Projektors zur Leinwand zu ermitteln. Es ergibt sich aus dem Abstand des Projektors zur Bildbreite. Der jeweilige Wert wird vom Gerätehersteller gesondert angegeben und ist in der Regel auf jedem Projektionsobjektiv ablesbar. Projektionsverhältnisse, die unter 1 liegen, deuten auf sehr weitwinklige Objektive hin. Damit lassen sich besonders kurze Abstände

Dieses Objektiv hat ein variables Projektionsverhältnis von 1,8-2, 4:1 (Zoom).

des Projektors realisieren. Steht der Projektor genauso weit entfernt, wie die Bildwand breit ist, beträgt das Projektionsverhältnis 1:1. Ein Projektionsverhältnis von 8:1 bedeutet hingegen, dass die Entfernung zur Leinwand der achtfachen Bildbreite entspricht.

Für die Installation der Projektoren ist die Angabe des Projektionsverhältnisses wichtiger und sinnvoller als die Brennweite, weil damit sofort klar wird, welches Objektiv für eine bestimmte Leinwand und Entfernung benötigt wird.

## Projektion

Bei einer Projektion soll das projizierte Licht optimal auf die Zuschauer reflektieren. Hier gilt die allgemein bekannte Formel „Einfallswinkel = Ausfallswinkel".

### Winkelung

Wenn die Projektoren über den Zuschauern installiert sind, ist eine leichte Anwinkelung der Leinwand vorteilhaft. Der gleiche Effekt lässt sich auch durch eine Neigung der Projektoren erreichen, was in der Praxis der gängige Weg ist. Je nach verwendeter Brennweite und Entfernung des Projektors kann es durch solche Winkelungen zu leichten Unschärfen in den Außenbereichen des Bildes kommen. Gleichzeitig werden die Bilder geometrisch verzerrt.

Im Fall einer Doppelprojektion verstärkt sich die Problematik entsprechend, weil die beiden Projektoren ohnehin bereits unterschiedliche Perspektiven und damit leichte Verzerrungen aufweisen. Zur Reduktion der Trapezverzerrungen muss eine sogenannte „Keystone-Korrektur" durchgeführt werden. Da mit Keystone elektronisch in das Bild eingegriffen wird, kommt es zu einer qualitativen Verschlechterung. Um diese Probleme zu vermeiden, sollte der Bildgeber (Chip) des Projektors nach Möglichkeit immer parallel zur Leinwand stehen.

### Lens-Shift

Die optimale Position der Projektoren befindet sich auf Augenhöhe der Zuschauer. Mit einer Rückprojektion ist das auch möglich. Bei Frontprojektionen hingegen, die in der Praxis weit häufiger vorkommen, müssen die Geräte von schräg oben oder unten projizieren. Daher haben heute nahezu alle Projektoren einen festen Lens-Shift eingebaut, der für einen Tisch- oder Deckenbetrieb optimiert ist. Damit befindet sich die optimale Position solcher Geräte natürlich nicht mehr auf der Augenhöhe der Zuschauer.

Projektoren parallel ohne Lens-Shift     Projektoren parallel mit Lens-Shift

Hochwertigere Modelle verfügen über die Möglichkeit, den Lens-Shift zu variieren. Damit können die Projektoren nicht nur aus sehr hohen oder niedrigen Positionen, sondern auch aus der Normalhöhe betrieben werden.

Über einen vertikalen Lens-Shift lässt sich die Höhe der Bilder zueinander ausrichten. Stehen die Projektoren nebeneinander, sollten sie möglichst auch über einen horizontalen Lens-Shift verfügen. So lassen sich die Bilder deckungsgleich abbilden ohne die Projektoren einschwenken zu müssen. Bei einigen Modellen ist der Spielraum des Lens-Shifts so groß, dass die Bilder bei genügendem Abstand zur Projektionsfläche sogar nebeneinander dargestellt werden können. Damit kann zwischen einem normalen 3D-Modus und einem 2D-Modus mit doppelter Bildbreite gewechselt werden. Interessant ist diese Möglichkeit beispielsweise für die Industrie und die Lehre, wenn bei Vorträgen zwischen 3D-Wiedergabe und großer Computerarbeitsfläche gewechselt werden soll.

### i Tiefenaufteilung

Generell lässt sich bei stereoskopischen Kinofilmen ungefähr ein Drittel der Tiefe hinter dem Stereofenster und zwei Drittel vor dem Stereofenster darstellen. Wenn von dem großen Anteil, der vor dem Fenster möglich ist, kein Gebrauch gemacht wird, dann wird Tiefenspielraum verschenkt. Es soll nicht immer der ganze Raum gleichzeitig genutzt werden, aber die Handlung und das Bild können sich innerhalb der verfügbaren Möglichkeiten bewegen.

Fester Lens-Shift: Das projizierte Bild beginnt üblicherweise auf der Projektorhöhe.

Regler für vertikalen und horizontalen Lens-Shift

## Übliche Betrachtungsabstände

Für den optimalen Betrachtungsabstand bei unterschiedlichen Formaten existieren Empfehlungswerte. Diese basieren auf dem Auflösungsvermögen der Augen und des Wiedergabeformats.

| Typische Bildschirmdiagonale | Typische Betrachtungsabstände | Typische Situationen |
| --- | --- | --- |
| 10 – 20 Zoll | 0,3 – 0,6 Meter | Computer |
| 40 – 80 Zoll | 2 – 5 Meter | Fernseher |
| 3 – 5 Meter | 3 – 5 Meter | Heimprojektion („Beamer") |
| 5 – 20 Meter | 10 – 25 Meter | Kino |

Demnach sollte bei Darstellungen auf einem Bildschirm mit SD-Auflösung ein Abstand gehalten werden, der rund sechsmal so groß ist wie die Bildschirmhöhe. Mit HD-Auflösung wird der Bildinhalt deutlicher. Aus diesem Grund ändert sich der empfohlene Abstand auf das Dreifache der Höhe des Bildschirms. Bei Full HD mit progressivem Bildmaterial kann sogar ein Abstand der zweifachen Bildhöhe gewählt werden, ohne dass die Pixelstrukturen störend wirken.

Bei großen Projektionen wie beispielsweise im Kino erstrecken sich die Sitzpositionen der Zuschauer über einen weiten Bereich. Dieser sollte nicht wesentlich größer sein als das Achtfache der Leinwandhöhe. Alle genannten Abstände beziehen sich auf eine allgemeine Bildwiedergabe und berücksichtigen noch keine stereoskopischen Aspekte.

## Betrachtungsabstände Stereo-3D

Der Betrachtungsabstand bei stereoskopischen Bildern hat einen Einfluss auf die empfundene Tiefenwirkung. Das hat geometrische Gründe.

▶ *„Nah dran" heißt geringe Tiefenausdehnung, dafür aber höhere Immersion und außerdem größere Disparitäten. Dies wiederum erschwert die Fusion.*

### Nah dran

Je näher sich der Betrachter am Bild befindet, desto flacher erscheint die Tiefe und je weiter weg er ist, desto tiefer scheint sie sich zu erstrecken. Diese Tatsache scheint auf den ersten Blick der Erfahrung vieler Kinogänger zu widersprechen. Üblicherweise sitzen diejenigen, die ein intensives Raumerlebnis möchten, besonders weit vorn. Das ist auch richtig, denn je näher die Person an der Leinwand sitzt, desto näher befindet sich der Nahpunkt und desto intensiver empfindet sie das Erlebnis. Die Intensität wird durch die großen Disparitäten noch erhöht. Dass die Tiefe in der kurzen Entfernung komprimiert dargestellt wird, fällt normalerweise niemandem auf.

### Weiter weg

In größerer Entfernung sinkt das Gefühl, direkt ins Geschehen einzutauchen, doch die Tiefe wird gedehnt. Dadurch erscheinen die Objekte tiefer, ihre Höhe und Breite ändert sich aber nicht. Ein großer Abstand vom Bild erleichtert wegen der kleineren Disparitäten die Fusion der Teilbilder. Dieser Aspekt sollte die Wahl des Betrachtungsabstandes bei Stereo-3D am stärksten beeinflussen. Mit anderen Worten, wem die Disparitäten zu stark sind, der setzt sich etwas weiter weg.

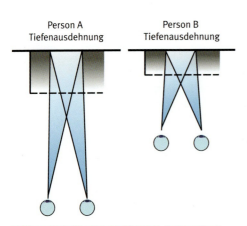

Je kürzer die Entfernung zur Bildwand, desto geringer ist die wahrgenommene Gesamttiefe.

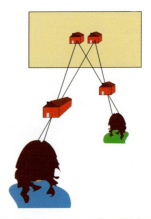

Die Tiefe des in Stereo-3D dargestellten Objekts expandiert vor der Leinwand mit steigender Entfernung des Betrachters. Höhe und Breite der Objekte bleiben aber gleich.

**Praxisbeispiel – Kompression und Expansion:** Der Effekt der unterschiedlich empfundenen Tiefe bei unterschiedlichen Entfernungen lässt sich am besten mit einem Stereo-3D-Display erfahren. Dabei muss einfach aus einiger Entfernung an das Bild herangegangen werden. Die Ausdehnung der Tiefe reduziert sich dabei merklich. Im Kino würde dieser Versuch etwas schwierig werden, weil die Wegstrecke zu groß wird und weil die Sitze in der Regel im Weg sind. Das Prinzip ist aber immer das Gleiche. Bei größerer Entfernung wird die Tiefe expandiert und bei kleinerer Entfernung komprimiert.

▶ *„Weit weg" heißt hohe Tiefenausdehnung, damit aber auch weniger Immersion und außerdem kleinere Disparitäten. Letzteres hat eine bessere Fusion zur Folge.*

### Gesichtsfeld

Bei Zuschauern, die sehr nah an der Leinwand sitzen, ist das Gesichtsfeld besser ausgefüllt. Eine Person in größerer Entfernung nimmt hingegen den Bildrahmen und damit das Stereofenster bewusster wahr. In der Praxis wird das Gesichtsfeld aber durch die 3D-Brillen begrenzt und der Vorteil bei kurzer Betrachtungsentfernung reduziert sich wieder. Somit sind die 3D-Brillen auch einer der Hauptgründe, weshalb die Immersion selbst in großen IMAX-Kinos niemals wirklich perfekt werden kann.

### Kleine Bildformate

Wird der Abstand zur Leinwand unverhältnismäßig groß, sind die Disparitäten insgesamt sehr gering. Ein solches Betrachtungsverhältnis wird im Kino nicht erreicht. Bei sehr kleinen Formaten wie Fotos oder kleinen Displays ist der Fall jedoch gegeben. Um auf ein Betrachtungsverhältnis wie im Kino zu kommen, müsste das Foto wenige Zentimeter vor das Auge gehalten werden. So ist aber kein scharfes Sehen mehr möglich.

Wird das Foto aus einem normalen Abstand angesehen, war aber eigentlich für eine Kinoauswertung gedacht, dann sind die perspektivischen Unterschiede der Teilbilder eventuell zu klein. Daher sollten Bilder, die für kleine Abbildungen erstellt werden, mit einer relativ großen Stereobasis aufgenommen werden. Die Wiedergabe so aufgenommener Bilder bleibt dann allerdings auf die kleinen Formate beschränkt. Dieser Zusammenhang wird auch bei den 3D-Bildern in diesem Buch deutlich. Nicht alle Bilder sind für kleine Formate gedacht und so ist die Tiefenwirkung hier manchmal etwas geringer als beispielsweise bei einer großen Projektion.

**Praxisbeispiel – Tiefenverzerrung:** Die Art, wie die Tiefe wiedergegeben wird, ist stark abhängig von der Position des Betrachters. Optimal wird das Bild zentral vor der Leinwand oder dem Bildschirm dargestellt. Je weiter sich die Person von dieser Position entfernt, desto stärker wird die Tiefe verzerrt. Um diese Auswirkungen einmal selbst zu erleben, empfiehlt es sich, in einem 3D-

Kino (soweit das möglich ist) Extrempositionen auszuwählen. Ein Kino ist wegen der Bildgröße besser geeignet als Bildschirme, außerdem ist das Bild vieler Displays (vor allem LCD) bei extremen Winkeln kaum noch zu erkennen. Wer also die Möglichkeit hat, in einem 3D-Kino bei einer Vorführung umherzulaufen, sollte sich einmal in kurzer Entfernung zur Leinwand seitlich an die Wand stellen und die Verzerrungen beobachten, die sich zur anderen Seite hin ergeben. Sie fallen noch stärker auf, wenn die Leinwand von unten betrachtet wird, also aus einer sehr nahen Position steil nach oben. Sind Menschen im Bild zu sehen, werden die Verzerrungen besonders deutlich. Wegen der riesigen Körper und kleinen Köpfe erinnert die Bildwirkung dann eher an ein Spiegelkabinett. Die regulären Sitzplätze sind in 3D-Kinos natürlich so angeordnet, dass kein Zuschauer derartige Zerrbilder zu Gesicht bekommt.

### Platzwahl

Der Zuschauerbereich sollte nicht nur nach vorn, sondern auch seitlich beschränkt werden. Generell gilt für Projektionen ein Bereich von 40 Grad von der Bildmitte aus als „sichere Zone". Bei Polarisationsfiltern ist zu beachten, dass sich die Kanaltrennung mit der Entfernung von der Mittellinie etwas verschlechtert.

Bei der Wiedergabe eines stereoskopischen Bildes gibt es aus geometrischen Gründen einen rechnerisch optimalen Platz für den Betrachter. Dieser Platz befindet sich mittig vor der Wiedergabeebene in einer Entfernung, die Ortho-Stereo-Distanz genannt wird.

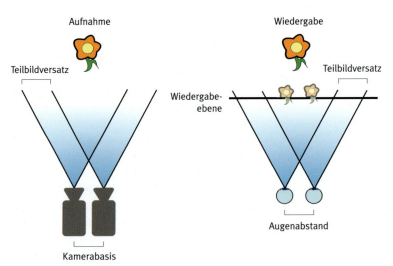

Das orthostereoskopische Prinzip (vereinfacht): Abstände und Bildwinkel müssen in Aufnahme und Wiedergabe identisch sein.

### Ortho-Stereo-Distanz

Die Entfernung, in der ein Betrachter das stereoskopische Bild in den gleichen Größen- und Tiefenverhältnissen erblickt, wie sie der reellen Vorlage entsprechen, wird orthostereoskopische Distanz genannt. Sie richtet sich nach der Stereobasis und der Brennweite bei der Aufnahme, sowie dem Vergrößerungsfaktor bei der Wiedergabe. Von dieser Stelle aus wird das Bild unverzerrt und größenrichtig gesehen.

Die Ortho-Stereo-Wiedergabe ist in der Praxis nur im Bereich der Forschung und Industrie von Bedeutung. In der Unterhaltung, also bei Filmen und Bildern, ist sie eher unzweckmäßig. Der Zuschauer kann aus einer orthostereoskopischen Wiedergabe keinen Vorteil ziehen, denn ein direkter Vergleich mit der Originalszene ist nicht möglich und auch nicht sinnvoll. Zudem variiert der optimale Platz bei Bewegtbildern ständig, da sich Aufnahmebrennweite und Stereobasis mit jeder Einstellung ändern.

### 4.3.7 Verschiebung der Teilbilder

Stereoskopisches Bildmaterial wird während des Bearbeitungsprozesses und der Ausrichtung der beiden Teilbilder üblicherweise darauf optimiert, dass die Teilbilder in der Wiedergabe deckungsgleich dargestellt werden. Kommt es zu einer Verschiebung der Teilbilder bei der Wiedergabe, verschiebt sich dadurch das gesamte Bild nach vorn oder nach hinten. Die

> **ℹ Die Ortho-Stereo-Projektion**
>
> Um eine stereoskopische Wiedergabe zu erreichen, die exakt dem natürlichen Seheindruck entspricht, müsste eine Ortho-Stereo-Situation vorliegen. Dabei würden die beiden Projektoren im Abstand der Kamerabasis, die wiederum dem Augenabstand entspricht, knapp über den Köpfen der Zuschauer nebeneinander stehen. Mit einer Rückprojektion ließe sich sogar die gleiche Höhe erreichen. Die Teilbilder werden nicht bearbeitet oder ausgerichtet, sondern so projiziert, wie sie aufgenommen wurden. Sie müssten parallel projiziert werden, sodass links und rechts ein wenig Bild übersteht. Dieser Bildüberhang entspricht der Kamerabasis. Zusätzlich wäre bei den Projektoren die gleiche Brennweite wie bei der Aufnahme zu verwenden (stets auf die Chipgröße bezogen). Die Entfernung der Zuschauer zur Bildwand müsste der Entfernung der Kamera bei der Aufnahme entsprechen. Anhand dieser Bedingungen wird schnell erkennbar, dass die Orthostereoskopie lediglich eine Idealisierung ist. Tatsächlich hat jede Szene oder jedes Dia andere Aufnahmeeinstellungen. Außerdem gibt es völlig verschiedene Betrachterpositionen bei den Zuschauern. In der Praxis werden die Teilbilder daher stets bearbeitet, ausgerichtet und deckungsgleich projiziert.

Ausdehnung der Tiefe innerhalb des Bildes ändert sich dadurch nicht mehr, aber die Wiedergabe der Tiefe, also die Expansion und Kompression, wird dadurch beeinflusst.

Das gesamte Bild kann durch eine bewusste Horizontalverschiebung der Teilbilder weiter in den Zuschauerraum oder weiter hinter die Wiedergabeebene gebracht werden. Solche Maßnahmen werden in der Praxis bereits in der Postproduktion durchgeführt, denn das Wiedergabesystem soll vor allem im Fall des Kinos nicht vor jeder Filmvorführung verändert werden. Bei modernen Stereo-3D-Filmen wird das gesamte Bild heutzutage häufig in den Zuschauerraum geholt. Solch eine Verschiebung wird der Postproduktion über ein Schwebefenster realisiert, also einer gezielten Beschneidung der Bildrahmen links und rechts.

### Ausrichtung bei Projektionen

Bei der Wiedergabe werden die Projektoren in der Regel so justiert, dass die Teilbilder auf der Bildwand deckungsgleich übereinander liegen. Diese Konfiguration ist mit Abstand am häufigsten anzutreffen. Bei den zahlreichen Single-Projektor-Systemen, die im Zeitsequenzverfahren arbeiten, ist die Deckungsgleichheit sogar systembedingt.

Bei Doppelprojektionen muss entschieden werden, ob sich die Projektoren nebeneinander oder übereinander befinden sollen. In letzterem Fall entsteht eine trapezförmige Verzerrung in der Höhe, in ersterem Fall in der

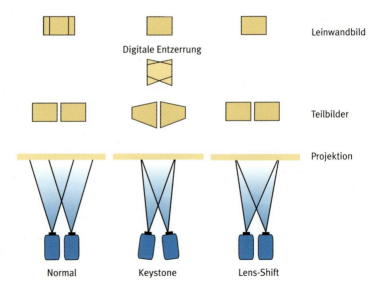

Doppelprojektion ohne Korrektur, mit Keystone-Korrektur und Lens-Shift-Korrektur

Breite, wenn beide Projektoren deckungsgleich eingerichtet werden. Diese kleine Verzerrung ist durch den geringen Abstand der Projektoren zueinander und dem verhältnismäßig großen Abstand zur Projektionsebene vernachlässigbar. Bei breiten Projektoren ist der Abstand der Objektive im Übereinanderbetrieb geringer.

Die entstehenden Verzerrungen lassen sich durch die Entzerrungsfunktion der Projektoren (Keystone-Korrektur) beseitigen. Da diese jedoch eine Softwarelösung ist, die das Bild partiell skaliert, verringert sich die Bildqualität entsprechend.

Professionelle Geräte bieten die Möglichkeit des Lens-Shifts, einer relativen Verschiebung des Objektivs zum Bildgeber. Diese Lösung ist die qualitativ beste Möglichkeit, da der Lens-Shift das Bild nicht verzerrt. Je weiter „geshiftet" wird, desto mehr werden aber die Randbereiche des Bildkreises benutzt. Dort wird das Bild zunehmend dunkler und unschärfer. Die beste Abbildungsqualität hat ein Objektiv immer in der Mitte, also auf der optischen Achse.

▶ *Die Ausrichtung der Projektoren ist möglichst immer über Lens-Shift zu realisieren. Keystone ist eine elektronische Trapezkorrektur und verschlechtert das Bild.*

### Ausrichtung bei Bildschirmen

Auch bei Bildschirmen lässt sich die Disparität noch ändern. Im Fall eines stereoskopischen Computermonitors können die Teilbilder in den meisten Fällen über die Software zueinander verschoben werden.

Polarisationsbildschirme, die aus zwei rechtwinklig angeordneten Displays mit halbdurchlässigem Spiegel bestehen, ermöglichen eine Justierung über die Verschiebung eines einzelnen Displays.

Am bedienerfreundlichsten ist jedoch die Möglichkeit einer solchen Verschiebung bei einem Stereo-3D-Fernseher mit Disparitätsregler. Dieser

---

**i** | **Tiefenjustierung**

Der Maximalbereich der wiedergegebenen Tiefe ergibt sich aus der maximalen Fernpunktdisparität und dem halben Abstand vom Betrachter zur Nullebene. In den meisten Bildern erstreckt sich die Tiefe von der Nullebene bis zum Unendlichen. Das bedeutet, dass ein großer Teil, nämlich etwa zwei Drittel der möglichen Tiefe nicht genutzt wird. Durch die Verlagerung des Stereofensters in den Zuschauerraum kann das Bild schon vor der Nullebene beginnen, ohne die Bildrahmen zu verletzen. So lässt sich das Raumpotential im Zuschauerraum besser nutzen und der Zuschauer hat das Gefühl einer stärkeren und tieferen Raumausdehnung. In heutigen 3D-Filmen kommt diese Technik (Schwebefenster) standardmäßig zum Einsatz.

verschiebt einfach beide Teilbilder horizontal zueinander, ohne dass mechanische Eingriffe oder Softwareeinstellungen nötig sind.

Unabhängig von der Methode der Justierung muss darauf geachtet werden, dass die entferntesten Punkte im Bild keinen zu großen Abstand bekommen. Der Augenabstand mit 65 Millimetern wäre bei den kurzen Betrachtungsdistanzen bereits zu groß. Bilder mit noch geringerem Betrachtungsabstand wie bei kleinen Fernsehgeräten oder Fotos werden eine Diskrepanz zwischen Akkommodation und Konvergenz (AKD) aufweisen. Eine parallele Augenstellung wäre für Fernpunkte deutlich zu viel, da der Unendlichkeitsbereich für die Akkommodation erst in einigen Metern Abstand einsetzt.

Stereo-3D-Monitor mit passiver Xpol-Technologie und Polfilterbrillen

**Zusammenfassung**   Jede Wiedergabe in Stereo-3D kann beeinflusst werden. Einer der wichtigsten Parameter ist hierbei die Auflösung. Sowohl die Bildauflösung als auch die zeitliche Auflösung sollten entsprechend hoch sein, auf das Zeilensprungverfahren ist möglichst zu verzichten. Große Bedeutung hat die Synchronität zwischen den beiden Teilbildern, die perfekt sein muss. Ein anderer wichtiger Punkt ist die Wiedergabegeometrie. Während sie bei Bildschirmen in der Regel nur durch den Betrachtungsabstand und die Disparitätsverstellung (Tiefenregler) beeinflusst werden kann, gibt es bei Projektionen mehr zu beachten. Dabei handelt es sich unter anderem um die Justierung der Projektoren zueinander, deren Brennweite, den Abstand zur Leinwand und zum Betrachter und die Vergrößerungsfaktoren sowie die resultierenden Disparitäten auf der Leinwand. Alle Parameter zusammen bestimmen schließlich die Qualität der Stereo-3D-Bilder.

# 5 Nachbearbeitung von Stereo-3D

5.1 Kodierung und Übertragung

5.2 Stereo-3D-Formate

5.3 Stereoskopische Postproduktion

# 5 Nachbearbeitung von Stereo-3D

Die Möglichkeiten der Bearbeitung von Stereo-3D-Bildmaterial sind heute aufgrund der Digitaltechnik sehr umfangreich. Viele Systeme und Formate konkurrieren auf dem Markt. Größtenteils basieren Sie auf bereits existierenden Verfahren, einige Hersteller entwickeln aber auch spezielle Hard- und Software, die direkt auf Stereo-3D ausgelegt ist.

Im Umgang mit Stereo-3D ist es wichtig, die vorhandenen Verfahren zur Bildübertragung zu kennen. Entsprechende Grundlagen werden im Unterkapitel „Kodierung und Übertragung" erklärt. Auf diesen Grundlagen bauen alle gängigen Video-Formate und Standards auf.

Viele dieser Formate sind auch für Anwendungen im Stereo-3D-Bereich relevant. Im zweiten Unterkapitel „Stereo-3D-Formate" wird die Umsetzung der diversen Verfahren für Stereo-3D behandelt.

Das letzte Unterkapitel beschäftigt sich mit der stereoskopischen Postproduktion. Dort werden die praktischen Anwendungsgebiete aufgezeigt und gestalterische Fragen behandelt. Vor allem geht es aber um den Schnitt und die Teilbildausrichtung sowie um VFX bei Stereo-3D. Damit verbunden ist eine grobe Übersicht zu den unterschiedlichen Systemen, Geräten und Programmen.

## 5.1 Kodierung und Übertragung

Die Anzahl an verschiedenen Standards für die Bildübertragung und Bildwiedergabe ist durchaus hoch. Zu Beginn untersucht dieses Kapitel die aktuellen Kodierungsverfahren und geht anschließend im zweiten Teil näher auf die existierenden Videoformate ein, in denen die Kodierungsverfahren zur Anwendung kommen.

Diese Videoformate und Standards sind sehr zahlreich, weil viele Hersteller eigene Formate entwickeln. Zudem gibt es etliche Interessengruppen, Standardisierungsorganisationen, aber auch Hersteller, die versuchen, Standards für Stereo-3D festzulegen. Analoger Film und elektronische Formate spielen zwar generell noch eine Rolle, jedoch erfolgen stereoskopische Produktionen heute fast ausschließlich digital. Daher wird in diesem Kapitel hauptsächlich auf digitale Formate eingegangen.

Eine große Rolle für Stereo-3D spielt auch die Größe und Schärfe eines Bildes. Im dritten Teil des Kapitels geht es daher um Bildauflösungen. Die verschiedenen Standards werden auf Vor- und Nachteile hinsichtlich dieser Aspekte untersucht.

Für die Übertragung der stereoskopischen Bilddaten sind entsprechende Schnittstellen unabdingbar. Diese sind bei Stereo-3D ein besonderes Thema, denn die Datenrate ist hier höher als bei zweidimensionalen Bildern. Schnittstellen werden ebenfalls standardisiert, was in der Praxis an bestimmten Kabeln und Steckern beziehungsweise Buchsen deutlich wird. Statt einer speziellen neuen Stereo-3D-Schnittstelle werden die Signale in der Praxis über vorhandene Standards übertragen, von denen etliche bereits auf Stereo-3D erweitert wurden.

Der fünfte Teil beschäftigt sich mit der Fernsehübertragung. Hier werden die Grundlagen moderner, digitaler Übertragung von Fernsehsignalen erläutert und Implementierungsmöglichkeiten von Stereo-3D überprüft. 3DTV ist ein großes Thema, das viele Menschen beschäftigt und inzwischen von verschiedenen Sendern weltweit in die Realität umgesetzt wird.

Bildsignale müssen nicht nur übertragen und gesendet, sondern auch immer wieder aufgezeichnet werden. Bei unkomprimierten und hochauflösenden Bildern kommen große Datenmengen zusammen. Durch Stereo-3D werden diese dann noch einmal verdoppelt. Die Aufzeichnung und vor allem die flüssige Wiedergabe sind Themen, die im letzten Teil des Kapitels unter der Überschrift „Digitale Server" behandelt werden.

### 5.1.1 Kodierungsverfahren

Bild- und Tondaten können auf verschiedene Weise erzeugt werden, beispielsweise über Filmscanner, Röhrenkameras oder CCDs. Anschließend werden die Daten über ein bestimmtes Medium übertragen und auf bestimmte Datenträger gespeichert. Jede Technologie hat dabei ihre Eigenheiten. Die Daten müssen daher jeweils so kodiert werden, dass eine Übertragung oder Speicherung auch möglich ist. Doch nicht nur die Anpassung auf physikalische Eigenschaften des Mediums sind ausschlaggebend, sondern auch die Datenmenge. Unkomprimiertes Full-HD-Material hat eine Datenrate von rund drei Gigabit pro Sekunde. Für Stereo-3D sind gleich zwei Kanäle notwendig. Spätestens hier wird deutlich, dass eine Kompression notwendig ist. Diese erfolgt im Rahmen der Kodierung.

Bei der Kodierung von Daten gibt es drei grundlegende Ansätze. Die Redundanzreduktion verzichtet auf eigentlich überflüssige Bildinformationen. Das Bild ist bei der Dekodierung verlustfrei wiederherstellbar. Bei der Irrelevanzreduktion werden nicht wahrnehmbare Signalanteile entfernt. Das Audioformat MP3 und das Bildformat JPG gelten als populärste Vertreter. Zuletzt gibt es noch die Relevanzreduktion, bei der auf wahrnehmbare Teile verzichtet wird. Bei solchen Verfahren kann es zu einer merkbaren Bildverschlechterung kommen. Wenn aber konstante und niedrige Datenraten wichtig sind, müssen Kodierungsstörungen, die die Wahrnehmungsschwelle überschreiten können, in Kauf genommen werden.

Zur Erzielung der jeweiligen Kodierungen wurden verschiedene Werkzeuge oder Prinzipien entwickelt. Dabei handelt es sich um komplizierte mathematische Algorithmen. Die wichtigsten Prinzipien der Bilddatenreduktion sind die prädiktive Kodierung und die Transformationskodierung.

GoP mit I-, P- und B-Frames

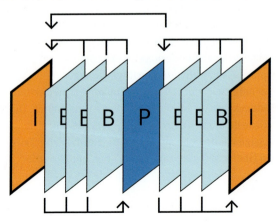

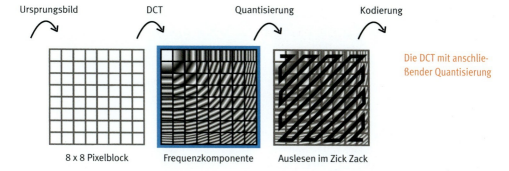

Die DCT mit anschließender Quantisierung

### Prädiktive Kodierung

Die prädiktive Kodierung versucht das nächste Bild zu schätzen. Dabei wird jedes Bild in 8 x 8 oder 16 x 16 Pixel-Blöcke zerlegt und anschließend die voraussichtliche Bewegung eines solchen Blocks geschätzt. So muss lediglich der Verschiebungsvektor gespeichert werden sowie der Unterschied des geschätzten Ergebnisses zur tatsächlichen Bewegung.

Fast alle namhaften Kodierungsverfahren, auch MPEG-2 und H.264 nutzen dieses Prinzip. Die Bilder werden in GOPs (Group of Pictures) abgespeichert. Eine GOP besteht immer aus einem Vollbild (I-Frame), auf das mehrere der Vorhersage- und Differenzbilder folgen (P-Frames und B-Frames). Meist umfasst eine GOP 12 bis 16 Bilder.

I-frame-only-Formate verzichten auf die prädiktive Kodierung zugunsten höherer Qualität und Vorteilen beim Schnitt.

### Transformationskodierung

Die Transformationskodierung transformiert die Darstellungsweise des Bildes in eine andere Schreibweise. Dabei werden statistisch möglichst unabhängige Komponenten, sogenannte Koeffizienten erzeugt, innerhalb derer die Bildinformationen auf möglichst wenige Elemente konzentriert werden. Die Koeffizienten können jetzt jeweils für sich quantisiert und kodiert werden. Von den unterschiedlichen Algorithmen hat sich nur die DCT (Diskrete Kosinustransformation) in der Praxis durchsetzen können.

### Hybridverfahren

Die standardisierten Verfahren verwenden fast ausschließlich hybride Ansätze. Alte Videokompressoren wie MPEG-1, MPEG-2 oder H.261 basieren auf einer DPCM-Schleife, deren Differenzbild durch die DCT-Kodierung

Links: Original, rechts: Starke Blockbildung durch die Kompression, der räumliche Eindruck wird gestört.

weiter reduziert wird. Modernere Komprimierungsverfahren wie XviD oder H.264 verwenden zusätzliche Methoden zur noch effizienteren Datenreduktion, beispielsweise „motion prediction" und „adaptive quantization".

Obwohl die DCT bei Kompressionsverfahren sehr verbreitet ist, gibt es qualitativ bessere Algorithmen. Dazu zählt in erster Linie die DWT (Diskrete Wavelet-Transformation), auf der das JPEG-2000-Format basiert. Bei hoher Komprimierung entsteht mit der DWT eine leichte Unschärfe, aber keine Blockartefakte.

### 5.1.2 Videoformate

Verschiedene Hersteller entwickeln parallel unterschiedliche Videoformate mit teilweise gleichen Kenndaten. Trotz digitaler Signale nutzten die jüngeren Formate noch jahrelang analoge Magnetbänder. Optische Medien und Wechselfestplatten konnten sich nicht nachhaltig durchsetzen. Erst durch moderne Festspeicher werden die Magnetbänder nun schließlich abgelöst.

▶ Künftig werden Video- und Bildformate universell auf Festspeicher geschrieben.

Der moderne Ansatz führt zu einer universellen Nutzbarkeit eines Formats mit verschiedenen Medien. So gibt es für digitale Formate wie XDCAM, IMX oder DVCPro neben der Bandaufzeichnung auch die Möglichkeit direkt auf Festplatte, Blu-ray oder Flashspeicher zu schreiben. Filmstreamkameras haben sehr hohe Datenraten und benötigen spezielle Raid-Systeme, sogenannte Field-Recorder, die wiederum auf Festplatten oder Flashspeichern basieren.

Nahezu alle existierenden Fernsehkameras geben ein fertiges Videosignal aus. Dazu durchlaufen die Daten ein internes Signalprocessing bereits in der Kamera, um den großen Farb- und Belichtungsspielraum der Rohbilder in die Grenzen des jeweiligen Formats zu portieren. In dieses Signalprocessing kann der Benutzer über Kameramenüs eingreifen. Einstellungen wie Weißabgleich, Scharfzeichnung und Gradation werden damit bereits irreversibel in der Kamera angewendet.

Das Prinzip bei Filmstreamkameras liegt dagegen in der Aufzeichnung eines RAW-Formats, welches die Bilddaten in einem sehr hohen Farb- und Kontrastumfang bereithält. Damit bestehen in der Postproduktion enorm viele Möglichkeiten, nachträglich ins Bild einzugreifen. So kann beispielsweise noch die Belichtung geändert werden. Für solche Formate sind aber auch entsprechend große Ressourcen hinsichtlich der Übertragung und Speicherung nötig. Die RAW-Formate werden prinzipiell von den Broadcast-Formaten unterschieden.

Broadcastkassetten, analoge und digitale Formate

### Fernsehkameras

Im Broadcast-Bereich existieren inzwischen viele verschiedene Bandformate parallel, teilweise noch analog wie bei Betacam SP, vorwiegend aber digital. Daneben gibt es Wechselfestplatten, vor allem bei Ikegami-Kameras und optische Datenträger, die hauptsächlich in Form der Blu-ray-Technologie von Sony genutzt werden.

Als letzter Schritt in die IT-basierte Produktion werden nun immer mehr Festspeichermedien eingesetzt, die alle vorherigen Lösungen langfristig ablösen. Derzeit kommen in der Hauptsache Flashspeicher in Form von P2-Karten und SxS-Sticks zum Einsatz. Der von Kameraherstellern unabhängige SD-Karten-Standard bietet mit SDHC und SDXC ebenfalls hohe Geschwindigkeit bei großer Kapazität, dieses aber zum geringen Preis. SD-Karten sind im Consumer-Bereich stark verbreitet.

### Filmstreamkameras

Das Prinzip einer Filmstreamkamera liegt in der weitestgehend unbearbeiteten Weiterleitung des Bildmaterials an einen angeschlossenen Rekorder. Dadurch lässt sich ein Höchstmaß an Flexibilität für die spätere Postproduktion erreichen. Die Bilder werden in speziellen RAW-Formaten gespeichert und haben einen sehr großen Belichtungsumfang sowie eine sehr hohe Farbtiefe. Direkt betrachtet wirken sie deshalb unnatürlich flau. Ein Postproduktionsprozess wird also vorausgesetzt.

Verschiedene Flashspeicher: Memory Stick, Panasonic P2-Karte, Sony SxS, CF-Karte (Compact Flash), SD-Karte (Secure Digital)

Formate und Aufzeichnungsmedien (Stand 2010)

| Format | Magnetband | Optische Speicher | Festplatte | Flashspeicher |
|---|---|---|---|---|
| HDCAM/HDCAM SR | ✔ | ✘ | ✘ | ✘ |
| MPEG IMX | ✔ | ✔ | ✔* | ✔* |
| Digital Betacam | ✔ | ✘ | ✘ | ✘ |
| Betacam SP | ✔ | ✘ | ✘ | ✘ |
| Betacam SX | ✔ | ✘ | ✔ | ✘ |
| XDCAM/HD/422 | ✘ | ✔ | ✘ | ✘ |
| XDCAM EX | ✘ | ✘ | ✔* | ✔ |
| DV/DVCAM | ✔ | ✔ | ✔ | ✔ |
| HDV | ✔ | ✘ | ✔* | ✔ |
| DVCPro 50/DVCPro HD | ✔ | ✘ | ✔ | ✔ |
| AVC Intra | ✘ | ✘ | ✘ | ✔ |
| AVCHD | ✘ | ✔ | ✔ | ✔ |
| DNxHD | ✘ | ✘ | ✔ | ✔ |
| RAW (Cineform, Redcode, Arri RAW...) | ✘ | ✘ | ✔ | ✔ |

\* Nur als externe Aufzeichnung

Diese Arbeitsweise orientiert sich nicht am Fernsehen, sondern eher an Spielfilm und Werbung. Daher kommen in der Regel auch nur sehr hochwertige und professionelle Geräte zum Einsatz. Die Auflösungen der Bilder liegen bei HD, 2K, 3K oder 4K. Einige Modelle gehen sogar noch darüber hinaus. Die Farbtiefe liegt zwischen 10 und 16 Bit und kann je nach Modell und Format linear oder sogar logarithmisch ausgegeben werden, wodurch sich der Spielraum nochmals erhöht.

Digitale Kinokameras geben die Bilder meist in RAW-Daten aus (hier zwei Arri D-21 auf einem Spiegel-Rig).

Filmstreamkameras bringen meist eigene Formate mit, die von entsprechenden Postproduktionssystemen direkt oder über eine Konvertierung verarbeitet werden können. Solche Formate sind zum Beispiel Dalsa RAW, ARRI RAW und REDCode RAW. Die meisten dieser Formate kodieren die Bilddaten mit dem Wavelet-Algorithmus. Dadurch werden typische Blockartefakte einer DCT-Kodierung vermieden. Einige Kameras geben ihre RAW-Daten in entsprechend niedriger Auflösung auch unkomprimiert aus.

## Harddisk-Systeme

Zur Aufzeichnung der Daten von Filmstreamkameras werden spezielle Hochleistungsrekorder eingesetzt. Als sogenannte Field-Recorder sind sie für den Einsatz am Set geeignet. Manche Ausführungen basieren auf Festplatten, andere auf Flashspeichern. Letztere werden Solid-State-Drive (SSD) genannt. Ein SSD bietet mit der hohen Geschwindigkeit und geringen Schockempfindlichkeit etliche Vorteile gegenüber herkömmlichen Festplatten.

Field-Recorder unterscheiden sich stark hinsichtlich ihrer Kapazitäten. Einfache Modelle eignen sich für den Einsatz an HD-Kameras, während spezielle High-End-Geräte für den Betrieb mit Filmstreamkameras in Full HD bis zu 4K verwendet werden können.

Broadcast-Kamerarekorder verfügen über eine integrierte Videoaufzeichnung. Diese ist jedoch meist auf wenige bestimmte Formate oder auf eines reduziert. Eine solche Beschränkung kann umgangen werden, indem ein Field-Recorder verwendet wird, der das Kamerasignal über DVI oder HDMI direkt abgreift und aufzeichnet.

Bei Filmstream-Kameras wird zusätzlich dazu noch das Signal-Processing der Kamera umgangen, falls sie überhaupt darüber verfügt. Die abgegriffenen Rohdaten sind aufgrund der höheren Farbtiefe und der oftmals recht hohen Auflösung entsprechend groß und verlangen nach sehr leistungsstarken Field-Recordern. Bei der Übertragung kommen in der Regel Dual-HD-SDI Verbindungen zur Anwendung. Field-Recorder können so an die Daten in Form von RGB444 oder YUV gelangen.

Kameras mit CMOS-Sensor übertragen ihre Rohdaten oft direkt als Bayer-Pattern. Dafür wurde beispielsweise bei der ARRI D21 ein Dual-HD-SDI basierter Transport-Link entwickelt, der ARRIRAW T-Link.

Mit zwei nanoflash Rekordern lässt sich Stereo-3D synchron aufzeichnen. Ein entsprechender Auslöseknopf ist als Zubehör erhältlich.

Im Rekorder können die Bilder unkomprimiert oder mit bestimmten Codecs aufgezeichnet werden. Häufig wird der JPEG-2000-Codec eingesetzt, aber auch DPX und anderen Bildformate, die in der Postproduktion gängig sind, werden verwendet.

Nicht alle Rekorder schaffen die stereoskopische Aufzeichnung in höchster Auflösung. Einige Geräte wie Codex Portable, Spectsoft RAVE, DVC Megacine und S.TWO – OB-1 sind jedoch in der Lage, mehrere Streams in HD oder 2K synchron aufzunehmen und eignen sich daher speziell für Stereo-3D. Steht ein solches Gerät nicht zur Verfügung, können auch separate Field Recorder oder stationäre Geräte wie der DVC Boxxster eingesetzt werden. Für die Kameras der Marke Red existiert ein spezieller Field-Recorder. Das sogenannte Red Drive zeichnet über ein herstellerspezifisches Kabel Bilddaten bis zu 4K auf Festplatten oder Flashspeicher auf.

### Bandsysteme

Zur Sicherung des aufgezeichneten Rohmaterials eines Rekorders werden meist Festplattenarrays verwendet. Für die Langzeitarchivierung eignen sich aber LTO-Tapes besser als Festplatten oder Flash-Speicher. LTO-Tapes sind verhältnismäßig günstige Magnetbänder, die extra für die Datenarchivierung entwickelt wurden.

Auch bei der Aufzeichnung am Drehort gibt es heute noch bandbasierte Verfahren. Am unteren Ende der Qualitätskette steht das HDV-Band, eine Mini-DV-Kassette, die HD-Material mit einer sehr hohen Komprimierung aufzeichnet. Die Aufzeichnung erfolgt anamorph, das Bild ist also in der Breite zusammengedrückt und hat nur noch 1440 statt 1920 Pixel.

Das Profiformat HDCAM von Sony arbeitet ebenfalls mit diesem Anamorph-Trick, allerdings wurde später mit HDCAM SR ein echtes Full-HD-Format nachgelegt. Der Field-Recorder SRW1 ist in der Lage, zwei Full-HD-Streams mit jeweils 440 Megabit pro Sekunde parallel auf ein HDCAM SR-Band aufzunehmen. Er findet daher oft Anwendung bei stereoskopischen Produktionen.

### Schnitt

Damit im Verlauf der Postproduktion nicht an den Originaldaten gearbeitet werden muss, kommen Stellvertreterdateien in geringerer Qualität zum Einsatz. Dieser sogenannte Offline-Schnitt bietet eine deutlich bessere Performance, da das Stellvertretermaterial schneller und einfacher bearbeitet werden kann. Nach Abschluss des Schnitts werden die eigentlichen großen Originaldaten zum finalen Rendern herangezogen.

Im professionellen Bereich existieren Online-Schnittsysteme, mit denen immense Datenströme in Echtzeit verarbeitet werden können. Spezielle Festplatten-RAID-Systeme werden eingesetzt um eine Echtzeitbearbeitung des unkomprimierten Materials zu ermöglichen. Bei Stereo-3D entsteht dabei eine besondere Herausforderung an Soft- und Hardware.

Für den Schnitt von stereoskopischem Material gibt es spezielle Software von Quantel, ifx, Autodesk, Assimilate und Iridas. Diese sind in der Lage, das Grading, also die Farb- und Belichtungskorrektur am RAW-Material durchzuführen. Nur so steht auch der gesamte Spielraum des jeweiligen Formats mit voller Bittiefe zur Verfügung.

Schnittprogramme bieten in der Regel verschiedene Codecs zur Auswahl an. Über Plugins und Importmodule lassen sich die Bilddaten der Kamera einlesen und zur eigentlichen Bearbeitung verwenden. Spezielle „Intermediate Codecs" dienen dazu, Material mit verschiedenen Programmen zu nutzen, da nicht alle Schnittprogramme jeden Quellcodec verarbeiten können. Sie sind besonders sinnvoll, um die Qualität sehr stark komprimierter Quellformate wie AVCHD im Schnitt nicht noch weiter zu reduzieren.

HD-Kamerakopf mit angedocktem Field-Recorder SRW1

Festplatten-RAID-System für schnelle Bildbearbeitung

Die wichtigsten Auflösungen im Vergleich

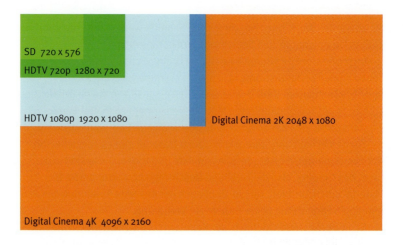

### 5.1.3 Bildauflösungen

Im Wesentlichen spielen in der heutigen Praxis nur die vier Auflösungen 4K, 2K, HD und SD eine Rolle. Während 2K und 4K speziell für Werbung und Kino oder kurz für Digital Cinema eingesetzt werden, kommt den SD- und HD-Formaten vor allem beim Fernsehen und bei Consumer-Anwendungen eine Bedeutung zu.

Aufgrund technischer Einschränkungen war eine Einführung von Full HD mit progressiven 50 oder 60 Hertz lange Zeit nicht möglich. Daher haben sich parallel mehrere unterschiedliche HDTV-Standards etabliert, die jeweils bestimmte Kompromisse eingehen.

> **i Bildauflösungen**
>
> Im Produktionsalltag zeigt sich eine deutliche Tendenz zur Digitalisierung, inzwischen auch im lange unangetasteten Bereich des Films. Als Abgrenzung zu den Fernsehkameras existieren dazu die Filmstream- oder Digital-Cinema-Kameras. In der Folge haben sich auch zwei verschiedene Formatschienen entwickelt. Während im Fernsehbereich neben SD inzwischen auch HD eine feste Größe geworden ist, haben sich bei den hochwertigeren „digitalen Filmformaten" die Standards 2K, 3K und 4K etabliert. Solche Angaben beziehen sich stets auf die horizontale Auflösung, während bei HD-Formaten immer die Zeilenzahl, also die vertikale Auflösung angegeben wird.

## Nomenklatur

Für die unterschiedlichen Videoauflösungen wurde eine einheitliche Schreibweise eingeführt. Zuerst wird immer die Zeilenzahl genannt, gefolgt von einem p oder i, welches die Art der Bildabtastung beschreibt und dahinter die Zahl der Vollbilder. Wird eine der drei Angaben weggelassen, ist nicht klar, um welchen Standard es sich genau handelt.

1080i/25 bedeutet, dass ein Zeilensprung eingesetzt wird, am Ende aber 25 Vollbilder entstehen. Anders gesagt handelt es sich um 50 Halbbilder pro Sekunde. Erst die Kombination von Abtastungsart und Vollbildanzahl ergibt schlüssige Informationen hinsichtlich der zeitlichen Auflösung. Ist nur von 25p die Rede, bleibt unklar, ob es sich um 720 oder 1080 Zeilen handelt. Umgekehrt sagt die Angabe 1080p nicht aus, ob es um 25 oder 50 progressive Bilder geht.

Die Zahl hinter dem Schrägstrich steht immer für die Vollbildrate, nie die Halbbildrate. Bei falscher Verwendung können schnell folgenreiche Verwechslungen entstehen.

▶ *Bei Formatbezeichnungen steht ein kleines i für interlaced (Zeilensprung/Halbbilder) und ein kleines p für progressive (kein Zeilensprung/Vollbilder).*

| Standard | Bezeichnung | Auflösung | Bildrate | Zeilensprung |
|---|---|---|---|---|
| SD PAL | 576i/25 | 720 x 576 Pixel | 50 Halbbilder | Ja |
| SD NTSC | 480i/30 | 640 x 480 Pixel | 60 Halbbilder | Ja |
| HD 720 | 720p/50 | 1280 x 720 Pixel | 50 Vollbilder | Nein |
| HD 1080 | 1080i/25 | 1920 x 1080 Pixel | 50 Halbbilder | Ja |
| HD 1080 | 1080p/50 | 1920 x 1080 Pixel | 50 Vollbilder | Nein |

Manchmal wird auch der Zusatz PsF verwendet. Das steht für Progressive-segmented-Frame und bedeutet, dass in diesem Fall ein progressiv aufgenommenes Vollbild auf zwei Halbbilder aufgeteilt wird. Im Prinzip dient PsF nur der Möglichkeit, progressiv aufgenommenes Material innerhalb eines Interlaced-Workflows zu übertragen und zu verarbeiten. Das ist nötig, da auch viele moderne Videostandards immer noch auf dem Zeilensprung basieren.

### 720

Der Standard 720p umfasst 720 Zeilen mit progressiver Bildabtastung. Ein Bildseitenverhältnis von 16:9 wird wie bei allen HD-Standards vorausgesetzt, wodurch sich eine Bildbreite von 1280 Pixeln ergibt. Somit hat das Format eine Bildgröße von knapp einem Megapixel.

Die Bildwiederholrate liegt aus traditionellen Gründen in PAL-Ländern bei 25 oder 50 Hertz und in NTSC-Ländern bei 30 oder 60 Hertz. Oft wird bei Filminhalten eine Bildrate von 24 Hertz verwendet, die dem gefilmten Originalmaterial entspricht.

Der Standard 720i ist hingegen praktisch nicht präsent, da ein solches Format keinen sinnvollen Verwendungszweck findet. In den Standardisierungen kommt es daher auch nicht vor.

### 1080

Der Standard 1080p beschreibt 1080 Zeilen bei progressiver Bildabtastung. Auch hier ist das Bildseitenverhältnis 16:9, wodurch sich eine Bildbreite von 1920 Pixeln ergibt. So erreicht das Format eine Bildgröße von rund zwei Megapixeln.

Die Bildwiederholrate beträgt auch hier in 25 oder 50 Hertz für die PAL-Länder und 30 oder 60 Hertz in NTSC-Ländern. Für Filminhalte kann ebenfalls eine Bildrate von 24 Hertz verwendet werden.

Der Standard 1080i arbeitet hingegen im Zeilensprungverfahren. 50 Halbbilder ergeben 25 Vollbilder, daher gibt es in der Praxis nur 1080i/25 oder für den NTSC-Bereich 1080i/30. Der Standard wurde entwickelt, um eine hohe Bildauflösung bei gleichzeitig hoher Bewegungsauflösung zu bieten. Der Nachteil des Deinterlacings ist heute bei hochwertigen Geräten kaum mehr sichtbar. 1080i bietet den Vorteil der direkten Kompatibilität zu HD-Röhrengeräten, die traditionell im Zeilensprungverfahren arbeiten, aber relativ selten sind.

### 720p/50 versus 1080i/25

Solange 1080p/50 nicht flächendeckend umsetzbar ist, müssen Kompromisse eingegangen werden. In der Praxis haben sich zwei Standards etabliert: 720p/50 und 1080i/25.

Für den progressiven 720er Modus gibt es gleich mehrere Argumente. Moderne Bildschirme arbeiten systembedingt stets progressiv, sodass keine Wandlung nötig ist. Die 50 Bilder sind echte Vollbilder ohne Deinterlacing-Artefakte, die vor allem bei schnellen Bewegungen auftreten können. Progressive Bilder lassen sich besser komprimieren als

Vor allem durch schnelle Bewegungen kann es bei Interlaced-Formaten zu Zeilensprung-Artefakten (Kamm-Artefakte) kommen.

Interlaced-Bilder. Aus diesen und weiteren Gründen empfiehlt die EBU ihren Mitgliedern, also vor allem den europäischen Rundfunkanstalten, die Verwendung von 720p/50.

Der andere Standard kommt mit seinem Zeilensprungverfahren im Endeffekt nur auf eine Bildauflösung von 540 Zeilen, da jedes Bild in zwei Halbbilder geteilt wird. Durch das Deinterlacing entsteht (wenn auch nur durch Interpolation) ein voll aufgelöstes Full-HD-Bild. Die Wiedergabegeräte verfügen heute über derart gute Wandler, dass der Unterschied von Interlaced-Signalen zu progressiven Signalen für das Auge nicht mehr erkennbar ist. Für den Betrachter scheint das 1080i/25-Bild also subjektiv besser zu sein. Damit lässt es sich auch besser bewerben und so strahlen alle kommerziellen HDTV-Anbieter Europas in Full HD aus.

▶ *Die Frage ob 1080i/25 oder 720p/50 das bessere Format ist, erübrigt sich spätestens mit der Einführung von 1080p/50.*

Der gleiche Effekt tritt übrigens auch bei Kameras auf. Wenn eine HD-Kamera progressiv aufzeichnen kann, bedeutet das nicht, dass der Sensor auch progressiv ausgelesen wird. Häufig wird stattdessen zum Auslesen das Interlaced-Verfahren genutzt. Ein progressives Signal errechnet die Kameraelektronik anschließend aus dem Zeilensprungbild.

Der neue Standard 1080p/50/60 eliminiert diese Problematik. Halbbilder und Zeilensprung gehören damit der Vergangenheit an. Die unkomprimierte Datenrate verdoppelt sich dabei allerdings von 1,5 auf drei Gigabit pro Sekunde. Bei Stereo-3D sind es dann in jeder Sekunde immerhin sechs Gigabit unkomprimiertes Material. Bis die Fernsehübertragung in einem solchen Standard erfolgt, wird es noch eine Weile dauern. In der Zwischenzeit ergibt sich ein großer Headroom für die Postproduktion, wodurch sich auch das endgültige Bild insgesamt verbessert.

### ℹ Zeilensprung

Beim Zeilensprungverfahren werden statt eines Vollbildes zwei Halbbilder mit halber Auflösung übertragen. Dies ist ein Kompromiss aus zeitlicher und statischer Auflösung. Viele professionelle HD-Kameras arbeiten intern im 1080i/25-Format. Nicht jede Kamera ist in der Lage native 720p/50-Bilder überhaupt zu erzeugen. Lässt sich dieses Format auswählen, wird häufig nur das 1080i/25-Bild deinterlaced und skaliert. Qualitativ ist es dann sinnvoll, gleich im 1080i/25-Modus zu arbeiten, vor allem wenn die Ausstrahlung im Zeilensprungverfahren erfolgt. Heimgeräte verfügen inzwischen über Deinterlacer hoher Qualität.
Um die Verluste beim Deinterlacing zu berücksichtigen, wurde lange Zeit der Kell-Faktor angesetzt. Er stammt aus einer Zeit als dieser Vorgang mit analogen Geräten durchgeführt wurde. Der Kell-Faktor hat heute aufgrund der hohen Qualität digitaler Deinterlacer keine Relevanz mehr.

Große Vielfalt: Jede Schnittstelle nutzt eigene Stecker und Buchsen.

### 5.1.4 Schnittstellen

Daten werden heute vorwiegend digital übertragen. Um den immer neuen und höheren Anforderungen gerecht zu werden, wurden in der Vergangenheit zahlreiche Schnittstellen entwickelt, die heute parallel existieren und auch parallel genutzt werden.

Bisher konnten die Übertragungsverfahren nach klassischen Anwendungen wie Computer und Filmproduktion unterschieden werden. Inzwischen haben sich die beiden Welten stark angenähert. Eine große Rolle spielt dabei das Home-Entertainment, bei dem heute digitale Schnittstellen mit besonders großen Bandbreiten existieren. Typische Computer-Schnittstellen wie FireWire und USB kommen immer öfter in „Digital Cinema"-Anwendungen zum Einsatz, so wie sich dieses auch immer mehr der IT-Welt annähert.

#### 1394

Der IEEE 1394-Standard, von Apple FireWire und bei Sony i.Link genannt, ist eine Daten-Schnittstelle, die Ende der 1990er Jahre aufgrund der hohen Geschwindigkeit von 400 Megabit pro Sekunde oft zur Übertragung digitalen Videomaterials verwendet wurde. Nachdem sie später von FireWire 800 abgelöst wurde, steht als neuer Standard FireWire mit 3,2 Gigabit pro Sekunde an. Damit ist die Schnittstelle auch für künftige unkomprimierte HD-Video-Übertragungen gerüstet.

#### USB

Der universelle serielle Bus USB startete als Datenschnittstelle mit einer maximalen Datenrate von 12 Megabit pro Sekunde sehr langsam und erlangte erst Bedeutung, nachdem im Jahr 2000 der Nachfolger USB 2.0 mit einer Geschwindigkeit von 480 Megabit pro Sekunde kam. Der neue Standard USB 3.0 ist mit Übertragungsraten von rund fünf Gigabit pro Sekunde für zukünftige Anwendungen auch im Videobereich geeignet.

#### SDI

Das serielle digitale Interface SDI wurde 1997 als einfaches Koaxialkabel mit 270 Megabit pro Sekunde von Beginn an zur unkomprimierten Übertragung von digitalem SD-Videomaterial konzipiert und ist dadurch schnell zum Standard im professionellen Bereich avanciert. Mit dem Aufkommen von HD-Material wurde die Datenrate 1998 auf 1,485 Gigabit pro Sekunde erhöht.

Um auch höhere Auflösungen übertragen zu können, wie sie beim Digital Cinema mit 2K vorkommen, werden zwei BNC-Kabel gleichzeitig genutzt. Sie bilden zusammen eine Dual-Link-HD-SDI Verbindung. Die Schnittstelle wird wegen der Digital Cinema Verwendung oft als DC-SDI bezeichnet. Die Datenrate liegt aufgrund der hohen 12Bit-Quantisierung des unkomprimierten 4:4:4 2K-Materials bei knapp drei Gigabit pro Sekunde.

Für den Stereo-3D-Betrieb werden parallel zwei solcher CineLink II-Verbindungen eingesetzt. Bei einer 4K-Übertragung kommt es erneut zu einer Verdoppelung. Acht BNC-Kabel bilden dann einen Dual-Dual-Link-HD-SDI, der damit dem Vierfachen einer einzelnen 2K-Übertragung entspricht.

Mit dem neuen Standard 3G-SDI mit knapp drei Gigabit pro Sekunde lassen sich die Kabel wieder reduzieren. Über ein einzelnes 75 Ohm-Koaxialkabel können dann Digital-Cinema-Formate oder Full HD bei 60 Hertz übertragen werden.

Eingänge an einem Kinoprojektor:
Oben – DC-SDI
Mitte – DVI

## DVI

Das digitale visuelle Interface ist eine Schnittstelle, die das analoge VGA-Kabel bei Computern ablösen sollte. Ab 2003 wurde sie auch im Home-Entertainment-Bereich zur Bildübertragung eingesetzt. Mit einer Datenrate von bis zu 3,7 Gigabit pro Sekunde sind hohe Auflösungen möglich.

Inzwischen wurde DVI jedoch im Unterhaltungsbereich von HDMI verdrängt. Im Computerbereich soll DVI vom DisplayPort abgelöst werden.

## HDMI

Mit der hochauflösenden Multimedia-Schnittstelle HDMI können Video- und Audiosignale aller Auflösungen übertragen werden. Da HDMI das integrierte Kopierschutzverfahren HDCP enthält, wurde die Schnittstelle von Anfang an von allen großen Studios und Content Producern unterstützt.

HDMI hat ein extrem großes Potenzial, da es auch für zukünftige Standards offen ist. Schon jetzt sind mit einer Datenrate von über acht Gigabit pro Sekunde in der Version 1.3 alle HDTV- und theoretisch auch höhere Auflösungen übertragbar, die Farbtiefe kann dabei bis zu 16 Bit pro Kanal betragen.

Die HDMI-Spezifikation sieht für Stereo-3D zwei Layouts vor. Beim Side-by-Side-Verfahren liegen die Teilbilder nebeneinander und bei Top-Bottom entsprechend untereinander. Dadurch kann die Bewegungsauflösung auch bei Full HD bis zu 60 Hertz betragen.

### Drahtlos

Für die kabellose Übertragung digitaler Bilddaten existieren mehrere Standards, von denen sich noch keiner endgültig durchgesetzt hat. Die wichtigsten Schnittstellen sind Wireless HD mit bis zu vier Gigabit pro Sekunde im 60 Gigahertz-Spektrum und WHDI mit bis zu drei Gigabit pro Sekunde im 5-Gigahertz-Spektrum.

Die Funkstandards sind nur für kurze Entfernungen konzipiert und daher vor allem für Heimanwendungen, also beispielsweise der kabellosen Übertragung zum Flachbildschirm gedacht.

### 5.1.5 Fernsehübertragung

Jahrzehntelang wurden die Fernsehsignale über Antennen, also terrestrisch ausgestrahlt. Später kamen das Kabelfernsehen und der Satellitenempfang hinzu. Als weitere Empfangsmöglichkeit steht heute das Internet als Computernetzwerk zur Verfügung. So entsteht eine verwirrende Vielfalt an Möglichkeiten. Diese müssen von neuen Entwicklungen und Erweiterungen im Fernsehbereich wie beispielsweise HDTV oder 3DTV berücksichtigt werden.

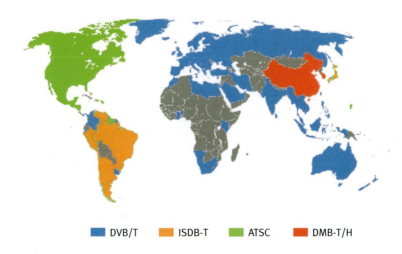

## Sendestandards

Für digitales Fernsehen wird in Europa der DVB-Standard eingesetzt, der PAL ersetzen soll und in den USA der ATSC-Standard, der das NTSC-Format ablösen soll. Japan hat mit ISDB einen eigenen Sendestandard für digitales Fernsehen, der in der Qualität skalierbar ist. Ein weiteres System ist DMB, das zwar in Deutschland entwickelt wurde, sich aber hier nicht durchsetzen konnte. Dafür wird es nun in Südkorea und China genutzt. Einer der großen Vorteile von DMB liegt in der Empfangbarkeit auch bei hohen Geschwindigkeiten. Die mit Abstand wichtigsten Sendestandards weltweit sind jedoch DVB und ATSC.

Digitale Sendestandards beschreiben im Allgemeinen die Art der Übertragung des Fernsehsignals. Es ist dabei unerheblich, ob es sich um SD oder HD handelt, alle verfügbaren Auflösungen lassen sich prinzipiell übertragen. Der Sendestandard sorgt im Prinzip für eine Portierung des Fernsehsignals auf die jeweiligen Übertragungswege, sei es Satellit, Kabel oder Terrestrik.

## Übertragungswege

Die in Europa dominierende Übertragungsform für digitales Fernsehen ist DVB. Neben den drei klassischen Übertragungswegen Antenne (DVB-T), Kabel (DVB-C) und Satellit (DVB-S) gibt es auch eine Funkübertragung für Mobilgeräte (DVB-H) und eine Übertragung über nicht öffentliche Bereiche des Internets (DVB-IPTV). IPTV ist eine IT-basierte und damit formatoffene Übertragungsform für digitales Fernsehen. Durch die hohe Bandbreite bis zur Hausverteilerstation, ab welcher der Kunde sein Wunschprogramm dynamisch wählen kann, ist es auch für datenintensivere Technologien wie Multi-Viewpoint oder Stereo-3D geeignet.

Beim künftigen Standard DVB-2 wird statt des nicht mehr zeitgemäßen MPEG-2-Formats das wesentlich effizientere MPEG-4 verwendet. DVB-2 kann aber auch andere Kompressoren einsetzen. Ein weiterer Übertragungsweg steht mit Internet-TV zur Verfügung. Dieses bietet zwar nicht die Geschwindigkeit und Qualität von IPTV, ist aber für jedermann frei empfangbar. Da gleichzeitig über entsprechende Seiten und Programme jeder „selbst Fernsehen machen" kann, wächst das Web-TV rasend schnell.

## HDTV

Die HDTV-Ausstrahlung erfolgt weltweit nur in zwei Standards: 1080i/25/30 und 720p/50/60. Entsprechend sind auch die Dekoder gebaut. Progressives 1080-Material kann also nicht gesendet werden. Daher werden in 1080 gescannte Filme, die typischerweise 24 Bilder pro Sekunde haben, auf die 1080i/25 Halbbilder im PsF-Format aufgeteilt, zwei Halbbilder ergeben also ein Vollbild. Die Dekoder sind in der Lage, PsF zu erkennen und als 1080p/25 oder 1080p/30 darzustellen.

Um progressives 1080-Material auch mit 50 oder 60 Hertz zu übertragen, müsste entweder die Übertragungsdatenrate extrem erhöht werden oder statt der MPEG-2-Kompression moderne Codecs wie MPEG-4 eingesetzt werden. Die Ersparnis, die durch MPEG-4 entsteht, wird derzeit aber dazu verwendet, mehr Kanäle wie bei DVB-S2 zu übertragen.

Auch Software-Formate wie Quicktime von Apple oder WMV von Microsoft unterstützen Full-HD-Auflösungen. Die Blu-ray-Videodisc kann Full HD mit MPEG-2, MPEG-4 AVC oder dem WMV-Codec wiedergeben. Mit WMV wurden Filme in 1080p/25/30 auch über DVDs vertrieben. Daneben existieren weitere Software-Codecs, wie die MPEG-4-Derivate DivX oder XviD, die ebenfalls HD-tauglich sind. Alle diese Codecs kommen auch für spätere Fernsehübertragungen in Frage, solange es die Standardisierung erlaubt.

## 3DTV

Sowohl Gerätehersteller als auch Normungsinstitute wie SMPTE, EBU, MPEG oder das 3D-Consortium haben jeweils eigene Standards für 3DTV entwickelt. Dabei spielen immer politische und strategische Entscheidungen eine Rolle. Ein zukunftsfähiges Format muss aber vor allem bestimmten technischen Anforderungen gerecht werden. Technologien entwickeln sich ständig weiter und auch bei der Wiedergabe und Verbreitung von 3DTV gibt es verschiedene Ansätze. Ein standardisiertes Format sollte alle denkbaren Möglichkeiten berücksichtigen. Dazu gehören neben der Unterstützung vorhandener Codecs und Übertragungskanäle wie Kabel, Satellit und Terrestrik auch generelle Multiview- und Look-around-Fähigkeiten.

Eine einfache stereoskopische Übertragung mit zwei Kanälen ist prinzipiell schon immer möglich. Durch die Nutzung moderner Kompressoren wie MPEG-4 ist dieses Verfahren im Gegensatz zu MPEG-2 auch wirtschaftlich realisierbar. MPEG-4 kann zusammen mit DMB, ISDB und DVB-2 genutzt werden.

MPEG-Kompressoren basieren auf einer DCT. Vor allem in Bildern mit feinen Strukturen besteht so die Gefahr sichtbarer Komprimierungsartefakte, die sich beispielsweise als Treppchenbildung an feinen Kanten störend auf die Stereopsis auswirken können. Es sollten daher Kompressionsalgo-

Kodierverfahren im Vergleich – links: DCT, rechts: DWT (Wavelet)

rithmen berücksichtigt werden, welche die Strukturen, also die Umrisse, Striche, Kanten und Punkte ohne Blockartefakte abbilden. Dafür eignet sich die Wavelet-Kodierung, bei der durch hohe Kompression statt der Klötzchen „lediglich" eine Unschärfe entsteht. Wavelet wird beispielsweise bei JPEG 2000 und den digitalen Kinoformaten nach DCI angewendet.

### 5.1.6 Digitale Server

Zur Wiedergabe des hochauflösenden Bildmaterials sind spezielle Server notwendig. Sowohl an deren Dekoder als auch an die Festplattengeschwindigkeiten werden hohe Anforderungen gestellt. Schließlich muss

> **DCI-Norm**
>
> Führende Hollywood-Studios haben über ihre gemeinsame Arbeitsgruppe „Digital Cinema Initiative" (DCI) eine gemeinsame Norm für Digitales Kino erarbeitet, die 2005 in ihrer ersten Version veröffentlicht wurde. Das Prinzip, das hinter der DCI-Norm steht, ist die Fortführung der herkömmlichen Spezifikation des analogen Kinos. So basiert auch das digitale Kino auf 24 Bildern pro Sekunde. Damit das Bild bei dieser Bildrate nicht flimmert, wird im analogen Kino jedes Bild doppelt projiziert. Mit den digitalen DLP-Projektoren sind sehr hohe Bildraten möglich. Daher wird in der Digitalkinopraxis jedes Bild gleich dreimal projiziert. Für die Bildkompression wurde der M-JPEG2000-Codec festgelegt. Als Wavelet-Verfahren erzeugt er bei hoher Komprimierung eher Unschärfe- als Blockartefakte und ist somit besser an die menschliche Wahrnehmung angepasst. Der DCI-Standard empfiehlt weiterhin eine 16 Bit-Vollabtastung der RGB-Farbkanäle und des Alpha-Kanals. Die Auflösung beträgt 2K oder 4K. Für stereoskopische Anwendungen sind es zweimal 2K. Zusammen mit Audio- und Metadaten wird das Material im MXF-Containerformat mit maximalen Datenraten bis zu 250 Megabit pro Sekunde übertragen. Die DCI-Norm für digitales Kino wird ständig um neue Standards erweitert.

die nominelle Leistung eines Filmservers noch höher sein als die benötigte effektive Leistung, damit auch bei Leistungsspitzen keine Probleme auftreten.

### Kinoserver

Einen digitalen 2K-Stream abzuspielen ist für heutige Hardware nicht mehr so anspruchsvoll, wie es vor wenigen Jahren noch der Fall war. Bei Stereo-3D muss jedoch gewährleistet sein, dass gleich zwei dieser Datenströme parallel in absoluter Synchronität an die Projektoren geschickt werden können. Kinoserver verfügen über hochspezialisierte Hardware und können 2K- und 4K-Auflösungen nach dem DCI-Standard problemlos wiedergeben. Das verwendete Kompressionsverfahren ist für den digitalen Kinostandard JPEG 2000, jedoch sind die Server auch in der Lage, MPEG-2 im MXF-Container zu dekodieren.

Vor allem Kinoserver, die 4K oder zumindest 2K bei 48 Bildern pro Sekunde wiedergeben können, ist die Hardware auch imstande, zwei 2K-Streams mit 24 Bildern pro Sekunde abzuspielen und damit Stereo-3D-fähig zu sein. In diesem Bereich teilen sich vor allem die Firmen Doremi, NEC, Qube, Ropa, Kodak und XDCinema den Markt.

Im stereoskopischen Betrieb werden üblicherweise 2K-Auflösungen abgespielt, die entsprechend synchron laufen müssen und per Dual Link HD-SDI oder DC-SDI an die Projektoren ausgegeben werden. Bei der Übertragung wird die Verschlüsselungstechnologie CineLink II von Texas Instruments eingesetzt, damit die Daten nicht anderweitig abgegriffen und aufgezeichnet werden können.

Digitaler 2K-Kino-Server nach DCI-Standard

Eine Ausnahme bildet der Sony 4K-Kinoprojektor mit dem 3D-Vorsatz. Er enthält vom integrierten Kinoserver (Media Block) ein 4K-Signal, das einem stereoskopischen Bild im Übereinanderformat (Top-Bottom) entspricht. Dieses Bild wird vom optischen Bildteiler auf zwei Objektive aufgeteilt, sodass ein räumliches 2K-Bild wiedergegeben werden kann, welches sich mit einer höheren Horizontalauflösung und einer hohen Bildwiederholrate von den anderen Verfahren abhebt. Allerdings muss auch entsprechendes Filmmaterial vorliegen.

Digitale Kinofilme werden meist auf Festplatten geliefert.

Normale DCI-kodierte Filme haben standardmäßig 24 Bilder pro Sekunde. Der Filmverleih liefert das Material üblicherweise auf einer Festplatte als „Digital Cinema Package", kurz DCP aus. Das DCP enthält die mit JPEG 2000 komprimierten Bilddaten, diverse Audiospuren, Untertitel und weitere Zusatzdaten und ist als Ganzes durch eine Verschlüsselung geschützt. Auf dem speziellen Kinoserver wird es mithilfe des digitalen Schlüssels vom Filmvorführer dekodiert und kann dann so oft abgespielt werden, wie es die Gültigkeit des Schlüssels erlaubt.

### DRM, CineLink und Wasserzeichen

Neben der Filmwiedergabe ist der Kopierschutz eine weitere wichtige Eigenschaft digitaler Kinoserver. „Digital Rights Management" (DRM) spielt im modernen Kinofilmverleih eine zentrale Rolle. Früher waren die Filmrollen selbst Kopierschutz genug. Die Kopie für einen abendfüllenden Spielfilm kostete etwa 2500 Euro und konnte nur in professionellen Kopierwerken angefertigt werden.

Heute wird ein Film üblicherweise auf einer Festplatte ausgeliefert. Aufwand und Kosten für eine Kopie wären marginal. Aus diesem Grund sind die Filme mit einem DRM-Softwareschutz ausgestattet und nur der Kinobetreiber, der die entsprechende Lizenz für den Zeitraum erworben hat, erhält auch den zum Abspielen des Films benötigten Schlüssel. Ein solcher Schlüssel kann auch sehr kurzfristig als „Key Delivery Message" (KDM) vom Verleiher gesendet werden und umfasst immer einen bestimmten Zeitraum und bestimmte Rechte, innerhalb derer der Film abgespielt werden kann. Dafür benötigt das Kino einen Kinoserver, der das DRM-System unterstützt. DCI-zertifizierte Geräte verfügen standardmäßig über diese Funktion.

Grafische Oberfläche eines Kinoservers: Die Schlüsselsymbole ganz links zeigen die Gültigkeit des Schlüssels für jeden Film an.

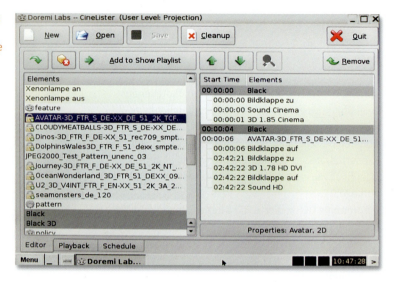

Zusätzlich werden diverse digitale Wasserzeichenverfahren implementiert. Auch dies ist Teil des DCI-Standards. Dabei werden Informationen über Zeit und Ort des abgespielten Films während der Vorführung unsichtbar im Bild und Ton kodiert und können im Fall von auftauchenden Raubkopien zurückverfolgt werden. Alle DCI-Kinoserver verfügen entweder über NexGuard von Thomson, CineFence von Philips oder sogar über beide.

### Mediaplayer

Auch handelsübliche Rechner sind in der Lage, bei entsprechender Hardware-Ausstattung zwei Full-HD-Streams parallel zu dekodieren und über eine oder mehrere Grafikkarten auszugeben. Damit kann das digitale High-End-Homecinema sogar zum 3D-Kino mit 2K-Auflösung eine Konkurrenz darstellen. Der Auflösungsunterschied zwischen Full HD und 2K ist verschwindend gering. Die Anschaffungs- und Betriebskosten eines kompletten Stereo-3D-Heimkinos sind aber zu hoch, um eine flächendeckende Verbreitung zu finden. Selbst für regelmäßige Kinogänger würde sich dadurch kein finanzieller Vorteil ergeben. Die Möglichkeit der Nutzung

Moderne Rechner mit entsprechender Grafik-Hardware können ohne weiteres zwei Full-HD-Streams ruckelfrei wiedergeben.

gängiger Hardware bietet jedoch auch einem 3D-Kinobetreiber die Möglichkeit, dem Publikum alternativen Filminhalt sowie Fotos oder sogar Internetinhalte wie Onlinespiele zu präsentieren. Der Fantasie sind keine Grenzen gesetzt.

### Broadcast Server

Im Gegensatz zu Kinoservern, die nur einige Filme wiederholt in höchster Qualität ausgeben sollen, müssen Broadcast-Server möglichst viel Material speichern können und möglichst viele Streams gleichzeitig wiedergeben. Um dieser Aufgabe gerecht zu werden, nutzen Broadcast-Server eine stärkere Kompression. Diese basiert meist auf MPEG-4.

Aufgrund der Schlüssel und des Digital Rights Managements sind Broadcast-Server nicht in der Lage, Kinomaterial, also DCPs abzuspielen. Umgekehrt ist es aber technisch möglich mit Kinoservern Broadcast-Material wiederzugeben. Die meisten Kinoserver können prinzipiell auch MPEG-2 und andere Formate lesen. Allerdings sind sie nicht für Broadcasting optimiert.

Broadcast-Server können oft mehrere Streams gleichzeitig wiedergeben. Somit ist der Schritt zur stereoskopischen Wiedergabe nicht groß. Geräte sind unter anderem von Quantel oder DVC auf dem Markt. Moderne Codecs wie AVC Intra kombinieren hohe Qualität mit niedrigen Datenraten und werden bei 3D-Broadcast-Servern bevorzugt eingesetzt. So lassen sich sogar mehrere Stereo-3D-HD-Kanäle gleichzeitig aufzeichnen und wiedergeben.

Quantel-Broadcast-3D-Server

---

### Zusammenfassung

Mit der Leistungsfähigkeit moderner Computerhardware steigt auch die Komplexität der Kodierung von Ton- und Bilddaten. Längst gibt es die Möglichkeit, 4K-Filmmaterial in Echtzeit zu kodieren, zu dekodieren und wiederzugeben. Broadcast- und Kinoserver können mehrere Videostreams in Full-HD- oder DC-Qualität parallel dekodieren. Die digitalen Kodierungsverfahren und zahlreiche Hochgeschwindigkeitsschnittstellen ermöglichen eine Lösung für jede Anwendung. So können auch mit der relativ aufwändigen Stereo-3D-Technik schon heute und erst recht in Zukunft hochqualitative Ergebnisse erzielt werden.

## 5.2 Stereo-3D-Formate

Es existieren verschiedene Möglichkeiten, stereoskopische Bilder zu erzeugen und wiederzugeben. Entsprechend unterschiedlich sind auch die diversen Formate und Übertragungsmöglichkeiten. Sie lassen sich in vier Hauptprinzipien unterteilen, die gleich zu Beginn, im ersten Teil des Kapitels, erläutert werden.

Der zweite Teil befasst sich mit „Übertragungsformaten". Datenformate für Stereo-3D sind teilweise proprietär und an bestimmte Hardware gebunden, andere sind für heutige Verhältnisse unbegrenzt einsetzbar. In der Regel gilt aber für alle Datenformate, dass sie eigentlich aus der normalen zweidimensionalen Bildverarbeitung stammen und für Stereo-3D nur modifiziert werden. Ein universelles stereoskopisches Format gibt es noch nicht.

Für die zahlreichen Möglichkeiten der Darstellung stereoskopischer Bilder, wie sie im Kapitel „Wiedergabe von Stereo-3D" behandelt wurden, gibt es ebenfalls entsprechende Formate. Manche Wiedergabegeräte verlangen aufgrund ihrer Funktionsweise eine bestimmte Art von Bilddaten. Im dritten Teil des Kapitels wird auf Darstellungsmodi und die entsprechenden Formate eingegangen.

### 5.2.1 Prinzipien

Stereo-3D-Formate müssen in der Lage sein, die räumlichen Bilder zu kodieren, zu übertragen und zu speichern. Im Lauf der Zeit wurden zahlreiche Herangehensweisen und Lösungen entwickelt, um diesem Ziel in geeigneter Weise nahe zu kommen. Die entstandenen Formate lassen sich in vier grundsätzliche Prinzipien untergliedern.

- Separationsformate
- Disparitätsformate
- Tiefenbildformate
- objektbasierte Formate

Die Kodierungsarten sind abwärtskompatibel. Das bedeutet, dass die Daten der unteren Verfahren aus den darüberliegenden generiert werden können.

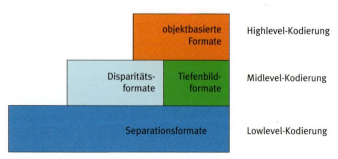

Linkes und rechtes Teilbild separat

## Separationsformate

Bei dieser klassischen Form der stereoskopischen Bildverarbeitung werden beide Teilbilder so übertragen, dass sie sich gegenseitig nicht beeinflussen. Zur Übertragung stereoskopischer Formate lassen sich herkömmliche Verfahren aus dem 2D-Bereich problemlos adaptieren. Der einfachste Fall ist die Verdoppelung der Bandbreite.

Gerade bei hochauflösenden Inhalten steht eine solch hohe Bandbreite nicht immer zur Verfügung. Durch den zweiten Kanal und die dadurch vorhandene große Redundanz werden zudem auch zusätzliche Kompressionsverfahren attraktiv. Daher wird in der Praxis versucht, Verfahren zu nutzen, die mit der Datenrate weniger verschwenderisch umgehen.

▶ Stereo-3D-Formate mit separaten Teilbildern sind einfach und können hohe Qualität übertragen. Sie verschwenden aber auch Bandbreite, denn die meisten Bildinformationen sind doppelt vorhanden.

## Disparitätsformate

In Disparitätsformaten wird ein Teilbild komplett übertragen, vom zweiten Teilbild aber lediglich das komprimierte Disparitätsbild. So ergibt sich eine vollständige 2D-Kompatibilität. Der Disparitätskanal und damit die Tiefe

### ⓘ Coding-Level

Algorithmen wie die DCT oder Wavelet reduzieren die Datenrate durch eine Änderung der Schreibweise der Bilddaten und anschließender Quantisierung. Solche Verfahren zählen zum Low-Level-Coding. Dagegen werden Bilder bei Mid-Level-Coding vor allem auf Bewegungen, Tiefeninformationen, Verdeckungen und Strukturen hin analysiert, die zu Disparitätsbildern oder zu Tiefenbildern führen können. Als Fernziel gilt die Erzeugung objektbasierter Bilddaten durch High-Level-Coding. Dabei sollen die Teilbilder auf ganze Objekte hin analysiert und nur deren Vektordaten übertragen werden. Solche Daten ähneln denen heutiger CGI-3D-Software.

 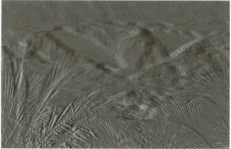

Links ein Teilbild, rechts die Disparitäten zum anderen Teilbild

lässt sich mit effektiven MPEG-4-Kompressoren in der Qualität skalieren. Auch die Übertragung stereoskopischer Inhalte im Fernsehen könnte auf diese Weise umgesetzt werden. Der Dekoder kann bei Disparitätsformaten aber nur die originalen Teilbilder dekodieren. Sollen auch weitere Ansichten generiert werden, um beispielsweise Look-around-Features bei autostereoskopischen Displays zu ermöglichen, ist besonders starke Rechenpower nötig, die diese Bilder in Echtzeit generiert.

Bei einer Übertragung von zwei Disparitätsbildern wäre es außerdem denkbar, ein „zyklopisches Bild" zu übertragen, das genau in der Mitte der Teilbilder liegt und aus dem die beiden Bilder rekonstruiert werden.

### Tiefenbildformate

Bei diesem Format wird zusätzlich zum monoskopischen Bild eine passende Tiefenkarte übertragen. Mit speziellen Tiefenscankameras oder über Software lassen sich solche Tiefenbildformate erzeugen. Sie bieten eine Reihe an Vorteilen. Mit Tiefen-Keying können Objekte sehr leicht separiert werden. Dadurch vereinfacht sich auch das Einfügen künstlicher Elemente

> **ⓘ Tiefen- und Disparitätsbilder**
>
> In der Praxis spielen heutzutage die Tiefenkarten (depth maps) eine größere Rolle als Disparitätsbilder (disparity maps). Neben Vorteilen in der Postproduktion hängt das vor allem damit zusammen, dass aus einem Tiefenbild verschiedene Ansichten generiert werden können. Aus Disparitätsbildern lassen sich hingegen nur das linke und das rechte Auge rekonstruieren.
>
> Tiefenbilder werden immer für ein spezifisches Bild erstellt, beispielsweise für das linke oder rechte Teilbild oder das zyklopische Bild. Disparitätsbilder sind dagegen immer die Differenz zu einem Bezugsbild, also zum jeweils anderen Teilbild oder zum Zyklopenbild.

Tiefenbilder stellen die Z-Achse mit unterschiedlichen Helligkeiten dar.

in reale Bildsequenzen (augmented reality). Ein anderer Vorteil ist, dass bei Tiefenscankameras keine Bildasymmetrien in Helligkeit, Kontrast oder Farbe entstehen können, da beide Teilbilder aus einem einzigen monoskopischen Bild erzeugt werden. Darüber hinaus gibt es eine hohe Flexibilität für Heimanwender. Diese können sowohl 2D-, als auch Single- oder Multi-user-3D-Displays nutzen, da über sogenanntes „Depth Image based rendering" (DIBR) die Tiefeninformation genutzt wird, um den jeweiligen Pixel des Teilbildes in Echtzeit zu generieren.

Das Hauptproblem des Tiefenbildformats ist die Verdeckung. Verdeckungsinformationen können nur durch zwei verschiedene Perspektiven aufgenommen werden. Tiefenbilder haben aber nur eine Perspektive. Bei der Bildwiedergabe fehlen die Informationen für eine Aufdeckung (das Wiederherstellen der Verdeckungen) und damit können solche Bildteile nicht korrekt reproduziert werden. Ohne Verdeckungsinformationen bleibt die Tiefe zwischen Objekten unbestimmt und es entsteht eine Art Kulisseneffekt. An den Stellen, die eigentlich Verdeckungen enthalten würden, kann es zu Bildfehlern kommen.

▶ Tiefenbildformate haben in der heutigen Praxis eine größere Bedeutung als Disparitätsbilder.

Als weiterer Nachteil des Tiefenbildformats gilt die Unfähigkeit der Übertragung atmosphärischer Effekte wie Nebel oder Rauch. Aber auch Schatten oder Reflexionen sowie halbtransparente Objekte wie Glas oder Plastik führen hier zu Problemen.

In die Entwicklung solcher Formate ist schon viel Forschungsarbeit geflossen. Hierbei haben sich vor allem die Mitglieder des europäischen ATTEST-Projekts sowie die japanische NHK hervorgehoben. Mit „2D-plus-depth" wurde von Philips ein entsprechendes Format spezifiziert.

**Praxisinfo – Tiefenbilder:** In einem anderen Bereich wird das Tiefenbildformat schon seit Langem praktisch genutzt – bei der Postproduktion und digitalen Bildbearbeitung. Immer wenn Bilder in dreidimensionalen Räumen vorliegen, erzeugt die VFX-Software intern eine Tiefenkarte (depth map).

Sie wird für jedes Teilbild einzeln generiert, sodass die Verdeckungsproblematik keine Rolle spielt. Bei dieser Art der Anwendung geht es nicht um platzsparende Übertragung, sondern um erweiterte Möglichkeiten, die sich durch Tiefenbildformate ergeben. Die Tiefenkarten liegen in der Regel vom Benutzer unbemerkt im System als Bitmap vor. Neben dem Tiefenkeying ergibt sich damit ein anderer großer Vorteil, der die Arbeit im VFX-Bereich deutlich vereinfacht: Änderungen an einem Teilbild lassen sich über Tiefenkarten automatisch auf das zweite Teilbild anwenden. Die korrespondierenden Punkte der beiden Bilder sind in den zusammengehörigen Tiefenkarten selbst zu finden.

### Objektbasierte Formate

Bei objektbasierten Formaten werden Geometriedaten wie Vektoren, Texturen oder Licht- und Schatteninformationen der Objekte und räumlichen Strukturen in speziellen Formaten übertragen. Solche Formate gibt es schon länger. Sie sind vor allem in CGI-Anwendungen zu finden.

Das Fernziel ist aber die Erzeugung objektbasierter Daten aus realen Bildern. Dabei müssen die Teilbilder auf einzelne Objekte hin analysiert werden, sodass nur die Modell- und Vektordaten der verschiedenen Objekte sowie die Informationen des Hintergrunds zur Übertragung kommen. Eine solche Analyse kann Hinweise aus den Disparitäten ermitteln oder auch aus den Z-Daten von Tiefenscankameras. Für 2D-Inhalte müssten hingegen aufwändigere Analysetools entwickelt werden. Für Software-Algorithmen ist es sehr schwer zu entscheiden, was ein Auto oder was ein Pferd ist und welche Pixel zu welchem Objekt gehören. Durch

Objektbasierte Formate sind aus der heutigen Filmproduktion nicht mehr wegzudenken.

Unschärfen im Bild wird dieser Prozess noch schwieriger. Gute Ergebnisse sind derzeit nur mit manuellen Verfahren erzielbar.

Gerade bei Bewegtbildern eröffnen sich aber durch objektbasierte Formate viele Möglichkeiten, sei es eine flexible Bildwiederholrate oder die Einsparung von Daten, da nur noch die Bewegungsvektoren der Objekte übertragen werden müssen. Zukünftig lassen daher vor allem objektorientierte Ansätze ein enormes Potenzial zur Datenreduktion erwarten.

Bei der Dekodierung ist ein solches Verfahren ebenfalls sehr flexibel. Wenn die Hardware weit genug entwickelt ist, werden die Bilder nicht wie jetzt im Mastering gerendert, sondern erst vom Wiedergabegerät selbst.

### 5.2.2 Übertragungsformate

Ein universelles Stereo-3D-Format müsste in der Lage sein, alle derzeitigen und künftigen Wiedergabeformen zu berücksichtigen sowie alle Bildauflösungen übertragen zu können. Gleichzeitig sollte es multistreamfähig sein, die Übertragung umfangreicher Metadaten ermöglichen und offen für verschiedene Codecs sein. Ein solches Format existiert derzeit nicht, diverse Institutionen arbeiten aber daran.

Im Laufe der Zeit haben sich unterschiedliche Wege etabliert, die beiden Teilbilder mit vorhandenen Mitteln zu übertragen. In der Regel werden gängige Videokompressionen eingesetzt, dabei hauptsächlich MPEG-2, MPEG-4 und JPEG 2000. Meist werden diese in Containerformate wie Quicktime, AVI oder MXF verpackt. Für bestimmte Einsatzmöglichkeiten eignet sich auch Windows Media mit seiner MPEG-4-ähnlichen Kompression. Einige der Formate unterstützen auch Dualstreaming, also das gleichzeitige Speichern von zwei separaten Videos in einer Datei.

Mit allen diesen Formaten kann Stereo-3D auf gängigen Medien wie Festplatten, DVDs oder Flash gespeichert werden. Das erfordert jedoch oft Eigeninitiative und Kenntnisse im Umgang mit Formaten. Damit auch weniger technikbegeisterte Heimanwender Stereo-3D nutzen können, wurde der offizielle Standard für DVD-Video um Stereo-3D erweitert. Zum Einsatz kommt dabei ein Side-by-Side-Format der Firma Sensio, die bereits seit Jahren spezielle Sensio-3D-DVDs vertreibt. Der Standard für die 3D-Blu-ray sieht hingegen die Nutzung des AVC-MPEG4-Codecs vor, dessen Multiview-Profil für die gleichzeitige Speicherung zweier eigenständiger Kanäle gut geeignet ist. Die Blu-ray verträgt sich dabei mit dem von der SMPTE verabschiedeten Home-Master-Standard. Diese Spezifikation verlangt Full HD mit 60 Bildern pro Sekunde.

Im Bereich des digitalen Filmschnitts werden die RAW-Daten der Kameras entweder unkomprimiert verarbeitet oder in ein „Digital-Intermediate"-geeignetes Format wie CinemaDNG, DPX, EXR, TIFF oder Cineon transkodiert. Für die Kameras der Firma RED gibt es das native Format R3D. Dieses kann zur weiteren Verarbeitung in andere Formate gewandelt werden.

Bei der Wahl des jeweiligen Verfahrens und Codecs sollten mögliche Einschränkungen berücksichtigt werden. Manche Formate lassen nur bestimmte Auflösungen zu, andere nur bestimmte Kompressionsverfahren. Auch qualitative Unterschiede spielen eine Rolle. Abhängig vom Kompressionsverfahren und der Kompressionsstärke treten bestimmte Artefakte auf. Manche Formate unterstützen keinen Zeilensprung, wodurch im schlechtesten Fall sichtbare Kammartefakten entstehen können.

In manchen Anwendungen erlaubt die vorhandene Infrastruktur keine Übertragung von zwei vollwertigen Kanälen. Dies ist auch der Fall, wenn nicht genügend Bandbreite zur Verfügung steht. Für solche Situationen wurden Formate entwickelt, die stereoskopische Bilder über monokulare Kanäle übertragen. Es handelt sich also um 2D-kompatible Stereo-3D-Formate. Damit lässt sich die vorhandene Infrastruktur nutzen. Lediglich die Quelle und das Wiedergabegerät müssen entsprechend Stereo-3D-tauglich sein.

### Separation

Meist werden zwei separate Dateien erzeugt, eine für das linke und eine für das rechte Teilbild. Diese Dateien müssen stets penibel zusammengehalten werden, was bei einer großen Anzahl stereoskopischer Videodateien leicht unübersichtlich werden kann. Außerdem kommt es beim parallelen Dekodieren von mehreren Dateien leichter zu Asynchronitäten, vor allem wenn die Hardware am Limit ist. Liegen aber beide Streams in einer Datei, tritt ein eventuelles Ruckeln synchron auf.

### Dualstream

Eine übersichtlichere Arbeitsweise entsteht mit der Übertragung der beiden separaten Streams in einer Datei. Eigentlich wurde dieses Prinzip als Multistream für Anwendungen mit mehreren Ansichten angedacht, kann aber auch für Stereo-3D verwendet werden. Dualstream wird beispielsweise von Windows Media und MXF unterstützt. Es gibt auch ein 3D-AVI-Format mit Dualstream. Die Fotokamera Fuji FinePix W1 nutzt es als Aufnahmeformat für die 3D-Videofunktion.

## Stereo-3D-Layout

Einige Codecs unterstützen keine „krummen" Auflösungen, also Auflösungen außerhalb des Standards. Solche Codecs sind für viele Stereo-3D-Layouts nicht geeignet. Die meisten gängigen Videokompressoren erlauben aber eine freie Festlegung der Bilddimensionen, also beispielsweise doppelt so breit oder hoch wie eigentlich vorgesehen. So ergeben sich verschiedene Möglichkeiten die beiden Teilbilder miteinander zu verknüpfen und zu übertragen.

Recht häufig genutzte Anordnungen sind das Side-by-Side-Layout und das Top-Bottom-Layout. Dabei werden die Teilbilder in einem Bild nebeneinander oder übereinander angeordnet. Die Datei hat dadurch in der Höhe oder der Breite die doppelte Ausdehnung. Bei diesem Layout ist ein Abbruch der Synchronität wesentlich unwahrscheinlicher als bei Dualstream oder komplett separaten Dateien, weil beide Bilder in einem Bild liegen und daher immer gleichzeitig kodiert und dekodiert werden müssen.

*Übereinander-Format, auch Top-Bottom-Layout genannt*

Eine andere Möglichkeit besteht darin, beide Teilbilder zeilenweise zu verschachteln. Diese Methode entspricht im Wesentlichen dem Zeilensprungverfahren und eignet sich besonders dann, wenn das Bild in einem Interlaced-Format übertragen werden soll oder wenn die Wiedergabe mit einem Röhrenbildschirm vorgesehen ist. Die Verschachtelung kann auch spaltenweise oder im Schachbrettmuster erfolgen. Die Kompatibilität ist dabei immer auf die jeweilige Hard- und Software begrenzt. Formate und Layouts lassen sich aber auch mit entsprechenden Geräten in andere Layouts wandeln.

▶ *Für stereoskopische Standbilder existiert das Format JPS. Dabei handelt es sich um ein JPEG-Bild im Side-by-Side-Layout.*

---

### ℹ Stereo-3D-Layouts

Die verschiedenen Layouts beziehungsweise Modi zur Übertragung und Darstellung von Stereo-3D sind aus technischen, psychooptischen, aber auch aus marketingstrategischen Gründen entstanden. Heute gibt es Geräte und Computersoftware, über die nahezu jedes Format eingelesen und in ein beliebiges Ausgabeformat gewandelt werden kann.

Nebeneinander-Format, auch Side-by-Side-Layout genannt

Die Software oder Hardware für die Bildwiedergabe muss darüber informiert werden, welches Stereo-Layout in der Datei verwendet wurde. Da es bei vielen Videoformaten nicht möglich ist, solche Informationen im Header abzulegen, muss diese Auswahl manuell einstellbar sein.

Besondere Vorsicht ist geboten, wenn verschachtelte Formate mit DCT-basierten Codecs übertragen werden. Wenn die Datenrate nicht hoch genug ist, kommt es zu Blockbildung, wodurch die verschachtelten Stereo-3D-Informationen gestört werden können. Heute basieren die meisten Kodierer auf einer DCT, auch die gängigen MPEG-Standards.

### Anaglyphen

Wenn Stereo-3D in Form von Anaglyphen übertragen werden soll, lässt sich das Material als ganz normaler 2D-Videostream behandeln. Dabei sollte aber darauf geachtet werden, dass die Datei unkomprimiert oder verlustlos komprimiert ist. Fast alle verfügbaren Kompressoren reduzieren die Farbkanäle stärker als die Bildinformationen, was auch der menschlichen Wahrnehmung entspricht. Bei der Übertragung von Anaglyphen verschlechtert sich dadurch aber die Tiefendarstellung, denn hier steckt die stereoskopische Information in den Farben.

Die gleiche Problematik besteht bei analogen Übertragungsverfahren wie FBAS oder Composite, da auch hier der Farbanteil stark komprimiert wird. In den meisten Fällen ist es besser, die Daten mit einer anderen Methode zu übertragen und erst bei der Wiedergabe in Echtzeit anaglyph darzustellen.

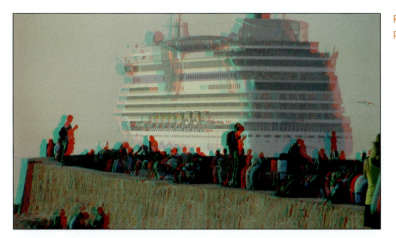

Rot-Cyan-Anaglyphendarstellung

## Differenzbilder

Bei solchen Formaten wird neben dem vollaufgelösten Hauptbild eine Art Differenzbild übertragen. Dieses enthält entweder eine Tiefenkarte oder Disparitätsinformationen, welche deutlich weniger Daten beinhalten als ein vollständiges Bild. Somit lassen sich diese Differenzbilder auch wesentlich besser komprimieren. Die Gefahr dabei ist aber, dass durch dabei entstehende Verluste oder Artefakte das gesamte stereoskopische Bild nachhaltig geschädigt wird. Jedoch lässt sich auch mit moderater oder verlustfreier Kompression und modernen Kompressoren eine starke Datenreduktion erreichen.

### 5.2.3 Darstellungsmodi

Stereoskopische Wiedergabegeräte können über eingebaute Hardware, externe Wandler oder angeschlossene Computer mit Bildern versorgt werden. Kann das Gerät oder die Software nicht automatisch erkennen, welches Datenformat und Layout vorliegt, wird dies per Auswahlmenü mitgeteilt. Manche Wiedergabegeräte erwarten ein bestimmtes Stereo-3D-Layout, beispielsweise Nebeneinander oder Übereinander. Durch entsprechende Software oder Hardware kann jegliches Quellmaterial in Echtzeit zum gewünschten Layout beziehungsweise Modus zusammengefasst und ausgegeben werden.

Im Computerbereich kann die Wandlung in das gewünschte Ausgabeformat am einfachsten durch Software realisiert werden. Es existieren zahlreiche Programme, die dazu in der Lage sind. Diese greifen für einige

Darstellungsformen auch auf die Grafikkartentreiber zu, denn nur bestimmte Grafikkarten sind für eine stereoskopische Wiedergabe geeignet. Manche stereoskopische Bildschirme und vor allem autostereoskopische Bildschirme bringen eigene Treiber mit, die für die korrekte Bilddarstellung, beispielsweise nach einem Schachbrettmuster, nötig sind.

### Anaglyphen

Bei der Anaglyphendarstellung kann in der Regel zwischen Rot-Cyan, Rot-Grün und Rot-Blau gewählt werden. Die richtige Wahl bedingt sich vor allem durch die vorhandene Anaglyphenbrille. Sehr verbreitet ist die Verwendung von Rot-Cyan.

### Separate Bildschirme

Einige Stereo-3D-Bildschirme bestehen aus zwei separaten Displays, die mit Polarisationsfilterbrillen durch einen halbdurchlässigen Spiegel betrachtet werden. Solche Geräte benötigen zwei eigene Grafikkartenanschlüsse. Es gibt aber auch Bildschirme mit Polfilter- oder Anaglyphendarstellung, die ebenfalls zwei separate Eingänge haben und die Bilder intern entsprechend verarbeiten. Für das Abspielgerät muss der Modus aber in jedem Fall die Zweibildschirmausgabe sein. Dieser ist bei Stereo-3D-Wiedergabegeräten und Stereo-3D-Software Standard.

### Interlacing

Aktive Wiedergabegeräte älterer Bauart, die mit Shutterbrillen funktionieren, benötigen oft ein Signal im Interlacing-Modus. Dabei wird das gleiche Grundprinzip angewendet wie bei PAL oder NTSC. Jedes Bild ist in zwei

> **i Zeitsequenzmodi**
>
> Bei aktiven Stereo-3D-Verfahren und damit vor allem beim Shutterprinzip wird der Anwender mit großer Wahrscheinlichkeit gefragt, welchen Modus er verwendet. Page Flipping, OpenGL Stereo, Quad Buffered oder Frame Sequential sind Begriffe, die erst einmal für Verwirrung sorgen. Sie bedeuten aber im Wesentlichen das Gleiche, nämlich Zeitsequenz-Modus. Im Einzelnen unterscheiden sie sich darin, wie die Teilbilder übertragen werden und welches Teilbild wann, wie lange und in welchem Grafikspeicher abgelegt wird, bis es zur Wiedergabe kommt.

Stereo-3D-Interlacing: links zeilenweise, rechts spaltenweise

Interlacing im Schachbrettmuster

Halbbilder unterteilt, gerade und ungerade. Die stereoskopischen Teilbilder werden auf die Halbbilder gelegt und die Brillen orientieren sich einfach am Sync der Halbbilder. Bei diesem Modus halbiert sich die vertikale Auflösung. Seltener wird das Interlacing-Layout spaltenweise angewendet. Dabei halbiert sich die horizontale Auflösung.

## Page-Flipping

Auch der Page-Flipping-Modus kommt üblicherweise im Zusammenhang mit Shutterverfahren zum Einsatz. Auf diesen Modus setzen vor allem die modernen Verfahren. Linkes und rechtes Teilbild werden dabei nacheinander dargestellt. Ist das rechte Bild zu sehen, schließt der Shutter des linken Auges, ist das linke Bild zu sehen, schließt der Shutter des rechten Auges. In diesem Modus bleibt zwar die Bildauflösung erhalten, die Bildwiederholrate muss aber doppelt so hoch sein wie die effektive Bildrate.

> **i** **Checkerboard**
>
> Bei stereoskopischen DLP-Displays wird der Schachbrettpattern eingesetzt. Er ist dort quasi nativ. Solche Displays verwenden häufig zirkuläre Polarisationsfilter zur Teilbildtrennung. Die Grundlage für DLP bildet der DMD-Chip von Texas Instruments. Es ist vom Hersteller gewünscht und eingerichtet worden, dass der Chip beim 3D-Betrieb im Schachbrettpattern angesteuert wird. Als Begründung wird die bessere Verträglichkeit mit der menschlichen Wahrnehmung genannt. Eine Verschachtelung der Teilbilder im Schachbrettmuster ist weniger auffällig und die Bilder sind für die Augen angenehmer zu betrachten.

### Checkerboard

Die beiden Teilbilder werden im Schachbrettmuster ineinander verschachtelt zeitgleich übertragen. Im Vergleich zur Verschachtelung, die zeilenweise oder spaltenweise erfolgt, entsteht dadurch wahrnehmungsphysiologisch ein besserer Bildeindruck. Synchronisationsprobleme werden prinzipbedingt vermieden. Checkerboard ist bei vielen Stereo-3D-Wiedergabegeräten auf DLP-Basis der native Darstellungsmodus.

### Sync-Doubling

Dieser Modus dient zur Entlastung der Computerhardware. Die Bilder werden vertikal heruntergeskaliert und als Übereinander-Format verarbeitet, um dann von einem externen Gerät für die eigentliche Bildschirmdarstellung aufbereitet zu werden. Durch dieses Verfahren halbiert sich die vertikale Auflösung. Bei der Leistungsfähigkeit heutiger Computer spielt der Modus jedoch keine Rolle mehr.

| Stereo-3D Modus | Vorteile | Nachteile |
| --- | --- | --- |
| Anaglyphen | Einfache Übertragung und Wiedergabe | Übertragung und Darstellung von Farben |
| Side by Side/Over Under | Einfaches Prinzip, Synchronitätsvorteile | Reduzierung der Auflösung bei Skalierung, ansonsten doppelte Bildausdehnung |
| Interlacing/Line by Line | Synchronitätsvorteile, Zeilensprung kann genutzt werden | Reduzierung der Auflösung |
| Page-Flipping | Erhaltung der Auflösung | Doppelte Bildrate nötig |
| Checkerboard | Synchronitätsvorteile, Bildeindruck besser | Reduzierung der Auflösung |
| Sync-Doubling | Schnellere Verarbeitung | Reduzierung der Auflösung, Zusatzhardware |
| Separate Kanäle | Volle Bandbreite des Bildes | Synchronität |

**Zusammenfassung** Die Vielfalt der Formate ist groß. Neue Technologien und Geräte lassen ständig neue Formate entstehen. Im Bereich der Stereoskopie gibt es daher keine klaren Arbeitsabläufe. Verschiedene Formate werden für verschiedene Workflows eingesetzt. Wünschenswert wäre die Festlegung auf ein universelles Stereo-3D-Format, beispielsweise mit der Erweiterung .s3d, welches als Containerformat für alle denkbaren Stereo-3D-Anwendungen eingesetzt werden könnte. Ein solches Format ist aber vorerst nicht in Sicht.

## 5.3 Stereoskopische Postproduktion

In der heutigen Zeit gibt es kaum noch Filme oder generell audiovisuelle Medien, die nicht in irgendeiner Weise digital bearbeitet werden. Die Möglichkeiten und die kreative Freiheit sind durch moderne Hard- und Software enorm gewachsen. Für Stereo-3D wurden damit die Voraussetzungen geschaffen, sich schließlich als feste Größe zu etablieren.

Viele Probleme bei der Erstellung stereoskopischer Filme, die einen Durchbruch in vergangenen Jahrzehnten immer wieder verhinderten, wurden durch die Digitalisierung gelöst. Es hat sich ein neues Feld der stereoskopischen „Visual Effects" (3D VFX) entwickelt, mit Methoden und Prozeduren die früher einfach nicht möglich waren. Die wichtigsten dieser Verfahren werden in diesem Kapitel unter „Korrekturen und VFX" näher beschrieben.

Anschließend geht es um den stereoskopischen Schnitt. Auch hier wurden Möglichkeiten geschaffen, die besonderen Anforderungen von Stereo-3D zu berücksichtigen. Dabei gelten neue, zusätzliche Regeln, deren Beachtung ein gutes 3D-Bild maßgeblich beeinflussen. Mit Stereo-3D sind aber auch im Schnitt weitere Gestaltungsmittel entstanden, die in diesem Teil behandelt werden.

Als eines der großen Probleme des „neuen" Stereo-3D gilt die Akquise von stereoskopischem Bildmaterial. Daher wird intensiv nach Möglichkeiten gesucht, vorhandenes 2D-Material in hoher Qualität in Stereo-3D umzuwandeln. Unter „Generierung stereoskopischer Bilder" wendet sich das Kapitel aber nicht nur der 2D-3D-Konvertierung zu, sondern betrachtet auch andere Möglichkeiten der Erzeugung stereoskopischen Bildmaterials.

▶ *Bei der Teilbildausrichtung werden beide Teilbilder horizontal zueinander verschoben. Damit wird die Nullebene auf der Z-Achse bewegt.*

Quantel Pablo Neo Postproduktionssuite

Zunächst geht es aber um einen der zentralen Bestandteile stereoskopischer Postproduktion – die Teilbildausrichtung. Aus dem Englischen ist sie auch als reconvergence oder depth grading bekannt.

### 5.3.1 Teilbildausrichtung

Die Ausrichtung der Teilbilder ist prinzipiell nichts anderes als eine nachträgliche Änderung der Konvergenz. Durch die Konvergenz wird festgelegt, an welcher Stelle der Bildtiefe sich die Nullebene befindet. In der Teilbildausrichtung erfolgt diese Festlegung durch das horizontale Verschieben der beiden Teilbilder. Dadurch werden die problematischen Trapezverzerrungen vermieden, die bei einer Aufnahme mit konvergenten Kameras entstehen.

Waren die Kameras bei der Aufnahme parallel, liegt die Nullebene zuerst in der Unendlichkeit und kann dann in der Teilbildausrichtung entsprechend nach vorn gezogen werden. Bei konvergierten Kameras geschieht die Verschiebung der Nullebene bereits während der Aufnahme. Die Nullebene liegt dort, wo sich die optischen Achsen der Objektive kreuzen. Sie kann in der Teilbildausrichtung kaum noch verändert werden, denn aufgrund der konvergenten Kameras kann es zu gegensätzlichen Bildverzerrungen und Fehldisparitäten der Teilbilder kommen, die sich bei einer weiteren Verschiebung noch verstärken würden.

Die Idee der Teilbildausrichtung ist nicht neu. Ihre praktische Umsetzung war aber aus technischen Gründen lange Zeit problematisch. Bei Stereofotos auf Papier konnten die Einstellungen der Aufnahme kaum nachbearbeitet werden. Während der Rahmung von Stereodias ließ sich

Teilbildausrichtung. Links: stark verschobene Originalteilbilder, die Nullebene liegt in der Bildmitte. Rechts: Teilbilder geometrisch korrigiert und seitlich verschoben, sodass die Nullebene am Nahpunkt liegt und Disparitäten nach hinten größer werden. Sie betragen im Fernpunkt rund 2,5 Prozent der Bildbreite, sind also weit im Limit.

bereits eine Ausrichtung der Teilbilder durchführen. Bei Filmen war die Ausrichtung aber deutlich schwieriger, daher wurde meist gleich bei der Aufnahme konvergiert. Durch die Möglichkeiten der digitalen Postproduktion gelingt eine Teilbildausrichtung heute mit verhältnismäßig kleinem Zeitaufwand in deutlich besserer Qualität und mit weitaus mehr Möglichkeiten als es noch vor wenigen Jahren der Fall war.

Bei der Teilbildausrichtung geht es aber nicht nur um den Aspekt der Konvergenz, also der Tiefenlage. Die Teilbilder müssen auch in Bezug auf ihre sonstigen Parameter ausgerichtet werden. Dazu zählen vor allem Helligkeit, Farbe, Kontrast und geometrische Unterschiede wie Verdrehungen oder Höhenversatz. Solche Aspekte haben einen eher technischen Charakter, denn es gibt eine klare Zielstellung. Alle Abweichungen und Asynchronitäten sollen vermieden werden. Der Aspekt der Konvergenz ist hingegen ein kreativer Teil. Er bestimmt die Tiefenwirkung des jeweiligen Bildes. In der Praxis wird diese Justierung oft „depth grading" genannt.

▶ *Die Disparitäten des Fernpunkts und des Nahpunkts sollten eine Differenz von 90 Winkelminuten nicht überschreiten.*

## Disparität

Die Verschiebung der Teilbilder zueinander verändert die Disparitäten an den einzelnen Bildstellen und bewegt damit die Objekte in der Tiefe des dargestellten Raums. Um diese Disparitätswerte auf einfache Weise überprüfen zu können, werden die Teilbilder bei der Ausrichtung oder Bearbeitung übereinander gelegt und die Abstände der einander entsprechenden Punkte genommen. Ein Maximum von etwa vier Prozent der Bildbreite sollte nicht überschritten werden.

Es gibt natürlich auch Ausnahmen, die in der Praxis funktionieren. Liegt der Blick des Betrachters beispielsweise auf einem sehr nahen Objekt mit großer Disparität, stören übertriebene Disparitäten im Fernpunktebereich kaum, solange das Bild dort hinreichend unscharf oder dunkel ist. Die Faustregel der 90 Winkelminuten hat daher eher einen Hinweischarakter.

Dennoch sollten Disparitäten insgesamt leicht konservativ gewählt werden, da es viele Menschen gibt, die trotz einiger Übung Mühe haben, allzu große Werte störungsfrei zu fusionieren. Diese Menschen sollen ebenfalls Stereo-3D-Bilder ohne Kopfschmerzen genießen dürfen.

Um eine vernünftige Ausrichtung der Teilbilder zu erreichen, ist es besonders wichtig, bereits während der Aufnahme auf korrekte Disparitäten zu achten. Was hier falsch gemacht wurde, lässt sich in der Postproduktion nur schwer oder gar nicht korrigieren.

## Divergenzvermeidung

Die Disparität der Fernpunkte sollte auch bei der kürzesten Betrachtungsdistanz im jeweiligen Zielformat nicht größer sein als der Augenabstand, da es sonst zu divergierenden Bildpunkten kommen kann.

Im Fall einer 20 Meter breiten Kinoleinwand ergibt sich bei 10 Metern Betrachtungsabstand eine Maximaldisparität der Fernpunkte von etwa 0,4 Prozent der Leinwandbreite. Bei einer angenommenen 2K-Auflösung entspricht das lediglich sieben Pixeln, inklusive Entfernungstoleranz. In der Realität hält sich natürlich kein Film an solche Berechnungen. Fernpunkte haben auch im 3D-Kino durchaus Abstände von zwei Prozent der Bildbreite.

Die Disparität der Fernpunkte im unteren Beispiel ist deutlich zu hoch, die Augen müssten divergieren, also nach außen schielen.

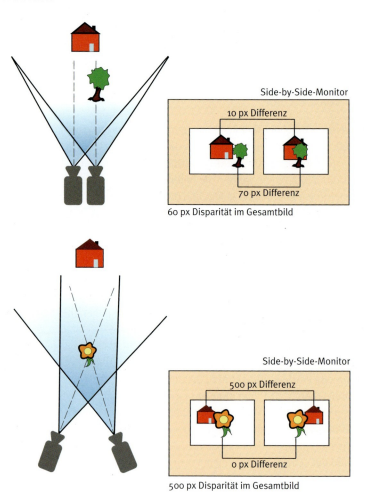

Im Falle einer Heimkinoanlage mit einer Bildbreite von zwei Metern und einem Betrachtungsabstand von ebenfalls zwei Metern darf die Fernpunktdisparität rechnerisch gesehen höchstens 3,5 Prozent der Bildbreite betragen, bei Full HD sind dies immerhin 64 Pixel.

Es wird bereits ersichtlich, dass die Vorgabe einer Maximaldisparität auf die Bildbreite bezogen nicht universell für alle Formate gelten kann. Nur für ein bestimmtes Format und der damit verbundenen Wiedergabesituation hat eine solche Faustregel Bedeutung, für Stereodiaprojektionen im KB-Format beispielsweise 3,5 Prozent der Bildbreite. Dabei ist sichergestellt, dass im jeweiligen Fall alle Zuschauer ein divergenzfreies Bild sehen.

Kleinere Geräte wie Computerbildschirme können kaum Fernpunktabstände in der Größe der Augenbasis darstellen, denn der Betrachtungsabstand wäre für eine parallele Augenstellung viel zu kurz. Dasselbe gilt für stereoskopische Thumbnail-Grafiken im Internet. Bei Thumbnails und bei Mobiltelefon-Displays ist die Bildbreite mitunter selbst bereits kleiner als der Abstand der Augen. Die Disparitäten werden prozentual zur Bildschirmbreite dennoch relativ groß gewählt, da auch das Betrachtungsverhältnis, also der Abstand im Verhältnis zur Displaybreite hoch ist. Sie können durchaus Werte von bis zu zehn Prozent der Bildbreite einnehmen.

## ℹ Größenempfindung

Bei der Teilbildausrichtung werden Objekte auf der Tiefenachse verschoben. Dadurch kann es zu Effekten kommen, die ihre empfundene Größe betreffen. Wenn ein Objekt auf der Z-Achse verschoben wird, ändert es seine Größe nicht, sondern nur die Lage auf der Z-Achse, also die Tiefe. Realistisch wäre es aber, wenn das Objekt bei einer Bewegung in die Tiefe kleiner und bei einer Bewegung aus der Tiefe größer wird. Bei diesem Effekt spielen die Tiefenhinweise der gewohnten Größe und der relativen Größe eine entscheidende Rolle. Sie kollidieren dann mit dem Tiefenhinweis der binokularen Disparität, also dem Stereosehen. Das Phänomen soll aber nicht überdramatisiert werden. Die wenigsten Zuschauer werden es als Problem erkennen, denn sie wissen aus der Erfahrung, dass Bilder eben Bilder sind und keine Realität. Zudem sind die Verschiebungen bei der Teilbildausrichtung in den meisten Fällen eher moderat.

Werden die Bananen bei der Teilbildausrichtung in die Tiefe geschoben, müssten sie eigentlich auch kleiner werden.

Unterschiedliche Formate und Bildgrößen werden aus angemessenen Abständen betrachtet.

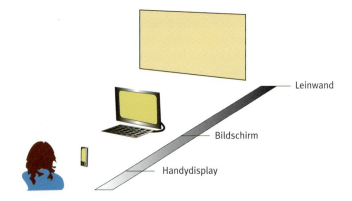

Dies ist aber nicht immer notwendig, denn die wahrgenommene Tiefe vergrößert sich bei solchen extremen Betrachtungsverhältnissen schon aus geometrischen Gründen. Außerdem wird die Tiefe von der Wahrnehmung nicht über absolute Disparitäten ausgewertet. Vielmehr werden die Disparitäten ins Verhältnis zueinander gesetzt. Zu große Disparitäten erhöhen vor allem die Gefahr von Geisterbildern.

### Nullebene

Die Nullebene wird vom Betrachter immer auf der Bildebene wahrgenommen. Durch die Teilbildausrichtung lässt sich festlegen, welche Ebene oder welches Objekt auf der Nullebene liegen wird.

### Stereofenster

Die Nullebene ist leicht mit dem Stereofenster zu verwechseln, denn in der Regel liegen beide auf der Wiedergabeebene. Das Stereofenster kann aber von der Nullebene entkoppelt werden und nach vorn oder nach hinten wandern. Es trennt als imaginäres Fenster den virtuellen Bildraum vom Betrachterraum. Der „Fensterrahmen" liegt dort, wo die Ränder der Teilbilder deckungsgleich sind. In IMAX-ähnlichen Betrachtungssituationen mit besonders breiten Leinwänden bei gleichzeitig geringem Abstand der Zuschauer werden

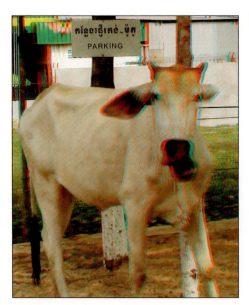

Die Nullebene und das Stereofenster liegen auf dem Papier. Die Kuh scheint durch das Stereofenster zu ragen.

die Bildränder kaum mehr wahrgenommen, die Stereofenster-Thematik verliert an Bedeutung und die Nahpunkte können generell vor der Nullebene, also im Zuschauerraum liegen.

## Auflösung

Durch die Verschiebungen der Teilbilder bei der Ausrichtung wird die horizontale Auflösung reduziert. Um das Problem zu minimieren, sollte die Aufnahme so gemacht werden, dass später nicht zu viel verschoben werden muss. Das gelingt am besten, wenn schon im Vorfeld bekannt ist, wie sich die Bildtiefe in der Wiedergabe verhalten soll. Bei größeren Produktionen überlegt der Stereograf deshalb schon früh, wo die Nullebene in den einzelnen Einstellungen liegen wird und schreibt dies im Tiefenverlauf (einer Art Drehbuch für die Tiefe) nieder.

## Konvergenz

Werden die Kameras bei der Aufnahme eingeschwenkt, wird damit bereits eine Nullebene (in dem Fall eher ein Nulldisparitätspunkt) festgelegt, da beide Teilbilder am Schnittpunkt der optischen Achsen zur Deckung kommen. Aufgrund der entstehenden geometrischen Verzerrungen sind die Rahmenlinien zur Seite hin in der Tiefe versetzt. Die Möglichkeiten zur Verschiebung der Nullebene innerhalb des Bildes durch die Teilbildausrichtung werden dadurch minimiert. Bei parallelen Kameras sind nachträgliche Justierungen hingegen weniger problematisch.

konvergierte Kameras

*Durch Kamerakonvergenz wird eine gewölbte Nullebene festgelegt.*

## Praxis der Teilbildausrichtung

Der übliche Weg bei einer Teilbildausrichtung besteht aus zwei Phasen. In der ersten Phase wird eine eher technische Justierung vorgenommen. Diese besteht aus einer grundlegenden Angleichung der Farbe und Helligkeit, Schwarzwert und Gradation. Wenn nötig und möglich werden Schärfefehler und Vibrationen, sowie Rotations-, Skalierungs-, Verkippungs- und Verkantungsfehler dabei ebenfalls korrigiert. Auch Blendensterne, Einstrahlungen und andere Bildfehler sollten an dieser Stelle behoben werden.

▶ *Das Ausrichten der beiden Teilbilder ist auch eine wichtige Übung zum tieferen Verständnis der stereoskopischen Zusammenhänge in der Praxis.*

Mit einem technisch möglichst sauberen Bild gibt es in der zweiten Phase gemeinsam mit dem Kameramann, Stereografen oder Regisseur einen weiteren Durchlauf der Teilbildausrichtung, bei dem der kreative Teil erledigt wird. Hier geht es vor allem um die Tiefendramaturgie, also um einen passenden Wechsel von gemäßigtem und verstärktem Stereo-3D sowie um die Umsetzung spezieller Effekte, insofern diese geplant sind.

Die Stereo-3D-Bearbeitung ist prinzipiell auch mit einfachen Schnittprogrammen möglich.

**Praxisbeispiel – Teilbildausrichtung:** Auch ohne teure Stereo-3D-Postproduktionssuiten kann das Prinzip der Teilbildausrichtung nachvollzogen werden. Fast alle Schnittprogramme erlauben die halbtransparente Darstellung einer Videospur, sodass linkes und rechtes Teilbild gleichzeitig betrachtet werden können. Für die praktische Teilbildjustierung ist eine solche Darstellung notwendig. Die beiden Videoströme für linkes und rechtes Teilbild werden in benachbarte Videospuren gelegt. Nun können die entsprechenden Anpassungen, wie im Text beschrieben, vollzogen werden. Spezielle Stereo-3D-Software macht im Grunde genommen nichts anderes, allerdings sind dann die einzelnen Arbeitsschritte teilweise automatisierbar und die Bilddaten lassen sich schneller, präziser und zielorientierter bearbeiten.

### Zeitliche Anpassung

Zuerst müssen die Teilbilder zeitlich synchronisiert werden, damit auch die entsprechenden zueinander gehörenden Einzel-Teilbilder ausgerichtet und bearbeitet werden können. Wenn die Aufnahmen mit synchronisierten Kameras und unter Benutzung des Genlocks erstellt wurden, ist die Anpassung einfach. Höchstwahrscheinlich wurden die Aufnahmen auch absolut synchron gestartet und gestoppt, die Timecodes stimmen bestenfalls überein.

Waren die Kameras nicht synchronisiert, wurde bei der Aufnahme idealerweise eine Klappe geschlagen, über die eine Synchronität einigermaßen hergestellt werden kann. Doch auch dann ist das Material in der Timeline auf ein „Auseinanderlaufen" zu überprüfen.

Haben alle Synchronisierungsmaßnahmen versagt, kann die zeitliche Anpassung sehr langwierig werden. Dann muss im Bildmaterial ein prägnantes kurzes Ereignis gesucht werden, anhand dessen eine zeitliche Ausrichtung möglicherweise gelingt. Sobald aber schnelle Bewegungen im Bild auftreten (und damit ist bereits ein Fußgänger gemeint oder ein Kameraschwenk normaler Geschwindigkeit) kann es leicht zu Visueller Überforderung kommen. Das Problem liegt darin, dass bei bewegten Objekten eine Asynchronität viel schneller auffällt. Je höher die Geschwindigkeit der Bewegung, desto stärker fällt ein Zeitversatz auf. War die Bildfrequenz bei der Aufnahme nur gering (zum Beispiel 25 Hertz), wird eine perfekte zeitliche Synchronisierung nahezu unmöglich. Daher sollte bei der Aufnahme mit mindestens 50 Hertz gearbeitet werden. Geringere Bildraten erfordern umso mehr eine absolut perfekte Synchronisierung der Kameras.

After-Effects-Projekt mit speziellen Stereo-3D-Plugins zum leichteren Justieren der Teilbilder

**Geometrische Justierung**
Bei der geometrischen Ausrichtung liegt die Schwierigkeit darin, die einzelnen Asymmetrien zu unterscheiden, beispielsweise ob es sich um eine Verdrehung oder Verkippung handelt. Die richtige Reihenfolge der Korrekturmaßnahmen kann dabei hilfreich sein.

Anhand einer Linie im Bild, beispielsweise der Horizontlinie, lässt sich ein Teilbild zunächst durch Drehung an das andere Teilbild angleichen. Horizontlinien sollten in den meisten Fällen auch absolut horizontal liegen, sodass unter Umständen sogar beide Teilbilder gedreht werden müssen. Solche Korrekturen bewegen sich zumeist in sehr kleinen Wertebereichen von unter einem Winkelgrad.

Anschließend wird an einer solchen markanten Linie bereits ein möglicher Höhenversatz erkennbar, den es nun auszugleichen gilt. Im Fall nichtparalleler, also konvergenter Kameras lassen sich nicht alle Linien an allen Stellen des Bildes sauber ausrichten. Der Grund liegt in der gegensätzlichen trapezförmigen Verzerrung. Als Kompromiss bei solchen Abweichungen wird der Mittelpunkt des Bildes angeglichen, sodass die Linien auf beiden Seiten in gleichen Beträgen auseinander laufen. Dieses Problem ist sowohl bei der Drehung als auch bei der vertikalen Anpassung zu beachten.

Nun lassen sich eventuelle Differenzen in der Brennweite bereits gut erkennen und mittels Skalierung, also Vergrößerung eines Teilbildes anpassen. Optimal lässt sich diese Anpassung anhand eines prägnanten Objekts im Bild vornehmen. Allerdings ist in der Folge eine erneut erforderliche Höhenanpassung zu erwarten.

Der Unterschied zwischen Brennweitendifferenzen und einer Verkippung, also der seitlichen Drehung eines Teilbildes um die optische Achse, ist bei kleinen Wertebereichen schwer zu erkennen. Oft kommt beides gleichzeitig vor, was die Ausrichtung noch schwieriger macht.

▶ *Die komplexen Arbeitsschritte der geometrischen und fotometrischen Justierung kann auch von spezieller Software übernommen werden. Das spart Zeit, Geld und Nerven.*

Das Skalieren ist im Prinzip nichts anderes als ein Digitalzoom und reduziert die Bildqualität, so wie auch Drehungen und Entzerrungen. Daneben kommt es aber auch zu einer Veränderung der Disparität. Daher sollten Disparitäten erst ganz am Ende über die horizontale Ausrichtung justiert werden.

Vorher werden noch Trapezartefakte entfernt. Diese entstehen wenn die Kameras bei der Aufnahme nicht ganz parallel sondern leicht konvergent oder divergent standen. Die dadurch entstehenden Verzerrungen werden über eine Drehung um die Y-Achse oder Trapezkorrektur (Anti-Keystoning) entfernt. Bei einigen Systemen lassen sich auch die Ecken der beiden Teilbilder passend übereinander ziehen, wodurch das restliche Bild automatisch angeglichen wird. Es kommt dann aber in der Mitte wieder zu leichten Verzerrungen. Diese Korrekturmöglichkeiten sollten daher als Rettungsmaßnahme angesehen werden. Wenn sie bereits bei der Aufnahme einkalkuliert werden und die Konvergenz deshalb zu stark ist, wird das Ergebnis auch mit diesen Methoden kaum vorzeigbar sein.

### Fotometrische Justierung

Weitere Schritte nach der geometrischen Ausrichtung sind Helligkeits-, Farb- und Kontrastkorrekturen sowie in bestimmten Fällen auch Korrekturen von Glanzlichtern, Reflexen oder Spiegelungen. Je nach Budget werden Farb- und Lichtkorrekturen im Grading von einem Koloristen oder direkt im Schnitt vom Cutter durchgeführt. Heute beinhaltet jede vernünftige Schnittsoftware Werkzeuge zur Anpassung der Gradation und Tonwerte für die einzelnen Farbkanäle. Spezielle Systeme für die Stereo-3D-Bearbeitung vereinen den Prozess des Gradings mit der geometrischen Justierung und der horizontalen Ausrichtung in einem Arbeitsplatz. Solche Lösungen kommen beispielsweise von Quantel, ifx und Iridas.

Parallel justierte Kameras. Die Laternen erscheinen im linken Teilbild weiter rechts und im rechten Teilbild weiter links. An den seitlichen Rändern entsteht ein Überschuss, der bei der Teilbildausrichtung (automatisch) entfernt wird.

## Horizontale Ausrichtung

Zum Schluss wird die horizontale Ausrichtung vorgenommen. Damit wird die Art der Tiefenwiedergabe beeinflusst. Waren die Kameras bei der Aufnahme parallel, erscheinen Objekte der rechten Kamera links im Bild und Objekte der linken Kamera rechts im Bild.

Die Stelle, an der die Objekte der Teilbilder keinen seitlichen Versatz aufweisen, ist die Nullebene. Im Normalfall werden die Teilbilder nun so zueinander verschoben, dass sich das vorderste Objekt des Bildes auf dieser Ebene befindet. Dann beginnt die Tiefe des Bildes auf der Leinwand und erstreckt sich bis zu einer maximalen Disparität der hintersten Objekte von drei bis vier Prozent der Bildbreite. Das lässt sich abmessen, aber auch durch Augenmaß schätzen. Bei Full HD Material sind es rund 60 Pixel. Darüberhinaus können die Augen schon visuell überfordert werden.

In der Praxis ist dies aber nicht immer möglich und manchmal auch nicht gewünscht. Einerseits soll der Tiefenspielraum nicht immer bis zum Äußersten ausgereizt werden, andererseits sollte sich die Tiefe nicht so weit nach hinten erstrecken, wenn Objekte vor die Nullebene treten. Die richtige Justierung innerhalb des verfügbaren Spielraums ist zu großen Teilen auch eine individuelle Entscheidung.

Problematisch wird es, wenn der Tiefenumfang schon in der Aufnahme zu hoch war. Dann liegt das Vordergrundobjekt bereits vor der Nullebene oder die Hintergrundobjekte sind zu weit auseinander. Da divergierende Augenstellungen fast eine Garantie für Visuelle Überforderung sind, ist im Zweifelsfall zugunsten des übertriebenen Vordergrundes zu entscheiden.

## Skalierung

Beim Verschieben der Teilbilder entstehen schwarze Ränder an den Seiten. Sie würden sich störend auswirken, wenn die Augen diese Bereiche fixieren. Dabei kommt es an solchen Stellen unter Umständen zu binokularer Rivalität. Beim natürlichen Sehvorgang gelangen die monokularen Bereiche der äußeren Netzhaut gar nicht ins Bewusstsein, da die Augen den Blick ständig wandern lassen.

Durch die Beschneidung der Ränder ändert sich das Bildseitenverhältnis. Das Bild müsste dann horizontal gestreckt werden, wodurch sich aber die Objekte leicht verformen. Daher wird das Bild stattdessen in den meisten Fällen gleichmäßig auf die Zielgröße skaliert und anschließend oben und unten beschnitten. Dieses Verfahren gleicht im Endeffekt einem Digitalzoom und führt dazu, dass die Disparitäten vergrößert werden. Das sollte bereits vor der Ausrichtung beachtet werden. Da in jedem Fall ein neues Bild gerendert werden muss, verringert sich die Bildqualität ein wenig.

Manche Stereografen versuchten früher oder versuchen auch heute noch die Qualitätsreduktion zu vermeiden, indem sie bereits während der Aufnahme mit den Kameras konvergieren. Das Ziel soll dabei sein, die spätere Teilbildausrichtung mit der Skalierung überflüssig zu machen. Da aber die Teilbilder nie hundertprozentig perfekt sind und in der Höhe, Rotation oder Neigung immer angeglichen werden müssen, ist ein neues Rendern in jedem Fall notwendig. Somit kann und sollte bei der Aufnahme gleich mit parallelen Kameras gearbeitet werden.

▶ *Nondestruktive Systeme erzielen die beste Qualität. Das Ergebnis wird dabei erst am Ende der Nachbearbeitung einmalig direkt vom Ausgangsmaterial gerendert.*

Dem Skalierungsproblem lässt sich stattdessen mit einer Überauflösung (oversampling) entgegenwirken. Diese ist bei Aufnahmen mit besonders hoher Auflösung, VFX-Projekten oder Filmscans möglich. In der Postproduktion wird das Projekt dann in der entsprechend höheren Auflösung angelegt, sodass von vornherein ein Spielraum für die Teilbildausrichtung vorgesehen ist.

### Kontrolle

Zur einfachen Kontrolle (auch während des Ausrichtungsprozesses) dient ein schnelles Hin- und Herschalten zwischen beiden Videospuren, also beiden Teilbildern. Dabei entsteht bereits ein erster räumlicher Eindruck, insofern die Teilbilder gut zueinander passen. Lässt sich dabei ein „Schaukeln" des Bildes erkennen, gibt es möglicherweise noch Bildverdrehungen gepaart mit Höhenversatz.

Ist die Ausrichtung erfolgreich verlaufen, muss der Eindruck entstehen, das Bild würde sich streng horizontal um eine imaginäre Vertikalachse drehen. Diese Achse entspricht dem Zentrum der Nullebene. Beginnt

Verkantete und höhenversetzte Teilbilder lassen sich nur schwerlich fusionieren. Bei längerem Betrachten kommt es zu Visueller Überforderung.

Sind die Teilbilder sauber ausgerichtet, kann das Bild leicht und ohne Störungen betrachtet werden. Im Intervallmodus betrachtet, dreht sich dieses Bild nur hinter der Nullebene, weil es keine negativen Disparitäten gibt.

der abgebildete Raum in der Nullebene, sollte sich diese am vorderen Bildrand befinden, sodass sich das Stereo-3D-Bild beim Testen nur hinter der Wiedergabeebene dreht.

Werden Objekte vor die Nullebene geholt, scheint die Achse beim Hin- und Herschalten tiefer im Bild zu liegen. Dabei lässt sich gut erkennen, dass Bildteile vor und hinter der Nullebene in entgegengesetzte Richtungen verschoben sind.

Sollte beim Hin- und Herschalten kein Unterschied in den Teilbildern erkennbar sein, ist auch keine Tiefenwirkung zu erwarten. Möglicherweise waren die Objekte zu weit entfernt oder die Kamerabasis zu klein. Umgekehrt ist hier auch schnell zu erkennen, wann die Basis zu groß beziehungsweise die Objekte zu nah waren. In diesem Fall wird es schwierig, ein fusionierbares stereoskopisches Bild zu erzeugen. Mit speziellen Techniken, die im folgenden Unterkapitel „Korrekturen und VFX" beschrieben werden, lassen sich aber auch solche Bilder zumindest noch optimieren.

### Vorschau

Eine stereoskopische Vorschau während der Teilbildausrichtung ist durchaus von Vorteil, denn dadurch lässt sich die zu justierende Tiefenwirkung erkennen. Sollen auch die Farben beurteilt werden, muss ein Polarisationssystem oder ein modernes Shuttersystem zur Verfügung stehen. Geht es nur um die reine Ausrichtung, ist schon das Anaglyphenverfahren ausreichend. Dazu muss angemerkt werden, dass auch bei Shutterbrillen und Polfiltern Farbverfälschungen auftreten können. Diese stören aber im Gegensatz zu Anaglyphen nicht das Bild und lassen sich zudem über ein Farbmanagement kompensieren.

Mit einer Stereo-3D-Vorschau lässt sich zwar ein guter Eindruck der Raumwiedergabe gewinnen, doch aufgrund der Verschmelzungstoleranzen der Wahrnehmung können keine präzisen Aussagen für Korrekturen abgeleitet werden. Hinzu kommt, dass gerade Menschen, die sich täglich mit stereoskopischen Bildern beschäftigen, eine erhöhte Toleranz gegenüber Disparitäten entwickelt haben. Bei Teilbildjustierungen sollte aber immer der Zuschauer mit der geringsten Toleranz als Maßstab angelegt werden. Nicht jede Stereo-3D-Produktion kann es sich jedoch leisten, die Vorschau in einem eigenen Mini-Kino mit verschiedensten Testpersonen durchzuführen.

Beim Justieren sollte also nicht nur mit der Stereo-3D-Vorschau, sondern vor allem mit dem 2D-Overlay gearbeitet werden. Nur dort sind Abweichungen genau und präzise erkennbar. Des Weiteren bieten sich

Darstellungsmodi wie Differenzbilder oder Kantenerkennung an. Selbst ohne Live-Vorschau lassen sich so gute Ergebnisse erzielen. Das sollte natürlich keinesfalls zum generellen Verzicht einer Stereo-3D-Vorschau führen, denn diese ist letztlich immer auch etwas Subjektives. Im besten Fall sind die Ergebnisse einer Korrektur im 2D-Overlay und mit einer Stereo-3D-Vorschau identisch.

### Master

Die Disparität und damit die Tiefenwirkung der einzelnen Szenen eines Films wird im Prozess der Teilbildausrichtung festgelegt. Dabei muss bekannt sein, für welche Wiedergabemethode das Material bearbeitet wird. Kleinere Formate wie Fotos oder kleine Displays benötigen eine tendenziell größere Basis, also größere perspektivische Unterschiede. Große Formate wie Kino und große Full-HD-Bildschirme verlangen eine kleinere Basis. Nicht in jedem Fall müssen jedoch verschiedene Versionen erstellt werden, denn mit der Größe des wiedergegebenen Bildes variiert auch der Betrachtungsabstand. Computerbildschirme werden aus kürzerer Entfernung gesehen als Kinoleinwände.

Durch moderne Technologien sind selbst bei kleinen Geräten deutlich höhere Auflösungen möglich. So kann auch das kleine Display eines tragbaren 3D-Film-Players aus kurzer Distanz betrachtet werden, ohne

> **Differenzen und Kanten**
>
> Die Teilbildausrichtung lässt sich mit Darstellungsoptionen wie dem Overlay deutlich vereinfachen. Zur Justierung der geometrischen Abweichungen eignet sich die Darstellung im Kantenerkennungsmodus. Linien und Kanten können damit sehr leicht gerade gestellt und deckungsgleich gemacht werden. Eine andere Darstellungsmöglichkeit ist der Subtraktionsmodus. Dabei wird ein Teilbild vom anderen mathematisch abgezogen. Identische Stellen erscheinen dann schwarz. Nur dort, wo Disparitäten vorhanden sind, ist noch Bildinhalt zu erkennen.
>
>
>
> Vorschau-Modi. Links: Original-Stereobild, Mitte: Kantenerkennungsmodus, Rechts: Differenzbildmodus

dass die Pixelstrukturen stören. Bei großen Wiedergabegeräten wird die hohe Auflösung auf eine größere Fläche verteilt. Dafür sind die Zuschauer aber in der Regel weiter entfernt.

Fallweise ist zu entscheiden, ob mehrere Master erstellt werden. Ein so großer Unterschied wie zwischen Mobiltelefon-Displays und einer IMAX-Bildwand verlangt aber definitiv nach unterschiedlichen Mastern.

Real gedrehte Bilder schränken den Spielraum in der Teilbildausrichtung ein, da die Parameter bei der Aufnahme festgelegt wurden und im Nachhinein nur in bestimmten Grenzen geändert werden können. Diese Beschränkung gilt auch für die Erstellung eines Masters. Bei CGI-Bildern besteht im Gegensatz zu Realfilm-Sequenzen die Möglichkeit, eine neue Version zu erstellen, bei der tatsächlich die Kamerabasis an das betreffende Wiedergabeformat angepasst wird. Am Ende des Postproduktionsprozesses sind die Teilbilder fertig justiert und die Tiefenwiedergabe ist im Master eingefroren.

▶ *Das Master ist auf eine Wiedergabe optimiert, bei der die beiden Teilbilder deckungsgleich dargestellt werden.*

Soll ein Film mit einem einzigen Master mehrfach ausgewertet werden, ist es ratsam, eher konservativ zu agieren. Das bedeutet, dass schon bei der Aufnahme mit tendenziell kleinerer Basis gearbeitet wird und das Master eine etwas geringere Disparität in der Ausrichtung erhält. Das Raumempfinden auf kleinen Displays ist dadurch zwar nicht ganz so stark, gleichzeitig wird es aber auf den großen Leinwänden nicht zerstört.

Neben der Disparitätsfestlegung werden im Master natürlich auch andere Arbeitsschritte manifestiert wie das Farb-Grading oder die Tiefendramaturgie.

### 5.3.2 Korrekturen und VFX

In der stereoskopischen Postproduktion geht es neben dem Ausrichten und Justieren der Teilbilder und deren Abgleich in Farbe, Helligkeit, Kontrast und Synchronität auch darum, bestimmte Eingriffe innerhalb des Tiefenraums durchzuführen. Damit kann die Tiefenausdehnung verändert werden, um Fehler zu korrigieren oder um bestimmte Spezialeffekte zu erzielen. Solche Maßnahmen sind nicht nur mit Spezialsoftware für Stereo-3D möglich, sondern auch mit Standardprogrammen wie Adobe After Effects, zumal inzwischen etliche Plugins und Skripte existieren, die den größtenteils manuellen Arbeitsablauf automatisieren und deutlich vereinfachen. Bei Nuke von The Foundry ist der 3D-Workflow durch Ocula bereits integriert.

SGO Mistika – Stereo-3D-fähig

**Hardware**

Es gibt inzwischen eine ganze Reihe an speziell auf die stereoskopische Postproduktion zugeschnittenen Systemen.

**Farben, Schnitte und Effekte**

Workstations und Programme wie Quantel Pablo, Iridas SpeedGrade, Assimilate Scratch, SGO Mistika und ifx Piranha sind voll ausgestattete Stereo-3D-Arbeitsplätze, die neben einer professionellen Farbkorrektur auch umfangreiche Eingriffe in die Disparität der Teilbilder erlauben. So ist ein effektives und schnelles Arbeiten möglich. Tracking, Keying und andere Techniken in Echtzeit sind Bestandteil der Systeme und die Ergebnisse lassen sich in der Regel auch über eine Stereo-3D-Vorschau betrachten.

In den Media Composer von Avid wurde ebenfalls Stereo-3D integriert, allerdings eher als Darstellungsoption und weniger als vollwertiges System. Bei den von Grund auf für Stereo-3D geplanten Systemen haben sowohl Avid als auch Final Cut Pro bis 2010 keine Rolle gespielt.

### Arbeitsweise

Die Stereoskopie beruht auf mathematischen, physikalischen und geometrischen Grundlagen, welche die Produktion und Postproduktion unter Umständen zu einem großen theorielastigen Aufwand werden lassen. Damit sich Anwender und Gestalter auf den kreativen Teil ihrer Arbeit konzentrieren können, wird diese durch den Umgang mit Begriffen wie Volumen und Tiefenumfang und der Kenntnis der jeweiligen Grenzwerte erleichtert. Dadurch müssen sie nicht selbst die Funktionsweise der Netzhaut und des visuellen Zentrums exakt kennen oder sich mit der Umrechnung von Winkelminuten befassen. In der täglichen Arbeit sind also nur die Größen und Werte des Mediums, an dem gerade gearbeitet wird, von Belang, die beispielsweise in Pixeln oder Prozent angegeben werden.

Für den Bereich der Live-Produktion wird die Stereo-3D-Funktionalität in vorhandene Technik integriert. Bei Bildmischern ist es beispielsweise üblich, zwei Kanäle einfach aneinander zu koppeln und zu einem Stereo-3D-Kanal zusammenzufassen. Die neuen direkt auf Stereo-3D ausgelegten Switcher von GrassValley, Sony oder Ikegami sind dadurch in der Lage, das linke und rechte Teilbild synchronisiert und mit Effekten kombiniert zu schneiden.

### Echtzeitanalyse

Eine große Rolle spielt die Analyse der beiden Teilbilder, um Fehldisparitäten, Rotationsfehler oder andere Probleme schnell und zuverlässig zu erkennen. Das ist nicht nur im Live-Betrieb wichtig, sondern auch bei der Aufnahme mit einem Stereo-3D-Rig. Inzwischen existieren verschiedene Programme, die dazu in der Lage sind. Die Tiefe des Bildes wird grafisch dargestellt und problematische Bereiche werden angezeigt. Zu diesen Stereo-Analyzern zählen unter anderem der Binocle Disparity Tagger, der HHI STAN, der 3ality SIP 2100 und Sonys MPE-200. Während bei manchen Systemen für die Berechnung oder die grafische Darstellung separate Rechner nötig waren, geht die Tendenz hin zu „Stand-alone-Geräten" oder integrierten Lösungen in Kombination mit einem Rig.

Ursprünglich waren die Analyzer nur in der Lage, stereoskopisches Material zu analysieren und die notwendigen Korrekturen als Werte oder grafisch auszugeben. Die Analysedaten können aber auch sinnvoll für eine Echtzeitkorrektur der Kameras verwendet werden. Dafür muss natürlich ein motorisiertes und fernsteuerbares Rig vorhanden sein. Damit der Benutzer dabei die Übersicht behält, sollte bei solchen Automatiken auf zu viele Kabel und Steuerleitungen verzichtet werden. Sony setzt mit seinem T-Adapter beispielsweise auf einen Anschluss, über den die Bilder und Steuerbefehle für Stereo-3D gemeinsam übertragen werden.

Stereo-3D-Bildprozessor MPE-200 von Sony

### Echtzeitkorrektur

Auf der anderen Seite gibt es Hardware, mit der Stereo-3D-Bildkorrekturen in Echtzeit durchgeführt werden können. Der kanadische Hersteller Evertz hat eine Steckplatte entwickelt, die Höhenfehler, Rotationsfehler und Skalierungsfehler on-the-fly korrigieren kann. Gleichzeitig lässt sich damit ein Teilbild spiegeln, was für die Verwendung mit Spiegelrigs sehr von Vorteil ist. Die Evertz-Karte wurde bei verschiedenen Stereo-3D-Projekten von Vince Pace und James Cameron eingesetzt und dabei auch weiterentwickelt.

Dual Link Video Prozessorkarte: Evertz 7732DVP-HD

▶ Echtzeitanalyse- und Korrekturhardware sind wichtige Voraussetzungen für künftiges 3DTV.

Die Rechenleistung der Karte reicht aber wiederum nicht für eine Echtzeitanalyse der Stereobilder. Sie ist auf manuelle Korrektureinstellungen angewiesen. Eine Kombination solcher Korrektur-Hardware mit den Analyseprogrammen anderer Hersteller bringt eine Reihe an Vorteilen mit sich. Produktionen unter Live-Bedingungen können wesentlich einfacher durchgeführt werden. Auch in der Postproduktion lassen sich Vorgänge enorm beschleunigen und gleichzeitig die Qualität stereoskopischer Bilder erhöhen. Die Zukunft gehört Systemen, die über Analyse-, Korrektur- und Steuerfunktionen gleichermaßen verfügen. Als einer der ersten Analyzer ist der HHI STAN dazu in der Lage. Auch von Sony gibt es inzwischen mit dem MPE-200 ein entsprechendes Produkt.

## Compositing und Keying

Besonders einfach lassen sich Stanzen mit Tiefenbildformaten durchführen. So können beim Tiefenkeying einzelne Ebenen ausgewählt werden, ohne dass es nötig ist, Green- oder Bluescreens zu verwenden.

In Stereo-3D wird Keying prinzipiell genauso eingesetzt wie in herkömmlichen 2D-Produktionen. Das Besondere ist hierbei, dass verschiedene Tiefenräume miteinander kombiniert werden können. Auf diese Weise lässt sich die maximale Disparität des Bildes viel besser steuern, gleichzeitig kann es aber auch zu abstrakten Bildwirkungen kommen, wenn die Abweichungen von der Realität zu stark werden. Die Größe und Lage der Objekte und deren Disparität haben eine natürliche Korrelation, an welche

Tiefenkeying eröffnet völlig neue Möglichkeiten.

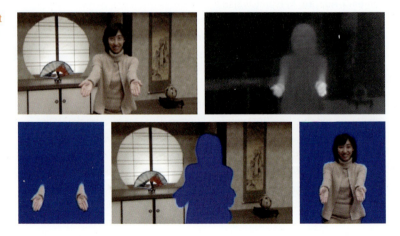

In diesen Teilbildern ist der unterschiedliche Bildinhalt an den Rahmenlinien gut erkennbar. Bleibt dieses Bild unbehandelt, führen kritische Objekte (Strandkorb, Schirm) am linken und rechten Bildrand zu Rahmenverletzungen.

die Wahrnehmung gewöhnt ist. Abweichungen durch Bildmontagen lassen sich aber auch bewusst als VFX einsetzen. Keying kommt also vor allem zum Einsatz, wenn bestimmte Objekte nicht mit dem gewünschten Hintergrund zusammen real gedreht werden können, wenn die Disparitäten separat voneinander gesteuert oder Effekte erzeugt werden sollen.

### Schwebefenster

Das Stereofenster wird aus den Rahmenlinien der beiden Teilbilder gebildet. Dort, wo diese Ränder deckungsgleich sind, erkennt der Betrachter das imaginäre Fenster, also das Stereofenster.

### Rahmenverletzung

Liegt ein Objekt vor der Nullebene und damit im Normalfall auch vor dem Stereofenster, darf es die seitlichen Bildränder nicht berühren. Schließlich kann sich das Objekt nicht vor einem Bilderrahmen befinden, wenn es von dessen Rand beschnitten wird. In solchen Fällen liegt eine Verletzung des Stereofensters vor, oft auch kurz Rahmenverletzung genannt.

> **i Color Difference Key (Chroma Key)**
>
> Besondere Möglichkeiten eröffnen sich über die Greenscreen- und Bluescreentechnologien. Dabei werden Vorder- und Hintergrund separat gefilmt und im Schnitt zu einem Bild zusammengefügt. Jede Aufnahme hat dabei ihre spezifischen Tiefeneinstellungen (Multibasis). Passen diese zusammen, scheint das Ergebnis ein normales räumliches Bild zu sein. Unterscheiden sich die Stereofaktoren von Vorder- und Hintergrund jedoch stark, wird das Bild mitunter auffällig. Je nach Motiv und Abweichungsgrad kann das interessant wirken oder als Fehler wahrgenommen werden. Hier entstehen also neue kreative Freiräume für Effekte.

Sie ist schon beim Betrachten der beiden Teilbilder erkennbar, denn an den problematischen Stellen entsteht ein negativer Versatz der Disparitäten und der Bildinhalt wird nicht deckungsgleich. Die Wahrnehmung gewichtet in solchen Situationen den Tiefenhinweis der Verdeckung stärker als die Stereopsis.

Eine Verletzung des Rahmens macht sich hauptsächlich an den seitlichen Kanten bemerkbar, da die Tiefeninformation stereoskopischer Bilder im seitlichen Versatz der Bildpunkte steckt. Vertikal sind größere Rahmenverletzungen möglich, ohne dass es dem Zuschauer negativ auffällt. Der Spielraum ist an der unteren Bildseite am Größten, denn sie hat beim Betrachter die geringste Aufmerksamkeit. In der Praxis wird davon regelmäßig Gebrauch gemacht. So lassen sich in vielen Stereo-3D-Filmen und -Bildern ausgedehnte Rahmenverletzungen der Unterkante erkennen, die aber kaum jemand wahrnimmt, der nicht extra darauf achtet.

### Maskierung der Ränder

▶ Um ein Objekt hinter das Stereofenster zu bringen, beziehungsweise das Stereofenster vor das Objekt zu ziehen, muss die Maskierung in der Breite mindestens der Disparität dieses Objekts entsprechen.

Mit dem Schwebefenster steht eine Technik zur Verfügung, die solche Rahmenverletzungen bis zu einem gewissen Grad korrigieren kann. Dabei wird das Stereofenster nach vorn gezogen und schwebt gewissermaßen vor der Wiedergabeebene. Es ist von der Nullebene entkoppelt.

Der Schlüssel zur Änderung des Fensters liegt in den Seitenlinien, da sich das Stereofenster durch die Seitenlinien des Bildrahmens definiert. Durch die Beschneidung der linken Seite des linken Teilbilds steht das Stereofenster schräg in den Zuschauerraum. Wird zusätzlich die rechte Seite des rechten Teilbildes beschnitten, wandert das Stereofenster komplett nach vorn. Durch eine umgekehrte Beschneidung verlagert es sich dement-

---

**i  Rahmenverletzung**

Objekte, die sich vor der Nullebene befinden, sollten besser nicht vom Bildrand angeschnitten werden. Dafür gibt es zwei Gründe. Erstens ist es für die Wahrnehmung schwer vorstellbar, dass ein Objekt, welches sich vor der Bildebene befindet, gleichzeitig von dieser verdeckt wird. Zweitens können Disparitäten vor der Nullebene sehr groß werden. Wenn dabei ein Teilbild verdeckt wird, kommt es an der Stelle zu binokularer Rivalität. Hinter der Bildebene, also bei positiven Disparitäten, gibt es hingegen keinen Konflikt, denn dieser Fall ist vom natürlichen Sehen bekannt, wenn um einen Gegenstand „herumgesehen" wird. Rahmenverletzungen können in bestimmten Grenzen über die Technik des Schwebefensters (Floating Window) verdeckt werden.

sprechend hinter die Nullebene. Das Stereofenster muss nicht unbedingt komplett nach vorn gezogen werden, sondern nur auf der Seite, an der die Rahmenverletzung stattfindet.

Die Maskierung beim schwebenden Fenster darf beinahe jede Form annehmen. Dadurch kann das virtuelle Fenster nicht nur vor der Wiedergabeebene schweben, sondern es lässt sich in alle erdenklichen Richtungen drehen, neigen, biegen und verschieben. Diese Möglichkeiten sind vor allem der Einführung der Digitaltechnik zu verdanken. Erst dadurch sind solche Beeinflussungen einfach umzusetzen und können sogar zeitlich dynamisch variiert werden.

## Anwendung

Auch bevor die Digitaltechnik den Einsatz von Schwebefenstern so leicht gemacht hat, gab es Möglichkeiten, eine Rahmenverletzung zu beheben. Die einfachste Lösung besteht in der Verlagerung der Nullebene nach vorne, sodass alle Objekte dahinter liegen. In Bildern mit zu großer Disparität kann es dann aber bereits zu Divergenzen im Fernbereich kommen. In solchen Fällen ist also ein Schwebefenster von großem Nutzen.

Eine andere Variante ist die gleichzeitige Beschneidung der Bildränder des fertig ausgerichteten Stereo-3D-Bildes, um störende Randobjekte zu entfernen. Bei einem wichtigen Bildbestandteil oder einem Objekt, das sich weit ins Bild hinein erstreckt, ist das natürlich nicht möglich. Zudem verändert sich durch eine solche Beschneidung das Seitenverhältnis und das Bild muss gegebenenfalls skaliert werden. Das Schwebefenster ist im Prinzip eine seitliche Beschneidung, die nur in jeweils einem Teilbild stattfindet. So kann die ursprüngliche Bildbreite erhalten bleiben.

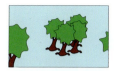 

Nahgrenze unterschritten – Rahmenverletzung. Das führt zur binokularen Rivalität an den Bildseiten.

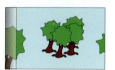 

Zur Korrektur werden die Seiten kaschiert. Dadurch wandert das Stereofenster nach vorn.

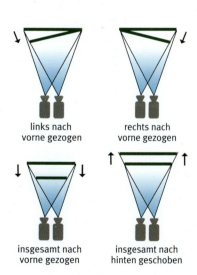

Stereofenster lassen sich auf vielfältige Art beeinflussen.

Ein Schwebefenster kann wie im linken Teilbild über den ganzen Rand laufen (links) oder wie im rechten Teilbild partiell die einzelnen Störobjekte abdecken (Mitte). In der Stereo-3D-Ansicht (rechts) schwebt das Fenster vor der Nullebene und die Rahmen werden nicht mehr verletzt. Auf weißem Grund ist das Ergebnis mit Anaglyphen nicht gut erkennbar, daher der schwarze Rahmen in diesem Beispiel.

Schwebefenster lassen sich aber nicht nur zur Korrektur von Objekten verwenden, die den Stereorahmen verletzt haben, sondern auch, um das gesamte Stereofenster weiter in den Zuschauerraum zu ziehen. Dadurch ist alles näher am Zuschauer. Selbst wenn keine Objekte vor der Nullebene liegen, scheint es, als würden sie vor der Leinwand schweben. Bei großen IMAX-Leinwänden ist diese Methode nicht unbedingt notwendig, da die Bildrahmenproblematik bei der Leinwandgröße und dem Betrachtungsverhältnis kaum eine Rolle spielt.

Die Entkopplung des Stereofensters von der Nullebene sollte nicht als generelles Konzept für einen ganzen Film dienen, beispielsweise um mehr Tiefenspielraum zu generieren. Schwebefenster sind vor allem dann für den Betrachter unsichtbar, wenn sie nicht dauerhaft sind. Am besten funktionieren sie dynamisch, kommen und gehen also, wie es der Bildinhalt verlangt. In der Praxis sollten Schwebefenster behutsam eingesetzt werden, sie sind auch kein Allheilmittel für übertriebene Disparitäten.

Bilder mit Schwebefenstern können bei einigen Wiedergabeformen Probleme erzeugen, da sie links und rechts schwarze Streifen in je einem Teilbild haben. Bei anaglypher Darstellung ist dieses Schwarz farbig kodiert und stört möglicherweise das Bild. Bei Polarisationsverfahren kann es an den Stellen zu leichten Geisterbildern kommen. Je größer die Korrekturstreifen sind, desto stärker fallen solche Probleme auf.

**Praxisinfo – Schwebefenster:** Wenn nur das eigentliche Objekt korrigiert werden soll, das den Rahmen verletzt, nicht jedoch andere Objekte am Bildrand, die auf oder hinter der Nullebene liegen, muss der Maskierungsstreifen auf die entsprechenden Stellen begrenzt werden. Dadurch wird nur der horizontale Streifen des Stereofensters gekippt, der das Problemobjekt enthält. Im Fall mehrerer verschiedener Objekte am Bildrand können auch verschiedene Maskierungsstreifen eingesetzt werden. Die Mühe macht sich aber in der Praxis kaum jemand, da der Zuschauer den Unterschied letztendlich nicht bewusst wahrnimmt. Wenn einfach die gesamte Bildseite maskiert wird, ist die Störung entschärft und dabei wird es üblicherweise belassen.

### Selektive Disparitätsreduktion

Sind stereoskopische Bilder mit zu großen Differenzen zwischen der Fernpunkt- und der Nahpunktdisparität aufgenommen worden, kann es zu Visueller Überforderung beim Zuschauer kommen. In diesen Fällen sollte versucht werden, die Tiefenausdehnung nachträglich zu reduzieren. Dies gelingt umso besser, je einfacher sich der Hintergrund vom Vordergrund trennen lässt. Oft gestaltet sich der Bildaufbau so, dass die Tiefenunterschiede durch Kanten begrenzt sind. Auf den entsprechenden Bildbereich wird eine Maske gesetzt und anschließend kann die Disparität des Hintergrundes separat zur Disparität des Vordergrundes verändert werden.

In schwierigeren Fällen, wenn sich beispielsweise ein Objekt vor dem Hintergrund bewegt, muss dieses gekeyt und eventuell auch getrackt werden. Viele 2D-3D-Konvertierungsverfahren basieren auf diesem Prinzip. Mit der selektiven Disparitätsänderung geht ein entsprechender Kulisseneffekt einher.

### Multibasis

Ein Hauptproblem in der Stereoskopie ist der geringe Tiefenspielraum. Bei der Aufnahme muss immer die Entscheidung getroffen werden, ob der Vordergrund plastisch und der Hintergrund eher flach erscheinen soll (Normalbasis) oder ob entfernte Objekte räumlich werden, der Vordergrund dafür aber „geopfert" werden muss (Großbasis).

In VFX-Programmen wird üblicherweise ein virtuelles Kamera-Rig mit einer bestimmten

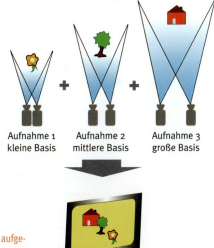

Aufnahme 1 kleine Basis
Aufnahme 2 mittlere Basis
Aufnahme 3 große Basis

**Multibasis-Shot:** Jedes Objekt wird separat mit optimaler Basis aufgenommen. Würde alles gleichzeitig gefilmt, ist der Tiefenspielraum zu groß. Entweder wäre der Hintergrund nur noch zweidimensional oder die Disparitäten wären für den Vordergrund zu groß.

Mit einer Multibasis sind scheinbar unmögliche Bilder möglich. Diese üben oft einen besonderen Reiz aus.

Stereobasis definiert, das die linke und rechte Perspektive enthält. Nun wird einfach das gleiche Bild mit zwei oder mehr verschiedenen virtuellen Rigs, also mit unterschiedlicher Stereobasis aufgenommen. So entstehen getrennte Bilder für den Vordergrund, den Hintergrund oder sogar für einzelne Objekte. Die plastische Darstellung der Objekte lässt sich so gezielt beeinflussen.

Das Multibasisverfahren (auch Multi-Rigging genannt) wurde anfänglich in der Postproduktion mit VFX und bei Animationen angewendet, lässt sich aber auch bei realen Bildern einsetzen. Dafür wird die Aufnahme des Vordergrundobjekts vor Greenscreen gedreht oder zumindest so, dass es sauber freigestellt werden kann. Der Hintergrund wird separat mit entsprechender Stereobasis aufgenommen. Beide Bilder lassen sich zusammenfügen, ohne dass der Zuschauer davon später etwas bemerkt. Allerdings muss darauf geachtet werden, dass das Vordergrundobjekt nicht übertrieben stereoskopisch ist, damit es in Bezug auf den Hintergrund keine Tiefenkollision gibt.

### Dynamische Disparitäten

Bei Szenen, in denen sich Objekte in der Tiefe des Bildes bewegen oder bei denen sich die Kamera relativ zur Tiefe des Bildes bewegt, wird in der Postproduktion oft mit dynamischen Disparitäten gearbeitet. Dabei handelt es sich um Disparitäten, die sich bei Bewegtbildern dynamisch verändern. Entsprechend des Bildinhalts werden sie größer oder kleiner. Das kann einerseits bereits bei der Aufnahme erreicht werden, beispielsweise durch eine dynamische Stereobasisänderung, aber auch mit den

In Motiven wie diesem lässt sich die Tiefe durch einen vertikalen Verlauf maskieren. Wie bei einer Tiefenkarte stellt der Verlauf die Z-Achse dar.

Mitteln der Postproduktion. Der jeweilige Höchstversatz der Teilbilder wird dann für bestimmte Keyframes festgelegt und von der Software selbstständig dynamisch auf die Zwischenbilder interpoliert.

## Vertikalmaskierung

In Bildern, die gleichmäßig in die Tiefe führen, sind in der Regel nahe Bildpunkte unten und ferne Bildpunkte oben, die Entfernung steigt quasi vertikal an. Solch ein Bild lässt sich im Schnitt mit einem vertikalen Verlauf maskieren, um die Tiefenanteile zu trennen.

Wurde bei der stereoskopischen Aufnahme die zulässige Disparität überschritten, könnte hier eine Besserung mit einem Filter erzielt werden, der zeilenweise fast stufenlos die Disparität verringert. Ebenso kann Bildern auf diese Weise Tiefe hinzugefügt werden, falls sie zu wenig Disparität aufweisen. Die Tiefe wird so also künstlich gedehnt oder komprimiert.

Allerdings funktioniert diese Methode nur bei Bildern, in denen die Motive es erlauben. Der Bereich, in dem sich die stereoskopische Tiefe ausdehnt, muss sich wie eine Fläche gleichmäßig nach hinten erstrecken, ohne dass irgendein Objekt diese Gleichmäßigkeit unterbricht.

## Bilderweiterung

Ein etwas überzogener Tiefenumfang kann reduziert werden, indem aus dem Bild gewissermaßen herausgezoomt wird. Damit die eigentliche Bildgröße jedoch erhalten bleibt, muss an den entstandenen Rändern fehlende Bildinformation angestückelt werden. Diese Methode ist daher

▶ *Der Tiefenumfang der abzubildenden Szene wird stets durch Nah- und Fernpunkt bestimmt.*

recht aufwändig und kann nur bei bestimmten Motiven angewendet werden. Dabei werden vorhandene Strukturen dupliziert, vergrößert oder verlängert, Texturen übertragen oder gestreckt. Bei einer Nachtaufnahme kann der erweiterte Bereich auch einfach dunkel gehalten werden.

Mit der Skalierung, also dem digitalen Herauszoomen, verändern sich die Disparitäten. Wird ein Bild größer dargestellt, werden auch die Disparitäten größer, wird es kleiner skaliert, verringern sich auch die Disparitäten. Dieses Problem ist schon aus der Teilbildausrichtung bekannt, bei der es auch zu Skalierungen des Bildes kommen kann. Auch die eigentlichen Objekte werden durch die Skalierung insgesamt kleiner dargestellt, als bei der Aufnahme entschieden wurde, die Kadrierung wird im Nachhinein verändert.

*Nach dem Spiegeln müssen die Teilbilder vertauscht werden.*

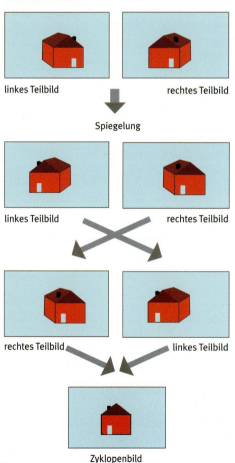

linkes Teilbild — rechtes Teilbild

Spiegelung

linkes Teilbild — rechtes Teilbild

rechtes Teilbild — linkes Teilbild

Zyklopenbild

### Tiefenskalierung

Eine relativ neue und zukunftsweisende Möglichkeit, den Tiefenumfang eines Bildes nachträglich zu reduzieren, ist die Tiefenskalierung. Dabei können die Disparitäten in unterschiedlichem Verhältnis zueinander verschoben werden. Bei der reinen Teilbildausrichtung ist es hingegen nur möglich, die kompletten Teilbilder zueinander zu verschieben. Das Verhältnis der Disparitäten bleibt jedoch so, wie es bei der Aufnahme festgelegt wurde.

Für eine Tiefenskalierung werden die Tiefenbilder (depth maps) der beiden Teilbilder genutzt. Diese können von der Software per Bildanalyse direkt aus den Disparitäten generiert werden. In bestimmten Grenzen ist es dann möglich, den Tiefenumfang des Bildes zu variieren, also zu dehnen oder zu stauchen.

### Spiegeln

Hin und wieder ist es nötig, ein Bild in der Postproduktion zu spiegeln, sei es wegen Anschlussfehlern (Kontinuität) oder aus

Links: Originalbild
Mitte: gespiegelt und Seiten beibehalten – Pseudo-Stereo-3D
Rechts: gespiegelt und Seiten vertauscht – korrektes Stereo-3D

gestalterischen Gründen. Oft ist das der Fall, wenn die Blickrichtung eines Protagonisten nicht stimmt und der Anschluss an das nächste Bild damit nicht funktionieren würde.

Wenn gespiegelt wird, muss stets auf Schriften und andere Dinge im Bild geachtet werden, die in gespiegelter Form problematisch werden. Bei einer Spiegelung in Stereo-3D ist ein weiterer Aspekt zu berücksichtigen. Die beiden Teilbilder müssen nach dem Spiegeln vertauscht werden, da es durch das Spiegeln selbst zu einem Wechsel der Perspektiven kommt.

**Praxisbeispiel – Stereo-3D spiegeln:** Im oben dargestellten Beispiel soll das Bild gespiegelt werden, damit es im Schnitt besser an die Bewegungsrichtung des nachfolgenden Bildes passt. Im Originalbild ist die Räumlichkeit normal erkennbar. Es ist nicht ausgerichtet, die Fernpunkte sind deckungsgleich und der Wagen ragt effektvoll vor das Stereofenster. Im zweiten Bild wurden beide Teilbilder gespiegelt. Es entsteht ein unbestimmter Raumeindruck – das Bild ist pseudoskopisch, die Teilbilder liegen also verkehrt herum. Das dritte Bild zeigt die vertauschten Teilbilder. Nun entsteht eine normale, orthoskopische Wahrnehmung der Tiefe (korrektes Stereo-3D).

## 5.3.3 Schnitt

Der letzte große Arbeitsschritt im kreativen Entstehungsprozess eines Films ist der Schnitt. Der Workflow beim Schnitt in Stereo-3D unterscheidet sich von Projekt zu Projekt. Je nach verwendeter Kamera, dem Schnittsystem und dem Zielformat sind unterschiedliche Lösungen angebracht. Nahezu jede Firma, die sich mit 3D-Postproduktion befasst, hat ihren eigenen Weg entwickelt. Inzwischen gibt es aber immer mehr Programme, die auf Stereo-3D ausgerichtet sind oder es zumindest unterstützen.

Die wichtigsten Anbieter von Schnittsoftware wie Avid oder Final Cut rüsten ihre Produkte ebenfalls auf. Nachdem diverse Stereo-3D-Plugins von Drittanbietern auf den Markt gebracht wurden, unterstützen neue Versionen der Programme zumindest prinzipiell auch von sich aus stereoskopisches Material.

Der Schnitt hat aber neben der technischen auch eine gestalterische Seite. Hier bieten sich zahlreiche Möglichkeiten, die Aufmerksamkeit des Zuschauers auf bestimmte dramaturgisch wichtige Stellen zu lenken. Im Idealfall arbeiten die Gewerke Schnitt, Kamera und Regie zusammen, um zu einem optimalen Ergebnis zu gelangen. Bestimmte Ideen oder Techniken sind beim Schneiden oft nur durchführbar, wenn das Material entsprechend aufgenommen wurde.

### Tiefendramaturgie

Die Bildgestaltung kennt nahezu unendlich viele Möglichkeiten, Stimmungen und Gefühle zu transportieren, welche die Dramaturgie unterstützen. Sei es die Art der Kameraführung, die einen Protagonisten isolieren oder integrieren kann, sei es die Beleuchtung, die eine Einstellung düster, freundlich, gefährlich oder surreal wirken lassen kann oder seien es die Farben, die eine kalte, distanzierte oder warme, freundliche Stimmung erzeugen können. Beispiele gibt es wie Sand am Meer und jedes Stilmittel hat im Lauf der Zeit seine Wirkungsweise gefunden. Wie verhält es sich nun mit Stereo-3D?

Die stereoskopische Tiefe muss sich als Stilmittel erst etablieren. Bisher gibt es keine Verabredungen bezüglich einer bestimmten Darstellung und der damit verbundenen Aussage. Die Filme, die jetzt entstehen, spielen noch mit der Wirkung der Tiefe. Nach und nach werden sich einige Methoden herauskristallisieren, die gut vom Publikum verstanden und angenommen werden. Schon jetzt ist klar, dass sich die Ausdehnung der Tiefe an der Intensität der Dramaturgie orientieren soll.

**Praxisbeispiel – Tiefendramaturgie:** Zu Beginn eines Films, während der Etablierung der Protagonisten kann auch die Tiefenausdehnung noch recht zurückhaltend starten. Viele Filme platzieren schon hier einige Effekteinstellungen, um dem Publikum das zu geben, was erwartet wird: Stereo-3D. Ab da ist klar, dass der Film räumlich ist und die Tiefe bleibt wieder moderat bis zu einem Höhepunkt, vielleicht eine Verfolgungsjagd, vielleicht ein Schusswechsel. An solchen Stellen wird der Tiefenumfang deutlich erhöht. Anschließend flacht er wieder ab, bis die Wende eintritt, bei der die Tiefe noch einmal stark in Erscheinung treten kann. Auch beim Showdown darf die Tiefe durchaus bis zum Maximum ausgenutzt werden.

Auf diese Weise wird die Filmdramaturgie auch von der Stereoskopie unterstützt. Über eine durchdachte Tiefendramaturgie wandelt sich Stereo-3D von der reinen Technik hin zu einer ernstzunehmenden Gestaltungsform. Dramaturgisch bieten sich viele Möglichkeiten an: Protagonisten können mit großer oder kleiner Tiefenausdehnung wiedergegeben werden, sie lassen sich in verschiedenen Ebenen in der Tiefe platzieren und damit bestimmte Bedeutungen und unterschiedliches Gewicht erhalten. Der sie umgebende Raum kann eher flach oder eher voluminös wirken. Mit bewussten Tiefensprüngen kann Aufmerksamkeit erregt werden, bei sehr sauberen Tiefenanschlüssen lehnt sich der Zuschauer eher entspannt zurück. All diese Möglichkeiten und viele mehr sind in Stereo-3D bewusst zu verwenden, zu testen und zu erweitern.

### Spannungsbogen

Bei großen Produktionen wird bereits im Vorfeld analysiert, wie der Spannungsbogen im Drehbuch verläuft. Anhand dessen können sich Schnitt und Kamera über bestimmte Einstellungen austauschen und so gegenseitig unterstützen. Auch der Stereograf kann den Spannungsbogen nutzen und daraus eine Tiefendramaturgie kreieren. An bestimmten Stellen wird die Tiefe dabei bewusst zurückgenommen und an anderen Stellen erhöht. So lässt sich die Dramatik effektiv verstärken. Eine solche Arbeitsweise gibt es auch beim Ton. Für aufwändige Filmmusik und Geräusche wird dabei eine Tondramaturgie entwickelt, die das Bild optimal unterstützten soll.

### Tiefenanschlüsse

Wie im herkömmlichen Film muss der Blick des Zuschauers auch beim stereoskopischen Film geführt werden. Die Führung des Blicks gelingt am besten, wenn die Anschlüsse zwischen den einzelnen Bildern logisch sind und zueinander passen. Daher gibt es bei größeren Dreharbeiten schon seit jeher den Posten der Continuity, die auf inhaltlich korrekte Anschlüsse achtet, aber auch auf eventuelle Achsensprünge und im Idealfall auf die Blickführung des Zuschauers, um Sprünge zu vermeiden. Auf ein Bild, bei dem der Blick in der rechten unteren Bildecke endet, sollte kein Bild folgen, in dem der wichtige Teil oben links zu finden ist. Das würde den Schnitt selbst vordergründig ins Bewusstsein rücken.

Mit der Tiefendimension verhält es sich im Prinzip genauso. Liegt der Fokus in der Tiefe des Bildes, sollte daraufhin kein Objekt vor der Leinwand schweben. Ebenso muss die Ausdehnung der Tiefe berücksichtigt

Tiefensprung: Wenn vom linken auf das rechte Bild geschnitten wird, müssen die Augen plötzlich aus der Entfernung (Schiff) in die Nähe (Möve) konvergieren. Umgekehrt wäre es für den Zuschauer wesentlich leichter.

werden. Ist in einem Bild nur wenig Tiefe vorhanden, wäre es unvorteilhaft, darauf eine Einstellung mit der maximal möglichen Tiefe folgen zu lassen. Zusammengefasst bedeutet das, den Tiefenumfang aufeinanderfolgender Bilder wenigstens an der Schnittstelle einander anzupassen. Eine langsame, fließende Abstufung ist angenehmer als ruckartiges Springen, auch wenn Letzteres als Stilmittel (jump cuts) durchaus Verwendung finden kann. Besteht der fertige Film aus einer Art Kurvenbewegung mit Tief- und Höhepunkten, auch was den Tiefeneindruck angeht, wird er vom Publikum besser angenommen.

Dieser Tiefenanschluss funktioniert gut, weil sowohl die Katze als auch der Wasserhahn kurz vor der Nullebene liegen. Im zweiten Bild startet also der Blick auf dem Hahn und wandert nach hinten zur Fischverkäuferin. So könnte der Fokus eines dritten Bildes auf einer hinteren Ebene liegen.

Tiefensprünge stören vor allem dann, wenn von einer hinteren auf eine vordere Ebene geschnitten wird. Die Augen des Zuschauers müssen dann blitzschnell in eine starke Konvergenzstellung wechseln und die Augenmuskeln spannen an. Umgekehrt ist es aber eher möglich, von einer vorderen Ebene nach hinten zu schneiden, denn dabei wechseln die Augen von einer konvergierten Stellung in eine entspanntere Position.

Schon bei der Aufnahme sollte klar sein, wo der Aufmerksamkeitsschwerpunkt liegen wird und wie die Szene aufzulösen ist. So können ungewollte Tiefensprünge vermieden werden. Während der Aufnahme achten Stereograf, Kameramann und Continuity gemeinsam auf solche Aspekte. Für den Fall, dass ein Tiefenanschluss dennoch misslungen ist oder von vornherein nicht umsetzbar war, gibt es in der Postproduktion die Möglichkeit, einen dynamischen Tiefenschnitt einzusetzen.

### Dynamischer Tiefenschnitt

Ein Film spielt sich nicht ausschließlich in einer einzelnen Tiefenebene ab. In der Regel müssen verschiedene Bilder mit unterschiedlichen Tiefenebenen miteinander verbunden werden. Dies lässt sich oft schon dramaturgisch über gezielte Lenkung der Aufmerksamkeit im Bild erreichen. Aber nicht immer ist es möglich, jede Einstellung im Vorfeld so exakt zu planen, dass die Fixationsebenen am Schnittpunkt zueinander passen. Viele Filme und Genres leben von einer gewissen Flexibilität. Bei Dokumentationen sind derartige Planungen beispielsweise unmöglich. Und selbst mit einem guten Storyboard ist nicht gesagt, dass später jeder Schnitt so funktioniert, wie es einmal vorgesehen war.

Tiefensprünge lassen sich also schwer vermeiden. Sind sie zu groß, können sie den Blick des Zuschauers stören. Um dieses Risiko zu reduzieren, wird in der Postproduktion mit einem dynamischen Tiefenschnitt gearbeitet. Dabei werden die Teilbilder und damit die Tiefenposition am Schnittpunkt so verschoben, dass beide Bilder gut aneinander passen und das Hauptobjekt in der gleichen Tiefe liegt. Diese Verschiebung ist im Grunde genommen eine reine Tiefenverlagerung. So wie die Schärfe bei einer Schärfenverlagerung nach vorn oder hinten wandern kann, lässt sich auch die Tiefe verlagern. Die Verlagerung wird über die Teilbildausrichtung erzielt. Beim dynamischen Tiefenschnitt verschieben sich die Bilder vor und nach dem Schnittpunkt zeitlich dynamisch in ihre eigentliche Teilbildausrichtung. Die Augen des Zuschauers folgen der Konvergenzänderung automatisch und unbewusst. Das Verschieben der Konvergenz kann durchaus sehr schnell, also innerhalb weniger Frames erfolgen, ohne

Dynamischer Tiefenschnitt: Links passen die vom Zuschauer fixierten Ebenen in ihrer Tiefenlage nicht zueinander, rechts stimmen sie nach einer Tiefenverlagerung am Schnittpunkt.

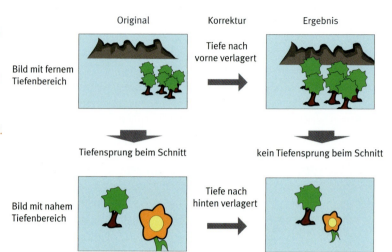

Probleme zu verursachen. Wird solch eine Tiefenblende einmal ohne 3D-Brille betrachtet, fällt erst auf, wie stark sich die Augen des Betrachters lenken lassen. Selbst große Korrekturen stören nicht. In den meisten Fällen ist die Korrektur besser als ein Tiefensprung, der stets mit einer kurzen Unterbrechung der Fusion verbunden ist. Tiefenverlagerungen und ihre Spezialanwendung als dynamischer Tiefenschnitt werden bei heutigen Stereo-3D-Produktionen standardmäßig eingesetzt.

### Schnittfrequenz

Gestaltungsmittel wie Reißschwenks oder schnelle Schnitte werden in der Stereoskopie selten angewendet. Dies hängt vor allem mit den Sehgewohnheiten zusammen. Die wenigsten Zuschauer sind an stereoskopische Filme gewöhnt und brauchen nach jedem Bildwechsel etwas Zeit, um sich in der Tiefe des Bildes zu orientieren. Je höher die Schnittfrequenz ist, desto geringer sollte daher die Ausdehnung der Tiefe sein. Bei sehr hohen Schnittfrequenzen wird kaum noch stereoskopisch gesehen. Daher kann Stereo-3D bei allzu kurzen Schnitten für einige Betrachter durchaus problematisch sein.

▶ *Das gemeinsame Ziel von Regisseur, Kameramann und Schnittmeister sollte sein, den Blick des Zuschauers in allen Dimensionen wie an einem roten Faden entlang wandern zu lassen.*

Dennoch ist es möglich, schnelle Wischer, Blenden oder Reißschwenks einzusetzen. Im Einzelfall richten sich solche Entscheidungen vor allem nach dem angesprochenen Zielpublikum. Junge Menschen sind nicht nur hinsichtlich der maximalen Disparität flexibler, sondern auch der Schnittfrequenz, was bereits über das Fernsehen und Kino antrainiert wurde. Das bedeutet, dass genau wie beim zweidimensionalen Film überlegt werden muss, welche Gestaltungsmittel zum jeweiligen Produkt passen. Eine Polit-Talkshow sollte eher ruhige Kranfahrten beinhalten, ein Hiphop-Video eher kurze Schnitte und Handkamera.

Tendenziell ist es aber richtig und wichtig, solche Stilmittel in der Stereoskopie etwas sanfter einzusetzen.

### Raumton

Tiefe und Räumlichkeit werden auch akustisch wahrgenommen. Ein räumlicher Ton kann die Tiefenwirkung des Bildes vorteilhaft unterstützen. Weit entfernte Schallquellen sollten dabei auch so klingen, das heißt in dem Fall muss der Diffusschall im Verhältnis zum Direktschall ansteigen, nahe gelegene Schallquellen hingegen müssen präsent klingen. Nicht nur die Lautstärke sondern auch die Klangfarbe ändert sich mit steigender Entfernung. Ferne Geräusche sollten etwas dumpfer und leiser klingen, da die hohen Frequenzen eher verschwinden.

Auch wenn das Bild im Zweifelsfall vom Wahrnehmungsapparat stärker gewichtet wird als der Ton, kann ein passender, das Bild unterstützender Ton das Gesamtwerk verbessern. Über die verschiedenen Tonkanäle moderner Surround-Sound-Technologien wie Dolby Digital lassen sich räumliche Lokalisierungen bestimmter Klangereignisse ermöglichen. Dadurch verstärkt sich die gesamte Raumwirkung.

### Schriften

Schrift ist in Stereo-3D besonders effektiv. Schon bei den Anfangstiteln können schöne Effekte und beeindruckende Raumwahrnehmungen mit der Schrift erzeugt werden.

#### Titel

Da es sich bei Schriften um freistehende Objekte handelt, lassen sie sich sehr leicht in den Zuschauerraum holen, ohne dass sie den Bildrand verletzen. Animierte Titel im Vorspann können sich auf der Tiefenachse bewegen und den Zuschauer auf den kommenden Film und die Räumlichkeit einstimmen. Etwas Vorsicht ist hier bei Titeln geboten, die im Zuschauerraum starten (negative Disparitäten) und nach hinten ins Bild fliegen. Die Augen werden dabei abrupt in eine starke Konvergenzstellung gezwungen (Tiefensprung). Besser sind Schriften geeignet, die aus der Tiefe kommen, schräg seitlich ins Bild fliegen oder einfach nur eingeblendet werden.

Auch der Abspann sollte auf Stereo-3D optimiert sein und die Tiefe nutzen. Einfache weiße Schrift auf schwarzem Grund wäre verschenktes Potential.

Bei Schriften ist darauf zu achten, dass die Kontraste nicht übertrieben werden. Dadurch lassen sich Geisterbilder minimieren. Besonders gilt das für den Abspann, da dort oft und gern mit Schwarz-Weiß-Kontrast gearbeitet wird. Muss der Kontrast unbedingt hoch sein, dann sollte sich die Schrift wenigstens im Bereich der Nullebene befinden.

## Untertitel

▶ Schrift ist wegen der harten Kontraste besonders anfällig für Geisterbilder.

Untertitel verleiten oft dazu, sie genauso wie Titel weit in den Vordergrund zu bringen. Dort erhalten sie aber eine größere Bedeutung als sie haben sollten. Sie lenken den Blick vom eigentlichen Bild ab. Wenn sie zu weit vor dem Bild schweben, müssen die Augen immer zwischen zwei Konvergenzstellungen hin- und herspringen. Untertitel sollen idealerweise nur als Randinformation wahrgenommen werden und nicht den Film überdecken.

Auf der Nullebene stören Untertitel am wenigsten, weil ihre Disparität dort Null beträgt und Geisterbilder nicht auftreten. Allerdings wird es jedes Mal Konflikte mit dem Bild geben, sobald etwas vor der Nullebene liegt. Eine Lösung besteht darin, die Untertitel dynamisch vor den jeweiligen Nahpunkt zu legen. Damit ein Wiedergabegerät die Untertitel aber auf der korrekten Tiefenebene darstellen kann, sind die Tiefeninformationen, vor allem die Werte der aktuellen Nahpunktdisparitäten nötig. Daher ist es äußerst vorteilhaft, solche Informationen gleich mit in die Untertiteldaten zu integrieren.

Eine andere Variante wäre, die Untertitel stets weit in den Zuschauerraum zu legen. Das häufige Konvergieren zu solch nahen Untertiteln kann aber anstrengend sein. Zudem sollte bei dieser Vorgehensweise auf Schwarz-Weiß-Kontraste verzichtet werden, um die Geisterbilder zu reduzieren. Es empfehlen sich dann also farbige Untertitel.

Untertitel sind auf der Nullebene am besten lesbar. In diesem Bild befindet sie sich hinter den Säulen. Würde der Untertitel eine Säule berühren, müsste er weiter nach vorne geholt werden.

**Texttafeln**
Anders als bei Titeln und Untertiteln werden Texttafeln nicht über das laufende Bild gelegt. Sie vermitteln ihre Informationen vielmehr als selbstständiger Bestandteil des Bildes, sie selbst sind also das eigentliche Bild. Die Aufmerksamkeit des Zuschauers soll dann auch auf der Tafel liegen. Daher werden bei Texttafeln oftmals die Bilder im Hintergrund in Unschärfe getaucht. So ist es für den Betrachter am einfachsten, die Informationen, die in der Texttafel vermittelt werden, zu erkennen. Texttafeln können beispielsweise langsam nach vorn fahren, während das Bild im Hintergrund langsam unscharf wird. So lässt sich das Auge ideal führen und Tiefensprünge werden vermieden.

**Bauchbinden**
Die meisten Stereo-3D-Bilder reichen mindestens bis zur Nullebene, denn andernfalls würde wertvolle Tiefe verschenkt. Wird eine normale 2D-Bauchbinde auf ein stereoskopisches Bild gelegt, befindet sie sich direkt auf der Nullebene. Falls sich der Bildinhalt bis vor die Nullebene erstreckt kann es dabei mit der Bauchbinde zu einem Tiefenkonflikt kommen. Dies ist zwar nicht in jedem Fall sofort störend sichtbar, dennoch ist es ratsam bei Bildern, die für eine Bauchbinde vorgesehen sind keinen Bildinhalt vor die Nullebene zu kadrieren. Meist handelt es sich dabei um Interviewsituationen.

In einer Stereo-3D-Produktion bietet es sich natürlich an, auch die Bauchbinde in 3D zu gestalten. Sowohl das Logo als auch die Schrift und mögliche Gestaltungselemente bieten hier Raum zum Experimentieren. Wird die Fläche leicht transparent gehalten, lassen sich auch Tiefenkon-

Auch mit Bauchbinden lässt sich die Tiefe kreativ nutzen. Schriften sollten dabei nicht zu extrem nach vorn gezogen werden.

flikte subjektiv reduzieren. Dabei ist es auch vorteilhaft die Schrift etwas in den Vordergrund zu rücken, sodass sie möglichst vor den vordersten Bildteilen liegt. Allerdings darf dabei auch nicht übertrieben werden. Immerhin zwingen sehr nahe Vordergrundobjekte die Augen des Zuschauers in eine starke Konvergenzstellung und verursachen damit auch leicht eine Visuelle Überforderung. Darüber hinaus ist die Wirkung einer Bauchbinde besser, wenn sie nicht allzu weit von der Nullebene entfernt liegt.

Bauchbinden führen fast immer von einer Seite zur anderen über das ganze Bild und berühren auf beiden Seiten den Bildrahmen. Sie sind deshalb auch potentielle Kandidaten für eine Rahmenverletzung. Da aber diese Rahmenverletzung am Bildrand sehr wahrscheinlich von der Farbfläche kommt, wird ihre Auswirkung kaum spürbar sein. Nur wenn klare Objekte mit Struktur am Rand der Bauchbinde liegen, ist besonders acht zu geben und die Nullebene einzuhalten. Es gibt aber auch Möglichkeiten, um solche Bauchbinden dennoch nach vorn zu ziehen. Sie könnte beispielsweise an den Seiten beschnitten sein, sodass sie komplett als Objekt vor dem Stereofenster schwebt, etwa so wie ein Titel. Eine andere Möglichkeit wäre eine gebogene Bauchbinde, die an den Seiten auf der Nullebene liegt und sich nach vorn in den Raum wölbt.

▶ Bei Stereo-3D-Bildern mit starkem Vordergrund kann es durch die Bauchbinde zu einem Tiefenkonflikt kommen.

Durch Stereo-3D ergeben sich viele neue Gestaltungsmöglichkeiten in diesem Bereich. Ein interessantes Mittel ist die Platzierung der Schrift auf unterschiedlichen Ebenen. Der Name könnte zum Beispiel weiter vorn liegen und die Funktion etwas dahinter. Auch der Farbstreifen und eben das Logo lassen sich voneinander absetzen.

### 5.3.4 Generierung stereoskopischer Bilder

Neben der klassischen Aufnahmetechnik mit zwei Kameras gibt es auch andere Methoden zur Erzeugung stereoskopischer Bilder. Hier wird zwischen CGI, also künstlich erzeugter Computergrafik und der Konvertierung vorhandenen 2D-Materials in Stereo-3D unterschieden. Längst werden alle großen und effektbehafteten Filme für die Postproduktion digitalisiert (Digital Intermediate), wenn sie nicht ohnehin gleich digital gedreht wurden. Im Zuge ihrer Nachbearbeitung entstehen zahlreiche Daten, aus denen sich über eine „Digital Source Conversion" die dritte Dimension generieren lässt. Das Verfahren ist umso effektiver, je mehr CGI-Anteil die Szenen enthalten. Dennoch kommt es nicht an die objektive Qualität stereoskopisch aufgenommener Bilder heran, da nur so die beiden echten Perspektiven gewonnen werden können.

### 2D-3D-Konvertierung

Die Konvertierung monoskopischer Bilder in Stereo-3D kann über Software oder Hardware sowie online (Echtzeit) oder offline erfolgen. Das Prinzip besteht darin, die Bilddaten über Algorithmen auszuwerten und einzelne Objekte durch monoskopische Hinweise, wie die Verdeckung, zu erkennen und freizustellen. Bei bewegten Bildern lassen sich zusätzlich Tiefeninformationen durch Auswertung der Bewegungsparallaxe ermitteln („structure from motion"). Die generierten Daten können anschließend als Separations-, Disparitäts- oder auch als Tiefenbild kodiert und übertragen werden.

### Echtzeit

Auf dem Weg zur Echtzeitkonvertierung (Online-Modus) wurden etliche Algorithmen entwickelt. Sie sind als reine Software für leistungsfähige Rechner sowie als Hardware verfügbar. Die Ergebnisse lassen durchaus eine gute räumliche Tiefe erkennen, jedoch sind die einzelnen Objekte in der Regel selbst eher flach und weisen bei Bewegung kaum Veränderungen auf. Tiefenwirkung entsteht in erster Linie durch den Raum zwischen den Objekten und so kommt es oft zu einem Kulisseneffekt.

Der Kulisseneffekt lässt sich etwas verbergen, indem eines der beiden Teilbilder leicht in die Breite gezogen wird. Dadurch verändern sich die

Professioneller Echtzeitkonverter von JVC

2D-3D-konvertiertes Bild mit Kulisseneffekt und Aufdeckungsartefakten hinterm Bug

Disparitäten dynamisch und es entsteht der Eindruck, das Objekt hätte eine Wölbung. Diese Methode führt zwar zu einem räumlicheren Eindruck, ein realistischer Raumeindruck des Objekts kann so aber nicht entstehen.

**Offline**

Wesentlich bessere Ergebnisse können mit einer Offline-Konvertierung erzielt werden, nicht nur, weil der Echtzeitzwang wegfällt, sondern auch weil sie manuelle Eingriffe und Korrekturen erlaubt. Eine richtige High-End-Konvertierung wird allerdings durch manuelles Nachbauen der 2D-Szenen in spezieller 3D-Software erzielt. Dieses extrem aufwändige Verfahren stellt heute die hochwertigste Konvertierungsform von 2D zu Stereo-3D dar. Zu den Arbeiten, die dabei durchgeführt werden, zählen Maskierungen und Freistellen, Rotoscoping, Aufdecken (Löcher von Verdeckungen mit Mal- und Klonwerkzeugen schließen) und sogar das Nachmodellieren ganzer Objekte. Trotz des ungeheuren Aufwands werden etliche ehemalige Blockbuster in Stereo-3D konvertiert, da die zu erwartenden Einspielergebnisse einer solchen Neuauflage die hohen Kosten noch weit übertreffen.

Auf der anderen Seite gibt es eine ganze Reihe hardware- oder softwarebasierter 2D-3D-Konverter am unteren Ende der Preisspanne. Diese consumer-orientierten Programme arbeiten jedoch im Wesentlichen nur mit monokularen Tiefenhinweisen und stellen keine echte stereoskopische Tiefe dar.

An der weiteren Entwicklung von 2D-3D-Konvertierungsverfahren wird aber intensiv gearbeitet. Immerhin hängt die Realisierung von stereoskopischem Fernsehen stark davon ab, ob auch attraktive Inhalte verfügbar sind.

**Animation**

Eine andere und derzeit die mit Abstand am häufigsten angewandte Möglichkeit der Generierung stereoskopischer Bilder ist das CGI-Verfahren. Ganze abendfüllende Filme sind in der Vergangenheit mit hochentwickelter Spezialsoftware in digitaler Animationstechnik entstanden.

Da die Bilder systembedingt in objektbasierten Formaten vorliegen, ist die Generierung stereoskopischer Teilbilder sehr einfach. Im System muss

Animationsfilme werden oft in Stereo-3D gerendert.

lediglich eine zweite Kamera definiert werden. Die damit verbundenen Vorteile liegen vor allem in der vollen Kontrolle über die stereoskopischen Parameter. Jede Kamerabasis oder Konvergenzeinstellung sowie Nah- oder Fernpunkte lassen sich bequem ändern. Als Realfilm gedreht wären diese Parameter in der gefilmten Sequenz eingemeißelt.

Die bessere Kontrolle über die Parameter bedeutet aber nicht automatisch, dass ein besserer Film entsteht. Es gibt auch im Animationsbereich genügend Beispiele für überzogene Disparitäten und schlechte Tiefendramaturgien.

## Motion Tracking

Durch die rasche Entwicklung der Hard- und Software lassen sich inzwischen auch Personen realistisch generieren. Problematisch ist dabei nach wie vor die künstlich empfundene Bewegungsdarstellung, da die menschliche Wahrnehmung auch kleinste Veränderungen in der Mimik und Gestik präzise erfasst. Beim Motiontracking, auch Motioncapturing oder kurz Mocap genannt, agieren deshalb echte Schauspieler in einer speziellen mit Sensoren ausgestatteten Studioumgebung. Dabei geht es darum, die Bewegungsdaten zu erfassen und zwar nicht nur die Bewegung der Person selbst, sondern eben auch deren Mimik. In die digitale Umgebung eingefügt, stehen die kompletten Raumdaten aller Objekte und Figuren im zeitlich-räumlich korrekten Bewegungsablauf zur Verfügung. Im Prinzip ist damit also der Film vorhanden, ohne mit einer Kamera aufgenommen worden zu sein.

Selbst die Darstellung von Gesichtern gelingt mit CGI-Modelling inzwischen in fotorealistischer Qualität.

Nun gibt es die Möglichkeit, Perspektiven, Einstellungen und Kamerafahrten am Computer festzulegen, wie es in der Regel bei Animationsfilmen gemacht wird. Um aber eine möglichst realistische und dynamische Kameraführung zu erreichen, werden spezielle Kameras konstruiert, die keine Optik haben, sondern Lage- und Bewegungssensoren. Damit kann der Film sozusagen in der Computerumgebung gedreht werden. Die Bewegungen, die der Kameramann mit einer solchen Kamera in einer speziellen Wiedergabeumgebung ausführt, werden in Echtzeit auf die Wiedergabe angewendet. Mit dieser Methode ist es möglich, alle erdenklichen Kamerabewegungen und Perspektiven umzusetzen, anzupassen und zu ändern. Das gilt natürlich auch für Lichtstimmungen oder Änderungen an der Umgebung und der Objekte im Bild. Auf diese Weise besteht eine umfassende Kontrolle über viele Aspekte. In Filmen wie Beowulf oder Avatar wurde diese Technologie besonders intensiv eingesetzt.

Zweifellos werden künftig vermehrt vollständig computergenerierte Schauspieler in Filmen auftreten. Die bisherigen Probleme mangelnder Natürlichkeit, gerade was Mimik und Gestik betrifft, gehören mehr und mehr der Vergangenheit an. Schauspieler müssen in solchen Produktionen nicht mehr äußerlich und optisch ihrer Rolle entsprechen, sondern nur noch gut spielen können. Auch für die Maskenbildner gibt es beim Mocap neue Perspektiven. Statt zu schminken, kleben sie Bewegungsmarken auf die Schauspieler.

### Google Earth

Der populäre Geo-Browser Google Earth ermöglicht mit dem entsprechenden Plugin auch das stereoskopische Betrachten der Erde. Oberflächenformen und Strukturen, die in Vektordaten vorliegen, können in Echtzeit für eine räumliche Darstellung beispielsweise in Anaglyph oder mit Shutterbrille gerendert werden. Viele Gebäude, vor allem Sehenswürdigkeiten und öffentliche Gebäude großer

Städte sind bereits als Computermodell nachgebaut worden. Da dies ein offenes Projekt ist, kann sich jeder, der über die entsprechenden Fähigkeiten verfügt, daran beteiligen. Die entstehenden Daten liegen damit in objektbasierten Formaten vor und können ebenso in Echtzeit für die jeweilige Stereoansicht gerendert werden. Dabei wird die entsprechende Textur über das Modell gelegt. Auch der neuere Geo-Browser Bing Maps (früher Virtual Earth) erlaubt eine Darstellung in Stereo-3D. Die Qualität des Raumeindrucks und der anzeigbaren Stereo-3D-Objekte entwickelt sich in beiden Browsern rasant.

Münchens Innenstadt ist heute schon fast komplett digital nachgebaut bei Google Earth zu bewundern. Und das nicht nur mit den Alpen im Hintergrund sondern auch noch in Stereo-3D. (linke Seite)

## Zusammenfassung

Die Postproduktion hat in den vergangenen Jahrzehnten durch die Digitalisierung einen wahren Boom erlebt. Die Möglichkeiten scheinen fast unbegrenzt zu sein. Nachdem im Bereich der Stereoskopie lange Zeit improvisiert wurde, sind inzwischen auch hier erste ganzheitliche Lösungen auf dem Markt. Verfahren werden standardisiert und Workflows bilden sich heraus. Eine der wichtigsten Aufgaben der stereoskopischen Postproduktion liegt in der optimalen Teilbildausrichtung. Zahlreiche Techniken werden entwickelt, um das Raumbild gezielt zu beeinflussen. Bei aller Technik darf aber nicht vergessen werden, dass auch die Bildgestaltung und eine räumliche Dramaturgie zum Gelingen eines Films beitragen.

# 6 Kameraarbeit bei Stereo-3D

6.1 Kamerakonfiguration

6.2 Kameraausrichtung

6.3 Stereo-3D-Aufnahmeverfahren

6.4 Gestaltungsmittel

6.5 Standardsituationen

6.6 Phänomene und Effekte

# 6 Kameraarbeit bei Stereo-3D

Da die Arbeit mit Stereo-3D gerade am Anfang noch recht schwierig ist, werden für größere Produktionen Stereografen oder stereoskopische Berater herangezogen. Als Experten auf dem Gebiet der Stereoskopie begleiten sie den Dreh und unterstützen Regie und Kameraabteilung. Darüber hinaus sind sie in die Vor- und Postproduktion involviert. Häufig werden im deutschen Sprachraum auch die englischen Entsprechungen „stereoscopic supervisor" oder „stereographer" verwendet.

Je nach Intention und Ziel der Produktion kann der Stereograf beeinflussen, wie stark die Räumlichkeit im Film ausgeprägt sein wird. Der Film kann ein eher zurückhaltendes 3D erhalten, bei dem alle Parameter im Limit sind und kein Zuschauer Visuelle Überforderung verspürt. Der Kinofilm Ice Age 3 ist ein gutes Beispiel dafür. Natürlich gibt es auch Beispiele, bei denen es um spektakuläre 3D-Effekte geht, ohne auf jeden einzelnen Zuschauer Rücksicht zu nehmen. Heute wird bei den meisten Filmen, die in Stereo-3D gedreht werden, auf eine ausgewogene Tiefen-Dramaturgie mit Tief- und Höhepunkten geachtet.

Kleine Produktionen sind aber selten derart ausgefeilt. Meist ist der Kameramann bei solchen Dreharbeiten gleichzeitig auch der Stereograf. Die Arbeitsweise wird dabei eher in Richtung „point and shoot" tendieren. Dennoch hat jede Stereo-3D-Produktion die gleichen grundsätzlichen

Mittel bei der Aufnahme der Tiefe zur Verfügung. Der Raum kann durch Brennweite, Stereobasis und Abstand komprimiert oder expandiert werden. Einzelne Objekte können als Effekt aus der Leinwand treten, kleine Dinge können groß und große Dinge klein erscheinen. Sichtweisen, die vom natürlichen Sehen her unbekannt sind, lassen sich nun darstellen: räumlich wirkende Gebirgszüge durch eine Großbasis oder eine plastische, formatfüllende Gottesanbeterin durch eine Kleinbasis.

Durch die Stereoskopie wird dem Zuschauer das Gefühl des Dabeiseins vermittelt, die Telepräsenz und die Immersion werden also verstärkt. Ein Film wird deshalb aber nicht als reell empfunden, sondern bleibt weiterhin ein Film. Wie bei jedem guten Film sollte auch bei guten 3D-Filmen die Intention des Geschichtenerzählers im Vordergrund stehen. Technische und gestalterische Mittel müssen der Dramaturgie dienen. Das gelingt nur, wenn die Stereoskopie nicht als purer „3D-Effekt" in den Vordergrund gerückt wird. Vor allem muss fehlerhaftes oder übertriebenes Stereo-3D vermieden werden, damit der Zuschauer unbeschwert in das Filmerlebnis eintauchen kann.

▶ *Stereo-3D ist in einem Film nicht das Wichtigste. Es ist nur eine neue Farbe im Malkasten.*

Es ist daher wichtig, dass alle am stereoskopischen Film beteiligten Gewerke über entsprechende Grundkenntnisse verfügen und ihre Arbeitsweise nicht nur in technischer, sondern auch in gestalterischer und kreativer Hinsicht anpassen.

## Verwechslungsgefahr

Beim Umgang mit stereoskopischem Equipment kommen viele Komponenten zweifach vor. Um Verwechslungen zu vermeiden und eine gewisse Ordnung aufrecht zu erhalten, ist ein Beschriften oder Markieren von Datenträgern, Kameras, Objektiven oder sonstigen Utensilien sinnvoll. Üblicherweise werden linke Teilbilder oder auch die linke Kamera mit Rot gekennzeichnet und die rechte Seite mit Grün (manchmal auch Blau). Damit verhält es sich so wie in der Seefahrt, wo die Positionslichter ebenfalls mit Rot (Backbord) und Grün (Steuerbord) markiert sind. Auch Anaglyphenbilder werden in den meisten Fällen mit Rot auf der linken und Grün, Cyan oder Blau auf der rechten Seite dargestellt.

Auch in der Seefahrt dienen Rot und Grün als Symbole für Links und Rechts (immer von der Seeseite aus betrachtet).

Im ersten Unterkapitel „Kamerakonfiguration" werden wichtige kameratechnische Grundlagen vermittelt. Dabei geht es nicht nur um die unterschiedlichen Kameratypen, sondern auch um ihre Eigenschaften in Hinblick auf Stereo-3D. Das Unterkapitel „Kameraausrichtung" beschreibt anschließend alle wichtigen technischen Aspekte bei der Zusammenführung von zwei Kameras zu einem Stereo-3D-System. Der Schwerpunkt liegt hier in den stereoskopischen Parametern, die sich daraus ergeben. Wie solche Stereo-3D-Systeme in der Praxis realisiert werden, wird im Unterkapitel „Aufnahmeverfahren" dargestellt. Angefangen von den unterschiedlichen Side-by-Side-Rigs und Spiegelrigs erstreckt sich die Übersicht auch auf exotische und weniger bekannte Verfahren der Stereo-3D-Aufnahmepraxis. Das darauffolgende Unterkapitel „Gestaltungsmittel" ist ganz der Bildgestaltung gewidmet, denn Stereo-3D beschränkt sich nicht nur auf Technik. Die Räumlichkeit ermöglicht vielmehr eine erweiterte Bildsprache, deren Kenntnis bei einer Stereo-3D-Produktion von großer Bedeutung ist. In der Praxis gibt es zahlreiche Standardsituationen. Die jeweiligen technischen und gestalterischen Besonderheiten werden im Unterkapitel „Standardsituationen" pauschal erläutert. So ergeben sich Anhaltspunkte für die jeweiligen stereoskopischen Verhältnisse. Bestimmte Eigenheiten einer Pauschalsituation werden erklärt und Hinweise gegeben. Einige besondere Aufnahmesituationen führen zu Phänomenen, die durch Medien wie Luft und Wasser aber auch Effekte wie Brechung und Reflexion entstehen. Im letzten Unterkapitel „Phänomene und Effekte" wird gezeigt, wie sich diese auf Stereo-3D auswirken.

## 6.1 Kamerakonfiguration

Die Kamera ist das wichtigste Werkzeug des Bildgestalters. Mit ihr sind die Visionen und Ideen des Regisseurs umsetzbar. Auch die Leistungen aller anderen kreativen Beteiligten eines Films können erst mit Hilfe der Kamera sichtbar gemacht werden. Ihr kommt daher in einer Film- oder Fernsehproduktion zentrale Bedeutung zu.

Für die unzähligen Anwendungsmöglichkeiten und Einsatzbereiche visueller Medien gibt es entsprechend viele verschiedene Kameratypen. Sie lassen sich in Kategorien untergliedern und werden im ersten Teil des Kapitels näher betrachtet. Aufgrund ihrer Funktionen und Verarbeitung hat jede Kamera bestimmte Vor- und Nachteile. Die perfekte Universalkamera gibt es nicht und wird es wohl auch nie geben.

Die Tendenz zur völligen Digitalisierung beschränkt sich längst nicht mehr auf Fernsehkameras, sondern ist heute auch bei Filmkameras das große Thema. „Analoger Film" spielt künftig keine große Rolle mehr. Besonders in der Stereoskopie ist die Digitalisierung ein treibender Motor. Die mit Abstand meisten Stereo-3D-Produktionen haben heute einen durchgängig digitalen Workflow. Die Bildwandler, aus denen letztlich die digitalen Daten gewonnen werden, sind Gegenstand des zweiten Teils.

Die folgenden Teile des Kapitels behandeln Auflösung, Objektive, Schärfentiefe und die diversen Einstellungen an den Kameras und im Menü. Der 3D-Kameramann oder Stereograf muss die verschiedenen Funktionen kennen und sich für sein Projekt die am besten geeignete Kamerakonfiguration zusammenstellen. In der Praxis führen oft auch andere Gründe zur Wahl der Kamera. Die Verfügbarkeit, Beziehungen oder schlicht und einfach die Kosten sind häufig entscheidende Faktoren.

Während der Arbeit mit dem Werkzeug Kamera wird die Bedeutung der Einzelkomponenten früher oder später deutlich. Durch sie eröffnen sich bestimmte Möglichkeiten aber auch Einschränkungen, spezielle Effekte, Probleme oder Bedienungsschwierigkeiten. Alles lässt sich am Ende in irgendeiner Weise auf die Konfiguration zurückführen.

Wenn es um Stereo-3D geht, verdienen die Punkte Synchronität und Vorschaumöglichkeit besondere Beachtung bei der Konfiguration des Kamerasystems. Diesen beiden Punkten widmen sich die letzten Teile des Kapitels. Damit werden in diesem Kapitel die wichtigsten Aspekte behandelt, die für einen Umgang mit Kameras und ihrer Konfiguration, insbesondere im Hinblick auf die stereoskopische Verwendung relevant sind.

### 6.1.1 Kameratypen

▶ *Die Auswahl des passenden Kameratyps hängt von der Art des Projekts ab.*

Ausgehend von der Art eines Projekts muss überlegt werden, welche Kameratechnik zum Einsatz kommen soll. Dabei geht es immer auch um die Frage, auf welchem Format gedreht wird. SD-Formate sollten bei einer stereoskopischen Produktion nicht mehr zur Diskussion stehen. Auch Film wird inzwischen kaum noch eingesetzt. Damit begrenzt sich die Auswahl auf Full HD und die Digital-Cinema-Formate wie 2K oder 4K.

Viele Kameras bieten die Möglichkeit, das Bildsignal über eine Schnittstelle wie SDI oder HDMI direkt auszugeben. So ist es möglich, externe Aufzeichnungsgeräte einzusetzen, die bezüglich Speicherplatz und Kompression flexibler zu handhaben sind. Der Aufwand macht aber nicht generell Sinn. Die externe Aufzeichnung ist bei einer Spielfilmproduktion beispielsweise eher angebracht als bei einer Konzertaufzeichnung, denn dort werden üblicherweise mehrere Kameras parallel betrieben. Auch bei einer Naturdokumentation ist die Verwendung externer Geräte eher hinderlich. Gerade weitab der Infrastruktur lässt sich durch die Verwendung weniger und kompakter Geräte die Anzahl möglicher Fehlerquellen reduzieren. Bei Übertragungen von Sportereignissen wiederum werden die Kamerasignale live an die Bildregie übertragen und können dort aufgezeichnet werden. Bestimmte Situationen, in denen der Bildinhalt wichtiger ist als die Bildqualität, verlangen kleine, flexible und unauffällige Kameras mit integrierter Aufzeichnung. Dazu zählt vor allem der Dokumentarfilmbereich. In diesen Fällen kann sogar der AVCHD-Codec zum Einsatz kommen.

Unterschiede zwischen den Kameras bestehen auch hinsichtlich der Farbtiefe und des Farb-Subsamplings. Eine hohe Farbtiefe, also Bitrate ist vor allem dann wichtig, wenn die Bilder nur als Ausgangsmaterial für eine aufwändige Postproduktion dienen. Über den dadurch recht großen Belichtungsumfang sind umfangreiche Veränderungen des Bildes möglich. Das Farb-Subsampling beschreibt die stärkere Kompression der Farbkanäle im Vergleich zum Luminanzkanal. Es sollte allerdings nicht pauschal zu

---

**i Kompression**

Bei der Verwendung stark komprimierender Formate wie XDCAM-HD mit 35 Megabit pro Sekunde oder AVCHD mit noch kleineren Bitraten bis zu 24 Megabit pro Sekunde, sollte auf eine transparente (unkomprimierte) Weiterverarbeitung des Materials geachtet werden. Um das Optimum aus dem Material zu gewinnen, dürfen nach der Dekodierung beim Einspielen in das Schnittsystem keine weiteren Komprimierungen auf die Bilder angewendet werden.

einer Entscheidungsgrundlage gemacht werden, da die Farbe auch im menschlichen Wahrnehmungssystem sozusagen „unterabgetastet" wird und für die stereoskopische Wahrnehmung der Tiefe ohnehin keine Rolle spielt.

### Digital-Cinema-Kamera

Als Konkurrenz zum analogen Film bei Aufnahmen für Spielfilme wurden spezielle Kameras für besonders hohe Auflösungen etabliert. Als Faustregel gilt heute, dass eine 2K-Auflösung etwa dem 16mm-Filmformat entspricht und die 4K-Auflösung etwa 35mm-Film. Prinzipiell sind solche Vergleiche nicht sinnvoll, als PR-Maßnahme werden sie aber gern herangezogen.

Digitale Filmstreamkamera Thomson Grass Valley Viper

Digital-Cinema-Kameras liefern mindestens eine 2K-Auflösung, da diese dem derzeitigen Standard in digitalen Kinos entsprechen. Die Kameratechnik ist aber in der Lage, weit höhere Auflösungen aufzunehmen. Vor allem durch die günstigen Geräte des Herstellers RED Digital Cinema wurde dieses Marktsegment regelrecht durcheinandergewirbelt. Plötzlich sind Auflösungen von 3K, 4K und 5K in aller Munde und als Fernankündigung wird bereits von 28K gesprochen, eine Auflösung, für die erst einmal eine praktische Anwendung gefunden werden muss.

Heutige real existierende Digital-Cinema-Kameras sind in ihrer Anzahl noch recht übersichtlich. Es gibt im Wesentlichen die Viper von Thomson Grass Valley, die D20/D21 sowie die Alexa von ARRI, die Dalsa Origin und die F35 von Sony. Letztere entstand aus der Erfahrung mit der Genesis, die Sony für Panavision entwickelt hat. Von RED kommen die Kameras One, Evolution und Scarlett.

Kennzeichnend für Digital-Cinema-Kameras sind die Full-Frame-Sensoren, das heißt die Sensoren entsprechen in ihrer Größe dem 35-mm-Filmformat. Möglich wurde das erst durch CMOS-Bausteine, da der Stromverbrauch und die Herstellungskosten mit diesen Chips deutlich niedriger sind als bei älteren Verfahren wie CCDs.

Filmstreamkameras geben neben verschiedenen anderen Formaten in erster Linie native RAW-Daten aus. Sie unterstützen neben den Kinoformaten meist auch Full-HD-Auflösungen. Als digitaler Ersatz für Filmkameras konzipiert, akzeptieren diese Kameras auch die entsprechenden 35mm-Objektive. Die Bilder entsprechen damit auch in der Schärfentiefe dem bekannten Filmlook.

Für Stereo-3D sind Digital-Cinema-Kameras aufgrund ihrer hohen Bildqualität gut geeignet. Allerdings gestaltet sich das Arbeiten in einer Stereo-3D-Anordnung aufgrund der Größe und des meist hohen Gewichts dieser Kameras eher schwierig. Als weiterer Nachteil gilt neben den Kosten auch die aufwändige Handhabung.

### EB-Kamera

Die große Mehrheit professioneller Geräte sind Broadcast-Kameras, auf deutsch EB-Kameras. Der Begriff steht für elektronische Berichterstattung und stammt aus den 1980er Jahren, als sich Videokameras anschickten, die Filmkameras in diesem Bereich abzulösen. Heute wird er synonym auch für digitale Geräte verwendet und bezeichnet eher die Geräteklasse nach dem Einsatzzweck. EB-Kameras sind also im Wesentlichen Schultercamcorder für die Fernsehproduktion.

Die wichtigsten Hersteller sind Sony, Panasonic, Ikegami, Thomson und JVC. In der HDTV-Auflösung werden die Aufzeichnungsformate HDCAM und DVCProHD verwendet. In den letzten Jahren kamen mit den IT-basierten Speicherkarten zahlreiche Formate hinzu wie XDCAM HD von Sony oder DNxHD von Avid. Mit den MPEG4-Codecs AVCHD und der professionellen Version AVC Intra sind heutige Aufzeichnungsformate letztlich leicht austauschbar. Die maximale Auflösung dieser Formate liegt bei Full HD mit 1080i/25.

Nahezu alle EB-Kameras verfügen zur Anbringung von Wechselobjektiven über einen B4-Mount. Dieser Standard beruht auf der anwenderfreundlichen Bajonett-Basis und wird von allen großen Herstellern unterstützt.

Diese Kameras können prinzipiell für Stereo-3D eingesetzt werden. Es gibt passende Spiegel- und Side-by-Side-Rigs. Allerdings bieten fast alle Kamerahersteller auch Geräte an, die besser für den Einsatz als Stereo-

EB-Kameras: Ikegami DNS-33W und Sony HDW 790P

paar geeignet sind und dabei nahezu über die gleichen Kenndaten verfügen. Sie sind auf einer der folgenden Seiten unter der Rubrik „Kompaktkameras" aufgeführt.

## Industriekamera

Ein weiterer Kameratyp wurde speziell für die Anwendung im industriellen Bereich konzipiert. Industriekameras sind sehr robust und in den verschiedensten Leistungsklassen vorhanden. Diese Geräte werden weniger nach ihrer Form oder dem Aussehen klassifiziert, als vielmehr über ihre Funktionalität. Industriekameras werden für Spezialzwecke konstruiert.

Neben Objektiv und Sensor kommt es hauptsächlich auf eine universelle Ansteuerbarkeit an und die Möglichkeit der Einbindung in industrielle Abläufe. Diese Vielseitigkeit in Verbindung mit hoher Auflösung lässt sich auch für stereoskopische Bildaufnahmen einsetzen. Industriekameras werden von zahlreichen Herstellern angeboten. Ihre Hauptanwendung liegt in Bereichen der Automatisierung, Qualitätskontrolle und der industriellen Bildverarbeitung.

Ikegami ISD-A21 mit Wechselobjektiv, analogem Videoausgang und Synchronisation über Genlock

Als Anschluss für Objektive wird meist der C-Mount verwendet, ein Anschluss mit Schraubgewinde. Es gibt abgesetzte Kameras mit einer separaten Einheit für Signalprocessing und Anschlüsse. Häufiger kommen aber kompakte Kameras vor. Das Bild wird über USB, Firewire, Netzwerkkabel, manchmal auch SDI oder analoge Ausgänge, wie FBAS, Y/C, Komponente oder VGA ausgeben. Über die speziell für Industriekameras entwickelte Schnittstelle Camera-Link kann auch die Stromversorgung erfolgen. Industriekameras verfügen in der Regel nicht über eine Aufzeichnung. Besonders interessant für stereoskopische Anwendungen ist neben der Robustheit auch die Möglichkeit der Synchronisierung, die bei solchen Kameras oft besteht.

Modulkamera Ikegami ISD-A12

## Minikamera

Mit dem Begriff Minikamera wird kein spezifischer Kameratyp bezeichnet. Er dient an dieser Stelle der allgemeinen Umschreibung von Kameras mit sehr kleinen Abmessungen wie beispielsweise bei Fingerkameras. In der Stereoskopie ist dies besonders für den Side-by-Side-Betrieb ein wichtiges Feature.

Im Bereich der Minikameras gibt es vor allem Modulkameras oder Kameramodule. Oft sind solche Module als Platinenkamera auf einer Leiterplatte aufgelötet und haben die wichtigste Steuerungs- und Signalelektronik mit an Bord. Solche Module sind vor allem für Bastler und Konstrukteure gedacht. Andere Minikameras verfügen über ein abgeschlossenes Gehäuse und sind als kompakte Modulkameras für verschiedene Anwendungsbereiche verfügbar. Darunter sind auch Modelle, die eine durchaus hohe Qualität ermöglichen und professionellen Ansprüchen genügen können.

Die Minikameras wurden entwickelt, um kleine Baugrößen und eine flexible Handhabung zu ermöglichen. Einen nicht unwesentlichen Anteil an der Größe eines Camcorders hat stets die Signalverarbeitungs- und Steuerelektronik. Diese Einheit wurde bei einigen Modulkameramodellen abgesetzt und in einem eigenen Gehäuse mit entsprechenden Schnittstellen untergebracht. Der eigentliche Kamerakopf ist dabei über ein Kabel mit der Steuereinheit verbunden und kann auch an schlecht zugängliche und enge Stellen geführt werden. Moderne Modulkameras verfügen meist über Schnittstellen, die ein fertiges Videosignal ausgeben und die Steuereinheit überflüssig werden lassen.

Da die Qualität solcher Kameras aufgrund der Größe des Sensors und des Objektivs eher gering ist, beschränkt sich ihr Einsatz für Stereo-3D auf Spezialanwendungen.

### Kompaktkamera

Diese Kameraklasse ist für Stereo-3D-Produktionen wahrscheinlich eine der interessantesten. Die Kompaktkameras decken den gesamten Bereich zwischen Industrie- und Broadcastkameras ab. Darunter gibt es zahlreiche Kameras für unterschiedliche Anwendungen, Qualitätsstufen und Geldbeutel. Einige hochwertige Modelle sind speziell für Video- und Filmproduktionen entwickelt worden und eignen sich damit besonders gut für Stereo-3D. Hersteller solcher Kompaktkameras sind vor allem Silicon Imaging, Iconix, Cunima und Sony.

Die Sony HDC-P1 ist eine kompakte für Stereo-3D optimierte Kamera.

Sowohl mit Spiegel-Rigs als auch Side-by-Side geht es bei Stereo-3D immer darum, Kameras mit geringem Formfaktor und dennoch hoher Qualität und Wertigkeit einzusetzen. Sie sollten Wechselobjektivanschlüsse haben und am besten kastenförmig sein. Geschwungene Linien am Gehäuse sind für eine akkurate Befestigung und Ausrichtung eher von Nachteil. Die Hersteller haben den Bedarf erkannt und haben Kameras auf den Markt gebracht, die von Grund auf für diesen Zweck konzipiert sind. Dazu zählt beispielsweise die HDC-P1 von Sony. Eine andere, oft bei Stereo-3D eingesetzte Kamera, ist die Silicon Imaging SI 2K. Sie zeichnet sich neben ihrer geringen Größe vor allem durch die 2K-Auflösung aus.

Kompaktkameras verfügen meist über einen Anschluss für Wechselobjektive mit C-Mount. Bildverarbeitung und Aufzeichnung erfolgen fast immer in externen Geräten. Häufig kommen dabei Festplattenrekorder oder Flashspeicher zum Einsatz. Eine Besonderheit bietet Sony mit der HDC-1500R. Ähnlich wie bei den ersten Modellen analoger Broadcast-Kameras in den 80er Jahren lassen sich Kameraeinheit und Rekordereinheit voneinander trennen. Dies geschieht über den T-Block-Adapter mit einem stabilen Multicore-Kabel. Die eigentliche Kamera ist verhältnismäßig leicht und klein. Sie kann gut auf Stereo-3D-Rigs montiert werden. Durch die große Glasfaserkabel-Reichweite zu den Rekorderteilen eignet sich das System besonders für kontrollierte Studioumgebungen oder Live-Übertragungen.

### Hochgeschwindigkeitskamera

Kameras für Film und Video sind üblicherweise auf das jeweilige Format ausgerichtet. Eine Fernsehkamera basiert also in ihrem Aufbau auf dem Fernsehstandard von 50 Hertz. Die Standardbelichtungszeit liegt für elektronische und digitale Kameras bei 1/50 Sekunde. Zeitlupen werden manchmal dadurch erzeugt, dass mit einem anderen Standard gefilmt wird, beispielsweise im 60 Hertz-Standard und diese Bilder dann mit 50, 30 oder 25 Hertz weiterverarbeitet werden. Wesentlich häufiger kommt aber die digitale Slow-Motion aus der Postproduktion zur Anwendung. Dabei werden die Zwischenbilder einfach interpoliert.

Highspeed-Kameras Phantom und Dimax

Echte und wirkungsvolle Zeitrafferaufnahmen sind mit Standardequipment nicht realisierbar. Dafür wurden spezielle Kameras entwickelt, mit denen Bildwiederholraten bis in den vierstelligen Bereich möglich sind. Für bestimmte Anwendungen in Wissenschaft und Forschung gibt es Kameras, die bis zu einer Million Bilder pro Sekunde schaffen. Das geht natürlich nur in entsprechend geringer Auflösung.

Bei Film- und Fernsehaufnahmen darf die hohe zeitliche Auflösung aber nicht auf Kosten der Bildauflösung gehen. Es gibt nur wenige Kameras, die beides berücksichtigen und dabei auf die Bedürfnisse der Filmemacher zugeschnitten sind.

Die Kameras basieren auf großen Einzelsensoren in CMOS-Bauweise mit Global Shutter. Zur Ablage der riesigen anfallenden Datenströme wird ein schneller, interner Speicher verwendet. Je nach Größe des Speichers und der Auflösung des Bildes ist der Speicher recht schnell voll. Über entsprechende Digitalschnittstellen wie DVI oder Gigabit-Ethernet lassen sich die Bilder nach der Aufzeichnung auslesen und eine neue Aufnahme kann gemacht werden.

Alle Geräte arbeiten grundsätzlich progressiv. Die schnellste Kamera bei Full-HD-Auflösung ist die Dimax mit 2100 Bildern pro Sekunde. Mit der Weisscam lassen sich 2000 und mit der Phantom HD immerhin noch 1000 Bilder in jeder Sekunde festhalten. Letztere stammt aus einer Serie von High-Speed-Kameras von Vision Research, zu der auch die Phantom 65 gehört, eine 4K-Kamera. Bei dieser hohen Auflösung werden aber „nur" 140 Bilder pro Sekunde erreicht.

### Infrarotkamera

Hauptsächlich gibt es hier Industriekameras und Kameras aus dem Überwachungsbereich. CCD und CMOS Sensoren sind generell empfindlich für infrarotes Licht. Daher wird in normalen Kameras standardmäßig ein IR-Sperrfilter eingebaut. Durch Weglassen des Filters und Ausschaltung des weißen Lichts entsteht eine Infrarotkamera. Damit sind Aufnahmen in Lichtspektren möglich, die für das menschliche Auge unsichtbar sind.

Handelsübliche Infrarotkameras haben eine geringe Auflösung und lassen sich mangels Farbwiedergabe, die nur im weißen Spektrum möglich ist, nicht für Standardzwecke einsetzen. In bestimmten Situationen wie dem Naturfilm, der versteckten Kamera oder bei Nachtaufnahmen in völliger Dunkelheit ist diese Technik aber durchaus relevant. Spezielle Infrarotkameras, die im mittleren Infrarotbereich arbeiten, werden als Wärmebildkameras verwendet. Einfache Infrarotkameras benutzen Wel-

Stereo-3D Infrarotaufnahme. Weil Chlorophyll im IR-Bereich stark reflektiert erscheint das Grün der Blätter sehr hell (Wood-Effekt).

lenlängen, die direkt an das sichtbare Licht anschließen, also von etwa 700 bis 1000 Nanometer. Einige Videokameras, vor allem aus dem Consumer-Bereich, verfügen über einen sogenannten Night-Shot-Modus, bei dem das IR-Sperrfilter weggeschwenkt wird. Mit diesen Geräten stehen günstige IR-Kameras mit relativ hoher Auflösung zur Verfügung.

## Fotokameras

Seit der Einführung der Canon EOS 5D Mark II ist es möglich, auch mit digitalen Fotokameras (DSLR) Videoaufnahmen in Full HD zu erstellen. Dieses Feature wurde wahrscheinlich vor allem deshalb in die Kamera integriert, weil es technisch möglich war und zielte ursprünglich weniger auf den professionellen Filmmarkt ab. Dennoch haben Zubehörhersteller schnell reagiert und entsprechendes Equipment entwickelt, mit dem ein vom Film gewohntes Arbeiten möglich ist. So gibt es Kompendien und Schärfezieheinrichtungen, die speziell für diese Art von Kameras auf den Markt gebracht wurden.

Der Vorteil filmfähiger Fotokameras liegt in der hohen erzielbaren Qualität. Durch die großen Sensoren und die damit geringe Schärfentiefe lässt sich das Bild dieser Kameras mit großen Filmkameras vergleichen. Auch das Bokeh, also die subjektive Qualität der unscharfen Bereiche, erreicht wegen der hochwertigen Fotografieobjektive durchaus einen Filmlook. Die eingesetzten Bildsensoren und die vorhandenen Objektive sind für Auflösungen ausgelegt, die Full HD bei weitem übertreffen. Gleichzeitig sind die Kosten für Kamera und Objektive vergleichsweise niedrig.

Ein weiterer Vorteil der DSLR-Filmkameras ist die bereits vorhandene Infrastruktur in der stereoskopischen Fotografie. Viele Werkzeuge wie Rigs und Zubehör existieren bereits für Fotokameras, da weltweit schon seit Langem eine große Gemeinschaft von Stereo-3D-Fotografen existiert. Die Fotokameras bringen also Vorteile aus der Filmbranche und der Fotografie zusammen. Die Medaille hat allerdings auch eine Kehrseite. Funktionalität und Arbeitsweise der digitalen Fotokameras sind nicht mit herkömmlichem professionellem Film vergleichbar. Das zeigt sich bei klassischen Videofunktionen wie der Synchronisierung oder dem Zoom sowie bei manuellen Eingriffen in die Bildeinstellungen während der Aufnahme. Bei Stereo-3D geht es aber weniger um Zooms als um genaue und akkurate Einstellmöglichkeiten, die reproduzierbar und auf das jeweils andere Gerät übertragbar sind. Unter diesem Gesichtspunkt scheinen Fotokameras gut für Stereo-3D geeignet. Präzise manuelle Objektiveinstellungen, gut verarbeitete Gehäuse und große Bildsensoren sprechen für sich. Die Synchronisierung ist ein wichtiger Punkt bei DSLRs. Da diese in der Regel nicht über Genlock-Funktionen verfügen, können sie auch nicht hundertprozentig synchron laufen. Der vorrangige Einsatzzweck beschränkt sich deshalb auf Motive ohne schnelle Bewegungen.

Canon EOS 5D Mk II mit Full HD Filmaufnahmefunktion

### 6.1.2 Bildwandler

Als Sensor in elektronischen und digitalen Kameras kommen heute fast ausschließlich CCD und CMOS zum Einsatz. Bedingt durch deren Funktionsweise sind ganz bestimmte Artefakte eng mit den jeweiligen Senso-

> **i Lichtempfindlichkeit**
>
> Die Lichtempfindlichkeit hängt stark von der Auflösung ab. Für eine höhere Auflösung müssen mehr Pixel verwendet werden, die sich das vorhandene Licht teilen. Dadurch sinkt die Empfindlichkeit des Sensors. Eine Kamera ist am effektivsten hinsichtlich der Lichtempfindlichkeit, wenn sie bei offener Blende und hellem Licht im Weitwinkel eingesetzt wird. Viele Faktoren des Drehalltags verringern diesen Wert jedoch, sodass oftmals Gain verwendet werden muss und Bildrauschen entsteht. Bei Consumer-Kameras geschieht das meist vollautomatisch. Solche Faktoren sind lange Brennweiten, Dunkelheit, Zeitlupen, Abblenden und verkürzte Belichtungszeiten, mit denen sich bei Bewegungen schärfere Bilder erzeugen lassen.

ren verbunden. CCDs waren anfänglich von schlechter Qualität und hatten es schwer, gegen die weit entwickelte Bildröhre zu bestehen. Über die Jahre wurden im Prozess der Weiterentwicklung Artefakte und Rauschen reduziert und die Auflösung erhöht. Heute haben CCDs einen hohen Standard erreicht und übertreffen ihre damaligen Konkurrenten, die Röhrenkameras.

Die CMOS-Technologie, die sich derzeit anschickt, der Nachfolger des CCDs zu werden, ist noch nicht so weit entwickelt. Neben den Artefakten ist der CMOS auch hinsichtlich Lichtempfindlichkeit, Bildrauschen und Kontrast unterlegen. Da diese neue Sensorentechnologie aber wesentlich günstiger in der Herstellung und gleichzeitig deutlich sparsamer im Stromverbrauch ist, werden CMOS-Chips häufig in Consumer-Kameras verbaut.

▶ *Ein-Chip-Systeme nutzen zur Farberkennung ein Muster aus RGB-Farbfiltern direkt auf dem Chip, meist einen Bayerpattern. Dieser reduziert die eigentliche Auflösung des Sensors.*

Der Fortschritt ist auch hier nicht aufzuhalten. Heute nutzen große Digital-Cinema-Kameras bevorzugt hochentwickelte CMOS-Sensoren. Hauptsächlich sind dies Ein-Chip-Kameras, die das 35mm-Filmformat simulieren sollen. Auch Kameras mit drei CMOS werden inzwischen häufiger auf den Markt gebracht, wodurch der Bayerpattern entfällt.

## CCD

Bei den diversen CCD-Sensoren lassen sich im Wesentlichen zwei Konzepte unterscheiden. Interline-CCDs, auch IT-CCD genannt, sind sehr weit verbreitet. Bei diesem Typ befinden sich zwischen den lichtempfindlichen Fotodioden Register, die spaltenweise auslesen. Nach der Belichtung werden die Ladungen in diese lichtgeschützen Register transportiert und dann zeilenweise nach unten geleitet. So entsteht ein serieller Strom, der dann digitalisiert wird. Da die Auslese- und Transportbereiche zwischen den eigentlichen Pixeln liegen, verringert sich die effektive Auflösung des CCDs.

Die zweite wichtige CCD-Architektur nennt sich Frame-Transfer oder auch FT-CCD. Dabei werden die belichteten Pixel zeilenweise in ein separates, geschütztes Ausleseregister übertragen. Auch wenn diese Übertragung sehr kurz ist, sind die Pixel dabei dem noch einfallenden Licht ausgeliefert.

Als Kompromiss wurden daher spezielle Frame-Interline-Transfer oder kurz FIT-CCDs entwickelt, die beide Konzepte miteinander kombinieren. Dabei wird das gesamte belichtete Bild auf einmal in ein Schattenregister in einer dahinterliegenden Ebene geschoben, wo es nach dem normalen Interline-Prinzip ausgelesen wird.

Die wichtigsten Funktionsarten bei CCD-Sensoren.

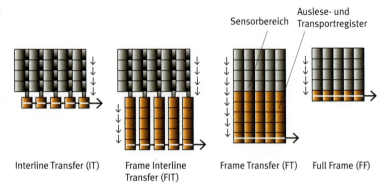

Interline Transfer (IT)  Frame Interline Transfer (FIT)  Frame Transfer (FT)  Full Frame (FF)

Als Besonderheit gibt es den Full-Frame-CCD. Dessen gesamte Oberfläche besteht aus lichtempfindlichen Bildpunkten. Ladungen werden über diese Bildpunkte selbst übertragen. So ist eine optimale Platzausnutzung möglich und die Lichtempfindlichkeit ist recht hoch. Als Schutz gegen weiter einfallendes Licht muss allerdings ein mechanischer Verschluss eingebaut werden.

### CMOS

Bei heutigen CMOS-Sensoren kann die Digitalisierung bereits direkt auf dem Chip stattfinden. Die Ladungen müssen nicht erst im Eimerkettenprinzip wegtransportiert werden, sondern werden an Ort und Stelle ausgelesen. Dafür stehen jeder Fotodiode mehrere Transistoren zur Verfügung. Diese benötigen allerdings auch einen gewissen Platz, wodurch wiederum weniger Raum für die lichtempfindlichen Teile bleibt. Diese Funktionsweise führt dazu, dass CMOS-Sensoren nicht so lichtempfindlich wie moderne CCDs sind. Dafür sind sie wesentlich schneller und ermöglichen deutlich kürzere Belichtungszeiten und Bildwiederholraten. Da sie die Ladungen nicht erst aufwändig transportieren müssen, verbrauchen sie auch weniger Strom. Ein wichtiger Punkt für die schnelle Verbreitung des CMOS ist seine günstige Herstellung.

Bei Ein-Chip-Lösungen kommen in den höherwertigen Kameras eher CMOS-Sensoren zum Einsatz. Sie bieten durch ihre Transistoren, die jedem Pixel zugeordnet sind, zahlreiche Möglichkeiten der Signaloptimierung. Dadurch sind komplexe Kamerafunktionen bereits direkt auf dem Sensor ausführbar. Die Transistoren lassen sich für eine Reduzierung des Rauschens verwenden sowie für eine Belichtungskontrolle, Empfindlichkeitskontrolle, für HDRI oder sonstige Funktionen.

Durch die rückseitige Belichtung der neuen Generation von CMOS-Sensoren lässt sich die Anzahl der Transistoren bei einem Füllfaktor von 100 Prozent sogar noch weiter erhöhen.

## Purple Fringing

Oft lassen sich auf Bildern an Objekträndern und Strukturen mit hohem Kontrast rotbläuliche Farbsäume erkennen. Diese als Purple Fringing bezeichnete Erscheinung basiert auf der chromatische Aberration, also einem Farbfehler, der durch die unterschiedliche Brechung der einzelnen Wellenlängen des Lichts zustande kommt. Grün ist die wichtigste Farbe für einen scharfen Bildeindruck, da das menschliche Auge ein Maximum im grünen Wellenlängenbereich hat. Beim Scharfstellen der Kamera wird daher sowohl manuell als auch vom Autofokus auf die grünen Wellenlängen justiert. Bei optischen Farbabweichungen fallen daher die roten und blauen Anteile nicht auf die Bildebene, sondern kurz davor oder dahinter. Auf der Bildebene selbst bilden sie eine unscharfe Mischfarbe (lila). Bei starken Kontrasten und offener Blende fällt Purple Fringing am meisten auf.

Meist wird Purple Fringing bei hohem Kontrast wie weißem Himmel sichtbar.

Der Effekt tritt nur bei Digitalkameras auf. Daher gibt es weitere Erklärungsversuche. So lässt sich Purple Fringing beispielsweise als chromatische Aberration betrachten, die direkt in den Mikrolinsen des Sensors entsteht. Als weiterer Grund für den Bildfehler wird häufig das IR-Sperrfilter genannt, welches in jedem Bildsensor eingebaut ist, da CCDs eine natürliche Empfindlichkeit im Infrarotbereich aufweisen. Doppelreflexionen an diesem Filter können möglicherweise auch für Purple Fringing verantwortlich sein.

## Hotpixel

Bildsensoren verfügen über eine riesige Menge kleinster Bildpunkte auf engem Raum. Dabei kommt es vor, dass einige Pixel von der Masse abweichen und auf eine Belichtung zu empfindlich reagieren. Diese Bildpunkte, sogenannte Hotpixel treten als helle Ausreißer besonders in dunklen Bildpartien in Erscheinung. Sie fallen in der Regel erst auf, wenn sich der Sensor erwärmt. Das geschieht beispielsweise bei langen Belichtungszeiten. Bei Videoaufnahmen herrschen Belichtungszeiten im Bereich von 1/50 Sekunde vor. Sie sind daher von Hotpixeln nicht so stark betroffen wie die Digitalfotografie. Bei Videokameras werden Hotpixel vor allem durch hohes Gain, also eine elektronische oder digitale Signalanhebung sichtbar. Dies ist in der Regel auch von stärker werdendem Bildrauschen begleitet.

### Blooming

Jeder Bildpunkt eines Bildsensors ist ein Potentialtopf. Wird der Punkt durch Photoneneinfall belichtet, füllt sich der Potentialtopf mit Ladungen. Blooming entsteht, wenn das Fassungsvermögen überschritten wird und könnte damit auch als partielle Überbelichtung angesehen werden. Dabei laufen die Ladungen in benachbarte Bereiche über. Das Bild wirkt an solchen Stellen stark überstrahlt. Oft gehen mit Blooming aufgrund der Überbelichtung andere Effekte wie Purple Fringing oder Smear einher.

Zur Reduzierung des Bloomingeffekts werden Abflüsse zwischen den einzelnen Fotozellen auf den Sensor angebracht, die überschüssige Ladungen ableiten. CMOS-Sensoren sind wegen ihrer Bauweise im Vergleich zu CCDs weitaus weniger anfällig für den Effekt.

### Smear

Ein für CCD-Sensoren typischer Störeffekt sind vertikale Streifen, die vor allem bei direktem Gegenlicht und bei Überbelichtungen entstehen. Smear entsteht durch den Transport von Ladungen im Eimerkettenprinzip entlang dieser Strecke. Nach der Belichtung des CCDs werden die Ladungen schrittweise wegtransportiert. In dieser Phase auf den Sensor auftreffendes Licht führt zu Überbelichtungen entlang der Eimerkette. Zur Reduzierung von Smear wurden bei Interline-CCDs (IT-CCD) die Transportwege neben die Dioden gebaut und abgedeckt. Hier kann dennoch Smear entstehen, indem gestreute Photonen in die abgedeckten Transportbahnen eintreten und in vollen Potentialtöpfen für eine Übersättigung sorgen.

Ein anderes Prinzip verfolgt der Frame-Transfer-CCD (FT-CCD). Dort wird das Bild nach der Belichtung zeilenweise in eine Speicherzone verschoben, in der es vor Lichteinfall geschützt ist und in Ruhe ausgelesen werden kann. Hier entsteht Smear während des Transports in diese Zone, da die nicht überbelichteten Ladungen den Ort der Überbelichtung kurz passieren müssen und dort für einen Bruchteil einer Sekunde selbst weiter belichtet werden.

Zur effektiven Reduzierung von Smear wurden FIT-Sensoren konstruiert. Bei diesen wird das gesamte Bild auf einmal in ein dahinterliegendes

 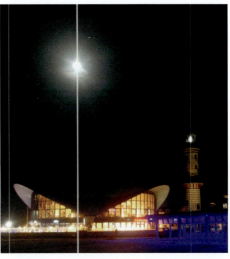

Der überbelichtete Mond wird durch Blooming größer, als er eigentlich ist.

Smear entsteht bei bestimmten CCD-Sensoren an hellen Bildstellen.

Ausleseregister verschoben. Doch auch hier kommt gelegentlich noch Streulicht durch. Um den Effekt gänzlich zu vermeiden, wird ein mechanischer Verschluss eingesetzt, der während des Sensor-Auslesevorgangs das Licht blockiert.

## Rolling Shutter

Der Rolling-Shutter-Effekt ist eine Besonderheit von CMOS-Sensoren. Er kommt bei CCDs nicht vor, denn diese belichten ein ganzes Bild auf einmal. Im Gegensatz dazu werden bei CMOS-Sensoren alle Spannungswerte zeilenweise ausgelesen, ähnlich dem Elektronenstrahl einer Bildröhre. Je nach Situation können dadurch unterschiedliche Artefakte auftreten. Bei schnellen Bewegungen im Bild oder bei schnell bewegter Kamera ist der Bildinhalt zu den einzelnen Zeitpunkten des Auslesens unterschiedlich. Das führt in der Folge zu verzerrten Objekten. Hochfrequentes Vibrieren führt nicht zu einem vibrierenden Bild, sondern zu mehr oder minder schwammigen Streifen, die vertikal durch das Bild laufen. Dazu genügt es oft schon, wenn die Kamera auf der Motorhaube eines angelassenen Autos steht. Schnelle Fahrten wie die Subjektive einer Zug- oder Bootsfahrt werden durch den Rolling Shutter mit einer eigenartigen Unschärfe versehen, die sich über das gesamte Bild verteilt. Probleme mit Rolling

Bei CMOS-Sensoren kommt es durch Kameraschwenks oder Bewegungen im Bild häufig zum Rolling-Shutter-Effekt. Dabei verformen sich die Bildobjekte je nach Bewegungsrichtung. In diesem Beispiel fährt die Kamera von links nach rechts, dabei werden die Uhr und der Hintergrund schräg verzerrt dargestellt.

Shutter können auch bei Leuchtstoffröhren entstehen, da diese gepulstes Licht erzeugen. Noch deutlicher wird der Effekt bei Blitzlichtern im Bild oder bei der Verwendung von sehr kurzen Belichtungszeiten, da es dann zu einer Teilbelichtung in der Dauer des jeweiligen Blitzes kommt.

Alle genannten Fälle führen meistens schon bei einfachen 2D-Bildern zur Unbrauchbarkeit. Bei stereoskopischen Bildern kommt es darüber hinaus zu völlig unkorrigierbaren Problemen, weil Rolling-Shutter-Artefakte in den beiden Teilbildern nicht synchron auftreten. Es gibt dennoch Software zur nachträglichen digitalen Korrektur einiger der Artefakte, in den wenigsten Fällen führen diese Maßnahmen jedoch zu einem guten Ergebnis.

Um Rolling-Shutter-Probleme zu umgehen, müssen CCD-Kameras (am besten Interline-CCD) oder CMOS-Kameras mit einem speziellen Global Shutter eingesetzt werden. Dabei wird das gesamte Bild auf einmal belichtet und erst anschließend werden die Pixel ausgelesen. So lassen sich die beschriebenen Probleme gänzlich vermeiden.

### Dunkelstrom

Bildsensoren erzeugen auch im Ruhezustand ohne belichtet zu werden einen Dunkelstrom. Das sind hauptsächlich spontan gebildete Elektronen, die sich in den Fotodioden befinden. Sie können den Betrag der tatsächlichen Lichtmenge, die bei der Belichtung einfällt, leicht verfälschen und damit das Bildrauschen verstärken. Zur Bindung solcher freien Elektronen wurde eine weitere Schicht im Sensor angebracht. Diese Technik nennt sich HAD (Hole-Accumulation-Diode).

### Lens-on-Chip

Da bei CCDs ein Großteil der Oberfläche mit Leiterkanälen und Stegen belegt ist, bleibt für die eigentlichen, lichtempfindlichen Fotodioden nicht viel Platz, der sogenannte Füllfaktor ist sehr gering. So wird das ganze

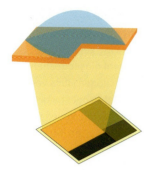 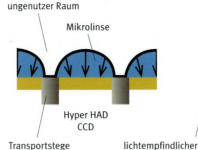 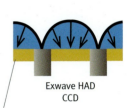

Die winzige Linse bündelt das Licht auf den eigentlichen lichtempfindlichen Bereich des Subpixels.

Moderne Mikrolinsen liegen nahtlos aneinander und nutzen damit auch den Bereich der Transportstege zwischen den Subpixeln.

Licht verschwendet, das auf die unempfindlichen Strukturen trifft. Bei der Lens-on-Chip-Technik wird nun auf jede einzelne Sensorzelle eine Mikrolinse aufgebracht, die das Licht, welches auf die Stege fallen würde, bündelt und auf die aktive Sensorfläche lenkt. Dadurch wird der Füllfaktor erhöht und die Empfindlichkeit um das Zwei- bis Dreifache gesteigert.

Diese Technik wird schon seit 1989 eingesetzt. Später kamen Super-HAD- und Hyper-HAD-Technologien hinzu, bei denen die Mikrolinsen verbessert wurden. Es konnte effektiv noch mehr Licht auf die lichtempfindliche Zelle gebündelt werden.

In einer weiteren Verbesserung wurden auch die Lücken zwischen den Linsen selbst geschlossen, sodass diese nahtlos aneinandergereiht liegen. Des Weiteren wurden Doppellinsen entwickelt, die das Licht noch präziser auf das Element lenken.

Moderne Sensoren, egal ob CCD oder CMOS, verfügen standardmäßig über Mikrolinsen. Allerdings haben sie auch Nachteile. Bei schrägem Lichteinfall ist die Mikrolinse nicht mehr in der Lage, die Photonen genau auf die Fotodiode zu lenken und das Bildrauschen wird etwas stärker. Bei Weitwinkelobjektiven fällt dieser Vignettierungseffekt deutlicher auf.

## Debayering

Vollformatsensoren entsprechen in ihrer Größe etwa dem 35mm-Format. Solche Chips bieten filmähnliche Schärfentiefe und zudem mehr Fläche für die Belichtung. Da die Fertigung derart großer Sensoren aufwändig und teuer ist, werden in der Regel einzelne CMOS-Chips eingesetzt. Auf der Chipoberfläche dieser Ein-Chip-Systeme liegt ein Bayerpattern genanntes

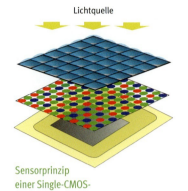

Sensorprinzip einer Single-CMOS-Kamera

Farbfilter, das die drei Grundfarben separiert. Zur Verarbeitung oder Betrachtung des erzeugten Bildes muss ein Debayering oder Demosaicing genannter Prozess durchgeführt werden. Oft wird dieser Rechenprozess mit dem Entwickeln eines analogen Films verglichen. Hier werden aber die RAW-Daten mit speziellen Rechenalgorithmen „entwickelt", wobei die vollen RGB-Werte aus den unterabgetasteten Farbwerten interpoliert werden. Beim Debayering geht es um einen Kompromiss aus Qualität und Geschwindigkeit, auf den der Anwender oft auch Einfluss nehmen kann.

### Drei-Chip-Systeme

Bei Drei-Chip-Systemen wird das einfallende Licht durch einen Strahlenteiler in die Primärfarben Rot, Grün und Blau zerlegt und von den drei Bildsensoren separat verarbeitet. Dadurch muss die Auflösung des Bild-

> ### ℹ Farbmatrix
>
>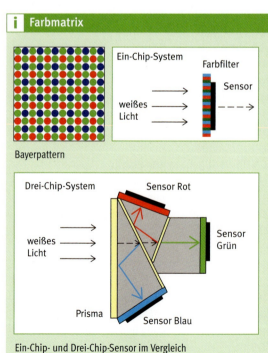
>
> Bayerpattern
>
> Ein-Chip- und Drei-Chip-Sensor im Vergleich
>
> Der Bayerpattern ist eine Farbmatrix für das Farbfilter bei Ein-Chip-Sensoren, der im Gegensatz zur reinen Streifenmaske die ungleiche Bedeutung der Farben beim Sehen berücksichtigt. Grün ist mit 50 Prozent gegenüber Rot und Blau mit jeweils 25 Prozent überrepräsentiert. Sensoren mit Bayerpattern haben entsprechende Artefakte, da sich die gesamte statische Auflösung des einen Sensors durch dieses Muster auf mehrere Farbkanäle aufteilt, während bei Drei-Chip-Systemen jede Farbe einen eigenen Chip mit voller Auflösung hat. Das ClearVid-Layout von Sony hat eine Pixelanordnung im 45°-Winkel und verfügt über noch mehr grüne Pixel als der Bayerpattern und über eine höhere Auflösung.

sensors nicht in die einzelnen Farben geteilt werden, sondern jeder Farbkanal verfügt über die volle Bildauflösung. Farben werden so natürlicher dargestellt und das Gesamtbild gewinnt deutlich an Klarheit. Im Bereich der CCDs sind Drei-Chip-Systeme schon seit vielen Jahren in hochwertigen Kameras Standard. Inzwischen wird das Prinzip auch auf CMOS-Sensoren angewendet.

### 6.1.3 Auflösung

Eines der Hauptverkaufsargumente bei Foto- und Videokameras ist immer die Auflösung. Durch den „Megapixelwahn" vergessen viele Anwender, dass sich ein Kamerasystem durch wesentlich mehr Komponenten als nur die Auflösung des Bildes auszeichnet. Inzwischen gibt es Full-HD-Kameras, die qualitativ noch lange nicht an technisch ausgereifte SD-Kameras herankommen – und das trotz der vierfachen Pixelanzahl. Die erzielbare Auflösung eines Kamerasystems hängt nicht nur von der Flächenauflösung und Güte des Bildsensors ab, sondern insbesondere auch von der vorgeschalteten Optik, der Analog-Digital-Wandlung, der Signalverarbeitung und der Aufzeichnung. Probleme entstehen nach dem Nadelöhrprinzip. Danach wird die Gesamtleistung des Systems durch die schwächste Komponente bestimmt. Im professionellen Bereich ist das bekannt und daher wird dort auf durchgängig hochwertige Komponenten geachtet.

#### Statische Auflösung

Am oberen Ende stehen die Kameras, die 2K, 3K, 4K und noch höher auflösen können. Solche Geräte sind in erster Linie Filmstreamkameras (Digital Cinema), die für eine aufwändige Bearbeitung des Materials im Bereich der Werbung oder für Kinofilme gedacht sind.

Die nächste Stufe bilden die Broadcastgeräte. Das Angebot an verschiedenen HD-Auflösungen beschränkt sich auf 720er HD und 1080er HD. Letzteres kommt bereits sehr nah an die Auflösung von 2K heran. Für das Fernsehen bietet Full HD eine vollkommen ausreichende Auflösung. Allerdings müssen die Kameras die mögliche Qualität erst einmal erreichen. Auch bei den SD-Kameras dauerte die Entwicklung seinerzeit viele Jahre, bis das Format qualitativ vollkommen ausgereizt werden konnte.

Full-HD-Auflösungen sind inzwischen im Bereich der Consumer- und Prosumer-Kameras Standard. Hier handelt es sich aber eher um Marketingstrategien, da

Vergleich typischer Bildauflösungen

sich die meisten Kunden in erster Linie durch Megapixeln beeindrucken lassen. Eine Consumer-Full-HD-Kamera ist der Qualität einer Digibeta DVW 970 weiterhin deutlich unterlegen, obwohl die Auflösung der Digibeta rein rechnerisch wesentlich geringer ist.

Da bei der Herstellung von Consumer-Kameras die Kosten sehr niedrig gehalten werden müssen, verfügen sie nur über relativ kleine Sensoren, die eine geringe Lichtempfindlichkeit mit hohem Bildrauschen verbinden. Hinzu kommen Objektive, die nicht in der Lage sind, die erforderliche Bildauflösung abzubilden. Stattdessen wird versucht, dem Bild über die Signalprozessoren künstliche Schärfe zu verleihen und die Farben zu verbessern. In vielen Fällen wird das Signal bei Consumerkameras zusätzlich durch das Aufzeichnungsformat verschlechtert, da sehr stark komprimiert werden muss.

### Bewegungsauflösung

Neben der hohen statischen Auflösung des Bildes wird ein scharfer Bildeindruck vor allem durch eine hohe zeitliche Auflösung erzeugt. Heute sollten 50 Bilder pro Sekunde oder mehr kein Problem darstellen. Werden ruckelnde Aufnahmen aufgrund eines Pseudofilmlooks gewünscht, können diese später in der Postproduktion aus dem hoch aufgelösten Material erzeugt werden.

Wichtig ist im Zusammenhang mit der hohen Bewegungsauflösung auch eine entsprechende Belichtungszeit. Bei sehr schnellen Bewegungen und ausreichend vorhandenem Licht sollte durchaus auch von der Möglichkeit Gebrauch gemacht werden, die Belichtungszeit weiter zu verringern, statt 1/50 also beispielsweise 1/100 zu verwenden. Bei CMOS-Kameras kann es durch kürzere Belichtungszeiten allerdings zu Rolling-Shutter-Artefakten kommen. Bei CCD-Kameras oder den speziellen CMOS-Kameras mit Global Shutter gibt es solche Probleme nicht.

Die „Shutter"-Funktion dient bei vielen Videokameras zur manuellen Einstellung der Belichtungszeit.

Im HDTV-Bereich stehen heute für eine Bildwiederholrate mit 50 Bildern pro Sekunde die beiden Auflösungen 1080 interlaced und 720 progressiv zur Auswahl. In der Praxis werden vor allem die Kameras mit der höheren Bildauflösung gewählt, denn der Unterschied zwischen 720 Zeilen und 1080 Zeilen ist durchaus sichtbar. Der Nachteil, dass das Interlaced-Bild eigentlich nur 25 volle Bilder darstellt, wird durch die hochentwickelten

De-Interlacing-Verfahren eliminiert. Eine dadurch entstehende Qualitätsverschlechterung ist mit bloßem Auge kaum mehr erkennbar.

## Auflösungsreserve

Die hohe Qualität der letzten Generation von SD-Broadcast-Kameras begründet sich vorrangig auf der sehr großen Auflösungsreserve. Eine Kamera bringt bessere Ergebnisse bei Lichtempfindlichkeit und Störabstand, wenn sie über mehr Pixel verfügt, als benötigt werden. Die HD-Kameras der ersten Generation verfügen jedoch meist gerade einmal über ihre benötigte native Pixelanzahl und haben keine Reserven. Für eine gute Bildqualität sind solche Reserven nötig, denn sehr feine Motive können dadurch besser aufgelöst werden. Doch nicht nur die Schärfe, sondern auch die Lichtempfindlichkeit lässt sich steigern, da mehr Pixel vorhanden sind, die zusammenarbeiten. Gleichzeitig wird das Bildrauschen reduziert, weil mit mehr Reserven auch der Signal-Störabstand steigt. Eine 720er HD-Kamera sollte für gute Ergebnisse über 2-Megapixel-Sensoren verfügen. Geräte mit 1080 Zeilen brauchen dann mindestens 2,5 bis 3 Megapixel. Diese Tatsache wird beim Vergleich einer HDV-Kamera mit einer DV-Kamera deutlich. Wird mit der HDV-Kamera nur auf DV gedreht, sieht das Ergebnis besser aus, als wenn es direkt mit einer vergleichbaren DV-Kamera aufgenommen worden wäre. Hätte die DV-Kamera eine angemessene Pixelreserve, wäre sie der HDV-Kamera nicht so stark unterlegen.

### 6.1.4 Objektive

Eines der wichtigsten Bauteile an der Kamera ist das Objektiv. Ohne ein vernünftiges Objektiv erzeugt auch der teuerste und beste Sensor der Welt kein gutes Bild.

### Modulation

Nicht nur Formate und Bildsensoren haben eine Auflösung, sondern auch die Objektive. Deren Abbildungsqualität wird in Linien pro Millimeter gemessen und in speziellen MÜF-Kurven grafisch dargestellt. Dabei werden die Verhältnisse im Zentrum und den Randbereichen separat voneinander betrachtet. Die

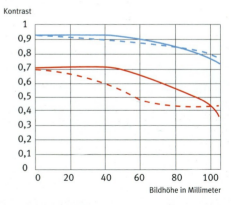

Beispiel einer Modulations-Übertragungsfunktion (MÜF oder englisch MTF). Ein Kontrast von 1 entspricht einer theoretischen Lichtdurchlässigkeit des Objektivs von 100 Prozent.

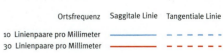

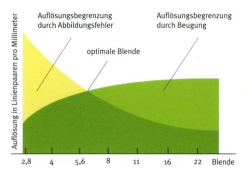

Beispiel einer optimalen Blende. Sie unterscheidet sich bei den Objektiven.

Modulationsübertragungsfunktion stellt somit eine Charakterisierung der Eigenschaften eines Objektivs dar.

### Blende

Objektive haben eine optimale Blende. Große Blendenöffnungen lassen zwar viel Licht durch, die Schärfentiefe wird dadurch aber sehr gering. Zudem sorgen Abbildungsfehler für eine reduzierte Auflösung. Bei kleinen Blendenöffnungen ist die Schärfe größer, da viele Randstrahlen abgeschnitten werden, jedoch kommt dann der Effekt der Beugung verstärkt zum Tragen. Durch Lichtbeugung entstehen Interferenzen, die das Bild verschlechtern. Von manchen Herstellern wird die optimale Blende, also der beste Kompromiss aus beiden Nachteilen, mit angegeben.

### Brennweite

Bis in die Mitte des letzten Jahrhunderts gab es nur Objektive mit einer spezifischen Brennweite. Solche Festbrennweiten finden auch heute oft Verwendung. Da sie weniger aufwändig zu konstruieren sind als vergleichbare Zoomobjektive, erlauben sie eine höhere Abbildungsqualität bei geringerem Gewicht. Die Korrektur der üblichen optischen Abbildungsfehler kann bei Festbrennweiten genau auf diese eine Brennweite gerechnet werden.

Zoomobjektive ermöglichen eine dynamische Änderung der Brennweite. Die Anwendungsbereiche reichen inzwischen vom Mobiltelefon bis zur High-End-Filmstreamkamera. Entsprechend unterschiedlich sind auch die qualitativen Ausführungen und Fehlertoleranzen bei der Herstellung.

### Objektivtypen

Objektive lassen sich grob in drei Gruppen einteilen – EB-Objektive, Studio-Zooms und Filmobjektive. Sie unterscheiden sich je nach Anwendung vor allem in den Bereichen Schärfeleistung, Brennweite und Zusatzausstattung.

EB-Objektive sind für universelle Einsätze konzipiert und verfügen daher über große Zoombereiche und zahlreiche Funktionen wie Extender und Makro, alles kompakt in einem Gerät. Sie sind verhältnismäßig leicht, da sie vor allem für den mobilen Einsatz mit Schulterkameras vorgesehen

EB-Zoomobjektiv                Studio-Zoom                Filmobjektiv Festbrennweite

sind. Neuere Modelle bieten mit einem Grafikdisplay und programmierbaren Tasten völlig neue Möglichkeiten, wie Schärferampen oder automatisierte Zoomfahrten.

Studioobjektive werden im Zusammenhang mit großen E-Kameras meist auf Pumpstativen im Studio eingesetzt. Sie kommen natürlich auch in anderen Situationen zum Einsatz, beispielsweise bei Fußballspielen. Kennzeichnend für diesen Objektivtyp sind die Größe und das Gewicht. Alle Funktionen sind innerhalb eines robusten Metallgehäuses integriert. Mit diesen Konstruktionen sind noch einmal deutlich größere Zoombereiche durchfahrbar und die Lichtstärke ist gegenüber EB-Objektiven meist auch größer.

Filmobjektive gibt es in Zoomausführung und als Festbrennweiten, auch Primes genannt. Sie sind einerseits speziell auf den Workflow bei Filmaufnahmen optimiert, indem sie über eine große Schärfe- und Blendenskala verfügen und bieten außerdem eine besonders hohe Abbildungsgüte, da sie für große Filmformate verwendet werden. Mit Festbrennweiten lässt sich eine besonders hohe Qualität erzielen, weil diese optimal auf optische Abbildungsfehler korrigiert werden können.

### Fabrikationstoleranzen

Objektive werden von den Herstellern als Einzelkomponenten gefertigt. Sie sind nicht darauf ausgelegt, im Doppelgespann zu agieren. Für stereoskopische Anwendungen sind aber zwei Objektive nötig, die absolut identisch sind. Diese Vorgabe erfüllen selbst teure und professionelle Objektive nur selten. Auch bei den meisten Broadcastzooms ist das Objektiv nicht durchgängig zentriert. Die optische Mitte ist dann in der Anfangs- und Endbrennweite nicht identisch.

Solche Abweichungen entstehen aber nicht allein durch azentrische Objektive. Sie sind vielmehr ein Zusammenspiel aus Toleranzen am Flansch und vor allem beim Einbau der Sensoren in die Kamera, bei denen Abweichungen in Millimeterbruchteilen schon sichtbare Auswirkungen aufweisen.

## Koppelung der Objektive

FIZ-System mit Hedén-Motoren zur synchronen Steuerung von Brennweite, Blende und Schärfe.

Die Einstellungen am Objektiv werden bei professionellen Dreharbeiten im Filmbereich von einem Schärfenassistenten vorgenommen. Um die Arbeit für ihn zu optimieren, gibt es spezielle Schärfenzieheinrichtungen, mit denen der Schärfenring über Zahnrädchen und Wellen auf einen externen Schärfenring gelegt wird. Dieser lässt sich mit einer biegsamen Welle (Peitsche) verlängern. So kann der Schärfeassistent etwas mehr Abstand zum Objektiv halten und hat einen besseren Überblick.

Schärfenzieheinrichtungen lassen sich auch für die Blende und gegebenenfalls die Brennweite verwenden. Neben den manuellen gibt es auch elektrische Versionen mit kleinen Motoren. Diese sind interessant, um zwei Kameras simultan zu bedienen, denn mit starren mechanischen Wellen verkoppelt würden sich die Kameras nicht mehr zueinander bewegen lassen. Durch die elektronische Fernsteuerung sind hingegen Änderungen der Konvergenz oder der Stereobasis weiterhin möglich. Die FIZ-Systeme (Focus, Iris, Zoom) gibt es von zahlreichen Herstellern wie Preston, Hedén, Chrosziel, Varizoom oder Arri auch in der kabellosen Funkversion.

Der große Vorteil von Funkschärfen ist bei Stereo-3D, dass mit einem Sender und zwei Empfängern beide Kameras simultan bedient werden können. Manche Funkschärfen weisen mit dem Attribut 3D extra darauf hin, dass sie auch auf Stereo-3D ausgelegt sind. Dabei geht es meist darum, neben der Schärfe auch Funktionen wie Stereobasis oder Konvergenz zu steuern. Neben einem Schärfeassistent wird bei Stereo-3D daher manchmal zusätzlich ein Konvergenzassistent oder Tiefenassistent (depth puller) eingesetzt.

### Objektivcheck

Zu einer Kamerajustierung gehört auch die Sicht- und Funktionsprüfung der Objektive auf Beschädigungen, Kratzer und mögliche Differenzen. Außerdem wird die Koppelung der Funktionen wie Zoom, Schärfe und Blende überprüft. Der Bildausschnitt der beiden Objektive muss im Telebereich und im Weitwinkelbereich verglichen werden. Beide Objektive müssen in Bezug auf ihre Funktion und ihre Abbildungsleistung identisch sein.

Mit den entsprechenden Funkschärfen oder FIZ-Systemen sind synchrone Schärfenverlagerungen genauso möglich wie Blendenanpassungen oder Zoomfahrten. Einer Verwendung des Zooms muss dennoch besondere Aufmerksamkeit geschenkt werden. In den meisten Fällen sind Zoomobjektive aufgrund der Fabrikationstoleranzen bei Objektiven und Kameragehäusen weniger gut für Stereo-3D geeignet als Festbrennweiten. Zoomfahrten sollten nur mit zueinander passenden Objektiven versucht werden oder wenigstens auf einen sehr kleinen Zoombereich begrenzt bleiben.

### Objektivwechsel

Während es bei professionellen Kameras üblich ist, Wechselobjektive anzubieten, bilden Objektiv und Kamera bei Consumer-Geräten fast immer eine feste Einheit. Die Möglichkeit, eine für stereoskopische Zwecke passende Kamera-Objektiv-Kombination zu finden, reduziert sich dadurch drastisch. Es müssen komplette Einheiten verglichen werden, um zwei Geräte zu finden, bei denen die Abweichungen gering genug sind oder wenigstens weitgehend identisch danebenliegen.

Consumerkameras verfügen in der Regel nicht über Wechselobjektive.

In der Regel werden aber für Stereo-3D-Aufnahmen Kameras mit Wechselobjektiv eingesetzt. Um gleichwertige Ergebnisse zu erzielen, müssen die Objektive nach jedem Wechsel justiert werden. Dabei geht es in erster Linie um das Auflagemaß (Back Focus). Leichte Differenzen am Flansch oder am Gehäuse des Objektivs können damit ausgeglichen werden, sodass die Schärfe über den gesamten Brennweitenbereich konstant bleibt. Daher ist ein korrektes Auflagemaß insbesondere bei Zoom-Rigs von großer Bedeutung.

Ein weiterer Punkt, der nach einem Objektivwechsel zu beachten ist, betrifft die einheitliche Auswahl von Automatismen (Autofokus, Autoiris). Diese sollten natürlich soweit möglich manuell bedient werden. Auch der Bildstabilisator ist bei beiden Objektiven identisch einzustellen. Er sollte, wenn überhaupt, nur in bestimmten Situationen und nur in der optischen Variante eingesetzt werden.

### 6.1.5 Schärfentiefe

Die Schärfentiefe ist im fotografischen und filmischen Bereich ein wichtiges Stilmittel zur Lenkung der Aufmerksamkeit und steht gleichzeitig im Zusammenhang mit dem ästhetischen Eindruck eines Bildes. Einen großen Einfluss auf die Schärfentiefe haben Objektiv und Bildsensor.

## Faktoren

Die Schärfentiefe lässt sich durch die drei Faktoren Brennweite, Blende und Objektentfernung beeinflussen. Sie können vom Kameramann gezielt verändert werden.

Bei langen Brennweiten wird die Schärfentiefe geringer und bei kurzen Brennweiten dehnt sie sich aus. Mit großen Blendenöffnungen ist die Schärfentiefe geringer als mit kleiner Blende. Je weiter entfernt Objekte liegen, desto höher ist die Schärfentiefe, die sich um sie erstreckt. Objekte im Nahbereich haben hingegen eine geringere Schärfentiefe. Der Extremfall sind Makroaufnahmen mit ganz besonders niedriger Schärfenausdehnung. Oft wird auch vom Abbildungsmaßstab gesprochen, dem Verhältnis von Objektgröße und Bildgröße. Er lässt sich über die Objekt- und Bildentfernung zum Objektiv und gleichzeitig über die Brennweite beeinflussen. Bei einem größeren Abbildungsmaßstab ist die Schärfentiefe höher, bei kleinerem Maßstab ist sie geringer.

Es gibt einen weiteren Faktor, der sich aber nicht direkt beeinflussen lässt – die Sensorgröße. Sie ist ein festes Merkmal der Kamera. Daher beziehen sich alle vorher genannten Faktoren stets auf den jeweiligen Kamerasensor und das entsprechende Bildformat. Die Auswirkung der Sensorgröße lässt sich gut über den Zerstreuungskreisdurchmesser beschreiben.

## Zerstreuungskreisdurchmesser

Abhängig von der Bildgröße, also der Größe des Bildsensors gibt es verschiedene Zerstreuungskreisdurchmesser. Diese Durchmesser sagen aus, wie groß ein Unschärfekreis bei einem bestimmten Bildformat höchstens sein darf, damit er vom menschlichen Auge noch als scharf erkannt wird. Bei kleinen Bildformaten muss ein solcher Durchmesser auch viel kleiner sein als bei großen Bildformaten.

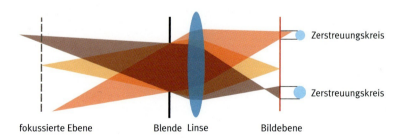

Schärfentiefe und Zerstreuungskreise

Bei elektronischen und digitalen Kameras hängt der maximale Zerstreuungskreisdurchmesser nicht nur von der Sensorgröße ab, sondern auch von der Auflösung des Sensors. Bei höherer Auflösung liegen die Bildpunkte in einem feineren Raster. Ein Unschärfekreis, der beim groben Raster eines SD-Sensors nur einen einzelnen Pixel bedeckt, erstreckt sich bei höherer Auflösung bereits über mehrere Pixel und wirkt damit unscharf. Kameras mit hoher Auflösung wie HD-Kameras haben daher eine geringere und empfindlichere Schärfentiefe als Kameras mit weniger Bildpunkten.

▶ *Die Schärfentiefe hochauflösender Kameras ist bei gleicher Sensorgröße wesentlich geringer.*

### 6.1.6 Einstellungen

Moderne Broadcast-Camcorder und digitale Filmkameras enthalten eine Vielzahl von Menüs, Untermenüs und Optionen. Daher ist es empfehlenswert, ein festgelegtes Setup auf einem Flashspeicher zu sichern und dieses bei Bedarf einzulesen. So lässt sich bei Stereo-3D auch die zweite Kamera schnell mit den Optionen der ersten Kamera versehen.

▶ *Für die meisten Einstellungen sollten, soweit möglich, manuelle Festwerte gegenüber Automatiken bevorzugt werden.*

Je nach verwendeter Kamera sind manche Einstellungen direkt am Gehäuse wählbar oder es muss in das Menü gegangen werden, um an die jeweilige Funktion zu gelangen. Verschiedene Hersteller haben oft auch unterschiedliche Namen für gleiche Funktionen. Die Menüs sind anders aufgebaut und unterscheiden sich teils gravierend. Im Folgenden kann es daher nur um Hinweise gehen, welche die gängigen Funktionen betreffen. Diese Hinweise beziehen sich auf eine Verwendung der Kameras im Stereo-3D-Bereich.

**Formatwahl**

Zuerst sind die Einstellungen bezüglich des Aufnahmeformats im Kameramenü vorzunehmen. Grundsätzlich sollte die höchste Auflösung bei geringster Kompression und wenn möglich eine progressive Aufzeichnung mit hoher Bildwiederholrate gewählt werden. Im Fall von Streaming werden diese Einstellungen in der Rekordereinheit vorgenommen. In den Kameras muss dann gegebenenfalls die verwendete Schnittstelle korrekt konfiguriert werden.

Manuelle Einstellungen am EB-Objektiv, von links: Schärfe, Brennweite (Zoom), Blende

### Belichtung

Die Belichtung muss manuell erfolgen, um ein „Pumpen" zu unterbinden. Ist die Benutzung der Blendenautomatik unumgänglich, sollte zumindest darauf geachtet werden, dass die Automatikparameter identisch sind, damit asynchrone Belichtungsänderungen minimiert werden.

Besonders kontrastreiche Szenen oder fehlerhafte Belichtungseinstellungen können zu Über- und Unterbelichtungen führen. Diese haben durchaus Einfluss auf Stereo-3D. Wenn Weiß ausbrennt, gibt es an dieser Stelle keine Bildinformationen und damit auch keine Tiefeninformationen mehr. Stellen mit ausgebranntem Weiß sind in der Tiefe nicht lokalisierbar und werden dadurch auf der Nullebene oder irgendwo unbestimmbar im Nichts gesehen. Kommt es hingegen zu einer Unterbelichtung, entsteht Bildrauschen. Es ist besonders in den Schattenbereichen sichtbar. Diese Stellen wirken sehr unruhig und beeinflussen damit das Gesamtbild. Obwohl das Bild bei diesen Problemen weiterhin räumlich wahrgenommen wird, ist der subjektive Tiefeneindruck doch beeinträchtigt.

Für den Weißabgleich gibt es an den meisten Broadcast-Kameras die Wahl zwischen Voreinstellung (Preset), Speicherplatz A und B, sowie Auto Tracking White (ATW).

### Weißabgleich

Der Sensor einer Videokamera ist nativ für Kunstlicht (etwa 3200 Kelvin) empfindlich. Zur Anpassung der Empfindlichkeit für andere Situationen wie Tageslicht mit 5600 Kelvin gibt es einschwenkbare Farbfilter. Bei manchen Kameras ist der Filterring mit dem ND-Filterring kombiniert. An beiden Kameras müssen identische Einstellungen der Filter getroffen werden. Gleichzeitig muss der Presetmodus aktiv sein, damit die nativen Filterwerte auch zur Anwendung kommen. Alternativ lassen sich beide Kameras mit der gleichen Vorlage kalibrieren. Dazu wird statt Preset die Speicherstellung A oder B gewählt und der Weißabgleich manuell durchgeführt. Von der „Auto-Tracking-White"-Funktion (ATW) ist nach Möglichkeit abzusehen, denn eine ständig wechselnde Farbtemperatur lässt sich auch in der Postproduktion nur mit großem Aufwand korrigieren.

### Fokus

Vorwiegend bei Consumer- und Prosumer-Kameras findet sich die Option der automatischen Schärfeeinstellung. Diese kann auch bei normalen, zweidimensionalen Aufnahmen zum echten Problem werden, wenn die

Schärfe „pumpt" oder nicht die gewünschte Schärfenebene fokussiert wird. Bei Stereo-3D-Aufnahmen kann der Autofokus zur völligen Unbrauchbarkeit des Materials führen, denn asynchrones Pumpen und verschiedene Schärfeebenen in beiden Bildern lassen sich nicht korrigieren. Ganz besonders drastisch kann sich ein Staubkorn auf der Linse auswirken, welches der Autofokus möglicherweise immer wieder zu fokussieren versucht. Moderne Autofokussysteme, die das Bild analysieren und über Gesichtserkennungsverfahren die Schärfe gezielt auf bestimmte Bereiche legen, können ebenso zu verschiedenen Schärfeebenen in beiden Teilbildern beitragen.

### Image Stabilizer

Eine weitere wichtige Funktion ist die Bildstabilisierung. Während von der elektronischen Variante prinzipiell abgeraten werden muss, sind die optischen Systeme oft von brauchbarer Qualität. Das gilt jedoch nicht für die stereoskopische Kameraarbeit. Differenzen in beiden Bildern würden mit hoher Wahrscheinlichkeit auftreten, die Teilbilder haben dadurch unterschiedliche Trägheiten und beim Zuschauer wäre Visuelle Überforderung vorprogrammiert.

### Grid

Die meisten Kameras verfügen über die Möglichkeit, ein Gitter und ein Mittenkreuz einzufügen. Solche Hilfsmittel sind für die Stereoskopie durchaus von Nutzen, da sich eine Ausrichtung und Justierung viel leichter realisieren und überprüfen lässt.

Das Gitter (Grid) ist ein hervorragendes Mittel, um Bilder zu justieren. So kann hier beispielsweise die Horizontlinie in beiden Teilbildern auf die waagerechte Linie gelegt werden.

### Menüstrukturen

Die teilweise recht komplexen Menüs müssen bereits im Vorfeld komplett durchgegangen und auf identische Werte eingestellt werden. Wenn möglich sollten Automatiken abgestellt werden. Viele Kameras führen Bildveränderungen in der „Signal-Processing"-Stufe durch. Dabei wird die Kurve mit Weißwert, Schwarzwert und der Gradation oder Kniefunktion (Knee) beeinflusst. Diese Werte lassen sich auch auf einzelne Farbkanäle anwenden. Über die Matrixeinstellungen kann das ganze Farbschema verändert werden. Außerdem lassen sich Eingriffe in der Signalanhebung vornehmen (Gain) oder auch die Schärfe insgesamt oder partiell digital

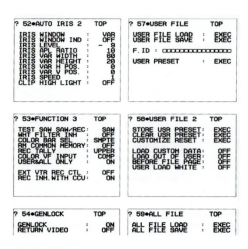

Komplexe Menü-Strukturen einer professionellen Sony-Kamera

erhöhen (Skin Detail). All diese Werte können im Menü verändert werden. Eine pauschale Vorgehensweise gibt es nicht, stattdessen Entscheidungen von Fall zu Fall.

Funktionen wie eine digitale Nachschärfung sollten besser ausgeschaltet werden. Handelt es sich um notwendige Bildbeeinflussungen bezüglich Farbe oder Helligkeit, können sie durchaus auch gleich in der „Signal Processing"-Stufe erfolgen. Hier haben die Daten noch eine sehr hohe Bittiefe. Bei der anschließenden Kodierung für das Ausgabeformat wird diese Bittiefe deutlich reduziert und Änderungen lassen sich weniger fein durchführen. Das gilt weniger für Filmstreamkameras als vielmehr für Broadcastgeräte.

Bei Consumer-Kameras besteht ein Hauptproblem darin, dass der Benutzer nicht oder nur schwer an wichtige Einstellungen herankommt. Vor allem bei Kameras, die nur auf Automatiken ausgelegt sind, ist ein vernünftiger Abgleich kaum möglich.

### 6.1.7 Synchronität

In einem gut synchronisiertem Bild stimmen die Teilbilder exakt und sorgen für einen ruhigen 3D-Eindruck.

Es liegt auf der Hand, dass bei stereoskopischen Aufnahmen alle Parameter und Einstellungen an den beiden Kameras identisch sein müssen. Die Erzielung exakter Synchronität ist eine der großen Herausforderungen guter stereoskopischer Aufnahmen. Hauptsächlich betrifft das die zeitliche Synchronisation. Aber auch andere Kamerafunktionen wie Zoom oder Schärfeänderungen müssen synchronisiert ablaufen, wenn sie genutzt werden sollen.

#### Timeline

Die meisten Menschen empfinden Laufbilder bei einer Frequenz von 50 Hertz als flimmerfrei. Das entspricht auch der Bildwiederholrate gängiger Aufzeichnungs- und Wiedergabeformate. Bei einer asynchronen Stereo-3D-Aufnahme besteht im Schnitt die Möglichkeit der zeitlichen Ausrichtung beider

Bilder durch Verschiebung auf der Timeline. Im Schnittprogramm ist die Verschiebung framegenau, also im Fünfzigstel- oder Sechzigstel-Sekundentakt möglich. Manche Software ermöglicht durch Interpolation noch kleinere Schritte.

Normalerweise liegt die nicht korrigierbare Asynchronität genau zwischen zwei Einzelbildern und damit kann die maximale Abweichung eine hundertstel Sekunde, also zehn Millisekunden, betragen. Aufgrund der Flimmerverschmelzungsfrequenz ist diese Asynchronität zu kurz, um vom Zuschauer wahrgenommen zu werden. Für Stereo-3D ist eine nicht hundertprozentige Synchronisation bei Motiven mit schnellen Bewegungen dennoch problematisch, denn dabei werden auf beiden Teilbildern leicht unterschiedliche Bewegungsabschnitte festgehalten. Durch die gleichzeitig entstehende Bewegungsunschärfe reduziert sich das Problem wieder ein wenig.

### Zeilensprung

Langfristig wird versucht, vom Zeilensprungverfahren (Interlacing) wegzukommen. Videomaterial liegt aber auch heute noch häufig in dieser Form vor. Von vielen HD-Kameras wird noch immer im Zeilensprung aufgezeichnet, beispielsweise mit der populären Full-HD-Auflösung 1080i/25. Bevor bei Stereo-3D mit solchem Material eine Teilbildausrichtung stattfindet, sollte ein Deinterlacing auf 1080i/50 durchgeführt werden. Andernfalls

---

**i Bewegungsauflösung**

Perfekt synchronisierte Kameras sind sehr wichtig, um ein zeitliches Auseinanderlaufen der Bilder zu vermeiden. Eine hohe Bewegungsauflösung ist dabei von großem Vorteil. Sehr oft wird jedoch nur mit 24 oder 25 Bildern pro Sekunde gearbeitet. Das dabei entstehende Ruckeln (Shuttern) bei schnellen Bewegungen wird in Stereo-3D besonders deutlich. Dafür gibt es mindestens zwei Gründe. Einerseits wirkt das Ruckeln für die realistischer empfundenen 3D-Bilder kontraproduktiv und andererseits passt ein Ruckeln nicht zu den klaren scharfen und sauberen Bildern heutiger Digitalaufnahmen. Das Shuttern wird nicht erst bei einem Formel-1-Rennwagen deutlich, sondern bereits dann, wenn eine Person beim Interview eine starke Gestik hat oder ein Darsteller schnell durchs Bild geht. Die 24 Hertz bei der Aufnahme sind noch ein Relikt aus der Ära älterer Filmkameras. Moderne Kameras können auch bei HD- oder 2K-Auflösung mit wesentlich höheren Bildraten arbeiten. Inzwischen sollten 50 Hertz das Minimum sein, erst recht bei Filmen mit schnellen Bewegungen und vor allen Dingen bei Stereo-3D.

lässt sich nur in Schritten von 1/25 Sekunde justieren oder es wird riskiert, dass sich die Halbbilddominanz verschiebt. Dadurch kann es zu einem Zittern des Bildes kommen.

### Synchronisation

In vielen Fällen genügt es bereits, die beiden Kameras exakt gleichzeitig zu starten und zu stoppen, um ein weitestgehend flimmerfreies Stereo-3D-Bild zu erhalten. Schon dieses bildgenaue Auslösen ist nicht ohne weiteres zu erreichen. Versetzte Aufnahmen müssen in der Postproduktion verschoben werden, was je nach Materialumfang recht aufwändig sein kann. Um aber außerdem ein durchgehend störungsfreies Bild zu gewährleisten, müssen die Kameras synchronisiert werden. Nur dann werden linkes und rechtes Teilbild genau zum selben Zeitpunkt aufgenommen, was besonders für Bewegungen wichtig ist. Eine solche Synchronisation muss schon bei der Aufnahme erfolgen, denn unsynchron belichtetes Material kann auch in der Postproduktion nur durch komplizierte Interpolation gerettet werden.

Im professionellen Bereich und mittlerweile auch im Prosumer- oder Semiprofi-Bereich wird zur Synchronisation von Kameras der Genlock eingesetzt. Er ist leicht an der BNC-Buchse zu erkennen, die an der Kamera entsprechend beschriftet ist. Bei Consumer-Kameras wird eine Synchronisation hingegen etwas schwieriger. Die wenigsten Heimanwender benötigen synchronisierbare Kameras und deshalb haben die Hersteller in diesem Marktsegment auf solche Funktionen verzichtet. Über einen Trick lässt sich mit einigen Kameramodellen dennoch Synchronität erzeugen. Dazu müssen die Geräte über einen LANC-Anschluss verfügen.

Sind die Kameras nicht absolut synchron, können bei schnellen Bewegungen Probleme entstehen. Das Bild wirkt dann unruhig und die Betrachtung wird für den Zuschauer weniger angenehm.

## Genlock

Zur Synchronisation von Kameras per Genlock wird ein BNC-Kabel verwendet, welches an die meist mit „Genlock In" beschriftete BNC-Buchse angeschlossen wird. Damit lassen sich die Schwingquarze der Kameras aufeinander abgleichen, sodass sie über längere Zeit exakt im gleichen Takt laufen.

### SD-Genlock

Der übliche Weg bei SD-Kameras ist die Nutzung des Black Burst, der in jedem FBAS-Signal (analoge Video-Out-Buchse) vorhanden ist. Externe Taktgeber sind nicht nötig, denn mit dem FBAS-Signal überträgt eine der Kameras ihren Takt über ein 75 Ohm-Koaxialkabel an die andere Kamera. Das Koax-Kabel (BNC-Kabel) verbindet die Video-Out-Buchse mit der Genlock-Buchse an der Empfängerkamera. Den Kameras wird einige Sekunden Zeit gelassen, um den Takt richtig zu synchronisieren. Dieser Vorgang darf nicht mit der Übertragung des Zeitkodes verwechselt werden, welche über die entsprechenden Buchsen „TC IN" und „TC OUT" von Master zu Slave erfolgt, jedoch nichts mit der eigentlichen Synchronisierung der Kameras zu tun hat.

Genlock-Anschluss zur Synchronisation der Kameras

### HD-Genlock

Bei HD-Signalen kann der Takt ebenfalls aus einem analogen Signal gewonnen werden. Im Gegensatz zu SD (Bi-Level-Sync) wird hier aber vom Tri-Level-Sync gesprochen, da das HD-Sync-Signal für höhere Genauigkeit aus drei Spannungswerten statt aus zwei besteht. In der Praxis gibt es zur Bildübertragung bei HD aber fast ausschließlich digitale Formate wie HD-SDI. Dort fehlt natürlich ein analoges Synchronsignal. Um die Kameras also über die Genlock-Buchse mit einem Tri-Level-Sync-Signal auf den gleichen Takt zu bringen, ist ein externer Taktgeber (Sync Generator) notwendig. Solche Geräte gibt es auch in kleiner Bauweise. Eine Befestigung am Stereo-3D-Rig ist dann kein Problem.

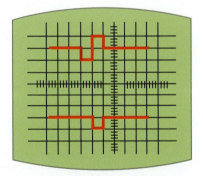

Bi-Level- und Tri-Level-Snyc im Vergleich auf einem Oszilloskopschirm

### LANC

Zur Fernsteuerung von Kameras hat sich im Consumer-Bereich das LANC-Protokoll etabliert. Spezielle Geräte wie der LANC Shepherd nutzen es zur synchronen

Sync-Generator zur Erzeugung mehrerer Synchronsignale im Bi-Level- oder Tri-Level-Sync.

Bedienung und Steuerung beider Kameras. Da das Protokoll aber eine Entwicklung von Sony ist, wird es von etlichen anderen Kameraherstellern nicht unterstützt. Bei neueren Geräten von Sony wurde LANC mittlerweile in die AV-Buchse integriert und kommt nicht mehr separat vor. Über LANC lassen sich Funktionen wie Zoom und Schärfe, aber vor allem auch das gleichzeitige Starten und Stoppen durchführen.

Fast alle LANC-Controller ermitteln über Messung des Videosignals die Asynchronität und geben sie auf einer Anzeige in Millisekunden oder Sekundenbruchteilen aus. Bei zu starker Asynchronität sollten die Kameras aus- und eingeschaltet werden. Wenige Geräte sind in der Lage, die Synchronität selbst zu beeinflussen. LANC-Controller sind qualitativ mit einer richtigen Kamerasynchronisation nicht vergleichbar, die spätere zeitliche Ausrichtung der Teilbilder kann jedoch deutlich vereinfacht werden. Auch die Bedienung während der Aufnahme ist leichter, verglichen damit, zwei Kameras parallel mit der Hand auslösen zu müssen.

### Synchrondrift

Während eine fehlende Synchronisierung in der Postproduktion in den meisten Fällen noch ausgeglichen werden kann, wird es bei Asynchronitäten, die „auseinanderlaufen", problematisch. Dieser sogenannte Synchrondrift kommt nicht vor, wenn die Quarze zweier Kameras über die Genlock-Funktion einander angeglichen wurden.

Einfache Camcorder verfügen nicht über Genlock. Daher sollten bei der Verwendung von Consumer-Technik keine allzu langen Plansequenzen aufgezeichnet werden. Durch Stoppen und erneutes Starten der Aufnahme mit einem LANC-Controller laufen die Kameras wieder synchron und driften nach einiger Zeit mehr oder weniger stark auseinander. Bis zu einem bestimmten Wert kann der zeitliche Versatz vom Betrachter noch binokular summiert werden.

### Kameraverkoppelung

Bei Stereo-3D ist nicht nur die Synchronität der Zeit von Bedeutung, sondern auch eine synchrone Verstellung von Parametern wie Blende und besonders Brennweite und Schärfe.

### Funkschärfe

Für professionelle Dreharbeiten gibt es ferngesteuerte Schärfenzieheinrichtungen verschiedenster Hersteller. Diese Geräte sind im Wesentlichen kleine Motoren mit Zahnrad, welche die Schärfe über den Zahnkranz am Objektiv steuern. Die meisten Hersteller bieten solche Objektivsteuerungen auch im Dreierpaket (FIZ) an, wobei die Blende und falls vorhanden auch die Brennweite mitgesteuert werden können. Die Steuerungen arbeiten auch über Funk sehr zuverlässig.

### Sony LANC

Im Consumer-Bereich gibt es mit dem LANC-Controller eine elektronische Lösung für die gleichzeitige Steuerung von Kamerafunktionen. Geräte wie der LANC Shepherd, Pokescope oder Stefra LANC können nicht nur für ein gleichzeitiges Auslösen der Kameras sorgen, sondern ermöglichen auch synchrone Zooms und Schärfenfahrten. Über LANC sind solche Funktionen aber nur ruckartig durchführbar. Weiche Anfangs- und Endzooms werden sich nicht erzielen lassen.

Controller wie der LANC Shepherd synchronisieren Kameras für Stereo-3D.

### Canon SDK

Eine andere Möglichkeit der Kameraverkoppelung soll hier der Vollständigkeit halber mit aufgeführt werden. Dabei handelt es sich um Fotokameras mit USB-Anschluss vom Hersteller Canon. Es existiert eine frei verfügbare Software speziell für eine ganze Reihe dieser Kameras, mit der eine synchrone Auslösung möglich ist. Dies geschieht über separat zu erwerbende USB-Auslöser.

### Einschränkungen

Für synchrone Schärfeverlagerungen oder Zoomfahrten sollten die optischen Achsen der Objektive durchgängig linear verlaufen, denn Brennweite und Bildausschnitt müssen über den gesamten Arbeitsweg identisch sein. Es gibt kaum Kameras oder Objektive, die das gewährleisten können. Doch nicht nur die Objektive sind das Problem, sondern auch leicht azentrisch eingebaute Sensoren oder der optische Block, also der Strahlenteiler. Weitere Toleranzen können beim Flansch, also dem Objektiv-Mount auftreten. Schließlich ändern sich die Geräte auch im Lauf der Zeit durch Abnutzungsprozesse und Temperaturunterschiede.

Bei monoskopischen Produktionen spielen solche Abweichungen keine Rolle, bei Stereo-3D können dadurch jedoch große Probleme entstehen. Je kleiner der Sensor, desto genauer müsste die Zentrierung sein. Tatsächlich werden kleine Sensoren aber vor allem bei günstigen Kameras eingesetzt und sind damit sogar noch ungenauer. Beim Gerätekauf oder der Ausleihe sollten deshalb so viele Kameras oder Objektive wie möglich miteinander verglichen werden und jeweils die Stereo-3D-Paare zum Einsatz kommen, die am besten zueinander passen.

### 6.1.8 Vorschau

Die Vorschau eines Bildes wird bei der Mehrzahl aller Kameras über einen eingebauten Sucher ermöglicht. Es gibt verschiedene Typen wie optische Sucher, die vorwiegend bei Filmkameras eingesetzt werden oder Sucher mit einem kleinen Röhren- oder LC-Display, die bei elektronischen und digitalen Kameras Standard sind. Heutige Consumer-Geräte verfügen über ausklappbare Displays und verzichten teilweise völlig auf einen Sucher. Auch bei professionellen Kameras werden Displays am Kameragehäuse vermehrt eingesetzt, auf einen Sucher wird dort hingegen fast nie verzichtet.

Für den Kameramann ist der Sucher das geeignete Instrument für die Kadrierung. Da die Augenmuschel das Streulicht abhält, sind auch Belichtung und Kontraste sowie Details besser erkennbar und zu beurteilen. Bei größeren Dreharbeiten ist es üblich, dass andere Teammitglieder über eine Ausspiegelung oder externe Monitore ebenfalls das Kamerabild betrachten können, während der Kameramann selbst den Sucher der Kamera verwendet.

Sucher sind prinzipiell monokular, das heißt ein Auge sieht das Bild, während das andere Auge zugekniffen wird. Im Stereo-3D-Bereich gibt es nun zwei Bilder. Eine Vorschau kann hier über verschiedene Wege realisiert werden. Dazu zählen hauptsächlich separate Displays, Stereo-3D-Monitore und Binokularsucher. Durch die Stereo-3D-Vorschau ist rechtzeitig erkennbar, ob die Fernpunkte divergieren, die Disparitäten für eine störungsfreie Fusion womöglich zu groß sind oder die Verzerrung bei konvergenten Kameras zu groß wird. Es wird visuell ersichtlich, ob der Tiefenumfang für den vorhandenen Tiefenspielraum nicht doch zu groß ist. Allerdings muss daran gedacht werden, dass bei einer rein stereoskopischen Betrachtung der Live-Bilder noch keine Teilbildausrichtung erfolgt ist. In der Regel werden die Bilder nicht so bleiben, wie sie in der Aufnahme waren. Für präzise Aussagen über den Raumeindruck ist daher mindestens die Möglichkeit einer horizontalen Verschiebung erforderlich.

Fortschrittliche Vorschausysteme können nicht nur die Disparitäten darstellen sondern sind auch in der Lage sie zu verändern. Mit Systemen wie dem STAN vom HHI, Disparity Killer von Binocle oder dem Onset Tool von ifx Piranha lässt sich eine Vorschau erzeugen, die dem finalen Stereo-3D-Bild der Postproduktion bereits sehr nah kommt. Zur einfachen Benutzung solcher Systeme am Set eignen sich Touchpanels wie das iPad von Apple.

Zwei separate Displays zur Justierung der Kameras         Doppelokular an der 3DVX Kamera

## Displays

Die einfachste Vorschaumethode ist die Verwendung separater Displays für jede Kamera, die nah beieinander montiert werden und somit linkes und rechtes Teilbild zeigen. Der Stereograf ist damit in der Lage, beide Bilder direkt zu vergleichen und anhand eines eingeblendeten Grids auch geometrische Aussagen zu treffen. Disparitäten lassen sich hier vom geübten Auge bereits beurteilen.

Ein genaueres Erkennen von Teilbildunterschieden kann über ein Display mit zwei Eingängen realisiert werden. Diese Eingänge sind dann schnell hin- und herschaltbar, wodurch Abweichungen in bestimmten Bereichen schneller auffallen. Besser ist es, wenn das Display noch über die Möglichkeit verfügt, die Bilder halbtransparent übereinander darzustellen (Overlay). Spezielle Vorschaumonitore für Stereo-3D sind dazu in der Lage. Oft wird beim Dreh neben zwei Monodisplays noch ein solcher 3D-Monitor an das Kamera-Rig montiert. Dadurch lässt sich besser kadrieren und gleichzeitig die Stereoskopie überprüfen.

## Binokularsucher

Nach dem Prinzip der räumlichen Bildtrennung können zwei Sucher nebeneinander zu einem Binokularsucher zusammengeschaltet werden. Solch ein Doppelokular ermöglicht bereits bei der Aufnahme einen ersten Eindruck der stereoskopischen Wiedergabe. Allerdings ist der Kameramann in seiner Bewegung etwas eingeschränkt, weil er beide Augen am Sucher hat und nicht wie beim herkömmlichen 2D-Verfahren ein Auge zur Orientierung frei ist. Gegenüber den meisten anderen stereoskopischen Wiedergabearten hat das Doppelokular die Vorteile, dass keine Brille verwendet werden muss und dass die Streulichtproblematik entschärft ist.

### Stereo-3D-Monitor

Bei einem größeren, meist szenischen Dreh mit entsprechendem Drehstab ist es sinnvoll, einen größeren Stereo-3D-Monitor abseits der Kamera als Set-Vorschau zu installieren. Er kann problemlos vom Regisseur, dem Stereografen, der Maske und anderen Teammitgliedern betrachtet werden. Für einen solchen Bildschirm kommen alle möglichen Funktionsweisen in Betracht, so auch Anaglyph, Polarisation oder Autostereo. Üblicherweise wird er mit einer großen Sonnenblende versehen oder in einer speziellen abgedunkelten Umgebung betrachtet. Gut eignen sich für diese Verwendung auch Monitore in L-Bauform, die mit halbdurchlässigem Spiegel und Polfiltern arbeiten.

Stereo-3D-Vorschaumonitor von Transvideo

An der Kamera selbst ist ein kleiner Stereo-3D-Monitor von Vorteil. Neben der Overlay-Anzeige für die geometrische Justierung kann der Kameramann das Bild dann mit einer 3D-Brille auch räumlich sehen. Bei Produktionen mit kleinerem Team genügt schon diese Art der Vorschau.

Manchmal wird auch eine Videobrille eingesetzt, die dann wie ein Doppelokular funktioniert. Dabei kann aber ebenfalls nur jeweils eine Person die Vorschau betrachten. Der Vorteil liegt vor allem im guten Streulichtschutz. Somit macht eine Videobrille vor allem in sehr hellen Umgebungen Sinn. Zur aussagekräftigen Beurteilung der Tiefe am Set sind solche HMDs allerdings weniger geeignet.

### Vorschauprojektion

Bei manchen großen Stereo-3D-Filmproduktionen wird eigens ein kleines Testkino am Set eingerichtet, an dem das gedrehte Material in Stereo-3D

### i Stereo-3D-Vorschau

Bei stereoskopischen Produktionen ist eine Vorschau in Stereo-3D direkt am Drehort von Vorteil. Die verwendete Methode sollte sich am Zielformat orientieren. Wird ein Kinofilm gedreht, ist am Drehort mindestens eine kleine Projektion zu errichten, auf der das Material gesichtet werden kann, bevor das Set abgebaut ist. Wird für Fernsehen oder Blue-ray produziert, sollte wenigstens ein guter stereoskopischer Bildschirm vor Ort sein. Falls für die Wiedergabe mit autostereoskopischen Displays produziert wird, sollte ein solches auch am Drehort vorhanden sein. Wird dagegen für eine HMD-Anwendung gedreht (beispielsweise für die iPhone-3D-Brille), sollte auch bei der Aufnahme ein HMD vorhanden sein.

betrachtet werden kann. Diese Arbeitsweise ähnelt der von Dailies oder Rushes aus dem klassischen Filmbereich. Problematische Einstellungen können so im Zielformat rechtzeitig erkannt und noch einmal wiederholt werden.

### Stereo-3D-Wandler

Mit Stereo-3D-Prozessoren wie dem Stereo Brain lassen sich die Signale der beiden Kameras (meist zwei HD-SDI-Eingänge) in die diversen 3D-Darstellungsmethoden wandeln, um eine 3D-Vorschau mit dem jeweiligen Bildschirm zu ermöglichen. So kann das Signal beispielsweise in Side-by-Side, Interlaced oder Checkerboard für Stereo-3D-Monitore aufbereitet werden oder es wird ein normaler 2D-Monitor angeschlossen, wobei die Darstellung in Anaglyph oder Overlay erfolgt.

Stereo-3D-Signalwandler Stereo Brain SB-1

Viele Stereo-3D-Monitore und Wiedergabegeräte haben dieses Signalprocessing jedoch selbst mit an Bord und verfügen dann über zwei Eingänge, die direkt von der Kamera gespeist werden können.

### Ausrichtung

Bei einer Live-Vorschau lassen sich die Parameter sofort korrigieren und eine Wiederholung der Aufnahme wird überflüssig. Das Problem bei der Live-Vorschau ist vor allem die noch nicht erfolgte Ausrichtung des Materials. Hier sind Geräte nötig, die das automatisiert können (Analyzer). Bisher existieren von 3ality digital, Binocle, dem Fraunhofer HHI und Sony zwar Echtzeitlösungen zur automatischen Teilbildausrichtung, es wird jedoch langfristig sinnvoll und anwenderfreundlich sein, solche Hard- und Software direkt in die Vorschaumonitore zu integrieren.

Alternativ kann auch Software zur Stereo-3D-Justierung und Vorschau eingesetzt werden, die auf einem tragbaren Rechner läuft. Solche Programme (beispielsweise Piranha Onset) ermöglichen neben den geometrischen Korrekturen auch eine schnelle Teilbildausrichtung. Eine weniger komfortable, dafür aber preisgünstigere Variante ist Stereo-3D-Wiedergabesoftware wie der Stereoscopic Player. Damit kann zumindest eine Echtzeitverschiebung der Teilbilder während der Wiedergabe erreicht werden.

**Zusammenfassung**   Die Grundlagen von Kameras und deren Konfiguration sind nicht nur für zweidimensionale Aufnahmen essentiell, sondern insbesondere für Stereo-3D. Es ist wichtig, aus den verschiedenen Kameratypen das für die jeweilige Anwendung richtige Modell auszuwählen und dabei auf die einzelnen Komponenten wie Bildwandler, Objektive und Rekorder zu achten. Aber auch die verschiedenen Eigenschaften wie Auflösung, Schärfe, Menüeinstellungen und Synchronität müssen berücksichtigt werden. Für die stereoskopische Kameraarbeit ist eine entsprechende Vorschaumöglichkeit von großer Bedeutung.

## 6.2 Kameraausrichtung

Der Fotograf Ansel Adams war dafür bekannt, durch sein Zonensystem den Belichtungsspielraum von fotografischem Film durchgängig und effektiv auszunutzen. So entstandene Fotografien zeichnen sich durch eine große Fülle an Details in Lichtern und Schatten aus. Während des Vergrößerns, also dem Fertigen der Abzüge, bieten die Bilder einen großen Freiheitsgrad in der Variierung der möglichen Parameter. Ähnlich verhält es sich in der Stereoskopie, wenn ein Stereograf anhand von Formeln, Tabellen und Entfernungsmessung versucht, den für die jeweilige Aufnahmesituation größtmöglichen Tiefenspielraum aufzuzeichnen. Dabei wird auch darauf geachtet, dass in der Postproduktion entsprechend viel Freiraum für die Bildbearbeitung besteht.

▶ *Die Originaltiefe muss durch Expansion und Kompression an den im Bild möglichen Tiefenraum angeglichen werden.*

Während der Vorproduktion eines Filmprojekts kann der Stereograf anhand des Drehbuchs bereits eine stereoskopische Dramaturgie entwickeln. Dabei werden die erzählerischen Höhepunkte des Films analysiert und eine Spannungskurve erstellt. Die Gestaltung der Tiefe lässt sich dadurch ebenfalls entsprechend komponieren. Bei ruhigen, zurückhaltenden Etablierungseinstellungen darf die Tiefenausdehnung dann eher im Mittelmaß liegen und bei Höhepunkten entsprechend ansteigen. In bestimmten Situationen kann eine hohe Tiefenausdehnung auch stören. Dann ist die Aufgabe des Stereografen, die Tiefe nur anzudeuten.

Zur Auswahl der richtigen Kameraeinstellungen analysiert der Stereograf am professionellen Filmset die Situation möglichst schon im Vorfeld während der Drehortbesichtigung und ermittelt anhand von Tabellen und Programmen die benötigten Werte. Anschließend tauscht er sich mit dem Regisseur und dem Director of Photography (DoP) aus und gibt Empfehlungen hinsichtlich der Brennweite, Aufnahmedistanz, Kamerabewegungen und des Lichts sowie sonstiger stereoskopischer Aspekte bei der Bildgestaltung. Außerdem gibt er Hinweise bezüglich der Schauspielerführung und allen Dingen, die ein stereoskopisches Bild beeinflussen können. Auch der Bewegungsspielraum von Personen oder Objekten muss vorab geklärt werden. Teilweise kommt es zu Kompromissen, denn nicht immer entsprechen die stereoskopisch optimalen Einstellungen auch den narrativen Vorstellungen des Regisseurs

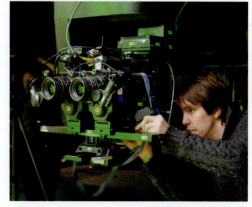

*Stereograf Chris Parks justiert die Kamerapositionen der Side-by-Side-REDs auf einem Milo Motion-Control-Rig.*

▶ *Der Stereograf ist für die beiden stereoskopischen Teilbilder verantwortlich. Er beeinflusst sie hauptsächlich über die Justierung und Ausrichtung der Kameras.*

oder den bildgestalterischen Vorstellungen des Kameramanns beziehungsweise DoPs.

Während der Dreharbeiten nimmt der Stereograf Entfernungen für Nah- und Fernpunkt, ermittelt die optimalen Werte für Basis, Brennweite und gegebenenfalls auch für die Konvergenz. Innerhalb des Kameradepartements steht er deshalb auch mit dem Schärfeassistenten im Dialog. Bei bestimmten Produktionen, vor allem in Livesituationen wie Konzerten oder Sportübertragungen sind zudem spezielle Konvergenzasisstenten nötig.

Auch in die Postproduktion ist der Stereograf involviert. Er kann Hinweise beim Schnitt geben, Vorschauen sichten und nimmt Einfluss auf die Ausrichtung der Teilbilder. Er ist zudem in der Lage, mit einer grafischen Analyse darzustellen, wie sich die Tiefe im Verlauf einer geschnittenen Stereo-3D-Sequenz verhält.

Bei kleineren Stereo-3D-Produktionen oder im Amateurbereich lassen sich ebenfalls Stereografen antreffen. Diese sind oftmals gleichzeitig Kameramann und womöglich auch Regisseur in einer Person. Da es dabei nicht zu Arbeitsteilung kommen kann, sind Genauigkeit und eine professionelle Arbeitsweise auch entsprechend schwerer zu erreichen. Außerdem steht in solchen Fällen oft ein sehr niedriges Budget für Equipment zur Verfügung und die Bildqualität ist in der Folge eher mäßig. Dennoch gibt es auch in diesem Bereich sehr engagierte und kompetente Stereografen.

Im folgenden Kapitel „Kameraausrichtung" geht es um Grundlagen und besondere Aspekte bei der Arbeit von Stereografen oder Stereo-3D-Kameraleuten. Zu Beginn werden der Prozess der Kameraausrichtung erläutert und anschließend Verfahren und Methoden zur Justierung der beiden Kameras betrachtet. Die folgenden Teile des Kapitels gehen auf die Schwerpunkte Stereobasis, Brennweite und Distanzen ein. Diese drei Punkte sind die wichtigsten Parameter bei Stereo-3D-Aufnahmen. Ein anderes großes Thema ist Kamerakonvergenz, deren Pro und Kontra in einem eigenen Teil des Kapitels behandelt werden. Alle Justierungen und Parameter bei der Aufnahme beeinflussen die Nullebene und damit das Stereo-3D-Bild. Die Nullebene ist ein wichtiges Kennzeichen eines stereoskopischen Bildes und spielt nicht nur bei der Wiedergabe, sondern auch schon während der Aufnahme eine wichtige Rolle. Nach der Nullebene wird ein weiterer wichtiger Gesichtspunkt bei Stereo-3D-Aufnahmen beleuchtet – der Tiefenspielraum. Auch er lässt sich durch die Parameter beein-

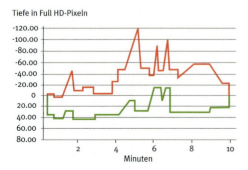

*Tiefenverlauf eines kurzen Stereo-3D-Films*

flussen, die in den ersten Teilen des Kapitels behandelt werden. Der Tiefenspielraum eines Aufnahmesystems muss an den Tiefenumfang des Motivs angepasst werden. Das führt (außer im orthostereoskopischen Fall) zu einer Expandierung oder Komprimierung der Tiefe. Für den Wert einer solchen Tiefenänderung gibt es den Stereofaktor, der im letzten Teil dieses Kapitels beschrieben wird.

### 6.2.1 Grundlagen

Der Mensch ist über den Mechanismus der Fusion in der Lage, Punkte, die innerhalb des Panumraums liegen, zu verschmelzen. Der Panumraum hat einen Spielraum mit einer Ausdehnung von rund 90 Winkelminuten. Es ist wichtig, dass dieser Spielraum bei stereoskopischen Bildern eingehalten wird, denn nur dann lassen sie sich angenehm betrachten. Je weiter die Disparitäten über 90 Winkelminuten hinausgehen, desto schwieriger wird die Fusion eines einheitlichen Bildes. An den Stellen, die zu starke Disparitäten haben, entstehen Doppelstrukturen. Diese können auch dann stören, wenn sie nicht direkt mit den Augen fixiert werden.

### Geometrie

Ein Stereo-3D-Bild, das in der Bildebene mit der Disparität Null beginnt und sich bis zur stereoskopischen Unendlichkeit ausdehnt, sollte dort eine Disparität von 90 Winkelminuten nicht übersteigen. Wie viel Prozent

> **ⓘ Das Stereo-3D-Grundprinzip**
>
> Bei der Aufnahme stereoskopischer Bilder gibt es nur zwei Varianten – entweder konvergieren die Kameras schon bei der Aufnahme oder sie stehen parallel. Durch eine Konvergierung ist die Nullebene weitgehend festgelegt. Gleichzeitig kommt es zu geometrischen Verzerrungen, die sich nicht mehr hundertprozentig ausgleichen lassen. Bei parallelen Kameras sind die Bilder hingegen unverzerrt, die Nullebene liegt aber im Unendlichen. Durch die horizontale Verschiebung der beiden Teilbilder wird eine nachträgliche Konvergenz vorgenommen, bei der sich die Nullebene verschieben lässt. Aufnahmen nach dem Shiftverfahren sind ein Mittelweg. Sie ermöglichen bereits ausgerichtete Aufnahmen ohne geometrische Verzerrungen. Die starke Verschiebung von Vorder- zu Hintergrundobjekten, wie sie bei konvergenten Kameras auftritt, lässt sich auch damit nicht vermeiden. Durch die heutigen technischen Möglichkeiten wird bei Aufnahmen, die später bearbeitet werden, möglichst parallel gedreht und bei Live-Aufnahmen wird meist konvergiert.

Geometrie: positive und negative Disparität und die Nullebene

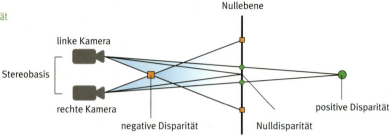

der Bildbreite oder wie viele Pixel das genau sind, hängt vom jeweiligen Bildformat und dem Betrachtungsabstand ab. Meist ist die Disparität etwas geringer, als sie insgesamt sein dürfte. Das ist gut für die Wahrnehmung, die dabei nicht überstrapaziert wird. Das Bild wird dann nur etwas weniger tief empfunden.

### Tiefenspielraum

Der Spielraum der maximalen Tiefenausdehnung (90 Winkelminuten) kann nach vorne oder hinten verschoben werden. Das ist auch genau das, was in der Teilbildausrichtung passiert, wenn die Konvergenz und damit die Lage der Nullebene festgelegt wird. Wird ein Objekt sehr weit in den Zuschauerraum gezogen, muss aufgrund des maximalen Spielraums die Fernpunktweite entsprechend begrenzt werden. Sind die Fernpunkte sehr weit auseinander (maximal Augenabstand plus Toleranz), muss die Disparität im vorderen Bereich begrenzt werden. Dann dürfen beispielsweise keine Objekte aus der Leinwand herausragen.

Die Möve hat negative Disparität (sie befindet sich vor der Nullebene) und der Hintergrund hat positive Disparitäten. Ohne 3D-Brille ist der Unterschied im Farbversatz von Rot und Cyan gut erkennbar.

### Nullebene

Objekte im Vordergrund befinden sich im linken Bild eher auf der rechten Seite und auf dem rechten Bild vergleichsweise weiter links. Dort, wo sich dieses Verhältnis umkehrt, liegt die Nullebene. Die Nullebene wird immer dort gesehen, wo das Bild wiedergegeben wird, sei es ein Bildschirm, eine Leinwand oder ein Blatt Papier. Ausgehend von der Nullebene gibt es einen Raum davor und einen

Raum dahinter. Oft erstrecken sich räumliche Bilder von der Nullebene ausgehend nur nach hinten. Wenn die Nahpunkte des Bildes aber vor der Bildebene liegen, weisen sie eine negative Disparität auf. Das bedeutet, dass sich an diesen Punkten die Augenlinien kreuzen, die Augen konvergieren also vor der Leinwand. Für Bildpunkte, die hinter der Nullebene liegen, ist die Disparität positiv, die Augenlinien kreuzen sich dabei erst hinter der Leinwand.

▶ *Alle Disparitäten zusammen ergeben die Tiefenstruktur der betrachteten Umgebung.*

## Mathematik

Für die mathematischen Zusammenhänge bei Stereo-3D gibt es sieben wichtige Parameter. Natürlich kennen die verschiedenen Formeln noch unzählige weitere Größen, die sich im Wesentlichen aber immer auf diese Parameter beziehen. Im Kamerabereich handelt es sich dabei um die Stereobasis, die Konvergenzweite, die Brennweite und die Sensorgröße. Für die Wiedergabe sind es der Betrachtungsabstand, die Bildbreite und der Augenabstand.

Die Formeln, mit denen sich für die jeweiligen Situationen die optimale Stereobasis oder die idealen Distanzen errechnen lassen, können sehr komplex werden. Ein wirklich perfektes Ergebnis lässt sich nie errechnen, weil bei der Aufnahme nicht hundertprozentig abgeschätzt werden kann, wie das Material später verarbeitet und betrachtet wird.
Als Stichworte seien hier nur Größenskalierungen in der Teilbildausrichtung oder unterschiedliche Sitzpositionen der Zuschauer genannt.

Damit in der Praxis auch ohne Formelwerk, Tabellen und Stereo-Software Aufnahmen gemacht werden können, haben sich im Bereich der Stereofotografie einige Faustregeln etabliert. Sie dienen zur schnellen Abschätzung der Einstellungen bei parallel ausgerichteten Kameras.

### Drei kleine Formeln

Es gibt unterschiedliche Situationen, in denen die Faustregeln angewendet werden. Manchmal ist eine bestimmte Entfernung gegeben und die richtige Stereobasis wird gesucht, manchmal steht die Stereobasis fest und der Kameramann möchte wissen, welchen Mindestabstand er halten muss. In selteneren Fällen soll bei feststehender Basis und Entfernung die passende Brennweite ermittelt werden.

### Faustregel 1 – Stereobasis

Die einfachste Faustregel besagt, dass die Stereobasis nicht größer sein soll als ein Dreißigstel des Nahpunktabstands. Dabei wird von einer

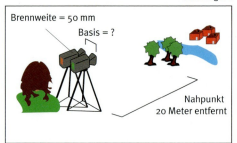 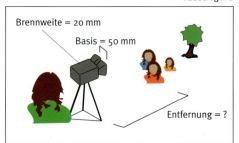

Die Stereobasis ergibt sich aus 2000 cm / 50 mm. Sie beträgt also 40 cm.

Der Mindestabstand ergibt sich aus 5 cm x 20 mm und beträgt damit einen Meter.

Normalbrennweite ausgegangen, einem moderaten Betrachtungsverhältnis und von stereoskopischer Unendlichkeit, insgesamt also eine häufig vorkommende Standardsituation.

Die Stereobasis kann aber auch unter Einbeziehung der Brennweite ermittelt werden. Dazu wird der gewählte Nahpunkt (cm) durch die Brennweite (mm) geteilt. Heraus kommt die Stereobasis (cm), die möglichst nicht überschritten werden sollte.

### Faustregel 2 – Mindestabstand
Wenn die Basis und die Brennweite gegeben sind, kann der Nahpunkt, also der Mindestabstand ermittelt werden. Ein solcher Fall könnte zum Beispiel vorliegen, wenn eine Kompaktstereokamera verwendet wird, bei der eine Basisverstellung nicht möglich ist. Die Einstellung der Brennweite wird genutzt, um den Bildausschnitt zu bestimmen. Dann ergibt sich der gesuchte Mindestabstand (cm) aus der Multiplikation von Stereobasis (cm) und Brennweite (mm).

### Faustregel 3 – Brennweite
Side-by-Side-Kameras haben den Nachteil, dass sich die Stereobasis nicht beliebig verkleinern lässt. Wenn sich beide Kameras bereits berühren, können sie eben nicht weiter zusammen geschoben werden. Wenn dazu noch die Situation eintritt, dass ein bestimmter Abstand vorgegeben ist, wie in einem engen Raum, kann nur noch die Brennweite als flexible Größe genutzt werden. Diese lässt sich ermitteln, indem der Abstand zum Nahpunkt (cm) durch die Stereobasis (cm) geteilt wird. Daraus ergibt sich die benötigte Brennweite (mm).

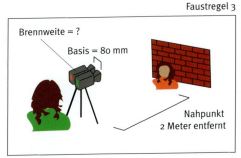

Faustregel 3
Brennweite = ?
Basis = 80 mm
Nahpunkt 2 Meter entfernt

Mit einfacher Software wie dieser kann je nach Situation die Stereobasis, die Brennweite oder die notwendige Entfernung errechnet werden.

Die Brennweite ergibt sich aus 200 cm/8 cm und beträgt damit 25 mm.

## Gültigkeitsbereich

Die hier vorgestellten Faustregeln beziehen sich eigentlich auf das Kleinbildformat (24 x 36 Millimeter). Dieses war in der Fotografie zwar jahrzehntelang tonangebend, wird aber heute kaum noch verwendet, da es inzwischen von Digitalkameras verdrängt wurde. Deren Sensoren sind oft deutlich kleiner. Werden die Faustregeln dennoch benutzt, kommt es leicht zu übertriebener Raumtiefe. Der Sicherheitspuffer der Formeln reicht etwa bis zum 35-mm-Filmformat und umfasst damit die meisten Digital-Cinema-Kameras sowie etliche digitale Spiegelreflexkameras (DSLR). Diese haben sogenannte Vollformatsensoren, die in ihrer Größe zwischen 35-mm-Film und dem vollen KB-Format liegen. Problematisch ist eine Verwendung der Faustregeln allerdings bei Broadcast- und Consumerkameras. Deren Sensoren sind oft so klein, dass ein großer Sicherheitspuffer zu den Formelergebnissen addiert werden muss, je kleiner der Sensor desto mehr Puffer ist nötig.

## Stereo-Rechner

Früher gab es Rechenscheiben, die eine Ermittlung der Einstellungen vereinfachten. Diesen Zweck erfüllt heute spezielle Stereo-3D-Rechnersoftware. Sie kann dem Stereografen oder Kameramann viel Mühe ersparen, denn nicht jeder Bildgestalter ist gleichzeitig ein Mathematikprofessor. Die Software benötigt als Rechenbasis die Maximaldisparität des verwendeten Formats. Der jeweilige Wert ist in der rechts abgebildeten Tabelle zu sehen und muss nur noch in die entsprechende Rechnersoftware eingetragen werden. Die links beschriebenen Faustregeln basieren übrigens auf einem Millimeter. Im Internet findet sich eine ganze Reihe von entsprechenden Programmen. Einige lassen sich sogar auf Java-fähigen Mobilgeräten installieren und so bequem vor Ort einsetzen. Die Bandbreite reicht von der einfachen Eingabeaufforderung bis hin zur grafischen Oberfläche.

| Format | Maximaldisparität |
|---|---|
| 1/3 Zoll | 0,19 mm |
| 1/2 Zoll | 0,25 mm |
| 2/3 Zoll | 0,35 mm |
| 16 mm | 0,41 mm |
| 35 mm | 0,96 mm |
| KB | 1,44 mm |

Die Maximaldisparitäten dieser Tabelle entsprechen vier Prozent der jeweiligen Formatbreite.

▶ *Professionelle Stereo-Rechnersoftware gibt es auch als App für Geräte wie das iPhone oder das iPad.*

## Anwendung

Unabhängig davon, ob eine Rechenscheibe, eine Formel oder eine Software verwendet wird – in den meisten Fällen gibt es einen festen Zahlenwert als Ergebnis. Dieser sollte aber nicht absolut betrachtet werden, denn einen einzigen richtigen Wert gibt es nie. Vielmehr bewegt er sich immer in einem Spielraum. Am Rand des Spielraums kommt es zwar mehr oder weniger zu einer leichten Expansion oder Kompression der Tiefe, aber nicht gleich zu einem Fehler oder zur Unbrauchbarkeit des Bildes. Das ist auch gut, denn der Bildgestalter oder der Stereograf möchte meist lieber einen Toleranzbereich, in dem er gestalten kann. Bessere Rechnersoftware kalkuliert diesen Spielraum sogar und stellt ihn grafisch dar.

Stereo-Rechner sind zwar gut, aber im Idealfall gibt es beim Dreh eine richtige Vorschaumöglichkeit. Der subjektive Eindruck des Stereo-3D-Bildes lässt sich eben mathematisch nicht errechnen. Faustregeln und Formeln sind vor allem dann sinnvoll, wenn eine Vorschaumöglichkeit nicht besteht und dennoch brauchbare Ergebnisse erzielt werden sollen.

## Disparitäten in Pixeln

Die Disparität eines Punkts oder Objekts wurde bisher in Winkelminuten oder im Verhältnis zur Bildbreite angegeben. Heute, im Zeitalter der Digitalformate, lässt sich diese Angabe auch in Pixel machen. Sie bezieht sich aber immer auf ein bestimmtes Format, weshalb die Variante mit der Verhältnisangabe auch nicht überholt ist.

Bei der praktischen Arbeit möchte sich niemand mit Winkelmaßen und Formeln abmühen, sondern einfach wissen, wie viele Pixel das Minimum und das Maximum für das Format bedeuten, in dem er gerade arbeitet. Tiefenangaben in Pixel sind gut geeignet, weil es sich um feste und greifbare Werte handelt. Eine Disparität von +20 bedeutet dabei, dass die Teilbilder einen positiven Versatz von 20 Pixeln haben. Sie befinden sich also hinter der Nullebene. Eine Disparität von -40 deutet hingegen auf einen negativen Versatz hin. Der so bezeichnete Punkt liegt also vor der Nullebene und zwar mit einem horizontalen Unterschied von 40 Pixeln zwischen den beiden Teilbildern.

Solche Angaben haben immer nur eine Bedeutung für ein bestimmtes Format. In der heutigen Praxis handelt es sich dabei fast ausschließlich um eines der drei Formate Full HD, 2K oder 4K. Pixelwerte lassen sich natürlich auch in eine prozentuale Angabe umrechnen, die sich auf die Bildbreite bezieht oder in Winkelmaße, wie sie aus dem Abschnitt „Physiologie des Auges" bekannt sind.

## 6.2.2 Justierung

Die Justierung der beiden Kameras kann in der Praxis eine zeitaufwändige Prozedur sein. Eine akkurate Ausrichtung ist zwar wichtig, um geometrischen Fehlern vorzubeugen, sollte jedoch nicht überbewertet werden. Schließlich wird in der Postproduktion ohnehin immer eine pixelgenaue Korrektur stattfinden und damit auch eine Skalierung und Interpolation der Bildpunkte.

Vor allem sollte versucht werden, die Kameras in eine Parallelstellung zu bringen. Ansonsten besteht die Gefahr divergierender Kameras oder übertriebener Konvergenz. Solche Einstellungen sind später nur in gewissen engen Grenzen korrigierbar. Bei der Justierung muss außerdem darauf geachtet werden, dass die Kameras festsitzen und sich durch Erschütterungen am Stativ oder durch Bewegungen des gesamten Rigs nicht verstellen.

### Arretierung

Die Befestigung von Kameras erfolgt über stabile Stativplatten. An der Kamera wird eine passende Keilplatte angeschraubt, die sich in die Stativplatte einrasten lässt. Ist eine Stativplatte aufgrund des Alters und des Gebrauchs stark abgenutzt, kann es passieren, dass die Kamera Spiel hat und wackelt. Solches Equipment sollte bei Stereo-3D nicht zum Einsatz kommen.

Bei Consumer-Kameras ist die Arretierung weitaus schwieriger, da die kleinen Kameras fast nie über eine stabile Zweipunktbefestigung verfügen und oft schon aufgrund des Plastikgehäuses in sich wackeln. Durch die winzigen Bildsensoren wirkt sich die kleinste geometrische Änderung sofort stark auf das Bild aus. Hohe Genauigkeit ist beim Justieren solcher Geräte kaum zu erzielen.

Problematisch bei den meisten aktuellen Kameras ist die mangelnde Genauigkeit hinsichtlich der Zentrierung. Fast alle Kameras weisen azentrische Bildausschnitte in den einzelnen Brennweiten auf. Das liegt an zu großen Toleranzen bei der Objektivherstellung und beim Einbau des Strahlenteilerblocks oder des CMOS in das Kameragehäuse während der Herstellung. Da Kameras aber in der Regel nur für monoskopische Zwecke gebaut werden, genügen sie den strengen Anforderungen für Stereo-3D kaum.

Für künftige Objektivserien und Kamerasensoren, die den stereoskopischen Anforderungen gerecht werden, wäre eine entsprechende Etikettierung mit einem Label „Stereo-3D-geeignet" wünschenswert. Mit einem solchen Attribut lassen sich möglicherweise auch weitere Eigenschaften wie Schärfe, Schwarz- und Weißwert, Blenden, Farbtemperatur und dergleichen kombinieren. Wenn ein Kunde Kameras für stereoskopische Zwecke erwerben will, hätte er damit die Gewährleistung, zwei zueinander passende Geräte zu erhalten. Fujinon hat sich als einer der ersten Hersteller des Problems angenommen und 3D-Synchro-Objektive entwickelt. Diese sind elektronisch und optisch aufeinander abgestimmt und werden inklusive der entsprechenden Steuerung nur paarweise angeboten.

### Testtafeln

Für die genaue geometrische Justierung der Kameras zueinander empfiehlt sich eine Stereo-3D-Testtafel, die dabei hilft, die Kameras parallel zu justieren. Auf der Testtafel müssen dazu Abstände angezeichnet sein, die der Stereobasis entsprechen können, beispielsweise von 0 bis 20 Zentimeter. Dann wird in den beiden Kameras anhand des Mittenkreuzes oder des Strichgitters überprüft, ob die Kameraverschiebung der Stereobasis auf der Testtafel entspricht. Bei manchen Kameras sind solche Hilfsmittel elektronisch nicht zuschaltbar. In diesen Fällen kann eine Markierung auf dem Monitor angezeichnet werden, an dem beide Kameras angeschlossen sind.

Neben der geometrischen Ausrichtung der Kameras zueinander dient die Testtafel in der Stereoskopie aber auch der Angleichung von Farb-, Helligkeits- oder Kontrastwerten. Auch Schwarz- und Weißwert sowie die Weißabgleichsfunktion sollten mit dieser Vorlage auf identische Ergebnisse geprüft werden. Dabei werden die beiden Ausgänge der Kameras auf den gleichen oder zwei baugleiche und kalibrierte Monitore gelegt und miteinander verglichen. Nach Möglichkeit sollten derartige Einstellungen mit entsprechender Messtechnik, beispielsweise mit einem Waveformmonitor durchgeführt werden. In jedem Fall empfiehlt sich die Aufzeichnung von Farbtesttafel und Graukeil mit beiden Kameras. Das erspart dem Koloristen in der Postproduktion viel Mühe und Arbeit.

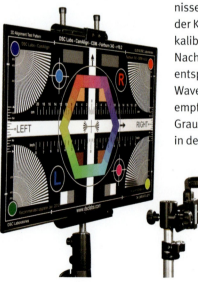

Eine Stereo-3D-Testtafel ermöglicht die fotometrische und geometrische Korrektur. Im Bild ist vor der Testtafel eine separate Stereobasisskala zu sehen. Sie ist verschiebbar und dient zum leichteren Testen und Einstellen der Kamerabasis auf dem Stereo-3D-Rig.

### Geometrische Justierung

Der Kameramann oder Stereograf sollte sich Ruhe und Freiraum gönnen, wenn eine akkurate Ausrichtung erreicht werden soll. Je besser die Kameras justiert werden, desto weniger Korrektur ist in der Postproduktion nötig und desto

| horizontales Schwenken | vertikales Schwenken | horizontales Verschieben | vertikales Verschieben |

besser ist das Bild schon in der Stereo-3D-Vorschau. Wirklich perfekt wird es aber beim Dreh selbst nie werden und außerdem soll für die Postproduktion auch noch etwas Arbeit übrig sein. Häufig bleiben noch minimale Verdrehungen (Verkanten), Verschiebungen, Verkippungen oder sogar ein Höhenversatz bestehen, obwohl dieser besonders deutlich zu erkennen ist. Auch durch optische Verzerrungen durch die Objektive können Abweichungen entstehen, die sich am Stereo-3D-Rig nicht korrigieren lassen.

seitliches Neigen

Möglichkeiten der Verstellung bei der Kameraausrichtung.

### Verstelloptionen

Zuerst wird das Rig in adäquater Entfernung zentral vor der Testtafel aufgestellt. Zentral heißt ohne Höhenversatz und ohne Seitenversatz. Es muss außerdem absolut parallel stehen, Objektebene und Kameraebene dürfen also nicht zueinander verdreht sein.

Bei der geometrischen Ausrichtung der Kameras bieten sich folgende Möglichkeiten: horizontales oder vertikales Schwenken (Tilt), seitliches Neigen, horizontales Verschieben (nach vorn oder hinten verschoben) und vertikales Verschieben (Höhenunterschied). Das horizontale Verschieben zur Seite hingegen dient nicht der geometrischen Justierung sondern der Festlegung der Stereobasis. Alle Verstellungen bewegen sich meist in relativ kleinen Bereichen und sollten bei einer Genauigkeit von deutlich unter einem Grad liegen.

▶ *Unterschiedlicher Höhenversatz in den Ecken des Stereo-3D-Bildes kann seine Ursache in konvergenten oder divergenten Kameras haben.*

### Optische Achse

Die geometrische Justierung sollte bereits im Vorfeld des Drehs mit verschiedenen Entfernungen und Brennweiten durchgeführt werden, um Abweichungen rechtzeitig festzustellen. Jedes Kamera-Objektiv-Gespann muss separat auf dem jeweiligen Stereo-3D-Rig justiert werden. Optimale Kamera-Objektiv-Gespanne sind für gute Ergebnisse wichtig. Sie müssen nötigenfalls durch Austauschen und Probieren beim Händler gefunden werden. Viele Kameras erzeugen Abweichungen der optischen Achse, weil der Sensor und das Objektiv nicht absolut parallel sind oder weil der Sensor nicht zentral hinter dem Objektiv liegt und stattdessen eine kleine Verschiebung (sozusagen einen ungewollten Lens-Shift) aufweist. Eine

Nullstellung mit parallelen Kameras, von der aus die stereoskopischen Einstellungen getätigt werden, ist damit schwer erreichbar.

**Wasserwaage**

Zum Justieren der beiden Kameras auf dem Stereo-3D-Rig ist eine kleine Wasserwaage sehr hilfreich. Vor der eigentlichen Ausrichtung sollten nicht nur Stativ und Rig „im Wasser stehen", sondern auch jede einzelne Kamera. Dann ist bereits eine gute Grundlage vorhanden. Zur Überprüfung des Stereo-3D-Rigs selbst kann eine einfache Laserwasserwaage dienen. Sie wird abwechselnd auf die beiden Kameragrundplatten gelegt, während alle Einstellungen am Rig in der Nullstellung sind. Die Wasserwaage sollte dann ausgeglichen sein. Der Laserstrahl der Wasserwaage simuliert die optische Achse und zeigt auf der Testtafel genau die Mitte des Bildes an, welches die Kamera aufnehmen würde. So kann die Stereobasisverstellung und die Konvergenz des Rigs überprüft werden. Die meisten Wasserwaagen dieser Art erlauben auch eine Auffächerung des Laserstrahls als breite Linie. Damit kann eine mögliche Verdrehung der Kameragrundplatten auf dem Rig ermittelt werden. Sind beide Kamerapositionen geometrisch sauber zueinander ausgerichtet, treffen die Laserlinien auf identische Stellen des Testcharts (idealerweise auf eine aufgedruckte Horizontallinie).

Ein Testchart ist für solche Justierungen von Vorteil, wenn auch nicht zwingend notwendig. Stattdessen könnte auch eine Wand oder eine einfache Tafel verwendet werden, auf der sich die jeweiligen Punkte markieren und abgleichen lassen.

Mit einer Laserwasserwaage können die Positionen der beiden Kameras simuliert werden. So lassen sich die Rig-Grundplatten auf Geometrie und Stereobasis prüfen, sowohl bei Spiegel-Rigs als auch Side-by-Side.

Mithilfe einer Libelle lassen sich die Kameras vorjustieren.

## Mittenkreuz und Gitter

Auf das justierte und in Nullstellung befindliche Rig werden die Kameras montiert. Ihre Justierung erfolgt über den Sucher oder den Vorschaumonitor. Die Mitte des Bildes lässt sich bei den meisten Kameras über ein Mittenkreuz finden, welches über das Menü eingeblendet wird. Nun kann die Stereobasis überprüft werden. Ist sie Null (nur bei Spiegel-Rigs) liegen die Mittenkreuze im Overlay deckungsgleich. Beträgt die Kamerabasis beispielsweise zehn Zentimeter, müssen die beiden Mittenkreuze auf der Testtafel ebenfalls einen Abstand von zehn Zentimetern darstellen.

Um das Bild auch bis an die Ränder vergleichen zu können, lassen sich Testgitter (grid) einblenden. Das Gitter sollte bei beiden Kameras bis an die Ränder parallel zu den Linien der Testtafel sein. Dann sind die Kameras in einer Parallelstellung justiert und weisen keine geometrischen Abweichungen auf. Je nach Objektiv kann es bei eingestellter Stereobasis gerade an den Bildrändern zu optischen Abbildungsfehlern kommen, die nichts mit der Justierung zu tun haben. Sie lassen sich aber erkennen. Eine Verzeichnung wirkt sich beispielsweise an beiden Seiten in die gleiche Richtung aus, während eine Kamerakonvergenz links und rechts entgegengesetzte Höhenfehler erzeugt.

## Kamerajustierung

Wenn die Stereobasis Null ist, sollten die optischen Achsen beider Kameras auf der Testtafel deckungsgleich sein. Das lässt sich mit Spiegel-Rigs gut realisieren. Ist eine Stereobasis eingestellt wie es bei Side-by-Side-Rigs stets der Fall ist, wird ein Horizontalversatz in Höhe der Stereobasis abzulesen sein. Mit linkem und rechtem Kamera-Objektiv-Gespann wer-

### Justierte Teilbilder

Bei der Betrachtung der Bildränder einer parallel justierten Stereokamera fällt auf, dass die linke Kamera auf der linken Seite etwas mehr Bild zeigt und die rechte Kamera auf der rechten Seite. Dies gilt für den gesamten Bereich vor der Nullebene. Sind die Kameras streng parallel ausgerichtet, befindet sich die Nullebene im stereoskopisch unendlich entfernten Bereich. Dort sind die Bildränder identisch. Sie nähern sich also mit steigender Tiefe an.

Bei konvergenten Kameras sind die Unendlichpunkte nicht deckungsgleich, sondern bereits in der Aufnahme zueinander verschoben. Die Nullebene befindet sich dann weiter vorn, innerhalb des Tiefenraums. Vor der Nullebene verhalten sich die Bildränder, wie bei der parallelen Ausrichtung. Hinter der Nullebene sieht die rechte Kamera links mehr Bild und die linke Kamera sieht rechts mehr Bild.

den verschiedene Basisweiten eingestellt und auf der Testtafel markiert. Wenn alles richtig justiert ist, sollten diese einander entsprechen.

Ist es möglich, beide Signale auf einen Monitor mit halbtransparenter Darstellung (Overlay) zu schalten, lassen sich über die Testtafel möglicher Höhenversatz, Verkantung und auch trapezförmige Verzerrungen (Konvergenz) leicht erkennen. Solche Abweichungen können anhand der horizontalen und vertikalen Linien, die auf der Testtafel aufgedruckt sind, schnell erfasst werden, denn sie erzeugen bei einer Übereinanderblendung deutliche Doppelstrukturen.

### Methoden der Kameraausrichtung

Die Justierung der beiden Kameras ist einer der wichtigsten Schritte bei der Stereo-3D-Aufnahme. Anfangs wird sicher jeder Kameramann im „Trial-and-Error"-Verfahren justieren. Recht schnell erwächst daraus aber der Wunsch, einer klaren Vorgehensweise zu folgen. Die meisten Stereografen haben ihre eigenen persönlichen Herangehensweisen entwickelt. Im Wesentlichen lassen sich dabei drei grundsätzliche Muster unterscheiden.

#### Parallelausrichtung

Die Parallelausrichtung ist die beste Methode. Sie bietet für die Postproduktion optimales Material. Die Stereobasis muss dabei aber stets an Nah- und Fernpunkt angepasst werden und die optischen Achsen der Kameras bleiben stur parallel.

#### Fernpunktkonvergierung

In Situationen in denen eine notwendige kleine Basis nicht erreichbar ist (Side-by-Side-Rigs) oder das dynamische Nachstellen der Basis nicht errechnet werden kann, wird oft konvergiert. Die sanfteste Art der Konvergierung ist auf den Fernpunkt. Der Konvergenzwinkel ist dabei nicht so stark wie bei einer Objektkonvergierung.

#### Objektkonvergierung

Meist befindet sich das Hauptobjekt im Mittel- oder Vordergrund. Bei einer Konvergierung auf diesen Punkt ist der Konvergenzwinkel recht groß. Die Methode bietet den Vorteil, dass die Konvergenzeinstellung der Kameras direkt an die Schärfe gekoppelt werden kann. Manche Stereografen wollen mit der Objektkonvergierung einen plastischeren Eindruck von einzelnen Objekten erhalten. Die Methode geht aber stets auf Kosten der übrigen Bildteile, deren Stereo-3D dann zu stark wird.

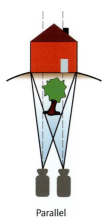

Verschiedene Herangehensweisen bei der Kameraausrichtung

| Parallel | Fernpunktkonvergierung | Objektkonvergierung |
|---|---|---|
|   |   |  |

▶ Vordergrundobjekte befinden sich im linken Teilbild weiter rechts als im rechten Teilbild. Hinter der Nullebene ist es umgekehrt.

## Shiftsensor

Eine Konvergenz kann bei der Aufnahme auch erreicht werden, ohne die Kameras zueinander einzuschwenken. Dazu ist es nötig, die Bildsensoren parallel zur Objektivebene zu verschieben. Der Effekt ließe sich auch mittels zweier Shift-Objektive erreichen. Bei dieser Technik ist absolute Präzision gefragt, da die Sensoren sehr klein sind. Bewegliche Teile sind zusätzliche potenzielle Fehlerquellen.

Der Bildsensor gelangt durch die Verschiebung in den äußeren Bildkreisbereich des Objektivs. Dort ist die optische Abbildungsqualität geringer und es kommt schnell zu Vignettierungen. Die Verwendung spezieller für Shiftsensoren geeigneter Objektive ist deshalb notwendig. Sie zeichnen sich vor allem durch einen großen Bildkreis aus.

Beim Shiftsensorverfahren ergeben sich keine zueinander verdrehten Ebenen und damit keine gegensätzlichen trapezförmigen Verzerrungen mit induziertem Höhen- und Tiefenversatz. Das zweite Problem einer konvergenten Ausrichtung bleibt

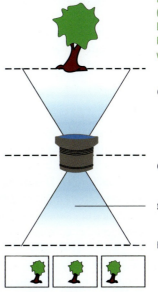

Durch ein Verschieben (Shift) des Sensors können dezentrale Perspektiven erreicht werden.

Analysesoftware STAN vom Fraunhofer HHI: grafisch dargestellte Tiefenausdehnung mit Nah- und Fernpunkt und Nullebene

jedoch bestehen – die schnell anwachsenden Unterschiede zwischen Vorder- und Hintergrund, die sich möglicherweise in der Teilbildausrichtung nicht mehr in den fusionierbaren Bereich bringen lassen.

Für geringe Konvergenzen, die überlegt ausgeführt werden und bei denen die relative Tiefenausdehnung überschaubar ist, bietet das Shiftsensorverfahren jedoch hervorragende Möglichkeiten für eine sehr plastische Abbildung bei optimaler Ausnutzung der Bildauflösung.

### Stereo-3D-Automatik

▶ Um die Komplexität eines Stereo-3D-Aufbaus zu reduzieren ist es sinnvoll die zahlreichen Signale über möglichst wenige Leitungen zu übertragen. Sony verfolgt den Ansatz alle Steuer- und Bildsignale und sogar die Stromversorgung über ein einziges Kabel zu gewährleisten.

Die Ausrichtung der Stereo-3D-Kameras kann im Prinzip auch über automatisierte Prozesse erfolgen. Es gibt Hard- und Software, die in der Lage ist, zwei Stereoteilbilder zu analysieren und dabei die Disparitäten für Nah- und Fernpunkt sowie für viele repräsentative Punkte im ganzen Bild automatisch zu ermitteln. Diese Informationen werden dann zur Korrektursteuerung der Kameras auf dem Stereo-3D-Rig genutzt. Das Rig muss natürlich über entsprechende Motoren verfügen.

Ein solcher Workflow erlaubt eine saubere Ausrichtung der Bilder. Neben der Basis und der Konvergenz können auch Höhe, Neigung, Drehung, Verkippung und Verkantung korrigiert werden. Für zukünftige Stereo-3D-Kameras wird es ohne solche Automatismen nicht möglich sein, einen großen Markt zu erschließen.

## Stereobildanalyse und -vorschau

In der professionellen Praxis zählt aber stets die Möglichkeit des manuellen Eingriffs. Stereo-3D-Analyseprogramme finden bei den Teilbildern die zusammengehörigen homologen Punkte und ermitteln daraus die minimale und maximale Disparität. Der Tiefenumfang des Bildes lässt sich daraus leicht errechnen. Eine entsprechende Anpassung der Parameter am Kamera-Rig geschieht aber selten vollautomatisch. Die Software selbst bietet meist eine grafische Oberfläche für den Kameramann oder Stereografen, die den Tiefenspielraum der Kamera und den Tiefenumfang des Bildes darstellt. Üblich ist diese Darstellung anhand einer Leiste oder eines Balkens mit Farbübergängen von Grün bis Rot oder Blau. So sieht der Benutzer auf einen Blick, ob der Tiefenspielraum ausgereizt oder übertreten wurde und wo die Grenzen liegen. Es ist auch erkennbar, wo die Nullebene liegt und was sich davor oder dahinter befindet.

Werden die Parameter an der Kamera (und damit der Tiefenspielraum) modifiziert oder wird der Bildinhalt (und damit der Tiefenumfang) verändert, passt sich entsprechend auch die Anzeigeleiste in Echtzeit an. Im Idealfall gibt die Software die berechneten Optimalwerte als Entscheidungshilfe mit aus.

Stereobildanalyseprogramme sind in der Lage, das Bild für Vorschauzwecke in verschiedenen Darstellungsmodi wie Anaglyph, Interlaced oder Checkerboard auszugeben. Meist können sie außerdem auch ein Differenzbild darstellen. Der Differenzmodus dient vor allem als Hilfe bei der Kameraausrichtung, weil damit die Disparitäten isoliert betrachtet werden können.

Manche Analyzer verfügen über die Möglichkeit, Disparitäten direkt im Bild anzuzeigen. Dazu stellt die Software an repräsentativen Punkten die

Im Differenzbildmodus werden die Disparitäten schnell deutlich.

Der Disparity-Tagger von Binocle zeigt Disparitäten vor und hinter der Nullebene in verschiedenen Farben, Formen und Größen grafisch an.

Disparitäten farbig oder durch verschiedene Symbole und Größen dar. Auch so sieht der Anwender sofort, welche Stellen des Bildes zu wenig oder zu viel Disparität aufweisen.

Jedes Vorschausystem mit Stereo-Analyzer muss auf ein bestimmtes Zielwiedergabeformat und dessen Tiefenspielraum geeicht sein. Das kann beispielsweise ein Stereo-3D-Monitor, ein Handydisplay, ein iPad oder auch eine Kinoleinwand sein. Die Charakteristik eines Formats hängt immer von der Geometrie ab, das heißt von der Betrachtungsentfernung und von den maximal möglichen Fernpunktdisparitäten. So können manche Wiedergabesysteme hinter dem Stereofenster mehr Tiefe zeigen als andere. Dafür kann ein anderes System vor dem Stereofenster mehr Raum abbilden. Zur Kalibrierung lässt sich in der Software meist die ungefähre Bildbreite des Zielwiedergabesystems in Metern eingeben. Darauf basieren dann alle weiteren Berechnungen des Analyzers.

### Einstellparameter

Bei der Ausrichtung und Justierung der Kameras gibt es einige wichtige Parameter, die teils aus der monoskopischen Arbeitsweise bekannt sind und teils mit Stereo-3D neu dazukommen. Die Einstellung dieser Größen hängt sehr stark von der jeweiligen Szene ab.

> **ℹ Dynamische Konvergenz und Stereobasis**
>
> Bewegt sich ein Objekt oder eine Person innerhalb des Bildes auf die Kamera zu, verändert sich der Nahpunkt dynamisch und damit der Tiefenumfang des Bildes. Irgendwann wird der Tiefenspielraum der Kamera zu klein, um dies zu kompensieren. Er muss sich also mit dem Tiefenumfang dynamisch mitverändern. Das lässt sich durch eine Anpassung der Stereobasis erreichen oder über die Konvergenz. Durch die Konvergenz wird das gesamte Bild in Echtzeit nach vorne bewegt. Problematisch bei der Konvergenz sind die Bildverzerrungen und Fehldisparitäten. Bei einer Änderung der Stereobasis werden diese Probleme zwar vermieden, aber es kommt zu einem Skalierungseffekt, bei dem die Objekte in ihrer empfundenen Größe verändert werden. Dieser Effekt wirkt aber eher unbewusst. Dynamische Konvergenz- und Stereobasisnachführungen ermöglichen eine weiche und angenehme Raumwiedergabe. Die hohen technischen Hürden sind allerdings nur mit professionellen Stereo-3D-Rigs zu überwinden. Neben den manuellen gibt es auch motorgesteuerte Rigs, die sich über ein Motion-Control-System programmieren lassen. Bilder mit Konvergenz- und Basisänderungen sind später in der Postproduktion schwieriger zu korrigieren als Aufnahmen mit festen Parametern.

In der Praxis wird oft zuerst die Perspektive gewählt. Sie beeinflusst dann die Wahl der Brennweite, aber auch der Stereobasis und die Entfernung zum Nah- und Fernpunkt. All diese Parameter stehen in gegenseitigem Einfluss. In den folgenden Unterkapiteln werden sie einzeln vorgestellt.

### 6.2.3 Stereobasis

Über die Stereobasis, also den Abstand zwischen den optischen Achsen der beiden Objektive, regelt der Stereograf die Tiefenausdehnung des Bildes. Genaugenommen wird über die Basis das Verhältnis der Originaltiefe und der Bildtiefe einander angepasst.

Große Landschaftsaufnahmen mit mehreren tausend Metern Tiefenausdehnung verlangen eine große Basis, um auch im Bild eine hohe Tiefenausdehnung zu erzielen. Dadurch wird der große Tiefenumfang des Originals auf den kleinen Tiefenspielraum des Bildes komprimiert.

Kleine Makroaufnahmen mit einer entsprechend geringen Tiefenausdehnung im Zentimeter- oder Millimeterbereich verlangen eine sehr kleine Basis. Dadurch wird der kleine Tiefenumfang des Originals in den wesentlich größeren Tiefenspielraum expandiert.

Die Grundlage für die Basis bildet immer das Verhältnis der beiden Perspektiven zum abzubildenden Raum. Dieses Verhältnis sollte später den Augen des Betrachters zum Bildraum entsprechen. Anders formuliert heißt das für den Stereografen, dass er sich vor Ort einfach nur vorstellen

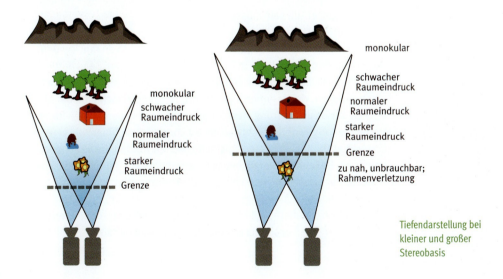

Tiefendarstellung bei kleiner und großer Stereobasis

▶ *Mit der Stereobasis wird der aufzunehmende Tiefenbereich an den darstellbaren Tiefenbereich angepasst.*

muss, wie groß der Augenabstand eines Menschen sein müsste, um die jeweilige Szene räumlich zu erblicken. Dabei sollte immer vom normalen Augenabstand mit 6,5 cm ausgegangen werden, bei dem bis etwa 20 Meter räumlich gesehen wird.

Es ist wichtig zu wissen, dass die bei der Aufnahme eingestellte Stereobasis als feste Kenngröße in das Bild „einzementiert" wird. Dass die beiden Teilbilder in der Ausrichtung später noch entsprechend zueinander verschoben werden können, ändert nichts an den beiden Perspektiven (und damit der Basis), sondern ist eine nachträgliche Justierung der Konvergenz.

### Augenabstand

Die Bezugsgröße für die Stereobasis ist der Augenabstand des Betrachters. Für das individuelle Wahrnehmungssystem eines Menschen bildet er stets die Berechnungsgrundlage. Der in Studien ermittelte durchschnittliche Augenabstand beträgt 6,3 Zentimeter. Je nach Alter, Geschlecht und anderer Faktoren variieren die Werte interindividuell zwischen fünf und acht Zentimetern.

▶ *Durch eine größere Stereobasis vergrößert sich der abbildbare Raum in der Tiefenausdehnung, wandert aber gleichzeitig nach hinten.*

Eine im Vergleich zum Augenabstand wesentlich größere Stereobasis wird als Großbasis und eine wesentlich kleinere Stereobasis als Kleinbasis bezeichnet. Aufnahmen mit Normalbasis werden oft orthostereoskopisch genannt. Das ist jedoch nicht ganz korrekt, da für Ortho-Stereo nicht nur die Basis dem Augenabstand entsprechen muss, sondern viele weitere Bedingungen erfüllt sein müssen.

Für den Betrachter können große Abweichungen von der Normalbasis zu Effekten führen, die Gigantismus und Modelleffekt genannt werden. Die Begründung dafür liegt im festen Abstand der Augen. Beim natürlichen Sehen wird der Bereich im Umkreis von einigen Metern stereoskopisch gesehen, weiter entfernt liegende Dinge jedoch nicht. Mit der Möglichkeit der Basisänderung stereoskopischer Kameras entstehen für den Betrachter ungewohnte Sichtweisen. So können auch Dinge, die eigentlich weit entfernt sind, stereoskopisch gesehen werden. Da Gesehenes immer mit Bekanntem verglichen wird, empfindet ein Betrachter solche Bilder je nach Basis entweder als Miniaturisierung oder als Vergrößerung. Solche Effekte sind allerdings nicht so stark, dass es ein Bild stören würde. Wenn sie überhaupt bewusst wahrgenommen werden, üben sie oftmals eher einen besonderen Reiz auf den Zuschauer aus.

## Ortho-Stereo

Für eine orthostereoskopische Abbildung muss die Kamerabasis der Augenbasis des Betrachters entsprechen. Die Basis ist für den korrekten Größeneindruck zuständig. Damit auch die Form- und Tiefenverhältnisse richtig wiedergegeben werden, muss der Aufnahmewinkel gleich dem Betrachtungswinkel sein. Diese Winkel sind wiederum von den Brennweiten bei Aufnahme und Wiedergabe sowie den Projektions- und Betrachtungsabständen abhängig. Damit lässt sich die korrekte Formwiedergabe auch mit einem der Aufnahmebrennweite entsprechenden Vergrößerungsfaktor erreichen.

Bei streng orthostereoskopischen Bildern kann der Eindruck entstehen, dargestellte Objekte und Menschen wären etwas schlanker als im vergleichbaren monoskopischen Bild. Möglicherweise beruht dieses Gefühl auf dem Hinzugewinn von Verdeckungsinformationen beim stereoskopischen Bild.

In der Praxis ist für einen Betrachter nicht erkennbar, ob und wo das Bild orthostereoskopisch ist, da in der Regel keine Vergleichsmöglichkeit des Bildes mit der Realität besteht. Ein klarer Nutzen lässt sich allenfalls für Spezialanwendungen in Wissenschaft und Forschung finden. Für die Bildgestaltung ist Ortho-Stereo mehr eine geometrische Erkenntnis als eine praxisbezogene Anwendung.

## Basisverstellung

Bei den meisten Kameras besteht schon konstruktionsbedingt das Problem, eine Stereobasis von 6,5 Zentimeter oder noch weniger im Side-by-Side-Verfahren zu erreichen. Neben den Kameragehäusen verhindern

> **i Drucke, Bilder, Fotos**
>
> Das Betrachtungsverhältnis kleiner Bilder ist in der Regel wesentlich geringer, als bei einem großen Leinwandbild. Während es im Kino üblich ist nahe vor einem sehr großen Bild zu sitzen, würde sich niemand ein 3D-Foto aus einem Abstand von fünf Zentimetern ansehen. Der Betrachtungsabstand ist bei kleinen Bildern also im Verhältnis gesehen größer. Dabei werden die Disparitäten sehr klein. Bilder, die ausschließlich für die stereoskopische Betrachtung in Büchern, auf kleinen Bildschirmen oder als ausbelichtete 3D-Fotos gedacht sind, sollten daher mit einer etwas größeren Stereobasis aufgenommen werden. Durch die größere Stereobasis sind die Perspektiven auch unterschiedlicher, was dem natürlichen Sehen im Nahbereich entgegenkommt und wo kleine Stereo-3D-Bilder in den meisten Fällen auch betrachtet werden.

meist schon allein die Objektivdurchmesser einen geringeren Abstand. Kameras lassen sich auch für hohe Anforderungen sehr schmal konstruieren, der Objektivdurchmesser hingegen bleibt ein Kriterium für Qualität. Kleinere Objektive sind naturgemäß lichtschwächer und ein hoher Modulationsübertragungsfaktor lässt sich damit schwerer erreichen.

Sollen normale und kleine Basisweiten auch bei hoher Abbildungsqualität erzielt werden, wird in der Regel ein 3D-Rig mit halbdurchlässigem Spiegel eingesetzt. Damit lassen sich sogar Makroaufnahmen anfertigen. Für die Abbildung einer besonders hohen Raumtiefe mit weit entfernten Objekten wie bei Landschaftsaufnahmen ist das Spiegel-Rig ungeeignet. Die dafür nötige Großbasis wird stattdessen über das Side-by-Side-Verfahren realisiert.

**Praxisbeispiel – Stereobasis:** Das Völkerschlachtdenkmal ist vom Kamerastandort weit entfernt. Um es plastisch zu sehen, ist eine große Stereobasis (etwa 80 Meter) wie im ersten Bild nötig. Dadurch verringert sich der Tiefenspielraum der Kamera und der Vordergrund des Bildes kann nicht mehr störungsfrei aufgenommen werden. Bei der 3D-Betrachtung mit wechselndem Auge wird der übertriebene perspektivische Unterschied am Ufer sehr deutlich. Im zweiten Bild wird mit dem oberen Teil des Denkmals ohne Vordergrund nur ein Ausschnitt des eigentlichen Bildes aufgenommen (das entspricht einem starken Telezoom). Der Tiefenumfang dieses Ausschnitts ist sehr gering, er passt wunderbar in den Tiefenspielraum der Kamera. Durch die Großbasis wirken die Figuren sehr plastisch. Soll nicht nur der obere Teil des Denkmals plastisch erscheinen, sondern das gesamte Gebäude mit etwas Vordergrund, muss die Stereobasis reduziert werden. Im dritten Bild beträgt sie rund 40 Meter. Insgesamt wird also deutlich, dass der Tiefenumfang der Szene bei größer werdender Stereobasis reduziert werden muss.

Großbasis (80 Meter) bei zu großem Tiefenumfang – problematisch

Kleiner Tiefenumfang bei gleicher Großbasis (80 Meter) – funktioniert

Angepasste Basis (40 Meter) für mittleren Tiefenumfang

### Dynamische Stereobasis

In manchen Situationen müsste die Stereobasis und gegebenenfalls auch die Konvergenz während der Aufnahme geändert werden. Dies trifft vor allem auf Einstellungen zu, in denen Bewegungen des Motivs oder der Kamera zu einem veränderten Tiefenumfang führen. Bewegt sich eine Kamera aus einer großen Totalen in eine Nahaufnahme, muss die Basis während der Bewegung dynamisch verkleinert werden. Entfernt sich eine Person von einer feststehenden Kamera immer weiter, müsste in diesem Fall die Stereobasis dynamisch größer werden.

Diese Maßnahme ist vor allem bei großen Unterschieden im Tiefenumfang nötig, da ansonsten aus einem plastischen ein relativ monokulares Bild wird oder umgekehrt. Wenn sich der Tiefenumfang des Bildes aber nur geringfügig ändert, ist eine dynamische Stereobasis nicht unbedingt nötig.

Als Hauptproblem lässt sich die Umsetzung ansehen. Eine dynamische Basisänderung kann nur mit entsprechenden Rigs durchgeführt werden. Entweder ist die Stereobasis feinmechanisch regulierbar oder sie lässt sich elektronisch nachziehen. Mit einfachen Rigs, bei denen nur eine Grobeinstellung der Basis möglich ist, kann keine dynamische Stereobasis erreicht werden, ohne dass es zu Ruckeln oder Schwankungen im Bild kommt.

Bei Situationen, in denen eine dynamische Basisänderung nötig ist, verändert sich die Lage des Hauptobjekts zur Kamera. Damit ist auch eine Änderung der Nullebene erforderlich. Die Nullebene wird über die Konvergenz gesteuert. Das bedeutet, dass auch die Konvergenz dynamisch nachgeführt werden müsste. Im Fall konvergenter Kameraausrichtung sollte diese dynamische Konvergenzänderung dann auch tatsächlich am Stereo-3D-Rig ausgeführt werden. Stehen die Kameras jedoch parallel, wird die Konvergenz in der Teilbildausrichtung vollzogen. Dort kann sie genau nachgestellt und modifiziert werden.

### Binokulare Verdeckung

Nicht nur die Stereopsis führt zu einer stereoskopischen Raumwahrnehmung, sondern auch Verdeckungsunterschiede. Diese entstehen, wenn ein Objekt vor einem anderen Objekt liegt und dabei das hintere Objekt verdeckt wird. Bei Stereo-3D gibt es immer zwei Perspektiven, eine für das linke und eine für das rechte Auge. Verdeckungen sehen aus jeder der beiden Perspektiven etwas anders aus. Auch die binokulare Verdeckung ist ein Tiefenhinweis für das Gehirn. Sie wird bei der Fusion mit in das Gesamtbild verschmolzen.

In bestimmten Situationen, vor allem bei großem Abstand der aufgenommenen Objekte untereinander tritt der Verdeckungseffekt verstärkt auf. An solchen Stellen kann es sogar zu binokularer Rivalität kommen. Die Stärke der binokularen Verdeckung lässt sich mit bloßem Auge erkennen, wenn die betroffene Stelle abwechselnd auf dem linken und rechten Teilbild betrachtet wird. Um eine binokulare Verdeckung nicht zu stark werden zu lassen, muss die Stereobasis entsprechend begrenzt werden. Das kann unter Umständen dazu führen, dass die Stereobasis zu klein ist, um die gewünschten Objekte in der gewünschten Plastizität aufzunehmen. Das Bild wird relativ flach und dennoch entsteht durch die binokulare Verdeckung ein Raumeindruck. In solchen Fällen weist das Bild einen deutlichen Kulisseneffekt auf. Die Objekte selbst haben dabei keine hohe Tiefenausdehnung, nur zwischen ihnen wird die Tiefe erkennbar. Diese Situation tritt am häufigsten auf, wenn lange Brennweiten eingesetzt werden, um weit entfernte Objekte aufzunehmen.

**Praxisbeispiel – Binokulare Verdeckung:** Für diese Szene muss eine etwas größere Stereobasis gewählt werden, da der Nahpunkt etliche Meter entfernt ist. Bei der Wahl der Stereobasis ist aber stets auch auf die binokulare Verdeckung zu achten. In diesem Motiv gibt es weit entfernte Gebäude, die sich vor nochmals wesentlich weiter entfernten Gebäuden befinden. Die Kirche mit dem spitzen Dach am Horizont ist ein solcher Fall. In diesem Beispiel kann sie gerade noch störungsfrei wahrgenommen werden, obwohl sie im linken Auge größtenteils vom Gebäude davor verdeckt wird. Da die Brennweite nicht zu lang war und dieser Fall der binokularen Verdeckung nur mit kleinen Disparitäten im Hintergrund auftritt, ist die binokulare Verdeckung hier unproblematisch. Im zweiten Bild wird nun eine lange Brennweite simuliert. Diese ist

Wegen der kurzen Brennweite fällt die binokulare Verdeckung des Kirchturms durch das Hochhaus mit dem Türmchen nicht stark auf.

In der Ausschnittsvergrößerung wird das Problem offensichtlich.

nichts anderes als ein Ausschnitt aus dem ersten Bild. Die binokulare Verdeckung der Kirche wird dabei stark vergrößert. Eine Betrachtung fällt schon deutlich schwerer. Daher müsste hier eine kleinere Stereobasis eingesetzt werden, was aber die Räumlichkeit reduziert und den Kulisseneffekt verstärkt.

Eine Möglichkeit zur Abhilfe besteht durch die Multibasistechnik. Dabei werden mindestens zwei Bilder mit unterschiedlicher Stereobasis gemacht. In der Postproduktion wird dann das vordere Objekt separat vom hinteren Bildteil verarbeitet und in ein Gesamtbild integriert. Ohne solche technischen Möglichkeiten steckt der Kameramann in dieser Situation in einem Dilemma. Entweder erhält er zu starke binokulare Verdeckung (große Basis) oder ein flaches Bild mit Kulissenwirkung (kleine Basis).

▶ *Eine kleine Stereobasis führt zu einer geringeren Tiefenausdehnung, die sich näher an der Kamera erstreckt.*

### 6.2.4 Brennweite

In der Fotografie und beim Film zählt die Wahl der Brennweite zu den wichtigsten Entscheidungen, die vom Bildgestalter getroffen werden. Mit der Brennweite werden zahlreiche Folgefaktoren bestimmt oder beeinflusst. Auch bei Stereo-3D hat die Brennweite einen hohen Stellenwert. Zusammen mit der Stereobasis und dem Nahpunktabstand gehört sie zu den drei grundlegenden Einstellungen, die ein stereoskopisches Bild beeinflussen.

#### Perspektive

Die Perspektive, also die Aufnahmeposition ist ein wichtiges, gestalterisches Entscheidungskriterium. Es gibt nicht nur die Wahl zwischen Augenhöhe (Normalperspektive), Aufsichtig (Vogelperspektive) und Untersichtig

> **ℹ Relative Brennweite**
>
> Kameraleute und Fotografen, die mit bestimmten Kameras arbeiten, kennen aufgrund ihrer Erfahrung die richtige Brennweite für die jeweilige Einstellung. Diese Erfahrungen mit der Brennweite beruhen immer auf einer bestimmten Größe der Sensoren oder des Filmmaterials, kurz auf dem verwendeten Bildformat. Bei unterschiedlichen Formaten hat die gleiche Brennweite jedoch eine völlig andere Wirkung. Was für 1/5 Zoll-Video eine Telebrennweite ist, wird bei 35mm-Film beispielsweise noch als Weitwinkel gehandhabt. Da in der heutigen Praxis oft mit ganz unterschiedlichen Formaten gearbeitet wird, geben Hersteller gerne zusätzlich die relative Brennweite, also die entsprechende Brennweite des KB-Formats an. Mit dem KB-Format sind die meisten Anwender gut vertraut. Zur schnellen Einschätzung der Brennweite bei verschiedenen Formaten wird im Filmbereich oft ein „directors viewfinder" eingesetzt.

▶ Mit der Brennweite wird nicht die Perspektive, sondern der Bildausschnitt festgelegt. Eine längere Brennweite ist also gewissermaßen eine Ausschnittsvergrößerung aus dem weitwinkligeren Bild.

(Froschperspektive), sondern auch zwischen Nah und Fern oder zwischen ‚weiter links' und ‚weiter rechts'. Aus der jeweiligen Perspektive ergeben sich der Nah- und der Fernpunkt des Bildes. Auch die Wahl der Stereobasis und der Brennweite hängt damit zusammen. All diese Größen stehen in gegenseitigem Einfluss und haben eine unmittelbare Wirkung auf die Tiefenwiedergabe des Bildes.

In der Praxis werden Perspektive und Brennweite immer in gegenseitiger Abhängigkeit festgelegt. Der Bildgestalter hat eine bestimmte Vorstellung von der Einstellungsgröße, also dem Bildausschnitt und gleichzeitig auch von der Sichtweise auf die Objekte, also der Perspektive. Ist die Perspektive gewählt, wird der gewünschte Bildausschnitt mit der Brennweite eingestellt.

### Schärfentiefe

Oft soll die Wahl der Brennweite aufgrund der gewünschten großen oder geringen Schärfentiefe getroffen werden. Eine starke Reduzierung der Schärfentiefe erfordert auch eine perfekt abgeglichene Schärfeneinstellung an beiden Kameras. Die Ausrichtung der Kameras ist dabei besonders genau durchzuführen. Die Schärfentiefe kann durch die Brennweite, die Blende und den Abbildungsfaktor und damit über die Bildgröße beeinflusst werden.

### Zoomfahrten

Geringe Schärfentiefe ist auch bei Stereo-3D ein beliebtes Gestaltungsmittel.

Die meisten auf dem Markt verfügbaren Kameras besitzen kaum die Präzision für synchrone Zoomfahrten. Die wenigsten Objektive haben einen durchgehenden optischen Mittelpunkt. Das bedeutet, dass die Kameras bei Brennweitenänderungen ständig neu ausgerichtet werden müssten. Bei der herstellerseitigen Arretierung des CCD-Blocks oder des CMOS-

Elements im Kameragehäuse existieren Toleranzen, die dazu führen, dass der Bildwandler nicht exakt rechtwinklig zum Objektivmount steht. Auch bei Objektiven können Toleranzen entstehen, wenn die Linsen nicht im absolut rechten Winkel zum Mount liegen.

Solange die Kamera einzeln verwendet wird, spielt das kaum eine Rolle. Mit Brennweitenänderungen an zwei Kameras in Stereo-3D-Anordnung ist hingegen meist auch eine Höhen- oder Seitenkorrektur verbunden. Ein Zoomen im „On" ist bei vielen Geräten schon aus diesen technischen Gründen mit Schwierigkeiten und engen Grenzen verbunden. In jedem Fall muss das zu verwendende Kamera-Objektiv-Gespann vorher ausgiebig auf seine Mittigkeit getestet werden. Möglicherweise lassen sich zwei identische Geräte finden.

Je kleiner der Sensor ist, desto stärker fallen solche Abweichungen ins Gewicht. Consumer-Kameras sind daher besonders anfällig für azentrische optische Linien. Doch auch bei Broadcastobjektiven und -kameras sind die Abweichungen meist zu groß, um den ganzen Brennweitenweg zu durchfahren.

## Weitwinkel

Jedem Kameramann ist bekannt, dass Bildelemente durch lange Brennweiten eher flächig und bei kurzen Brennweiten eher räumlich wiedergegeben werden. Schon deshalb wird das Weitwinkelobjektiv gern und oft eingesetzt. Durch den großen Bildwinkel enthalten solche Bilder mehr Vordergrund und stellen dadurch mehr Raum dar. Das funktioniert auch in der Stereoskopie. Der Nahbereich ist für das räumliche Sehen bei normalen Basisweiten (durchschnittlicher Augenabstand) am wirksamsten. Durch Weitwinkelaufnahmen, bei denen genau dieser Bereich sehr stark repräsentiert wird, entsteht ein Bild, das von vielen Betrachtern als angenehm und natürlich empfunden wird.

Weitwinkel reduzieren außerdem den Kulisseneffekt. Der Kulisseneffekt ist eine durch lange Brennweiten entstehende Flächigkeit einzelner Tiefenebenen. Im Gegensatz zur stereoskopischen Abbildung wird diese beim natürlichen Sehen nicht empfunden. Beim Kulisseneffekt werden einzelne Objekte als verhältnismäßig flach empfunden, der räumliche Bezug zwischen den Objekten ist jedoch weiterhin gut erkennbar.

Da kurze Brennweiten den Raum nicht komprimieren sondern expandieren, werden die dargestellten Objekte eben auch expandiert und somit als sehr plastisch empfunden. Da das nur im Nahbereich funktioniert, muss die Aufnahmedistanz relativ gering sein. Solche Angaben beziehen sich immer auf die Stereobasis, in dem Fall auf eine Normalbasis. Bei einer Großbasisaufnahme können hingegen auch entfernt liegende

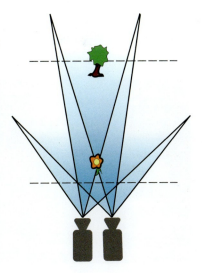

Die Blume ist für kurze Brennweiten richtig positioniert, aber für lange Brennweiten zu nah. Der Baum ist weit genug entfernt für lange Brennweiten, erscheint aber bei kurzen Brennweiten nur noch in 2D.

Kameraarbeit bei Stereo-3D | 357

▶ Beim natürlichen Sehen kennt der Mensch keine Brennweitenänderungen. Lange und kurze Brennweiten haben daher immer etwas Effekthaftes.

Objekte plastisch dargestellt werden. Aufnahmedistanz und Brennweite sind dann entsprechend größer.

### Tele

Lange Brennweiten erzeugen ein gutes räumliches Bild, solange keine Objekte zu nah im Vordergrund enthalten sind. Andererseits verliert das Bild seine Räumlichkeit zunehmend, je weiter die aufgenommene Szene entfernt ist. Daher muss stets der Tiefenumfang beachtet werden, denn schnell kann es passieren, dass die Disparität zu groß wird, selbst wenn das vordergründige Objekt (Nahpunkt) sehr weit entfernt liegt.

Die lange Brennweite lässt sich gestalterisch vorteilhaft nutzen, um filmische Einstellungen mit geringer Schärfentiefe zu erhalten. Allerdings ist entsprechend viel freier Platz vor dem Nahpunkt notwendig. Dort dürfen sich keine Objekte befinden, auch kein vom Baum hängendes Blatt und möglichst auch kein Regen, Schnee oder ähnliches. Aus technischer Sicht ist der Einsatz längerer Brennweiten in Situationen sinnvoll, in denen kein Spiegel-Rig vorhanden ist, aber viel Platz für einen großen Abstand vom Motiv zur Verfügung steht. Dadurch kann auch mit normalen Basisweiten im Side-by-Side-Verfahren ein gutes und vor allem filmisch wirkendes Ergebnis erzielt werden. Bei langen Brennweiten sollte penibel auf eine gute Ausrichtung geachtet werden, denn geometrische Ungenauigkeiten wie Höhenfehler oder Verkantung werden viel schneller sichtbar.

Lange Brennweiten stellen eine goße Tiefenausdehnung im Bild komprimiert dar.

### Zooms

Hohe Flexibilität lässt sich durch die Verwendung von Zoomobjektiven erreichen, die allerdings oft nicht verzeichnungsfrei sind. Im Telebereich entstehen dann tonnenförmige, im Weitwinkelbereich kissenförmige Verzeichnungen. Auch wenn diese nur an den Bildrändern auftreten, können sie unter Umständen zu leichten Problemen beim Fusionieren der Bilder führen. Um Verzeichnungen zu vermeiden, eignen sich die mittleren Brennweitenbereiche. Besser ist jedoch der Einsatz von Festbrennweiten, sogenannten Primes. Diese sind auf ihre Brennweite hin optimal korrigiert und bieten ein Minimum an Abbildungsfehlern.

Leichter Kulisseneffekt durch lange Brennweite. Die Tiefe des Hintergrundes wird stärker betont als beim natürlichen Sehen.

Kurze Brennweiten betonen den Vordergrund. Die Tiefe wird hier gegenüber dem natürlichen Sehen nochmals gedehnt.

## Festbrennweiten

Bei einfachen Kameras bilden Objektiv und Kamera fast immer eine feste Einheit. Bessere Geräte bieten dagegen üblicherweise die Möglichkeit, Objektive zu wechseln. Durch Wechselobjektive erhöht sich im stereoskopischen Bereich die Chance, eine weitgehend optimale Kamera-Objektiv-Kombination zu finden, bei der die optische Mitte möglichst im ganzen Brennweitenbereich zentriert bleibt. Diese Problematik entfällt bei Objektiven mit einer fixen Brennweite. Festbrennweiten sind deshalb immer noch die erste Wahl, wenn es um die Erzielung hoher Qualität geht.

Bei der Berechnung und Herstellung von Primes können alle Abbildungsfehler auf die eine Brennweite hin korrigiert werden. So sind deutlich bessere Ergebnisse bei weniger Glas und Gewicht zu erzielen. Gleichzeitig sind mit Primes höhere Lichtstärken möglich und die Schärfentiefe kann besser kontrolliert werden. Nachteilig ist jedoch die Flexibilität, da für einen Wechsel der Brennweite stets beide Objektive gewechselt und justiert werden müssen.

**Brennweite:** Das erste Bild zeigt ein Motiv, das mit langer Brennweite fotografiert wurde. Der Kulisseneffekt ist erkennbar. Er resultiert einerseits aus dem im Bild vorhandenen Abstand zwischen den einzelnen Objekten, wird aber besonders durch die Kompression der Tiefe hervorgehoben, die durch die lange Brennweite zustande kommt.

Das zweite Bild zeigt das gleiche Motiv mit kurzer Brennweite. Dabei wird der Bildausschnitt, der in der langen Brennweite das ganze Bild ausgefüllt hat, auf einen kleinen Teil des Gesamtbildes reduziert. Ebenso verhält es sich mit der Tiefe und den Abständen zwischen den Objekten. Dadurch verringert sich der Kulisseneffekt. Das Objekt selbst ist nicht plastischer geworden, befindet sich aber nun weiter im Hintergrund. Dort werden Objekte eher flach gesehen. Die größte Räumlichkeit befindet sich immer im vorderen Bildbereich.

### 6.2.5 Distanzen

Eine der wichtigsten Informationen bei der Aufnahme ist die Entfernung der abzubildenden Objekte zur Kamera. Anhand dieser Entfernungen lässt sich die Tiefe in der originalen Szenerie beurteilen und es können die entsprechenden Einstellungen an der Kamera abgeleitet werden.

Der Abstand der Kamera zu den einzelnen Objekten wird durch die Wahl der Perspektive festgelegt. In manchen Situationen (vor allem im szenischen Bereich und bei Studioproduktionen) können die Objekte auch gezielt platziert werden, damit eine bestimmte Perspektive möglich wird.

### Nahpunkt

Das Objekt, welches sich im kürzesten Abstand zur Kamera befindet, stellt den Nahpunkt dar. In der Praxis gibt es immer wieder Situationen, in denen der eigentliche Nahpunkt unterboten wird. Vor allem sind dafür Partikel wie Staub, Regen, Pollen aber auch unbeabsichtigt ins Bild geratene Grashalme, Zweige, Finger oder Utensilien aus der Dekoration verantwortlich. Jedes Objekt, das sich zu nah an der Kamera befindet, kann das Gelingen eines guten Stereo-3D-Bildes nachhaltig stören.

Im ungünstigsten Fall wird das Objekt nur von einer Kamera gesehen und erzeugt beim Betrachter an dieser Stelle eine binokulare Rivalität. Je größer, heller oder deutlicher solche Störobjekte sind, desto schlechter lässt

▶ Objekte, die zu nah an der stereoskopischen Kamera sind, erscheinen unscharf oder als Doppelbilder. Im Gegensatz zum natürlichen Sehen führen sie aber im Bild zu binokularer Rivalität.

Besonders unterwasser sind störende Partikel im Nahbereich oft ein Problem.

Der Fernpunkt liegt nicht am Boden des Kessels, sondern in den Bäumen, die sich in der Suppe spiegeln.

sich später ein Raumbild fusionieren. Der Kameramann oder der Stereograf muss besonders darauf achten, dass vor dem gewünschten Nahpunkt keine weiteren Objekte oder Partikel vorhanden sind. Sollte dies unvermeidlich sein, muss in der Postproduktion versucht werden, mittels spezieller Nachbearbeitungstechniken das Bild zu retten. Das Entfernen solcher Störungen ist jedoch aufwändig und verringert die Bildqualität. Näheres darüber ist im Kapitel „Stereoskopische Postproduktion" nachzulesen.

### Fernpunkt

Der am weitesten von der Kamera entfernte Punkt ist der Fernpunkt. Bei Bildern, die Himmelskörper oder den Horizont enthalten, ist der Fernpunkt klar. Auch bei anderen Motiven lässt sich der Fernpunkt meist leicht erkennen, nicht zuletzt über den Tiefenhinweis der Verdeckung.

Die jeweilige Entfernung muss geschätzt werden. Im Fall eines nicht so weit entfernten Fernpunktes kann auch gemessen werden. Je nach Konfiguration der Kamera, also Stereobasis, Brennweite und Sensorgröße ergibt sich ab einer bestimmten Entfernung kein Unterschied mehr zu weiter entfernten Punkten. In dieser Entfernung beginnt die stereoskopische Unendlichkeit. Bei einer parallelen Justierung der beiden Kameras müssten sich stereoskopisch unendlich entfernte Punkte in beiden Bildern deckungsgleich übereinander befinden. Dies kann bei der Justierung behilflich sein. Der Fernpunkt kann aber auch in sehr kurzer Entfernung liegen. Dies ist besonders bei Innenaufnahmen der Fall. Die gesamte Tiefenausdehnung des Bildes ist damit stark begrenzt und besser zu handhaben.

### Fixationspunkt

Bei parallel ausgerichteten Kameras befindet sich die von den Kameras fixierte Entfernung in der stereoskopischen Unendlichkeit. Der Punkt des allgemeinen Interesses liegt aber selten in unendlicher Entfernung. Stattdessen ist das fixierte Objekt meist im Vordergrund oder im Mittelgrund zu finden. Oft wird die Stereo-3D-Kamera auf diesen Punkt eingeschwenkt. Die entstehende Konvergenz kann je nach Tiefenausdehnung des Bildes und Parallaxenwinkel mehr oder weniger große Probleme verursachen.

### Werteabschätzung

Die Gesamtdisparität in einem Stereo-3D-Bild sollte bei der Wiedergabe nicht wesentlich mehr als rund vier Prozent der Bildbreite betragen. Sind

Kurzer Abstand zum Motiv: Kleine Basis oder kurze Brennweite notwendig.

Große Distanz: Bei unveränderten Einstellungen wirkt das Motiv flacher.

in der aufzunehmenden Szene stereoskopisch unendlich entfernte Punkte vorhanden, werden sie bei paralleler Ausrichtung der Kameras auf identischen Stellen (also deckungsgleich) abgebildet. Bei Bildern mit unendlichen Fernpunkten lässt sich bereits in der Aufnahme abschätzen, wie weit Vordergrundobjekte, also Nahpunkte mit ins Bild genommen werden dürfen. Da die Fernpunkte in der Overlay-Vorschau deckungsgleich sind, muss nur noch darauf geachtet werden, dass die Nahpunkte die Vier-Prozent-Disparität nicht überschreiten.

**Praxisbeispiel – Distanzen:** Das erste Bild zeigt ein aus kurzer Distanz aufgenommenes Motiv. Die stereoskopischen Parameter müssen entsprechend angepasst werden, damit die Teilbilder fusionierbar sind. Daher ist die Stereobasis klein und die Brennweite kurz.

Das zweite Bild zeigt das gleiche Motiv mit den selben Kameraeinstellungen aus größerer Distanz. Das Motiv wirkt dadurch flacher. Es liegt zunehmend außerhalb des stereoskopisch wirksamen Bereichs, der durch die Basis und Brennweite auf den Nahbereich festgelegt wurde. Daher liegt der Fernpunkt nun schon fast in der stereoskopischen Unendlichkeit und weist kaum noch perspektivische Unterschiede auf.

### 6.2.6 Konvergenz

▶ *Mit der Konvergenz wird die Lage der Nullebene festgelegt.*

Beim natürlichen Sehen spielen Vergenzbewegungen der Augen eine sehr große Rolle. Daher sind Vergenzen auch bei stereoskopischen Bildern bedeutsam. Kameras lassen sich konvergent, parallel und divergent zueinander ausrichten. Letzteres führt zu unbrauchbaren Ergebnissen, da

Kameraausrichtung links parallel, rechts stark konvergent

divergente Augenstellungen beim natürlichen Sehen keine fusionierbaren Bilder erzeugen. Beim Fixieren auf nahe Objekte ist immer das Gegenteil der Fall. Die Augen schielen nach innen – sie konvergieren.

Konvergente oder parallele Kamerastellung – mit dieser Problematik wird früher oder später jeder Stereo-3D-Interessierte konfrontiert. Das Thema führt immer wieder zu Kontroversen. Häufig wird argumentiert, dass die Kamera das Auge nachbilden soll und daher auch im Nahbereich konvergieren muss. Dieser Vergleich ist aber schwer nachvollziehbar. Beim natürlichen Sehen ist Konvergenz kein Problem, da das Auge im Gegensatz zur Kamera nur rund eine Winkelminute scharf sieht. Außerhalb dieses Bereichs entstehen durch die Konvergenz der Augen starke Bildverzerrungen, die aber durch die Suppression automatisch unterdrückt werden. Auf einer Abbildung sind solche Verzerrungen hingegen sichtbar und erschweren die Betrachtung.

Die Konvergenzstellung verursacht Trapezverzerrungen.

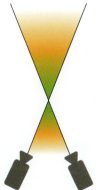

zu starke Divergenz
keine Fusion möglich

Toleranzbereich für
divergente Augenstellung

Toleranzbereich für
leichte Verzerrungen

zu starke Konvergenz
keine Fusion möglich

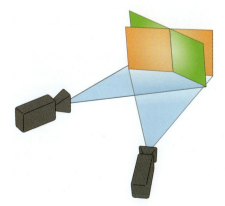

Kameraarbeit bei Stereo-3D | 363

In der Stereoskopie wird durch die Konvergenz immer die Nullebene verschoben, unabhängig davon, ob die Kameras konvergiert werden oder ob die Konvergenz durch Verschieben der Bilder in der Teilbildausrichtung erreicht wird. Noch einfacher formuliert, verschiebt die Konvergenz die Objekte nach vorne und nach hinten.

Die Notwendigkeit, schon bei der Aufnahme stark zu konvergieren, deutet meist auf eine zu große Stereobasis hin. Durch solch eine Kameraausrichtung werden einerseits die Ansichten, also die Perspektiven eines Objekts zu unterschiedlich und andererseits entstehen zu große Verschiebungen zwischen Vorder- und Hintergrund. Des Weiteren treten dabei oft Probleme mit verdeckten Objekten auf, die jeweils nur von einem Auge gesehen werden können (binokulare Verdeckung).

Bei Entscheidungen über die Konvergenz der Kameras spielen leider auch oft technische Gegebenheiten wie das Kamera-Rig eine Rolle. Der gestalterische Entscheidungsspielraum kann dadurch stark eingeschränkt werden.

### ℹ Konvergenz in der Praxis

Konvergente Kameras führen leicht zu übertriebenen Disparitäten und seitlichen Höhenfehlern. Diese wurden in diesem Beispiel korrigiert, an den Disparitäten lässt sich aber im Nachhinein kaum etwas ändern.

Die Konvergenz dient in der Stereoskopie zur Festlegung der Nullebene. Sie kann auf verschiedene Arten herbeigeführt werden. Die heute übliche und qualitativ beste Variante ist die Nachkonvergenz, also das Aufnehmen mit parallelen Kameras und einer anschließenden Teilbildausrichtung. Die horizontale Verschiebung der beiden Teilbilder ist nichts anderes als eine nachträgliche Konvergenzfestlegung. Die Konvergenz kann aber auch direkt während der Aufnahme erfolgen, indem die Kameras eingeschwenkt werden. Das ist mit den bekannten Nachteilen und Einschränkungen in der Stereo-3D-Qualität verbunden. Eine Art Zwischenlösung bietet sich mit Shiftsensorkameras, bei denen der Bildsensor horizontal verschiebbar ist. Trapezförmige Verzerrungen werden dadurch vermieden. Dieser Effekt ist auch durch Shiftobjektive oder Balgenobjektive erreichbar, wobei diese Methoden nicht sehr praxisgerecht sind.

## Nullebene

Bei streng parallelen Kameras liegt die Nullebene im Unendlichen. Durch konvergente Kameras ändert sich die Lage der Nullebene und sie bewegt sich nach vorne. Gleichzeitig verliert die Nullebene ihre Ebeneneigenschaften. Im Konvergenzpunkt entsteht stattdessen eine vertikale Linie, auf der die Disparität Null beträgt. Seitlich dieser imaginären Linie sind Fehldisparitäten vorhanden und zwar sowohl horizontal als auch vertikal. Die Teilbilder liegen quasi nach außen hin auf dieser „Ebene" zunehmend in der Tiefe versetzt. Bei steigendem Konvergenzwinkel werden die Fehldisparitäten und trapezförmigen Verzerrungen immer größer.

## Teilbildausrichtung

Einer der Hauptvorteile der Konvergenz besteht darin, bereits bei der Aufnahme festlegen zu können, auf welchem Objekt der Fixationspunkt liegt. Das Bild ist damit bereits horizontal ausgerichtet, also deckungsgleich. Eine horizontale Verschiebung muss nicht mehr durchgeführt werden. Dadurch wird die effektive Auflösung des Formats beibehalten. Eine Beschneidung an den Bildseiten und die damit verbundene Skalierung ist nicht mehr nötig.

Konvergente Kameras können aber nur innerhalb gewisser Grenzwerte eingesetzt werden. Eine spätere Justierung der Tiefenebenen im Bild (Teilbildausrichtung) ist kaum noch möglich. Durch das horizontale Verschieben der Teilbilder wird gewissermaßen auch konvergiert, allerdings ohne die Nachteile der konvergierten Kameras. Da in der Praxis fast immer eine Teilbildausrichtung durchgeführt wird, sollte der entstehende Verlust in der Auflösung einkalkuliert werden.

▶ *Je nach Konvergenzwinkel eingeschwenkter Kameras kann die Teilbildausrichtung eines Stereobildes nur noch in engen Grenzen erfolgen.*

*Bei der Teilbildverschiebung parallel aufgenommer Bilder entsteht ein seitlicher Überschuss, der weggeschnitten wird.*

Bei Objekten mit sehr geringem Tiefenumfang fällt Konvergenz nicht auf.

### Ausnahmen

Es gibt genügend Gründe, die zum Einsatz konvergenter Kameras trotz all ihrer Nachteile führen. Dazu zählen Situationen, in denen es nicht möglich ist, die Stereobasis klein genug oder die Brennweite kurz genug zu bekommen.

In anderen Fällen kann durch Konvergenz der Arbeitsablauf beschleunigt und vereinfacht werden, beispielsweise indem sie sich einfach an der Schärfenebene orientiert. Solche Einsätze finden sich vorwiegend bei Live-Übertragungen, Sportveranstaltungen oder Konzerten. Dort ist eine Teilbildausrichtung kaum durchführbar und die Konvergenz bei der Aufnahme die einzige Möglichkeit, um die Nullebene festzulegen.

Manchmal können kleine Konvergenzen bei Zoombewegungen notwendig sein, weil die optischen Achsen nicht identisch sind. In diesem Fall ist die Konvergenzbewegung aber eher eine Justierungskompensation.

Eine weitere Anwendung für Konvergenzen findet sich bei Objekten mit kleinem Tiefenumfang. Je flacher das Objekt ist, desto größer müsste die Stereobasis sein, um ein gewisses Maß an Tiefe darzustellen. Über leicht konvergente Kameras lässt sich in solchen Fällen eine gute Tiefenabbildung erreichen. Dies gilt besonders dann, wenn die Objekte sehr klein sind. Um die Stereobasis dann nicht unverhältnismäßig groß werden zu lassen, müsste ein äußerst geringer Kameraabstand erreicht werden, manchmal von nur wenigen Millimetern. Das ist mit den meisten Kameras nicht realisierbar, da der Mindestabstand für scharfe Bilder deutlich größer ist. Die Kombination einer moderaten Stereobasis und leicht konvergenter Kameras ist in solchen Fällen ein guter Mittelweg. Die negativen Auswirkungen der Konvergenz halten sich dabei in Grenzen, weil die Objekte relativ flach sind.

Die Konvergenz sollte also nicht grundsätzlich verteufelt werden. Solange sie behutsam eingesetzt wird, stellt sie auch kein großes Problem dar. Schwierig wird es vor allem dann, wenn konvergente Kameras einen recht tiefen Raum abbilden, wenn also der Tiefenumfang des Bildes etwas größer ist.

### Schärfeebene

Einige Stereografen bevorzugen eine Arbeitsweise, bei der die Konvergenz einfach sklavisch an die Schärfe gekoppelt wird. Damit liegt sie stets im Punkt des höchsten Interesses für den Betrachter. Die Konvergenz wird mit dem Augenblick der Bildaufnahme manifestiert und ist nachträglich nicht mehr modifizierbar.

Diese Arbeitsweise birgt je nach Motiv und Objektdistanz die Gefahr einer zu großen Disparitätsdifferenz. Die Konvergenzweite am Betrachtungsabstand zu orientieren, um „natürliche" Darstellungen zu erreichen, ist ebenso schwierig, da im Vorfeld kaum bekannt ist, in welchem Abstand die Bilder betrachtet werden.

## Schärfentiefe

Durch die Verwendung einer größeren Konvergenz sind Vorder- und Hintergrund stark zueinander verschoben und weisen zu große Disparitätsdifferenzen auf. Eine geringe Schärfentiefe lässt Konvergenzprobleme nicht so offensichtlich werden. Die Schärfe selbst sollte im Konvergenzpunkt liegen. Die Bereiche in Vorder- und Hintergrund, bei denen die Dispatitäten zu groß werden, sollten sehr unscharf erscheinen. Dies lässt sich am besten bei der Aufnahme, notfalls aber auch in der Postproduktion umsetzen. Vorteilhaft sind unscharfe Strukturen im Hintergrund, wie Himmel oder ein nebliges Feld. Erkennbare Linien wie Häuser oder Bäume vergrößern an dieser Stelle die Probleme.

## Tiefenumfang

In Szenen mit großem Tiefenumfang erscheint der Vordergrund sehr räumlich, gleichzeitig wird der Hintergrund aber zunehmend flach, so wie es auch dem natürlichen Sehen entspricht. Über eine größere Stereobasis könnte zwar auch der Hintergrund plastischer werden, allerdings würde dabei der Nahbereich auseinander laufen, die Disparitäten also zu stark werden. Um dies zu kompensieren, werden manchmal die Kameras konvergiert. Das führt zu einer plastischeren Darstellung der fernen Objekte, während näher gelegene Dinge aber mitunter übertriebene Perspektiven erhalten. Zudem treten bei konvergenten Kameras immer gegensätzliche Verzerrungen auf.

Der Kompromiss liegt also eher zwischen effektvoller Tiefenabbildung, die aber möglicherweise zu Fusionsproblemen führt, und einem leicht fusionierbaren Bild, das aber keine riesige Tiefenausdehnung hat.

▶ *Mit dem Tiefenumfang lässt sich die Tiefe des Bildes charakterisieren.*

Um einen großen Tiefenumfang wiederzugeben, der durchgängig sehr plastisch wirkt, gibt es das Multibasisverfahren. Die Aufnahme des Bildes erfolgt dabei mit verschiedenen Basisweiten. In der Postproduktion werden die jeweils optimalen Bereiche zu einem Gesamtbild verarbeitet. Solche Bilder entsprechen nicht dem natürlichen Eindruck, was aber nicht stört, denn „schöne" Bilder entsprechen selten der Realität.

### Shiftsensor

Trapezförmige Verzerrungen, die stets bei konvergenten Kameras entstehen, lassen sich schon bei der Aufnahme ausgleichen. Dazu wird die Offset- oder Shiftsensortechnik genutzt. Sie wurde bereits einige Seiten vorher eingeführt. Beim Shiften wird die Objektivebene oder die Bildebene parallel verschoben. Dafür ist ein Objektiv mit entsprechend großem Bildkreis nötig.

Die Shiftsensormethode erfordert einen großen konstruktiven Aufwand, um die Bildwandlerebene separat zu verschieben, ohne dass sich die Bildweite dabei ändert. Je kleiner das Format, desto schwieriger eine präzise Verschiebung.

Statt den Bildsensor zu verschieben, kann auch die Objektivebene (also das Objektiv) verschoben werden. Dafür gibt es spezielle Balgenobjektive (beispielsweise von Arri oder Clairmount) und Shiftobjektive (zahlreiche Hersteller). So könnte eine Konvergenzstellung elegant ausgeglichen werden. Die Spezialobjektive sind aber teuer und schwer simultan einzustellen. Shiftobjektive bieten außerdem weniger Verstellspielraum als der Sensor-Offset. Da bei Verschiebungen der Ebenen immer die Randbereiche der Objektive genutzt werden, verringert sich in jedem Fall die Abbildungsqualität.

Durch das Shiften lassen sich die Probleme der trapezförmigen Verzerrungen bei konvergenten Kameras beseitigen. Die starken Unterschiede zwischen Hinter- und Vordergrund bleiben jedoch bestehen. Dadurch besteht weiterhin die Gefahr divergierender Fernpunkte. In solchen Situationen ist es daher besser, Stereobasis oder Brennweite zu ändern.

> **i Fachkamera**
>
>
>
> Fotografische Großformatkameras auf optischer Bank werden Balgenkamera oder Fachkamera genannt. Mit ihnen ist es möglich, die Bildebene separat zur Objektivebene zu verschieben. Das dahinter stehende Prinzip ist das gleiche wie bei der angesprochenen Shifttechnik. Für Fachkameras existieren speziell berechnete Objektive mit sehr großem Bildkreis, um die Verschiebefreiheit bei hoher Abbildungsgüte zu gewährleisten.
>
> Sinar P3 – digitale Fachkamera

In der Praxis sind die Sensoren oft recht klein. Die Genauigkeit von Kameras und Zubehör ist in den meisten Fällen nicht hoch genug, um Verschiebungen in den notwendig kleinen Wertebereichen zu ermöglichen. Durch Transporterschütterungen oder Temperaturschwankungen kann sich die Justierung leicht über die Toleranz hinaus ändern. Daher wird die Offsetmethode auch selten angewendet.

### Tiefendarstellung

Über die Konvergenz lässt sich die Darstellung der Tiefe ebenfalls beeinflussen. Der Raum wird durch einen größeren Konvergenzwinkel komprimiert. Natürlich haben auch andere Faktoren wie Brennweite oder Stereobasis einen Einfluss auf die Gesamtdarstellung der Bildtiefe.

### Konvergenzassistent

Bei Live-Aufnahmen wie Konzert- oder Sportübertragungen besteht keine Möglichkeit der Nachkorrektur oder Teilbildausrichtung. Die Bilder müssen aus der Kamera direkt verwendbar sein. Stereo-Bildprozessoren, die in der Lage sind, die Teilbilder in Echtzeit zu korrigieren, könnten hier eingesetzt werden. Sie haben jedoch Grenzen und funktionieren nicht bei allen denkbaren Bildern zuverlässig. Ein Großteil der Bildbeeinflussung würde an die Maschine abgegeben. Da es aber gerade bei Live-Produktionen wichtig ist, über eine manuelle Kontrolle zu verfügen, wird eher auf die Konvergenz der Kameras gesetzt. Dadurch liegt die Nullebene schon bei der Aufnahme fest und das Bild kann direkt wiedergegeben werden. Es gibt Kameras, bei denen die Konvergenz direkt an die Schärfeeinstellung gekoppelt ist. So kann der Kameramann wie gewohnt arbeiten. Wird die Konvergenz jedoch separat gesteuert, ist ein zusätzlicher Konvergenzassistent notwendig.

### 6.2.7 Nullebene

Ein stereoskopisches Bild besteht aus zwei Teilbildern. Gleiche Bildpunkte weisen in diesen Teilbildern einen horizontalen Versatz auf, der positiv oder negativ sein kann. Dadurch wird die Lage des einzelnen Bildpunkts in der Tiefe beschrieben. Er kann vor oder hinter der Wiedergabeebene sein. Ist der horizontale Versatz, also die Disparität, gleich Null, befinden sich die Punkte auf der Nullebene. Sie sind dann in beiden Teilbildern deckungsgleich.

### Ausrichtung

Bei parallel ausgerichteten Kameras liegt die Nullebene in der Unendlichkeit, da die Teilbilder rein physikalisch keinen Berührungspunkt aufweisen können. Durch die endliche Auflösung der Realität findet diese Teilbildüberdeckung quasi im Fernpunkt statt. Das würde für die Projektion bedeuten, dass sich das gesamte Bild vor der Projektionsebene erstreckt. Eine Ausrichtung der Teilbilder ist daher nötig und soll die Nullebene möglichst kurz vor den Nahpunkt des Bildes verschieben, sodass sich das Bild in seiner Tiefe hinter der Projektionsebene erstreckt.

Werden die Kameras konvergiert, bildet die Konvergenzebene, also der Punkt, an dem sich die optischen Achsen schneiden, die Nullebene. Dabei entspricht sie allerdings aus geometrischen Gründen keiner echten Ebene.

### Stereofenster

In der Postproduktion erhält die Nullebene eine weitere Bedeutung, da Stereo-3D-Bilder über ihren Bildrahmen eine Art Fensterblick in die Räumlichkeit gewähren. Das Stereofenster oder auch Scheinfenster liegt im Normalfall auf der Nullebene. In der Teilbildausrichtung wird durch die horizontale Verschiebung der Teilbilder festgelegt, welcher Bereich des dargestellten Raums vor oder hinter diesem imaginären Fenster liegt. Der Raum und das Stereofenster lassen sich also relativ zueinander verschieben. In der Wiedergabe befindet sich das Stereofenster dort, wo die Rahmen der beiden Teilbilder zur Deckung gebracht werden, also üblicherweise auf der Bildebene. Je nach Bildgröße und Betrachtungsabstand lässt sich auch hier der Fenstereffekt mehr oder weniger deutlich erkennen.

Da das Stereofenster für die Wiedergabe relevant ist, liegt seine Hauptbedeutung in der Postproduktion. Dort kann mit der Schwebefenstertechnik die Lage und Form des Stereofensters geändert werden. Selbst Objekte, die den Rahmen verletzen würden, lassen sich so noch hinter das Stereofenster (also den Rahmen) befördern. Solche Rahmenverletzungen und ihre Vermeidung spielen bei Stereo-3D eine wichtige Rolle.

*In der Realität können auch Objekte vor dem Stereofenster natürlich nicht außerhalb des Monitors liegen, denn dort sind keine Pixel. Tatsächlich beschneidet der Bildschirmrand alle Bilder. Beispiele wie dieses dienen nur der Versinnbildlichung von Stereo-3D.*

### Rahmenverletzung

Objekte, die später vor der Wiedergabeebene liegen sollen, also in den Zuschauerraum hineintreten, dürfen nicht von den Bildkanten angeschnitten werden. Anders formuliert, soll ein solches Objekt nicht den Rahmen des Stereofensters verletzen. Das gilt nur für Objekte, die auf oder vor der Wiedergabeebene liegen. Für den Wahrnehmungsapparat ergibt es keinen Sinn, wenn ein Objekt von einem Rahmen beschnitten wird, obwohl es eigentlich davor liegt.

Vor und hinter der Nullebene gibt es an den Bildrändern kleine monokulare Bereiche, bedingt durch die dort auftretenden Disparitäten. In diesen Bereichen sind nur Bildpunkte von einem der beiden Teilbilder vorhanden. Bei positivem Versatz, also hinter dem Stereofenster stört das nicht. Die Wirkung ähnelt dem Herumsehen um ein Objekt beim natürlichen Sehen, bei dem Teile des verdeckten Raums auch nur mit einem Auge erkannt werden. Vor dem Stereofenster eines Bildes kann das natürlich nicht funktionieren, denn die Objekte liegen hier alle vor dem Bildrahmen und können nicht verdeckt werden. Alles, was hinter der Wiedergabeebene liegen wird, ist hingegen vor Rahmenverletzungen sicher. Kommen im Bild also Objekte vor, die vom Bildrahmen beschnitten werden, sollten diese in der Teilbildausrichtung möglichst auf oder hinter die Nullebene gelegt werden.

Es ist zwar stets von Vorteil, Rahmenverletzungen zu vermeiden, allerdings wird nicht gleich das ganze Bild zerstört, wenn sie doch einmal auftreten. Besonders fallen sie bei prägnanten Objekten und an den seitlichen Rändern auf. Flächen und unklare Strukturen sind hingegen weit weniger störend, besonders dann, wenn sie den Bildrand an der Unterseite verletzen. Rahmenverletzungen werden selbst von großen Hollywood-Produktionen bewusst in Kauf genommen, um insgesamt eine größere Tiefe darzustellen und gerade den Vordergrund eindrucksvoller wirken zu lassen. Selbst wenn das gesamte Bild über ein globales Schwebefenster weiter in den Zuschauerraum gezogen wird, liegen Flächen wie Wände oder der Boden oft noch vor dem Stereofenster. Nur die wenigsten Zuschauer bemerken das überhaupt.

Der Boden wird oft vor das Stereofenster geholt, ohne dass es stört. Dadurch lässt sich die Gesamttiefe erhöhen.

### Horopter

Auch beim natürlichen Sehen gibt es eine Nullebene. Diese wird Horopter genannt und hat eine gewölbte Form. Sie befindet sich an der Stelle, die von den Augen fixiert wird. Aufgrund der sukzessiven Sehweise des

Menschen, bei der die Augen die Umgebung unablässig abtasten, wechselt die Nullebene ständig ihre Lage, während sie bei einer stereoskopischen Wiedergabe stets die gleiche Entfernung behält. Das Gefühl, durch ein scheinbares Fenster zu schauen, wird beim natürlichen Sehen daher nicht empfunden. Näheres zum Horopter findet sich in den ersten beiden Kapiteln des Buchs.

### 6.2.8 Tiefenspielraum

Der Tiefenspielraum ist die maximal mögliche Tiefenausdehnung eines Stereo-3D-Systems. Sowohl Kameras, 3D-Kinos als auch Postproduktionsarbeitsplätze haben jeweils einen bestimmten Tiefenspielraum. Er bildet die Grenzen für den Bereich, der aufgenommen oder wiedergegeben werden kann.

### Anpassung

Das, was aufgenommen werden soll, also reale Objekte und Szenen, hat eine bestimmte räumliche Ausdehnung, einen sogenannten Tiefenumfang. Auch das nach der Aufzeichnung entstandene Bild hat einen bestimmten Tiefenumfang. Der Tiefenumfang bezeichnet immer die gesamte Tiefenausdehnung zwischen Fernpunkt und Nahpunkt, nicht die Tiefenausdehnung einzelner Bildbestandteile. Bei Stereo-3D geht es darum, den Tiefenumfang mit dem Tiefenspielraum in ein harmonisches Verhältnis zu bringen. Dafür gibt es zwei Möglichkeiten.

Der Tiefenspielraum ergibt sich aus der Konfiguration des Kamerasystems. Auch Wiedergabesysteme haben einen individuellen Tiefenspielraum.

**Methode 1**

Der Tiefenumfang wird an den Tiefenspielraum angepasst. Das geschieht beispielsweise, wenn stereoskopische Bilder für ein bestimmtes Wiedergabesystem optimiert werden. Im Filmbereich heißt dieser Prozess Maste-

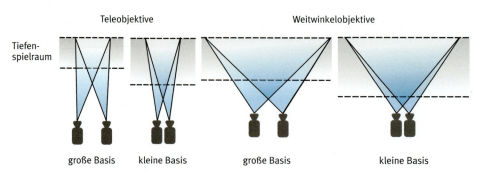

ring. Dabei wird das fertige Material am Ende des Postproduktionsprozesses an den Tiefenspielraum des Abspielsystems angepasst. Gleichzeitig berücksichtigt das Master auch die darstellbaren Farben, die Anfälligkeit für Geisterbilder und andere Besonderheiten des jeweiligen Systems.

**Verständnisbeispiel – Tiefenspielraum:** Jede 3D-Kamera und jedes 3D-Wiedergabesystem hat einen bestimmten Tiefenspielraum, also einen Bereich, in dem sich Bilder störungsfrei darstellen lassen. Der Tiefenspielraum ergibt sich aus maximalen und minimalen Disparitäten. Er kann in Prozent der Bildbreite oder in Pixeln angegeben werden. In der heutigen digitalen Welt ist natürlich Letzteres der Fall. Abhängig von der Auflösung des Bildes und der Ausrichtung der Kameras ergeben sich unterschiedliche Tiefenspielräume. Bei konvergierten Kameras ist dieser beispielsweise geringer als bei parallelen Kameras. Gemessen in Pixeln beträgt er bei HD-Formaten mehr als bei SD-Formaten. Wenn eine bestimmte Kamerakonfiguration einen Tiefenspielraum von 50 Pixel hat, die Differenz des Fern- und Nahpunkts der Aufnahme aber 40 Pixel groß ist, entsteht eine Reserve von 10 Pixeln. Bei deckungsgleichen Fernpunkten und einer Nahpunktdisparität von 70 Pixeln hat ein Bild einen Tiefenumfang von 70 Pixeln. Dieses Bild würde den Tiefenspielraum der Beispielkamera übersteigen.

## Methode 2

Es ist auch möglich, den Tiefenspielraum des Systems an die Vorlage anzupassen. Das ist zum Beispiel bei der Aufnahme der Fall, wenn die Kamera für die jeweilige Szene justiert wird. Dabei sollte der Tiefenspielraum nicht kleiner sein als der Tiefenumfang des Bildes, sondern eher etwas größer.

▶ *Der Tiefenumfang charakterisiert ein räumliches Bild. Der Tiefenspielraum charakterisiert das Aufnahme- oder Wiedergabesystem.*

## Messung

Der Tiefenspielraum und -umfang sind Größen, die eine Tiefenausdehnung beschreiben. Eine Tiefenausdehnung würde sich in Metern angeben lassen. Der Tiefenumfang ist die Ausdehnung zwischen Nah- und Fernpunkt, er könnte beispielsweise zehn Meter oder 100 Meter betragen. Eine solche Angabe muss aber immer in Relation gesehen werden. Wenn der Fernpunkt bei 100 Metern liegt und der Nahpunkt bei 50 Metern, ergibt sich der gleiche Tiefenum-

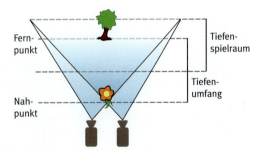

Der Tiefenumfang liegt nicht im Tiefenspielraum. Auch durch die Teilbildausrichtung ist dieses Bild nicht zu retten, da die Blume teilweise nur von einer Kamera erfasst wird (starke Rahmenverletzungen).

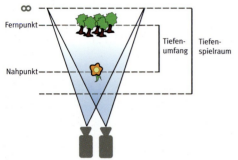 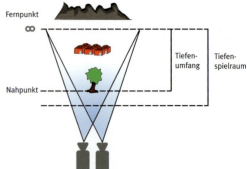

Der Tiefenumfang ist kleiner als der Tiefenspielraum. Der Raumeindruck ist nicht maximal, aber dafür besteht viel Flexibilität in der Postproduktion. Um den Raumeindruck zu vergrößern, kann der Tiefenspielraum reduziert werden (größere Basis, längere Brennweite, näher ran) oder der Tiefenumfang vergrößert werden (Nahobjekt näher an der Kamera).

Auch hier ist der Tiefenumfang kleiner als der Tiefenspielraum. Der Fernpunkt liegt hinter der Stereo-Unendlichkeit, daher sind die Berge nur 2D. Sie tragen nur bis zur Stereo-Unendlichkeit zum Tiefenumfang bei. Wenn ein Objekt vor dem Nahpunkt läge, wäre der Tiefenumfang größer. In der Realität ist wahrscheinlich viel Boden mit im Bild, der weit vor den Baum reicht und dann den Nahpunkt bildet.

fang wie bei einem Fernpunkt in 51 Meter Entfernung und einem Nahpunkt bei einem Meter. Wegen der nichtlinearen Ausdehnung der Tiefe ist eine solche Angabe also eher ungenau. Tiefenausdehnungen lassen sich daher besser in Pixeln messen, indem sie auf dem Bildschirm nachgemessen werden. Das Gute daran – Tiefenumfang und Tiefenspielraum lassen sich in Pixeln auch hervorragend miteinander vergleichen.

### Aufnahme

Jedes Aufnahmesystem hat einen Tiefenspielraum, der sich aus Parametern wie Brennweite, Stereobasis, Aufnahmeformat oder Distanzen ergibt. Dieser Tiefenspielraum muss groß genug sein, um den Tiefenumfang der Szene in sich aufzunehmen.

Motive, die den Tiefenspielraum des Aufnahmesystems überschreiten, führen entweder zu einer Divergenz, also überzogener Disparitäten der Fernpunkte, oder die Tiefe dehnt sich bis vor die Nullebene aus. Letzteres ist für den Betrachter wesentlich einfacher zu verkraften und wird in der Teilbildausrichtung bevorzugt angewendet. Stereo-3D-Bilder mit zu großem Tiefenumfang verletzen daher oft den Bildrahmen und Korrekturmöglichkeiten wie das Schwebefenster haben ihre Grenzen. Irgendwann sind die perspektivischen Unterschiede selbst für eine Korrektur zu groß.

### Praxisbeispiel – Tiefenspielraum der Kamera:

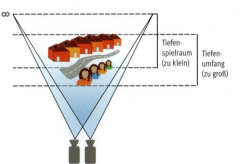
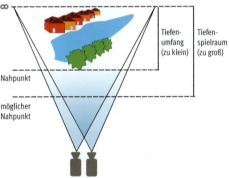

Zu gering: In diesem Beispiel reicht der Tiefenumfang des Bildes von der vordersten Figur bis zum hintersten Haus. Der Tiefenspielraum der Kamera war zu gering, um diese Aufnahme fehlerfrei machen zu können. Entweder hätte eine kürzere Brennweite gewählt werden müssen, eine kleinere Stereobasis oder ein größerer Abstand zum vordersten Objekt. Durch jeden dieser Punkte wäre der Tiefenspielraum der Kamera größer geworden.

Zu groß: Der Tiefenumfang des Bildes erstreckt sich vom vordersten Gebüsch bis zum Turm (die Wolken einmal vernachlässigt). Das ist ein wesentlich größerer Tiefenumfang als beim vorherigen Beispiel. Doch in diesem Fall ist der Tiefenspielraum der Kamera viel größer. Entweder hätte der Abstand verringert, die Brennweite verlängert oder die Stereobasis vergrößert werden müssen (was hier angebracht wäre, um die Perspektive zu erhalten). Durch jeden dieser Punkte wäre der Tiefenspielraum der Kamera kleiner geworden. So wirkt das Bild eher flach und ohne nennenswerte stereoskopische Tiefe.

Bei noch größeren Überschreitungen der Grenzwerte werden zu nah gelegene Objekte nur noch von einer Kamera gesehen.

Der Tiefenspielraum des Kamerasystems sollte allerdings auch nicht zu groß sein, denn dann wird viel Tiefe verschenkt und die aufgenommenen Objekte oder Bilder werden eher flach dargestellt.

### Wiedergabe

Bei Wiedergabesystemen gibt es ebenfalls technische Grenzen, also Tiefenspielräume, die aber in der Regel sehr groß sind. Der Tiefenspielraum reicht vom maximal möglichen Fernpunkt bis zum maximal möglichen Nahpunkt. Der Fernpunkt sollte eine Disparität haben, die den Augenabstand nicht wesentlich übertrifft (abhängig vom Betrachtungsabstand). Der Nahpunkt ergibt sich aus der Entfernung der Projektoren, der Lage der Bildebene und der Position des Betrachters.

### Verschiebung

Ist der Tiefenspielraum größer als der Tiefenumfang, kann das Bild während der Teilbildausrichtung in der Tiefe leicht verschoben werden. Damit lässt sich festlegen, in welchen Ebenen der Tiefe das Bild später liegen wird. Der eigentliche Tiefenumfang des Bildes sollte eine Ausdehnung von 90 Winkelminuten nicht überschreiten, da es sonst zu Visueller Überforderung kommen kann. Das sollte immer im Hinterkopf behalten werden, sowohl bei der Aufnahme, der Bearbeitung als auch bei der Wiedergabe. Daher ist es sehr wichtig, stets bestimmte maximale Disparitätswerte (beispielsweise in Prozent der Bildbreite) einzuhalten.

Die Wirkung der Tiefenkompression im Stereo-3D-Bild.

### 6.2.9 Stereofaktor

Das Verhältnis der vom Betrachter im Stereobild wahrgenommenen Raumtiefe zu der originalen am Aufnahmeort vorhandenen Raumtiefe wird Stereofaktor genannt. Der Stereofaktor ist maßstäblich, berücksichtigt also die Vergrößerung oder Verkleinerung des Bildes. Der Faktor selbst gibt Auskunft über die gleichmäßige Verzerrung der Tiefe, also deren Vergrößerung oder Verkleinerung im Bild.

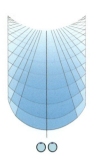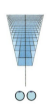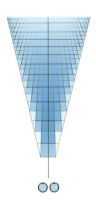

Die Ausdehnung der Tiefe kann sehr unterschiedlich verlaufen. Konvergenz führt zudem zur Krümmung der Tiefenebenen.

## Tiefenwiedergabe

Der Stereofaktor sagt aus, wie eine Quelltiefe in die Zieltiefe übertragen wird. Das kann sowohl das Verhältnis von der Realszene zur Aufnahme als auch von der Aufnahme zur Wiedergabe sein oder auch direkt von der Realszene zur Wiedergabe. Ein Wert von 100 Prozent (Faktor 1) entspricht der gleichen Tiefenwiedergabe in Bild und Original. Ist der Wert kleiner, handelt es sich um eine Kompression oder Stauchung, ist er größer, um eine Expansion oder Dehnung.

| | |
|---|---|
| SF > 1 | lineare Expansion / Dehnung der Tiefe |
| SF = 1 | Ortho-Stereo |
| SF < 1 | lineare Kompression / Stauchung der Tiefe |
| SF = 0 | monoskopisches Bild |

In der Praxis erfolgt die Veränderung der Tiefenausdehnung allerdings fast nie linear. Die Tiefe kann beispielsweise vor der Nullebene stark komprimiert sein und dahinter schwach oder genau umgekehrt. Ebenso kann die Tiefe vor und hinter der Nullebene stärker und schwächer expandieren. Seltener wird die Tiefe hinter der Nullebene gestreckt und davor gestaucht. Wie genau die Kurve der nichtlinearen Wiedergabe aussieht, wird aus dem Stereofaktor nicht erkennbar.

## Einflussgrößen

Der Stereofaktor hängt nicht nur von Aufnahmeparametern wie Basis, Konvergenz, Aufnahmeabstand oder Brennweite ab, sondern auch von der Bearbeitung und der Wiedergabe. Dabei haben vor allem die Teilbildausrichtung sowie die Projektionsgeometrie Einfluss auf den Stereofaktor. Auch der Betrachtungsabstand spielt eine wichtige Rolle. Alle diese Parameter beeinflussen die Wiedergabe des Originalraums im Bildraum, die dann gleichmäßig oder ungleichmäßig gestaucht oder gedehnt ist. Nur in bestimmten Fällen wird die Tiefe linear wiedergegeben. Dafür müssen alle Parameter so gewählt werden, dass am Ende die Fernpunkte in der

| Einflussgröße | Disparität | Tiefenwiedergabe | Wirkung |
| --- | --- | --- | --- |
| **Stereobasis** | | | |
| größer | größer | größer | Gigantismus |
| kleiner | kleiner | kleiner | Miniaturisierung/Modelleffekt |
| **Brennweite** | | | |
| länger | größer | größer/gedehnt | Kulisseneffekt stärker |
| kürzer | kleiner | kleiner/gestaucht | Kulisseneffekt schwächer |
| **Aufnahmeabstand** | | | |
| größer | kleiner | kleiner | Verflachung |
| kleiner | größer | größer | Plastizität |
| **Konvergenz** | | | |
| größer | kleiner | wandert nach vorn | Trapezverzerrungen und Höhenfehler |
| kleiner | größer | wandert nach hinten | weitgehend verzerrungsfrei |
| **Nullebene** | | | |
| weiter | vorn größer | im Zuschauerraum | Gefahr der Rahmenverletzung |
| näher | hinten größer | im Bildraum | Gefahr divergierender Fernpunkte |
| **Betrachtungsabstand** | | | |
| größer | kleiner | größer | distanzierter |
| kleiner | größer | kleiner | involvierter |

> **ℹ Stereofaktor**
>
> Der Stereofaktor ist gut vergleichbar mit dem EV-Wert eines Belichtungsmessers. Der ermittelte EV-Wert oder Blendenwert ist ein genaues Messergebnis, dennoch erkennt der Kameramann in der Regel bereits im Display beziehungsweise Sucher eine eventuelle Über- oder Unterbelichtung. Die Belichtung kann in gewissen Grenzen noch beim Schnitt geändert werden. Ähnlich verhält es sich mit dem Stereofaktor. Auch ohne Formeln erkennt das geübte Auge eine Expansion oder Kompression der Tiefe. Der Stereograf oder Kameramann kann die entsprechende Wirkung durch die gewählten Parameter meist schon im Vorfeld einschätzen.
>
> Da der Stereofaktor aber genau genommen nur für lineare Änderungen der Tiefe anwendbar ist, hat er in der Praxis eher hinweisgebenden Charakter. Dort kommen vorwiegend nichtlineare Tiefenänderungen vor.

Aufnahme mit den Fernpunkten in der Wiedergabe deckungsgleich sind. Mithilfe des Stereofaktors können dann genaue Aussagen über den Tiefenverlauf gemacht werden. Beträgt der Stereofaktor 100 %, ist die Wiedergabe orthostereoskopisch.

Die wichtigsten Faktoren, auf die bei der Stereo-3D-Produktion Einfluss genommen werden kann, sind in der Tabelle dargestellt. Es ist gut erkennbar, dass die Tiefenwiedergabe bei größer werdender Stereobasis, längerer Brennweite oder größerer Aufnahmedistanz entsprechend ansteigt. Durch die Konvergenz der Kameras wird die aufgenommene Tiefenausdehnung innerhalb der Bildtiefe verschoben. Mit dem Betrachtungsabstand wächst hingegen auch die empfundene Tiefenausdehnung. Bei doppeltem Abstand vervierfacht sich die Tiefe.

### Anwendung

Obwohl der Stereofaktor für die meisten Einsatzzwecke streng genommen nur theoretische Relevanz besitzt, ist er als Näherung dennoch nützlich, beispielsweise um den groben Tiefencharakter eines Bildes zu beschreiben. So wird erkennbar, ob dessen Tiefe stark komprimiert oder expandiert ist oder eher im Normalbereich liegt. Geht es um den genauen Verlauf der Tiefe, müsste eine Kurvendarstellung genutzt werden, ein einfacher Faktor reicht dafür nicht aus.

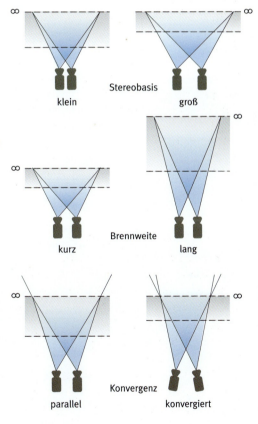

Die meisten Filme beinhalten sowohl Bilder, deren Tiefe komprimiert ist, als auch Bilder mit expandierter Tiefe. Der durchschnittliche Zuschauer nimmt das aber nicht bewusst wahr. Er adaptiert automatisch, passt seine Wahrnehmung also blitzschnell und ohne etwas davon zu bemerken der jeweiligen Situation an. Dem Gehirn bietet sich im Kino keine Vergleichsmöglichkeit mit dem Original. Auch Bilder mit langen oder kurzen Brennweiten empfindet der Betrachter nicht automatisch als unnormal. So ergeben selbst relativ starke Verzerrungen der Tiefe bei natürlichen Bildern kaum sichtbare Nachteile.

> **Das Wichtigste in Kürze – Kameraausrichtung:** Mit der Stereobasis wird die Tiefe des abzubildenden Raums bestimmt. Die Brennweite hat die gleiche Funktion wie in 2D, also ein Herein- oder Herauszoomen. Mit der Konvergenz wird die Lage der Objekte in der Tiefe festgelegt. Alle zusammen beeinflussen sich gegenseitig und in Abhängigkeit zur Aufnahmedistanz. Die jeweils optimalen Stereo-3D-Einstellungen werden immer aus diesen Parametern ermittelt.

**Zusammenfassung**  Die Ausrichtung der beiden Kameras ist ein zentraler Vorgang bei Aufnahmen in Stereo-3D. Die Hauptbedeutung kommt dabei der geometrischen Justierung zu. Hier spielen die Faktoren Stereobasis, Brennweite und Aufnahmedistanzen die Hauptrolle. Schon bei der Ausrichtung und Festlegung der genannten Faktoren sollte an das spätere Bild gedacht werden, denn der Variationsspielraum, der in der Postproduktion zur Verfügung steht, wird bereits beim Dreh zementiert. Konvergente Kameras reduzieren diesen Spielraum und beeinflussen die spätere Lage der Nullebene stark.

Damit die erfolgte Ausrichtung während der Aufnahmen stabil bleibt, ist eine feste mechanische Justierung nötig. Je kleiner die Kameras und die Bildsensoren sind, desto stärker wirken sich Ungenauigkeiten aus. Die Art der Wiedergabe des Originalraums lässt sich mathematisch mit dem Stereofaktor darstellen. Dieser hat vorwiegend informative Bedeutung.

## 6.3 Stereo-3D-Aufnahmeverfahren

Die Möglichkeit dreidimensionaler Fotografien entwickelte sich im 19. Jahrhundert ungefähr zeitgleich mit der Fotografie selbst. Im Lauf der Zeit wurde die Stereoskopie ein Teilgebiet der Fotografie. Sie hatte ihre Höhe- und Tiefpunkte und so gibt es aus einigen Epochen mehr und aus anderen weniger Stereo-Fotos. Auch nach der Erfindung des bewegten Bildes wurde die Stereoskopie sehr zügig implementiert. Schon die Brüder Lumière experimentierten um die Jahrhundertwende mit Stereo-3D. Aufgrund der besonderen Schwierigkeiten und mangelhafter Technik sowohl bei der Aufnahme als auch der Wiedergabe blieb der Stereo-3D-Film bis zu Beginn des dritten Jahrtausends nicht viel mehr als ein Spezialgebiet.

Wenn in der Vergangenheit ein neues Filmformat auf den Markt kam, wurde es immer auch mit Stereo-3D getestet. Alle gängigen Filmformate wie 8 mm, 16 mm, Super 16 und 35 mm kamen inzwischen für stereoskopische Produktionen zum Einsatz. Selbst im Super-35-Format wurde dreidimensional gedreht, in einer Qualität also, die nur noch vom 70-mm-Format mit IMAX 3D überboten wurde. Von der generellen Digitalisierung der modernen Systeme und Formate waren natürlich auch die Stereo-3D-Produktionen betroffen und genau genommen führte diese Digitalisierung sogar zu einem neuen Anlauf der stereoskopischen Filmproduktion.

Unabhängig davon, ob auf Film oder gleich digital gedreht wird – spätestens in der Postproduktion treffen sich beide Welten dank „Digital Intermediate" (DI) im Computer. Daher sind in erster Linie die modernen Digitalformate von Interesse, die gerade in der stereoskopischen Filmproduktion eine herausragende Rolle spielen.

▶ *Im Stereo-3D-Bereich wird mittlerweile fast ausschließlich digital gearbeitet.*

In diesem Kapitel geht es um die unterschiedlichen Verfahren der stereoskopischen Bildaufnahme und um die Bauformen stereoskopischer Kameras. Zur Montage und Justierung der beiden Kameras gibt es zwei grundsätzliche Prinzipien – beide Kameras nebeneinander (Side-by-Side) oder im 90°-Winkel (Spiegel). So werden die entsprechenden Kameragestelle auch in Side-by-Side-Rigs und Spiegel-Rigs unterteilt. Jede Bauweise bietet bestimmte Vor- aber auch Nachteile und dementsprechend sollten die Rigs je nach Erfordernis der Aufnahmesituation eingesetzt werden. Der mit Abstand größte Anteil aller Stereo-3D-Kameras basiert auf diesen beiden Prinzipien. In den ersten Abschnitten des Kapitels („Side-by-Side", „Kompaktkameras" und „Spiegel") wird die praktische Umsetzung dieser Methoden tiefgreifend erläutert.

Darüber hinaus existieren aber noch weitere Verfahren der stereoskopischen Aufnahme. Sie sind meist auf spezielle Zielstellungen hin entwickelt worden und selten universell einsetzbar. Mit diesen Prinzipien und Bauarten befassen sich die letzten Abschnitte des Kapitels. Unter anderem gibt es Systeme, die mit nur einer Kamera, also einer Perspektive arbeiten und die Tiefe über andere Wege erkennen (Tiefenscankameras). Damit soll die Arbeitsweise vereinfacht und ungewünschte Teilbildunterschiede reduziert werden. Seit den 1980er Jahren nutzen viele Stereo-3D-Kamerasysteme die Möglichkeit des Zeitmultiplexverfahrens, das sich durch die einfache Implementierung in das Zeilensprungverfahren bei PAL oder NTSC anbot. Andere Aufnahmeverfahren versuchen, die Grenzen einer normalen Stereo-3D-Kamera zu durchbrechen und Bewegungsparallaxen stereoskopisch nachzubilden, während normalerweise nur zwei feste Perspektiven existieren. Diese und weitere Methoden werden im letzten Teil des Kapitels unter „Sonstige Verfahren" beschrieben.

### Kurzübersicht Stereo-3D-Produktion

**Vorbereitung:** Eine stereoskopische Kamera kann als fertiges Produkt erworben oder auf die jeweiligen Bedürfnisse optimiert selbst gebaut werden. Zwei Kameras müssen miteinander kombiniert werden, um zwei leicht versetzte Perspektiven derselben Szene aufzunehmen. Die Kameras können in der klassischen Side-by-Side-Variante oder als Spiegel-Rig montiert sein.

**Aufnahme:** Die Justierung der Kameras ist neben der Abgleichung der Kameraeinstellungen der wichtigste Schritt. Zur Justierung können Faustregeln oder Formeln verwendet werden. Spezielle Stereorechnersoftware ermittelt die Einstellungen sogar automatisch. Stereografen wissen meist schon aus Erfahrung, welche Einstellungen gewählt werden müssen. Zur Kontrolle sollte eine Projektion oder ein Bildschirm in Stereo-3D verwendet werden. Die zu erwartende Raumwirkung kann aber auch schon anhand der Teilbilder abgeschätzt werden. Sind die Fernpunkte deckungsgleich, zeigen die Nahpunkte die Maximaldisparität und damit den Tiefenumfang des Bildes.

Bei deckungsgleichen Fernpunkten lässt sich die Maximaldisparität im Nahpunkt ablesen. Dabei kommt es zwar zu einer Bildrahmenverletzung, diese wird allerdings durch die Teilbildausrichtung beseitigt.

**Bearbeitung:** Neben Korrekturen, dem Schnitt und VFX geht es zum Schluss vor allem um die Ausrichtung der beiden Teilbilder, also eine Nachkonvergenz, mit der die Lage der Nullebene festgelegt wird. Hier wird entschieden, was vor, auf und hinter dem Stereofenster liegen soll. Nach Fertigstellung des Projekts werden verschiedene Master für die jeweiligen Wiedergabesysteme erstellt.

### 6.3.1 Side-by-Side

Die Side-by-Side-Anordnung ist sicherlich die am häufigsten eingesetzte Variante bei einer Stereo-3D-Produktion. Der Hauptgrund dafür ist die leichte Umsetzbarkeit – mit zwei Kameras und zwei Stativen kann es schon losgehen. Soll aber auch eine gute Qualität erreicht werden, sieht die Sache wieder anders aus. Dann ist ein Gestell zu verwenden, auf dem beide Kameras präzise zueinander justiert werden können. In den meisten Fällen sind solche Side-by-Side-Rigs Eigenanfertigungen, da eine Serienfertigung lange Zeit nicht rentabel war.

▶ *Ein Hauptmerkmal von Side-by-Side-Rigs ist der Mindestabstand der Kameras zueinander. Er ist von der Baubreite der Kameras und Objektive abhängig.*

#### Funktionsweise

Ein Side-by-Side-Rig besteht im Wesentlichen aus einer Leiste oder Platte, auf der die Kameras fest justiert sind und dann zueinander verschoben werden können. So ist eine Basisverstellung möglich. Üblicherweise ist auch eine Möglichkeit zur konvergenten Ausrichtung vorgesehen. Je nach Ausgestaltung des Side-by-Side-Rigs können noch zahlreiche Funktionen wie Feintriebe, Anzeigegeräte oder eine Motorsteuerung integriert werden. Es gibt Rigs, die mit einer programmierbaren Steuerung ausgestattet sind und ein festgelegtes Setting wie bei Motion-Control immer wieder akkurat abfahren können. Das ermöglicht eine sauber nachgeführte Stereobasis und Konvergenzverstellung bei der Aufnahme.

◀ *Salvator Alaimo und Yves Pupulin mit außergewöhnlich kleinem Side-by-Side-Rig von Binocle.*

▶ *Das Funktionsprinzip von Side-by-Side-Kameras ist sehr einfach.*

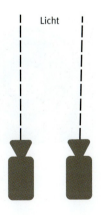

### Ausgestaltung

Anfänglich wurden für stereoskopische Aufnahmen zwei separate Kameras nebeneinandergestellt. Später entwickelte sich die Idee, die beiden Geräte auf ein gemeinsames Gestell zu montieren. Dadurch lassen sind viele Justierungen besser durchführen und es müssen nicht zwei separate Stative mitgeführt und aufgebaut werden. Auch eine bewegte Kameraführung wird dadurch ermöglicht.

### Großbasis

In bestimmten Situationen werden aber auch heute noch separate Kameras verwendet, die nicht miteinander verbunden sind. Solche Situationen finden sich vor allem bei Großbasisaufnahmen im Bereich mehrerer Meter. Verstellmöglichkeiten wie Schwenks oder Kamerabewegungen sind dann nicht ohne weiteres möglich.

### Normalbasis

Für eine hohe Abbildungsqualität und Lichtstärke sind Objektive einer bestimmten Größe notwendig. Auch Kameras benötigen eine gewisse Ausdehnung, wenn hochwertige Komponenten darin Platz finden sollen, wobei dies durch die Miniaturisierung heute nicht mehr so gilt wie noch vor einigen Jahren. Die Größe der Kameras und der Durchmesser der Objektive sind die bestimmenden Größen für die kleinste erreichbare Stereobasis auf einem Side-by-Side-Rig.

Auch mit modernen Kameras ist eine Basis im Normalbereich (6,5 Zentimeter) kaum zu erreichen. Nur mit kleinen Kameramodulen und Miniaturkameras lässt sich eine solche oder sogar noch kleinere Stereobasis erzielen.

Die Mindestbasis ergibt sich aus dem Durchmesser der Objektive.

Mit bestimmten Consumerkameras lässt sich Side-by-Side sogar eine Stereobasis im unteren Normalbereich erreichen.

Aufgrund ihrer kompakten Bauweise ermöglichen sie nicht nur geringe Basisweiten, sondern auch eine gute Arretierbarkeit. Modulkameras stehen inzwischen auch in Full-HD- und 2K-Auflösungen zur Verfügung. Sie haben entweder eine fest integrierte Optik oder bieten eine Anschlussmöglichkeit verschiedener Objektive über C-Mount oder PL-Mount. Dafür existieren auch sehr kleine Objektive hoher Güte, die hier genutzt werden können, um Basisweiten sogar unter dem Augenabstand zu erreichen.

### Consumer-Technik
Je nach Budget und Zielstellung ist auch die Verwendung von Consumer-Kameras denkbar. Aufgrund der vergleichsweise geringen Größe der Objektive sind kleine, kompakte Bauweisen möglich und damit auch kleine Basisweiten im Side-by-Side-Betrieb. Mit einigen Modellen lässt sich sogar eine Stereobasis im Bereich des Augenabstandes erzielen.

### Side-by-Side kompakt
Es gibt Konstruktionen, bei denen zwei Kameras von ihren Gehäusen befreit und in ein gemeinsames Gehäuse verbaut werden. Dabei ist das Side-by-Side-Rig sozusagen in das Gehäuse integriert und es entsteht eine kompakte Stereo-3D-Kamera. So lässt sich der Abstand zwischen den Kameras noch einmal reduzieren. Letztlich wird aber der Objektivdurchmesser immer eine begrenzende Größe darstellen, die in den meisten Fällen über dem Augenabstand liegt. Populäre Beispiele für solche Kompaktkameras sind neben den klassischen 70mm-IMAX-3D-Kameras auch die 3DVX von 21st Century und die AG-3DA1 von Panasonic. Das folgende Kapitel „Kompaktkameras" beschäftigt sich näher mit dieser Bauart.

### Einsatzgebiet

Das Grundproblem von Side-by-Side-Rigs ist die beschränkte Minimalbasis. Gerade für große Kameras ist ein solches Rig daher nur in bestimmten Situationen geeignet, in denen die Verwendung einer größeren Stereobasis möglich ist. Der Haupteinsatzzweck einer Side-by-Side-Anordnung liegt daher vor allem bei Landschaftsbildern, Weitwinkelaufnahmen, Übersichtstotalen, Großbasisaufnahmen und generell bei Bildern mit einem weiter entferntem Nahpunkt.

Da ein Side-by-Side-Rig immer kleiner gebaut werden kann als ein Spiegel-Rig mit gleichen Kameras, wird es eingesetzt, wenn klein und flexibel gearbeitet werden muss und der Platz für ein Spiegel-Rig nicht vorhanden ist. Die meisten Stereo-3D-Produktionen verfügen daher mindestens über ein Side-by-Side-Rig und ein Spiegel-Rig. So kann die jeweilige optimale Konfiguration erstellt werden. Generell wird Side-by-Side aufgrund der geringeren Kosten bei Filmprojekten eingesetzt, die den finanziellen Aufwand für ein Spiegel-Rig nicht betreiben können.

### Markt

Heute existiert eine große Anzahl an Side-by-Side-Rigs. Viele Anwender bauen sich die entsprechende Schiene selbst oder lassen sie von einem Mechaniker bauen. Darüber hinaus gibt es zahlreiche professionelle Lösungen mit diversen Extras.

Side-by-Side ist das einfachste und älteste Verfahren zur stereoskopischen Bildaufnahme. Schon die ersten bewegten Stereo-3D-Bilder (von den Brüdern Lumière) wurden nach diesem Verfahren angefertigt. Auch später entstand eine ganze Reihe stereoskopischer Filme auf diese Weise. Im Lauf der Zeit wurden dafür viele maßgeschneiderte Rigs gebaut. Als die ersten elektronischen Kameras auf den Markt kamen, gab es ebenfalls Experimente mit Stereo-3D und aufwändige Side-by-Side-Rigs wurden angefertigt. So entstanden in den 1980er Jahren einige Stereo-3D-Versuchssendungen des NDR in Zusammenarbeit mit Philips. Auch in Japan und den USA wurden 3D-Rigs schon früh für Tests mit E-Kameras verwendet.

Zwei Sony PMW-EX3 im Side-by-Side-Betrieb auf einem Jib-Arm.

Professionelle Side-by-Side-Rigs werden inzwischen international von mehreren Herstellern angeboten. Fast jede Firma, die sich mit der Herstellung von 3D-Rigs befasst, hat neben Spiegel-Rigs auch Side-by-Side-Rigs im Repertoire. Einige davon sind für große Kameras konstruiert, meist zielen sie jedoch auf die Verwendung mit kleinen Modulkame-

### i Auto-Stereo-Kamera

Bei schnellen Shootings, Dokumentationen oder Reportagen sind Kameras von Vorteil, bei denen die Programmierung bei der Verstellung eines Parameters die korrelierenden Parameter selbstständig mitführt. Im Beispiel der Schärfenänderung würde die Elektronik dann auch die Konvergenz und Basisweite an die neuen Gegebenheiten anpassen. Über die Stereobasis könnte die Tiefeneinstellung wie bei einem Lautstärkeregler geregelt werden. Solche Auto-Stereo-Kameras wären äußerst flexibel. Als Schulterkamera eingesetzt könnte damit sogar dynamisch auf unvorhersehbare Situationen reagiert werden.

ras ab, damit auch Basisweiten im Normalbereich angewandt werden können. Auch das in Deutschland gebaute und von der amerikanischen Firma 3ality Digital vertriebene TS-3 ist ein solches Rig. Darauf angebrachte Kameras lassen sich auf einer Karbonschiene hinsichtlich aller Parameter präzise steuern. Neben Kameraeinstellungen wie Schärfe und Brennweite können auch die Stereobasis oder die Konvergenz elektronisch justiert werden. Inzwischen gibt es eine ganze Reihe an Side-by-Side-Rigs aus europäischer Fertigung, die sich international etabliert haben.

### 6.3.2 Kompaktkameras

Anders als auf Side-by-Side-Rigs, bei denen zwei separate Kameras eingesetzt werden, bestehen Stereo-3D-Kompaktkameras nur aus einem Gehäuse. Manche Modelle sind aus zwei ursprünglich getrennten Kameras zusammengesetzt, aber einige Kompaktkameras sind auch von Grund auf als solche konzipiert worden. In diesen Geräten kommen nur diejenigen Bauteile doppelt vor, die für Stereo-3D auch zweifach benötigt werden, hauptsächlich also zwei Objektive und zwei Bildsensoren.

Panasonic bietet ein ganzes Stereo-3D-Sortiment an. Dazu gehört auch der Camcorder AG-3DA1.

### Arbeitsweise

Das Ziel der Kompaktkameras ist, dass der Benutzer seine gewohnte Arbeitsweise beibehalten kann. Sie sind schnell und flexibel einsetzbar. Das ist allerdings auch mit Einschränkungen verbunden. Die Steuerung der Tiefenabbildung wird bei Stereo-3D zu einem nicht unwesentlichen Teil über die Stereobasis realisiert. Diese Funktion kann bei Kompaktkameras nur sehr eingeschränkt oder gar nicht zur Verfügung stehen. Dem Kameramann bleiben noch die Brennweite und die Distanz zur Anpassung der Kamera an die örtlichen Gegebenheiten. Einschränkungen gelten auch hinsichtlich der Konvergenz. Häufig sind stereoskopische Kompaktkameras mit einer festen Parallelstellung montiert. Mit fester Konvergenz und Stereobasis im Normalbereich bilden Kompaktkameras den Raum ähnlich ab, wie er beim natürlichen Sehen empfunden wird. Entfernte Dinge werden analog der natürlichen Wahrnehmung zunehmend monoskopisch und eher durch Verdeckung und Bewegungsparallaxe in der Tiefe eingeordnet. Der stereoskopische Bereich beschränkt sich auf eine Distanz von bis zu zwanzig Metern.

### Einsatzgebiet

Für viele Situationen ist eine solche Reduzierung der Parameter vollkommen ausreichend, zumal die Zielgruppe dieser Kamerarekorder auch weniger im professionellen Bereich liegt. Durch den reduzierten Bedienungsumfang erhöht sich die Benutzerfreundlichkeit, für den Videoamateur ein wichtiger Punkt. Da solche Kompaktgeräte in sich stimmig und alle Komponenten aufeinander zugeschnitten sind, entfällt der Aufwand der Justierung und Bastelei, der bei Rigs und separaten Kameras in der Regel nötig ist.

Doch auch im professionellen Segment und hier vor allem im News- und EB-Bereich ist langfristig mit stereoskopischen Kompaktkameras zu rechnen, die auf ihren jeweiligen Einsatzzweck optimiert sind. Aufwändige Klein- oder Großbasisaufnahmen sind in EB-Produktionen, im Studiobereich oder bei Dokumentationen eher unwahrscheinlich. Meist werden Personen oder Dinge im normalen Größen- und Entfernungsbereich gefilmt. Ist es jedoch erforderlich, stereoskopische Makro- oder Fernaufnahmen zu machen, muss dafür eine andere Kamera oder ein anderes Verfahren herangezogen werden. Dabei wird der Aufwand aber nicht immer dem Nutzen gerecht. Möglicherweise kann bei solchen Bildern auch auf spektakuläres Stereo-3D verzichtet werden.

### Markt

Die Entwicklung stereoskopischer Kompaktkameras begann schon vor vielen Jahren. Anfangs wurde das Zeitsequenzverfahren eingesetzt, da es sich gut mit dem verbreiteten Zeilensprungverfahren aufzeichnen und

---

**i | Fix-Stereo-Kamera**

Für unkundige Benutzer besteht der einfachste und sicherste Weg zu guten Stereo-3D-Aufnahmen in der Verwendung einer Fix-Stereo-Kamera. Dabei wird auf die Möglichkeit der Basis-, Konvergenz- und Brennweitenverstellung verzichtet und lediglich über den Aufnahmeabstand gearbeitet. Der Anwender erfährt aus der Bedienungsanleitung, welchen Mindestabstand er halten muss, um gute Bilder zu erhalten und muss nichts weiter beachten. Da es mit der Aufnahmedistanz nur einen Parameter gibt, ist der jeweilige Tiefenumfang der Szene leicht in den festen Tiefenspielraum der Kamera zu legen. Eine Fix-Stereo-Kamera hat aufgrund der festen Parameter einen fest definierten Tiefenspielraum, wie es sich bei Fix-Fokus-Kameras mit der Schärfentiefe verhält. Fix-Stereo-Kameras werden bislang von keinem Hersteller angeboten. Ihre Entwicklung wird vermutlich mit der Markteinführung von Consumer-Stereo-3D-Geräten einhergehen.

übertragen ließ. Die Bildqualität war entsprechend reduziert, weil zwei Signale über den ohnehin sehr begrenzten Signalweg des PAL-Verfahrens übertragen werden mussten. Meist wurden handelsübliche, monoskopische Kameras verwendet und spezielle Stereo-3D-Vorsätze aufgeschraubt. Diese spiegelten die beiden Perspektiven in das Kameraobjektiv.

Analoge Stereo-3D-Kamera Ikegami LK-33

Die erste professionelle Stereo-3D-Kompaktkamera auf Videobasis wurde 1989 von Ikegami entwickelt und unter dem Namen LK-33 auf den Markt gebracht. Es handelte sich dabei um eine grundsätzlich neu konstruierte stereoskopische SD-Kamera und nicht um zwei Kameras in einem Gehäuse. Es wurden zwei gekoppelte Zehnfach-Zoomobjektive verwendet, deren Konvergenzverstellung an die Schärfe gebunden ist. Wegen mangelnder Nachfrage wurde sie in den 1990er Jahren wieder aus dem Programm genommen. Zu dieser Zeit wurde von Toshiba versucht, einen stereoskopischen Camcorder nach dem Zeitsequenzverfahren zu etablieren, der sich an Consumer richten sollte. Allerdings stieß die VHS-Kamera trotz der kleinen Auflage von 500 Stück nur auf zaghaftes Interesse seitens der Käufer, da seinerzeit kein großer Markt für Stereo-3D bestand. Mit der Digitalisierung der Videotechnik kam es erneut zur Konstruktion stereoskopischer Side-by-Side-Kameras, die aber hauptsächlich auf vorhandenen Videokameras basierten. Beispiele sind die SolidCam-Kameras von 3D Magic oder die 3DVX-Kamera von 21st Century 3D. Bei der 3DVX haben die Hersteller den optischen Bildstabilisator zu einer Art Shiftsensor umfunktioniert, sodass mit dieser Kamera sogar Konvergenz ohne störende Bildverzerrungen möglich wird. Sie basiert auf zwei Panasonic DVX100. Eine von Grund auf kompakte Stereo-3D-Kamera mit Doppelobjektiv ist die AG-3DA1 von Panasonic. Sie speichert die Bilddaten in Full HD mit dem AVCHD-Codec auf SD-Karten. Auch das deutlich ältere Kompaktsystem „Fusion" zeichnet in Full HD auf. Aufgrund des besseren Aufzeichnungsformats und der hochwertigen Objektive erreicht es eine ausgezeichnete Bildqualität. Das Fusion-System ist eine Kamera, die von Vince Pace für die Zusammenarbeit mit James Cameron entwickelt wurde. Sie basiert auf zwei CineAlta-Kameras von Sony im hochauflösenden Format HDCAM und ist in der Lage, die Basis und Konvergenz dynamisch zu verändern.

Die 3DVX basiert auf zwei Consumerkameras von Panasonic.

Eine der ältesten Kompaktkameras ist die IMAX-3D-Kamera. Sie ist ein in sich abgestimmtes und nach außen abgegrenztes System, in dessen

Inneren zwei 70mm-Filmstreifen gleichzeitig belichtet werden. So kommen die beträchtliche Größe und das hohe Gewicht zustande. Filme in Stereo-3D werden heute ausschließlich digital bearbeitet und in den allermeisten Fällen auch digital vorgeführt. Filmaufnahmen werden daher nur noch erstellt, um anschließend in hoher Auflösung abgetastet zu werden.

Als kleinere Alternative zur IMAX-Kamera wurde in jüngster Vergangenheit mit der Gemini eine 3D-Kamera auf der Basis von 35mm-Film entwickelt. Diese kompakte Kamera mit fester Stereobasis und Lensshift statt Konvergenz wird vielleicht eine der letzten Stereo-3D-Kameras auf Filmbasis sein.

Gemini 35mm Stereo-3D Filmkamera

### 6.3.3 Spiegel

Besonders kleine Basisweiten sind mit Side-by-Side-Kameras nicht realisierbar. Aufgrund der Größe und Breite der meisten Kameras ist selbst eine Normalbasis nur mit ganz wenigen Geräten möglich.

▶ Ein Hauptmerkmal von Spiegel-Rigs ist der Maximalabstand der Kameras zueinander. Er ist abhängig von der Baubreite des Spiegels.

**Funktionsweise**

Spiegel werden schon lange in diversen Konstruktionen und Verfahren eingesetzt, um die beiden Teilbilder auf die jeweilige Kamera zu lenken. Dabei gibt es Varianten, bei denen die beiden Bilder auf eine Kamera gespiegelt werden, welche die beiden Teilbilder zeitsequentiell, nebeneinander oder untereinander aufnimmt.

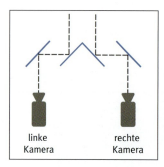
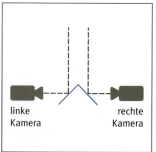
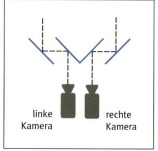

Verschiedene Varianten, die Teilbilder mit Spiegeln zu lenken

Auf der anderen Seite lassen sich Spiegel auch mit zwei getrennten Kameras einsetzen. Sind diese beweglich, kann die Stereobasis dynamisch verändert werden. In der Praxis haben sich jedoch Konstruktionen durchgesetzt, die halbdurchlässige Spiegel verwenden. Die Kameras sind dabei rechtwinklig zueinander angeordnet. Durch den halbdurchlässigen Spiegel wird ein Teil des Lichts zur dahinter liegenden Kamera durchgelassen und der andere Teil des Lichts zur zweiten Kamera gespiegelt.

### Besonderheiten

Nachteilig sind bei einem Spiegel-Rig vor allen Dingen die Größe, das Gewicht und die Sperrigkeit sowie der Lichtverlust, das gespiegelte Bild und die Anfälligkeit für Beschädigungen. Dafür ermöglichen Spiegel-Rigs flexible Basisweiten von Null Zentimetern aufwärts. Gerade bei großen, professionellen Kameras und Objektiven kommen diese Rigs zum Einsatz. Im Side-by-Side-Betrieb wäre die Stereobasis für die meisten Anwendungen nicht klein genug.

### Lichtverlust

Spiegel-Rigs haben einen systembedingten Lichtverlust von etwa ein bis zwei Blenden, weil sich das Licht durch den halbdurchlässigen Spiegel auf zwei Bilder aufteilt. Zusätzlich entsteht noch ein kleinerer Verlust durch das Spiegelglas selbst.

### Anfälligkeit

Eine weitere Besonderheit ist die große Anfälligkeit gegenüber Staub, besonders bei Spiegeln, die schräg nach oben geneigt sind. Je größer der

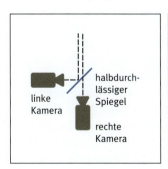

Aufbau eines Standard-Spiegel-Rigs

Robustes Spiegel-Rig für Filmkameras: wurde als eines der ersten Rigs dieser Art für die Firma Iwerks gebaut.

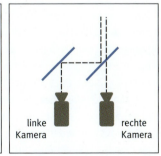

Bei dieser Methode wäre das Bild richtig herum und die Kameras könnten nebeneinanderstehen. Dafür ist der Strahlengang unterschiedlich lang.

▶ *Spiegel-Rigs sind in erster Linie große Staubfänger, doch für professionelles Stereo-3D unentbehrlich.*

Spiegel desto größer die Gefahr, dass sich kleine Fusseln oder Partikel auf die Oberfläche legen. Daher sollte der Spiegel ständig kontrolliert und gegebenenfalls mit etwas Druckluft oder einem kleinen Blasebalg gereinigt werden. Kratzer und andere Beschädigungen können das Bild beeinträchtigen.

### Spiegelbild

Bei Rigs mit einem halbdurchlässigen Spiegel kommt es zwangsläufig dazu, dass ein Teilbild richtig herum und das andere spiegelverkehrt ist. Dieses muss im Anschluss oder in der Postproduktion wieder gespiegelt werden, damit beide Bilder zueinander passen. Die Art dieser Rückspiegelung unterscheidet sich zwischen den Spiegel-Rigs, je nach Anordnung der Kameras zum Spiegel.

### Sperrigkeit

Mit zwei kompletten Kameras, der Steuerung, Synchronisation und Vorschaumonitoren ausgestattet, bringen Spiegel-Rigs nicht nur ein hohes Gewicht auf die Waage, sondern sind auch extrem sperrig und unhandlich. Daher ist es auch bei solchen Gestellen vorteilhaft, wenn kleine Modulkameras eingesetzt werden können. Mit Festbrennweiten kombiniert lässt sich das Gewicht bei immer noch sehr guter Abbildungsqualität weiter verringern.

---

**i** Spiegel-Rigs und Rolling Shutter

Derzeit zeichnet sich der Trend ab, bei Bildsensoren CMOS statt CCD zu verwenden. Und das nicht nur im Consumer-Segment, sondern auch bei teuren professionellen Digital-Cinema-Kameras mit Single-Chip. Als besonderer Nachteil von CMOS gilt neben dem höheren Farbrauschen und dem Bayerpattern vor allem der Rolling-Shutter-Effekt. Die ersten beiden Probleme lassen sich mit Denoising und Debayering reduzieren. Der Rolling-Shutter ist hingegen schwierig zu handhaben, zumal er in verschiedenen Auswirkungen auftritt. Bei Spiegel-Rigs kann sich dadurch noch ein weiteres Problem ergeben. Schaut eine Kamera bauartbedingt von oben auf den Spiegel, erscheint das Bild vertikal (um die horizontale Achse) gedreht. Ein eventuell auftretender Rolling-Shutter beginnt dann zeilenweise von der unteren Bildseite, aber bei der anderen Kamera gleichzeitig von oben. Sie laufen also entgegengesetzt. Sehr schnelle Bewegungen oder Vibrationen müssen bei solchen Spiegel-Rigs unbedingt vermieden werden, denn der entstehende Rolling-Shutter-Effekt ist kaum korrigierbar. Bei Spiegel-Rigs, auf denen die zweite Kamera jedoch von unten kommt, besteht das Problem nicht. Das Bild ist dann horizontal gedreht (also um die Vertikalachse). Demzufolge beginnt der Rolling-Shutter dann in beiden Teilbildern in der ersten oberen Zeile.

Eine andere Möglichkeit, die Sperrigkeit zu reduzieren, wäre die Anbringung eines weiteren Spiegels, der das ausgespiegelte Bild nach hinten wirft. Dadurch könnten beide Kameras wie bei einem Side-by-Side-Rig nebeneinander angebracht werden und beide Bilder wären seitenrichtig. Der Nachteil dieser Bauweise ist aber die starke Einschränkung hinsichtlich der Ausrichtung und die unterschiedliche Wegstrecke des Lichts. Dadurch müsste die direkte Kamera rückwärtig verschoben werden, wodurch die Größe des Systems wieder zunimmt. Alternativ könnte der Ausgleich durch unterschiedliche Brennweiten erfolgen, wodurch aber auch unterschiedliche Schärfentiefen entstehen würden.

## Stabilität

Trotz guter Verarbeitung ist die Stabilität oft nicht gut genug. Die teils schweren und großen Kameras haben durch die ungewöhnliche Position (beispielsweise vertikal stehend) einen ungünstigen Schwerpunkt. Für eine präzise Justierung ist hohe Stabilität aber notwendig. Geringfügiges Schwanken, das durch das hohe Gewicht und die Hebelwirkung auftreten kann, führt schnell zu problematischen Unterschieden zwischen beiden Teilbildern. Selbst bei Aluminium und Karbonfasern können solche Schwankungen auftreten. Daher ist es kein Wunder, dass viele Rigs besonders massiv gebaut werden. Die Balance zwischen einer leichten, handlichen Bauweise und extrem hoher Stabilität ist eine der größten Herausforderungen bei der Konstruktion eines Spiegel-Rigs.

## Farbabweichungen

Durch den Spiegel kann es in den beiden Teilbildern zu leichten Farbunterschieden kommen. Die Verfälschung betrifft vor allem die Kamera, die das gespiegelte Bild erhält. Solche Farbabweichungen sind nicht zwangsläufig linear, sondern können je nach Winkel zum Spiegel durchaus über das Bild verteilt mit unterschiedlicher Stärke auftreten. Je nach Coating des Spiegels kann es auch zu Polarisationseffekten kommen, die den beiden Teilbildern eine etwas unterschiedliche Bildwirkung verleihen. Solche Verfälschungen lassen sich nur schwer korrigieren.

Eine kleine Stereobasis mit großen Objektiven ist bei Bewegtbildern nur durch Spiegel-Rigs zu erreichen.

### Justierung

Beide Kameras sollten sehr genau zum Spiegel ausgerichtet werden. Für eine Parallelstellung der optischen Achsen müssen sie genau im 45°-Winkel zum Spiegel stehen. Sind sie leicht zueinander verdreht oder ist der Spiegel nicht absolut gerade justiert, decken sich die Bilder der beiden Kameras nicht exakt. Professionelle Spiegel-Rigs erfüllen die Vorgabe, bei Eigenbauten ist besonders auf die entsprechende Präzision zu achten.

### Layout

▶ *Kommt die zweite Kamera von oben, erscheint sie um die horizontale Achse gedreht, kommt sie von unten ist das Bild um die vertikale Achse gedreht.*

Es gibt mehrere Möglichkeiten der Kameraanordnung. Die Kamera, die durch den Spiegel hindurch sieht, zeigt vom Kameramann in Richtung Motiv. Die gespiegelte Kamera kann prinzipiell von oben, von unten oder auch von der Seite kommen, was aus Gleichgewichtsgründen selten gemacht wird. Bei einer seitlichen Kamera müsste der Spiegel außerdem nochmals deutlich größer sein als ohnehin schon. In der Praxis finden sich dagegen die beiden anderen Layouts. Meist wird bei Spiegel-Rigs für den Stativbetrieb die zweite Kamera von oben installiert, damit sie bei Schwenks nicht am Stativ stört. Von unten wird die zweite Kamera vorwiegend bei festen Installationen wie einem Schwebesystem angebracht. Dadurch entsteht auch eine bessere Statik und das Rig muss nicht so massiv gebaut werden.

### Spiegeljustierung

Im Prinzip lässt sich der Spiegel auch zur Bildjustierung verwenden, ohne dass die teilweise recht schweren und aufwändig arretierten Kameras bewegt werden müssen. Das würde erfordern, dass der Spiegel selbst beweglich gelagert ist. Wenn die gespiegelte Kamera von der Seite kommt, führt eine Winkeländerung des Spiegels zur Konvergenzänderung.

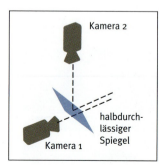 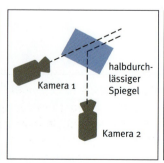 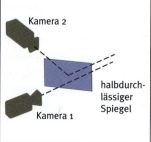

Spiegel-Rigs mit Strahlenteiler lassen sich in drei verschiedene Layouts unterteilen. Die erste Version wird am häufigsten verwendet, die zweite Version kommt oft an Steadicams vor. Äußerst selten ist die dritte Version.

Das SwissRIG von Robert Hedinger ist eines der ersten Stereo-3D-Rigs bei dem die zweite Kamera konsequent von unten montiert wird. Hier ist es im Einsatz bei einem Ajax-PSV-Spiel.

Ein BX3-Spiegelrig von 21st Century mit RED One und Zoomobjektiven bestückt. Stereobasis und Konvergenz lassen sich manuell oder motorisiert an der Horizontalkamera justieren. Vertikal wird die Kameraausrichtung vorgenommen.

Ist die zweite Kamera stattdessen oben oder unten angebracht, kann der Spiegel zur Höhenanpassung genutzt werden. Allerdings gibt es dabei zwei Größen – die reine Höhe und die Neigung. Sie lassen sich mit dem Spiegel nicht separat verstellen. Deshalb wird meist gänzlich darauf verzichtet und der Spiegel selbst bleibt fest im 45°-Winkel zu jeder Kamera. Nur in exakt dieser Position sind auch die Lichtausbeute und Abbildungsqualität optimal. Werden stattdessen die Kameras zum feststehenden Spiegel justiert, sind wesentlich genauere und bessere Ergebnisse möglich.

An den meisten Spiegel-Rigs lässt sich die Kamerabasis oder der Konvergenzwinkel an nur einer Kamera einstellen, während die andere Kamera fest steht. Dadurch wird die Bedienung erheblich erleichtert. Eine genaue Größenanpassung der beiden Teilbilder kann durch den Abstand der Kameras zum Spiegel erreicht werden.

**Motorsteuerung**
Die meisten 3D-Rigs werden manuell bedient. Bei einigen Rigs, sowohl Side-by-Side als auch Spiegel, gibt es die Möglichkeit, Motoren an den Wellen anzubringen. So lassen sich Stereobasis und/oder Konvergenz fernsteuern und im laufenden Bild nachführen. Über eine programmierbare Steuereinheit kann dann ein festgelegtes Setting aus dem Speicher heraus schnell abgefahren werden kann. In seltenen Fällen ist es über eine Motorsteuerung sogar möglich, Seiten- und Höhenkorrekturen dynamisch anzupassen. Solch ein System kann zur Kompensation von Objektivunter-

schieden bei Zoomfahrten eingesetzt werden. Ein Rig, welches all diese Funktionen vereint, ist aber nur mit relativ großem Aufwand und für einen hohen Preis zu realisieren. Aufgrund der komplexen Mechanismen und Verschaltung ist die Fehleranfälligkeit höher als bei einem einfachen manuellen Rig.

## Objektive

Durch die besondere Bauweise eines Spiegel-Rigs und aufgrund des Spiegels selbst gibt es im Zusammenhang mit Objektiven einige Besonderheiten zu beachten.

### Innenfokussierung
Objektive, die mit Spiegel-Rigs verwendet werden, sollten innenfokussiert sein, damit sich die Länge bei der Schärfenänderung nicht mitändert. Wenn das Objektiv sehr nah am Spiegel liegt, könnte eine solche Längenänderung zu Beschädigungen führen. Die meisten modernen Objektive verfügen über eine Innenfokussierung. Sie tragen dann meist den Zusatz IF in ihrer Bezeichnung.

### Zoom
Spiegel-Rigs werden häufig mit Zoomobjektiven bestückt. Der Grund liegt weniger darin, dass damit Zoomfahrten gemacht werden sollen, sondern einfach in der erhöhten Flexibilität. Der häufige Objektivwechsel bei Festbrennweiten lässt sich durch Zoomobjektive vermeiden. Solche Wechsel sind zeitaufwändig und erfordern stets eine neue Justierung der optischen Achsen und der Bildausschnitte.

### Festbrennweiten
Die Nutzung von Festbrennweiten (Primes) empfiehlt sich vor allem aus qualitativer Sicht und wegen des Gewichts und der Baugröße. Sind Primes vorgesehen, sollten im Drehplan, soweit möglich, alle Bilder mit gleichen Brennweiten in Blöcke zusammengefasst werden. Das spart viel Zeit beim Umbau.

### Weitwinkel
Die Objektive der Kameras müssen jedoch so nah wie möglich an den Spiegel herankommen, um auch die Verwendung kurzer Brennweiten zu ermöglichen. Spiegel-Rigs haben eine begrenzte Weitwinkelfähigkeit. Das einzelne Objektiv kann nicht direkt am Spiegel aufliegen, da der Spiegel

zu jedem Objektiv in einer 45°-Position steht. Der Mindestabstand, der dabei zur Objektivoberfläche entsteht, ist so groß wie der Objektivradius zuzüglich eines Sicherheitsabstandes. Bei Weitwinkeln besteht die Gefahr, dass die Kanten oder der Rahmen des Spiegels im Bild erscheinen. Die Verstellmöglichkeit der Stereobasis ist bei kurzen Brennweiten ebenfalls eher eingeschränkt. Um diese Probleme zu vermeiden, muss der Spiegel für Weitwinkel entsprechend groß sein. Je größer sie werden, desto schwieriger ist auch ihre Handhabung. Das Gewicht steigt und die Stabilität sinkt. Kamera-Rigs mit sehr großen Spiegeln können nur geringen Belastungen ausgesetzt werden. Daher gibt es verschiedene Baugrößen von Spiegel-Rigs, die für bestimmte Objektive und Einsatzgebiete optimiert sind.

Joey Romero beim Spiegelcheck an einem Quasar von Element Technica.

### Spiegel

Der Spiegel ist das Herzstück eines Spiegel-Rigs. Er ist sehr teuer und sollte deshalb mit besonderer Sorgfalt behandelt werden. Zwischen den verwendeten Spiegeln der jeweiligen Stereo-3D-Rigs gibt es sowohl qualitative als auch preisliche Unterschiede.

### Glas

Ein Spiegel besteht zunächst einmal aus Glas. Einfaches Glas wird nach dem sogenannten Floating-Verfahren hergestellt, so wie beispielsweise Fensterscheiben oder eben normale Spiegel. Nur wenige 3D-Rig-Spiegel basieren auf hochwertigem optischen Glas, das in der Herstellung geschliffen wird und bei Linsen oder Objektiven zum Einsatz kommt. Mit optischem Glas lässt sich die höchste Abbildungsgüte erreichen.

### Coating

Erst durch eine spezielle Beschichtung (Coating) wird aus der Glasscheibe ein halbdurchlässiger Spiegel. Die Qualität des Coatings ist maßgebend für die spätere Farbtreue und Reflexionsgüte des Spiegels. Auch die häufig auftretenden Unterschiede in den Farben und der Klarheit der beiden Teilbilder können zum Teil auf den Spiegel und sein Coating zurückgeführt werden.

### Pflege

Bei der Reinigung muss darauf geachtet werden, das Coating nicht zu beschädigen. Das bedeutet auch, keine aggressiven Reinigungsmittel zu verwenden. Fusseln lassen sich am besten mit etwas Druckluft oder einem Blasebalg entfernen. Nach Möglichkeit sollte der Spiegel selbst nur mit Handschuhen angefasst werden, um „Fettfinger", also Fingerabdrücke, zu vermeiden.

### Einsatzgebiet

Generell sind Spiegel-Rigs überall einsetzbar. Es gibt verschiedene Baugrößen, sodass auch der Betrieb mit Schwebesystemen, also Steadicams und sogar mit Cablecam-Systemen möglich ist.

Für Großbasisaufnahmen sind Spiegel-Rigs nicht geeignet. In diesem Fall muss auf ein Side-by-Side-Rig oder auf separate Kameras auf eigenen Stativen zurückgegriffen werden.

Spiegel-Rigs haben den Nachteil, dass sie aufgrund der Bauweise und des Glasspiegels ein hohes Gewicht aufweisen. Da die beiden Kameras immer rechtwinklig zueinander stehen, nehmen die Gestelle auch verhältnismäßig viel Platz ein. Im Vergleich zu einem Side-by-Side-Layout sind Spiegel-Rigs komplex. Diese Aspekte lassen sie weniger geeignet erscheinen, wenn es um News und EB geht. Auch bei Dokumentationen, in denen die Kamera nicht zu sehr auffallen soll und dennoch schnell und flexibel einsatzbereit sein muss, sind Spiegel-Rigs fehl am Platz. Sie ziehen stets Aufmerksamkeit auf sich und können in ruhigen Momenten stören. Der Haupteinsatzzweck für Spiegel-Rigs sind große Filme mit großem Set wie Spielfilme, TV-Serien, Industrie und Werbung, aber auch Naturdokumentationen oder Studioproduktionen aller Art.

Steve Hines konstruierte Anfang der 1980er Jahre für Disney das erste Spiegel-Rig dieser Bauform.

### Markt

Schon vor mehreren Jahrzehnten wurden Spiegel-Rigs eingesetzt, um mit den großen, schweren Filmkameras normale Basisweiten zu erreichen. Da es für solche Gestelle nie eine wirklich große Nachfrage gab und sich die Kameras ständig änderten, wurden meist maßgeschneiderte Rigs gebaut und das häufig projektbezogen. Erst seit einiger Zeit gibt es serienmäßig gefertigte Spiegel-Rigs, bei denen vor allem auf modulare Bauweise geachtet wird. So können die meisten jetzigen und auch künftige Kameras für ein solches Rig adaptiert werden.

Spiegel-Rigs existieren heute schon in großer Zahl. Viele sind Eigenbauten, die in eher proprietären Ausführungen gefertigt wurden und teilweise nur mit bestimmten Kameras, Kameratypen oder Einsatzzwecken Verwendung finden können. Professionell und kommerziell gefertigte Systeme kommen hauptsächlich aus den USA, Deutschland, Frankreich und Korea. Sie werden von den Herstellern 21st Century 3D, Laffoux, Lightspeed, Imartis, P+S und KDC gefertigt.

Universelles Spiegelrig für Filmkameras wie hier die in den USA populäre Panavision

### 6.3.4 Tiefenscankameras

Ein ganz anderer Ansatz für stereoskopische Aufnahmen liegt in der Nutzung von Kameras, die Tiefeninformationen direkt aufnehmen.

#### Funktionsprinzip

Tiefenscankameras zeichnen ein monoskopisches Bild auf und verfügen über Sensoren, die parallel die Tiefe der einzelnen Pixel im Raum messen können. Solche Sensoren verwenden beispielsweise Infrarotlicht, Laser

> **Broadcast-Rigs**
>
> Stereo-3D-Rigs und dabei insbesondere die Spiegel-Rigs sollten eigentlich keine Konvergenzverstellung benötigen, da die Konvergenzartefakte (Trapezverzerrungen) einen negativen Einfluss auf die Bildqualität haben. Ohne Konvergenzfunktion verliert ein Rig zudem an Komplexität und hat damit weniger potentielle Fehlerquellen. In der Praxis werden jedoch so ziemlich alle Stereo-3D-Rigs mit der Konvergenzfunktion gebaut. Sinnvoll ist die Konvergenz vor allem bei Zoomobjektiven. Aufgrund der Abweichungen der optischen Achsen bei einer Brennweitenänderung kann über die Konvergenz schnell nachkorrigiert werden. Wenn diese Korrektur motorisiert und automatisch erfolgt, ist eine Zoombewegung sogar im Bild nutzbar. Im Broadcastbereich ist der Zoom unentbehrlich geworden. Ein Stereo-3D-Rig muss für diese Anwendung über eine automatische Kompensation der optischen Achse verfügen. Die Abweichungen eines Objektivs werden einmalig gemessen und eine entsprechende Korrekturkonvergenz ermittelt, die dann beim Zoom automatisch mitläuft. In einem Speicher sind die Profile der eingemessenen Kamera-Objektiv-Gespanne enthalten und können bei Bedarf einfach geladen werden.

Axi-Vision Tiefenscan-Kamera von den NHK Laboratories in Japan

oder Ultraschall. Mit einer derartigen Kamera gibt es praktisch keine geometrischen Verschiebungen oder Abweichungen in Helligkeit und Farbe, da das eigentliche Bild nur monoskopisch aufgezeichnet wird. Tiefenscankameras ermöglichen Echtzeitkeying auf Basis der Tiefeninformation, das heißt ohne Green- oder Bluescreen.

Für den praktischen Betrieb im Bereich der Stereoskopie sind sie jedoch noch nicht geeignet, da die Generierung stereoskopischer Bilder aus den Daten der Tiefenscankameras bisher nicht in hoher Qualität erzielt werden kann. Aufgrund der Verdeckung müssen Bildinformationen für die erzeugten Teilbilder in einem aufwändigen Prozess errechnet werden, der De-Occlusion oder Aufdeckung genannt wird.

Da das aufgenommene monoskopische Bild ein Zyklopenbild ist, das genau zwischen den beiden stereoskopischen Teilbildern liegt, sind zumindest jeweils die halben Verdeckungsinformationen enthalten. Dennoch können die Ergebnisse nie an das Original herankommen, denn die entsprechenden Bildinformationen fehlen bei der Aufnahme und müssen in jedem Fall geschätzt werden.

Große Probleme bestehen für die Tiefendetektoren bei der Erzeugung der veränderten Licht- und Schattenverhältnisse, bei Dunst, Nebel, Reflexionen oder halbtransparenten Objekten. Diese können nicht zuverlässig erfasst werden.

### Einsatzgebiet

Es ist denkbar, dass Tiefenscankameras in ferner Zukunft eine größere Rolle spielen. Zumindest ist das Format für bestimmte Anwendungen schon heute gut einsetzbar. Durch Wandlung eines stereoskopischen Signals in der Postproduktion in die Tiefenformatdarstellung kann Tiefenkeying eingesetzt werden, das eine mächtige Erweiterung zu bisherigen Bearbeitungsverfahren darstellt.

Tiefenscankameras können in der Wissenschaft und der Robotik, in der Automatisierung und Qualitätssicherung sowie in verwandten Bereichen eine sinnvolle Aufgabe finden. Für Film und Fernsehen sind solche Kameras derzeit eher ungeeignet. Immerhin könnten mit Tiefenscankameras einige Spezialanwendungen im Freizeit- und Unterhaltungsbereich realisiert werden.

## Markt

Für Industrie und Wissenschaft existieren Tiefenscankameras schon länger. Dort werden diese Geräte für Spezialanwendungen wie Verpackung, Sortierung oder Messung eingesetzt und müssen nur die jeweiligen Anforderungen erfüllen. Im stereoskopischen Film- und Fernsehbereich ist es jedoch nötig, dass eine Tiefenscankamera nicht nur im äußersten Nahbereich, sondern über viele Meter die Tiefe zuverlässig in hoher Auflösung und in Echtzeit mit der für TV üblichen Bildfrequenz messen kann. Dazu wurde in Japan die Axi-Vision entwickelt, eine 720p-Tiefenkamera. Auch bei europäischen 3DTV-Forschungsprojekten wurde dieses Kameraprinzip eingesetzt. Die Anwendung und Weiterentwicklung von Tiefenscankameras hängt auch von der restlichen Infrastruktur des stereoskopischen Workflows ab.

Zumindest im Bereich der Stereo-3D-Filmproduktion sind Tiefenbildformate schon heute üblich. Alle gängigen VFX-Programme erstellen intern Tiefenkarten der räumlichen Bilder im sogenannten Z-Buffer. Dadurch wird eine vernünftige Kombination von Real-Material und CGI-Material in einem Programm erst möglich.

Doch nicht nur in der stereoskopischen Postproduktion sondern auch bei 2D-3D-Konvertierungen kommen Tiefenbilder zum Einsatz. Darüber hinaus gibt es Versuche, mit Tiefenbildformaten 3D-Fernsehübertragungen zu realisieren. Praktische Anwendung im Kamerabereich findet das Tiefenbild beispielsweise bei der ZCam der Firma 3DV, einer Tiefenkamera in Webcamgröße, die aber vorrangig für den Computerspielemarkt gedacht ist.

### 6.3.5 Zeitmultiplex

Die zeitliche Verschachtelung der beiden stereoskopischen Teilbilder wird Zeitmultiplex oder Zeitsequenzverfahren genannt. Es findet vorwiegend in der stereoskopischen Bildwiedergabe Anwendung. Dort ist es als Shutterverfahren bekannt. Aber auch bei der Bildaufnahme besteht über den zeitlichen Multiplex die Möglichkeit, zwei Teilbilder auf einer Kamera aufzuzeichnen.

Prototyp der Sony 3D-Highspeed-Kamera mit 240 B/s und nur einem Objektiv

### Funktionsprinzip

Viele Videoformate, sowohl analog als auch digital, arbeiten im Zeilensprungverfahren. Dieses Verfahren wurde einst entwickelt, um auf einer begrenzten Bandbreite gleichzeitig ein Bild mit einer großen Flächenauflö-

Stereo-3D-Bild und Zeilensprung: Die Teilbilder werden ineinander verkämmt übertragen.

▶ Stereo-3D-Aufnahmen haben im Zeitmultiplex immer einen leichten zeitlichen Versatz zwischen links und rechts. Je höher die Bildrate desto geringer ist dieser Versatz.

sung und in einer hohen zeitlichen Auflösung zu übertragen. Jedes Vollbild wird dabei in zwei Halbbilder aufgeteilt, die unterschiedliche Bewegungsphasen darstellen, gemeinsam aber die volle Bildauflösung erreichen. Das stereoskopische Zeitmultiplexsystem macht sich diese Technik zunutze, indem die beiden stereoskopischen Teilbilder auf die Halbbilder aufgeteilt werden. In der Folge kommt es zu einer Halbierung der eigentlichen Bildwiederholrate und zur Halbierung der Auflösung des jeweiligen Formats. Ein weiteres Problem der Zeitsequenzaufnahme ist der minimale Zeitversatz der beiden Teilbilder, vor allem bei Bewegungen im Bild.

Neben diesen Nachteilen hat das Verfahren aber auch einige Pluspunkte. So gibt es durch die gleichzeitige Aufzeichnung in einem Signal kein zeitliches Auseinanderlaufen und die Übertragung kann mit der vorhandenen Infrastruktur erfolgen. Das funktioniert, solange diese Infrastruktur auf dem Zeilensprung basiert. Moderne Formate unterliegen aber nicht mehr den Bandbreitenbegrenzungen des PAL-Bildes. Heute gibt es die Möglichkeit, die Teilbilder auch mit hoher Flächen- und Zeitauflösung aufzuzeichnen, unabhängig davon ob sie zeitsequentiell oder zeitgleich erfasst werden. Hier bieten sich beispielsweise Dualstream, Side-by-Side oder Over-Under an. Entsprechende Aufzeichnungsmöglichkeiten mit MPEG4 oder RAW-Formaten sind vorhanden.

Für eine Distribution eignet sich das Zeitmultiplexformat weniger, da die Sendestandards in der Regel keine Bildraten jenseits von 60 Hertz erlauben. Für eine gute Qualität wären aber mindestens 120 Hertz empfehlenswert. Im Bereich der Wiedergabegeräte werden Zeitmultiplexverfahren hingegen häufig eingesetzt, beispielsweise bei Shutterbrillen für das 3D-Kino oder den 3D-Bildschirm.

## Anwendung

Zeitsequentielle Aufnahmen kommen vorwiegend im Amateurbereich zur Anwendung. Dort werden verminderte Auflösungen noch am ehesten toleriert. Eine Stereo-3D-Aufnahme mit Zeitmultiplexvorsatz spart die Anschaffung einer zweiten Kamera und die vielen Probleme mit Justierung, Aufzeichnung und dergleichen. Das System ist kompakt und leicht zu bedienen. Der NuView-Adapter ist der wohl populärste Vorsatz seiner Art. Dieser Objektivvorsatz beinhaltet Flüssigkristallsperrfilter, der die beiden Bilder abwechselnd im Takt des FBAS-Bursts durchlässt.

Der NuView Videoobjektivadapter für Stereo-3D-Zeilensprungaufnahmen

Auf dem gleichen Grundprinzip basierend entwickelte Canon im Jahr 2001 ein Wechselobjektiv für Zeitmultiplexaufnahmen. Das 3D-Zoomobjektiv wurde speziell für die Kamera Canon XL1 hergestellt. Trotz guter optischer Abbildungsqualität und einer automatischen Konvergenznachführung leidet das Objektiv systembedingt mit reduzierter zeitlicher und flächiger Auflösung an den gleichen Problemen wie der NuView-Adapter.

### 6.3.6 Sonstige Verfahren

Der Vollständigkeit halber seien an dieser Stelle noch einige Verfahren erwähnt, die für spezielle Anwendungen entworfen wurden. Viele der hier vorgestellten Methoden sind entweder Insellösungen, nicht auf moderne Anwendungen übertragbar oder technisch unzulänglich und haben daher im heutigen praktischen Einsatz kaum Bedeutung. Einige Verfahren sind für spezielle Anwendungen entwickelt worden und können folglich auch nur dort eingesetzt werden.

Stereograf Kommer Kleijn mit Filmkamera und dem Arrivision Stereo-3D-Objektivvorsatz.

### Objektivvorsätze

Eine der großen Herausforderungen bei der Aufnahme in Stereo-3D ist das gleichzeitige Bedienen von zwei Kameras. Um den Arbeitsprozess zu vereinfachen, aber auch um Material zu sparen, wurden verschiedene Systeme entwickelt, die über Prismen oder Spiegel beide Teilbilder auf eine Kamera projizieren. Dadurch lassen sich auch die Synchronisierungsprobleme lösen, die bei mehreren Kameras auftreten.

Stereo-3D-Objektivvorsatz für Spiegelreflexkameras

Verschiedene Systeme nutzen spezielle Objektivvorsätze mit integrierten Spiegeln oder Prismen. Die beiden Teilbilder werden nebeneinander oder übereinander auf das Kameraobjektiv projiziert und reduzieren damit die eigentliche Auflösung um die Hälfte. Einige Verfahren verformen die Teilbilder daher anamorphotisch wie beim Cinemascope-Verfahren und nutzen den Platz besser aus.

Es gibt zahlreiche Möglichkeiten, die Teilbilder auf die Kameraoptik zu lenken. Die jeweiligen Adapter wurden für unterschiedliche Zwecke entwickelt. Einige fanden bei großen Filmproduktionen Anwendung, andere waren wiederum für die Nutzung mit kleinen Videokameras oder Fotoapparaten vorgesehen. Zu den bekannten Objektivvorsätzen gehören Systeme wie Loreo, StereoVision, Arrivision 3D, Optimax III, Space Vision, 3Dquarium und StereoImage Systems.

Die Verwendung solcher Objektivvorsätze hat aber auch entscheidende Nachteile. Sie sind unflexibel, weil die Stereobasis und die Konvergenz, oft auch die Brennweite nicht veränderbar sind. Außerdem handelt es sich um in sich geschlossene Systeme, die eine bestimmte Art der Weiterverwendung der aufgenommenen Bilder erfordern. Je nach Art und Aufwand der zusätzlichen optischen Bauteile kann es zu Lichtstärkeverlusten und zusätzlichen optischen Abbildungsfehlern kommen, bevor die Bilder das Kameraobjektiv überhaupt erreichen. Ein besonders wichtiger Punkt solcher Adapter ist die zwangsläufige Reduktion der Qualität und Auflösung des Bildformats, da es auf zwei Bilder aufgeteilt werden muss. Auch wenn dies durch heutige HD-Auflösungen besser kompensiert werden kann als seinerzeit mit SD- oder 8mm-Film-Kameras, gibt es dennoch bessere Verfahren für Stereo-3D.

### Autostereo

Die Lentikular-Technik, die heute eine große Rolle bei der Entwicklung autostereoskopischer Displays spielt, wurde auch im Bereich der Kameraaufnahme eingesetzt. Ein Verfahren nannte sich Alioskop. Dort wurden mit einer Linsenrasterfolie vor der Optik verschiedene Ansichten in der Aufnahme generiert. Mit einer entsprechenden Linsenrasterfolie vor dem Wiedergabegerät konnte dieses Bild wieder „dekodiert" werden. Leider ist das Verfahren damit auf die spezielle Aufnahme- und Wiedergabehardware beschränkt. Außerdem wird auch hier die Bildauflösung reduziert. Als Vorteil lässt sich aber die brillenlose, also autostereoskopische Betrachtung nennen.

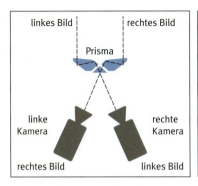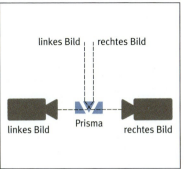

Verschiedene Einsatzvarianten von Prismen

## Prismen

Prinzipiell ist es auch möglich, die beiden Bilder mittels spezieller Prismen auf die jeweilige Kamera oder den jeweiligen Sensor zu lenken. Im Vergleich zu den klassischen Bauweisen gibt es einige Vorteile. Gegenüber dem Side-by-Side-Verfahren punktet ein Prismen-Rig mit der kleinen Stereobasis. Wird es mit einem Spiegel-Rig verglichen, wirkt sich der kleinere Gesamtaufbau mit geringerem Gewicht positiv aus.

Problematisch bei der Verwendung von Prismen ist jedoch die Dispersion des Lichts, sowie die mangelnde Verstellfähigkeit (Konvergenz, Basisweite, Brennweite). Zusammen mit den hohen Kosten bei der Herstellung entsprechend hochwertiger Prismen gibt es genügend Nachteile, die das System zu einer Spezialanwendung degradieren.

Prismen könnten beispielsweise bei festen Unterwasserkameras oder in künftigen Fix-Stereo-Kameras (analog zu Fix-Fokus-Kameras in der Fotografie) eingesetzt werden. Im professionellen Bereich lässt sich eine Prismenkamera vor allem bei Spezialaufnahmen an besonders engen Plätzen nutzen, sei es eine Raumkapsel, eine Taucherglocke, auf dem Armaturenbrett oder an anderen Stellen, die keine tiefen Kameras erlauben.

## Sukzessivaufnahme

Ein ganz anderer Ansatz ist bei unbewegten Objekten möglich. Die zweite Kamera kann hier simuliert werden, indem zeitlich nacheinander seitlich versetzt gefilmt wird. Dieses Sukzessivverfahren ist in der 3D-Fotografie häufig anzutreffen. So lässt sich mit einfachsten Mitteln eine völlig freie Stereobasis realisieren. In der Videographie wird das Verfahren aber eher die Ausnahme bilden, da fast in jedem Bild irgendeine Art von Bewegung oder Lichtänderung zu erkennen ist.

Die populären dreidimensionalen Bilder der Marsoberfläche, die von der Sonde „Mars Express" erstellt wurden, basieren letztlich auf dem Sukzessivverfahren. Die Marsoberfläche wurde dabei von den neun CCD-Zeilen der HRSC (High Resolution Stereo Camera) gescannt. Durch die ständige gleichmäßige Bewegung der Sonde entstehen Bildinformationen mit Disparitäten für eine stereoskopische Auswertung. Das Verfahren ähnelt damit auch den zeitsequentiellen Methoden.

### Bewegungsparallaxe

Normale stereoskopische Verfahren haben zwei feste Ansichten. Daraus können Scheinbewegungen resultieren, wenn sich der Betrachter parallel zur Wiedergabeebene bewegt. Im Kino spielt der Effekt keine Rolle, da der Zuschauer auf seinem Platz sitzt. Aufgrund der Leinwandgröße machen sich Scheinbewegungen dort auch bei Kopfbewegungen nicht bemerkbar. An Bildschirmen kann er schon eher wahrgenommen werden, wird aber nicht per se als störend empfunden. Eine Scheinbewegung ist bei speziellen Anwendungen in der Steuerung und Medizin schon wesentlich problematischer als in der Unterhaltungsindustrie.

Daher werden für solche Spezialbereiche Systeme entwickelt, die eine dynamische Bewegungsparallaxe ermöglichen. Bewegt der Betrachter seinen Kopf nach links oder rechts, müssen sich auch die Perspektiven der Kameras entsprechend ändern. Es gibt zwei Möglichkeiten, um das zu erreichen. Der eine Ansatz sind bewegliche Kameras, die sich entsprechend der Kopfbewegung des Betrachters live mitbewegen. Es ist aber

---

**ⓘ Consumer-Kameras**

Mit Kameras aus dem Consumer-Bereich lassen sich aus Gründen der Qualität von Objektiven, Bildwandlern und der Signalverarbeitung sowie der Datenkompression keine bildqualitativ hochwertigen Aufnahmen erzeugen. Für die Heimanwendung sind die Bilder aber in den meisten Fällen völlig ausreichend. Für bestimmte Spezialaufnahmen können Amateurkamerastereokonstruktionen sogar im professionellen Bereich Anwendung finden. Wenn klein und flexibel gedreht werden muss ohne die Möglichkeit, große Spiegel-Rigs und Dual-Stream-Rekorder mitzuführen, wenn der thematische Inhalt mehr zählt als ein perfekt ausgemessenes Bild, dann ist eine kompakte Consumer-Kamerakonstruktion das richtige Mittel. Auch für Low-Budget-Produktionen, die einen gewissen Mehraufwand in der Teilbildausrichtung und Korrektur nicht scheuen und bei denen die etwas geringere Bildqualität kein Problem ist, eignen sich die günstigen Geräte.

Links: Die Kameras bewegen sich live mit den Bewegungen der Betrachterin.

Rechts: Aus mehreren Kameras errechnet der Computer live die richtige Perspektive zur Kopfposition der Betrachterin.

schwierig, die Trägheit der Kamerabewegung so weit zu reduzieren, dass vom Betrachter kein Nachzieheffekt empfunden wird. Die zweite Möglichkeit ist der Einsatz von Rechentechnik, die aus mehreren Kameras die jeweilige Perspektive für die Wiedergabe in Echtzeit rendert.

Neben Steuerungsaufgaben und in der Medizin lässt sich ein solches System auch in der Videokommunikation, Kiosksystemen und ähnlichen Anwendungen einsetzen.

Stereoskopische Bilder können auf verschiedene Arten erzeugt werden. Diese stehen nicht in Konkurrenz, sondern ergänzen einander. In manchen Situationen sind Side-by-Side-Rigs einzusetzen, in anderen Fällen sind Spiegel-Rigs die bessere Wahl. Zeitsequenz-, Tiefenscan- und sonstige Verfahren werden für spezielle Zwecke eingesetzt, meist in Kombination mit einem bestimmten Wiedergabeverfahren oder einer besonderen Anwendung. Sukzessivaufnahmen sind in den meisten Situationen ungeeignet, haben aber mit Stop-Motion auch ihre Nische. Verschiedene Methoden setzen auf optische Vorsätze zur parallelen Aufzeichnung auf ein Bild. Heute ist deren Bedeutung allerdings sehr gering, da mit aktuellen und künftigen Stereo-3D-Kompaktkameras eine wesentlich bessere Qualität erreicht werden kann.

**Zusammenfassung**

## 6.4 Gestaltungsmittel

Oft wird gesagt, dass in der Stereoskopie andere Gestaltungsregeln gelten, eine völlig neue Bildsprache entwickelt werden muss oder ganz andere Dinge zu beachten sind, als es bisher der Fall war.

Derart absolut sollte die Sachlage jedoch nicht betrachtet werden. Stereo-3D stellt eher einen weiteren technisch-gestalterischen Aspekt des Filmemachens dar und wirft nicht alle vorhandenen Konzepte um. Die bekannten und bewährten, klassischen Gestaltungsmittel behalten auch in Stereo-3D weiterhin ihre Gültigkeit. Sie werden aber nun um die dritte Dimension, die Z-Achse, die Tiefe bereichert. Der Bildgestalter soll nicht mehr auf einer flachen Ebene denken und überlegen, wie er in einem flachen Bild Räumlichkeit erzählt, sondern er muss direkt in den Raum hinein gestalten. Dazu müssen die vorhandenen Gestaltungsregeln in die Tiefe erweitert werden.

Die wichtigsten Neuheiten sind Tiefenanschlüsse, die Tiefendramaturgie, also die Positionierung von Objekten auf der Z-Achse und die Ausdehnung der im Bild vorhandenen Kraftlinien auf die Tiefe. Dinge lassen sich nun auch bewusst mehr oder weniger stark plastisch darstellen, der „3D-Effekt" also in seiner Intensität steuern. Auch das kann für dramaturgische Zwecke vorteilhaft genutzt werden.

Besonders in der Postproduktion haben sich einige Techniken entwickelt, mit denen die Ebenen der Tiefe, das Stereofenster und der Tiefenumfang eines Bildes nahezu beliebig verändert werden können. Im Schnitt geht es darum, bei besonders schnellen, hektischen und überladenen Bildern den Tiefenumfang etwas zurückzunehmen oder die Schnittfre-

---

**ⓘ Stereo-3D-Bildgestaltung**

Viele Gestaltungsmittel wurden bereits in Stereo-3D ausprobiert und sind in Filmen der vergangenen Jahre zu sehen. Darunter sind auch Filme mit zahlreichen Low-Key-Aufnahmen. Dies wurde lange Zeit als absolutes No-go angesehen, funktioniert aber bestens, wenn die technische Umsetzung stimmt. Dasselbe gilt für Schärfe- und Zoomfahrten. Auch Vertigo-Fahrten wurden schon mehrfach eingesetzt, dabei bestehen ebenfalls kaum Einschränkungen in der Gestaltung. Räumliche Makroaufnahmen wurden in aufwendigen Naturdokumentationen in absoluter Perfektion realisiert und sogar mit einem technischen Oskar prämiert. Außerdem sind in der Vergangenheit nahezu alle denkbaren Orte und Genres in Stereo-3D gefilmt worden, egal ob Weltraum, Tiefsee, Luft- und Landaufnahmen, Sport, Dokumentationen oder eben der klassische Spielfilm.

quenz in der Stereoskopie etwas langsamer zu gestalten. Diese Empfehlungen sind aber nicht generalisierbar, sondern richten sich auch nach dem Zielpublikum, vor allem dessen Altersstruktur, nach den Wiedergabebedingungen und nach den jeweiligen Motiven.

Die Möglichkeiten zur Beeinflussung der Tiefe erstrecken sich natürlich auch auf die Aufnahme. Gerade dort sind in den letzten Jahren viele Neuerungen entstanden, die das Repertoire des Bildgestalters um einige neue Werkzeuge erweitern. Diese Werkzeuge dienten in der Vergangenheit oft spektakulären Effekten, da mit Stereo-3D-Filmen vor allem eine Jahrmarktsattraktion verbunden wurde. Inzwischen hat sich unter den Filmemachern die Einsicht durchgesetzt, dass die Stereoskopie nicht vordergründig auf die „In-your-Face"-Effekte fixiert sein darf, wenn sie langfristig ernst genommen werden soll.

Stereo-3D entwächst also langsam dem Kindesalter und konzentriert sich zunehmend auf die klassische und seriöse Filmproduktion. Das Herausragen von Objekten aus der Leinwand kommt dabei immer öfter in wohldosierter Form zum Einsatz und ist dramaturgisch motiviert. Damit die Ausdehnung der Tiefe auch dem Verlauf der erzählten Geschichte entspricht, wird heute bei größeren Produktionen von den beteiligten Stereografen eigens eine Tiefendramaturgie entwickelt.

Dennoch bleibt das höchste Ziel des Stereografen, eine gute räumliche Wiedergabe zu gewährleisten. Der Zuschauer soll keine Visuelle Überforderung verspüren. Darüber hinaus sind in Stereo-3D alle möglichen Gestaltungsmittel denkbar. Im ersten Teil dieses Kapitels wird die stereoskopische Bildgestaltung und mit ihr verbundene Besonderheiten und Effekte sowie die spezielle Arbeitsweise erläutert. Die einzelnen Gestaltungsmittel Kamerabewegung, Zoomfahrt, Schärfe, Kadrierung, Filter und Licht sind die Themen der darauffolgenden Abschnitte.

### 6.4.1 Stereo-3D-Bildgestaltung

Filmemacher und Bildgestalter, die sich zum ersten Mal praktisch mit Stereo-3D beschäftigen, stellen immer wieder fest, dass einige Dinge ganz anders sind als gewohnt.

So sind Nahaufnahmen nicht mehr so einfach möglich wie beim herkömmlichen Film. Zoom- und Schärfefahrten sind nicht ohne weiteres einsetzbar. Bei einer Einstellungsfolge verschiedener Bilder ist nun auch die Tiefenebene zu beachten und selbst beim Kadrieren kommen neue Aspekte hinzu.

### 2D-Tricks

Viele Tricks, die in der 2D-Bildgestaltung verwendet werden, funktionieren in Stereo-3D nicht mehr, da sie durch die Tiefenwahrnehmung enttarnt werden. Beispiele sind skalierte Modelle oder gemalte Hintergründe. Durch die binokularen Tiefenhinweise wird die wahre Größe von Modellen leicht sichtbar. Bilder und Fotos werden in Stereo-3D sofort als solche erkannt, weil sie im Gegenteil zum Vordergrund flach und ohne räumliche Tiefe sind. Befinden sie sich allerdings als Hintergrund sehr weit hinten, kann es wieder funktionieren, denn ein entfernter Hintergrund ist schließlich auch in Natur nur noch zweidimensional. Diese Tricks werden aber heute ohnehin nur noch selten angewendet. Dafür gibt es besonders in der noch jungen, aus dem Zeichentrick entstandenen Animationssparte eine ganze Reihe von 2D-Tricks, die bei Stereo-3D problematisch sind.

### Miniaturisierung

▶ *Die Plastizität der Objekte ist in dem Bereich, der bei kurzen Brennweiten wirksam ist, am größten.*

Zuschauer stellen manchmal fest, dass Menschen, die in 3D-Bildern abgebildet werden, relativ klein wirken. Dieser Eindruck hängt nicht unwesentlich mit der Einstellungsgröße zusammen. Viele Stereo-3D-Bilder werden mit vergleichsweise kurzen Brennweiten und hoher Schärfentiefe gemacht, weil sich die spezifischen 3D-Probleme damit besser beherrschen lassen. So sind beispielsweise die Kameras bei kurzen Brennweiten einfacher justierbar. Hinzu kommt, dass Objekte im Weitwinkelbereich plastischer empfunden werden.

Durch kurze Brennweiten und den dadurch erzeugten Weitwinkeleffekt sind abgebildete Personen weiter entfernt. Sie wirken dadurch kleiner. Beim Zuschauer entsteht dann manchmal ein ungewohntes Gefühl, das Gefühl einer Miniaturisierung. Dieses Gefühl lässt sich verringern, indem ein ausgewogeneres Verhältnis von Großaufnahmen, Portraits und Naheinstellungen zu Totalen und weiten Aufnahmen erzeugt wird.

Im herkömmlichen Fernsehen und Kino ist das Verhältnis von Nahaufnahmen und Totalen relativ ausgewogen. Kino verlangt im Gegensatz zum Fernsehen allerdings etwas mehr nach Totalen und Weitwinkel.

Der Miniaturisierungseffekt sollte auf keinen Fall überbewertet werden. Er würde auch bei 2D-Filmen auftreten, wenn diese vorwiegend mit kurzen Brennweiten gedreht werden. In den Kinofilmen des neuen Stereo-3D-Booms spielt der Miniaturisierungseffekt ohnehin keine Rolle mehr. Durch moderne Technologien sind alle denkbaren Einstellungsgrößen möglich, auch Nahaufnahmen.

Miniaturisierungseffekt: Menschen wirken in Stereo-3D manchmal unnatürlich klein.

Der „3D-Effekt". Für die meisten Menschen das Markenzeichen von Stereo-3D.

## Tiefenumfang

Große Disparitätsunterschiede und damit ein großer Tiefenumfang erzeugen nicht automatisch eine attraktive und hohe Gesamttiefe. Die Tiefe eines Objekts wird von der Wahrnehmung immer relativ zu den umliegenden Punkten ausgewertet (Stereopsis). Das bedeutet, dass eine fein abgestufte Tiefe auch bei geringem Tiefenumfang wesentlich attraktiver und stärker wirken kann als beispielsweise ein sehr großer Tiefenumfang mit grober Abstufung. Es ist also nicht unbedingt nötig, riesige Disparitätsunterschiede beim Tiefenumfang darzustellen. Eine feine Staffelung unterschiedlicher Tiefenebenen ruft meist einen besseren und angenehmeren Raumeindruck hervor.

## Off-the-Screen

Ein guter 3D-Film lebt zwar davon, den Raum und die Räumlichkeit greifbar darzustellen, aber nicht, den Zuschauer mit Effekten zu überfrachten. Objekte, die aus der Leinwand heraus deutlich in den Zuschauerraum treten, sind Effekte, die nur dann eingesetzt werden sollten, wenn sie wirklich dramaturgisch Sinn machen und angebracht sind. Auf der anderen Seite wollen die meisten Zuschauer genau diesen Effekt. Sie verstehen ihn als Markenzeichen eines 3D-Films und warten darauf, ihn zu erleben. Der Bildgestalter sollte dabei bedenken, dass sich Effekte, die zu oft verwendet werden, auch schnell abnutzen. Wird ein Off-the-Screen-Effekt selten eingesetzt, wirkt er dadurch noch stärker und bleibt eher im Gedächtnis haften. Der Mensch liebt eben Kontraste.

### Drehplan

Prinzipiell ist mit Stereo-3D alles machbar, was bisher auch möglich war. Dennoch sind viele Dinge, die in 2D einfach gelingen, nun auf einmal Spezialaufnahmen mit großem Aufwand.

Wer sich erst kurz mit Stereo-3D beschäftigt hat, wird sich noch an diese Unterschiede gewöhnen müssen. Die veränderte Arbeitsweise ist im Vorfeld zu berücksichtigen, besonders bei der Erstellung des Drehplans. Er muss entsprechend auf die jeweilige stereoskopische Arbeitsmethode angepasst werden und das heißt vor allem mehr Zeit einzuplanen. Ein zeitlicher Mehraufwand entsteht nicht nur durch die Justierung der Kameras, sondern besonders dann, wenn Spezialaufnahmen angefertigt werden. Dazu zählen bei Stereo-3D auch schon Makrobilder und große Landschaftstotalen.

*Die Räumlichkeit sollte schon im Storyboard berücksichtigt werden.*

### Stereo-3D-Storyboard

Das Storyboard für einen stereoskopischen Film unterscheidet sich von einem herkömmlichen Storyboard darin, dass in den einzelnen Bildern bereits gut erkennbar wird, welches Objekt sich auf welcher Tiefenebene befinden soll. Daraus lässt sich auch der ungefähre Tiefenum-

---

**i   Besonderheiten in Stereo-3D**

Die Besonderheiten bei der Gestaltung stereoskopischer Filme zu kennen ist wichtig, sie dann auch tatsächlich umzusetzen, fällt oft schwer. Ein gutes Beispiel ist die Schnittfrequenz. Werden schöne Bilder gedreht, so möchte der Betrachter dieses Bild erkunden und den Raumeindruck genießen. Bei einer Schnittfrequenz, wie sie in 2D üblich ist, wird er dabei ständig unterbrochen. Einzelne Bilder sollten also länger stehen. Die Vorgabe klingt einfach und ist leicht umzusetzen, wird jeder denken. In der Praxis wird Stereo-3D jedoch oft monoskopisch geschnitten und erst dann dreidimensional weiterverarbeitet, einfach weil der Workflow noch nicht optimal ist. Wer aber in 2D schneidet, tut dies meist auch im 2D-Stil. Es ist daher wichtig, beim Schnitt eine möglichst gute Stereo-3D-Vorschaumöglichkeit zu haben, damit Fehler rechtzeitig erkannt werden.

Ein weiteres Beispiel sind schnelle Bewegungen. In Stereo-3D sind sie schwerer erfassbar als in 2D. Sie wirken schnell störend, besonders dann, wenn die Bildrate der Kameras gering ist (24, 25 Hertz) oder wenn die Kameras nicht synchron laufen. Ohne eine absolut perfekte Synchronisation der Kameras sind schnelle Bewegungen überhaupt nicht möglich.

fang ableiten. So können schon frühzeitig Überlegungen bezüglich der erforderlichen Kameratechnik angestellt werden. Die Darstellung der Tiefe kann in einem solchen Storyboard auf verschiedene Arten realisiert werden, sei es mit verschiedenen Farben, Strichstärken oder einer Beschriftung. Ein gutes 3D-Storyboard kann dem Kameramann und dem Stereograf die Arbeit enorm erleichtern. Bereits im Storyboard fallen potentielle Probleme auf und es werden Einstellungen sichtbar, die schwierig in der Umsetzung sind. Die Tiefendramaturgie sollte bereits erkennbar sein. Es gibt professionelle Software zur Storyboardentwicklung mit der Fähigkeit Bilder in Stereo-3D darzustellen. So können beispielsweise in „FrameForge" die stereoskopischen Parameter schon lange im Vorfeld geplant und prävisualisiert werden.

### 6.4.2 Kamerabewegungen

Beim filmischen Arbeiten sind Kamerabewegungen eines der wichtigsten Mittel zur Erzeugung eines räumlichen Eindrucks. Sie werden sehr häufig eingesetzt. Dem Betrachter ermöglichen Bewegungen der Kamera eine recht gute Einschätzung der Lage von Objekten innerhalb des Raums. Kamerabewegungen sind auch in der Stereoskopie ein hervorragendes Mittel, Tiefe darzustellen.

#### Erzeugung

Kamerabewegungen lassen sich am einfachsten über die Handkamera oder Schulterkamera erzeugen. Sind aber ruhige und verwackelungsfreie Fahrten gewünscht, wird auf Dollies oder Schwebestative zurückgegriffen. Besondere Perspektiven sind mit Kamerabewegungen über einen Kran, die Spider-Cam oder Cablecam-Rigs möglich. Auch mit Schwenks lässt sich eine einfache Kamerabewegung erzeugen.

Technica-3D-Kamerarig mit Genesis-Kameras auf einem Pursuit Crane zur Erzeugung von Bewegungsparallaxe und Dynamik

Foto: Pursuit-Europe

#### Bewegungsparallaxe

Objekte in größerer Entfernung vom Betrachter ziehen langsamer vorüber als nah gelegene Objekte. Dieser Effekt ist jedem bestens bekannt, der schon einmal bei einer Zugfahrt am Fenster saß. Über diese Bewegungsparallaxe lässt sich ein hervorragender Raumeindruck vermitteln. Bei nah

Stereo-3D-Schwebestativ auf einem Segway-Dolly

gelegenen Objekten wirkt die Bewegungsparallaxe stärker. Mit langen Brennweiten kann auch bei sehr weit entfernten Objekten noch eine starke Bewegungsparallaxe erzeugt werden. Das natürliche Sehen ist hingegen nur im Nahbereich wirksam.

Beim herkömmlichen 2D-Film wird die Bewegungsparallaxe sehr oft genutzt, um Tiefe zu erzeugen. Im Lauf der Zeit wurden dafür zahlreiche Werkzeuge entwickelt, beispielsweise Dolly, Schwebestativ oder Kran. Dabei bewegt sich die Kamera immer relativ zur Szene. Oft werden zur Unterstützung des Effekts einzelne Objekte nah an der Kamera platziert. Diese bewegen sich wesentlich schneller als die fernen Objekte und führen durch ihre Nähe und die Bewegungsunschärfe meist auch zu einer Verringerung der Schärfentiefe im Bild.

### Verdeckung

Objekte, die räumlich gestaffelt sind, verdecken sich gegenseitig. Weiter entfernt liegende Dinge werden dann von davor liegenden Gegenständen beschnitten. Dieser monokulare Tiefenhinweis spielt bei der Kamerabewegung eine besondere Rolle, da er sich dynamisch ändert. So wird es gewissermaßen möglich, um Objekte herumzusehen. Das geht natürlich nicht beliebig, sondern nur so weit, wie es beim Dreh über die Kamerafahrt vorgesehen wurde. Selbst wenn einzelne Objekte bereits stereoskopisch betrachtet werden, gewinnen sie durch eine Kamerafahrt noch deutlich an Plastizität, da sie so aus verschiedenen, sich dynamisch verändernden Perspektiven gesehen werden.

### Dramaturgie

Durch die Bewegung wird nicht nur der Raumeindruck verstärkt. Dramaturgisch werden Kamerabewegungen auch gern genutzt, um Objekte in einer bestimmten Reihenfolge ins Bild kommen zu lassen. In einer Totalen erhält der Zuschauer alle Bildinformationen auf einmal. Um den Blick auf bestimmte Details zu lenken, wird dann in eine andere Einstellung geschnitten. Durch eine Fahrt bietet sich hingegen die Möglichkeit, innerhalb einer Plansequenz, also ohne Schnitt, den Blick des Betrachters elegant und gezielt zu lenken.

## Schwenks

Stereo-3D bietet einen größeren Informationsreichtum als monoskopische Bilder. Beim dreidimensionalen Drehen ist deshalb darauf zu achten, dass der Zuschauer nicht visuell überfordert wird. Zu schnelle Bewegungen oder Schwenks können Probleme verursachen, wenn die abgebildete Tiefe zu groß ist. Hier muss ein guter Kompromiss zwischen Tiefenumfang und Geschwindigkeit gefunden werden. Das gilt ganz besonders für Schwenks mit längerer Brennweite. Auch Reißschwenks müssen mit Bedacht angewendet werden. Ideal erweist sich hier eine gleichartige Tiefengestaltung im Anfangs- und Endbild, deren Tiefenumfang ebenfalls nicht zu hoch ist.

Beim Schwenken sind vor allem im Zusammenhang mit Rahmenverletzungen einige Besonderheiten zu beachten. Befinden sich Objekte im Bild, die später vor der Nullebene und damit im Zuschauerraum liegen sollen, sind Horizontalschwenks möglichst zu vermeiden. Bei vertikalen Schwenks ist die Toleranz größer.

Hinter der Nullebene dehnen sich die Disparitäten normalerweise nur bis zu einer gewissen Grenze aus, auf der Nullebene selbst sind sie ohnehin Null. Nach vorn, also wenn ein Objekt vor der Bildebene liegt, können die Werte jedoch recht groß werden. Tritt ein vordergründiges Objekt mit großer Disparität während des Schwenks in das Bild, wird es erst nur auf einem Auge gesehen, bis es schließlich auch im zweiten Teilbild sichtbar wird. Je größer die Disparität des Objekts, desto stärker ist diese Diskrepanz. Je nach Schwenkgeschwindigkeit, Objektgröße, Disparität und Helligkeit kommt es zu Störungen beim Seheindruck. Das Problem kann in gewissen Grenzen durch Schwebefenster in der Postproduktion korrigiert werden.

Beim Schwenken würde diese Statue auf einem Teilbild eher ins Bild kommen als im anderen, weil sie vor der Nullebene liegt.

### Stopp-Trick

Bei einem Stopp-Trick werden mit der Kamera kurze Sequenzen aufgenommen, die immer kurz unterbrochen werden. Während dieser Unterbrechung werden ein oder mehrere Details verändert. Hintereinander abgespielt ergibt sich eine magische Veränderung des Bildes, da Dinge erscheinen oder verschwinden können oder innerhalb des Bildes sprunghaft den Ort, die Form oder die Erscheinung ändern. Es könnte beispielsweise auch nur das Licht geändert werden. Die Möglichkeiten, mit Stopp-Tricks wirkungsvolle Effekte zu erzeugen, sind zahlreich. Es lassen sich Zaubertricks darstellen oder Vorgänge beschleunigt zeigen.

Das Prinzip des Stopp-Tricks findet sich beim Trickfilm wieder. Dabei wird auch von Bild zu Bild eine kleine Änderung vorgenommen. Allerdings führt diese aber am Ende zu einem flüssigen Bildeindruck, während beim Stopp-Trick das Effekthafte, also der Sprung vordergründig bleibt.

Für den Zuschauer ist beim Stopp-Trick ein gleichbleibender Raum vorhanden, in dem sich die Dinge ändern. Das ist besonders für die Verwendung in Stereo-3D wichtig. Dadurch, dass sich von Bild zu Bild nicht alles ändert, sondern nur bestimmte Objekte oder Stellungen, kann der Betrachter leichter auf die Änderungen reagieren. So sind auch stärkere Tiefensprünge von einem Bild zum anderen möglich als bei einem normalen Schnitt, in dem sich das ganze Bild ändert. Eine Person kann also in dem abgebildeten Raum erst sehr weit hinten stehen und dann plötzlich vorn und in der Mitte. Ein beliebtes Anwendungsgebiet für Stopp-Tricks sind Musik-Videos.

---

### ℹ Tiefenwahrnehmung

Der Mensch basiert mit seinem physiologischen Aufbau nicht auf Absolutwerten. Stattdessen funktioniert der gesamte Wahrnehmungsapparat eher über Vergleiche. Größer und Kleiner, Ferner und Näher, Darüber und Darunter sind nur einige Beispiele für die Relativität der Sehempfindung. Das gilt auch für Disparitäten und die Tiefenempfindung, denn die Stereopsis basiert auch auf einem Vergleich zu benachbarten Disparitäten. Für die Gestaltung und die stereoskopische Arbeitsweise ergibt sich dadurch, dass auch mit kleinen Disparitäten ein großer und fein abgestufter Tiefeneindruck erzeugt werden kann. Es kommt nicht auf die Größe der Maximaldisparität an, sondern auf die Feinheit innerhalb der Spreizung des Disparitätsspektrums.

### 6.4.3 Zoomfahrten

Objektive mit veränderbarer Brennweite (Zooms) wurden in den 1960er Jahren eingeführt und haben sich daraufhin sehr schnell verbreitet. Anfangs hatte der Zoom als Stilmittel die Funktion eines dramaturgischen Zeigefingers. In der Praxis sah das dann so aus, dass auf ein Objekt, meist aber auf eine Person gezoomt wurde, wenn ein bestimmter Impuls, beispielsweise im Ton oder in der Handlung dazu Anlass gab. Auf diese Weise lässt sich die Information verdichten und der Blick des Zuschauers kann aktiv auf die Stelle der Bedeutung gelenkt werden.

Inzwischen sind Zoomobjektive eher der Standard als die Ausnahme. Zooms werden teilweise wahllos eingesetzt. Manchmal dienen sie einfach als Ersatz für einen Perspektivwechsel, wodurch die Zeit und Mühe des Standortwechsels erspart wird. Des Weiteren werden Zooms oft zur Erzeugung nicht vorhandener Bewegung, also als Effekt eingesetzt, vor allem beeinflusst von der Bildkultur bestimmter Musikfernsehsender.

#### Wirkung

Gestalterisch gesehen verhält es sich heute in der Regel so, dass bei einer Zoomfahrt von einem Objekt oder Detail auf eine Übersicht aufgezoomt wird, um zu zeigen, in welchem Kontext das Objekt steht oder umgekehrt von einer Totalen auf ein spezielles Objekt hin verdichtet wird, um die Aufmerksamkeit darauf zu lenken. Allzu häufige Zoomfahrten wirken verspielt und werden in Filmen, die seriös wirken sollen, nicht eingesetzt.

Beim natürlichen Blick kann weder gezoomt, noch der Augenabstand verändert werden. Die Kameratechnik ermöglicht mit dem Zoom andere, ungewohnte Sichtweisen. Das gilt vor allem für den stereoskopischen Bereich. Der Betrachter gewöhnt sich allerdings sehr schnell an solche Stilmittel, auch wenn die Stereo-3D-Zoomfahrt durch die Änderung der Bildtiefenkomprimierung etwas ungewöhnlich erscheinen müsste.

#### Technik

Stereoskopische Zoomfahrten erfordern eine absolut exakte Koppelung der beiden Objektivservomotoren oder der mechanischen Verstellringe. Darüber hinaus ist es von großer Bedeutung, dass beide Objektive ihr optisches Zentrum beibehalten. Das heißt, dass die Bildmitte von der Weitwinkel- bis zur Teleposition stets identisch bleibt. Auch die Schärfeebene darf sich beim Zoomen nicht ändern. Diese Forderungen werden bei weitem nicht von allen Objektiven erfüllt. Sie unterscheiden sich selbst bei gleicher Serie und Baureihe teils stark voneinander. Daher kommen für qualitativ hochwertige, stereoskopische Zooms nur bestimmte, zueinander passende Objektive in Frage.

**Praxisinfo – Zoom-Rigs:** Die Dezentralisierung der optischen Achsen wirkt sich bei großen Zoomobjektiven besonders stark aus. Ein wirklich passendes Objektivpaar zu finden, ist nahezu unmöglich. Eine Lösung bieten Stereo-3D-Rigs, die speziell für Zoomfahrten optimiert sind. Auf solchen Zoom-Rigs wird jedes Objektiv ausgemessen und anschließend ein LUT (Look-Up-Table) erstellt, in dem alle Korrekturwerte für jede Objektivposition enthalten sind. Dazu wird der gesamte Zoomweg durchfahren und das Bild dabei analysiert. Die Abweichung zur optischen Achse wird zu jedem Zeitpunkt gespeichert. Während einer Zoomfahrt wird dann diese Korrektur automatisch und dynamisch angewendet. So entsteht ein Stereo-3D-Rig, das voll duchzoombar ist.

### Tiefenausdehnung

Durch die Änderung der Brennweite ändert sich der Tiefenspielraum der Kamera. Dieser könnte durch eine dynamische Angleichung der Kamerabasis ausgeglichen werden, was aber in der Praxis schwer umzusetzen ist. Da aber in der Regel beim Aufziehen auch mehr Vordergrund ins Bild kommt, etwa der Boden oder bestimmte Objekte, liegt der Nahpunkt wiederum näher an der Kamera. Dadurch passt sich der Tiefenspielraum automatisch an das Bild an. Die jeweiligen Verhältnisse müssen aber geprüft werden, denn es spielt durchaus eine Rolle, in welcher Entfernung das angezoomte Objekt liegt und wie groß der jeweilige Tiefenumfang ist. Eine gute Methode ist, darauf zu achten, dass der Tiefenumfang den Tiefenspielraum in der längsten Brennweite nicht übersteigt. So liegt er im Weitwinkelbereich meist immer noch innerhalb des Spielraums.

Im Broadcastbereich wie hier beim amerikanischen Sportsender ESPN sind Stereo-3D-Konfigurationen gefragt, mit denen schnelle, akkurate und synchrone Zoomfahrten möglich sind.

### Vertigo-Fahrt

Die Kombination aus Zoomfahrt und echter Kamerabewegung wurde erstmals in Hitchcocks Film Spellbound und später auch in Vertigo eingesetzt. Die Vertigo-Fahrt wird unter anderem auch Dolly-Zoom oder Vertigo-Zoom genannt. Bei einer Vertigo-Fahrt wird eine Kamerafahrt mit einer gegensätzlichen

*Eine der berühmtesten Vertigo-Fahrten stammt aus Hitchcocks gleichnamigen Film.*

Brennweitenänderung kombiniert. Dabei ändert sich der scheinbare Abstand von Objekten zueinander. Es entsteht der surreale Eindruck, der Raum würde in sich zusammengeschoben oder auseinandergezogen.

Ursprünglich wurde die Vertigo-Fahrt eingesetzt, um ein Gefühl der Beklemmung und Angst zu vermitteln. Heute verdeutlicht das Stilmittel oft eine große Änderung, die plötzlich eintritt, beispielsweise wenn auf einmal die persönliche Welt einer Person zusammenbricht oder die große Erkenntnis kommt. Durch die unterschiedlichen Ansichten eines Raums, die in der Vertigo-Fahrt dynamisch dargestellt werden, entsteht bereits ein Eindruck von Räumlichkeit. In Stereo-3D angewendet funktioniert die Vertigo-Fahrt genauso wie im 2D-Film. Der Hauptunterschied besteht in der Änderung der Tiefenausdehnung des Bildes und einzelner Objekte im Bild. Die Tiefe wird also insgesamt verformt, beispielsweise aus einer Kompression in eine Expansion. Mit solchen dynamischen Tiefenverformungen variiert auch der Kulisseneffekt. Da eine Vertigo-Fahrt in der Regel recht schnell und kurz abläuft, wird sich aber kein Zuschauer daran stören. Vertigo-Fahrten wirken nur dann, wenn viele in die Tiefe führende Strukturen wie Straßen, Bäume, Boden oder Wände vorhanden sind. Die Verformung dieser Strukturen und Texturen machen den eigentlichen Effekt aus. Ein Kulisseneffekt wird bei solchen Bildern ohnehin nicht so stark wahrgenommen. Soll der Kulisseneffekt dennoch reduziert werden, kann die Stereobasis entsprechend dynamisch angepasst werden. Das ist in der Praxis eher umständlich. Ein anderer Ansatz wäre eine Multibasis, was mit entsprechenden VFX in der Postproduktion verbunden ist.

### Zoomfahrt im Einsatz

Aus technischer Sicht besteht eines der Hauptprobleme in der Anpassung der beiden Objektivkamerasysteme zueinander. Die optischen Achsen der Objektive müssen einander entsprechen und jeweils exakt im rechten Winkel zu ihrem Bildwandler stehen. Die absolut synchrone Koppelung der beiden Objektive ist ein weiteres Problem, das vorher gelöst werden muss.

Der stereoskopische Zoom gilt nach wie vor als potentielle Fehlerquelle. Immerhin lassen sich die Ungenauigkeiten und Unterschiede heute mit Trackingverfahren digital korrigieren. Je nach Aufwand und Nutzen ist zu überlegen, ob Zoomfahrten wirklich eingesetzt werden sollen. Wenn nichts zwingend dafür spricht, können auch andere Mittel eingesetzt werden, um den gewünschten Effekt zu erreichen. Der Blick auf bestimmte Objekte lässt sich auch durch punktuelles, gesetztes Licht steuern. Des Weiteren können echte Kamerabewegungen eingesetzt werden, die in vielen Fällen auch eine bessere Wirkung haben.

### 6.4.4 Schärfe

Viele Kameras bieten die Möglichkeit, die eingestellte Schärfe im Display einzublenden, entweder als metrischen Wert oder in absoluten Zahlenwerten, die sich oft zwischen den einzelnen Herstellern unterscheiden. Aufgrund der Verarbeitungstoleranzen bei der Objektiv- und Kameraherstellung sollte selbst bei zwei baugleichen Geräten nicht von einer hundertprozentigen Entsprechung solcher Werte ausgegangen werden.

#### Schärfenverlagerung

Eine Schärfenverlagerung führt in der Regel von einem fokussierten Objekt auf ein anderes. Dadurch wird die Blickbewegung des natürlichen Sehens grob imitiert.

Mit einer Funkschärfe sind synchrone Schärfenänderungen möglich.

#### Umsetzung

Mit Schärfenverlagerungen verhält es sich in Stereo-3D ähnlich wie mit Zoomfahrten. Sie sind prinzipiell möglich, das Problem liegt aber in der exakten Anpassung der beiden Objektive. In der Praxis wird diese Anpassung über eine Schärfenzieheinrichtung erreicht, die sich auf beide Objektive erstreckt. Schärfenzieheinrichtungen können auch mit Stellmotoren ferngesteuert und über Funk betrieben werden. Die Genauigkeit und Synchronität für beide Objektive muss mit dem jeweiligen System getestet werden. Bei der Verwendung elektronisch programmierbarer Objektive kann eine geplante Schärfenverlagerung abgespeichert und dann exakt durchfahren werden. Auch hier sollten vorher einige Testreihen durchgeführt werden.

#### Blende

Oft wird auch aus einer totalen Unschärfe in das Bild geblendet oder aus dem Bild in die Unschärfe. Solche Effektblenden sollten bei Stereo-3D

Angenehmes Bokeh

Geringe Schärfentiefe ist auch in Stereo-3D ein wichtiges Gestaltungsmittel für die Blickführung des Zuschauers.

nach Möglichkeit in der späteren Postproduktion gemacht werden. Eine gleichmäßige Schärfenänderung ist dort leichter und besser zu erreichen. Außerdem kann dann nachträglich über die optimale Blenddauer und -stärke entschieden werden.

## Bokeh

Eine Unschärfe wird durch das Bokeh charakterisiert. Das Bokeh ist die subjektive Qualität der unscharfen Bildbereiche. Unter den verschiedenen Objektiven gibt es dabei große Unterschiede. Hochwertige Filmobjektive und dabei besonders die Festbrennweiten haben allgemein ein angenehmeres Bokeh als einfache Zooms. Weniger attraktiv sind die Bokehs bei günstigen Consumer-Kameras oder gar bei Kameras von Mobiltelefonen. Die Unschärfequalität lässt sich schwer beschreiben. Hauptsächlich geht es dabei um die Stärke, Größe und Form der Unschärfekreise einzelner Bildpunkte. Das Bokeh beschreibt damit auch den sogenannten „Filmlook". Es gibt Kameraleute, die bestimmte Objektive nur aufgrund des jeweiligen Bokehs bevorzugen.

▶ *An einem Stereo-3D-Kamerapaar sollten stets zwei gleichartige Objektive verwendet werden.*

## Schärfentiefe

Als klassisches Gestaltungsmittel zur Darstellung von Tiefe orientiert sich die Verwendung geringer Schärfentiefe an der Funktionsweise der Augen. Die Nutzung der Schärfentiefe gehört damit auch ins Repertoire einer stereoskopischen Arbeitsweise, genau wie in herkömmlichen Filmen. Pauschalisierungen sind fehl am Platz: Es kann weder gesagt werden, dass die Stereoskopie eine besonders hohe Schärfentiefe benötigt, noch dass die Schärfentiefe stets gering gehalten werden soll. Diese Frage ist viel mehr von der Situation abhängig wie bei herkömmlichen 2D-Aufnahmen. In manchen Bildern soll dem Zuschauer ein Umherwandern im Bild ermöglicht werden, etwa bei großen Totalen und Establishing Shots. Geht es jedoch darum, den Blick gezielt zu führen, ist eine hohe Schärfentiefe nicht unbedingt geeignet, auch nicht in Stereo-3D.

Viel wichtiger ist hier eine identische Schärfentiefe in beiden Bildern, damit Objekte nicht unterschiedlich scharf abgebildet werden. Solange bei zwei gleichen Kameras die Brennweite und Blende einander entsprechen, sollte auch die Schärfentiefe identisch sein. Wichtig ist dabei natürlich, dass der Fokus auf dem gleichen Punkt liegt.

Beim Einsatz geringer Schärfentiefe muss der dramaturgisch wichtige Bereich innerhalb des Schärfentiefebereichs liegen. Gerade bei Makroaufnahmen kann dies sehr schwierig werden, weil die Schärfentiefe dann mitunter Werte von wenigen Millimetern annimmt.

Videokameras haben aufgrund der kleinen Bildwandler generell eine hohe Schärfentiefe, während bei 35mm-Filmkameras und Vollformat-Filmstreamkameras ein eher traditionelles Arbeiten mit geringer Schärfentiefe praktiziert wird.

### Räumliche Unschärfe

In der Stereoskopie treten häufig Bilder auf, bei denen der Tiefenumfang der Szene den Tiefenspielraum der Kamera übersteigt. Das geschieht vor allem dann, wenn der Nahabstand nicht eingehalten werden konnte oder die Kameraachsen konvergieren und der Hintergrund gegenläufig stark versetzt erscheint. Ein beliebtes Mittel zur Korrektur ist der Einsatz von Unschärfe. Diese wird in den Bereich gelegt, der außerhalb der Fixation liegt, also meist in den Hinter- oder Vordergrund. Solche Unschärfen können schon bei der Aufnahme über eine geringe Schärfentiefe oder in der Nachbearbeitung mit künstlichen Unschärfen erzeugt werden.

> **i Schärfentiefe**
>
> Wie mit der Schärfentiefe umgegangen wird, ist in der Stereoskopie nicht nur eine technische Fragestellung, sondern auch ein gestalterisch umstrittenes Thema. Einige fordern die höchstmögliche Schärfentiefe, damit das Auge im Bild umherwandern kann, andere möchten bewusst eine geringe Schärfentiefe zur Bildgestaltung und Lenkung des Blicks einsetzen. Möglich sind beide Varianten.

Aufgrund der Funktionsweise der Stereopsis sind Unschärfen räumlich erfassbar. Übertriebene Disparitäten stören unscharf zwar weniger, sind jedoch immer noch wahrnehmbar. Soll ein problematisches Bild verbessert werden, sind weitere Möglichkeiten der Korrektur notwendig. Hier bieten sich lokale Helligkeitsreduktionen oder eine Verringerung des Tiefenumfangs durch partielles horizontales Verschieben an.

Auch in unscharfen Bereichen funktioniert die stereoskopische Raumwahrnehmung, wenn auch weniger gut.

Unschärfen, die innerhalb des Tiefenspielraums liegen, entfalten eine sehr gute Wirkung. Sie entsprechen dem Kinolook und sind stereoskopisch gut wahrnehmbar.

### 6.4.5 Kadrierung

Bei Stereo-3D ergeben sich auch für die Kadrierung zusätzliche Möglichkeiten. Der Bildgestalter muss in drei Dimensionen denken, statt wie bisher nur in zwei. Dadurch werden die bekannten Gestaltungsregeln nicht gänzlich geändert, aber erweitert. Eine Nichtbeachtung der Tiefengestaltung durch rein zweidimensionales Denken kann bei der Gestaltung sogar kontraproduktiv sein.

Eine Aufteilung des Bildes in Vorder-, Mittel- und Hintergrund unterstützt die räumliche Wirkung auch bei Stereo-3D enorm, denn die Wirkung der Stereoskopie beschränkt sich nicht auf die stereoskopische Darstellung von Objekten, sondern stellt auch die Distanz zwischen den Objekten dar.

#### Stereofenster

Eine der Besonderheiten bei Stereo-3D liegt in der Unterteilung in Zuschauerraum und Bildraum. Beide Räume werden durch die Wiedergabefläche, also die Nullebene voneinander getrennt.

Schon während der Aufnahme kann festgelegt werden, was später vor und hinter dem Stereofenster liegen wird. Dies geht zwar nur innerhalb der Grenzen von Tiefenumfang und Tiefenspielraum problemlos vonstatten, mithilfe moderner Stereo-3D-Vorschaumöglichkeiten und Analyzer lassen sich diese Dinge aber gut justieren. Mit einem für Stereo-3D geschulten Blick lässt sich oft schon ohne Vorschaumonitore abschätzen, was später welche Tiefenposition bekommt.

Wenn bei einer Aufnahme mit konvergierten Kameras gearbeitet wird, kann die Tiefe in der Postproduktion kaum noch geändert werden. Die Tiefenkadrierung ist dann schon im Original festgelegt und mit einem Stereo-3D-Monitor direkt erkennbar. Wird mit parallelen Kameras gearbeitet, gibt es später noch Spielraum beim Justieren der Tiefe. Bei der Aufnahme muss der Vorschaumonitor über eine Horizontalshiftfunktion verfügen, um diese spätere Justierung und damit das zu erwartende Ergebnis schon einmal grob zu sehen. Die gängigen Geräte haben diese Funktion aber integriert.

Die Kadrierung der Tiefe hat aber nicht nur ästhetische Relevanz. Sie ist auch sehr wichtig, um ein qualitativ gutes Stereo-3D-Bild zu erzeugen, das keine Visuelle Überforderung verursacht. Insbesondere muss darauf geachtet werden, dass Objekte, die später auf oder vor der Wiedergabeebene liegen sollen, nicht vom Bildrand angeschnitten werden. Es wäre unlogisch, dass der Rahmen ein Objekt verdeckt, das eigentlich vor ihm schwebt. Dieser Fall wird Stereofensterverletzung oder kurz Rahmenverletzung genannt.

Das Stereofenster ist eine Ebene. Es trennt die Tiefe in den Betrachterraum (Davor) und Bildraum (Dahinter).

### Rahmenverletzung

Die Gefahr einer Bildrandverletzung besteht vor allem links und rechts. Die Oberseite des Bildes ist gegenüber Rahmenverletzungen noch recht flexibel und unten muss kaum etwas beachtet werden. In jedem Stereo-

Die Figur befindet sich vor dem Stereofenster. An der Ober- und Unterseite wird die Rahmenverletzung noch toleriert.

Durch die Verletzung des seitlichen Rahmens entsteht Visuelle Überforderung. Das Problem wird am linken Bildrand deutlich, wenn mit der 3D-Brille abwechselnd ein Auge zugekniffen wird.

3D-Film finden sich Rahmenverletzungen an der Unterseite. Der Zuschauer widmet dieser Bildkante kaum Aufmerksamkeit. Das ist für die Kadrierung ein glücklicher Umstand, denn gerade unten tritt eine Rahmenverletzung am ehesten auf. Dort befindet sich oft der Boden des Raums, der weit nach vorn gezogen wird, um den Tiefeneindruck zu verstärken. Häufig werden durch die Unterkante auch Personen angeschnitten, vor allem bei näheren Einstellungsgrößen. Die Wirkung ist dann eher die eines gewölbten Bildes, solange links und rechts keine Rahmenverletzungen auftreten. Diese beiden Seiten müssen frei von Störungen sein. Die Toleranz der Zuschauer ist hier relativ gering und es entsteht leicht binokulare Rivalität an den entsprechenden Stellen. Eine leichte Rahmenverletzung kann in den meisten Fällen bei der Postproduktion über ein Schwebefenster beseitigt werden.

### Bühnenbild

Ob bei Studioaufnahmen die Kulisse gebaut wird, die Dekoration an einem Set oder nur ein einfacher O-Ton eingerichtet wird – fast immer besteht die Möglichkeit, einige Accessoires gezielt zu platzieren oder zu kadrieren.

### Unterstützung der Tiefe

Bei einer solchen Planung des Bildes geht es nicht nur um die richtigen Mindestabstände zur Kamera, sondern auch um eine räumliche Verteilung, welche die Tiefe unterstützt und den Raum gut definiert. Entsprechende monokulare Tiefenhinweise wie Verdeckung, Höhe, Größe oder Texturgradienten zu integrieren, ist vorteilhaft. Schräg liegende Gegenstände weisen Fluchtlinien in die Tiefe auf. Sie eignen sich wesentlich besser als parallel zur Kamera liegende Objekte. Wenn möglich sollte das

Objekte im Hintergrund und im Vordergrund verstärken den Raumeindruck bei Stereo-3D. Eine gute Setgestaltung umfasst alle Tiefenbereiche und vermindert damit den Kulisseneffekt.

Bild so eingerichtet werden, dass keine großen Lücken in der Tiefe entstehen. Eine durchgehende Fläche wie der Boden, die Wand oder eine Kante verbindet die einzelnen Ebenen der Tiefe und reduziert einen möglichen Kulisseneffekt. Auch Objekte wie ein Fußbodenläufer, ein Klavier, ein Tisch oder Blumenkästen können diese Funktion erfüllen.

**Kontraste**
Selbstleuchter im Bild wie eine Stehlampe oder Kerzen sollten möglichst so angebracht werden, dass sie nah bei der Nullebene liegen, um Übersprechen und Geisterbilder zu vermeiden. Die Intensität solcher Selbstleuchter muss möglicherweise künstlich reduziert werden, um den Kontrast abzusenken. Das gilt auch für sonstige Objekte und Farben. Sehr starke Kontraste wie Schwarz und Weiß sollten für Stereo-3D möglichst vermieden werden.

**Blickpunkt**
Besonders wichtig ist die Platzierung des Hauptobjekts, da dort schließlich die Aufmerksamkeit des Zuschauers liegen soll. Bei einem Schnitt ist es wünschenswert, dass diese Tiefenposition zum nächsten Bild passt. Andernfalls kann es zu einem Tiefensprung kommen.

**Teamwork**
Damit die Art der Tiefenempfindung des Raums auch zu der gewünschten Stimmung passt, die der Regisseur mit seiner Dramaturgie erreichen will, sollten sich Bühnenbauer und Set-Designer ebenfalls mit dem 3D-Storyboard auseinandersetzen und mit dem Regisseur und den anderen Gewerken Rücksprache halten. Auch für sie ist es von Vorteil, mit den spezifischen Anforderungen einer Stereo-3D-Produktion vertraut sein.

### Objekte

Die Platzierung von Objekten spielt bei der Einrichtung eines Bildes eine wichtige Rolle. Auf diese Weise kann ihre Bedeutung erhöht oder reduziert werden, es können Zusammenhänge zwischen bestimmten Gegenständen oder Personen hergestellt werden und auch die gesamte Bildaussage lässt sich gezielt beeinflussen.

**Nahbereich**
Menschen schauen automatisch zuerst auf Dinge im Vordergrund und erst danach auf den Hintergrund. Das ist eine normale Reaktionsweise, denn

Dinge im Nahbereich sind wichtiger, sie tangieren eine Person stärker. Daher sind nahe Objekte auch im Film und besonders in Stereo-3D für den Betrachter bedeutungsvoller.

### Größe

Objekte sollten eine gewisse Größe haben, um gut wahrgenommen zu werden. Das Auge versucht immer etwas zu fixieren. Viele winzige Objekte sind dabei weniger gut geeignet als wenige oder nur ein großes Objekt. Das gilt auch bei Bewegungen.

Objekte sollten im grünen Bereich liegen. Im rot markierten Bereich besteht die Gefahr binokularer Rivalität.

### Objekte im Zuschauerraum

Bildteile, die später weit in den Zuschauerraum hineinragen sollen, werden besser bildmittig kadriert. An dieser Stelle ist aus geometrischen Gründen der größtmögliche, noch fusionierbare Nahpunkt erreichbar. Schmale Objekte sind dabei besser geeignet als breite.

### Linien

Bei der Kadrierung von Bildern, besonders bei der Anordnung von Objekten und Schauspielern, entstehen Kraftlinien, die vom Zuschauer unbewusst wahrgenommen werden. Bilder lassen sich so in Bereiche mit größerem und geringerem Gewicht gliedern. Es werden Beziehungen zwischen den einzelnen Objekten hergestellt und dramaturgische Aussagen unterstützt oder transportiert. Die klassische Handhabung dieser Bilddramaturgie muss bei Stereo-3D bewusst um die dritte Dimension erweitert werden. Auch auf der Z-Achse lassen sich Objekte anordnen und Beziehungen herstellen. Personen oder Gegenstände haben unterschiedliche Wirkungen, wenn sie sich weiter vorne oder weiter hinten im Bild befinden. Ihre Blickvektoren und Bewegungsvektoren können nun auch spürbar in die dritte Dimension führen.

Linien, die in die Tiefe führen, unterstützen Stereo-3D.

Bei der Kadrierung sollte besonders darauf geachtet werden, horizontale und vertikale Linien im Bild gerade zu stellen. In der Realität sieht der auf die Orientierung in der Natur geschaffene Mensch Horizontlinien und vertikale Linien wie Bäume oder Hauskanten immer gerade, selbst bei geneigtem Kopf. Diese Präzision zeigt sich besonders gut bei der subjektiven Beurteilung darüber, ob ein Bild an der Wand gerade hängt.

▶ *Bei der Aufnahme sollte etwas mehr Bild kadriert werden als eigentlich notwendig, da bei der späteren Teilbildausrichtung ein Randbereich des Bildes verloren geht und Disparitäten leicht vergrößert werden.*

Fluchtlinien im Bild sollten genutzt werden, denn sie helfen, das Auge in die Tiefe hinein oder aus der Tiefe heraus zu führen. Ebenso sollten sich Bewegungsvektoren in der Stereoskopie auch in die Tiefe erstrecken, weil dadurch der Raumeindruck deutlich verbessert wird.

### Bildkomposition

Die Regeln zweidimensionaler Bilder gelten auch für Stereo-3D. Stellen im Goldenen Schnitt und in der Bildmitte eignen sich gut, um Bewegungen in die Tiefe zu beginnen oder um Bewegungen aus der Tiefe enden zu lassen. Im Normalfall ist der Blick des Betrachters nach einem Bildwechsel an diesen Stellen zu erwarten, solange er nicht durch das vorangegangene Bild an eine ganz andere Stelle versetzt wurde. Für gute Tiefenanschlüsse ist es von Vorteil, bereits bei der Aufnahme zu wissen, welches Bild vor oder nach der aktuellen Einstellung montiert werden soll. Im Schnitt selbst kann zwar noch vieles verbessert, aber durch Nichtbeachtung solcher Regeln auch verschlechtert werden. Ist bei der Aufnahme nur das Bild einer Kamera zu sehen, muss das zweite Bild bei der Kadrierung stets mit bedacht werden. Da dieses etwas links oder etwas rechts vom gesehenen Bild liegt und das später vom Betrachter fusionierte Gesamtbild genau zwischen diesen beiden Teilbildern zu finden ist, könnte eine nur lediglich auf einem Display fein komponierte Kadrierung wieder hinfällig sein. Dieser Zusammenhang ist vor allem im Nahbereich von Bedeutung.

*Über Gestaltungsmittel lässt sich der Blick des Betrachters in der Tiefe führen.*

### ℹ Interessante Objekte

Es gibt Bilder, die zweidimensional betrachtet eher langweilig wirken und keinen Reiz haben. Objekte, die im Vordergrund vorhanden sind, wirken dabei manchmal störend oder lenken ab. Es kann aber sehr leicht vorkommen, dass gerade solche Bilder dreidimensional betrachtet eine sehr gute Wirkung haben, gerade weil durch solche störenden Objekte die Raumwahrnehmung verbessert wird. Das können beispielsweise einzelne Vordergrundobjekte wie Pfähle oder Schilder sein, Personen oder Autos. Solche Objekte können eintönige in interessante Bilder verwandeln. Auch der Boden, sei es Gras oder eine Straße, trägt oftmals nicht unerheblich zur räumlichen Wahrnehmung bei und kann Bilder in Stereo-3D deutlich aufwerten.

### 6.4.6 Filter

Beim Einsatz von Filtern ist die wichtigste Grundbedingung, dass beide Filter identisch sind. Es sollten daher keine verschiedenen Marken oder Filter unterschiedlicher Abnutzung verwendet werden. Idealerweise gehört zu einem Stereo-3D-Kameraset ein entsprechendes Set von Filtern, die gleichzeitig erworben wurden und die auch gemeinsam abgenutzt werden.

Kompendium mit Filterbühne zur Aufnahme von zwei Filtern

#### Filtergüte

In jedem Fall ist besonders darauf zu achten, dass die Filter keine Beschädigungen oder sonstige Eigenheiten aufweisen, um Unterschiede zwischen den beiden Bildern zu vermeiden. Filter sind in der Stereoskopie daher mit besonderer Sorgfalt zu behandeln. Es empfiehlt sich, hochwertige Glasfilter einzusetzen. Diese sind auf Dauer wesentlich beständiger und auch beschädigungsresistenter.

#### Standardfilter

UV-Filter, ND-Filter, Farbfilter und Konversionsfilter sind relativ leicht einsetzbar. Hier gibt es nicht allzu viel zu beachten, denn natürlich machen kleine Unterschiede in Farbe und Kontrast nicht sofort das Bild kaputt. Einerseits ist die menschliche Wahrnehmung in der Lage, kleine Unterschiede zu summieren, andererseits werden die aufgenommenen Bilder fast immer in der Postproduktion bearbeitet und standardmäßig angeglichen.

Set aus verschiedenen Filtern

#### Spezialfilter

Beim Einsatz von Verlaufsfiltern, aber auch bei Polarisationsfiltern ist eine exakte Ausrichtung sehr wichtig. Die Verläufe und Polarisationsrichtungen müssen auf beiden Teilbildern identisch sein. Zwar können auch hier geringe Abweichungen noch summiert werden, mit steigender Abweichung wird aber eine bequeme Fusion der Teilbilder erschwert.

### 6.4.7 Licht

Die Lichtsetzung dient in der Stereoskopie genau wie in herkömmlichen Verfahren dazu, das Auge des Betrachters in der Szene zu führen und lenkt so die Aufmerksamkeit auf bestimmte Bereiche. Mit Licht können besondere Stimmungen und Emotionen geweckt werden.

Das gleiche Bild ohne und mit direktem Sonnenlicht – deutlichere Konturen erleichtern die Wahrnehmung der Tiefe.

### Lichtbedarf

Stereo-3D benötigt viel Licht. Dafür gibt es mehrere Gründe. Oft geht es darum, hohe Schärfentiefe zu erzielen. Damit ist eine kleine Blende und somit ein erhöhter Lichtbedarf verbunden. Die Verwendung von Spiegel-Rigs kostet ebenfalls Blende. Als dritter Punkt spielt es auch eine Rolle, dass das Stereosehen vor allem bei hellen Stellen gut funktioniert. Im unterbelichteten Bereich ist es manchmal ungenau.

### Lichtführung

Ein stereoskopisches Bild profitiert von einer Einteilung in Vorder-, Mittel- und Hintergrund. Wenn es gelingt, diese Bereiche über die Lichtsetzung miteinander zu verknüpfen, wird es für den Zuschauer leichter, mit dem Blick in die Tiefe zu wandern. Gleichzeitig kann auf diese Weise der Kulissen-Effekt verringert werden.

### Formen

Bei der Bildgestaltung sollte auf klare Formen und Kanten geachtet werden. Besonders über die Lichtführung lassen sie sich gut herausarbeiten. Die Wahrnehmung bewertet Umrisse und Formen stärker als Muster und Texturen. So kann es sogar dazu kommen, dass ein Bild trotz unterschiedlicher Muster stereoskopisch wahrgenommen wird. Dabei werden allerdings die Flächen mit den Mustern undeutlich und „springen" wegen der binokularen Rivalität.

Dunkle Randbereiche führen den Blick in Richtung Bildmitte, klare Linien zusätzlich in die Tiefe; kein Kulisseneffekt.

Nebliger Hintergrund verbirgt mögliche Disparitätsprobleme.

## Farben

Flaue und dunkle Bildbereiche ziehen den Blick nicht an. Diese Eigenschaft der Wahrnehmung lässt sich auch dramaturgisch gut einsetzen. Die Aufmerksamkeit lenkt sich vorrangig auf helle, scharfe Bereiche. Auch Farben, besonders mit hoher Sättigung, wirken interessant und können sich gegenseitig beeinflussen. Sie werden nicht absolut, sondern im Verhältnis zueinander gesehen (Farbkonstanz). Zu diesen Farbkontrasten zählen der Quantitätskontrast, der Komplementärkontrast und der Kalt-Warm-Kontrast. Warme Farben werden beispielsweise näher am Betrachter empfunden als kalte. Damit lassen sich sogar räumliche Bezüge darstellen, die real nicht vorhanden sind.

▶ *Im Zweifelsfall gewichtet das Gehirn immer zugunsten der größeren Helligkeit.*

## Ablenkung

Dass die Aufmerksamkeit stets zugunsten von klaren Strukturen entscheidet, lässt sich durchaus zunutze machen, etwa in bestimmten Situationen, in denen der Blick nicht durch den Hintergrund abgelenkt werden soll. Das kann gestalterische Gründe haben, es kann sich aber auch um Problembereiche handeln, die kaschiert werden sollen. Möglicherweise ist der Hintergrund des Bildes verzerrt oder weist zu starke Disparitäten auf. In diesen Fällen ist es von enormem Vorteil, wenn dort keine klaren Strukturen zu erkennen sind. Diesiges Wetter oder „matschiger" Himmel können hier wahre Wunder bewirken. Auch mit künstlichem Licht kann der problematische Hintergrund „weggeleuchtet" werden. Dazu wird er entweder im Dunkeln gehalten oder nur die unproblematischen Stellen werden punktuell beleuchtet.

## Selbstleuchter

Wenn die direkte Sonne oder andere helle Selbstleuchter ins Bild integriert werden, kann es zu wahrnehmbaren Blendenflecken oder Sternchen kommen.

### Blendenflecke

Blendenflecke sind keine räumlichen Strukturen, sondern optische Abbildungsfehler. Die aus der Tiefe kommenden Lichtstrahlen bilden die Linsenglieder des Objektivs ab und erzeugen somit eine vermeintliche Tiefenstaffelung. Diese kommt im Bild durch Verdeckungen oder auch durch die Größenänderung der einzelnen Blendenflecke zustande.

### Sternchen

Auch Blendensterne haben oft eine vermeintliche Ausdehnung im Raum. Sie entstehen durch Brechung der Strahlen an der Blende und werden im zweidimensionalen Bild nur als Verdeckungseffekt deutlich. Die Kreise oder Strahlen überlagern dabei echte Objekte des Bildes und scheinen sich auf diese Weise vor ihnen zu befinden.

Blendensterne können auch bewusst als Stilmittel eingesetzt werden.

### Abbildungsfehler in Stereo-3D

Bei Stereo-3D sind die Selbstleuchtereffekte genauso relevant, nur kommt hinzu, dass solche Effekte aufgrund der beiden unterschiedlichen Perspektiven versetzt erscheinen. Dabei können Pseudodisparitäten entstehen, die räumlich wirken. Selbstleuchter in stereoskopisch unendlicher Entfernung werden deckungsgleich abgebildet. Je näher sie sich an der Kamera befinden, desto unterschiedlicher sind auch die Einfallswinkel auf beiden Objektiven und desto problematischer können die Differenzen der Überstrahlungen sein.

### Abbildungsfehler als Stilmittel

Die Abbildungsfehler werden gern als Stilmittel oder Effekt eingesetzt. Wegen der schwierigen Beeinflussungsmöglichkeit sollte dieser Effekt für Stereo-3D besser in der

Postproduktion erzeugt werden. Werden sie schon bei der Aufnahme erzeugt, sind sie fest im Bild verankert. Sie ändern sich bei der Teilbildausrichtung und können dadurch unberechenbar werden. Sollen sie dennoch eingesetzt werden, ist es für korrespondierende Effekte wichtig, hochwertige Objektive einzusetzen. Die Lichtquelle sollte möglichst direkt in die Kamera scheinen können. Wird das Licht unterwegs gebrochen, beispielsweise durch einen Baum, durch dessen Blätter die Sonne hindurchscheint, werden die Unterschiede der Blendenflecke in den Teilbildern größer. In der Betrachtung kann es dadurch zu binokularer Rivalität kommen. Mit anderen Lichtquellen wie Effektscheinwerfern bei Konzerten verhält es sich grundsätzlich genauso. Glücklicherweise halten sich Betrachtungsstörungen in Grenzen, selbst wenn solche Effekte nur in einem der beiden Teilbilder auftreten.

## Geisterbilder

Starke Lichtkontraste bergen die Gefahr von Geisterbildern in der Wiedergabe. Es handelt sich dabei nicht um einen Fehler in der Aufnahme, denn Geisterbilder entstehen durch ungenügende Kanaltrennung bei der Bildübertragung und der Wiedergabe. Verschiedene Arten von Bildschirmen und Projektionsverfahren haben unterschiedlich starke Probleme mit Übersprechen.

Obwohl kontrastreiches Licht attraktiv wirkt und in vielen Situationen auch notwendig ist, sollte im Hinblick auf die Stereo-3D-Wiedergabe nach Möglichkeit mit weicherem Licht gearbeitet werden. Der härteste Kontrast ist der Schwarz-Weiß-Kontrast, also das berühmte Stück Kohle im Schnee. Im Bereich der Nullebene sind solche hohen Kontraste kein Problem. Da dort keine Disparitäten vorhanden sind, entstehen auch keine Geisterbilder. Je größer die Disparität, desto stärker tritt das Übersprechen und damit die Geisterbilder bei der Wiedergabe in Erscheinung. Die höchsten Disparitäten erreichen Bildteile, die weit in den Zuschauerraum reichen. Der dabei erwünschte starke „3D-Effekt" kann durch Geisterbilder beschädigt werden. Aufgrund der rasanten Entwicklung im Bereich der Wiedergabetechnologien spielt das jedoch künftig eine untergeordnete Rolle.

Harte Kontraste bergen die Gefahr von Ghosting. Besonders vor der Nullebene sind Geisterbilder in konstrastreichen Bildern vorprogrammiert. Selbstleuchter und helle Lichter sollten sich dort besser nicht befinden.

**Zusammenfassung**  Die klassische Bildgestaltung wird bei Stereo-3D um neue kreative Werkzeuge bereichert. Das führt einerseits zu einer Erweiterung der gestalterischen Möglichkeiten, andererseits muss dadurch Zusätzliches beachtet werden. Der Bildgestalter muss nun auch in die Tiefe denken, statt die Tiefe auf eine flache Fläche zu projizieren. Das gilt besonders für die Kadrierung und die Beleuchtung. Die bekannten Gestaltungsmittel sind alle auch in Stereo-3D einsetzbar, hier kommt es vor allem auf eine sehr akkurate Umsetzung an. Gerade bei Zooms, Schärfefahrten oder Kamerabewegungen gelten besondere Anforderungen an den Gleichlauf und die Synchronität der beiden Kameras.

## 6.5 Standardsituationen

Sowohl beim szenischen Arbeiten als auch bei Dokumentationen und EB-Drehs – der Arbeitsalltag hält immer wieder bestimmte Standardsituationen bereit, die in ihrer Charakteristik einander ähneln. In diesem Kapitel werden Hinweise für solche typischen Drehsituationen gegeben und die jeweilige Herangehensweise wird kurz beleuchtet. Die Hinweise beziehen sich vorrangig auf die stereoskopischen Besonderheiten. Alle Beispiele sind praxisnah ausgewählt und decken einen Großteil der möglichen Situationen im Arbeitsalltag eines Stereo-3D-Kameramanns oder eines Stereografen ab.

Auf das Erläutern komplizierter mathematischer Zusammenhänge wird dabei bewusst verzichtet. In der Praxis wäre dies auch nicht sehr nützlich. Der Kameramann möchte sich auf die Bildgestaltung konzentrieren und nicht auf den Taschenrechner und ein Stereograf ist mehr an der Stereo-3D-Vorschau und einer Anzeige der stereoskopischen Parameter interessiert. Auf diese Weise ist immer schnell erkennbar, wie groß der jeweilige Tiefenumfang ist und ob er gestreckt oder gestaucht werden muss, um optimal in den Tiefenspielraum der Kamera zu passen. Nur in Fällen, in denen derartige Vorschaumöglichkeiten nicht zur Verfügung stehen, sind mathematische Formeln und Tabellen für gute Ergebnisse wichtig. Für den Stereo-3D-Amateur bietet sich in der Praxis an, einige Faustregeln anzuwenden. Dadurch liegt das Ergebnis möglicherweise nicht unbedingt am optimalen Ende des Machbaren, für die private Anwendung reicht es aber meist aus.

In diesem Kapitel werden klassische Standardsituationen beschrieben. Es führt von der Normalsituation, die den Augenabstand als Ausgangsbasis hat, hin zu Landschafts-, Fern- und Luftaufnahmen, die eine größere Basis erfordern. Anschließend geht es um Kleinbasissituationen in Form von Unterwasser- und Nahaufnahmen sowie die Mikroskopie, bei der eine besonders kleine Basis nötig ist. Die darauffolgenden Pauschalsituationen werden weniger nach ihrer Stereobasis, als vielmehr dem Aufnahmezweck und der Arbeitsweise kategorisiert. Hierzu zählen Großveranstaltungen und Live-Übertragungen, Sport und Musikvideos. Typische Standardsituationen sind auch die bewegte Kamera oder Schulterkamera, Interviews und O-Töne sowie „Eindrücke" und Architekturbilder. Eine besondere Herangehensweise ist aufgrund des Lichts bei Nachtaufnahmen erforderlich. Stillleben und Puppentrick sind Situationen, in denen als Besonderheit das Sukzessivverfahren möglich ist. Zuletzt beschäftigt sich das Kapitel mit Animationen, einer Kategorie, die gerade bei Stereo-3D beliebt ist, da die stereoskopischen Parameter beliebig verändert werden können.

### 6.5.1 Normalsituation

Der Mensch nutzt sein stereoskopisches Sehvermögen vor allem im greifnahen Bereich. Aufgrund der festen Augenbasis und der festen Brennweite stellt sich die Welt in einer bestimmten Konstanz dar, auf der die Wahrnehmung aufbaut. Dieser natürliche Blick wird hier Normalsituation genannt.

#### Mittelwerte

Übertragen auf die stereoskopische Kameraarbeit führt dies zu einer Bildeinstellung, die im weitesten Sinne orthostereoskopisch sein sollte. Dazu werden alle Werte in den Normalbereich gefahren. Die Stereobasis liegt etwa bei 6,5 Zentimeter und entspricht damit dem durchschnittlichen Augenabstand. Das menschliche Auge ist die Vorlage für die Normalbrennweite von Objektiven. Welche Brennweite im Normalbereich liegt, ist vom Bildformat, genauer gesagt von der Sensorgröße abhängig. So sind 50 Millimeter nur bei Kleinbild eine Normalbrennweite. Für 2/3 Zoll-Sensoren liegt sie hingegen schon bei 13 Millimetern und bei 1/2 Zoll-Kameras sind 9 Millimeter normal. Davon ausgehend werden größere und kleinere Brennweiten als Tele oder Weitwinkel bezeichnet.

#### Wirkungsbereich

Sind alle Bedingungen erfüllt, entspricht die Aufnahme ungefähr dem normalen Sehen. Das bedeutet allerdings, dass sich der stereoskopisch wirksame Bereich vom Nahpunkt bis zu einer Entfernung von rund 20

---

**i  Tiefeneinschätzung**

Die Grundlage für alle Situationen besteht in der Ermittlung des Tiefenumfangs des Motivs. Es muss also stets darauf geachtet werden, wo Nah- und Fernpunkt liegen. Dies ist eine der wichtigsten Maßnahmen bei der stereoskopischen Kameraarbeit. Die Tiefeneinschätzung hilft auch, ein Verständnis für die Aufnahme zu entwickeln. Der Nahpunkt ist immer auf das Gesamtbild bezogen, nicht auf ein einzelnes Objekt. Auch wenn die Schärfentiefe gering sein sollte, der Nahpunkt ist immer der vorderste Punkt im abzubildenden Raum. Der Fernpunkt ist entsprechend der entfernteste Punkt, oft liegt er im Bereich der stereoskopischen Unendlichkeit. Der Tiefenumfang der Szene muss am Ende in den Tiefenspielraum der Stereo-3D-Kamera passen. Wenn diese Punkte klar sind, entwickelt der Stereo-3D-Kameramann ein Gefühl für die Situation und ob sie so filmbar ist oder etwas modifiziert werden muss.

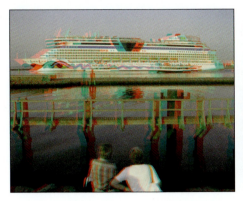 

In diesem Bild mit Normaleinstellungen befindet sich der stereoskopisch wirksamste Teil im Bereich bis etwa 20 Meter.

Landschaften benötigen eine größere Stereobasis. Hier ist sie noch zu klein.

Metern erstreckt. Weiter entfernt liegende Dinge weisen kaum noch Disparitäten auf. In vielen Situationen spielt sich das Geschehen jedoch ohnehin vorwiegend in diesem nahgelegenen Bereich ab. Entfernte Dinge ergänzen das Bild als Hintergrund mit den entsprechenden monokularen Tiefenhinweisen.

### Abweichungen

Sollte die Kamerabasis wesentlich verkleinert oder vergrößert werden, befindet sich die mögliche Nahpunktentfernung weiter vorne oder hinten, wodurch auch der Tiefenspielraum variiert. Die Bedingungen einer Normalsituation werden damit nicht mehr erfüllt. Wenn Aufnahmen mit Menschen gemacht werden, bei denen diese einer natürlichen Darstellung entsprechen sollen, muss möglichst im Normalbereich gedreht werden.

### 6.5.2 Landschaft

Häufig werden in Filmen weite Landschaftsaufnahmen als Establishing-Shot eingesetzt, um den Zuschauer langsam auf den Film einzustimmen. Das Auge kann bei solchen Einstellungen im Bild umherwandern und sich orientieren. Eine typische Landschaftsaufnahme enthält im Nahbereich keine Personen oder Objekte, denn dann würde die Landschaft selbst nur zum Hintergrund werden. Erst weit hinten, in der Landschaft integriert, können Menschen oder Objekte vorkommen.

### Tiefenausdehnung

Um die Weite der Landschaft zu verdeutlichen, können mittlere oder kurze Brennweiten verwendet werden. Allerdings wird durch das Weitwinkel der Nahbereich im Vergleich zum übrigen Bild schnell überbetont. Soll das nicht passieren, sind eher mittlere bis längere Brennweiten zu verwenden. Dadurch ist der Nahpunkt weiter entfernt. Bei Landschaftsbildern wird der Nahpunkt meist durch den Boden gebildet, der die untere Bildkante schneidet. Liegt er in größerer Entfernung, vergrößert sich auch der Tiefenspielraum der Kamera. Für den gegebenen Tiefenumfang des Motivs wird er dann mitunter zu groß. In diesem Fall muss mit einer Vergrößerung der Kamerabasis gegengesteuert werden, damit eine stereoskopische Räumlichkeit erkennbar wird.

### Stereobasis

Mit normalen Stereo-3D-Rigs sind Basisweiten nur begrenzt im Bereich einiger Zentimeter einstellbar. Ist der Nahpunkt des Bildes jedoch zu weit entfernt, müssen zwei getrennte Kameras in Side-by-Side-Anordnung eingesetzt werden. Bei Landschaftsaufnahmen kann schnell eine Stereobasis im Bereich von einigen Metern nötig sein, um die entsprechend unterschiedlichen Perspektiven zu erhalten. Aufnahmen, die von einem hohen Turm aus gemacht werden, von einem Kran oder von einem Bergabhang herunter, sind Beispiele für Situationen, in denen der Nahpunkt auch schon bei mittleren Brennweiten weit entfernt liegt. Die Stereobasis muss in diesen Fällen besonders groß sein. Bei Basisbreiten von mehreren Metern müssen in der Regel separate Stative eingesetzt werden. Die genaue geometrische Ausrichtung der beiden Kameras wird dann entsprechend schwierig.

Beim natürlichen Blick auf solche Landschaften kann die Tiefe aufgrund des festen Augenabstandes nur mit monokularen Tiefenmerkmalen wie Verdeckung oder Dunstperspektive wahrgenommen werden.

### Abweichungen

Es kann auch vorkommen, dass im Vorder- oder Mittelgrund Bildinhalt auftaucht, der nicht umgangen werden kann. Das kann ein Baum sein oder auch nur dessen Zweige, ein Busch oder eine Wiese. Da der Nahpunkt dann näher an der Kamera liegt, darf auch die Stereobasis nicht zu groß

Bei dieser Landschaftsaufnahme beträgt die Stereobasis rund 12 Meter.

Fernaufnahme: lange Brennweite, leichte Großbasis und Modelleffekt

werden. Die weit entfernten Bildteile sind dann zwar zunehmend monoskopisch, das Gesamtbild wirkt jedoch natürlicher als mit zu großer Stereobasis. Allerdings kann solch ein Bild schnell den typischen Landschaftsaufnahmecharakter verlieren.

### 6.5.3 Fernaufnahme

Wenn einzelne Objekte oder ganze Kompositionen aus großer Entfernung aufgenommen werden, handelt es sich um Fernaufnahmen, für die es typisch ist, besonders lange Brennweiten zu verwenden. So können weit entfernte Dinge groß gesehen werden.

#### Tiefenumfang

Wenn das einzelne Fernobjekt keinen Vorder- und Hintergrund aufweist, ist es nötig, die Stereobasis drastisch zu erhöhen, da andernfalls die Abbildung nur zweidimensional wird. Beispiele für solche Aufnahmen sind Berge oder Wolken. Bei solchen Einstellungen ist aber unbedingt darauf zu achten, dass nicht plötzlich doch Vordergrund wie Zweige oder Gras ins Bild kommt, denn damit wäre der Nahpunkt deutlich verschoben und der Tiefenumfang des Bildes würde den Tiefenspielraum bei weitem übersteigen.

Bei der Aufnahme einer ganzen Szenerie aus großer Entfernung darf die Stereobasis nicht zu stark erhöht werden. Der Tiefenumfang, also die Ausdehnung der abzubildenden Tiefe, ist viel größer und damit ist in den meisten Fällen der Nahpunkt auch wesentlich näher an der Kamera.

### Kulisseneffekt

Fernaufnahmen komprimieren durch die langen Brennweiten die Tiefe. Dabei entsteht ein zunehmend sichtbarer Kulisseneffekt. Die Objekte selbst sind dann weniger plastisch, dafür wird die Tiefe durch den Raum zwischen ihnen erzeugt. Der Kulisseneffekt lässt sich abschwächen, wenn verbindende, in die Tiefe führende Strukturen wie eine Straße, eine Mauer oder gestaffelte Objekte mit ins Bild genommen werden. Eine andere Methode zur Reduzierung des Kulisseneffekts liegt in der Erhöhung der Stereobasis. Dabei wird die Tiefe wieder gedehnt und der Tiefenspielraum verringert sich. Nun passt aber der Tiefenumfang der Szene möglicherweise nicht mehr hinein.

### Motive

Besonders reizvoll sind Fernaufnahmen, die Motive der Landschaftsaufnahme nutzen. Ein Sonnenaufgang oder -untergang kann sehr räumlich wirken, wenn Wolken davor zu sehen sind. Dann kommt als Tiefenhinweis neben der Verdeckung noch die Bewegungsparallaxe ins Spiel. Sind die Wolken nicht allzu weit entfernt und die Stereobasis nicht zu klein, lassen sie sich räumlich deutlich von der Sonne abheben. Ein Kulisseneffekt lässt sich dabei kaum vermeiden. Auch andere Objekte wie Wasser oder der Boden können den räumlichen Eindruck vorteilhaft unterstützen. Die Sonne selbst lässt sich natürlich nicht räumlich abbilden. Sie ist mit 150 Millionen Kilometern in jedem Fall zu weit von der Stereo-3D-Kamera entfernt.

Die Sonne selbst wird nicht räumlich, wohl aber die Flächen, in denen sie sich spiegelt.

Side-by-Side-Aufnahmen vom Helikopter aus erfordern eine geringe Flughöhe.

### 6.5.4 Luftaufnahme

Aus großer Höhe gefilmte Landschaften weisen aufgrund der verhältnismäßig kleinen Stereobasis keine Tiefe auf. Stereoskopische Tiefe wird in dem Fall erst dann sichtbar, wenn Objekte im Vordergrund erscheinen. Dies könnte ein anderes Flugzeug sein, ein paar kleine Wolken oder auch ein Vogelschwarm. Werden Teile des eigenen Flugzeugs oder Helikopters mit ins Bild genommen, wie Tragflächen oder Cockpit, ist auf eine entsprechend kleine Stereobasis zu achten, denn der Nahpunkt ist dann wirklich nah und der Tiefenumfang des Motivs sehr groß.

#### Flughöhe

In den meisten Fällen wird es aber nur um die Aufnahme des Bodens gehen. Bei solch großen Abständen zum Nahpunkt ist eigentlich eine Großbasis erforderlich. Dafür sind spezielle Side-by-Side-Konstruktionen erforderlich, wobei die Größe des Helikopters oder Flugzeugs die Stereobasis in jedem Fall begrenzt. Bei einer Flughöhe von 100 Metern müsste die Stereobasis mit einer 2/3 Zoll-Kamera und 30 Millimeter Brennweite rund einen Meter betragen. Soll das Objektiv weitwinkliger oder muss die Flughöhe größer sein, ist diese Basis schon wieder zu gering. Daran wird erkennbar, dass solche Aufnahmen nur aus geringer Höhe gelingen.

Anders sieht die Sache aus, wenn starke Höhenunterschiede bestehen, wie im Fall der Skyline von New York oder Shanghai oder wenn hohe Berge überflogen werden. Dann liegen Nah- und Fernpunkt weit auseinander, der Tiefenumfang steigt und die Flughöhe darf auch größer werden.

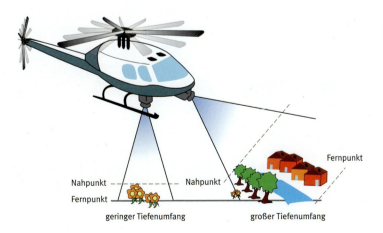

Je flacher der Blickwinkel ist und je tiefer der Helikopter fliegt, desto größer wird der Tiefenumfang und desto besser der Raumeindruck.

## Neigung

Es spielt auch eine große Rolle, ob direkt nach unten gefilmt wird oder schräg nach vorn. In den meisten Fällen ist die Ausdehnung der Tiefe direkt auf der Erdoberfläche sehr gering. Eine räumliche Darstellung ist dabei umso schwerer. Wird die Kamera nach vorn geneigt, liegen Nah- und Fernpunkt deutlich weiter auseinander. Die meisten stereoskopischen Luftaufnahmen werden daher aus geringer Höhe mit Side-by-Side-Kameras gedreht, die winklig zur Erdoberfläche stehen.

Aus dieser Perspektive sieht selbst der riesige Mt.Fuji sehr klein aus – in Stereo-3D wird diese Wirkung „Modelleffekt" genannt. Solche Bilder lassen sich über das Versatzverfahren erzeugen

## Modelleffekt

Bei Luftaufnahmen kann es leicht zur Entstehung des Modelleffekts kommen. Dann wirkt die Landschaft wie eine Modelleisenbahnplatte. Dieser Modelleffekt ist nicht nur durch die Stereobasis bedingt, sondern auch durch die ungewohnte Perspektive. Selbst mit bloßem Auge betrachtet, hat eine solche Perspektive eine modellhafte Wirkung. Das bedeutet nicht, dass diese Bilder nicht sehr reizvoll sein können.

## Versatzverfahren

In großen Höhen kann im Fall einer geraden Flugbahn und seitlicher Aufnahmeposition eine einfache 2D-Aufnahme gemacht werden, die in der Postproduktion zeitlich versetzt dupliziert wird. Dieses Verfahren ist vom Grundprinzip eine Sukzessivaufnahme. So lässt sich leicht eine Stereobasis von einigen Metern und damit auch eine räumliche Darstellung der

Das Prinzip des Versatzverfahrens: Stereo-3D mit nur einer Kamera

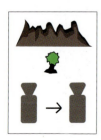

Bewegung der Kamera

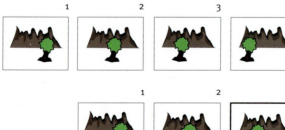

versetzte Bilder

Landschaften erreichen. Vorteilhaft ist, dass die Teilbilder in Schärfe, Schärfentiefe, Brennweite, Farbe und Größe perfekt zueinander passen. Dieses Verfahren eignet sich leider nicht für Kurvenflüge und kann nur zur Seite hinaus verwendet werden.

### 6.5.5 Unterwasser

Viele der bekannten Tiefenhinweise funktionieren im Unterwasserbereich nur eingeschränkt oder gar nicht. Das liegt am ungewöhnlichen Licht, den Eigenarten des Wassers und weil die Umgebung dort generell ungewohnt ist. Bekannte Referenzen aus der Überwasserwelt sind nicht sehr zahlreich.

Unterwasserfilmer Howard Hall mit einer IMAX-Unterwasserkamera

#### UW-Stereo-3D-Rigs

Für Unterwasseraufnahmen eignen sich Gehäuse in denen die beiden Kameras nebeneinander angebracht sind. Prinzipiell sind auch Spiegel-Rigs einsetzbar. Der Spiegel müsste aber wegen der Weitwinkelobjektive sehr groß werden und Platz ist in Unterwassergehäusen immer Mangelware. Einmal unter Wasser hat der Kameramann nicht mehr viele Möglichkeiten, Verstellungen und Justierungen vorzunehmen. Daher sollten die Kameras bereits an Land ausgerichtet und dabei die wahrscheinliche Drehsituation berücksichtigt werden.

Unterwasser: Mit zunehmender Tiefe verschwinden die Farben.

#### Licht

Wasser schluckt Licht. Schon nach wenigen Metern wird es merklich dunkler. Kameras geraten bei Unterwasseraufnahmen schnell in den Unterbelichtungsbereich. Durch die dann nötige Signalanhebung, also das Gain, entsteht Bildrauschen.

Das Licht wird vom Wasser ungleichmäßig geschluckt. Die Absorption ist abhängig von der Wellenlänge. So kommt es mit steigender Wassertiefe zu einem stufenlosen Verschwinden der Farben von Rot nach Violett. Der Effekt spielt auch im flachen Wasser eine

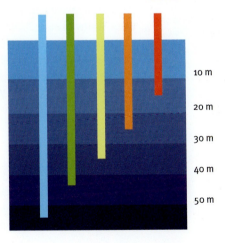

Rolle. Von einem anvisierten Objekt muss das Licht erst zur Kamera gelangen. Auch auf diesem Weg ändern sich Farben und Intensität, selbst in horizontaler Richtung. Daher ist die Sichtweite selbst bei klarem Gebirgsseewasser stets begrenzt.

Die Farbverschiebung und der Helligkeitsverlust bei Unterwasseraufnahmen müssen kompensiert werden. Dafür werden künstliche Lichtquellen eingesetzt, die über eine gewöhnliche Taucherhandlampe weit hinausgehen. Besonders wichtig ist ein breiter Lichtkegel, damit das Motiv möglichst gleichmäßig ausgeleuchtet werden kann. Für gute Aufnahmen sind daher spezielle Hochleistungslampen notwendig, die speziell für Unterwasserfilmaufnahmen konstruiert wurden. Das erfordert zusätzliche Beleuchter, die das Licht separat mitführen. Die zu filmenden Objekte können dann auch von außerhalb der Kameraachse beleuchtet werden.

Wenn Unterwasseraufnahmen im flachen Wasser bei Sonnenschein oder in einem Schwimmbad gemacht werden, kann auf das aufwändige Unterwasserlicht verzichtet werden. Stattdessen kann je nach Motiv von oben geleuchtet werden.

### Brennweite

Aufgrund des höheren Brechungsindex verlängert sich die Brennweite unter Wasser um rund ein Drittel. Damit ist eine geeignete Auswahl weitwinkliger Objektive im Vorfeld nötig. Ein „Fischauge" wird unter Wasser vom Effektobjektiv zum normalen Weitwinkel degradiert. Das bedeutet gleichzeitig, dass sich ein Normalobjektiv eher wie ein leichtes Teleobjektiv verhält, wodurch sich der Mindestabstand entsprechend nach hinten verschiebt.

▶ *Fischaugen sind Objektive mit extrem kurzer Brennweite. Unterwasser machen sie besonders Sinn, weil Brennweiten durch das Wasser verlängert werden.*

Sehr weitwinklige Objektive sind für Stereo-3D unter Wasser die beste Wahl. Weitwinkelobjektive haben außerdem den Vorteil, dass sie viel Licht sammeln und dadurch nicht so schnell in den Unterbelichtungsbereich geraten. Die Verwendung einfacher Weitwinkelvorsätze versieht das Bild allerdings mit mannigfaltigen optischen Abbildungsfehlern. Eine hochwertige Optik ist gerade unter Wasser von großer Bedeutung.

### Partikel

Ein besonderes Problem stellen die zahlreichen Partikel unter Wasser dar. Kleine Lebewesen, Sand oder Pflanzenreste treiben unablässig durch das Meer oder den See. Ist das Wasser durch den Wind aufgewühlt, gibt es schnell Sichtweiten, die gegen Null tendieren. Viele Fische fühlen sich gerade in diesem nahrungshaltigen Wasser wohl.

Leider können die Schwebeteilchen ein stereoskopisches Bild leicht stören, weil sie natürlich keine Rücksicht auf Nahpunktgrenzen nehmen. Das Gehirn ist in der Lage, das Bild trotzdem stereoskopisch zu erkennen, selbst durch trübes, mit Partikeln versetztes Wasser hindurch. Die störenden Teilchen werden dann partiell monoskopisch gesehen oder unterdrückt. Solche Bilder sind aber anstrengend zu betrachten und auf Dauer nicht akzeptabel.

Oft sind die Unterwasserlampen direkt am Gehäuse angebaut. Wenn die Beleuchtung direkt aus der Kameraachse kommt, werden die störenden Partikel im Nahbereich sehr stark angestrahlt und leuchten regelrecht. Besser ist in jedem Fall eine seitliche Beleuchtung.

## Motive

Frei im Wasser schwimmende Objekte lassen sich mangels Vorder- und Hintergrund schlecht im Raum einordnen. Ein Bild gewinnt räumliche Tiefe durch eine Perspektive, die den Boden oder auch die Wasseroberfläche im Hintergrund enthält. So hat der Zuschauer einerseits eine Orientierung und andererseits in den meisten Fällen eine attraktive plastische Wahrnehmung der Wellen oder Bodenbeschaffenheit.

Da diese Strukturen immer in die Tiefe verlaufen, entsteht ein guter Raumeindruck und Objekte im Wasser lassen sich leicht im Raum einsortieren. Der räumliche Eindruck wird noch verstärkt, wenn es sich um einen Schwarm handelt, der auf die Kamera zu oder von ihr weg schwimmt. Die vielen in die Tiefe gestaffelten Tiere ergeben einen guten Raumeindruck. Ein einfacher Fisch im Freiwasser ist durch seine kompakte Form und mangels anderer Tiefenhinweise weniger für Stereo-3D geeignet. Für räumliche Bilder sind Lebewesen mit speziellen Formen interessant, beispielsweise

Wenn Bodenstrukturen, Hintergrund oder auch die Wasseroberfläche sichtbar sind, können die Fische besser im Raum eingeordnet werden.

Geringer Tiefenumfang ist gut für Makroaufnahmen.

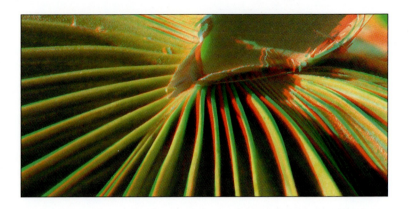

lange Flossen, die vom Körper abstehen. Sind Personen im Bild, sorgen aufsteigende Blubberblasen oft für einen wunderbaren Raumeindruck.

### 6.5.6 Nahaufnahme

Wenn der Abbildungsfaktor größer als 1:1 ist, handelt es sich um Nah- oder Makroaufnahmen. Gegenstände werden dabei größer abgebildet, als sie in Wirklichkeit sind. Mit normalen Objektiven sind solche Aufnahmen kaum realisierbar. Viele EB-Zoomobjektive bieten jedoch eine Makrofunktion, die entsprechend in den optischen Strahlengang eingreift. Die erzielbare Qualität kann aber ein richtiges Makroobjektiv nicht ersetzen. Der qualitativ ungünstigste Fall ist der Digitalzoom. Dabei handelt es sich nicht um eine echte Makroaufnahme.

### Schärfentiefe

Bei Makroaufnahmen ist die Schärfentiefe sehr gering. Je näher die Kamera an das Objekt herantritt und je mehr es vergrößert wird, desto geringer wird die Schärfentiefe. Gleichzeitig wird das Bild lichtschwächer. Bei starken Vergrößerungen muss es also sehr hell sein. Für die Makroaufnahmen des Films Bugs! 3D war soviel Licht nötig, dass am Set nur noch mit Sonnenbrillen gearbeitet werden konnte.

### Stereobasis

Für Makroaufnahmen müssen die Kameraobjektive sehr nah an das Objekt heran. Daher ist die Verwendung einer besonders kleinen Stereobasis notwendig. Diese bewegt sich meist im Bereich von weniger als zwei

Zentimetern und ist nur mit Spiegel-Rigs oder nach dem Sukzessivverfahren zu erreichen. Alternativ können die beiden Perspektiven mit winzigen Spiegeln umgelenkt werden und dann über Schnorcheloptiken von den weiter entfernt stehenden, großen Kameras aufgenommen werden. Dies ist aber mit enormem Aufwand und Kosten verbunden.

### Synchronität

Ein wichtiger Punkt bei stereoskopischen Makroaufnahmen ist die Synchronisierung der Objektiveinstellungen. Beide Bilder müssen sehr genau verglichen werden und die Schärfeebenen müssen absolut identisch sein. Außerdem ist für absolute Wackelfreiheit der Kameras und der Objekte zu sorgen.

### Tiefenumfang

Je nach Tiefenausdehnung des Objekts variiert auch die korrekte Stereobasis. Ist das Objekt sehr flach, muss die Stereobasis etwas größer sein als bei tieferen Objekten. Die Stereobasis richtet sich aber nur nach der Tiefe des Objekts, wenn sich dahinter kein sichtbarer Hintergrund erstreckt. Geht es darum, die Basis und die anderen Einstellungen zu ermitteln, muss alles, was im Bild erkennbar ist, wie ein einzelnes Objekt behandelt werden. Das bedeutet, dass nicht der Fernpunkt des eigentlichen Objekts zählt, sondern stets der Fernpunkt des aufzunehmenden Raums. Makroaufnahmen werden meist von sehr kleinen und flachen Objekten angefertigt. Diese sind zusammen mit einem weit entfernten Hintergrund sehr schwierig abzubilden. Das Objekt verlangt nach einer größeren Basis, die Raumtiefe nach einer geringeren. In solchen Fällen bieten sich folgende Lösungsvorschläge an.

- Wenn es mit den Objektiven möglich ist, können lange Brennweiten eingesetzt werden, um den Raum zu komprimieren, der Abstand und die Stereobasis können dadurch etwas größer sein.
- Möglicherweise kann für einen kürzeren Hintergrund gesorgt werden, besonders bei Makros ist das oft durch Änderung der Perspektive möglich oder auch, indem etwas hinter das Objekt gehalten wird.
- Durch die sehr geringe Schärfentiefe bei Makroaufnahmen könnte auf eine korrekte Fernpunktdisparität verzichtet werden. Trotz der Unschärfe bleibt der Fehler aber subjektiv noch erkennbar. Makroaufnahmen mit korrekter Darstellung sehen im Vergleich besser aus.

- Das Objekt und der Hintergrund werden separat aufgezeichnet und erst in der Postproduktion zusammengebracht (Multibasis).

## Konvergenz

Konvergenzen machen sich auch bei Nahaufnahmen deutlich bemerkbar. Sie sind daher möglichst zu vermeiden. Je weiter der Hintergrund vom Nahobjekt aus entfernt ist, desto schlimmer wirken sich konvergente Kameras auf das Bild aus. Neben Trapezverzerrungen kommt es vor allem zu einer vergrößerten Disparität der fernen Punkte. Die bei Nahaufnahmen typische geringe Schärfentiefe ist dabei zwar von Vorteil und ermöglicht kleine Toleranzen. Sie ist allerdings kein Freifahrtschein für ungezügelte Konvergenz. Bei Motiven, die außer dem eigentlichen Nahobjekt keinen Vorder- oder Hintergrund beinhalten, stört die Konvergenz schon deutlich weniger.

### 6.5.7 Mikroskopie

Stereoskopische Mikroskopaufnahmen ermöglichen phantastische räumliche Einblicke in eine unbekannte Welt. Kristalle, Materialien, Pflanzenstrukturen oder Kleinstlebewesen – die Anwendungsbereiche sind vielfältig. Entsprechende optische Vergrößerungsgeräte sind Mikroskope. Wichtig ist, ein Mikroskop einzusetzen, das nach dem Fernrohrprinzip arbeitet. Solche Geräte bilden die Strahlen im Tubus unendlich ab. Kameras können an dieser Stelle ein Bild sehen, wenn sie ebenfalls auf Unendlich scharf gestellt werden. Mikroskope werden in erster Linie hinsichtlich der Anzahl ihrer Okulare unterschieden. Es gibt Monokulare, Binokulare und Trinokulare.

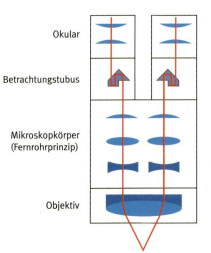

Das Prinzip eines echten Binokulars, also eines stereoskopischen Mikroskops

Okular

Betrachtungstubus

Mikroskopkörper (Fernrohrprinzip)

Objektiv

### Monokular

Die meisten Vergrößerungsgeräte haben nur einen Tubus. Sie werden Monokulare genannt. Für stereoskopische Betrachtung sind aber zwei Perspektiven notwendig. Monokulare wie das Fernrohr oder monokulare Mikroskope lassen nur ein Auge des Betrachters durchblicken, das andere Auge wird zugekniffen. Auf Dauer kann es dabei zu Muskelverspannungen im Gesicht kommen. Daher werden vor allem in den Bereichen, in denen langwierige Observationen vorkommen, wie in der Astronomie und der Wissenschaft sogenannte Doppelokulare eingesetzt, die den Strahlengang durch Prismen auf beide Augen aufteilen. Sie zählen zwar zu den Binokularen, da sie beidäugig verwendet werden können, liefern jedoch kein stereoskopisches Bild.

Ein echtes Stereomikroskop hat zwei getrennte Objektive. Hier sind sie gut sichtbar. Manchmal liegen sie jedoch hinter einer großen Frontlinse.

### Binokular

Für stereoskopische Bilder sind echte Binokulare nötig. Dazu zählen die meisten Ferngläser und die Stereomikroskope. Bei Binokularen muss darauf geachtet werden, dass auch tatsächlich zwei getrennte optische Strahlengänge existieren und nicht nur ein Strahlengang auf zwei Okulare aufgeteilt wird. Das Bild eines Stereomikroskops ist seitenrichtig und aufrecht. Diese Geräte werden daher auch Präpariermikroskop genannt. Zur Betrachtung des Präparats sind die beiden Strahlengänge in einem Konvergenzwinkel von rund 13 Grad zueinander geneigt. Dies ist für die Augen vertretbar, da sie bei naher Betrachtung von Objekten ohnehin stark konvergieren. Für Aufnahmen in Stereo-3D sind derart hohe Konvergenzwinkel allerdings kaum vertretbar. Nur bei besonders geringer Tiefe des abgebildeten Objekts kann die hohe Konvergenz in Kauf genommen werden. Es lassen sich also nur relativ flache Objekte filmen. Konvergenzen sind bei Mikroskopen deshalb nötig, weil die Stereobasis mit etwa zwei Zentimetern recht groß ist.

### Trinokular

Neben den Binokularen gibt es auch sogenannte Trinokulare. Diese besitzen einen weiteren Tubus zum Anschluss von Foto- oder Videokameras. Seinem Zweck entsprechend steht dieser Tubus senkrecht. Für die stereoskopische Aufzeichnung sind „Trinos" jedoch nicht besser geeignet als „Binos". In beiden Fällen müssen die Kameras über die beiden Okulare angeschlossen werden, die für die Augen vorgesehen sind und diese liegen leider immer schräg.

### Kamera

Für Fotos und Videos ist es wichtig, ein parfokales Mikroskop zu verwenden. Nur dann bleibt das Bild auch im gesamten Vergrößerungsbereich scharf. Professionelle Geräte verfügen über motorisierte Zoom- und Schärfefunktionen, die sich vom Computer aus steuern lassen. Besonders wichtig ist eine identische Dioptrieneinstellung an den Okularen. Sie wird am besten beidseitig bis an den Anschlag gedreht.

Um eine Kamera anzubringen, gibt es im Wesentlichen zwei Methoden. Bei der afokalen Okularprojektion wird sie auf dem Okular angebracht. Die Schärfe der Kameras muss auf „unendlich" gestellt werden, da die Lichtstrahlen, die aus dem Okular austreten, parallel sind.

Die zweite Methode ist eine fokale Okularprojektion, bei der das Okular selbst gegen die Kamera ausgetauscht wird. Um die Kamera in den Strahlengang einzubringen, ist ein spezieller Adapter nötig. Die Adapter gibt es entsprechend dem Tubusdurchmesser in zwei Größen, 23 Millimeter und 30 Millimeter. Es gibt außerdem fertige Okularkameras, die statt des Okulars in den Tubus geschoben werden können. Das Videosignal solcher Kameras wird häufig analog oder über USB ausgegeben. Für stereoskopische Zwecke sind die meisten Kameras dieser Art weniger geeignet, da die bildgeometrischen Abweichungen untereinander selbst bei gleichen Serien teils gravierend sind.

Das Anbringen der Kameras nach der afokalen Methode kann höhere Qualität erzielen. Dafür eigenen sich vor allem kleine Fingerkameras, Kameramodule oder Handycams. Wichtig sind entsprechend kleine Objektivdurchmesser und eine Weitwinkeleinstellung, mit der sich das Bildfeld erfassen lässt, das auch die Augen sehen würden. Dieses Verfahren kann aber aufwändig sein, da die Toleranzen sehr fein sind. Wenn die Möglichkeit einer Gewindebefestigung, beispielsweise über C-Mount, nicht existiert, muss eigens ein Befestigungsadapter konstruiert werden. Er ist nötig, um sowohl das Gewicht der Kameras zu neutralisieren, als auch eine exakt mittige und plane Anbringung am Okular zu ermöglichen. Diese Genauigkeit ist nötig, damit beide Teilbilder einander entsprechen und nicht in den Bereich der Vignettierung kommen.

Stereomikroskop mit angedockten Minikameras Sony TG3

### Stereobasis

Die meisten Stereomikroskope besitzen eine feste Stereobasis von rund 20 Millimetern. Um die Teilbilder zu fusionieren, müssen die Augen auf jeden Fall konvergieren. Dies ist für die direkte Betrachtung in Ordnung, für eine Bildaufnahme ist diese Stereobasis aber in den meisten Fällen zu groß. Daher ist eine 100-fache Vergrößerung das Maximum des Vertretbaren.

Bei unbewegten Objekten können kleinere Basisweiten auch durch Einsatz der Verschiebetechnik erreicht werden. Dies kann auch mit Hilfe eines Monokulars geschehen. Der große Vorteil besteht in der parallelen Kameraausrichtung und der frei wählbaren Stereobasis. Für solche Sukzessivaufnahmen eignet sich insbesondere eine Verschiebevorrichtung mit Feintrieb.

## Vergrößerung

Die Wellenlänge des Lichts und die Güte des Glases bilden bei normalen Lichtmikroskopen eine natürliche Grenze für Vergrößerungen. Im Idealfall könnte etwa eine 1300-fache Vergrößerung erreicht werden, wobei die Grenze für Stereo-3D aufgrund der festen Basis bereits etwa beim 100-fachen liegt.

Die Wellenlänge von Elektronen ist wesentlich kleiner als die des sichtbaren Lichts. Mit Elektronenmikroskopen sind sogar Auflösungen bis in den Bereich von 0,1 Nanometer erzielbar. Stereoskopische Bilder lassen sich mit Elektronenmikroskopen entweder sukzessiv gewinnen, also indem zwei Bilder nacheinander gemacht werden, oder die Objekte werden scheibenweise abgetastet, um eine komplette räumliche Rekonstruktion zu ermöglichen. Im Zusammenhang mit Bewegtbildern sind Eletronenmikroskope allerdings nicht einsetzbar. Solche Aufnahmen bleiben auf Lichtmikroskope begrenzt.

Ein wichtiger Punkt bei Mikroskopen ist die Schärfentiefe. Sie wird mit zunehmender Vergrößerung geringer. Entsprechende Objekte oder Präparate sollten daher hinreichend flach sein.

## Anwendung

Die Stereo-3D-Mikroskopie ist nicht neu. Hauptsächliche Anwendungen finden sich in der Chirurgie, aber auch in anderen Bereichen der Medizin und in der Forschung und Lehre. Während ältere Systeme noch mit sehr geringen Auflösungen arbeiteten, ist inzwischen Full HD mit hochwertigen Displays Standard.

Einige Systeme nutzen die Optik und Mechanik der vorhandenen hochwertigen Operationsmikroskope. Solche Stereo-3D-Module werden einfach auf das Binokular aufgesetzt. Sie ersetzen dann die optischen Tuben.

Durch die modernen Technologien sind extreme Miniaturisierungen möglich. Dadurch ergibt sich auch die Möglichkeit, Endoskopkameras als Stereo-3D-Version zu bauen. Verschiedene Hersteller bieten solche Geräte inzwischen an. Die wichtigste Anwendung findet sich im Bereich der mini-

Bei Produktionen unter Live-Bedingungen ist ein sauber justiertes Point-and-Shoot-System wichtig. Während der Aufnahme besteht keine Möglichkeit irgendwelcher Justagen oder Wiederholungen des Geschehens.

Konzertaufnahme mit Side-by-Side-Filmkameras auf einem Kran. Gegenlicht ist bei solchen Aufnahmen keine Seltenheit.

mal invasiven Chirurgie. Ein Chirurg ist mit einer stereoskopischen Endoskopiekamera in der Lage, Größen und Entfernungen besser zu beurteilen und kann dadurch noch genauer arbeiten.

### 6.5.8 Live-Produktionen

Konzerte und Shows mit großem Publikum sind für Stereo-3D bestens geeignet. Bilder, bei denen ein riesiges Publikum in Stereo-3D überflogen wird und die Show-Acts aus ungewohnten Perspektiven nah und plastisch erlebt werden, sind immer wieder aufsehenerregend. Schon vor Jahren wurden Konzertfilme wie U2 3D oder Shows wie Siegfried & Roy in Stereo-3D produziert.

### Tiefenverhältnisse

Die Stereoskopie kommt bei Shows und Konzerten besonders gut zur Geltung, da durch Licht, die Verteilung der Akteure und des Publikums bereits von vornherein eine gute Tiefenstaffelung vorhanden ist. Die Entfernung der Kameras ist bei Konzerten gut planbar und daher lassen sich diese im Vorfeld entsprechend konfigurieren. In den meisten Konzerthallen ist genügend Raum vorhanden, um die Nahgrenzen einzuhalten. Gleichzeitig befinden sich die Objekte, in dem Fall die Künstler, in der stereoskopisch wirksamen Entfernung von bis zu zwanzig Metern.

### Bewegung

Bei Konzerten und Shows werden fast immer Kräne, Schwebestative, Dollies oder Cablecams eingesetzt, womit schon allein durch die Bewegungsparallaxe ein guter Tiefeneindruck entsteht. Dieser wird durch die Stereoskopie noch deutlich verstärkt. Bei Kamerafahrten kommen vorwiegend Weitwinkelobjektive zum Einsatz, sodass stets Vordergrund vorhanden ist und somit stereoskopisch wirksame Bildbestandteile. Durch Weitwinkelobjektive verstärkt sich das Raumerlebnis außerdem, weil die Tiefe gedehnt wird.

### Kameraparameter

Die Stereobasis sollte sich um den Augenabstand herum bewegen, um eine möglichst natürliche Wiedergabe der Personen zu ermöglichen. Brennweitenänderungen, die gerade bei Konzertaufnahmen gern eingesetzt werden, müssen gut überlegt und vorbereitet sein. Die Kameras sollten dafür so konfiguriert werden, dass sie ihre Basisweite und den Konvergenzwinkel dynamisch an die Brennweite anpassen können. Konvergenzen sind bei solchen Aufnahmen kaum zu vermeiden. Sie sollten aber so sparsam wie möglich verwendet werden und erst zum Einsatz kommen, wenn die Stereobasis nicht weiter verringert werden kann.

### Gegenlicht

Es wird sich gerade bei Großveranstaltungen nicht vermeiden lassen, dass Effektlichter direkt in die Kamera leuchten. Die entstehenden Blendenringe können problematisch sein, wenn die Stereobasis oder die Konvergenzwinkel der Kameras zu groß sind. Dann werden in beiden Kameras vollkommen unterschiedliche Blendenringe erzeugt, die zu binokularer Rivalität führen. Ist das Bild ansonsten in Ordnung, besteht dadurch kein Problem. Die Rivalität führt dann dazu, dass an der Stelle monokular gesehen wird. Allerdings sollten solche Abweichungen nicht zu lange stehen.

### Live-Übertragung

Besonders hohe Anforderungen werden an Material und Personal gestellt, wenn die Bilder nicht nur live aufgenommen, sondern auch noch live übertragen werden. Einmal auf Sendung muss alles perfekt funktionieren. Zeit für Versuche und Experimente ist bei solchen Projekten nur im Vorfeld

Stereo-3D-Bildregie im Ü-Wagen

Durch Stereo-3D sind die Positionen der Spieler und des Balls besser erkennbar.

▶ Eine hochwertige Bildübertragung des Live-Materials ist besonders bei großen Wiedergabeflächen wie im Kino wichtig, da störende Kompressions- und Bewegungsartefakte schnell sichtbar werden.

vorhanden. Diese Zeit sollte nicht zu knapp bemessen sein, jeder denkbare Fall muss durchdacht und durchgeprobt werden.

Schon in herkömmlichen Produktionen sind Live-Übertragungen aufwändig und anstrengend. Für Stereo-3D gilt dies insbesondere, da bisher kaum jemand über die notwendige langjährige Erfahrung mit der Materie verfügt. Geräte und Material sind teilweise noch immer in der Entwicklung begriffen. Vor einer Live-Produktion muss die gesamte technische Infrastruktur in der jeweiligen Konstellation erprobt werden und zuverlässig funktionieren.

Es sind Geräte nötig, welche die stereoskopischen Kamerasignale in Echtzeit für eine Ausstrahlung aufbereiten. Inzwischen existieren neben rechnerbasierten Systemen auch Stand-alone-Lösungen, die dazu in der Lage sind. Des Weiteren müssen viele andere Geräte Stereo-3D-fähig sein, vom Bildmischpult über die Kreuzschiene bis hin zur Sende- und Empfangstechnik. Mittlerweile haben alle namhaften Hersteller entsprechende Geräte für den Stereo-3D-Workflow entwickelt.

In den USA wurden in der Vergangenheit mit großem Erfolg Live-Übertragungen von einigen großen Sportveranstaltungen durchgeführt, die in 3D-Kinos in verschiedenen Städten mitverfolgt werden konnten. Live-Übertragungen eines Rockkonzerts und eines Balletts wurden in Großbritannien umgesetzt, in Brasilien gab es eine stereoskopische Live-Übertragung des Karnevals in Rio. In Deutschland wurde eine studentische Testproduktion für 3DTV realisiert und per Satellitenübertragung Side-by-Side auf einem 2D-Kanal gesendet. Eutelsat ermöglichte davor bereits eine 3D-Live-Übertragung in Italien und auch die Fußball-WM 2010 wurde im Side-by-Side-Verfahren (Sensio) von Eutelsat live in einige Kinos übertragen.

Die Technik zur Ausstattung eines Ü-Wagens mit Stereo-3D ist also längst vorhanden und die Übertragung der Signale über Satellit wurde schon mehrfach getestet. Großereignisse wie die Fußball-WM oder Olympia werden inzwischen standardmäßig in Stereo-3D aufgenommen. Auch andere Anwendungen kommen hinzu, von großen Konzerten bis hin zur Live-Berichterstattung.

### 6.5.9 Sport

Sportsendungen genießen großen Zuspruch und haben teilweise gigantische Einschaltquoten. Großveranstaltungen wie die Olympischen Spiele oder Weltmeisterschaften können Millionen von Menschen begeistern. Eine stereoskopische Aufnahme bietet sich hier an. In der Vergangenheit wurden etliche Veranstaltungen in Stereo-3D aufgezeichnet und auch live auf Leinwände in andere Städte übertragen.

#### Mehrwert Stereo-3D

Zweidimensionale Sportaufnahmen haben einen großen Nachteil. In vielen Situationen ist für den Zuschauer nicht genau erkennbar, was gerade passiert. Beispielsweise lässt sich bei langen Pässen am zweidimensionalen Wiedergabegerät kaum einschätzen, wo der Fußball landen wird. Oft genug glaubt der Betrachter, ein Tor wurde erzielt, obwohl der Ball vorbei ging.

Mit Stereo-3D ist das anders. Der tatsächliche Verlauf der Flugbahn ist klar erkennbar. Das Gleiche gilt für den Puck beim Eishockey, den Ball beim Tennis oder den Stein beim Curling. Beim Basketball kann der Zuschauer deutlich erkennen, wie die Spieler zueinander und in Relation zum Korb stehen, beim Springreiten lassen sich die Sprünge der Pferde genau nachvollziehen und beim Segeln kann die Lage der Boote zueinander viel besser eingeschätzt werden. Hervorragende stereoskopische Bilder lassen sich bei Formel-1-Rennen erzeugen. Die Räumlichkeit wird dabei von der unheimlich großen Bewegungsdynamik unterstützt. Für nahezu jede Sportart stellt die Stereoskopie daher eine echte Bereicherung dar.

▶ *Die beim Sport häufig verwendeten langen Brennweiten komprimieren die Bildtiefe und verstärken den Kulisseneffekt. Einzelne Objekte oder Spieler wirken dann eher flach.*

#### Kamerapositionen

Bei großen Sportübertragungen werden mehrere Kameras mit bestimmten Standplätzen und Einstellungsgrößen vor Ort platziert. Jede Kamera muss hinsichtlich Stereobasis und Konvergenzwinkel für ihren Aufgabenbereich optimiert werden. Im Folgenden werden typische Kamerapositio-

In ausreichender Entfernung sind Side-by-Side-Rigs eine gute Alternative zu Spiegel-Rigs mit ihren konstruktiven Nachteilen. E-Kameras dieser Größe lassen sich kaum stabil und wackelfrei auf Spiegel-Rigs montieren.

Bei kurzen Distanzen und wegen der oft sehr langen Brennweiten beim Sport brauchen die Kameras kleine Basisweiten. Diese sind nur mit Spiegel-Rigs erreichbar.

nen am Beispiel eines Fußballspiels betrachtet. Kameras für die Totale erhalten eine etwas größere Stereobasis, da der Nahpunkt weiter entfernt ist und gleichzeitig Weitwinkel- oder zumindest Normalobjektive verwendet werden. Hier ist es von Vorteil, wenn die Kamera fest ist und stets den gleichen Bildausschnitt zeigt. Da aber in der Praxis die Möglichkeit des Schwenkens gegeben sein sollte, ist an dieser Stelle die Verwendung spezieller Side-by-Side-Rigs notwendig. Bei einer zu kleinen Stereobasis würde das Stadion nicht sehr räumlich wirken.

Für die Spielerkameras sind besonders lange und gleichzeitig variable Brennweiten erforderlich. Ein Zoom-Rig im Side-by-Side-Betrieb wäre dafür gut geeignet. Der Tiefenumfang ist bei diesen Motiven relativ gering, denn der Nahpunkt ist weit entfernt und der Fernpunkt liegt oft gleich wenige Meter dahinter. Bei solch geringem Tiefenumfang kann durchaus eine leichte Konvergenz eingesetzt werden. Der Vorteil läge darin, die Konvergenz an die Schärfeeinstellung zu koppeln. Dadurch wird die Bedienung deutlich vereinfacht. Wenn die Spielerkameras nicht von schräg oben kommen, sondern am Spielfeldrand (also auf Augenhöhe) stehen, gibt es eine andere Perspektive mit deutlich größerem Tiefenumfang des Motivs. In solchen Fällen macht der Einsatz von Spiegel-Rigs durchaus Sinn. Eine kleine Stereobasis ist dann kein Problem. Da die verwendeten E-Kameras und die Hochleistungszoomobjektive sehr groß und schwer sind, müssen sie besonders stabil befestigt werden. Bei einem Spiegel-Rig ist das deutlich schwieriger, denn eine der beiden Kameras steht immer senkrecht. Deshalb sind für solche Zwecke besonders große und stabile Spiegel-Rigs nötig.

Als Torkamera eignet sich ein Gespann aus kleinen robusten Kameras, die wenig Platz benötigen und dennoch gute Bildqualität bieten. Da sich die Torkamera nah am Netz befindet, ist eine kleine Stereobasis nötig. Spiegel-Rigs wären hier aber aufgrund der Größe und der Fragilität fehl am Platz. Das gilt auch für eine Krankamera, wie sie gern hinter dem Tor eingesetzt wird. Kameramodule mit Festbrennweiten sind hier die beste Wahl.

Schulterkameras und Schwebestative am Spielfeldrand müssen einen besonders großen Tiefenspielraum aufweisen, denn Spieler können sehr nah vor der Kamera sein, während sich der Hintergrund gleichzeitig bis in die stereoskopische Unendlichkeit ausdehnt. Hier sind Weitwinkelobjektive mit einer kleinen Stereobasis gefragt. Dazu ist ein Spiegel-Rig geeignet, das für Steadicam-Betrieb ausgelegt ist oder robuste Kameramodule im Side-by-Side-Modus.

### Kameramodule

Die kleinen Kameras im Side-by-Side-Betrieb lassen sich bei vielen Sportarten einsetzen. Ihre Robustheit und die vergleichsweise einfache Handhabung macht sie für diesen Einsatzzweck gegenüber Spiegel-Rigs attraktiver.

Modulkameras eignen sich besonders gut für stereoskopische Subjektiven und können beispielsweise im Cockpit oder außen an einem Formel-1-Wagen installiert werden, bei Ballspielarten oder auch am Boxring zum Einsatz kommen.

Diese Kameras sind hinsichtlich des Formats und der Aufzeichnung flexibel, da eine Capture-Einheit oder ein Rekorder angeschlossen werden muss, der je nach gewünschtem Format konfiguriert werden kann. Die Bilder können auch über eine Funkstrecke übertragen werden, was gerade bei Sportereignissen von großem Vorteil ist.

### 6.5.10 Musikvideo

Schon in normalen zweidimensionalen Produktionen gehören Musikvideos seit jeher zu den Top-Favoriten, wenn es darum geht, unkonventionelle Techniken und neue Gestaltungsmittel zu erproben. So ist es kein Wunder, dass auch in Stereo-3D schon etliche stereoskopische Videos produziert wurden, viele davon als private No-Budget-Projekte, aber auch einige professionelle Produktionen.

„Wanderlust" von Björk nutzt als eines der ersten Musikvideos kreative Stereo-3D-Gestaltungsmöglichkeiten.

Zu den Bekannteren gehört sicherlich „Wanderlust" von Björk. Einen Höhepunkt bilden die populären Konzertfilme von Hannah Montana und der Gruppe U2. Diese sind zwar keine klassischen Musikvideos, beinhalten aber mit den Live-Aufnahmen von der Bühne eines der typischen Stilelemente. Reine Musikvideos haben darüber hinaus noch wesentlich mehr Potential. Der Phantasie des Filmemachers sind keine Grenzen gesetzt.

### Schnittfrequenz

Typische Erkennungsmerkmale von Videoclips sind Bewegung und schnelle, teilweise rasante Schnittfrequenzen. Die Zuschauer haben sich daran gewöhnt und empfinden kurze Schnitte daher nicht als unangenehm. Anders verhält es sich in der Stereoskopie. Durch die Tiefendimension sind in einem dreidimensionalen Bild wesentlich mehr Informationen enthalten, die sich nicht so schnell erfassen lassen wie in einem herkömmlichen Bild. Das visuelle Zentrum des Betrachters ist weit mehr gefordert und benötigt daher für jedes Bild eine gewisse Adaptionszeit, um es in seiner Ganzheit wahrnehmen zu können. Sind die Schnitte zu kurz, entsteht bei vielen Betrachtern nur noch ein anstrengender Lichter- und Farbenteppich.

### Gestaltung

Musikvideos sind sehr facettenreich und können sich in der gesamten Palette der gestalterischen Möglichkeiten bedienen. Optimal wirken bei stereoskopischen Musikvideos Fahrten und Bewegungen, die zusätzliche Tiefenhinweise geben. Auch gut komponierte, feste Einstellungen mit Vorder-, Mittel- und Hintergrund sind sehr attraktiv.

Heute sind für Musikvideoproduktionen in der Regel beträchtliche Anteile an CGI mit einkalkuliert, was die Umsetzung selbst komplizierter Stereo-3D-Aufnahmen ermöglicht. Gerade durch die Nutzung der Stereoskopie besteht hier Potential für neue gestalterische Ausdrucksmittel. Dazu zählen beispielsweise stereoskopische Vertigo-Fahrten, Stopp-Tricks in der Tiefe oder Überblendungen von Tiefenebenen.

### 6.5.11 Bewegte Kamera

In den meisten Fällen werden bei Aufnahmen aus der Hand oder von der Schulter eher kürzere Brennweiten eingesetzt, um flexibler zu sein, was die Schärfe betrifft, aber auch um die Sichtbarkeit von Bildwackeln zu reduzieren. Das Gleiche gilt auch für Aufnahmen mit Hilfsmitteln wie Schwebestativ, Fig Rig oder Segway Dolly. Bei Bewegung ist es besonders schwer, mit langen Brennweiten stets die richtige Schärfe zu halten.

### Einstellungen

In solchen Fällen flexibler Kameraführung sollte am besten eine kleine Stereobasis in Kombination mit Weitwinkelobjektiven eingesetzt werden. Damit ist der Tiefenspielraum recht groß und die benötigte Flexibilität für bewegte Kameraaufnahmen gegeben. Da sich der räumliche Eindruck dann vorwiegend im sehr nahen Bereich befindet, muss auch die Perspektive entsprechend gewählt werden. Für eine solche Arbeitsweise sind schwere und fragile Spiegel-Rigs weniger geeignet. Eine Side-by-Side-Anordnung aus schmalen aber leistungsstarken Kameramodulen ist in dieser Situation die bessere Wahl.

Für die Schulterkamera gibt es spezielle Spiegel-Rigs mit geringem Gewicht. Mit Side-by-Side-Rigs wären zwar kürzere Brennweiten möglich, aber die Stereobasis ist dabei oft zu groß.

Je nach Kameramodell und verwendetem Rig kann es vorkommen, dass die Stereobasis immer noch zu groß ist. Wenn keine unendliche Ferne im Bild auftritt wie Himmel, Horizont, Wald oder entfernte Gebäude, kann auch ganz leicht eingeschwenkt werden. Bei einer solchen Konfiguration sollte auf Brennweitenänderungen verzichtet werden. So lässt sich schon im Vorfeld der notwendige Nahpunkt, also Mindestabstand, ermitteln, den der Kameramann beim Dreh auch on-the-fly einhalten muss. Ist dieser Mindestabstand noch zu hoch, hilft nur ein Kamerasystem mit größerem Tiefenspielraum (kleinere Kamerabasis). Dafür kommen Mini-Spiegel-Rigs in Frage, die speziell für den flexiblen Schulterbetrieb entworfen wurden.

### Optisches Fließen

Bei schnellen vorwärts- oder rückwärtsgerichteten Kamerafahrten entsteht beim Betrachter leicht der Effekt des optischen Fließens. Besonders deutlich wird es beim Blick aus dem Flugzeugcockpit während des Starts und der Landung oder beim Autofahren. Um sich in solchen Situationen orientieren zu können, fokussiert der Mensch automatisch in die Ferne und analysiert nur noch Strukturen, um die Bewegungsrichtung und die Lage im Raum zu erkennen. Die Strukturen im Nahbereich „fließen" dabei nach vorn weg.

Bei schnellen Geradeausbewegungen fließen die Strukturen seitlich weg.

Es gibt unzählige Anwendungsbeispiele des optischen Fließens. Typischerweise kommt der Effekt bei Subjektiven von Fahrzeugen zum Tragen, wenn also das Auto über ein Feld rast, die Kamera sich auf einem Boot flach über der Wasseroberfläche oder unter Wasser knapp über dem Grund befindet. Objekte wie Gräser, Algen oder Büsche durch welche die Stereo-3D-Kamera hindurchfährt, unterschreiten jeglichen stereoskopischen Nahpunkt und werden jeweils nur von einer Kamera gesehen. Trotzdem werden sie nicht störend wahrgenommen, denn sie fließen einfach vorn weg und das Auge kann nicht darauf fokussieren. Stattdessen ist es quasi gezwungen, auf den Hinter- oder Mittelgrund zu fixieren. Störungen entstehen aber, sobald die Geschwindigkeit zu gering ist, denn dann ist die Bewegungsunschärfe womöglich zu niedrig und das Auge ist versucht, die Vordergrundobjekte zu fixieren. Bestimmen solche Objekte den Bildinhalt zu stark, weil sie zu groß oder zu breit sind, können sie das Auge daran hindern, hindurchzuschauen.

### 6.5.12 Interview

Die menschliche Wahrnehmung ist auf das Betrachten und Analysieren von Gesichtern und Personen trainiert. Kleinste Unregelmäßigkeiten in Mimik und Gestik werden sofort bewusst oder unbewusst registriert. Porträtaufnahmen und Interviews sind sensible Motive und daher auch entsprechend sorgsam zu behandeln.

▶ *Die Einstellungsgröße sollte bei Stereo-3D tendenziell etwas offener sein als bei 2D.*

### Perspektive

In Interviews, aber auch bei „O-Tönen", also kurzen Ad-hoc-Interviews, befindet sich die Kamera oft sehr nah an der Person. Dazu ist bei klassischen 2D-Aufnahmen eine kurze bis sehr kurze Brennweite beliebt. Die Gründe dafür sind vielfältig. Kleine und enge Räume verlangen von sich aus nach einer solchen Konfiguration, aber auch die so erreichbare hohe Schärfentiefe kann ein Grund sein. Zudem lässt eine kurze Brennweite das Wackeln bei Handkamera- oder Schulterkameraaufnahmen weniger sichtbar werden. Für Interviewsituationen mit kurzem Abstand muss in Stereo-3D eine entsprechend kleine Kamerabasis benutzt werden. Dies lässt sich aber nur mit bestimmten 3D-Rigs realisieren. Kann die Stereobasis jedoch ein bestimmtes Minimum nicht unterschreiten, muss der Abstand zum Interviewpartner entsprechend erhöht werden. Die Person darf sich also nicht zu nah an der Kamera befinden. Nur so lässt sich das Bild dann noch in den Tiefenspielraum bekommen. Statt einer Großaufnahme erhält der Kameramann dann eher eine halbnahe Einstellung. Der Interviewpartner steht dadurch aber besser im Kontext zu seiner Umgebung und der Informationsreichtum des Bildes steigt. Nahaufnahmen von der Person sind hingegen schwieriger, weil die Stereobasis dann besonders klein werden müsste.

In engen Räumen ist das Weitwinkel sehr beliebt. Es verstärkt die Räumlichkeit, weil die Tiefe im Nahbereich besonders stark gedehnt wird.

### Effekte

Mit einer größeren Stereobasis und größerem Abstand kann bei Weitwinkelinterviews ein leichter Modelleffekt entstehen. Diese Wirkung lässt sich durch eine Verlängerung der Brennweite verringern. Bei langen Brennweiten kann wiederum der Kulisseneffekt in Erscheinung treten. Es muss aber auch angemerkt werden, dass der Modelleffekt nicht sehr stark ist und vielen Zuschauern gar nicht auffällt. Die bei extremen Weitwinkelaufnahmen entstehenden „Eierköpfe" sind sicherlich störender.

### Porträt

Interviewpartner werden oftmals schräg eingedreht, wodurch sich eine Schulter weiter vorn befindet als die andere. Gleichzeitig ist der Kameraabstand zur interviewten Person häufig sehr kurz, damit besonders weitwinklige Brennweiten zur Anwendung kommen können. Dies passiert vor allem in der aktuellen Berichterstattung oder bei Doku-Soaps, also hauptsächlich dann wenn es besonders schnell gehen muss. Der Raum wird bei Aufnahmen mit sehr kurzen Distanzen besonders in Nahbereich gedehnt. So kann es dazu kommen, dass die vordere Schulter bei stark eingedrehten Personen ein wenig groß wirkt.

Ein bei Porträts sehr beliebtes Gestaltungsmittel ist die Erzeugung geringer Schärfentiefe. Auch damit lässt sich „Tiefe erzählen". Da Videokameras tendenziell eher kleine Bildsensoren haben, reicht die Einstellung eines kleinen Blendenwerts allein meist nicht für die gewünschte geringe Schärfentiefe. Es ist zusätzlich eine längere Brennweite nötig, der Abstand zum Protagonisten muss also vergrößert werden. Nicht immer steht dafür auch genügend Platz zur Verfügung. Die Variante bietet sich daher eher für szenische Produktionen mit entsprechendem Equipment und Planungszeit an. Alternativ gibt es heute eine ganze Reihe verschiedener DOF-Konverter, mit denen die geringe Schärfentiefe großer Formate auch auf kleine Sensoren adaptierbar ist. Im Stereo-3D-Betrieb ist der Aufwand, mit zwei DOF-Adaptern parallel zu arbeiten, in der Regel zu groß.

### Overshoulder

Im szenischen Bereich, insbesondere bei Dialogen mit „Schuss-Gegenschuss" wird häufig eine Overshoulder verwendet. Bei dieser Einstellung ist die Person im Vordergrund unscharf im Anschnitt zu sehen. Solche Einstellungen haben einen verhältnismäßig großen Tiefenumfang und erfordern eine entsprechend kleine Stereobasis. Durch eine kleine Stereobasis erscheint die abgebildete Person aber weniger plastisch. Zudem kommt es gerade bei langen Bennweiten zu einer Verflachung der Tiefe (Kulisseneffekt), die durch eine etwas größere Stereobasis weniger deutlich ausgeprägt wäre. Bei einer größeren Stereobasis liegt die angeschnittene Person aber zu weit vor der Nullebene und verursacht eine Rahmenverletzung. Ein kleiner Trick kann helfen. Um die Vordergrundperson auf die Nullebene zu bekommen, wird sie in der Postproduktion auf einem Teilbild maskiert und entfernt. Damit hat sie im 3D-Bild keine Disparitäten mehr, sie wird quasi zweidimensionalisiert. Für unscharfe Objekte auf der Nullebene ist das völlig in Ordnung. Der Vorteil ist, dass

Die Person im Vordergrund ist wegen der geringen Schärfentiefe unscharf und liegt zudem im Bereich der Nullebene. Deshalb sind Disparitäten dort kaum erkennbar und die Person wirkt fast zweidimensional. Dieser Umstand lässt sich nutzen um Overshoulder-Aufnahmen mit zu großer Stereobasis zu korrigieren: Die angeschnittene Person wird in der Nachbearbeitung „zweidimensionalisiert".

die Tiefe für die eigentliche fokussierte Person optimal justiert werden kann. Die Methode eignet sich auch für Produktionen, bei denen mit dem Stereo-3D-Rig keine kleine Stereobasis möglich ist. Allerdings sollte die jeweilige Durchführbarkeit schon vor dem Dreh zwischen Kameramann und Schnittmeister besprochen werden. Im Zweifelsfall ist es besser, die für das Gesamtbild richtige Stereobasis und Entfernung zu verwenden und damit eine nicht ganz so effektive Tiefenausdehnung zu erzielen.

### 6.5.13 Architektur

Auch bei Architekturaufnahmen gilt die Regel, dass Nah- und Fernpunkt den Tiefenumfang und damit auch die Aufnahmeparameter bestimmen. Handelt es sich um weit entfernte Objekte, so ist eine größere Stereobasis nötig und bei kurzen Abständen muss sie entsprechend kleiner ausfallen. Die Wahl der Brennweite hat wie immer eine kompensierende Wirkung.

#### Vordergrund

Ein freistehendes Gebäude kann sehr gut mit großer Basis aufgenommen werden. Es ist dann aber wichtig, dass sich keine Objekte zwischen der Kamera und dem Gebäude befinden. Sie würden den Nahpunkt bilden und den Tiefenumfang des Motivs für die eingestellte Großbasis möglicherweise zu groß werden lassen. Kann das Gebäude wirklich separat aufgenommen werden, lässt es sich bei der Teilbildausrichtung kurz hinter die Nullebene legen. Hervorstehende Teile wie Erker, Balkone oder Überdachungen können dann in den Zuschauerraum ragen und für eine sehr plastische Wirkung sorgen.

> **i   Einstellungsgröße**
>
> Naheinstellungen wirken oft fernsehhaft, von der Umgebung der Person ist dann wenig zu erkennen. Da Fernsehgeräte traditionell eher klein waren, wurde die nahe Einstellungsgröße für eine bessere Erkennbarkeit bei Fernsehproduktionen häufig eingesetzt. Bei Kinobildern wurde aufgrund der großen Leinwand tendenziell mit etwas weiteren Einstellungsgrößen gearbeitet. Auch für Stereo-3D ist das keine schlechte Sache, denn dadurch ist der Raum ringsherum besser im Kontext zu sehen. Egal ob Stereo-3D für Kino oder Fernsehen gemacht wird, die Einstellungsgröße sollte also nicht extrem nah sein. Das gilt insbesondere für Personenaufnahmen wie im Interview oder bei Portraits. Allerdings handelt es sich hier nicht um eine pauschale Regel. Es gibt viele Situationen, in denen auch sehr nahe Einstellungen sinnvoll sind, beispielsweise bei Effekt-Shots im Spielfilm oder bei Musikvideos.

 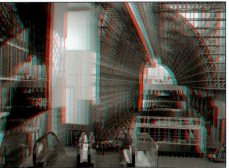

Vordergrundobjekte können den Raumeindruck verbessern und Größenverhältnisse verdeutlichen.

Die Rolltreppen im Vordergrund unterstreichen die Tiefe des Bildes. Stereo-3D lebt von der Tiefenstaffelung.

### Perspektive

In der Realität sind aber die meisten Bauwerke von verschiedenen Objekten umgeben. Laternenpfähle, Telefonmasten, Stromleitungen und Verkehrsschilder sind nur einige Beispiele. Meist ist auch der Boden mit Wegen, Straßen, Rolltreppen und Menschen mit im Bild. Je nachdem, wie weit dieser Vordergrund reicht, kann es durchaus der Fall sein, dass sich die wirksame Tiefenausdehnung auf diesen Vordergrund beschränkt und das eigentliche Objekt fast flach erscheint. Während der Boden durch entsprechende Perspektive und Brennweite herausgehalten werden kann, müssen Pfähle oder Bäume im Vordergrund zwangsläufig mit integriert werden. Damit wandert das Gebäude in der Wiedergabe automatisch auf eine hintere Ebene. Architekturbilder, die viel Vordergrund zeigen, haben aber ihren besonderen Reiz. Der Betrachter sieht das Bauwerk im Kontext zu dessen Umgebung und nicht modellhaft losgelöst. Menschen im Vordergrund machen das Bild lebendig.

Die Tiefenwiedergabe lässt sich an die verschiedenen Aufgabenstellungen anpassen. Bei manchen Bildern kann eine Kompression sinnvoll sein, bei anderen eine Expansion. Wenn mit kurzen Brennweiten und kleiner Basis gearbeitet wird, ist der nahe Bereich gut stereoskopisch erfassbar, aber im Mittel- und Hintergrund wird alles flach. Mit längeren Brennweiten und größerem Abstand kann eine tiefere Ausdehnung stereoskopisch erfasst werden, da die Tiefe komprimiert wird. Dabei wird zwar der Kulisseneffekt auftreten, dieser kann aber wieder eingeschränkt werden, indem Verbinder wie Fluchtlinien und in die Tiefe führende Objekte im Motiv integriert werden.

Hervorstehende Details sorgen für effektvolle Bilder

Detailaufnahme – die Stereobasis richtet sich auch hier nach der Gesamttiefe des Bildes.

## Details

Häufig ist es nicht möglich, an bestimmte Details nah heranzukommen ohne Gerüst oder Leiter zu haben. Glücklicherweise kann bei einer Kamera die Brennweite verändert werden. Mit Teleoptiken sind auch entfernte kleine Dinge groß darstellbar. Da Details meist eine geringe Tiefenausdehnung haben, muss die Stereobasis entsprechend vergrößert werden. Ansonsten kommt keine besonders plastische Wirkung zustande.

Vorsicht ist geboten, wenn hinter dem Detail weitere Objekte oder sogar der Fernbereich zu erkennen sind. Der Tiefenumfang steigt damit an und die Stereobasis muss wieder entsprechend begrenzt werden.

## Stürzende Linien

Stürzende Linien entfalten auch stereoskopisch ihre Wirkung.

Werden Gebäude aus geringen Entfernungen aufgenommen, entstehen „stürzende Linien". Je steiler der Aufnahmewinkel, desto stärker laufen die Linien perspektivisch aufeinander zu. In der Architekturfotografie wird versucht, stürzende Linien unter Verwendung der Scheimpflugschen Regeln mit Fachkameras oder Tilt- und Shiftobjektiven auszugleichen. Das Ziel ist dabei nicht, sie komplett zu eliminieren, sondern auf ein dezentes Level zu verringern.

Auch in stereoskopischen Abbildungen können stürzende Linien auftreten. Da die meisten stereoskopischen Kameras keine Möglichkeit zur Korrektur haben, wird diese später in der Nachbearbeitung durchgeführt. Über eine perspektivische Entzerrung verfügt heute jedes Bildverarbeitungsprogramm. Die Entzerrung wird übrigens nicht bis zur absoluten Parallelität getrieben. Das Bild wirkt natürlicher, wenn die Linien geringfügig stürzen.

### 6.5.14 Nachtaufnahme

Der Vorteil bei Nachtaufnahmen besteht im endlichen Hintergrund, da weit entfernte Dinge wie der Horizont, der Himmel und Objekte in großen Entfernungen im Dunkeln verschwinden. Der Fernpunkt liegt also nicht so weit entfernt und es kommt zu einer Begrenzung des Tiefenumfangs. An diesen vorhandenen Tiefenumfang der Szene wird der Tiefenspielraum der Kameras wie üblich durch Stereobasis, Brennweite und Abstände angepasst.

#### Konvergenz

Ein geringerer Tiefenausdehnungsbereich macht auch die Verwendung konvergent ausgerichteter Kameras denkbar. Da es im Allgemeinen in der Tiefe schwarz wird, besteht dort auch weniger Gefahr der Verzerrung oder des Auseinanderlaufens der Bilder. Natürlich sollte auf unnötige Konvergenzen verzichtet werden.

#### Licht

Nimmt die Tiefenausdehnung größere Werte an, weil möglicherweise entfernte Bäume oder Gebäude mit Steigern beleuchtet werden, ähneln die stereoskopischen Gegebenheiten eher denen einer ganz normalen

Nachts ist der Horizont und damit der eigentliche Fernpunkt schwarz. Der Tiefenumfang ist somit begrenzt, eine größere Stereobasis wäre möglich.

Tageseinstellung. Auch „Day-for-Night"-Einstellungen sind nie richtig dunkel. Im Hintergrund gibt es immer Zeichnung. Damit ist die stereoskopische Unendlichkeit im Bild und der Tiefenumfang ist größer.

### Rauschen

Wird wirklich nachts gedreht, kann es leicht passieren, dass verschiedene Stellen im Bild in die Unterbelichtung geraten. An unterbelichteten Bildstellen entsteht bei vielen Kameras ein Bildrauschen. Besonders bei preisgünstigen Geräten kann dies schnell sehr deutlich hervortreten. Rauschen ist in den beiden Teilbildkameras nicht korreliert und kann sich auf die stereoskopische Fusion beim Betrachter zumindest störend auswirken.

An unterbelichteten Stellen sind außerdem Probleme mit der Stereopsis möglich. Stereopsis und Fusion funktionieren am besten an hellen und kontrastreichen Bildpartien.

### Kontraste

Ein Problem können die harten Kontraste bei Nachtaufnahmen sein. Oft sind Selbstleuchter wie Tischlampen oder Straßenlaternen im Bild. Dadurch steigt die Gefahr der Geisterbilder bei der Wiedergabe.

### 6.5.15 Stillleben

Standbilder müssen nicht unbedingt gefilmt werden. Fotokameras sehr hoher Qualität sind zu einem deutlich besseren Preis-Leistungs-Verhältnis zu bekommen als Film- oder Videokameras. Dennoch ist der Unterschied subjektiv sichtbar, da eine Bewegtbildaufnahme stets ein gewisses Rauschen oder eine Lebendigkeit beinhaltet, auch bei der Aufnahme von „Stills". Die Nachbearbeitung bietet jedoch Abhilfe.

Zu einer digitalen Postproduktion gehört mittlerweile standardmäßig ein Grain Adjustment. Dabei wird ein minimales Rauschen künstlich über die Bilder gelegt, die dadurch miteinander verbunden werden und vor allem nicht mehr so digital-künstlich aussehen.

### Sukzessiv

Stillleben, bei denen sich tatsächlich nichts ändert oder bewegt, können unter Anwendung des Sukzessivverfahrens auch mit einer einzelnen Kamera aufgenommen werden. Dabei werden die Teilbilder nacheinander

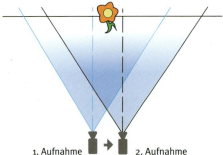

1. Aufnahme  2. Aufnahme

Prinzip der Sukzessivaufnahme. Es wird vor allem in Stop-Motion und Trickaufnahmen eingesetzt.

gefilmt, indem die Kamera um den Betrag der gewünschten Stereobasis verschoben wird. Hohe Präzision ist beim Verschieben sehr wichtig, um einem Verdrehen oder Verkanten des Bildes vorzubeugen.

### Hintergrund

Bei Studioaufnahmen mit dem Ziel der Freistellung eines Objekts spielt der Hintergrund aus stereoskopischer Sicht keine Rolle. Damit die Freistellung später gut gelingt, wird ein monochromer Hintergrund verwendet. Je nach Motiv handelt es sich dabei höchstwahrscheinlich um Grün, Blau, Rot oder neutrales Grau.

### Drehteller

Die Stereobasis kann bei feststehender Kamera bereits durch Drehung des Objekts erzeugt werden. Mit Hilfe eines Drehtellers lassen sich mit einer einzelnen Kamera „Kreisfahrten" erzeugen. Durch zeitlichen Versatz der beiden Teilbilder in der Postproduktion wird die Disparität erzeugt. Der Betrag des zeitlichen Versatzes ergibt die Stereobasis. Um eine möglichst hohe Flexibilität bei der „Basiseinstellung" zu bekommen, darf die Bewegung nicht zu schnell, beziehungsweise die Bildrate der Aufnahme nicht zu gering sein.

Motion-Control-System für Stereo-3D-Sukzessiv-Aufnahmen

Durch die Drehung entspricht das Verfahren einer Objektkonvergierung, also einer Kameraausrichtung, bei der die Kameras auf das Objekt konvergieren. Soll eine parallele Kameraausrichtung simuliert werden, darf das Objekt nicht gedreht werden, sondern müsste parallel zur Kamera verschoben werden. Eine parallele Aufnahme eines sich auf dem Drehteller drehendem Objekts muss hingegen mit zwei Kameras realisiert werden.

Als weiterer Punkt ist die Lichtstimmung zu berücksichtigen. Sie darf sich in den beiden Teilbildern nicht ändern. Wird das Objekt bei sich veränderndem Licht gedreht, ergeben sich andere Schatten, sodass die Bilder nicht zusammenpassen. Um dies zu vermeiden, müsste sich die Beleuchtung mit auf dem Drehteller befinden, was aber meist schwer umsetzbar ist. Durch eine weiche Ausleuchtung und kleine „Kamerabasis" lassen sich geringe Unterschiede bis zu einem gewissen Grad verbergen.

## 6.5.16 Puppentrick

Obwohl sie inzwischen eine recht betagte Filmgattung darstellen und nun durch die digitale Animation eine starke Konkurrenz haben, sind Puppentrickfilme immer noch beliebt und werden oft mit großem Aufwand und viel Liebe zum Detail produziert.

### Realisierung

Auch in diesem Genre geht der Trend zur Modernisierung und so werden heute schon viele Stop-Motion-Filme in Stereo-3D produziert. Dabei ist es verhältnismäßig leicht, zu guten Ergebnissen zu kommen und volle Kontrolle über die Parameter zu erlangen. Mit heutigen Mitteln können einfache Knetanimationen oder Brickfilme (Filme mit Spielzeugbausteinen) auch von Amateuren stereoskopisch gefertigt werden. Etwas Interesse für die Technologie und Erfahrung im Schnitt muss natürlich vorhanden sein. Richtige Puppentrickaufnahmen sind schon schwieriger zu realisieren, da zur Herstellung beweglicher Puppen und des passenden Sets eine Menge Professionalität gehört.

Prinzip der Sukzessivaufnahme. Es wird vor allem in Stop-Motion und Trickaufnahmen eingesetzt.

> **Sukzessivstereo**
>
> Sukzessivaufnahmen sind stereoskopische Bilder, die nicht mit zwei Kameras gleichzeitig, sondern mit einer Kamera nach der anderen gemacht werden. Das Verfahren wird in der Stereofotografie häufig angewendet. Bei Film und Video ist es eher schwierig, weil es hier meist um Bewegungsabläufe geht. Diese lassen sich schlecht exakt wiederholen. In einigen Spezialfällen machen Sukzessivaufnahmen aber auch für bewegte Bilder Sinn. So zum Beispiel bei Versatzaufnahmen, wie sie häufig aus einem Fahrzeug heraus zur Seite gemacht werden. Wenn sich das Fahrzeug streng parallel zum Motiv bewegt, kann später durch einen zeitlichen Versatz der Bilder eine Stereobasis hergestellt werden. Der andere Spezialfall sind Stillleben, bei denen die Sukzessivaufnahmen genauso erstellt werden, wie in der Stereofotografie. Besondere Regeln gelten dabei im Einsatz mit Drehteller.

### Stereobasis

Werden Modelle oder Puppen gefilmt, sollte die Stereobasis tendenziell an der Größe der Puppen ausgerichtet werden. Das ist wichtig, damit der Zuschauer die Puppen später im Film als reale Objekte und „echte Menschen" ansehen kann. Die Normalbasis sollte sich etwa am Augenabstand der Puppen orientieren und kann dabei mitunter sehr klein werden.

### Sukzessivbilder

Die Verwendung von zwei getrennten Kameras und eines Spiegel-Rigs lässt sich ersparen, indem Sukzessivaufnahmen gemacht werden, wie es unter der Überschrift „Stillleben" beschrieben wurde. Puppentrickaufnahmen sind eben in der Regel Stillleben. Durch die Möglichkeit, bei Sukzessivaufnahmen Fotokameras zu verwenden, können mit verhältnismäßig geringen Kosten sehr hohe Auflösungen bei hervorragender Bildqualität erzielt werden. Bei dieser Arbeitsweise ist ein massives und extrem fein justierbares Rig notwendig, auf dem das Verschieben durch eine sehr genaue Skala ermöglicht wird. Bei größeren Filmprojekten wird die Verschiebung automatisiert ablaufen, denn für jedes Einzelbild muss die Kamera in beide Positionen verschoben werden.

### 6.5.17 Animation

Auch bei Animationsfilmen gibt es einen Bildgestalter. In dem Fall ist dieser aber nicht für die Filmkameras am Set verantwortlich, sondern er steuert virtuelle Kameras am Computer. Die aufgezeichneten Bewegungen werden in der künstlichen Welt berechnet, sodass entsprechende Bilder entstehen. Motion-Capture (Mocap) betrifft also längst nicht nur die Schauspieler, sondern zunehmend auch die Kamerabewegung.

Auch bei Animationen müssen natürlich im Ergebnis die stereoskopischen Grenzwerte für störungsfreie Bilder beachtet werden. Die Darstellung ungewöhnlicher Perspektiven und Bilder, die mit realen Stereo-3D-Kameras gar nicht gelingen würden, ist bei Animationen realisierbar. Schließlich sind Animationen künstlich und damit nicht auf die Möglichkeiten realer Bilder beschränkt. So könnten beispielsweise auch Mond und Sonne stereoskopisch dargestellt oder Atome in Vollbild-Stereo-3D gezeigt werden. Da Animationen ohnehin meist einen gewissen künstlichen Charakter haben, entsteht dabei auch kein logischer Widerspruch. Das Surreale einer 2D-Animation kann im 3D-Bereich ebenso genutzt werden und lässt sich zusätzlich noch deutlich erweitern.

**Zusammenfassung**

Bei einer Stereo-3D-Aufnahme müssen immer Nah- und Fernpunkt herausgefunden werden, um anschließend die Kamera optimal auf das Motiv einzustellen. Dieses Prinzip gilt universell für die stereoskopische Bildaufnahme. Unabhängig davon gibt es zahlreiche Standardsituationen, bei denen auf spezielle Dinge zu achten ist, bei denen manches vereinfacht werden kann oder bei denen gewisse Verallgemeinerungen getroffen werden können. Die wichtigsten Standardsituationen wurden in diesem Kapitel behandelt. Natürlich gibt es auch darüber hinaus noch zahlreiche weitere Anwendungsmöglichkeiten von Stereo-3D.

| Situation | Konvergenz/ Angulation | Typische Brennweite | Typische Basis | Darstellbare Tiefe |
|---|---|---|---|---|
| Normalsituation | ✗ | ••• | ••• | ••• |
| Landschaft | ✗ | Alle | •••• | •••• |
| Fernaufnahmen | ✗ | •••• | ••• | ••• |
| Luftaufnahme | ✗ | Alle | •••• | •• |
| Unterwasser | Teilweise | • | ••• | ••• |
| Nahaufnahme | Teilweise | •••• | • | •• |
| Mikroskopie | ✓ | •• | • | • |
| Live-Produktionen | ✓ | Alle | ••• | ••• |
| Musikvideo | Teilweise | Alle | Alle | Alle |
| Bewegte Kamera | Teilweise | •• | •• | Alle |
| Sport | Teilweise | Alle | Alle | Alle |
| Interview | Teilweise | Alle | •• | ••• |
| Architektur | ✗ | Alle | Alle | Alle |
| Nachtaufnahme | Teilweise | Alle | Alle | Alle |
| Stillleben | ✗ | Alle | Alle | Alle |
| Puppentrick | ✗ | Alle | •• | ••• |
| Animation | ✗ | Alle | Alle | Alle |

✓ – Ja   ✗ – Nein   • Sehr gering   •• Gering   ••• Mittel   •••• Groß

## 6.6 Phänomene und Effekte

In der Natur gibt es zahlreiche Phänomene, die durch die Ausbreitung des Lichts im Raum und in unterschiedlichen Medien zustande kommen. Eine besondere Wirkung entsteht, wenn es sich um diffuse Medien handelt. Diese sind Gegenstand des ersten Teils des Kapitels. Nicht selten werden Effekte wie Rauch oder Nebel bildgestalterisch bewusst eingesetzt. Mit Stereo-3D kann es dabei zu veränderten oder erweiterten Wirkungen kommen. Das gilt auch für die unterschiedlichen Zustände des Wassers als diffuses Medium, also beispielsweise bei Eis, Regen oder Wolken.

Im zweiten Teil geht es um Reflexionen und die damit verbundenen Besonderheiten. Spezielle Effekte entstehen bei Stereo-3D auch, wenn Licht gebrochen wird. Das ist in diffusen Medien genauso der Fall wie bei allen Objekten, die nicht lichtundurchlässig sind. Der dritte Teil beschäftigt sich näher mit dem Phänomen der Brechung. Phänomene und Effekte in Abbildungen entstehen aber nicht nur durch die Natur. Fotografische Objektive sind für eine Reihe von optischen Abbildungsfehlern verantwortlich, die in stereoskopischen Bildern bestimmte Wirkungen zur Folge haben. Diese werden im vierten Abschnitt behandelt. Zuletzt geht es in diesem Kapitel um einige Lichteffekte, die bei Stereo-3D ebenfalls besondere Beachtung verdienen.

### 6.6.1 Diffuse Medien

Mangels scharfer Kanten und Strukturen sind diffuse Medien wie Nebel, Rauch, Dampf, Dunst, Wasser oder Wolken schwer räumlich zu erkennen. Solche transparenten Volumina weisen kaum Konturen auf. Sie bestehen aus kleinsten Partikeln, die sich in ständiger Bewegung befinden. Es kann

> **i Diffuse Medien erfassen**
>
> Ein Hauptproblem in der Erfassbarkeit verschiedenster Licht- und Luftphänomene liegt in der begrenzten Auflösungsfähigkeit von Kamerasystemen sowie der sehr eingeschränkten Möglichkeit der Darstellung einer Vielzahl von Farben in feinster Abstufung, sowohl durch die Kamera als auch durch das Auge. Diffuse Medien, Dispersionen oder Feuer sind daher innerhalb ihrer Struktur kaum scharf wahrnehmbar. Nur an Grenzstellen entstehen deutlichere Kontraste. Eine gelungene räumliche Darstellung solcher Effekte lässt sich am besten durch digitale VFX erreichen. So können Nebel, Rauch, Feuer oder Wasser mit speziellen Software-Partikelfiltern gezielt erzeugt, gesteuert und klar abgebildet werden.

sich dabei um Wassertröpfchen handeln, um kleine Staubteilchen oder mikroskopisch kleine Partikel.

Durch hartes Licht, vor allem durch Gegenlicht, kann eine gewisse räumliche Wirkung erzielt werden. Die Lichtstrahlen brechen sich an den Partikeln und gelangen dann in diffuser, sich zeitlich ändernder Art zum Auge.

### Rauch, Nebel, Dampf

Diffuse Medien lassen sich im Raum einordnen, wenn solide Objekte mit Linien und Kanten vorhanden sind, die das Grundskelett des Raums vermitteln. Das diffuse Volumen steht dann im Verhältnis zu diesen Objekten im Raum, wird beispielsweise davor, dahinter oder dazwischen empfunden.

Sind die diffusen Medien in Bewegung wie im Falle von Rauch, Nebel oder Dampf, helfen auch Tiefenhinweise wie die Verdeckung oder die Bewegungsparallaxe bei der räumlichen Einordnung. Das Wahrnehmungssystem nimmt dann die festen Objekte im Raum als stereoskopisches Grundraster und erkennt die Lage der sich gasförmig ausbreitenden Medien, denn diese ziehen vorbei und verdecken etwas oder werden selbst verdeckt. Wären die diffusen Stoffe stattdessen in einem Raum ohne feste Objekte, so wäre eine räumliche Einordnung kaum möglich.

▶ *Die Räumlichkeit diffuser Schwebstoffe wird hauptsächlich durch monokulare Tiefenhinweise wahrgenommen und weniger über die Stereopsis.*

Für die Kameraarbeit kann das Vorhandensein von Nebel und Rauch an manchen Stellen und in manchen Situationen durchaus vorteilhaft sein. Es bietet sich dann mehr Flexibilität und Toleranz beim abzubildenden Tiefenumfang des Bildes, vor allem wenn konvergente Kameras eingesetzt werden. Mit Nebelmaschinen kann der Nebel künstlich erzeugt werden.

 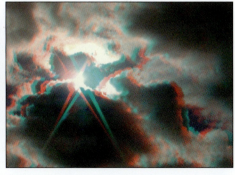

Dampf wird gerade durch Gegenlicht gut sichtbar. Reflektionen auf nasser Straße erhöhen den Raumeindruck zusätzlich.

Mit einer großen Stereobasis lassen sich auch Wolken räumlich abbilden.

Abgesehen von der Tiefeneingrenzung in Stereo-3D wird er natürlich vorwiegend eingesetzt, um bestimmte bildgestalterische und dramaturgische Wirkungen zu erzielen.

### Wolken

Es gibt zahlreiche Arten von Wolken, die sich nicht nur in ihrer Form und Größe, sondern auch in der Entfernung zum Erdboden oder in ihrer Bewegungsgeschwindigkeit unterscheiden. Manche Wolken sind flach und farblos, andere Wolken haben Strukturen und Farb- oder Helligkeitsabstufungen. Bei großen Cumulus-Wolken, die von der Sonne beschienen werden, entstehen beispielsweise klare Ränder und Schattierungen. Dort können Kanten wahrgenommen werden, was eine räumliche Wahrnehmung erleichtert. Bestimmte Wolkenarten verfügen nicht über Kanten und Strukturen. Auch zweidimensional wirken sie unscharf, genau wie bei der realen Betrachtung.

#### Raumwahrnehmung
Wenn die Wolken tief hängen und andere Wolkenschichten weit dahinter liegen, wird die Räumlichkeit durch binokulare Verdeckungen gut sichtbar. Das funktioniert auch in Standbildern. Ziehen Wolken in verschiedenen Luftschichten mit unterschiedlichen Geschwindigkeiten dahin, wird ihre Lage in der Tiefe zudem durch die Bewegungsparallaxe deutlich. Dafür sind natürlich Bewegtbildaufnahmen notwendig.

▶ *Wolken verfügen über eine Ausdehnung, die mit Großbasisaufnahmen stereoskopisch erfassbar ist.*

#### Stereobasis
Für eine stereoskopische Wirkung müssen große Basisweiten erreicht werden, denn Wolken (und damit der Nahpunkt) sind von der Kamera sehr weit entfernt. Bei der Ermittlung der Basis muss aber nicht nur der Abstand zur ersten Wolke, sondern auch der Abstand zwischen den Wolken geschätzt werden, damit die Stereobasis wiederum nicht zu groß wird.

### Wasser

Wasser hat räumlich gesehen einen besonderen Reiz. Jeder kennt Fotos, die mit kurzer Belichtungszeit gemacht wurden, sodass das Wasser in der Bewegung eingefroren wird. Einzelne Wassertropfen scheinen im Raum zu schweben. In Stereo-3D ist diese Wirkung besonders stark. In Film- und Videoaufnahmen kommt ein solcher Effekt am ehesten bei Zeitlupen zustande. Auch dabei sollten möglichst kurze Belichtungszeiten gewählt

Wasser wirkt in Zeitlupen besonders beeindruckend.   Für eine gute und plastische Wirkung des Wassers muss die Synchronisation der Kameras stimmen.

werden, damit die einzelnen Bilder auch die nötige Schärfe haben (Vorsicht bei CMOS mit Rolling-Shutter). Mit langen Belichtungszeiten hingegen ist die Bewegungsunschärfe groß. Dadurch wirkt das Wasser wie ein weiches, fließendes Band. In jedem Fall ist es besonders wichtig, genau miteinander synchronisierte Kameras zu verwenden.

Auch bei Wasser spielt das Licht eine große Rolle für einen guten Raumeindruck. Bei flacher und diffuser Beleuchtung werden die Strukturen nicht sehr deutlich. Besonders bei Wasseroberflächen, die kaum Wellen oder Spritzer aufweisen, sind hartes Licht und sogar Reflexe gut, um die leicht gekräuselte Oberfläche plastisch greifbar darzustellen. Ist das Wasser klar genug, werden durch das Licht möglicherweise Dinge sichtbar, die sich im Wasser befinden, wie Partikel, Pflanzen oder sogar Fische. Diese lassen sich vom Betrachter im Raum und relativ zur Wasseroberfläche einordnen, was ebenfalls eine sehr reizvolle Wirkung haben kann.

## Regen

In vorherigen Kapiteln wurde schon häufiger deutlich gemacht, dass der Nahpunkt des stereoskopischen Bildes nicht unterschritten werden sollte. Bei Regen oder Schneefall lässt sich dieser Faktor aber schlecht steuern. Ist der Nahpunkt nur einen halben Meter entfernt, kann ein Regenschirm oder eine kleine Überdachung schon helfen, bei größeren Abständen wird es schwieriger. Glücklicherweise gilt für solche Situationen eine Ausnahme. Da Regen besonders im Nahbereich das Bild mit sehr schneller Bewegung durchkreuzt, wird er nicht als scharfes Störobjekt erkannt. Stattdessen ergibt sich eine Unschärfe, wie sie auch beim natürlichen Sehen vorhanden ist. Regen und Hagel wirken daher eher nach dem Prinzip des optischen Fließens.

### Schnee und Eis

Das größte Problem in der Darstellung von Schnee und Eis ist die große Helligkeit. Strukturen und Kanten werden dadurch reduziert und die Stereopsis hat keine Grundlage zum Bildvergleich. Für eine Stereo-3D-Aufnahme muss also darauf geachtet werden, dass der Schnee oder das Eis so beleuchtet wird, dass Schatten entstehen können und Strukturen sichtbar werden. Da das Licht sehr stark reflektiert wird, ist es in solchen Situationen oftmals nötig, die Blende etwas zu schließen, also die Belichtung anzupassen.

### 6.6.2 Reflexionen

Licht kann von sogenannten Selbstleuchtern erzeugt werden. In den meisten Fällen empfängt das Auge aber vorhandenes Licht, welches von den Objekten reflektiert (zurückgeworfen) wird.

Jede Kamera hat durch die leicht versetzten Perspektiven einen anderen Winkel zur Reflexion, wodurch diese auf jedem Teilbild etwas anders ausfällt. Reflexionen sind vor allem dann problematisch, wenn das re-

> **i Diffuser Hintergrund**
>
> In verschiedenen Situationen kann es einen natürlichen diffusen Hintergrund geben. Beispiele sind der Bodennebel im Wald, Dampf und Rauch in einer Industrieanlage oder trübes, matschiges, verregnetes Wetter im Hintergrund. Solche Situationen lassen sich über Nebelmaschinen, Spritzwasser und entsprechende Beleuchtung auch künstlich erzeugen. Stereoskopisch spielen diese Verhältnisse durchaus eine Rolle, da der Fernpunkt begrenzt wird. Der Fernpunkt liegt beim hintersten klar erkennbaren Punkt in der Szene. Durch einen näheren Fernpunkt verringert sich der Tiefenumfang. Gleichzeitig vergrößert sich der Spielraum beim Ausrichten der Teilbilder. Alternativ kann in diesem Fall auch stärker konvergiert werden oder der Nahpunkt weiter an der Kamera liegen. Ein diffuser Hintergrund sollte natürlich nicht rein aus stereoskopischer Sicht erzeugt werden, sondern vor allem der erzählerischen Intention folgen.

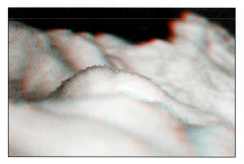
Kontraste und Strukturen sind wichtig für Stereo-3D, auch bei Schnee und Eis.

Spiegelungen im seichten Wasser erweitern den Raumeindruck.

flektierende Medium nicht plan liegt. Dann werden die unterschiedlichen Perspektiven möglicherweise zu groß und es entstehen zwei unterschiedliche Reflexionen. Mit einer entsprechend kleinen Basis und gut synchronisierten Kameras können Reflexionen aber hervorragend funktionieren und das jeweilige Medium oder Objekt sehr plastisch wirken lassen.

▶ *Bei der Reflexion von Lichtstrahlen entspricht der Ausfallswinkel immer dem Einfallswinkel.*

## Spiegelung

Die stärkste Reflexion ist die Spiegelung. Dabei wird nahezu alles Licht geradlinig reflektiert. Reflexionen in großen glatten Flächen wie Wasser oder Spiegeln werden zu Spiegelbildern mit eigener räumlicher Tiefe. In Stereo-3D sind solche Spiegelungen sehr attraktiv und erhöhen die Qualität des Bildes ungemein. Der Betrachter bekommt einen besonders starken Eindruck der Räumlichkeit. Wenn Spiegelungen auftreten oder sogar geplant werden, ist darauf zu achten, dass die gespiegelte Szene die

Spiegelungen sind stets sehr reizvoll, weil der Raum und die Tiefe im Spiegel weiter geführt werden.

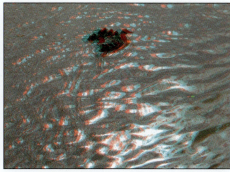
Reflexe auf dem Wasser können bei perfekter Synchronisation zu einem sehr plastischen Eindruck führen.

Kameraarbeit bei Stereo-3D | 477

Maximaldisparitäten des eigentlichen Bildes nicht übertritt. Der Fernpunkt des Gesamtbildes kann durchaus in der Spiegelung statt im eigentlichen Raum zu finden sein. Anders gesagt kann eine Spiegelung den Tiefenumfang eines Bildes deutlich vergrößern.

### Reflex

Ein Reflex ist die Spiegelung einer einzelnen Lichtquelle statt ganzer Objekte. Reflexe treten vor allem an glänzenden, glatten Oberflächen auf. Rauhe Oberflächen streuen das Licht hingegen so, dass der Reflex seine Wirkung verliert. Reflexe können wie Spiegelungen behandelt werden. Dabei entspricht der Einfallswinkel immer dem Ausfallswinkel.

Da das Licht eines Reflexes stark gerichtet ist und kaum streut, kann der Reflex durch eine geringe Positionsänderung bereits vermieden werden. Bei stereoskopischen Aufnahmen besteht die Gefahr, dass der Reflex

### Gewölbte Spiegel

In Stereo-3D sind Spiegelungen vor allem eine Frage des Tiefenumfangs, der durch sie beeinflusst wird. Das gilt aber nur für plane Spiegel. Ist ein Spiegel gebogen oder gewölbt, verzerrt er das Bild. Solange die Wölbung nicht zu stark ist und die Stereobasis nicht zu groß, hat die Verzerrung kaum Einfluss. Spiegel mit einer rein vertikalen Wölbung sind ohnehin unproblematisch, weil diese Wölbung bei nebeneinander stehenden Kameras identisch ausfällt. Verläuft die Wölbung aber auch in horizontaler Richtung, ist Vorsicht geboten. Je nach Größe und Wölbung des Spiegels sowie der eingestellten Stereobasis kann es zu unterschiedlichen Verzerrungen in linkem und rechtem Teilbild kommen. Dafür genügt schon ein einfacher Kosmetikspiegel. Besonders deutlich wird der Effekt aber bei starken Zerrspiegeln, wie sie vom Spiegelkabinett her bekannt sind, und zwar vor allem dann, wenn die Wölbung wellenförmig verläuft. Solche Unterschiede führen recht wahrscheinlich zu Visueller Überforderung, denn die Fusion der beiden Teilbilder ist an diesen Stellen schwierig und binokulare Rivalität kann auftreten. Bei einfachen Verkehrsspiegeln sind hingegen meist nur die Randbereiche schwierig, da die Verzerrung in der Mitte moderat ist. Oft wird der Raumeindruck durch eine leichte Wölbung sogar noch verstärkt.

Solange ein Spiegel kaum horizontal gewölbt ist, gibt es keine Probleme.

in den Teilbildern in unterschiedlicher Form oder Intensität auftritt. Es kann sogar sein, dass er in einem Teilbild vorhanden ist und im anderen nicht. In der Wiedergabe wird dann vom Auge meist summiert, das heißt, der Reflex wird in beiden Teilbildern in abgeschwächter Form wahrgenommen. Damit die Summation nicht überansprucht wird, ist es ratsam, gleiche Reflexe zu korrigieren (also in der Postproduktion zu duplizieren, sodass sie in beiden Teilbildern gleich sind) oder komplett zu retuschieren. Schon bei der Aufnahme können Polarisationsfilter helfen, Reflexionen in nichtmetallischen Flächen zu vermeiden. Wenn die Perspektiven der beiden Teilbilder sehr nah beieinander sind und die zeitliche Synchronisation der Bilder auch stimmt, sind die Reflexe identisch und können ein Bild auch bereichern.

### 6.6.3 Brechung

Licht breitet sich zwar geradlinig aus, wird aber gebrochen, wenn es unterwegs auf Teilchen stößt. Dadurch entstehen ganz unterschiedliche Effekte, die im alltäglichen Leben und der Wahrnehmung bedeutsam sind.

#### Streuung

Feuchte Luft enthält viele kleine Wassertröpfchen, an denen es zur Streuung von Licht kommen kann. Dabei entstehen Koronen, also Ringe, die sich um die Lichtquelle anordnen. Da die Teilchen, an denen sich das Licht streut, im Raum angeordnet sind, haben Koronen auch eine tatsächliche räumliche Ausdehnung. Mangels Schärfe sind jedoch auch diese diffusen Gebilde nur schwer stereoskopisch erfassbar. Durch ihre Einordnung im Kontext des restlichen Raums lässt sich jedoch eine Lage erkennen.

In heißen Sommermonaten flimmert die Luft am Horizont. Flimmern ist in Standbildern schwer darstellbar. In diesem Beispiel äußert es sich als diffuse Unschärfe in der Tiefe.

Lichtstreuung in feuchter Luft

Dass das gestreute Sonnenlicht manchmal die Form von Strahlen annimmt, liegt an partieller Verdeckung, zum Beispiel durch Äste und Zweige bei Sonnenstrahlen im Wald oder bei Sonnenstrahlen, die durch Wolken scheinen. Auch in Kirchen lässt sich diese Erscheinung oft beobachten.

### Luftflimmern

Der Effekt der flimmernden Luft ist aus heißen Sommermonaten bekannt, wenn die Straßen erhitzt sind. Auch beim Öffnen des Backofens, über einem Feuer oder in anderen Situationen lässt sich das Luftflimmern gut erkennen.

Der besondere Reiz liegt in der eigentümlichen Verzerrung, die Objekten in diesem Bildbereich zuteil werden kann. Damit diese Verzerrung simultan in beiden Teilbildern dargestellt wird, müssen die Kameras perfekt aufeinander abgeglichen sein. Bei Stereo-3D mit unzureichender Synchronisation der Kameras entsteht an den Stellen des Flimmerns vor allem Unschärfe. Das gilt auch für Bilder mit ungenügend hoher Auflösung. In Standbilder wirkt Luftflimmern wegen der fehlenden Verzerrungsänderung weniger interessant als bei bewegten Bildern.

### Regenbogen

Ein Regenbogen ist in der Realität kein Bogen und auch kein räumliches Gebilde. Er ändert sich mit jeder Perspektive und gleicht eher einer optischen Täuschung. Daher lässt sich ein echter Regenbogen auch nicht stereoskopisch aufnehmen. Es würde eine Art Bildfehler entstehen. Zudem sind derart unscharfe Strukturen wie die eines Regenbogens, der nur aus kleinsten Dispersionen an Wassertröpfchen besteht, für die Stereopsis kaum zu gebrauchen. Für Trickfilme oder Animationen kann natürlich das Modell Regenbogen räumlich als Objekt dargestellt werden. Im Realfilm müsste er entsprechend auch künstlich integriert werden. Möglicherweise gibt es dafür ja eine dramaturgische Rechtfertigung.

### 6.6.4 Optische Abbildungsfehler

Obwohl es sich, wie der Name schon sagt, eigentlich um Fehler handelt, haben sie sich im Verlauf der Zeit als Stilmittel etabliert. Heute werden bestimmte optische Abbildungsfehler künstlich simuliert, um sie auch bei CGI und Animationen einsetzen zu können, ohne dass es dabei Objektive oder Linsen gibt. Dabei handelt es sich hauptsächlich um Blendenflecke und Blendensterne.

Blendenflecke können in Stereo-3D problematisch sein.

Durch die Verdeckung entsteht eine unnatürliche aber reizvolle Tiefenwirkung. Der Sonnenstrahl scheint aus der Ferne nach vorne zu führen.

## Blendenflecke

Blendenflecke beziehungsweise Blendenringe sind als optische Abbildungsfehler prinzipiell nicht räumlich. Sie entstehen immer auf einer gedachten Linie, die von der Lichtquelle ausgehend durch die optische Achse im Objektiv und damit den Bildmittelpunkt verläuft.

Durch diese Schrägstellung der einzelnen Flecke oder Ringe ergibt sich eine Perspektive, die eine räumliche Staffelung vorgaukelt. Physikalisch ließe sich diese Staffelung damit erklären, dass die Blendenringe an den einzelnen Linsen des Objektivs entstehen und damit entsprechend dieser optischen Glieder eben räumlich gestaffelt sind.

Da bei optischen Abbildungsfehlern nie genau gesagt werden kann, auf welcher Tiefenebene sie liegen, kann es in der Wiedergabe zu widersprüchlichen Tiefeninformationen kommen. Die Wahrnehmung wird aber erfahrungsgemäß leicht damit fertig. Verdeckung und andere starke Tiefenhinweise stehen im Zweifelsfall über der Stereopsis.

## Blendensterne

Auch Blendensterne sind nur zweidimensional und sie entstehen ebenfalls im Objektiv. Trotzdem können die Sternchen räumlich wirken, da sie manchmal den Tiefenhinweis der Verdeckung erzeugen. Der Ursprung eines Lichtstrahls wird in der Lichtquelle gesehen, die in der Regel sehr weit entfernt ist (vor allem die Sonne). Von dort scheint sich der Strahl zum Betrachter auszudehnen, weil er Vordergrundobjekte überlagert. Dieser Fehler kann zu einer räumlichen Wirkung führen, die zwar nichts mit der Stereoskopie zu tun hat, aber dennoch stark wahrnehmbar ist, natürlich auch in 2D-Bildern.

### Abbildungsfehler und Stereo-3D

Abbildungsfehler wie Blendenflecke oder Sternchen sind unproblematisch solange die Kameras bei der Aufnahme ordentlich ausgerichtet waren. Die Fehler äußern sich zwar aufgrund der beiden Perspektiven meist in leicht unterschiedlicher Intensität oder Form, im Fall einer normalen Kamerabasis ist dieser Unterschied aber hinreichend gering. Bei verdrehten, höhenversetzten oder unterschiedlich geneigten Objektiven kommen die Lichtstrahlen jedoch in deutlich voneinander abweichenden Winkeln in die Kameras. Dadurch können auch die Effekte sehr unterschiedlich ausfallen. Wenn solche Teilbilder später ausgerichtet werden, führen die asymmetrischen Fehler zu echten Problemen, weil sie nicht deckungsgleich zu bekommen sind. Sie stehen nicht in Korrelation zum Gesamtbild, haben also Höhenversatz oder zu große Disparitäten, nachdem das eigentliche Bild geometrisch ausgerichtet wurde. Eine Entfernung der Blendenflecke ist im Nachhinein sehr schwierig. Deshalb sollte bei Aufnahmen mit starkem Gegenlicht (Scheinwerfer, Sonne, Reflexe) besonders auf eine penible Kamerajustierung geachtet werden.

#### 6.6.5 Lichteffekte

Durch Licht entsteht nicht nur Schatten, sondern auch eine ganze Reihe anderer Effekte, die im Folgenden zusammengefasst werden. Hauptsächlich geht es dabei um Entladungen wie Blitze oder Feuerwerk und um Feuer.

### Schatten

Schatten selbst können nicht räumlich wirken, denn sie sind keine Objekte und haben damit keine Ausdehnung im Raum. Die Objekte, auf die der Schatten fällt, können hingegen räumlich sein und über ihre Form und Oberfläche entsprechend wahrgenommen werden. Durch den Kontrast von Licht und Schatten werden deutliche Linien und Kanten erzeugt, die für die Raumwahrnehmung von großer Bedeutung sind.

Wenn Schatten sehr dunkel oder völlig schwarz sind, weisen sie keine Struktur und dadurch auch keine Disparitäten auf. Sind sie nicht durch andere Tiefenhinweise lokalisierbar, werden solche Schatten immer auf der Nullebene wahrgenommen. In der Praxis haben Schattenpartien in den meisten Fällen wenigstens ein bisschen Zeichnung, sodass eine Tiefeneinordnung in der Regel möglich ist. Der Blick des Zuschauers wird aber ohnehin auf die hellen Bildbereiche gelenkt.

Schatten dienen selbst als Tiefenhinweis für andere Objekte, da durch die Erfahrung, also die unbewusste Kenntnis bestimmter physikalischer Gesetze, klar ist, wie ein Objekt beschaffen sein muss und wo es sich befindet, wenn es einen Schatten wirft. Licht und Schatten setzen Dinge in einen gegenseitigen Zusammenhang und beeinflussen dadurch die gesamte Raumwirkung enorm.

Schattenbereiche mit zeichnungslosem Schwarz können in sich keine Tiefe darstellen, wohl aber im Verhältnis zueinander. Mit Silhouetten auf verschiedenen Tiefenebenen ist daher eine gute Raumwiedergabe möglich.

### Silhouetten

Bei Silhouetten handelt es sich um Objekte die in zeichnungslosem Schwarz dargestellt werden. Der Begriff selbst bezieht sich auf den Umriss des Objekts, so wie bei einem Scherenschnitt. Für eine plastische Wirkung fehlen Silhouetten die Oberflächeninformationen und die Disparitäten der einzelnen Objektpunkte. Sie sind aber als Gesamtobjekte innerhalb der Tiefe des Raums lokalisierbar, da die Außenränder der Silhouetten für eine Disparitätsauswertung gut geeignet sind. Wegen des hohen Kontrasts sind diese Kanten anfällig für Geisterbilder. In der Praxis kann es außerdem zu kulissenhaften Effekten kommen, vor allem wenn verschiedene Silhouetten hintereinander liegen. Erstrecken sich die Objekte aber in den Raum wie die Äste eines Baums, sind sie auch als Silhouette gut räumlich erkennbar.

### Blitze, Plasma, Feuerwerk

Durch elektrostatische Aufladung kleiner Partikel kann es zur Entstehung von Blitzen kommen. Die Entladungen pflanzen sich in der Luft, also im dreidimensionalen Raum fort. Sie bilden eine Spur aus Licht, die jedoch selbst keine körperliche Ausdehnung aufweist, sondern als gezackter Strich zu erkennen ist. Sie verlaufen aber im Raum und könnten zumindest deshalb räumlich eingeordnet werden. Da Blitze sehr weit entfernt sind, werden sie beim natürlichen Blick nicht stereoskopisch erfasst. Mit einer Stereo-3D-Kamera müsste die Stereobasis sehr groß sein. Verläuft der Blitz parallel zum Betrachter von oben nach unten oder umgekehrt, lässt er sich zwar innerhalb der räumlichen Umgebung einsortieren, entfaltet selbst aber keine räumliche Wirkung. Anders ist es, wenn sich der Blitz schräg fortpflanzt, vom Betrachter aus in der Tiefenachse oder zwischen Wolken, die hintereinander liegen. Der Tiefeneindruck ist dann stärker.

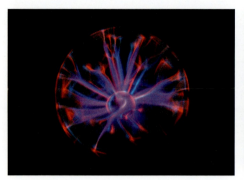 

Auch Plasmakugeln lassen sich in Stereo-3D abbilden.   Je größer das Feuerwerk ist desto größer muss die Stereobasis sein.

Besonders attraktiv wirkt eine Plasmalampe, in der sich Blitze nicht nur einen kurzen Moment, sondern ständig und in alle Richtungen ausdehnen. Diese befinden sich obendrein in der stereoskopisch wirksamen Entfernung. Solche Bilder üben eine faszinierende Wirkung auch in Stereo-3D aus. Das Beste dabei: Sie sind ungefährlich.

Feuerwerke sind langsamer als Blitze und breiten sich in mehrere Richtungen aus. Je nach Komplexität entstehen dabei Strukturen im Himmel, die ganze Figuren darstellen können. Mit bloßen Augen können Feuerwerke nur zweidimensional gesehen werden. Eine stereoskopische Aufnahme bietet hier über eine Großbasis die Möglichkeit, ein Feuerwerk auch räumlich zu sehen. Aufgrund individueller Erfahrungswerte und der jeweiligen Aufnahmeparameter kann beim Betrachter ein Modelleffekt hervorgerufen werden.

### Feuer und Flamme

▶ *Je höher die Temperatur des Feuers desto heller wirkt das ausgesandte Licht.*

Feuer lässt sich ebensowenig verallgemeinern wie Wolken. So groß wie die Unterschiede bei Wolken sein können, so unterschiedlich ist auch die Art von Flammen. Sie können kleine und flache Formen annehmen, aber auch groß und gewaltig werden. Die Erscheinungsform des Feuers hängt in erster Linie mit seiner Entstehung zusammen, angefangen bei Flammen an kleinen Kerzen bis hin zu großen Feuersbrünsten oder Explosionen. Feuer hat eine räumliche Ausdehnung und lässt sich damit prinzipiell in Stereo-3D darstellen. Dabei gibt es zwei große Probleme: die Helligkeit und die Synchronisation. Eine gewisse Helligkeit ist für die Stereopsis und stereoskopische Bilder von Vorteil. Bei Feuer und Flammen ist die Helligkeit jedoch zu hoch, um von normalen Kameras mit ihrem geringen Kontrastumfang fehlerfrei aufgenommen zu werden. Es kommt zu Stellen in der Flamme, die im Bild „ausbrennen", also mit zeichnungslosem Gelb oder Rot dargestellt werden. Dort fehlt die Struktur, die für die Stereopsis wichtig ist. Das Problem lässt sich wenigstens minimieren, indem der Belichtungsspielraum der Kamera auf die Flammen eingestellt wird. Dadurch erscheint das restliche Bild unterbelichtet und muss, wenn es gewünscht wird, über die Beleuchtung angepasst werden. Vorteilhaft sind bei solchen Aufnahmen stets Kameras mit einem besonders hohen Belichtungsumfang wie beispielsweise Digital-Cinema-Kameras im RAW-Modus. In bestimmten Situationen kann auch die HDR-Technik (High-Dynamic-Range) zum Einsatz kommen. Dabei werden separate Aufnahmen mit unterschiedlicher Belichtung gemacht.

Wenn Flammen nicht perfekt synchron und innerhalb des Belichtungsumfangs aufgenommen werden, kommt es wie hier zu Visueller Überforderung. Zudem stört hier der Farbwettstreit durch das Rot des Feuers in anaglypher Darstellung.

Neben der richtigen Belichtung kommt es bei Feuer auch auf eine perfekte Synchronisation an. Sofern es möglich ist, sollten die Belichtungszeiten bei den beiden Kameras verkürzt werden. Ohne die Voraussetzungen bei Synchronisation und Belichtung zu erfüllen werden Flammen nur unscharfe, helle, rotgelbe und womöglich flimmernde Flächen im Raum sein.

## Zusammenfassung

Die verschiedenen Phänomene und Effekte haben in Stereo-3D teils eine reduzierte, teils eine verstärkte Wirkung. Zusammenfassend lässt sich sagen, dass die Effekte, die auch eine tatsächliche Ausdehnung im Raum haben (zum Beispiel Feuer, Wasser oder Blitze), prinzipiell stereoskopisch aufgenommen werden können. Abbildungsfehler und optische Täuschungen funktionieren hingegen nur in 2D. Ihre Wirkung verbessert sich bei Stereo-3D nicht, vielmehr kann es stattdessen zu Problemen und Teilbildunterschieden kommen. Phänomene wie Regenbogen, Blendenflecke und -sterne können aber künstlich erstellt werden (CGI) und damit schließlich als räumliche Objekte ihre Wirkung erzielen. Bei vielen Effekten und Phänomenen ist eine hohe Auflösung, ein besonders großer Belichtungsumfang und eine perfekt synchrone Verkoppelung der Kameras notwendig, um Visuelle Überforderung zu vermeiden und stattdessen ein räumliches Bild mit besonderem Reiz zu erzeugen.

# Anhang

**Testfeld für die Anaglyphenbrille**

**Tabellen**

**Glossar**

**Übersetzungen**

**Index**

**Bildnachweis**

**Testfeld für die Anaglyphenbrille**

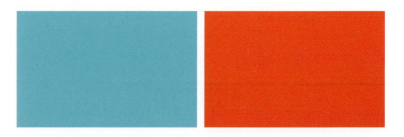

Die beiden Farbflächen dienen zum Testen von Anaglyphen-3D-Brillen in Verbindung mit diesem Buch. Farben werden abhängig vom Wiedergabegerät, der Druckfarbe und Umgebungssituation stets unterschiedlich dargestellt und wahrgenommen. Daher hat dieses Testfeld nur Relevanz für das vorliegende Buch. Die Stereo-3D-Brille wird zum Testen vor die Augen gehalten (Rot links) und dann abwechselnd linkes oder rechtes Auge zugekniffen. Mit dem rechten Auge ist im Idealfall nur das rechte, rote Feld sichtbar, mit dem linken Auge nur das linke, türkise Feld. Der Anteil, der jeweils noch vom anderen Feld zu erkennen ist, kennzeichnet die Kanalübersprechung der verwendeten Brillenfilter. Bei schlechter Kanaltrennung werden Geisterbilder verstärkt und der Stereo-3D-Eindruck verringert sich. Je deutlicher eine Brille die Testfelder trennt umso besser ist sie für dieses Buch geeignet.

**Tabellen**

Die folgenden Tabellen dienen als Richtwerte für typische Stereo-3D-Kameraeinstellungen. Sie enthalten keine Absolutangaben, sondern den jeweils empfohlenen Maximalwert. Dieser Wert sollte nicht überschritten werden, um Visuelle Überforderung zu vermeiden. In der Praxis weichen die Werte allerdings oft davon ab, manchmal wegen technischer Vorgaben, aber häufig aufgrund gestalterischer Freiräume. Diese können beispielsweise kreativ zur Erzeugung von mehr oder weniger Stereo-3D genutzt werden.

Da in den Tabellen nur Beispielwerte aufgeführt werden, ersetzen sie keine Ermittlung der jeweiligen Einstellungen in der Praxis. Sie dienen eher als Anhaltspunkt und zur Veranschaulichung der Zusammenhänge.

Die Werte basieren auf einer parallelen Ausrichtung der Kameras. Weil sich die Disparitäten bei der Aufnahme immer auf die Größe des Sensors oder Filmformats beziehen, gibt es verschiedene Tabellen für die unterschiedlichen Formate. Bezüglich der Brennweiten wurde jeweils ein typisches Beispiel aus dem Bereich Weitwinkel, Normal und Tele ausgewählt.

Der Tiefenumfang ergibt sich aus Nah- und Fernpunkt. Für die Ermittlung der optimalen Stereobasis müssen diese Distanzen bekannt sein. Ein Sonderfall ist der unendliche Fernpunkt. Enthält eine Aufnahme den Horizont oder weit entfernte Punkte, wird der stereoskopische Fernpunkt als unendlich angenommen. Der tatsächliche Betrag der Entfernung muss dann nicht ermittelt werden. Die Tabellen für die Stereobasis sind deshalb nach Endlichem und Unendlichem Fernpunkt getrennt vorhanden.

### Ermittlung von NAHPUNKT UND FERNPUNKT

BEKANNT: Brennweite und Stereobasis
GESUCHT: Distanzen zu Nahpunkt und Fernpunkt

**35 mm (Film, Arri D20/21/Alexa, Panavision Genesis, Red One, Dalsa Origin, Sony F35)**

Weitwinkel (14 mm)

| Kamerabasis | 3 cm (klein) | | | | 6,5 cm (normal) | | | | 15 cm (groß) | | | |
|---|---|---|---|---|---|---|---|---|---|---|---|---|
| Nahpunkt in m | 0,2 | 0,3 | 0,4 | 0,4 | 0,4 | 0,7 | 0,8 | 0,9 | 1 | 1,8 | 2 | 2,2 |
| Fernpunkt in m | 0,5 | 1 | 5 | ∞ | 1 | 3 | 5 | ∞ | 2 | 10 | 20 | ∞ |

Normal (35 mm)              (variiert je nach Format – N35, S35)

| Kamerabasis | 3 cm (klein) | | | | 6,5 cm (normal) | | | | 15 cm (groß) | | | |
|---|---|---|---|---|---|---|---|---|---|---|---|---|
| Nahpunkt in m | 0,5 | 0,8 | 1 | 1,1 | 1,3 | 1,9 | 2,3 | 2,4 | 1,9 | 3,5 | 4,9 | 5,5 |
| Fernpunkt in m | 1 | 3 | 10 | ∞ | 3 | 10 | 50 | ∞ | 3 | 10 | 50 | ∞ |

Tele (100 mm)

| Kamerabasis | 3 cm (klein) | | | | 6,5 cm (normal) | | | | 15 cm (groß) | | | |
|---|---|---|---|---|---|---|---|---|---|---|---|---|
| Nahpunkt in m | 1,5 | 2,4 | 2,9 | 3,1 | 2,1 | 4 | 6 | 6,8 | 2,5 | 6,1 | 11,9 | 15,5 |
| Fernpunkt in m | 3 | 10 | 50 | ∞ | 3 | 10 | 50 | ∞ | 3 | 10 | 50 | ∞ |

## 2/3" (Sony HDW-F900, F23, HDC-P1, Thomson Viper, SI-2K)

### Weitwinkel (8 mm)

| Kamerabasis | 3 cm (klein) | | | | 6,5 cm (normal) | | | | 15 cm (groß) | | | |
|---|---|---|---|---|---|---|---|---|---|---|---|---|
| Nahpunkt in m | 0,4 | 0,5 | 0,6 | 0,7 | 1 | 1,3 | 1,4 | 1,5 | 2 | 2,5 | 3 | 3,4 |
| Fernpunkt in m | 1 | 2 | 5 | ∞ | 3 | 10 | 25 | ∞ | 5 | 9 | 30 | ∞ |

### Normal (20 mm)

| Kamerabasis | 3 cm (klein) | | | | 6,5 cm (normal) | | | | 15 cm (groß) | | | |
|---|---|---|---|---|---|---|---|---|---|---|---|---|
| Nahpunkt in m | 1,2 | 1,5 | 1,6 | 1,7 | 2 | 3 | 3,5 | 3,7 | 5 | 6 | 8 | 8,5 |
| Fernpunkt in m | 4 | 12 | 25 | ∞ | 4 | 15 | 60 | ∞ | 12 | 20 | 120 | ∞ |

### Tele (80 mm)

| Kamerabasis | 3 cm (klein) | | | | 6,5 cm (normal) | | | | 15 cm (groß) | | | |
|---|---|---|---|---|---|---|---|---|---|---|---|---|
| Nahpunkt in m | 4 | 5 | 6 | 7 | 6 | 10 | 14 | 15 | 13 | 25 | 32 | 34 |
| Fernpunkt in m | 10 | 19 | 50 | ∞ | 10 | 30 | 250 | ∞ | 21 | 100 | 500 | ∞ |

## 1/2" (Sony PMW-EX1, EX3)

### Weitwinkel (6 mm)

| Kamerabasis | 3 cm (klein) | | | | 6,5 cm (normal) | | | | 15 cm (groß) | | | |
|---|---|---|---|---|---|---|---|---|---|---|---|---|
| Nahpunkt in m | 0,3 | 0,4 | 0,6 | 0,7 | 0,6 | 1,2 | 1,4 | 1,6 | 1,2 | 2,6 | 3 | 3,6 |
| Fernpunkt in m | 0,5 | 1 | 4 | ∞ | 1 | 5 | 15 | ∞ | 2 | 10 | 20 | ∞ |

### Normal (14 mm)

| Kamerabasis | 3 cm (klein) | | | | 6,5 cm (normal) | | | | 15 cm (groß) | | | |
|---|---|---|---|---|---|---|---|---|---|---|---|---|
| Nahpunkt in m | 1 | 1,4 | 1,6 | 1,7 | 2 | 3 | 3,5 | 3,6 | 3 | 6 | 8 | 8,5 |
| Fernpunkt in m | 3 | 10 | 30 | ∞ | 5 | 20 | 100 | ∞ | 5 | 20 | 150 | ∞ |

### Tele (60 mm)

| Kamerabasis | 3 cm (klein) | | | | 6,5 cm (normal) | | | | 15 cm (groß) | | | |
|---|---|---|---|---|---|---|---|---|---|---|---|---|
| Nahpunkt in m | 3 | 5 | 6 | 7 | 6 | 10 | 14 | 16 | 8 | 21 | 30 | 35 |
| Fernpunkt in m | 5 | 15 | 35 | ∞ | 10 | 25 | 140 | ∞ | 10 | 50 | 200 | ∞ |

1/3" (Sony HVR Z1, Canon XL-H1, Panasonic HVX200, JVC GY-HD100)

Weitwinkel (5 mm)

| Kamerabasis | 3 cm (klein) | | | | 6,5 cm (normal) | | | 15 cm (groß) | | |
|---|---|---|---|---|---|---|---|---|---|---|
| Nahpunkt in m | 0,4 | 0,6 | 0,7 | 0,8 | 1 | 1,4 | 1,6 | 1,7 | 2 | 3 | 3,8 | 4 |
| Fernpunkt in m | 1 | 3 | 6 | ∞ | 2,5 | 8 | 25 | ∞ | 4 | 12 | 100 | ∞ |

Normal (8 mm)

| Kamerabasis | 3 cm (klein) | | | | 6,5 cm (normal) | | | 15 cm (groß) | | |
|---|---|---|---|---|---|---|---|---|---|---|
| Nahpunkt in m | 0,4 | 0,6 | 1 | 1,3 | 0,7 | 1,8 | 2,4 | 2,7 | 1,5 | 4 | 5,6 | 6 |
| Fernpunkt in m | 0,5 | 1 | 5 | ∞ | 1 | 5 | 20 | ∞ | 2 | 11 | 50 | ∞ |

Tele (40 mm)

| Kamerabasis | 3 cm (klein) | | | | 6,5 cm (normal) | | | 15 cm (groß) | | |
|---|---|---|---|---|---|---|---|---|---|---|
| Nahpunkt in m | 3 | 4,5 | 5,6 | 6 | 5 | 8 | 12 | 14 | 8 | 24 | 30 | 31 |
| Fernpunkt in m | 5 | 15 | 50 | ∞ | 8 | 20 | 100 | ∞ | 10 | 100 | 600 | ∞ |

### Ermittlung der STEREOBASIS

BEKANNT: Brennweite und Entfernungen, also Nahpunkt und Fernpunkt
GESUCHT: Stereobasis

Unendlicher Fernpunkt

### 35 mm (Film, Arri D20/21/Alexa, Panavision Genesis, Red One, Dalsa Origin, Sony F35)

| | Nahpunktweite | 0,5 m | 1 m | 2,5 m | 5 m | 10 m |
|---|---|---|---|---|---|---|
| Brennweite | 14 mm | 3,5 cm | 7 cm | 17 cm | 34 cm | 69 cm |
| | 25 mm | 2 cm | 4 cm | 10 cm | 19 cm | 38 cm |
| | 50 mm | 1 cm | 2 cm | 5 cm | 10 cm | 19 cm |
| | 100 mm | 0,5 cm | 1 cm | 2,5 cm | 5 cm | 10 cm |

### 2/3" (Sony HDW-F900, F23, HDC-P1, Thomson Viper, SI-2K)

| Nahpunktweite | 0,5 m | 1 m | 2,5 m | 5 m | 10 m |
|---|---|---|---|---|---|
| Brennweite 8 mm | 2 cm | 4,5 cm | 11 cm | 22 cm | 44 cm |
| 20 mm | 0,9 cm | 1,8 cm | 4 cm | 8,5 cm | 17 cm |
| 40 mm | 0,4 cm | 0,9 cm | 2 cm | 4,5 cm | 8,5 cm |
| 80 mm | 0,2 cm | 0,4 cm | 1 cm | 2 cm | 4 cm |

### 1/2" (Sony PMW-EX1, EX3)

| Nahpunktweite | 0,5 m | 1 m | 2,5 m | 5 m | 10 m |
|---|---|---|---|---|---|
| Brennweite 6 mm | 2 cm | 4 cm | 11 cm | 21 cm | 42 cm |
| 14 mm | 0,9 cm | 1,8 cm | 4,5 cm | 9 cm | 18 cm |
| 25 mm | 0,5 cm | 1 cm | 2,5 cm | 5 cm | 10 cm |
| 60 mm | 0,2 cm | 0,4 cm | 1 cm | 2 cm | 4 cm |

### 1/3" (Sony HVR Z1, Canon XL-H1, Panasonic HVX200)

| Nahpunktweite | 0,5 m | 1 m | 2,5 m | 5 m | 10 m |
|---|---|---|---|---|---|
| Brennweite 5 mm | 1,9 cm | 3,8 cm | 9,5 cm | 19 cm | 38 cm |
| 8 mm | 1,2 cm | 2,4 cm | 6 cm | 12 cm | 24 cm |
| 15 mm | 0,6 cm | 1,2 cm | 3,2 cm | 6,4 cm | 12,7 cm |
| 40 mm | 0,2 cm | 0,5 cm | 1,2 cm | 2,4 cm | 4,8 cm |

Nicht unendlicher Fernpunkt

### 35 mm (Film, Arri D20/21/Alexa, Panavision Genesis, Red One, Dalsa Origin, Sony F35)

| Brennweite | 14 mm | | | | 35 mm | | | | 100 mm | | | |
|---|---|---|---|---|---|---|---|---|---|---|---|---|
| Nahpunkt (m) | 1 | 1 | 4 | 4 | 2 | 1 | 1 | 4 | 4 | 2 | 1 | 1 | 4 | 4 | 2 |
| Fernpunkt (m) | 5 | 10 | 10 | 50 | 100 | 5 | 10 | 10 | 50 | 100 | 5 | 10 | 10 | 50 | 100 |
| Kamerabasis (cm) | 8,5 | 7,5 | 45 | 30 | 14 | 3,4 | 3 | 18 | 12 | 5,5 | 1,2 | 1 | 6,4 | 4 | 1,9 |

2/3" (Sony HDW-F900, F23, HDC-P1, Thomson Viper, SI-2K)

| Brennweite | 8 mm | | | | | 20 mm | | | | | 80 mm | | | | |
|---|---|---|---|---|---|---|---|---|---|---|---|---|---|---|---|
| Nahpunkt (m) | 1 | 1 | 4 | 4 | 2 | 1 | 1 | 4 | 4 | 2 | 1 | 1 | 4 | 4 | 2 |
| Fernpunkt (m) | 5 | 10 | 10 | 50 | 100 | 5 | 10 | 10 | 50 | 100 | 5 | 10 | 10 | 50 | 100 |
| Kamerabasis (cm) | 5,4 | 4,8 | 29 | 19 | 9 | 2,1 | 2 | 11,5 | 7,6 | 3,5 | 0,5 | 0,4 | 3 | 1,9 | 0,9 |

1/2" (Sony PMW-EX1, EX3)

| Brennweite | 6 mm | | | | | 14 mm | | | | | 60 mm | | | | |
|---|---|---|---|---|---|---|---|---|---|---|---|---|---|---|---|
| Nahpunkt (m) | 1 | 1 | 4 | 4 | 2 | 1 | 1 | 4 | 4 | 2 | 1 | 1 | 4 | 4 | 2 |
| Fernpunkt (m) | 5 | 10 | 10 | 50 | 100 | 5 | 10 | 10 | 50 | 100 | 5 | 10 | 10 | 50 | 100 |
| Kamerabasis (cm) | 5,2 | 4,5 | 28 | 18 | 8,5 | 2,2 | 2 | 12 | 7,6 | 3,6 | 0,5 | 0,4 | 2,7 | 1,8 | 0,8 |

1/3" (Sony HVR Z1, Canon XL-H1, Panasonic HVX200)

| Brennweite | 5 mm | | | | | 8 mm | | | | | 40 mm | | | | |
|---|---|---|---|---|---|---|---|---|---|---|---|---|---|---|---|
| Nahpunkt (m) | 1 | 1 | 4 | 4 | 2 | 1 | 1 | 4 | 4 | 2 | 1 | 1 | 4 | 4 | 2 |
| Fernpunkt (m) | 5 | 10 | 10 | 50 | 100 | 5 | 10 | 10 | 50 | 100 | 5 | 10 | 10 | 50 | 100 |
| Kamerabasis (cm) | 4,7 | 4,2 | 25 | 16 | 7,5 | 3 | 2,6 | 16 | 10 | 4,8 | 0,6 | 0,5 | 3,2 | 2 | 1 |

Anhand der Werte lässt sich erkennen, dass die zulässige Stereobasis größer wird, je geringer die Tiefenausdehnung ist. Jedoch spielt der Nahpunkt eine herausragende Rolle. Die Kamerabasis ist bei dichten Nahpunkten sehr klein und die Fernpunkte üben in diesem Fall nur einen äußerst geringen Einfluss aus. Erst wenn die Nahpunktweite erhöht wird, wirkt sich das auch sichtbar auf die Stereobasis aus. In der Praxis liegt die Stereobasis sehr häufig im Bereich unter 6,5 Zentimeter.

# Glossar

## 2D-3D-Konvertierungen
Bei der Umwandlung vorhandenen 2D-Materials in →Stereo-3D ist die →Verdeckung eines der größten Probleme. Artefakte entstehen, weil die Lücken bei der →Aufdeckung noch nicht zufriedenstellend geschlossen werden können. Besonders hochwertige Konvertierungen lassen sich bislang nur manuell erzielen.

## 2D plus Delta
Mit dieser Methode können neben einem →Teilbild zusätzliche Informationen übertragen werden wie beispielsweise →Disparitäten. Damit kann 2D plus Delta zu den →Disparitätsformaten gezählt werden. Es wurde in die Standards →MPEG2, →MPEG4 sowie H.264 MVC (→MVC) integriert.

## 2D plus depth
Ursprünglich von Philips für die eigene 3D-Bildschirmserie entwickelt, handelt es sich bei 2D plus depth (2D+Z) um ein →Tiefenbildformat. Dabei wird zu einem 2D-Bild die entsprechende →Tiefenkarte übertragen. Philips hat die Weiterentwicklung 2009 eingestellt.

## 2K
Das digitale Kinoformat 2K hat eine Auflösung von 2048 x 1536 Pixeln. Oft wird es auch mit 2048 x 1080 angegeben. Im →DCI-Standard beträgt die 2K-Auflösung 2048 x 1024 Pixel.

## 3DAV – 3D audio and visual
→MPEG

## 3D Consortium
Ursprünglich von den fünf größten japanischen Elektronikkonzernen gegründet, um die Entwicklung von →Stereo-3D effizienter voranzubringen, umfasst das 3D Consortium inzwischen eine große Anzahl von asiatischen und einigen westliche Firmen, Organisationen und Einrichtungen.

## 3D-Hype
Anfang der 1950er Jahre gab es in den USA einen großen 3D-Kino-Hype, der aber nur wenige Jahre andauerte. Auslöser war der Stereo-3D-Film „Bwana Devil", mit dem Ziel, die Menschen vom Fernseher zurück ins Kino zu holen.

## 3D Home Master
Der Sende- und Speicherstandard für Stereo-3D wurde von der →SMPTE herausgegeben und empfiehlt eine Auflösung von 1920 x 1080 Pixeln bei 60 Bildern pro Sekunde und Teilbild. 3D Home Master soll 2D-kompatibel und offen für künftige Technologien sein.

## 3D-Sehen
→Wahrnehmung, binokulare

## 3D-Storyboard
Die einzelnen Bilder in einem 3D-Storyboard enthalten Informationen über die geplante Tiefe und Lage der einzelnen Objekte. Ein gutes 3D-Storyboard enthält eine durchdachte →Tiefendramaturgie und gibt Aufschluss über die →Tiefenposition und den →Tiefenumfang der Bilder.

## 3DTV
Dreidimensionales Fernsehen wird oft als Marketingbegriff verwendet, der sich einerseits nur auf das Stereo-3D-Display bezieht oder andererseits auf den kompletten Workflow einer Stereo-3D-Fernsehaustrahlung.

## 4K
Das digitale Kinoformat 4K entspricht einer Auflösung von 4096 x 3072 Pixeln. Oft wird es auch mit 4096 x 2160 angegeben. Im →DCI-Standard beträgt die 4K-Auflösung 4096 x 2048 Pixel.

## Aberration
→Abbildungsfehler, optische

## Aberration, chromatische
Die einzelnen Wellenlängen des Lichts werden als Farben wahrgenommen. Die Brennweiten verschiedener Wellenlängen unterscheiden sich, somit werden die Farben nicht auf exakt denselben Punkt fokussiert. Dabei wird zwischen zwei →Abbildungsfehlern unterschieden – Farblängsfehlern und Farbquerfehlern.

## Aberration, sphärische
Innere und äußere Bereiche einer Linse brechen das Licht mit unterschiedlicher Brennweite. So entstehen Bildunschärfen in Form der sphärischen Aberration. Diese zählt zu den optischen →Abbildungsfehlern.

## Abbildungsfehler, optische
Aufgrund physikalischer Gesetzmäßigkeiten entstehen bei Linsen und Objektiven immer verschiedene Abweichungen von der gedachten perfekten Abbildung eines Gegenstands. Sie sind keine Fehler im eigentlichen Sinn.

## Adaptation
→Adaption

## Adaption
Das Auge kann sich selbst den jeweiligen Lichtverhältnissen anpassen. Bei dieser Adaption wird die →Rezeption von den weniger lichtempfindlichen →Zapfen auf die sehr empfindlichen →Stäbchen umgestellt oder umgekehrt von den Stäbchen auf die Zapfen.

## Aguilonius, Franciscus
Der belgische Jesuit Aguilonius verfasste 1613 in seinem Werk „Opticorum libri sex" eine erste umfassende Darstellung der Geometrie des →Binokularsehens. Er führte den →Horopter in der Bedeutung einer Sehbegrenzung ein und gekreuzte und ungekreuzte →Disparitäten waren ihm bereits bekannt. Viele Illustrationen zu seinem Werk wurden von Peter Paul Rubens gezeichnet, der sehr wahrscheinlich Einfluss auf Aguilonius hatte und ebenso von diesem beeinflusst wurde.

## AKD
→Akkommodations-Konvergenz-Diskrepanz

## Akkommodation
Fokussierung der Augen durch Änderung der Linsenbrechkraft im Auge. Durch die somit erreichte Brennweitenänderung können Objekte verschiedener Entfernungen zur scharfen Abbildung in der →Fovea gebracht werden. Die Akkommodation funktioniert bis zu einer Entfernung von rund sechs Metern, danach beginnt der Unendlichbereich. Die Fähigkeit zur Akkommodation lässt mit dem Alter stark nach: Kinder können ab wenigen Zentimetern akkommodieren, ältere Men-

schen teilweise nur noch ab 2-3 Metern (Altersweitsichtigkeit).

**Akkommodations-Konvergenz-Diskrepanz**
Beim natürlichen Sehen gibt es eine Kopplung zwischen →Akkommodation und →Konvergenz beider →Augen. Sie ändern sich gemeinsam mit der jeweiligen →Fixationsdistanz. Abweichungen (Diskrepanzen) von dieser Kopplung entstehen vor allem beim Betrachten von Stereo-3D-Bildern, was zu →Visueller Überforderung führen kann.

**Aktiv-Stereo**
→Stereoskopie, aktive

**Amblyopie**
Schwachsichtigkeit

**Ametropie**
→Brechungsfehler

**Ames'scher Raum**
Bei dieser optischen Täuschung wird ein bewusst schief nach hinten gebauter Raum derart ausgestaltet, dass der Raum durch ein Guckloch betrachtet gerade aussieht. Tiefenhinweise wie relative Höhe oder gewohnte Größe werden getäuscht, Menschen können im Ames'schen Raum wie Zwerge oder Riesen wirken.

**Anaglyphen**
Das Anaglyphenverfahren ist ein →Multiplex und beschreibt die Trennung der zwei →Teilbilder anhand von Farbfiltern. Es werden echte, graue und farbige Anaglyphen unterschieden. Bei farbigen Anaglyphen gibt es vollfarbige, halbfarbige und optimierte Anaglyphen.

**Angulation**
→Konvergenz

**Anordnung, konvergente**
Konvergierte Kameras sind zueinander eingeschwenkt, vergleichbar mit dem menschlichen →Auge, das bei Fokussierung auf nahe Objekte nach innen schielen kann. Die Gefahr überzogener →Disparitäten ist bei dieser Anordnung größer, es kann leichter zu →Visueller Überforderung kommen. Der entstehende Winkel zwischen den beiden Kameraachsen heißt Konvergenzwinkel.

**Anordnung, parallele**
Bei einer parallelen Ausrichtung der Kameras verlaufen die beiden Hauptstrahlen der Objektive parallel.

**Artefakte**
Ungewollte Veränderungen oder Abweichungen bei der Aufnahme, Übertragung oder Darstellung von Signalen heißen Artefakte. Sie können beispielsweise in Bild und Ton auftreten. Es gibt zahlreiche Arten und Formen von Artefakten, wie zum Beispiel Kompressionsartefakte, Bildrauschen und Übersprechen.

**Astigmatismus**
Bildpunkte werden von Linsen wegen deren gewölbter Form mit unterschiedlichen Brennweiten abgebildet. Es entstehen schalenförmige Schärfegebilde (sphärische →Aberration). Die Differenzen der beiden schalenförmigen Abbildungen eines Objektes (saggital und meridional) führen zu leichten Unschärfen. Dieser optische →Abbildungsfehler wird Astigmatismus, Zweischalenfehler oder Punktlosigkeit genannt.

**Asymmetriefehler**
→Koma

**Atmosphärische Perspektive**
→Perspektive, atmosphärische

**ATSC – Advanced Television Systems Committee**
Die US-amerikanische Standardisierungsorganisation für digitales Fernsehen hat einen gleichnamigen Fernsehstandard veröffentlicht, der langfristig das überholte →NTSC ablösen soll.

**ATTEST – Advanced Three-dimensional Television System Technologies**
Als ein von der Europäischen Kommission finanziertes Forschungsprojekt für den Zeitraum 2002-04 hatte ATTEST zum Ziel, einen kompletten Workflow für →3DTV von der Aufnahme über die Übertragung, Bearbeitung und Speicherung bis hin zur Wiedergabe zu entwickeln.

**Aufdeckung**
Die Aufdeckung spielt insbesondere bei Formaten mit →Tiefenbild und bei →2D-3D-Konvertierungen eine Rolle. Bildinformationen, die aufgrund der →Verdeckung in beiden →Teilbildern unterschiedlich ausfallen, müssen künstlich erzeugt, also errechnet werden, was zu Aufdeckungsartefakten führt. Über manuelle Aufdeckung sind qualitativ wesentlich hochwertigere Ergebnisse erzielbar als mit automatisierten Verfahren.

**Aufnahmebasis**
→Stereobasis

**Auflösung, spatiale**
Bei dieser Auflösung, die auch statisch oder räumlich genannt wird, handelt es sich um die Unterscheidbarkeit einzelner Bildpunkte auf einer bestimmten Fläche, beispielsweise in Linien pro Zentimeter oder in dpi (Punkte pro Zoll).

**Auflösung, temporale**
Auch Bewegungs- oder zeitliche Auflösung genannt. Hierbei handelt es sich um die Unterscheidbarkeit einzelner Bilder pro Zeiteinheit, beispielsweise Bilder pro Sekunde oder Helligkeitswechsel pro Sekunde.

**Auflösungsvermögen**
Der kleinste Abstand, unter dem zwei Objekte oder Punkte noch getrennt wahrgenommen werden, kennzeichnet das Auflösungsvermögen, den Kehrwert der →Sehschärfe.

**Auge**
Das Auge wandelt Licht in neuronale Impulse um und erzeugt so ein subjektives Bild der Realität im →Sehzentrum. Das Überlappen des →Gesichtsfelds der menschlichen Augen ermöglicht eine räumliche Orientierung und damit das Stereosehen (binokulare →Wahrnehmung). In Bezug auf Stereo-3D wird der Begriff Auge oft als Synonym für →Teilbild verwendet.

**Augenabstand**
Der Abstand zwischen den Knoten- oder Mittelpunkten beider Augen ist der Augenabstand, manchmal auch interokulare Distanz genannt. Im Durchschnitt beträgt er 6,3 Zentimeter. Der Begriff interpupillare Distanz (Abstand zwischen den beiden Pupillen, da die Augäpfel diverse Rollungen und Drehun-

gen vornehmen können) ist eher auf augenoptischem und medizinischem Gebiet relevant. Für stereoskopische Sachverhalte genügt der Begriff Augenabstand.

**Augenermüdung**
→ Visuelle Überforderung

**Augenhöhle**
Säugetiere verfügen über zwei tiefe Gruben im vorderen oder seitlichen Bereich des Schädels. Diese Augenhöhlen beherbergen jeweils einen Augapfel.

**Augenrucke**
→ Sakkaden

**Augenüberlastung**
→ Visuelle Überforderung

**Augmented Reality**
→ Realität, erweiterte

**Ausrichtung**
→ Teilbildausrichtung

**Ausrichtung, parallele**
→ Anordnung, parallele

**Ausrichtung, konvergente**
→ Anordnung, konvergente

**Autostereogramm**
Spezielle Rasterbilder mit nebeneinander angeordneten Wiederholungsmustern ermöglichen räumlich wirkende Bilder, die ohne 3D-Brille betrachtet werden können. Solche Autostereogramme lassen sich durch eine bewusste Fehlfokussion hinter der eigentlichen Wiedergabeebene sehen, was auch „magischer Blick" genannt wird. Populär wurden Autostereogramme durch das Buch „Magic Eye" von Tom Baccei.

**Autostereoskopischer Bildschirm**
→ Bildschirm, autostereoskopischer

**Axon**
Axone dienen zur Übertragung von Nervenimpulsen und gehen als Leitung direkt von den Nervenzellen ab.

**Barriereverfahren**
→ Bildschirm, autostereoskopischer

**Basisbreite**
→ Stereobasis

**Basisweite**
→ Stereobasis

**Bayerpattern**
Ein-Chip-Sensoren müssen alle drei Grundfarben über einen Chip aufnehmen. Zu diesem Zweck wird ein Filter über den Sensor gelegt, das Rot, Grün und Blau in einem Raster durchlässt. Grün wird beim Bayermuster übergewichtet, da das menschliche → Auge darauf besonders empfindlich reagiert.

**Beamer**
→ Projektor

**Betrachtungsverhältnis**
Das Verhältnis aus Bildbreite und Betrachtungsabstand beeinflusst die Intensität der Bildwirkung durch mehr oder weniger starkes Ausfüllen des → Gesichtsfeldes.

**Bewegungsfaktoren**
→Bewegungsindikatoren, monokulare

**Bewegungsindikatoren, monokulare**
Durch monokulare Bewegungsindikatoren kann die →Wahrnehmung schon mit einem einzelnen →Auge →Tiefenhinweise ermitteln. Hierbei werden →Bewegungsparallaxe und →Verdeckungsbewegung unterschieden.

**Bewegungsparallaxe**
Gegenstände, die näher gelegen sind, bewegen sich parallel zum Betrachter scheinbar schneller als weiter entfernte Gegenstände. Dadurch bietet sich dem →Sehzentrum ein →Tiefenhinweis. Gemeinsam mit der →Verdeckungsbewegung zählt die Bewegungsparallaxe zu den monokularen Bewegungsindikatoren.

**Bild, stereoskopisches**
→Stereoskopie

**Bild, zyklopisches**
→Zyklopenbild

**Bildebene**
→Wiedergabeebene

**Bildfeldwölbung**
Da Linsen naturgemäß eine runde Form haben, erhalten auch die von ihnen erzeugten Bilder eine Wölbung. Ein plan liegendes Objekt wird also aufgrund der Wegstreckenunterschiede achsnaher und achsferner Strahlen schalenförmig abgebildet. Dieser optische →Abbildungsfehler äußert sich vor allem als Unschärfe an den Bildrändern.

**Bildindikatoren, monokulare**
Bereits mit nur einem →Auge kann die Wahrnehmung Rauminformationen ableiten. Die wichtigsten monokularen Bildindikatoren sind →Linearperspektive, →Verdeckung, →relative Höhe, →relative Größe, →gewohnte Größe, →Texturgradient, →Schatten, →Farbperspektive und die →atmosphärische Perspektive. Durch sie sind →Tiefeninformationen auch in Standbildern erkennbar.

**Bildrahmenverletzung**
→Rahmenverletzung

**Bildröhre**
Die Kathodenstrahlröhre, auch CRT genannt, erzeugt einen Elektronenstrahl, der fluoreszierende Punkte auf einer Bildschirmoberfläche zum Leuchten anregt, die sich zu einem Bild zusammenfügen. CRTs wurden jahrzehntelang für die Konstruktion von Bildschirmen eingesetzt, jedoch mittlerweile von der LCD- und Plasmatechnologie abgelöst.

**Bildschirmebene**
→Wiedergabeebene

**Bildschirm, autostereoskopischer**
Mit einem Autostereobildschirm können 3D-Bilder ohne spezielle Brillen gesehen werden. Hauptsächlich werden dabei die Linsenraster- und die Barrieretechnologie angewendet. Die Barriere besteht aus einer Art Schlitzmaske, die dafür sorgt, dass die Bildpunkte der dahinterliegenden →Teilbilder jeweils nur für das linke oder rechte →Auge sichtbar sind und die jeweilige andere →Perspektive abgedeckt ist. Beim Linsenraster werden kleinste Prismen oder Zylinderlinsen vor die Teilbilder

gebracht, die sich so im Winkel beeinflussen lassen, dass jedes Auge nur das ihm zugedachte Bild sieht.

**Bildüberhang**
Durch die beiden unterschiedlichen →Perspektiven entstehen monokulare Bildanteile an den äußeren Seiten der beiden →Teilbilder. In der Regel werden sie bei der →Teilbildausrichtung beschnitten. In Bildern mit →Schwebefenster wird der Bildüberhang bewusst erzeugt und zur Verschiebung des →Stereofensters genutzt.

**Bildwand, gewölbte**
Zum Ausgleich der Bildwölbung, die bei Projektionen entsteht, gibt es spezielle gewölbte Bildwände.

**Bildwiedergabe, zeitsequentielle stereoskopische**
→Zeitmultiplex

**Bildwiedergabe, polarisierte stereoskopische**
→Polarisationsmultiplex

**Bildwiederholrate**
Gibt die zeitliche Auflösung von Bewegtbildsequenzen in Bildern pro Sekunde (B/s oder fps) an. Diese ist wichtiger als eine hohe spatiale Auflösung. Die Bildwiederholfrequenz sollte so hoch wie möglich sein, um ein flimmerfreies, sauberes Stereobild zu gewährleisten.

**Bildzerfall**
Stereo-3D-Bilder mit starken Teilbilddifferenzen werden meist nur an den problematischen Stellen gestört, während die globale →Fusion noch funktioniert. Wird die Fusion des ganzen Bildes aber auch bei Anstrengung nicht mehr erreicht, zerfällt es in seine beiden Teilbilder (→Diplopie).

**Binokulare Disparität**
→Disparität

**Binokulare Verdeckung**
→Verdeckung, binokulare

**Blendenflecke**
Lichtstrahlen werden zwischen den einzelnen Linsen eines Objektivs zu einem geringen Teil hin- und herreflektiert. Besonders bei hellem Licht entstehen dadurch Blendenflecke, benannt nach ihrer Form, die der Blende des Objektivs entspricht. Die Blende wird bei diesem optischen →Abbildungsfehler sozusagen selbst abgebildet.

**Blinder Fleck**
Im blinden Fleck treten etwa eine Million Sehfasern, die eins zu eins mit den Ganglienzellen verschaltet sind, aus dem Augapfel aus und verlaufen als Sehnerv in Richtung Gehirn. An dieser Stelle der Netzhaut ist kein Sehen möglich. Da der blinde Fleck jedoch peripher liegt, kann er vom jeweils anderen Auge interpoliert werden.

**Binokular**
Das Adjektiv binokular bedeutet zweiäugig und beschreibt allgemein das beidäugige Sehen. Als Substantiv verwendet bezieht es sich auf ein Mikroskop mit zwei Okularen. Hat jedes Okular ein eigenes Objektiv, handelt es sich um ein →Stereomikroskop.

**Binokularsehen**
→Wahrnehmung, binokulare

**Blickfeld**
→Gesichtsfeld

**Blicklinie**
→Gesichtslinie

**Blob**
In den →Hyperkolumnen des →Sehzentrums sind unregelmäßig Farbkolumnen (Blobs) enthalten. Sie haben keine Richtungspräferenz und ergänzen die Hyperkolumne nur um das Attribut Farbe.

**Blockstrukturen**
Besonders bei Kompressionsverfahren mit einer →DCT kann es zu →Artefakten kommen, die als Blockstrukturen das Bild negativ beeinflussen.

**Bogenminute, Bogensekunde**
→Winkelmaß

**Bokeh**
Die subjektive Qualität künstlerischer Unschärfe im Bild wird Bokeh genannt. Das Bokeh bezieht sich auf die Art der Unschärfekreise und wird besonders bei Bildern mit geringer Schärfentiefe sichtbar.

**Brechungsfehler**
Der Brechungsfehler (auch Ametropie) ist eine Augenerkrankung, bei der unendlich entfernte Punkte im entspannten Zustand des Auges nicht scharf abgebildet werden. Liegt kein Brechungsfehler vor, wird von Emmetropie (Normalsichtigkeit) gesprochen.

**Cardboard-Effekt**
→Kulisseneffekt

**CAVE – Cave Automatic Virtual Environment**
Eine CAVE, zu Deutsch Höhle, erhöht die →Immersion und Interaktivität des Zuschauers. Die Bildwand in einer CAVE befindet sich auf mindestens zwei Seiten, beispielsweise L-förmig, kann aber auch drei und bis zu sechs Seiten abdecken. Üblicherweise wird eine →Rückprojektion genutzt. Die CAVE kommt bei Simulatoren in der Industrie, der Wissenschaft und teilweise auch in der Unterhaltung zum Einsatz.

**CGI – Computer Generated Image**
Die Bezeichnung steht für Standbilder oder bewegte Bilder, die per Software und nicht durch eine Aufnahme der Realität entstanden sind. Bisweilen wird die Abkürzung CG als Computer Graphics interpretiert.

**CGL**
→Kniehöcker, seitlicher

**Cinemascope**
Eine räumliche Wirkung wurde schon früher nicht nur mit der Stereoskopie verbunden, sondern auch mit einem breiten, das →Gesichtsfeld ausfüllenden Bild mit dem Seitenverhältnis von 2,66:1. Der erste Cinemascope-Spielfilm „Das Gewand" wurde auch als 3D-Film ohne Brille beworben.

**Cinema Server**
→Kinoserver

**ColorCode 3-D**
Eines der bekanntesten Anaglyphenverfahren ist ColorCode 3-D. Es basiert auf dem Blau-

Gelb-Kontrast. ColorCode 3-D ist ein kommerzielles, patentgeschütztes Verfahren.

**Crosstalk**
→Übersprechen

**CRT**
→Bildröhre

**Chiasma Opticum**
→Sehnervenkreuzung

**Cortex, visueller**
→Kortex, visueller

**Cyber-Helm**
→HMD

**DC – Digital Cinema**
Als Abkürzung für Digital Cinema bezieht sich DC in der Regel auf Bildauflösungen, die über Full HD hinausgehen. Oft wird damit auch das Datenformat der →DCI-Spezifikation bezeichnet.

**DCI – Digital Cinema Initiative**
Die Digital Cinema Initiative ist ein Zusammenschluss der führenden Hollywoodstudios mit dem Ziel, im Bereich der digitalen Kinoprojektion Standards festzulegen. 2005 veröffentlichte der Verband den DCI-Standard, der sich schnell durchsetzte und um Spezifikationen zur stereoskopischen Bildwiedergabe erweitert wurde. Generell handelt es sich bei der DCI-Spezifikation um die Definition für das Speicher- und Transportformat bei digitalem Film, also um eine digitale Kinonorm.

**DCI-Mastering**
→Master

**DCP**
Digitale Kinofilme werden in Form von DCPs (Digital Cinema Packages) ausgeliefert. Im Prinzip ist ein DCP eine Verzeichnisstruktur mit Bild-, Video-, Audio- sowie Zusatzdaten wie Untertiteln. Die Mediendaten innerhalb der Ordner liegen nach dem →DCI-Standard im →MXF-Containerformat vor.

**DCT**
→Diskrete Kosinustransformation

**De-Mosaiking**
CMOS-Sensoren weisen systembedingt eine mosaikartige Struktur auf, die bei hohen Auflösungen leicht sichtbar werden kann. Mit bestimmten Algorithmen (Filter) lässt sich das Muster aber effektiv herausrechnen.

**Deviation**
→Disparität

**D-ILA – direct drive image light amplifier**
→LCoS

**DIBR – Depth Image-Based Rendering**
Beim DIBR-Verfahren wird neben einem zweidimensionalen Bild eine auf Graustufen basierende →Tiefenkarte übertragen (→Tiefenbildformat). Solche Bilder lassen sich rechnerisch oder mit einer Tiefenbildkamera wie der Axi-Vision erzeugen.

**Differenzbild**
Um Datenrate und Speicherplatz zu sparen, übertragen →Tiefenbildformate und →Disparitätsformate und weitere neben einem Hauptbild nur die Differenzinformationen, aus denen ein Teilbild oder beide →Teilbilder generiert werden können.

## Diplopie

Das Doppelsehen ist beim →Binokularsehen eine Störung, welche die Wahrnehmung identischer Objekte an verschiedenen Orten im Raum zur Folge hat. Sie kann vielfältige Ursachen haben. Eine Form der Diplopie ist die physiologische Diplopie, bei der sich auf der →Netzhaut projizierte Objekte außerhalb der Grenzen des →Panumareals befinden.

## Diskrete Kosinustransformation

Die DCT beschreibt die Transformation von Bilddaten in Ortsfrequenzen. Dabei handelt es sich jedoch nur um eine alternative Schreibweise, eine mögliche Komprimierung findet erst durch die anschließende Quantisierung der Koeffizienten statt. Die Mehrzahl aller heute gängigen Codecs nutzt für eine Datenreduktion die DCT.

## Disney 3D

Der Markenname Disney 3D bezeichnet lediglich digitale Stereo-3D-Filme aus dem Hause Disney und keine eigene Stereo-3D-Technik.

## Disparation

→Disparität

## Disparität

Wenn die →Augen einen bestimmten Punkt fixieren, befindet sich dieser in der →Fixationsdistanz. Er liegt damit auf dem →Horopter und wird auf linker und rechter →Netzhaut an identischer Stelle deckungsgleich abgebildet. Punkte, die sich vor oder hinter dem Horopter befinden, werden an unterschiedlichen Netzhautstellen abgebildet und sind disparat (nicht deckungsgleich). Ihre Abweichung, also der Abstand voneinander wird Disparität, manchmal auch Querdisparation, Disparation oder Deviation genannt, die den Mechanismus der →Stereopsis und damit die binokulare →Wahrnehmung ermöglicht.

## Disparitätsformat

Bei Disparitätsformaten wird neben einem 2D-Hauptbild noch ein Bild mit den reinen Disparitätsinformationen, also den Abweichungen zwischen zwei →Teilbildern übertragen. Diese Methode zählt zu den →Differenzbildverfahren.

## Divergenz

→Vergenz

## DLP – Digital Light Processing

→DMD

## DLP-Link

Shutterbrillen mit DLP-Link nutzen den Weißimpuls von Einchip-DLP-Projektoren zur 3D-Synchronisation. Dadurch kann auf Kabel oder Infrarotsteuerungen verzichtet werden.

## DMB – Digital Media Broadcasting

Als digitaler Fernsehübertragungsstandard steht DMB in Konkurrenz zu →DVB, nutzt aber zur Übertragung bereits von Anfang an das fortschrittlichere →MPEG-4. Obwohl ursprünglich in Deutschland entwickelt, setzte sich DMB bisher vor allem in Südkorea und China als Standard durch.

## DMD – Digital Micromirror Device

Auf einem DMD-Chip befindet sich eine große Anzahl beweglicher, mikroskopisch kleiner Spiegel, die durch gezielte Lichtreflexion in Projektionsrichtung Bildpunkte erzeugen. Texas Instruments vermarktet diese selbst entwickelte Technologie unter dem Namen Digital Light Processing (DLP).

**Dolby 3D**
→Interferenzfiltertechnologie

**Dominanzkolumne**
Jede →Hyperkolumne des →Sehzentrums enthält logistisch gesehen zwei okuläre Dominanzkolumnen, wobei eine die linken und die andere die rechten →Orientierungskolumnen enthält. Dominanzkolumnen lassen sich nicht exakt räumlich abgrenzen.

**Doppelprojektion**
Im Gegensatz zur →Einzelprojektion kommen hier zwei Projektoren nebeneinander oder übereinander zum Einsatz, um ein Stereo3D-Bild darzustellen. Von Vorteil ist die höhere Lichtstärke, nachteilig jedoch die Geometrie.

**Doppelsehen**
→Diplopie

**Double flash**
→Multiflash

**DRM – Digital Rights Management**
Es gibt etliche Verfahren zum Schutz von Inhalten vor unbefugter Benutzung oder Vervielfältigung. DRM ist besonders im digitalen Film- und Videobereich etabliert.

**DSLR – Digital Single Lens Reflex**
→Spiegelreflexkamera, digitale

**DVD – Digital Versatile Disc**
Die DVD ist ein optisches Medium zur Datenspeicherung. Aufgrund der hohen speicherbaren Datenmenge führte ihre Entwicklung zur Digitalisierung im Heimvideobereich und verdrängte die analogen Videogeräte.

**DVB – Digital Video Broadcasting**
Der vor allem in Europa, Afrika und Australien gebräuchliche Standard zur digitalen Fernsehübertragung wird unterschieden in Terrestrik (T), Satellit (S) und Kabel (C) sowie Mobilgeräte (H) und weitere Substandards.

**DWT – Diskrete Wavelettransformation**
→Wavelet

**Dynamischer Tiefenschnitt**
→Tiefenschnitt, dynamischer

**EB – Elektronische Berichterstattung**
Das Aufkommen professioneller Videokameras in den 1980er Jahren führte zur Ablösung der Filmkameras in der aktuellen Fernsehberichterstattung. In diesem Zusammenhang etablierte sich die Bezeichnung EB. Heute wird sie auf alle Videokamerateams angewandt, egal ob analog oder digital.

**Echt-Anaglyphen**
→Anaglyphen

**Eigenschatten**
→Schatten

**Einfachsehen, binokulares**
→Fusion

**Einzelprojektion**
Im Gegensatz zur →Doppelprojektion wird nur ein Projektor eingesetzt, um ein Stereo-3D-Bild darzustellen. Dazu sind besondere Multiplextechniken wie →RealD oder →XpanD notwendig.

**Emmetropie**
→Brechungsfehler

**Expansion der Tiefe**
→Stereofaktor

**Eyestrain**
→Visuelle Überforderung

**Farbanaglyphen**
→Anaglyphen

**Farbenblindheit**
Die völlige Unfähigkeit Farben wahrzunehmen, wird Achromatopsie oder Farbenblindheit genannt. Sie geht meist auch mit einer starken Beeinträchtigung der →Sehschärfe einher.

**Farbfehlsichtigkeit**
Wesentlich weiter als die echte →Farbenblindheit ist die Farbfehlsichtigkeit verbreitet. Sie beruht auf Problemen mit den →Rezeptoren der →Netzhaut. Die häufigste ist hierbei die Rot-Grün-Schwäche.

**Farbkolumne**
→Blob

**Farblängsfehler**
→Aberration, chromatische

**Farbmultiplex**
Die beiden →Teilbilder werden bei diesem →Multiplex mit verschiedenen Farben kodiert und durch →3D-Brillen betrachtet. Es handelt sich dabei hauptsächlich um →Anaglyphen (Komplementärfarbfilter), aber auch →Infitec (Interferenzfilter) ist genau genommen ein Farbmultiplex, da Lichtwellenlängen und somit Farben zur Kodierung genutzt werden.

**Farbperspektive**
Die Wahrnehmung empfindet warme Farben tendenziell näher als kalte Farben, was als →Tiefenhinweis dienen kann.

**Farbquerfehler**
→Aberration, chromatische

**Fieldrecorder**
Mobile Aufzeichnungsgeräte für Bild und Ton werden Fieldrecorder genannt. Sie basieren vorwiegend auf Festplatten oder →Festspeichern.

**Figur-Grund-Beziehung**
Die Wahrnehmung versucht immer einen Vorder- von einem Hintergrund zu unterscheiden. Es gibt fünf Hinweise für dieses Unterscheidungsvermögen: Leuchtdichte, Farbe, Textur, Geschwindigkeiten und die binokulare →Disparität.

**Festspeicher**
Speicherarten, die ohne bewegliche Teile auskommen, werden Festspeicher (SSD) genannt. Festspeicher können auf Flash- oder RAM-Bausteinen basieren. RAM ist deutlich schneller als Flashspeicher, Flash ist jedoch nicht flüchtig und behält die Daten auch ohne Stromzufuhr. Flashspeicher werden daher bei fast allen SSD-Field-Recordern eingesetzt.

**Filmvorführer**
In herkömmlichen Kinos legt der Vorführer die Filmrollen ein und wechselt sie bei Bedarf. Auch im Digitalkino und damit bei den meisten 3D-Kinos wird der Projektor von einem Vorführer bedient. Dort kann aber nach der einmaligen Justierung alles per Computer

(→Kinoserver) gesteuert werden. Mechanische Eingriffe sind in der Regel nicht mehr notwendig.

**Fixation**
Das Anblicken und Festhalten eines bestimmten Punkts mit den →Augen wird Fixation genannt. Bei gesunden Augen geht die Fixation mit der →Akkommodation und →Konvergenz einher.

**Fixationsdisparität**
Konvergieren die Augen beim Fixieren eines Punkts nicht genau auf diesen, liegt eine Fixationsabweichung oder Fixationsdisparität vor.

**Fixationsdistanz**
Die Entfernung der →Augen zur →Fixationsebene heißt Fixationsdistanz.

**Fixationsebene**
Der Punkt, den ein Betrachter gerade anblickt (fixiert), bildet das Zentrum der Fixationsebene. Sie wird oft für schematische Darstellungen und Berechnungen verwendet. Beim natürlichen Sehen entspricht sie der →Nullebene. Die →Blicklinien der →Augen schneiden sich an dieser Stelle (→Konvergenz).

**Fixationspunkt**
→Fixationsebene

**Fließen, optisches**
Das optische Fließen dient der Wahrnehmung zur Raumkoordinierung. Es entsteht bei Eigenbewegung der Person. Die Punkte im Raum laufen auf den Beobachter zu oder von ihm weg, je näher, desto schneller. Dabei empfindet er vor allem im Nahbereich ein Fließen dieser Strukturen.

**Flimmerverschmelzungsfrequenz**
Die Flimmerverschmelzungsfrequenz unterscheidet sich von Mensch zu Mensch. Sie ist auch von der Helligkeit abhängig. Flimmern wird daher bei geringer Leuchtdichte (reines Stäbchensehen) ab etwa 10 bis 25 Hz nicht mehr wahrgenommen. Bei großer Helligkeit kann die Frequenz bis zu 80 Hz betragen. In den meisten Situationen liegt sie zwischen 50 und 60 Hz.

**Floating Window**
→Schwebefenster

**Flüssigkristalldisplay – LCD**
Beim LCD oder LC-Display handelt es sich um einen Bildschirm, bei dem das Licht einer Hintergrundbeleuchtung durch Flüssigkristalle pixelweise in seiner Polarisationsrichtung geändert wird und somit helle oder dunkle Punkte sichtbar werden. TFT-Bildschirme sind LC-Displays, bei denen sich jedes Pixel separat ansteuern lässt.

**Formtreu**
→Orthoskopisch

**Fourier-Theorem**
Das Fourier-Theorem besagt, dass sich alle Sehobjekte mit scharfen Konturen aus Sinusgittern unterschiedlicher Ortsfrequenzen zusammensetzen lassen.

**Fovea centralis**
→Sehgrube

**Friese-Greene, William**
Die wahrscheinlich erste stereoskopische Serienbildkamera wurde 1889 vom englischen Fotografen und Erfinder William Friese-Greene

zusammen mit dem Ingenieur Frederick Varley entwickelt. Sie war technisch noch sehr unausgereift und konnte keine flüssigen Bewegungsabläufe aufzeichnen.

## Fresnellinse
Um die Ausdehnung und das Gewicht großer Linsen zu verringern, werden diese bei einer Fresnellinse scheibenweise abgestuft, weswegen sie auch Stufenlinse genannt wird.

## Frontprojektion
Der Projektor befindet sich bei einer Frontprojektion vor der Leinwand, also auf der Seite der Zuschauer.

## Full HD
→HD

## Funkschärfe
→Schärfenzieheinrichtung

## Fusion
Das Verschmelzen beider →Teilbilder zu einem →Zyklopenbild wird Fusion genannt. Die Fusion geht meist mit der →Stereopsis einher, wodurch das empfundene Gesamtbild stereoskopische Tiefe erhält. Ist eine Fusion nicht möglich, werden Doppelbilder gesehen (→Diplopie).

## Fusionsbereich, Panumscher
→Panumareal

## FTV – Free Viewpoint Television
Das FTV-Format soll Bilder so übertragen, dass die gewünschten →Perspektiven vom Wiedergabegerät selbst in Echtzeit generiert werden können. FTV wird im Rahmen von 3DAV (→MPEG) am →HHI entwickelt.

## Gábor, Dennis
Der Brite Dennis Gábor erfand bei der Verbesserung eines Elektronenmikroskops im Jahr 1947 zufällig das Prinzip der →Holografie.

## Ganglienzelle
In der →Netzhaut bilden Ganglienzellen die Schnittstellen der →Rezeptoren mit den Fasern des →Sehnervs, durch den die Bildinformationen zum →Sehzentrum gelangen.

## Geisterbilder
Undeutliche, transparente und in der Regel störende Bildstrukturen, die nicht zum eigentlichen Bildinhalt gehören, heißen Geisterbilder. Sie entstehen meist bei der Wiedergabe, jedoch auch bei der Übertragung oder Kodierung von Bildern aufgrund von ungenügender Kanaltrennung (→Übersprechen). Sie sind nicht zu verwechseln mit Geisterbildern, die beispielsweise aus Mehrfachbelichtungen entstanden sind.

## Gelber Fleck
Im Zentrum der →Netzhaut befindet sich der Gelbe Fleck, dessen Mitte eine kleine Vertiefung, die →Sehgrube (Fovea), enthält. Dort sind ausschließlich →Zapfen vorhanden, die besonders feine Auflösungen und außerdem das Farbensehen ermöglichen.

## Gesichtsfeld
Der mit beiden Augen erfassbare Sichtbereich wird Gesichtsfeld genannt. Er beträgt bei Menschen rund 180° in der Breite und 120° in der Höhe. Der von beiden Augen gleichzeitig gesehene Bereich ist nur etwa 120° breit und ist wichtig für das →Binokularsehen.

## Gesichtslinie
Die Linie vom Augenmittelpunkt zum fixierten Objekt heißt Blicklinie oder Gesichtslinie.

## Gewohnte Größe
Aus der Erfahrung heraus kennt ein Mensch die Größe bestimmter Objekte, die als Maßstab dienen können, um ihre Lage im Raum im Verhältnis zur Umgebung und anderen Objekten zu beurteilen. Es handelt sich also um einen →Tiefenhinweis.

## Gigantismus
Wird bei der Aufnahme eine verglichen mit dem →Augenabstand wesentlich kleinere →Stereobasis verwendet, wirkt sie wie durch die →Augen eines Zwerges gesehen. Diese Überhöhung wird meist positiv gewertet. Gigantismus ist der Gegensatz zum →Modelleffekt.

## Ghosting
→Geisterbilder

## Glanz, stereoskopischer
Stellen, die in beiden →Teilbildern unterschiedliche Helligkeit aufweisen, können eine glänzende oder schimmernde Wirkung haben. Dieser Effekt kann schon bei geringen Unterschieden an allen Stellen der →Netzhaut auftreten, nicht nur in der →Fovea.

## Gleitbewegungen
→Mikrobewegungen

## Grauanaglyphen
→Anaglyphen

## stereoskopische Grenze
→Stereogrenze

## Großbasis
→Stereobasis

## Halbbild
Ein Signal wird zur flüssigen Darstellung von Bewegtbildern in 25 Bilder pro Sekunde aufgeteilt, die mit halber vertikaler Auflösung übertragen werden. Dabei ergeben jeweils zwei ineinander verschachtelte Halbbilder ein Vollbild. Dies führt zu einer höheren Bewegungsauflösung. Der Begriff wird zuweilen für stereoskopische →Teilbilder verwendet.

## Haploskopisch
Jedes stereoskopische →Teilbild entsteht in jeweils einem separaten →Auge. Das beidäugige Sehen wird →Binokularsehen genannt. Haploskopisches Sehen hingegen ist das separate, getrennte Sehen mit jedem Auge und spielt vor allem bei Augenuntersuchungen eine Rolle. Auch beim →Stereoblick handelt es sich um haploskopisches Sehen.

## HD – High Definition
Im Fernseh- und Videobereich war HD schon lange ein Schlagwort, anfangs noch mit variierender Bedeutung. Heute zählen die Formate 720p und 1080i/p zu den Hauptstandards der Norm, die im Gegensatz zu →SD eine deutlich höhere Auflösung besitzt.

## HDTV – High Definition Television
→HD

## Heterophorie
→Phorie

## HHI – Heinrich-Hertz-Institut
Das Fraunhofer Institut für Nachrichtentechnik in Berlin befasst sich unter anderem seit

Jahren mit Aspekten der Stereoskopie, insbesondere mit autostereoskopischen →Bildschirmen.

## HMD – Head Mounted Display
Spezielle Datenhelme oder Brillen mit integrierten Displays heißen HMD. Ihre Aufgabe ist die Darstellung virtueller Inhalte mit besonders starker →Immersion, wobei möglichst das gesamte →Gesichtsfeld ausgefüllt werden soll. Sind beide Displays für jedes →Auge getrennt ansteuerbar, können auch Bilder in →Stereo-3D dargestellt werden. Wichtig ist neben dem Tragekomfort auch die Qualität der Displays, bei der die Auflösung und die seitliche Abdichtung gegen Streulicht eine große Rolle spielt.

## Höhendisparation
→Disparität

## Holografie
Die Erfassung, Speicherung und Wiedergabe räumlicher Bilder mittels Holografie erfolgt über spezielle Laser. In verschiedenen Verfahren treffen dabei ein Objekt- und ein Referenzstrahl auf den Film und erzeugen ein Interferenzmuster. Die Darstellung fotorealistischer Bilder ist bisher mit Holografie nicht möglich.

## Homologe Punkte
→Punkte, homologe

## Horopter
Die komplette, gewölbte Objektebene, die der auf der →Netzhaut abgebildeten Bildebene entspricht, heißt Horopter. Der Name wurde von →Aguilonius geprägt und bedeutet Sehgrenze. Rein rechnerisch entspricht er dem →Vieth-Müller-Kreis (geometrischer Horopter). Empirisch gemessen entsteht allerdings eine andere, wesentlich flachere Form (empirischer Horopter), die der realen menschlichen Wahrnehmung entspricht. Objekte, die vor dem Horopter liegen, werden auf der Netzhaut gekreuzt disparat abgebildet und Objekte, die hinter dem Horopter liegen, werden ungekreuzt disparat abgebildet. In vertikaler Richtung lässt sich ein →Longitudinalhoropter ermitteln.

## Hyperkolumne
→Kolumnen

## Image Flipping
Bedingt durch die begrenzte Anzahl der perspektivischen Ansichten bei autostereoskopischen →Bildschirmen kommt es bei Kopfbewegungen zu Bildsprüngen, dem Image Flipping.

## IMAX
Beim ursprünglichen IMAX-Konzept ging es im Wesentlichen um ein großes Filmformat (70 Millimeter) für riesige Projektionen. Als Firma hat sich IMAX („Images maximum") seit 1967 stetig weiterentwickelt und neue Technologien für eine noch bessere →Immersion implementiert, so zum Beispiel →Stereo-3D mit der Einführung von IMAX 3D im Jahr 1986.

## Immersion
Unter Immersion wird das Eintauchen in eine künstliche Welt, den „Cyberspace", verstanden. Je größer die Immersion, desto realer wirkt das Bild und die Vorführung auf den Zuschauer.

## Infitec
→Interferenzfiltertechnologie

**Interferenzfiltertechnologie**
Bei diesem Wiedergabeverfahren werden linkes und rechtes Teilbild durch verschiedene Spektralbänder separiert. Bekannt ist das Verfahren unter den Namen Infitec und Dolby 3D.

**Interpupillare Distanz**
→Augenabstand

**Interokulare Distanz**
→Augenabstand

**InTru 3D**
Von Intel und DreamWorks entwickeltes Markenzeichen für Stereo-3D-Animationsfilme.

**Iris**
→Regenbogenhaut

**ISDB – Integrated Services Digital Broadcasting**
Analog zu →DVB in Europa und →ATSC in Nordamerika ist ISDB der japanische Standard zur Übertragung digitaler Fernsehsignale, der sich auch in Südamerika verbreitet.

**ITU-R 500-6 (1995) und ITU-R 500-10 (2001)**
ITU-Empfehlungen für Betrachtungsbedingungen und Testverfahren zur subjektiven Beurteilung von 2DTV.

**ITU-R BT.1438 (2000)**
ITU-Empfehlung zur subjektiven Bewertung stereoskopischer Fernsehbilder.

**JPEG2000**
Im Gegensatz zu JPEG, →MPEG und vielen anderen Kodierungsalgorithmen beruht JPEG2000 nicht auf einer →DCT sondern auf einer →DWT. Dadurch lässt sich höhere Qualität erzielen.

**Julesz, Bela**
Der Wissenschaftler Bela Julesz konnte 1959 anhand seines →Rauschmusterstereogramms erstmalig beweisen, dass die Wahrnehmung der räumlichen Tiefe erst im Gehirn stattfindet.

**Kaiserpanorama**
Der von August Fuhrmann 1883 entwickelte →Stereobetrachter mit Bildrotationsprinzip wurde jahrmarktartig eingesetzt. Am Kaiserpanorama fanden 12 oder 25 Personen gleichzeitig Platz.

**KDM – Key Delivery Message**
Im digitalen Kino nach →DCI werden die Berechtigungen zum Abspielen eines Films per KDM geliefert. Ein KDM wird dazu auf den →Kinoserver aufgespielt, auf dem der eigentliche Filminhalt liegt. KDMs können auf Datenträgern oder elektronisch übertragen werden.

**Keyer**
→Stanze

**Keystone**
→Trapezverzerrung

**Kinoserver**
Die speziellen DCI-Kinoserver sind in der Lage, Filme nach dem DCI-Standard in 2K, 3K, 4K und/oder Stereo-3D wiederzugeben und beinhalten umfassende Vorkehrungen zum Schutz der Daten. (→DRM)

**Kleinbasis**
→ Stereobasis

**KMQ**
Der Zuschauer trägt beim KMQ-Verfahren eine Prismenbrille, die über- oder nebeneinander liegende → Teilbilder auf das entsprechende → Auge lenkt. Das Stereo-3D-Wiedergabeverfahren wurde nach seinen Entwicklern Koschnitzke, Mehnert und Quick benannt.

**Kniehöcker, seitlicher**
Die vom Sehnerv eintreffenden Nervenfasern werden im seitlichen Kniehöcker (auch Metathalamus) auf Neurone verschaltet, die als sogenannte Sehstrahlung direkt in den visuellen → Kortex führen. Der seitliche Kniehöcker befindet sich auf dem → Thalamus.

**Kolumnen**
Die Bildsignale der linken und rechten → Netzhaut werden im → Sehzentrum verglichen und ausgewertet. Dazu dienen die → Hyperkolumnen. Sie sind säulenförmig und bestehen jeweils aus vielen → Orientierungskolumnen und einigen Farbkolumnen (→ Blobs).

**Koma**
Treffen in einer Linse besonders schräge Lichtstrahlen ein, kann es zu kometenhaften Verzerrungen kommen. Dieser optische → Abbildungsfehler heißt daher Koma und ist eine Sonderform der sphärischen → Aberration.

**Kompression der Tiefe**
→ Stereofaktor

**Konvergenz**
→ Vergenz

**Konvergenzänderung**
Beim Betrachten stereoskopischer Bilder liegt die Schärfe (→ Akkommodation) des → Auges stets auf der → Wiedergabeebene, die Konvergenzstellung wechselt hingegen ständig, je nach betrachtetem Bildteil und der dort vorhandenen → Disparität.

**Konvergenzassistent**
Sollen Stereo-3D-Aufnahmen direkt in die Übertragung oder Wiedergabe gelangen, ist eine Nachbearbeitung mit → Teilbildausrichtung kaum möglich. Die → Nullebene wird dann in der Regel von einem Konvergenzassistenten über die → Konvergenz der Kameras live festgelegt.

**Konvergenzpunkt**
→ Stereofenster

**Konvergenzwinkel**
→ Anordnung, konvergente

**Korrelogramm**
Stereo-3D-Bilder, deren → Teilbilder bestimmte Muster aufweisen welche die → Stereopsis hervorrufen, sind Korrelogramme. Dazu zählen auch das → Random Dot Stereogram und das Random Line Stereogram.

**Korrespondierende Punkte**
→ Punkte, korrespondierende

**Kortex, visueller**
Der visuelle Kortex, auch Sehrinde genannt, besteht aus dem primären und sekundären Sehzentrum und befindet sich auf der Rückseite des Großhirns im Bereich des Hinterhauptlappens. Auch das Sehzentrum ist in

linke und rechte Hirnhälfte unterteilt. Jede Seite wertet die ihr gegenüberliegende Seite des →Gesichtsfeldes, also der Informationen der →Netzhaut aus. Nur der Bereich der →Fovea wird in beiden Seiten gleichermaßen verarbeitet. Im primären Sehzentrum werden Strukturen erkannt, Assoziationen finden erst im sekundären Sehzentrum statt.

**Knotenpunkt**
Bei Linsen und Linsengruppen liegen die Knotenpunkte dort, wo sich die einfallenden Strahlen schneiden würden, wenn sie nicht optisch umgelenkt werden.

**Kugelgestaltsfehler**
→Aberration, sphärische

**Kulisseneffekt**
Wenn räumliche Objekte wie flache Pappständer wirken, handelt es sich um den Kulisseneffekt. Er wirkt sich stärker aus, je mehr die stereoskopischen Parameter von den Normalwerten abweichen. Dabei handelt es sich um normale geometrische Gegebenheiten. Die Z-Achse eines Objekts ändert sich langsamer als die Höhe und Breite. Einen weiteren Kulisseneffekt gibt es im Bereich der →2D-3D-Konvertierung, da bei vielen Verfahren die Objekte erkannt und abgegrenzt werden, dabei jedoch selbst keine Tiefe gewinnen.

**Kreuzblick**
→Stereoblick

**Längshoropter**
→Longitudinalhoropter

**Längsdisparation**
→Disparität

**LCD – Liquid Crystal Display**
→Flüssigkristalldisplay

**LCoS – Liquid Crystal on Silicon**
Ebenso wie bei LC-Displays kommen bei LCoS-Anzeigegeräten Flüssigkristalle zum Einsatz, die allerdings nicht von hinten, sondern wie bei DLPs von vorne beleuchtet werden. Sie verfügen hinten über eine reflektierende Schicht, sodass die Leiterbahnen nicht zwischen den Pixeln, sondern hinter der Spiegelschicht verlaufen. Dadurch sind feinere Pixelstrukturen möglich. Das von Canon LCoS genannte Verfahren heißt bei JVC D-ILA und bei Sony-Geräten SXRD.

**Lens-Shift**
→Linsenverstellung

**Leonardo Da Vinci**
Der italienische Renaissance-Künstler Leonardo da Vinci zeigte ein klares Verständnis der Tiefendarstellung und nutzte Texturen, Schatten und die →Zentralperspektive für seine Zeichnungen. Er erkannte, dass um einen nahen Gegenstand mit beiden →Augen herumgesehen werden kann. Der spätere Erfinder der →Stereoskopie, →Wheatstone, sagte rückblickend, dass wohl schon Leonardo da Vinci das Prinzip der →Stereopsis erkannt hätte, wenn er statt Kugeln andere Objekte für seine Versuche verwendet hätte.

**Liliputismus**
→Modelleffekt

**Linearperspektive**
Parallele Linien laufen scheinbar in der Tiefe zusammen und schneiden sich in der Unendlichkeit (Fluchtpunkt). Die Linear- oder Zentralperspektive basiert auf diesem Fluchtpunkt und ist ein →Tiefenhinweis.

**Linsenraster**
→Bildschirm, autostereoskopischer

**Linsenverstellung**
Viele →Projektoren bieten die Möglichkeit, Objektiv und Bildgeber parallel zueinander zu verschieben. Diese Linsenverstellung (Lens-Shift) dient der optimalen Platzierung des Bildes an der Bildwand bei feststehendem Projektor. Bei Kameras ist der Lens-Shift eher selten, er wird nur bei speziellen Konstruktionen eingesetzt. Stärker verbreitet sind im Aufnahmebereich die →Shiftobjektive, bei denen die Verschiebung innerhalb des Objektivs erfolgt.

**Longitudinalhoropter**
Zylindermantel aus dem →Vieth-Müller-Kreis und dem →Prevost-Lot

**Luftperspektive**
→Perspektive, atmosphärische

**Lumière, Auguste und Louis**
Mit einem modifizierten Stereoskop führten die Brüder Lumière 1903 einen ersten echten stereoskopischen Film vor, den jedoch systembedingt nur jeweils eine Person sehen konnte. Damit sind sie die Pioniere des stereoskopischen Bewegtbildes.

**Machsche Bänder**
Diese optische Täuschung ist durch die Verschaltung der Rezeptoren in der →Netzhaut (laterale Inhibition) und deren rezeptive Felder bedingt. An Kanten und Bildteilen von hohem Kontrast entstehen so Verstärkungs- und Abschwächungseffekte, die als nicht vorhandene Luminanzen wahrgenommen werden.

**Magischer Blick**
→Autostereogramm

**Makula**
→Gelber Fleck

**Master**
Am Ende der Postproduktion entsteht ein fertiger Film als Master (fürs Kino meist nach DCI-Norm). Verschiedene Wiedergabemethoden erfordern verschiedene Master, wodurch die jeweiligen Besonderheiten über die →Disparität aber beispielsweise auch über die Farbe berücksichtigt werden. Selbst Effekten wie Ghosting (→Geisterbilder) kann schon im Master vorgebeugt werden.

**Master Image**
Der koreanische Hersteller Master Image wurde vor allem durch sein günstiges Stereo-3D-Kinoprojektionssystem bekannt. Dieses arbeitet mit passivem →Polarisationsmultiplex und steht in Konkurrenz zu →RealD, →Dolby 3D und →XpanD.

## Mikrobewegungen
Mikrobewegungen sind unbewusste winzige Augenbewegungen, die beim Sehvorgang ständig stattfinden. Sie lassen sich unterscheiden in Mikrosakkaden (→Sakkaden), Gleitbewegungen (Drifts) und einem hochfrequenten Tremor. Tremor und Drift sind →Vergenzbewegungen, während Mikrosakkaden zu den →Versionen gehören.

## Mikrosakkaden
→Mikrobewegungen

## Minimum Discriminibile
→Übersehschärfe

## Minimum Visibile
→Sehschärfe

## Mocap, Motion Capture
Beim Motion-Capturing werden Schauspieler im Studio mit speziellen Anzügen ausgestattet, auf denen Tracking Points angebracht sind. Diese werden von Kameras oder Sensoren erfasst und anschließend im Computer auf künstliche Modelle angewendet. So lässt sich eine realistische Bewegungswiedergabe von Gestik und Mimik erreichen.

## Modelleffekt
Wirken Objekte oder Personen im Stereo-3D-Bild wie in einem Puppentheater, also deutlich zu klein im Vergleich zum 2D-Bild oder zur persönlichen Erfahrung, handelt es sich um den Modelleffekt. Diese optische Täuschung tritt besonders in Erscheinung, wenn das Bild von den als natürlich empfundenen Situationen stark abweicht. Sie entsteht vor allem bei kurzen Brennweiten, zu großer Stereobasis, aber auch durch zu großen Betrachtungsabstand in der Wiedergabe.

## Modellwirkung
→Modelleffekt

## Mondtäuschung
In manchen Situationen wird der Mond größer empfunden, als er tatsächlich ist. Diese optische Täuschung hängt mit der menschlichen Wahrnehmung und den →Tiefenhinweisen zusammen.

## Monitorebene
→Wiedergabeebene

## monokular
Als Adjektiv verwendet, bedeutet monokular einäugig. Es bezieht sich auf jede einäugige Betrachtungsweise, sei es mit einem zugekniffenen oder einem fehlenden Auge. Mikroskope, die über ein einziges Objektiv verfügen, werden manchmal auch Monokulare genannt.

## MPEG – Moving Picture Experts Group
Die weltweite Standardisierungsorganisation MPEG besteht aus Experten aus der Film- und Fernsehbranche. 2001 rief die MPEG eine ad-hoc-Gruppe für die 3D-Kodierung (3DAV) ins Leben. Innerhalb des MPEG-Standards wurde daraufhin das Multiview-Profile (→MVP) für stereoskopisches Video entwickelt. Außerdem gibt es Pläne für künftiges Free-Viewpoint-Television (→FTV).

## MPEG-2
Der →MPEG-Standard zur Kodierung und Dekodierung bewegter Bilder beruht vor allem auf der Verwendung einer →DCT. Er fungiert als das Standardverfahren bei der →DVD und der ersten Generation von →DVB.

## MPEG-4
Bei diesem →MPEG-Standard zur Kodierung und Dekodierung bewegter Bilder ist durch neuere Methoden die gleiche Bildqualität wie bei MPEG-2 bei stärkerer Kompression möglich. Viele moderne Videocodecs (zum Beispiel AVCHD) basieren auf MPEG-4, der auch bei der zweiten Generation von →DVB eingesetzt wird.

## Multibasis
Zwei oder mehr Aufnahmen mit unterschiedlicher →Stereobasis werden zu einem Gesamtbild kombiniert. Durch Multibasisshots sind eigentlich unmögliche Aufnahmen möglich.

## Multiflash
Das Kino basiert traditionell auf 24 Bildern pro Sekunde. Damit das Bild nicht flackert, wird jedes Einzelbild zweimal projiziert (Double-Flash), was auch beim Digitalkino beibehalten wird. Aufgrund der leistungsfähigen Projektoren hat sich im Digitalkino inzwischen Triple-Flash etabliert.

## Multiplex
Multiplexen oder kurz Muxen ist das Darstellen oder Übertragen mehrerer Kanäle auf einem einzigen Kanal oder Medium. Für →Stereo-3D sind folgende Verfahren bedeutsam: →Ortsmultiplex, →Zeitmultiplex, →Wellenlängenmultiplex, →Polarisationsmultiplex und →Farbmultiplex.

## Muybridge, Eadweard
Mit einer Anordnung von zwölf hintereinander ausgelösten Kameras bewies Muybridge 1878, dass Pferde beim Galopp für einen kurzen Moment mit keinem Huf den Boden berühren. Diese Bilder sollen stereoskopisch aufgenommen worden sein, was in der Tat gar nicht ungewöhnlich wäre, da die →Stereoskopie zu dieser Zeit sehr verbreitet war.

## MXF – Material eXchange Format
Das Containerformat MXF hat große Bedeutung erlangt, weil es von vielen Formaten im Broadcastbereich sowie bei der Distribution und im Digitalkino-Bereich genutzt wird. Die dort verwendeten →DCPs enthalten MXF-Dateien mit →JPEG2000- oder →MPEG2-codierten Bildern. Außerdem kann MXF umfangreiche Ton- und Metadaten enthalten.

## MVC – Multiview Video Coding
Als Erweiterung von →MPEG4 AVC ermöglicht MVC eine mehrkanalige Kodierung und zielt dabei sowohl auf die Übertragung von →Stereo-3D als auch auf Free Viewpoint TV (→FTV) ab.

## MVP – Multiview Profile
Das MVP ist ein →MPEG2-Profil und enthält zwei Videostreams. Der Hauptstream wird mit dem MPEG-2 Main Profile kodiert, der Erweiterungsstream kann hingegen skalierbar kodiert werden. So sind zwei verschiedene →Perspektiven gleichzeitig übertragbar, und damit auch →Stereo-3D. Der Hauptstream ist dabei für das linke →Teilbild vorgesehen.

## Naheinstellungstrias
Beim →Fokussieren auf ein nahe gelegenes Objekt agieren drei Mechanismen in gegenseitiger Abhängigkeit: die →Akkommodation, der Pupillenreflex und die →Vergenz.

## Nervenzelle
→Neuron

**Nervenfortsatz**
→Axon

**Netzhaut**
Die Netzhaut (Retina) enthält die Rezeptoren (→Zapfen und →Stäbchen), die mit ihren lichtempfindlichen Spitzen in der Pigmentschicht der Netzhaut selbst eingebettet sind, um dort mit Nährstoffen versorgt und mit Blut gekühlt werden zu können. Ihre bioelektrischen Signale konvergieren in Richtung des Augeninneren über bipolare Zellen auf die →Ganglienzellen. Die Verteilung der Rezeptoren in der Netzhaut ist ungleichmäßig. Die höchste Dichte liegt in der →Fovea, in der nur Zapfen vorkommen.

**Netzhautstellen, korrespondierende**
→Punkte, korrespondierende

**Netzhautstellen, disparate**
→Disparität

**Neuron**
Neurone sind Nervenzellen, die auf bestimmte Reize mit einem Impuls reagieren. Beim Sehvorgang sind besonders die Neurone in der Netzhaut und im Sehzentrum (Rindenzellen) von Bedeutung.

**NHK**
NHK ist die international gängige Abkürzung des öffentlich-rechtlichen Fernsehens in Japan. NHK steht für „Nippon Hoso Kyokai".

**Nichtlinearität der Tiefe**
→Tiefenverzerrung

**Nodalpunkt**
→Knotenpunkt

**Noniussehschärfe**
→Übersehschärfe

**Normalbasis**
→Stereobasis

**Normalsichtigkeit**
→Brechungsfehler

**NTSC – National Television Systems Committee**
Der Name NTSC steht für die US-amerikanische Institution, die 1953 den gleichnamigen Farbfernsehstandard veröffentlichte, in Deutschland wurde mit →PAL ein fortschrittlicheres System entwickelt. NTSC fand seine Verbreitung vor allem in Nordamerika und Ostasien und wird aktuell vom Digitalstandard →ATSC abgelöst, der auch Übertragungen in →HD ermöglicht.

**Nulldisparitätspunkt**
→Nullebene

**Nullebene**
Die Nullebene ist die Ebene, an der die Disparität den Wert Null annimmt. Beim natürlichen Sehen entspricht sie der Fixationsdistanz (Point of Convergence), bei der Wiedergabe entspricht sie der Bildschirm- oder Projektionsebene, auf der deckungsgleiche Punkte gesehen werden. Die Nullebene wird im deutschen Sprachraum manchmal auch Scheinfensterebene genannt.

**Nystagmus**
Ein ungewolltes Zittern oder Blinzeln des →Auges wird Nystagmus genannt. Dieser zählt zu den Augenkrankheiten.

**Öffnungsfehler**
→Aberration, sphärische

**Offset**
→Shift-Sensor

**Okulomotorik**
Die gegenseitige Abhängigkeit und motorische Verknüpfung von →Akkommodation und →Konvergenz trägt als okulomotorischer →Tiefenhinweis zur Erkennung von räumlicher Tiefe bei. Da zwei →Augen nötig sind, handelt es sich um einen binokularen Tiefenhinweis. Gemeinsam mit dem Pupillenreflex ergibt sich die →Naheinstellungstrias.

**OLED – Organic Light Emitting Diode**
Organische LEDs sind moderne Leuchtdioden, bei denen bestimmte organische Stoffe durch das Anlegen einer Spannung zum Leuchten angeregt werden.

**Orbita**
→Augenhöhle

**Orientierungskolumnen**
Im →Sehzentrum verarbeiten Orientierungskolumnen die Bildinformationen der →Netzhaut in sechs Schichten, sortiert nach unterschiedlichen Bewegungen. Viele von ihnen bilden zusammen mit einigen →Blobs (Farbkolumnen) sogenannte →Hyperkolumnen.

**Orthoskopisch**
Sind beide →Teilbilder richtigherum angeordnet, entstehen orthoskopische Raumbilder. Im Gegensatz dazu erscheinen bei →pseudoskopischen Bildern nahe und ferne Objekte vertauscht.

**Ortho-Stereo-Distanz**
Die Entfernung von der →Wiedergabeebene, in der der Betrachter das Bild auf der →Nullebene in den gleichen Größen- und Tiefenverhältnissen wahrnimmt, wie es der Realität entspricht, heißt Ortho-Stereo-Distanz.

**orthostereoskopisch**
Bei einer orthostereoskopischen Wiedergabe ist die Form im Bild und bei der Aufnahme identisch. Es dürfen weder Verzerrungen noch Verzeichnungen auftreten. Eine Kugel muss auch in der Wiedergabe eine Kugel sein. Dazu müssen bestimmte geometrische Parameter bei Aufnahme und Wiedergabe eingehalten werden (Abstände und Brennweiten).

**Ortsfrequenz**
Besonders in der Optik und der Wahrnehmungspsychologie hat die Ortsfrequenz Bedeutung. Sie wird in Linienpaaren pro Millimeter angegeben und dient vor allem zur Messung der Auflösung.

**Ortsmultiplex**
Bei diesem →Multiplex werden beide Teilbilder zeitgleich übertragen und abgebildet. Sie müssen mit bestimmten Methoden kodiert werden, damit jedes Auge nur das ihm zugedachte Bild erhält.

**PAL – Phase Alternating Line**
Als Farbfernsehübertragungsverfahren wurde PAL 1962 entwickelt, um die Unzulänglichkeiten der Farbdarstellung bei →NTSC zu verbessern. Es wurde zu einem der wichtigsten Standards weltweit. Durch das digitale Fernsehen (beispielsweise →DVB) wird PAL langfristig keine Rolle mehr spielen.

## Panumareal

Der Bereich vor und hinter dem →Horopter, der noch zur erfolgreichen Auswertung binokularer Informationen führt, wird Panumareal genannt. Obwohl die Punkte hier disparat liegen, also auf nicht korrespondierenden Punkten der →Netzhäute, werden sie nicht doppelt wahrgenommen. Objekte innerhalb des Panumraums tragen zum →Raumsehen bei. Außerhalb des Panumareals entstehen →Doppelbilder, die von der Wahrnehmung bis zu einem bestimmten Betrag unterdrückt werden. Der Entdecker Panum selbst nannte das Areal Empfindungskreis.

## Panumraum
→Panumareal

## Parallaxe
Der Abstand der Augen zueinander führt zu zwei leicht verschiedenen →Perspektiven.

## Parallelblick
→Stereoblick

## Parallel-Rig
→Stereo-3D-Rig

## Passiv-Stereo
→Stereoskopie, passive

## Peitsche
→Schärfenzieheinrichtung

## Perspektive
Die Perspektive ist die Sichtweise eines Betrachters. Sie ergibt sich aus der Relation von betrachtetem Objekt und dem Standpunkt der Person. Da zur Betrachtung in der Regel zwei →Augen genutzt werden, gibt es zwei minimal unterschiedliche Perspektiven. So wird die binokulare →Wahrnehmung (Stereosehen) möglich.

## Perspektive, atmosphärische
Durch das Medium Luft und die darin enthaltenen Bestandteile wie Wasser, Staub- oder Schmutzpartikel verändert sich die Sicht mit zunehmendem Abstand. Dinge in größerer Entfernung verlieren an Farbe, Sättigung und Klarheit. Die →Wahrnehmung nutzt die atmosphärische Perspektive auch als →Tiefenhinweis.

## Phorie
Der von beiden →Augen anvisierte Punkt kommt bei einer Phorie nicht zur Deckung. Dieser Sehfehler kann zu →Doppelbildern und Beeinträchtigungen des →Stereosehens führen.

## Picket-Fence-Effekt
Der Picket-Fence-Effekt ist eigentlich ein Begriff aus der Nachrichtentechnik und steht bei Stereo-3D für das sichtbare Springen der Bildpaare bei autostereoskopischen →Bildschirmen.

## Plastizität
Die →Tiefenausdehnung eines einzelnen Objekts heißt Plastizität. Sie kennzeichnet die Stärke der Räumlichkeit des Objekts. Bei einem ganzen Bild handelt es sich aber um den →Tiefenumfang.

## Polarisationsmultiplex
Beide →Teilbilder werden bei diesem →Multiplex mit konträren Polarisationsfiltern kodiert und vom Betrachter mittels Polfilterbrille

gesehen, sodass jedes →Auge nur das ihm bestimmte Bild empfängt.

### Präsenz
→Telepräsenz

### Prevost-Lot
Die senkrecht durch den von beiden Augen fixierten Punkt verlaufende Linie heißt Prevost-Lot.

### Prismenraster
→Bildschirm, autostereoskopischer

### Projektionsebene
→Wiedergabeebene

### Projektionsverhältnis
Das Projektionsverhältnis ergibt sich aus der Bildbreite und dem Abstand des Projektors von der Bildwand. Diese Angabe ist auf den Projektionsobjektiven vermerkt und ermöglicht einen praxisgerechten Einsatz.

### Projektor
Projektoren sind Geräte, die ein Bild mit optischen Mitteln auf eine Wiedergabefläche projizieren. Dabei werden verschiedene Technologien eingesetzt, so zum Beispiel →LCD, →DMD oder →CRT. Im deutschen Sprachraum werden sie oft Beamer genannt.

### pseudoskopisch
Durch Vertauschen der beiden →Teilbilder, kommt es zur Wahrnehmung pseudoskopischer Raumbilder. Diese weisen zwar Tiefe auf, nahe und ferne Objekte sind jedoch im Gegensatz zu →orthoskopischen Bildern vertauscht.

### pseudostereoskopisch
Stereoskopische Verfahren, die bei genauerem Hinsehen keine zwei parallaktisch verschobenen Teilbilder aufweisen, sind pseudostereoskopische Verfahren. Dazu zählt beispielsweise das Pulfrich-Verfahren, aber auch das bloße horizontale Verschieben eines Bildes, wodurch ein Tiefeneindruck entsteht, der keine echte Tiefe wiedergibt, sondern einfach das flache Bild komplett in der Tiefe versetzt zeigt.

### Punkthoropter
→Horopter

### Punkte, homologe
Die Abbildung eines Punkts auf der linken und rechten →Netzhaut führt zu einander entsprechenden, also homologen, Punktpaaren. Sie können die gleiche Lage haben (korrespondierende →Punkte) oder zueinander versetzt liegen (→Disparität). Das Sehzentrum findet homologe Punkte und wertet sie auf Tiefeninformationen aus (→Stereopsis).

### Punkte, korrespondierende
Identische Stellen auf linker und rechter →Netzhaut werden korrespondierende Punkte genannt. Diese sind Projektionen des →Horopters, werden also in der →Fixationsebene wahrgenommen. Davon abweichende, nicht korrespondierende, also disparate Bildpunkte sind die Grundlage für →Stereopsis.

### Punktlosigkeit
→Astigmatismus

### Puppenstubeneffekt
→Modelleffekt

**Puppentheatereffekt**
→ Modelleffekt

**Querdisparation**
→ Disparität

**Rahmenverletzung**
Objekte, die sich vor der Bildebene befinden, sollten die Bildbegrenzung nicht berühren, da sonst die Wahrnehmung überfordert werden kann. Solche Rahmenverletzungen können beim natürlichen Sehen nicht entstehen und erscheinen dem Betrachter daher unlogisch.

**Random Dot Stereogram**
→ Rauschmusterstereogramm

**Raumsehen**
→ Wahrnehmung, binokulare

**Raumtiefe**
Die Tiefe des Raums definiert sich durch die Ausdehnung zwischen einem → Nah- und → Fernpunkt. Bei Stereo-3D gibt es in dem Zusammenhang → Tiefenumfang und → Tiefenspielraum.

**Rauschmusterstereogramm**
Die Bildinformation ist in einem Zufallsmuster versteckt. Bei binokularer Betrachtung heben sich einzelne Strukturen hervor. Mit dem Rauschmusterstereogramm bewies → Julesz, dass → Stereopsis und → Raumsehen im Sehzentrum erfolgen.

**RealD**
Das Stereo-3D-Projektionssystem RealD der gleichnamigen Firma basiert auf dem → ZScreen. Die Teilbilder werden bei RealD abwechselnd zirkular polarisiert.

**Realität, erweiterte**
Erweiterte Realität ist die Kombination von virtueller Realität mit echter Realität, beispielsweise durch Projektionsdisplays oder transparente Displays.

**Regenbogenhaut**
Auf der Vorderseite des Augapfels befindet sich die Regenbogenhaut (Iris). Sie bildet in ihrer Mitte eine kreisrunde Öffnung, die Pupille. Damit dient sie der Lichtregulierung für die → Netzhaut.

**Relative Größe**
Identische Objekte mit unterschiedlicher Entfernung werden auf der → Netzhaut des Betrachters in unterschiedlicher Größe abgebildet. Die ist für das Sehzentrum ein → Tiefenhinweise ab.

**Relative Höhe**
Objekte, die weiter entfernt sind, liegen näher an der Horizontlinie und damit höher im Bild als Objekte in kürzerer Distanz zum Betrachter. Das kann vom Sehzentrum als → Tiefenhinweis genutzt werden.

**Retina**
→ Netzhaut

**Rezeption**
Das Wahrnehmen und Erkennen von Signalen und Reizen durch → Rezeptoren wird Rezeption genannt. In diesem Buch geht es hauptsächlich um die Rezeption von Bildern und optischen Reizen. Der lateinische Ursprung bedeutet etwa Empfangen oder Aufnehmen.

**Rezeptoren**
Durch Rezeptoren werden Reize wahrgenommen. Der Sehsinn verfügt über zwei Typen von Rezeptoren, die →Zapfen und →Stäbchen. Sie befinden sich in der →Netzhaut.

**Rindenzelle**
→Neuron

**Rivalität, binokulare**
Bei zu starken Unterschieden lassen sich die beiden →Teilbilder nicht mehr summieren oder fusionieren. Die Wahrnehmung versucht dann, eines der Bilder stärker zu gewichten, wobei es sogar zum virtuellen Ausblenden eines ganzen Teilbildes kommen kann. Meist springt jedoch das Bild nur an den kritischen Stellen. Die →Stereopsis kann aber weiterhin funktionieren.

**Rivalität, retinale**
→Rivalität, binokulare

**Röhre**
→Bildröhre

**Rotoskopie**
Ursprünglich war die Rotoskopie eine Art Pausverfahren, mit dem animierte Zeichnungen von Realbildern angefertigt wurden. Als wichtige Grundlage für digitales Compositing dient das Rotoscoping heute dem vektorbasierten Freistellen von Objekten auf verschiedenen Ebenen.

**Rückprojektion**
Anders als bei der üblichen →Frontprojektion befindet sich der Projektor hinter der Bildwand. Um den meist geringen Platz zu kompensieren, werden dabei oftmals Spiegel eingesetzt.

**Sakkaden**
Schnelle, ruckartige Augenbewegungen
→Mikrobewegungen

**Schärfenzieheinrichtung**
Zur komfortableren und präzisen Einstellung der Bildschärfe am Objektiv gibt es Vorrichtungen, die den Verstellring über Zahnräder auf einen externen Verstellring übertragen, an dem Positionen markiert werden können. Er kann außerdem über eine flexible Welle oder Peitsche verbunden werden. Mittels kleiner Motoren lässt sich die Schärfe auch über Funk justieren.

**Schatten**
Dunkle Bereiche heißen Schatten und sind →Tiefenhinweise für die menschliche →Wahrnehmung. Ihr Merkmal ist die Reduktion oder Abwesenheit von Licht, während gleichzeitig helle Stellen (Lichter) als Kontrast vorhanden sein müssen. Treten Schatten als Eigenschatten auf, wird die Form und Oberfläche eines Gegenstandes gut erkennbar. Durch Schlagschatten wird hingegen die Lage eines Objekts innerhalb des Raums deutlich.

**Scheinbewegung**
→ Scherungsartefakt

**Scheinfenster**
→ Stereofenster

**Scheinfensterverletzung**
→Rahmenverletzung

**Scherungsartefakt**
Bei Stereo-3D-Displays entsteht durch geometrische Scherung der Eindruck einer gegensätzlichen Objektbewegung vor und

hinter der →Nullebene. Diese Scheinbewegung tritt auf, wenn sich der Betrachter parallel zum Bildschirm bewegt. Der Begriff Scheinbewegung ist aber auch in anderen Zusammenhängen gebräuchlich. Kann ein Bildschirm die →Bewegungsparallaxe wie beim natürlichen Sehen darstellen, hat er keine Scherungsartefakte.

## Schielen
Aufgrund von Koordinations- oder Steuerungsproblemen der Augenmuskeln kann es zum Schielen kommen. Dadurch ist auch eine Beeinträchtigung des →Stereo-3D-Sehens möglich.

## Schlagschatten
→Schatten

## Schlitzmaske
→ Bildschirm, autostereoskopischer

## Schwebefenster
Die Verschiebung des →Stereofensters dient vor allem dazu, →Rahmenverletzungen zu kaschieren. Dabei werden schmale Streifen des seitlichen Bildrandes eines →Teilbildes entfernt, wodurch die fusionierte Deckung der Kanten zu einer Verschiebung des imaginären Fensters im Raum führt. So kann das Stereofenster partiell nach vorne gezogen oder gewölbt werden. Dabei wird es von der →Nullebene entkoppelt.

## SD – Standard Definition
In Abgrenzung zum hochauflösenden →HD-Format werden mit SD die herkömmlichen →PAL- und →NTSC-Auflösungen bezeichnet. SD steht üblicherweise als Synonym für Fernsehbilder mit geringer Auflösung (meist 525 oder 625 Zeilen).

## SDI – Serial Digital Interface
Die digitale Videoschnittstelle SDI überträgt die Daten seriell über Koaxialkabel mit BNC-Steckern. Ursprünglich für ein digitales unkomprimiertes SD-Signal entwickelt (270 Mbit/s), besteht inzwischen mit HD-SDI und den Dual-Link-Varianten auch die Möglichkeit, hochauflösende Bilder und →Stereo-3D zu übertragen.

## SDTV – Standard Definition Television
→SD

## Sehgrube
Die Sehgrube ist die Stelle der →Netzhaut, in der die höchste Dichte farbempfindlicher →Zapfen vorhanden ist. Sie befindet sich im Zentrum des →Gelben Flecks und ist der Punkt des schärfsten Sehens. Trotz ihrer geringen Ausdehnung von nur einem Millimeter werden die Bildinformationen aus der Sehgrube über die Verschaltung zu den →Ganglienzellen (1:1) etwa genauso hoch gewichtet, wie die Bildinformationen aus der restlichen Netzhaut zusammen genommen. Im Zentrum der Sehgrube (Fovea) befindet sich das sogenannte Sehgrübchen (Foveola) mit ausschließlich grün- und rotempfindlichen Zapfen.

## Sehhügel
→Thalamus

## Sehnervenkreuzung
Die Sehnerven kreuzen sich hinter den beiden →Augen und tauschen dabei einen Teil ihrer Fasern aus. So gelangen alle Informationen der linken Netzhautbereiche in die linke Gehirnhälfte und alle rechten Bereiche in die rechte Gehirnhälfte. Die zentralen Teile linker und rechter →Netzhaut werden in beide Gehirnhälften geleitet.

**Sehrinde**
→Kortex, visueller

**Sehschärfe**
→Visus

**Sehzentrum**
→Kortex, visueller

**Shiftobjektiv**
Mit Shiftobjektiven lässt sich die Projektion der Bildpunkte aus dem zentralen Bereich in die Randbereiche des Bildkreises verschieben. Dafür wird ein besonders großer Bildkreis benötigt. Shiftobjektive werden im fotografischen Bereich vor allem für perspektivische Korrekturen oder für dezentral, also „um die Ecke" aufgenommene Bilder genutzt. Bei Großformatkameras, Projektoren mit Lens-Shift (→Linsenverstellung) und speziellen Kameras mit →Shiftsensor wird hingegen das gesamte Objektiv oder die Bildebene verschoben.

**Shiftsensor**
Ein Bildsensor, der in Relation zum Objektiv verschiebbar ist, heißt Shiftsensor und die Verschiebung ist der Offset. Es gibt auch →Shiftobjektive. Die Verschiebung wird bei Stereo-3D manchmal zur Kamerakonvergenz ohne trapezförmige Verzerrungen genutzt.

**Shutterbrille**
→Zeitmultiplex

**Side-by-Side-Rig**
→Stereo-3D-Rig

**Simultansehen**
Beim Simultansehen werden die Bilder beider →Augen gleichzeitig wahrgenommen. Eine binokulare →Fusion findet dabei nicht statt. Ein Beispiel für Simultansehen ist das Sehen von →Doppelbildern.

**Simultankontrast**
Farben und Helligkeiten wirken je nach Umgebung stärker oder schwächer. Sie sind also nicht absolut sondern relativ. Physiologische Ursachen liegen in der →Netzhaut und im →Sehzentrum.

**SID – Spatial Immersive Display**
Die internationale Abkürzung für ein räumlich immersives Display (→Immersion) lautet SID.

**SMPTE – Society of Motion Picture and Television Engineers**
Die Vereinigung der Film- und Fernsehingenieure fungiert als internationaler Dachverband für alle wichtigen Hersteller aus dem Bereich Film und Fernsehen. Wichtige Normen und Standards umfassen beispielsweise →SDI, →MXF und →3D Home Master.

**Sphärische Aberration**
→Aberration, sphärische

**Spiegelreflexkamera, digitale**
Digitale Spiegelreflexkameras (DSLRs) warten meist mit einer Reihe interessanter Funktionen für passionierte Fotografen auf und ermöglichen Fotos von hoher Qualität. Seitdem es DSLRs mit einer →Full-HD-Videoaufnahmefunktion gibt, sind sie auch für Filmemacher ein nützliches Werkzeug.

### Spiegel-Rig
→Stereo-3D-Rig

### Stäbchen
Die →Rezeptoren der →Netzhaut bestehen aus →Zapfen und Stäbchen. Stäbchen reagieren nur auf bläuliches Licht. Aufgrund ihrer Größe und Anzahl sind sie wesentlich lichtempfindlicher als Zapfen und daher gut für das Sehen bei schwachem Licht geeignet. Stäbchen „sehen" keine Farben.

### Stanze
Durch die elektronische Videografie entstand die Möglichkeit, bestimmte Bildteile nachträglich zu separieren. Dieses Stanzen wird heute überwiegend digital vollzogen. Es gibt zahllose verschiedene Stanzen (meist Keyer genannt) wie Farbkeying oder Differenzkeying. Häufig werden sie in Verbindung mit Green- oder Bluescreen verwendet.

### Stereo-3D
Der Begriff wurde in der Zeit nach der Jahrtausendwende geprägt und dient einer begrifflichen Abgrenzung der neuen, hauptsächlich digitalen Stereo-3D-Fotografie und -Filmproduktion von der Stereofonie, sowie von 3D-Computergrafiken. Damit entspricht Stereo-3D dem eher wissenschaftlich klingenden Begriff →Stereoskopie.

### Stereo-3D-Rig
Der Begriff Stereo-3D-Rig bezeichnet spezielle Gestelle, die der Aufnahme mit zwei Kameras in Stereo-3D-Konfiguration dienen. In der Hauptsache werden Side-by-Side-Rigs (auch Parallel-Rig genannt) und Spiegel-Rigs (auch Mirror-Rig genannt) unterschieden. Darüber hinaus gibt es weitere, seltenere Bauformen.

### Stereozone
Der kleine Bereich vor einem autostereoskopischen →Bildschirm, in dem die beiden →Teilbilder optimal auf die beiden Augen des Betrachters gelenkt werden, ist die Stereozone (Sweet Spot). Schon geringe Kopfbewegungen nach außen können zu einem Wegbrechen des 3D-Bildes führen.

### Stereobasis
Die Stereobasis ist der Abstand zwischen den beiden optischen Achsen einer Stereo-3D-Anordnung. Die Normalbasis orientiert sich mit durchschnittlich 6,3 cm an den menschlichen →Augen. Stärkere Abweichungen davon können zu Effekten wie dem →Gigantismus (Kleinbasis) oder dem →Modelleffekt (Großbasis) führen.

### Stereobetrachter
Der Stereobetrachter ist ein Gerät zur Betrachtung stereoskopischer Bilder für Einzelpersonen. Er wurde als Tisch- oder Handgerät entwickelt und im 19. Jahrhundert millionenfach verkauft.

### Stereobild
Ein Stereobild besteht aus zwei →Teilbildern, die bei der Betrachtung zu einem virtuellen →Zyklopenbild verschmolzen werden.

### Stereoblick
Nebeneinander dargestellte →Teilbilder können mit dem Stereoblick freiäugig zu einem →Stereo-3D-Bild fusioniert werden. Beim Parallelblick liegen die Teilbilder seitenrichtig und beim Kreuzblick sind sie vertauscht. Der Stereoblick führt zu →AKD und kann anstrengend sein. Er erfordert etwas Übung und gelingt nicht jedem.

### Stereofaktor
Die Art der Wiedergabe der Originaltiefe in die Tiefe des Bildes wird durch den Stereofaktor (Tiefenfaktor) beschrieben. Dabei kann es zur Kompression oder Expansion der Tiefe kommen. Entspricht das Original der Abbildung, ist der Wert Null. Der Stereofaktor ist allerdings nur bei linearer Verformung der Tiefe von Bedeutung. Dieser Fall ist in der Praxis kaum zu finden (→Tiefenverzerrung).

### Stereofenster
Liegen die Rahmen der beiden ausgerichteten →Teilbilder in der Wiedergabe deckungsgleich, kann an dieser Stelle der Eindruck eines imaginären Fensters entstehen, durch das der Betrachter in die Tiefe schaut. Die Stereofensterebene entspricht aufgrund ihrer Trennung in ein „Davor" und ein „Dahinter" meist der →Nullebene. Stereofenster und Nullebene können jedoch auch entkoppelt werden (→Schwebefenster).

### Stereofensterverletzung
→Rahmenverletzung

### Stereograf
Der Fachmann für →Stereo-3D wird Stereograf, 3D-Supervisor oder Stereographer genannt. Meist wird die Bezeichnung im Zusammenhang mit Video- oder Filmproduktionen verwendet. Ein etwas älterer, zumeist im fotografischen Bereich verwendeter Ausdruck ist Stereoskopiker.

### Stereogrenze
Die stereoskopische Sehgrenze ist geometrisch und physiologisch bedingt und liegt rechnerisch bei über 1000 Metern. Das heißt, dass selbst in dieser Entfernung noch ein „Davor" und „Dahinter" stereoskopisch erfassbar ist, allerdings nur extrem grob. Im Alltag nimmt die Bedeutung des Stereosehens schon nach einigen Metern rapide ab.

### Stereomikroskop
Verfügt ein Mikroskop über zwei getrennte Objektive, handelt es sich um ein echtes Stereomikroskop. Die Anzahl der Okulare allein gibt hingegen darüber noch keinen Aufschluss.

### Stereoneuron
Im visuellen →Kortex gibt es spezielle Stereoneurone mit rezeptiven Feldern in beiden →Augen. Sie sind für die stereoskopische Bildauswertung von großer Bedeutung.

### Stereopsis
Die Entfernung und Tiefe von Objekten wird immer relativ zum jeweiligen →Horopter ermittelt. Dabei wird durch die Stereopsis die →Disparität von Punkten analysiert und in Relation zum Horopter gestellt. Über die Stereopsis können aber keine Abstände vom Betrachter zu den Objekten erkannt werden. Dafür nutzt die Wahrnehmung vorrangig monokulare →Tiefenhinweise. Die Stereopsis ermöglicht ein Erkennen von „Davor" und „Dahinter", nicht aber das Verschmelzen der Teilbilder (→Fusion).

### Stereosehen
→Wahrnehmung, binokulare

### Stereosehschärfe
→Tiefensehschärfe

### Stereoskopie
Das Wort ist eine Ableitung vom griechischen „stereos", was soviel bedeutet wie „fest" oder „körperlich". Die Stereoskopie beschäftigt sich mit der körperlichen, räumlichen Aufnahme und Wiedergabe von Bildern mittels zweier →Teilbildern, welche die →Perspektiven des linken und rechten →Auges repräsentieren.

### Stereoskopie, aktive
Stereoskopische Wiedergabeverfahren, die elektronische Bauteile in den 3D-Brillen enthalten

### Stereoskopie, passive
Stereoskopische Wiedergabeverfahren, die keinerlei elektronische Bauteile in den 3D-Brillen enthalten, bei denen die Brillen also rein passiv arbeiten

### Stereoskopiker
veraltete Bezeichnung für →Stereograf

### Stereoskopischer Glanz
→Glanz, stereoskopischer

### Storyboard, stereoskopisches
→3D-Storyboard

### Strabismus
→Schielen

### Sukzessivverfahren
Das Sukzessivverfahren beschreibt die nacheinander aus zwei →Perspektiven erzeugte Aufnahme von Stereo-3D-Material, das aus der Stereofotografie als Verschiebetechnik bekannt ist. Verfahren, bei denen die Kamera in der Art des →Pulfrich-Verfahrens horizontal bewegt wird oder wie bei Zugfahrten einen bewegten Objektraum filmt, können auch als Sukzessivverfahren bezeichnet werden, da das gleiche Bild zeitversetzt zwei verschiedenen Perspektiven entspricht.

### Summation, binokulare
Das →Sehzentrum fasst einander entsprechende (homologe) Punkte der beiden →Teilbilder zusammen, um durch die Fusion zu einem zyklopischen Bild zu gelangen. Dabei wird eine Art Mittelwertbildung durchgeführt. Die Verschmelzung der Punkte betrifft sowohl deren Farbe und Helligkeit als auch Lage und damit die →Disparitäten. Summation funktioniert nur innerhalb bestimmter Grenzwerte, wobei der Bildeindruck nicht bewusst gestört wird.

### Summation, probabilistische
Mit zwei Augen entsteht eine höhere Reizenergie als mit nur einem Auge. Dieser Aspekt der binokularen →Summation heißt probabilistische Summation.

### Summation, neuronale
Die Signale der einzelnen Netzhautpunkte sind auf die →Stereoneurone im →Sehzentrum geschaltet. Eine Stereozelle hat sowohl Verbindungen zu →Ganglienzellen im linken als auch im rechten →Auge. Nur durch eine gleichzeitige Reizung der entsprechenden Punkte kann sie aktiviert werden. Die Signale werden dabei zu einem Reiz summiert.

### Summierung
→Summation, binokulare

## SXRD
Das von Sony entwickelte Silicon Crystal Reflective Display ist bezüglich des Funktionsprinzips mit →LCoS und D-ILA identisch. SXRD verfügt über besonders kleine Pixelabstände und kann somit hohe Auflösungen besser erzielen.

## Teilbildausrichtung
Die horizontale Verschiebung der beiden Teilbilder zueinander legt fest, wo sich die →Nullebene befindet und damit auch, was später vor und hinter der →Wiedergabeebene empfunden wird.

Im englischen Sprachgebrauch verwischt der Unterschied zwischen →Konvergenz und der Teilbildausrichtung leicht, da in beiden Fällen oft einfach nur von convergence gesprochen wird. Wenngleich auch bei der Teilbildausrichtung eine Konvergenz stattfindet, unterscheidet sich diese im Ergebnis grundlegend von konvergenten Kameras.

## Teilbilder, stereoskopische
Die Bilder der linken und rechten Kamera, die vom Betrachter durch die Stereopsis fusioniert werden und somit ein sogenanntes interpoliertes „zyklopisches Bild" ergeben, welches mittig zwischen den Teilbildern liegt, heißen stereoskopische Teilbilder.

## Telepräsenz
Mit Telepräsenz wird das Gefühl beschrieben, real in der dargestellten Situation zu sein und Übertragungs- und Wiedergabevorrichtungen nicht mehr bewusst wahrzunehmen. Schon lange wird versucht, die Telepräsenz mithilfe der räumlichen Tiefe zu verstärken (→3DTV). Als Voraussetzung gilt eine hohe Auflösung (→HDTV).

## Testbild
In erster Linie werden Testbilder zu Kalibrationszwecken eingesetzt. Geräte wie MAZen oder Kameras können Testbilder ausgeben, um nachfolgende Geräte darauf abzustimmen oder mit Messinstrumenten selbst abgestimmt zu werden. Meist geht es dabei um farbliche, geometrische oder um Schärfekorrekturen.

## Testtafel
Die Testtafel dient zur Ausrichtung und Justierung von Kameras. Es gibt verschiedene, auch kombinierte Testtafeln für die Farb-, Kontrast- und Helligkeitskalibrierung, für das Auflösungsverhalten der Objektiv-Kamera-Einheit, für die Einstellung der Flanschbrennweite (auch Auflagemaß oder Backfocus genannt) und selten auch für stereoskopische Parameter, wie die Basisweite, geometrische Anpassung sowie zur Überprüfung des Konvergenzwinkels.

## Texturgradient
Objekte und Strukturen mit sich wiederholenden Elementen, die gleich weit voneinander entfernt und gleich groß sind, scheinen mit steigender Entfernung näher zusammenzurücken. Durch diesen →Tiefenhinweis wird der Raumeindruck verstärkt.

## TFT – Thin Film Transistor
→Flüssigkristalldisplay

## Tiefe, gedehnte
Auf ihre Größe bezogen werden die aufgenommenen Objekte in der Wiedergabe mit größerer Tiefenausdehnung dargestellt. Dies geschieht in der Regel nicht linear (→Tiefenverzerrung). Ist eine Tiefendehnung zu stark,

kommt es bei den Betrachtern des Stereo-3D-Bildes möglicherweise zu →Visueller Überforderung.

**Tiefe, gestauchte**
Auf ihre Größe bezogen werden die aufgenommenen Objekte in der Wiedergabe mit geringerer Tiefenausdehnung dargestellt. Tiefenstauchungen sind meist nicht linear (→Tiefenverzerrung), werden aber selten als unangenehm empfunden, sodass es nicht zu →Visueller Überforderung kommt.

**Tiefe, nichtlineare**
→Tiefenverzerrung

**Tiefenanschlüsse**
Ähnlich wie bei der Continuity auf inhaltliche oder bildliche Anschlussfehler geachtet wird, geht es bei Tiefenanschlüssen (depth continuity) um die Lage und →Tiefenausdehnung von Objekten in aufeinander folgenden Bildern sowie um den →Tiefenumfang der jeweiligen Bilder. Wird den Tiefenanschlüssen keine Beachtung geschenkt, kann es leicht zu →Tiefensprüngen kommen.

**Tiefenausdehnung**
Die Tiefenausdehnung ist die Differenz von →Fern- und →Nahpunkt. Der Begriff kann in vielen Zusammenhängen gebraucht werden und ist daher immer mit einem Zusatz versehen, also die Tiefenausdehnung eines Objekts (→Plastizität) oder die Tiefenausdehnung eines ganzen Bildes (→Tiefenumfang).

**Tiefenbildformat**
Bei Tiefenbildformaten wird neben dem 2D-Hauptbild eine Tiefenkarte übertragen. Das Verfahren zählt damit zu den →Differenzbildern. In der Postproduktion finden Tiefenbildformate schon lange ihre praktische Anwendung. Viele VFX-Programme erzeugen intern eine Tiefenkarte, um computergenerierte und real gefilmte Sequenzen gemeinsam zu verarbeiten. Tiefenbildformate lassen sich auch direkt mit entsprechenden Kameras erzeugen (→DIBR).

**Tiefenblende**
→Tiefenschnitt, dynamischer

**Tiefenkarte**
→Tiefenbildformat

**Tiefendramaturgie**
Filme, die in 2D realisiert und im Nachhinein lediglich einer →2D-3D-Konvertierung unterzogen wurden, haben keine spezielle Tiefendramaturgie. Bei Filmen, die von vornherein für Stereo-3D konzipiert werden, entwickelt der →Stereograf eine Dramaturgie, die den Tiefenumfang der Bilder in einen Zusammenhang mit der Geschichte bringt. Die Tiefendramaturgie kann in einer Tiefenverlaufstabelle grafisch dargestellt werden. Alle Gewerke, vom Regisseur über den Kameramann bis hin zum Schnittmeister sollten die Tiefendramaturgie kennen und beachten.

**Tiefenebenenkrümmung**
Durch konvergente Kameraausrichtung und damit durch gegensätzliche trapezförmige Verzerrung erzeugte Fehldisparitäten vergrößern sich zu den Bildecken hin. In ihrer Gesamtheit führen sie zu einer Krümmung der einzelnen Tiefenebenen.

**Tiefenhinweis**
Die menschliche →Wahrnehmung hat verschiedene Möglichkeiten, Tiefe zu erkennen. Bei den →binokularen Tiefenhinweisen gibt es die binokulare →Disparität, die →Okulomotorik und die binokulare →Verdeckung. Bei →monokularen Tiefenhinweisen lassen sich →Bewegungsfaktoren und →Bildindikatoren unterscheiden. Im visuellen →Kortex werden Tiefenhinweise je nach Situation und Verfassung unterschiedlich stark gewichtet.

**Tiefenfaktor**
→Stereofaktor

**Tiefenkriterium**
→Tiefenhinweis

**Tiefenkrümmung**
→Tiefenebenenkrümmung

**Tiefenschnitt, dynamischer**
Die →Tiefenpositionen zweier Bilder werden durch die →Teilbildausrichtung einander angeglichen, damit beim Schnitt kein →Tiefensprung entsteht. Diese Angleichung ist nur am Schnittpunkt effektiv, vorher und nachher laufen die Bilder dynamisch in ihre eigentliche Ausrichtung. Die Tiefenüberblendung dient der kontrollierten Blickführung des Betrachters und der sanften →Konvergenzänderung seiner Augen.

**Tiefenübertreibung**
→Tiefe, gedehnte

**Tiefenuntertreibung**
→Tiefe, gestauchte

**Tiefenposition**
Die Tiefenposition beschreibt die Lage des →Tiefenumfangs innerhalb der darstellbaren Tiefe. Wenn in einem Bild mit einem bestimmten Tiefenumfang der Fernpunkt nach vorne verlagert wird (→Teilbildausrichtung), kann auch der →Nahpunkt näher liegen, ohne dass der →Tiefenspielraum überschritten wird. Der darstellbare Raum, in dem sich der Tiefenumfang bewegen darf, richtet sich nach der Wiedergabemethode.

**Tiefensehschärfe**
Anders als die →Sehschärfe basiert die Tiefensehschärfe nicht auf dem Mindestabstand zweier →Zapfen sondern auf der Verschaltung rezeptiver Felder im →Sehzentrum. Damit kann die Tiefensehschärfe wesentlich höher auflösen. Zur Peripherie hin nimmt sie aber genau wie die Sehschärfe rapide ab. Bei Idealbedingungen erreicht sie in der →Fovea 5 bis 10 Winkelsekunden. Sie entspricht der sogenannten →Übersehschärfe.

**Tiefenskalierung**
Durch Nutzung der →Tiefenkarte können überzogene Disparitäten in unterschiedlichem Verhältnis verschoben werden. Der →Tiefenumfang eines Bildes lässt sich so in geringem Maße verändern.

**Tiefenspielraum**
Der Tiefenspielraum ist die mögliche →Tiefenausdehnung eines Bildes innerhalb der Fusionsgrenzen. Bei der Aufnahme hängt er von den Kameraparametern und bei der Wiedergabe von den Projektionsparametern ab.

### Tiefensprung
Wird zwischen Bildern sehr unterschiedlicher →Tiefenausdehnung oder →Tiefenposition geschnitten, kann es zu einem Tiefensprung kommen. Der Zuschauer wird dann gezwungen, blitzschnell die Augenkonvergenz zu verändern. Zu →Visueller Überforderung kommt es dabei vor allem bei Tiefensprüngen aus der Ferne in die Nähe.

### Tiefenumfang
Der Tiefenumfang ist die gesamte →Tiefenausdehnung eines Motivs. Er ergibt sich aus der Differenz von →Fern- und →Nahpunkt. Der Tiefenumfang sollte innerhalb des →Tiefenspielraums liegen. Seine Lage innerhalb der darstellbaren Tiefe ist die →Tiefenposition. Von dieser ausgehend erstreckt sich der Tiefenumfang nach vorne und hinten.

### Tiefenverlagerung
Die Lage der →Nullebene und die davon ausgehende Tiefe wird in der →Teilbildausrichtung festgelegt. Damit kann die Tiefe ähnlich wie die Schärfe bei einer Schärfenverlagerung bewusst verschoben werden. Die Tiefenverlagerung ist ein wichtiger Bestandteil des dynamischen →Tiefenschnitts.

### Tiefenverlaufstabelle
Auf einer Zeitleiste wird die Stärke der Tiefe, also der →Tiefenumfang der jeweiligen Szene dargestellt. So wird ein Verlauf der Tiefe eines Films erkennbar, der die →Tiefendramaturgie widerspiegelt.

### Tiefenverzerrung
Die Originaltiefe der Realität wird in fast allen Fällen nicht linear abgebildet. In der Praxis fällt das aber kaum auf. Für eine lineare Reproduktion ist eine Versuchsumgebung mit absoluter Kontrolle über die zahlreichen Stereo-3D-Parameter nötig. Der →Stereofaktor gibt dann die Skalierung der Tiefe an.

### Thalamus
Der Thalamus (Sehhügel) ist das Tor zum Bewusstsein. Alle sensorischen Informationen des Körpers laufen über den Thalamus in die entsprechenden Areale des Hirns. Der für das Sehen zuständige Teil befindet sich auf der Oberseite des Thalamus und heißt seitlicher →Kniehöcker.

### Totalhoropter
→Horopter

### Trapezverzerrung
Wird ein Motiv durch eine Optik abgebildet, die nicht parallel zur Motivebene steht, ergeben sich geometrische Verzerrungen. Rechtecke werden zu Trapezen, Kreise werden eiförmig. Durch →Konvergenz einer Stereo-3D-Kamera laufen diese Verzerrungen auf jeder Seite in die entgegengesetzte Richtung, was zu Bildstörungen führt. Die Kameras sollten deshalb möglichst parallel stehen. Auch bei der Wiedergabe ist es wichtig, Trapezverzerrungen zu vermeiden. Möglichkeiten zum Ausgleich sind spezielle Shiftobjektive, eine Korrektur mit optischer Bank (Hama Shift, Novoflex ProShift) oder eine digitale Bildentzerrung.

### Tremor
→Mikrobewegungen

### Triple flash
→Multiflash

## Unschärfe
Wenn einzelne Bildpunkte weniger gut voneinander abgegrenzt werden können, entsteht Unschärfe. Ihre Ursachen liegt oft schon in der Aufnahme. Eine andere Art von Unschärfe kann durch die Kodierung oder Übertragung entstehen, beispielsweise bei einer Skalierung, Komprimierung oder Transkodierung. Für Stereo-3D ist Unschärfe ähnlich problematisch wie bei 2D.

## Übersehschärfe
Die reale maximale Sehschärfe ist besser, als sie physiologisch sein dürfte. Diese Übersehschärfe wird auch Noniussehschärfe genannt. Der Name wurde vom Nonius abgeleitet, einem Messschieber, mit dessen Hilfe sich Maße genauer ermitteln lassen, als die eigentliche Skala des Messschiebers anzeigt. Im außerdeutschen Sprachgebrauch hat sich der Begriff Vernier-Sehschärfe etabliert.

## Übersprechen
Bei nahezu allen Stereo-3D-Wiedergabeverfahren können Bildanteile ins jeweils andere →Teilbild mit hineinwirken. Dadurch verringert sich die Bildqualität und die Anstrengung für die Augen steigt. Es entstehen mehr oder weniger starke →Geisterbilder, in diesem Fall auch Übersprechungsartefakte genannt.

## Verdeckung
Gegenstände, die hintereinander liegen, verdecken oder überlappen sich und geben damit →Tiefenhinweise.

## Verdeckung, binokulare
Gegenstände verdecken Dinge, die hinter ihnen liegen. Da jedes Auge eine leicht versetzte →Perspektive hat, fällt auch die Verdeckung links und rechts unterschiedlich aus. Je näher ein Objekt gelegen ist, desto besser kann der Betrachter mit zwei Augen „dahinter" sehen. Sind die Verdeckungen jedoch zu stark, wird es problematisch, die Bilder störungsfrei zu betrachten. Verdeckungen sind bei →VFX und vor allem bei →2D-3D-Konvertierungen ein zentrales Thema.

## Verdeckungsbewegung
Bei Bewegungen der Objekte oder des Betrachters ändert sich die →Verdeckung zu jedem Zeitpunkt. Das →Sehzentrum verfügt damit über einen dynamischen →Tiefenhinweis. Gemeinsam mit der →Bewegungsparallaxe zählt die Verdeckungsbewegung zu den monokularen Bewegungsindikatoren.

## Vergenz
Die Vergenz bezeichnet den Grad der optischen Achsen beider Kameras (oder Augen) zueinander. In einer divergenten Stellung sind sie V-förmig nach außen verschwenkt, eine konvergente Stellung zeigt nach innen. Entsprechend wird die Bewegung der Augen nach außen in Richtung der Schläfen Divergenz genannt, die aber nur wenige Menschen beherrschen und die Bewegung der Augen nach innen in Richtung der Nase heißt Konvergenz.

## Vernier-Sehschärfe
→Übersehschärfe

## Version
Die Blickbewegung beider Augen in die gleiche Richtung heißt Version. Dagegen gibt es auch die →Vergenz.

### Verzeichnung
Die Verzeichnung ist ein optischer →Abbildungsfehler, der auf den jeweiligen Objektiveigenschaften beruht. Hat das Objektiv eine Vorder- oder Hinterblende, entstehen kissenförmige oder tonnenförmige Verzeichnungen.

### Verzerrung, trapezförmige
→Trapezverzerrung

### Vieth-Müller-Kreis
Der Vieth-Müller-Kreis ist der theoretische, mathematische →Horopter. Der Kreis oder besser die Kugel geht durch den Fixationspunkt und die Linsen der Augen. Der empirische Horopter ist wesentlich flacher.

### Videobrille
→HMD

### Vignettierung
Linsen und Objektive sind in ihrer optischen Mitte optimal. Der Helligkeitsverlust zu den Bildrändern ist die Vignettierung →Abbildungsfehler. Es gibt aber auch künstliche Vignetten, die durch nahe Gegenstände am Bildrand entstehen.

### Visuelle Überforderung
Kopfschmerzen, Augenschmerzen und andere Überanstrengungen des Sehsinns durch Stereo-3D werden als Visuelle Überforderung zusammengefasst. Verantwortlich dafür sind vor allem Abweichungen wie geometrische Fehler (Höhenfehler, Seitenfehler, →Verzeichnungen), →AKD und alle anderen unnatürlichen Differenzen zwischen den beiden →Teilbildern.

### Visual Fatigue
→Visuelle Überforderung

### Visus
Die Sehschärfe an der Stelle des schärfsten Sehens (→Sehgrube) wird Visus genannt. Dabei handelt es sich um den Kehrwert des in Winkelminuten gemessenen Auflösungsvermögens.

### VFX – Visual Effects
Beeinflussungen des Bildinhalts mittels Soft- und Hardware heißen VFX. Durch VFX eröffnen sich sehr viele Möglichkeiten der nachträglichen Korrektur oder Änderung von Bildern, insbesondere für Stereo-3D.

### Vorführer
→Filmvorführer

### VR-Helm
→HMD

### Wahrnehmung, binokulare
Binokularsehen ist die Nutzung der beiden Augen für die Wahrnehmung des Geschehens aus zwei leicht unterschiedlichen →Perspektiven. Bestimmte Bildanteile werden dabei je nach Entfernung und →Fixationsebene leicht versetzt wahrgenommen, was in den Grenzen des →Panumareals zur stereoskopischen Tiefenerkennung (→Stereopsis) führt. Dabei kommt es in der Regel zur →Fusion, der Verschmelzung der beiden Perspektiven.

### Wahrnehmung, menschliche
Die Mechanismen zur Verarbeitung von Informationen im Gehirn sind ein weites und noch in großen Teilen unerforschtes Gebiet. Derzeit beschäftigt sich weltweit eine ganze Reihe

von Wissenschaftlern mit dem Thema, das auch für die Stereoskopie eine wichtige Rolle spielt. Je mehr darüber bekannt ist, wie das Gehirn Informationen aufnimmt und verarbeitet, desto besser lassen sich (stereoskopische) Bildaufnahmegeräte, Übertragungsmethoden und Wiedergabegeräte entwickeln, die optimal an den Mensch angepasst sind.

### Wavelet
Die diskrete Wavelet-Transformation (DWT) wird zur Kompression von Bilddaten genutzt. Im Gegensatz zur →DCT werden aber keine Blöcke erzeugt. Stattdessen wird das gesamte Bild in eine spektrale Frequenzdarstellung gewandelt. Auch hier handelt es sich grundsätzlich nur um eine alternative Schreibweise, die eigentliche Komprimierung erfolgt durch die anschließende Quantisierung der Koeffizienten. Etliche heute gängige Codecs nutzen die DWT zur Datenreduktion.

### Wellenlängenmultiplex
Bei dieser Art des stereoskopischen →Multiplex werden die Kanäle auf verschiedene Wellenlängen verteilt. Eine populäre Anwendung ist die →Interferenzfiltertechnik, auch bekannt durch →Dolby 3D. Streng genommen zählen auch →Anaglyphen dazu, da Farben Wellenlängen des Lichts sind.

### Wettstreit, binokularer
→Rivalität, binokulare

### Wiedergabeverfahren, stereoskopisches
Es gibt zahlreiche Verfahren, um beide →Teilbilder getrennt zum jeweiligen →Auge zu leiten, sowohl mit Brille als auch ohne. Bekannte Projektionsverfahren sind →RealD, →XpanD, →Master Image und →Dolby 3D.

Bei den Displays werden vor allem Zirkularpolfilter, Shutterverfahren und manchmal auch Autostereodisplays eingesetzt.

### Wiedergabeebene
Die →Nullebene, bei der die Disparitäten in der Wiedergabe den Wert Null haben, wird auch Projektionsebene, Bildschirmebene oder Scheinfensterebene genannt. Der dargestellte Raum kann sich vor und hinter der Wiedergabeebene erstrecken.

### Winkelmaß
In diesem Buch werden Gradmaße verwendet, um Winkel (vor allem Sehwinkel) anzugeben. Ein Vollwinkel beträgt 360°. Ein Grad teilt sich in 60 Winkelminuten (60') und eine Winkelminute in 60 Winkelsekunden (60"') auf. Eine Winkelsekunde ist somit der 3600. Teil eines Grades.

### Winkelminute, Winkelsekunde
→Winkelmaß

### Wheatstone, Charles
Der englische Physiker und Vater der Stereoskopie erkannte 1832 das Prinzip der parallaktischen Verschmelzung, also der Entstehung eines →Zyklopenbildes im Kopf aufgrund der →Disparität zwischen zwei →Teilbildern. Er konstruierte das von ihm so benannte →Stereoskop zur Betrachtung stereoskopischer Zeichnungen.

### White-Out-Effekt
In Situationen wie bei schneebedeckter Landschaft mit zeichnungslosem Himmel kann es aufgrund der fehlenden →Tiefenhinweise zu Orientierungsschwierigkeiten kommen, denn alles ist nur noch weiß.

### XpanD
Bei XpanD handelt es sich um ein stereoskopisches →Wiedergabeverfahren mit →Zeitmultiplex. Es werden also Shutterbrillen eingesetzt, eine Silberleinwand ist anders als bei →RealD und →Master Image nicht notwendig.

### Zapfen
Die →Rezeptoren der →Netzhaut bestehen aus →Stäbchen und Zapfen. Es gibt drei Arten von Zapfen. Sie reagieren auf die additiven Grundfarben Rot, Grün und Blau. Zapfen sind sehr schmal und erzielen dadurch eine hohe Bildauflösung. Sie kommen vor allem in der →Sehgrube vor.

### ZScreen
Der Projektionsvorsatz ZScreen ist das Herz des →RealD-Systems. Er wechselt bis zu 144-mal pro Sekunde die zirkulare Polarisationsrichtung, synchronisiert auf die beiden →Teilbilder.

### Zeilensprungverfahren
In der Anfangszeit des Fernsehens musste eine hohe Bildwiederholrate mit kleiner Bandbreite übertragen werden. Dazu wurde jedes Bild in zwei →Halbbilder geteilt, wovon eines die geraden und das andere die ungeraden Zeilen enthielt. Das Verfahren ist jedoch nicht mehr zeitgemäß und wird langfristig von progressiven Vollbildern verdrängt.

### Zeitsequenzwiedergabe
→Zeitmultiplex

### Zeitmultiplex
Bei diesem →Multiplex werden beide →Teilbilder zeitlich nacheinander dargestellt. Um ein Flimmern zu vermeiden, ist eine besonders hohe Frequenz nötig. Für Bilder ohne schnelle Bewegungen werden 120 Hertz allgemein als ausreichend angesehen. Entsprechend synchronisierte Shutterbillen sorgen dafür, dass jedes →Auge nur das ihm zugedachte Bild sieht.

### Zentralperspektive
→Linearperspektive

### Ziliarmuskeln
Die Augenlinse ist über die Zonulafasern am Ziliarmuskel aufgehängt. Ist dieser entspannt, ziehen die straffen Fasern die Linse auseinander, sodass sie flach wird und ihre Brechkraft verringert. Spannt sich der Ziliarmuskel an, erschlaffen die Fasern. Die Linse kann in ihre natürliche dicke Form wechseln und das Licht stärker brechen. Dieser Mechanismus heißt →Akkommodation.

### Zonulafasern
→Ziliarmuskeln

### Zweischalenfehler
→Astigmatismus

### Zyklopenbild
Der ursprünglich von Helmholtz geprägte Begriff beschreibt das Gesamtbild, das durch die Fusion der Teilbilder entsteht. Dieses Gesamtbild kann einem imaginären Auge zugeordnet werden, das sich etwa dort befindet, wo der mythologische Zyklop sein einziges Auge hatte.

## Übersetzungen

Aberration, chromatische – *chromatic aberration*
Aberration, sphärische – *spherical aberration*
Abbildungsfehler – *aberration*
Adaption – *adaption*
Anaglyphen – *anaglyphs*
Anordnung, konvergente – *converged configuration, toed-in configuration*
Anordnung, parallele – *parallel configuration*
Astigmatismus – *astigmatism*
Aufdeckung – *de-occlusion*
Auflösungsvermögen – *spatial resolution*
Augapfel – *eyeball*
Augenhöhle – *orbit*
Augenschmerzen – *eye strain*
Ausrichtung, parallele – *parallel alignment*
Ausrichtung, konvergente – *convergent alignment, toed-in alignment*
Autostereogramm – *autostereogram, single image stereogram*
Autostereogerät – *autostereoscopic device*
Betrachtungsverhältnis – *screen size to distance ratio*
Bewegungsindikatoren, monokulare – *dynamic depth cues*
Bewegungsparallaxe – *motion parallax*
Bildfeldwölbung – *field curvature*
Bildindikatoren, monokulare – *pictorial depth cues*
Bildröhre – *cathode ray tube*
Bildschirm, autostereoskopischer – *autostereoscopic display*
Bildüberhang – *floating edges*
Bildwand, gewölbte – *curved screen*
Bildwiederholrate – *frame rate*
Blendenflecke – *lens flare*
Binokularsehen – *binocular vision*
Blockstrukturen – *blockiness*
Bogenminute, Bogensekunde – *arcminute, arcsecond*
Diplopie – *diplopia*
Disparität – *disparity, deviation*
Dominanzkolumne – *dominance column*
Doppelsehen – *double vision*
EB (Elektronische Berichterstattung) – *EFP (Electronic Field Production), ENG (Electronic News Gathering)*
Echt-Anaglyphen – *true anaglyph*
Einfachsehen, binokulares – *singleness of vision, binocular single vision*
Einzelprojektion – *single projection*
Farbanaglyphen – *color anaglyph*
Farblängsfehler – *lateral chromatic aberration*
Farbmultiplex – *color multiplexed*
Farbperspektive – *color perspective*
Fernpunkt – *far point*
Figur-Grund-Beziehung – *figure-ground*
Festspeicher – *solid state memory*
Filmvorführer – *projectionist*
Fixation – *fixation*
Fließen, optisches – *optical flow*
Flimmerverschmelzungsfrequenz – *critical fusion frequency*
Funkschärfe – *wireless follow focus*
Fusion – *binocular fusion*
Ganglienzelle – *ganglion cell*
Geisterbilder – *image ghosting*
Gelber Fleck – *macula*
Gesichtsfeld – *field of view*
Gewohnte Größe – *familiar size*
Gigantismus – *giantism, hypostereo*
Gleitbewegungen – *drift*
Grauanaglyphen – *grey anaglyph*
Halbbild – *field*
haploskopisch – *dichoptic*
Hirnrinde – *cortex*
Interokulare Distanz – *interocular distance*
Kinoserver – *cinema server*
Kniehöcker, seitlicher – *lateral geniculate nucleus*

**Koma** – *coma*
**Konvergenzassistent** – *convergence puller*
**Konvergenzwinkel** – *convergence angle*
**Korrelogramm** – *correlogram*
**Knotenpunkt** – *nodal point*
**Kulisseneffekt** – *cardboard effect*
**Liliputismus** – *hyperstereo*
**Linearperspektive** – *linear perspective*
**Linsenraster** – *lenticular screen*
**Linsenverstellung** – *Lens Shift, Offset*
**Luftperspektive** – *aerial perspective*
**Magischer Blick** – *magic eye*
**Mikrobewegungen** – *small unvoluntary eye movements*
**Mikrosakkaden** – *microsaccades*
**Modelleffekt** – *puppet theatre effect, hyperstereo, dwarfism, liliputism*
**Multibasis** – *multi-rigging*
**Multiplex** – *multiplexing*
**Netzhaut** – *retina*
**Nichtlinearität** – *non linearity*
**Noniussehschärfe** – *nonius vision*
**Nullebene** – *zero-disparity point*
**Nystagmus** – *nystagmus*
**Okulomotorik** – *oculomotor*
**orthostereoskopisch** – *orthostereoscopic*
**Ortsfrequenz** – *spatial frequency*
**Ortsmultiplex** – *location multiplexed*
**Panumareal** – *Panums fusional area, Panum's space*
**Parallaxe** – *parallax*
**Perspektive, atmosphärische** – *atmospheric perspective*
**Projektionsverhältnis** – *throw ratio*
**pseudoskopisch** – *pseudoscopic, inverse stereoscopic image*
**pseudostereoskopisch** – *pseudostereoscopic image*
**Punkte, homologe** – *homologues*

**Punkte, korrespondierende** – *corresponding points*
**Puppenstubeneffekt** – *puppet theatre effect*
**Rahmenverletzung** – *edge violation*
**Raumtiefe** – *stereo space*
**Rauschmusterstereogramm** – *random dot stereogram*
**Realität, erweiterte** – *augmented reality*
**Relative Größe** – *relative size*
**Rivalität, binokulare** – *binocular rivalry*
**Rivalität, retinale** – *retinal rivalry*
**Rotoskopie** – *rotoscoping*
**Rückprojektion** – *rear projection*
**Sakkaden** – *saccades*
**Schärfenzieheinrichtung** – *follow focus*
**Schatten** – *shadowing, shading*
**Scheinfensterverletzung** – *stereo window violation*
**Scherungsartefakt** – *shear distortion*
**Schielen** – *strabismus, squint*
**Schlagschatten** – *drop shadow*
**Sehgrube** – *fovea*
**Sehhügel** – *thalamus*
**Sehnervenkreuzung** – *chiasma opticum*
**Sehschärfe** – *visual acuity*
**Shiftobjektiv** – *Shift Lens*
**Shiftsensor** – *Sensor Offset*
**Spiegel-Rig** – *mirror-rig*
**Stäbchen** – *rods*
**Stanze** – *key*
**Stereozone** – *sweet spot*
**Stereobasis** – *interocular, baseline, stereo base, binocular parallax, interaxial distance, inter-lens separation (ILS)*
**Stereobetrachter** – *stereo viewer*
**Stereobild** – *stereoscopic image*
**Stereoblick** – *stereo view*
**Stereofenster** – *stereo window*
**Stereofensterverletzung** – *stereo window violation*

Stereograf – *stereographer*
Stereopsis, qualitative – *coarse stereopsis, gross stereopsis*
Stereopsis, quantitative – *fine stereopsis*
Stereopsis, globale – *global stereopsis*
Stereopsis, lokale – *local stereopsis*
Stereosehen – *stereo vision*
Stereosehschärfe – *stereo acuity*
Stereoskopie, aktive – *active stereoscopy*
Stereoskopie, passive – *passive stereoscopy*
Stereoskopiker – *stereographer*
Sukzessivverfahren – *time shift*
Teilbildausrichtung – *reconvergence, rectification*
Teilbilder, stereoskopische – *eyes, stereoscopic image pair, left-eye image und right-eye image*
Telepräsenz – *presence, telepresence*
Testbild – *test pattern*
Testtafel – *test chart*
Texturgradient – *texture gradient*
Tiefe, gedehnte – *stretched depth*
Tiefe, gestauchte – *compressed depth*
Tiefenanschlüsse – *depth continuity*
Tiefenausdehnung – *stereo volume*
Tiefenbild – *depth map, ZBuffer*
Tiefendramaturgie – *depth script*
Tiefenkrümmung – *depth plane curvature*
Tiefenhinweis – *depth cue*
Tiefenschnitt, dynamischer – *active depth cut*
Tiefenskalierung – *depth scaling*
Tiefenspielraum – *depth budget*
Tiefensprung – *depth jump cut*
Tiefenumfang – *depth bracket*
Tiefenverlaufstabelle – *depth chart*
Tiefenverzerrung – *nonlinearity of depth, depth nonlinearity*
Trapezverzerrung – *keystone*
Tremor – *tremor*
Übersehschärfe – *hyperacuity*
Übersprechen – *crosstalk*
Verdeckung – *occlusion*

Verdeckungsartefakte interpolieren – *concealment*
Vergenz – *vergence, disjunctive eye movements*
Vernier-Sehschärfe – *vernier acuity*
Version – *conjugate, version eye displacements*
Verzeichnung – *lens distortion, radial distortion, geometrical distortion*
Verzeichnung, kissenförmige – *pin-cushion distortion*
Verzeichnung, tonnenförmige – *barrel distortion*
Verzerrung, trapezförmige – *keystone*
Vignettierung – *vignetting*
Visuelle Überforderung – *visual discomfort, visual strain, eyestrain, visual fatigue*
Wahrnehmung, binokulare – *binocular vision*
Wahrnehmung, menschliche – *human vision, human factors*
Wettstreit, binokularer – *binocular rivalry*
Wiedergabeebene – *screen plane*
Winkelminute – *arcminute*
Winkelsekunde – *arcsecond*
Zeitmultiplex – *time multiplexed*
Zeilensprungverfahren – *interlaced*
Zapfen – *cones*
Zyklopenbild – *cyclopean image*
Zentralperspektive – *linear perspective*

# Index

## A

3D ready 172
3D VFX 245
3DTV 173f, 185, 209, 224, 226, 262, 401, 454, 495, 497, 527
Aberration 37, 119-121, 125f, 128, 303, 495f, 502, 505, 511f, 517, 523, 535
Adaption 13, 495, 535
Akkommodation 6-8, 21, 28f, 31f, 38, 44, 52, 58, 73f, 111, 131, 147, 149, 195, 206, 495, 506, 515, 517, 534
Akkomodations-Konvergenz-Diskrepanz 111, 495f
Ametropie 131, 496, 501
Anaglyphen 69, 134, 146, 150, 153-157, 161, 190, 240, 242, 244, 257, 266, 488, 496, 504, 505, 505, 533, 535
Animation 282, 469-471
Aniseikonie 135f
Artefakt 95
　Blockartefakt 95f
　Übersprechungsartefakt 96f, 108, 148, 531
　Scherungsartefakt 103f, 521, 522, 536
　Unschärfe-Artefakt 93, 227
　Komprimierungsartefakt 226
Astigmatismus 118, 121f, 496, 519, 534f
Asymmetrie 83
Atmosphärische Perspektive 44, 48, 497, 499, 518
Überauflösung 14, 37, 94, 256
Tiefenauflösung 27, 187f
temporale Auflösung 32f, 35, 179, 188, 206, 298, 310, 497, 500
spatiale Auflösung 32, 35, 38, 497, 500
Auflösungsgrenze 21
Augenfolgebewegung 30
Autofokus 29, 36, 315, 319
Auto-Stereo-Kamera 386
Autostereoskopie 103, 162, 165, 185

## B

Balgenkamera 368
Bayerpattern 301, 307f, 498
Betrachtungsabstand 194, 199f, 206, 248f, 258, 335, 351, 370, 378, 498, 514
Betrachtungsverhältnis 195f, 201, 249, 336, 351, 498, 535
Bewegungsparallaxe 45, 51f, 54, 103f, 134, 164, 281, 387, 406, 413f, 440, 453, 473f, 499, 522, 531, 535
Bewegungssehen 39
Bildfeldwölbung 118, 121-123, 184, 499, 535
Bildrauschen 75, 92f, 116, 300f, 306f, 311, 318, 443, 467, 496
Binokulare Verdeckung 45, 53f, 353-355, 364, 500, 529, 531
Binokularsehen 19, 24f, 31, 41, 43, 53, 55, 66, 132f, 191, 501, 503, 508, 532, 535
Blendenflecke, Blendensterne 118, 127f, 432f, 481f, 485, 500, 535
Blob 17f, 501, 505
Blooming 304f
Bokeh 129, 299, 421, 501
Broadcastkamera 245, 294, 297, 311, 317f, 337

## C

Cardboard-Efekt 105, 501, 536
CAVE 184f, 501
CCD 102, 298, 300-302, 304-307, 310, 356, 392, 406
Checkerboard 243f, 329, 347
Chromatische Aberration 37, 125f, 303, 495, 502, 505, 535
CMOS 215, 293, 298, 300-307, 309f, 339, 392, 502
Consumer-Kamera 300f, 309f, 315, 318, 320, 322, 326, 339, 357, 385, 388, 406, 421
CRT 166-168, 176f, 499, 502, 519

538 | Anhang

**D**

DCI-Norm, DCI-Standard 177, 189, 227f, 494, 502, 513
Debayering 307f, 392
De-Mosaiking 502
Depth grading 246f
Differenzbild 211, 241, 347, 503
Diffuse Medien 472
Digitalprojektion 190, 194
Diplopie 135, 500, 503f, 507, 535
Disparität 334f, 338, 347f, 358, 362, 365, 369, 376, 378, 415, 433, 448, 468, 500, 503, 505, 509, 511-513, 516, 519f, 525, 529, 533, 535
    positive Disparität 191f, 334f
    negative Disparität 191f, 334f
    horizontale Disparität 23, 101
    vertikale Disparität 26, 61
    binokulare Disparität 44f, 53f, 110, 500, 529
    gekreuzte Disparität 61, 146
    ungekreuzte Disparität 61, 146
    dynamische Disparität 268
Disparitätsformat 503
Disparitätsreduktion 267
Display (autostereoskopisches -) 97, 103, 162, 173, 175
Divergenz 5, 193, 363, 374, 503, 531
DLP 160, 166f, 169-172, 176-178, 185, 227, 243f, 503f
DLP-Link 160, 503
Dolby 3D 161, 180, 185, 504, 510, 513, 533
Doppelbilder 25, 55, 59, 65f, 72f, 75, 132, 135, 360, 507, 518
Doppelprojektion 176f, 180f, 197, 204, 504, 505
Dualstream 238f, 402
Dunst 400, 472

**E**

EB-Kamera 294
Einfachsehen 25, 55, 58f, 61, 73, 130, 505, 535

Einzel-Display 163
Einzelprojektion 178, 180, 504f, 535
Eis 472, 476f
Expansion 98, 201, 204, 331, 338, 377f, 419, 464, 505, 525
Eye-Tracking 163, 142

**F**

Fachkamera 368
Farbenblindheit 133f, 505
Farbfehler 118, 125f
Farbfehlsichtigkeit 133f, 505
Farbperspektive 49, 499, 505, 535
Farbrivalität 152f, 155
Fehldisparität 100f, 182, 246, 348, 365, 528
Fehlsichtigkeit 131f, 134
Fernaufnahme 388, 439, 440, 471
Fernbereich 31, 111, 465
Fernpunkt 44, 99, 192f, 246, 267, 270, 332, 344, 346, 349, 356, 360, 361f, 372-374, 376, 436, 441f, 447, 456, 463, 466, 471, 476, 478, 489-493, 520, 528f, 535
Fernsehkamera 213, 218, 291, 297
Feuer (Feuerwerk, Flamme) 472, 480, 482-485
Filmprojektion 189-191, 194
Filmstreamkamera 213, 293, 312
Filter 92, 97, 151, 156f, 160, 178, 318, 409, 429, 498, 502
Fixation 12f, 31, 58, 73, 109, 132, 422, 506, 535
Fix-Stereo-Kamera 388
Flimmerfusionsfrequenz 33
Flipping 90, 103, 242-244, 509
Fokus 30, 114, 273f, 318, 388, 405, 422
Format 159, 174, 176, 181f, 187, 212, 214, 219-221, 225f, 232, 235, 237-240, 244, 249, 297, 307, 309, 337f, 368, 381, 389, 400, 489, 507, 515
    objektbasiertes Format 232, 236f
    interlaced Format 239
Fotokamera 238, 299f, 467, 470

Frontprojektion 183, 197, 507, 521
Fusion 24f, 32, 53-61, 66, 68-76, 93, 110, 112-114,
 131, 135-139, 182, 200f, 276, 326, 333, 363,
 389, 429, 467, 478, 500, 505, 507, 523, 525f,
 532, 534f

## G

Genlock 295, 300, 322-324
Gesichtsfeld 6, 27, 39, 61, 150, 187, 201, 501,
 508f, 535
Gesichtsfeldausfall 137
Gigantismus 350, 378, 508, 524, 535
Glanz, stereoskopischer 91, 151, 526
Grauer Star 136f
Grüner Star 137

## H

Head Mounted Display (HMD) 149f, 175, 328,
 502, 509, 532
Head-Tracking 104, 164, 173
Hochgeschwindigkeitskamera 297
Holografie 142, 165, 507, 509
Horopter 24,f, 56-59, 62, 65f, 371, 495, 503, 509,
 518f, 525, 530, 532
 empirischer Horopter 56, 58, 62, 509
Horopterkreis 24, 56

## I

Image Stabilizer 319
Image Flipping 90, 103, 509
IMAX 3D, IMAX HD, IMAX Dome 159f, 181f, 185f,
 190f, 201, 250, 266, 381, 385, 389f, 443, 510
Industriekamera 295
Infitec 146, 161, 180, 505, 510
Infrarotkamera 298
Interferenzfilter 160f, 165, 177, 505
Interlacing 242-244, 311, 321
Interview 460, 471

## J

Justierung 161, 168, 185, 205f, 247, 251, 253.255,
 258, 319, 327-329, 332, 339-341, 343f, 348,
 350, 361, 365, 369, 380-382, 393f, 396, 403,
 412, 424, 506, 527
 geometrische Justierung 253, 328, 340f
 fotometrische Justierung 254

## K

Kadrierung 83, 270, 326, 409, 423-425, 427f, 434
Kameraausrichtung 102, 287, 290, 331f, 341,
 344f, 347, 353, 363f, 380, 395, 451, 468, 528
Keying 234, 260, 262f
Keystone-Korrektur 197, 204f
Kodierung 23, 92-95, 106, 113, 151, 155, 160f,
 207-211, 214, 227, 231f, 320, 505, 507,
 514f, 531
Kodierungsverfahren 209-211, 231
Kolumne 16-19, 509, 511
Koma 118, 120f, 497, 511, 536
Kompaktkamera 295-297, 381, 385, 387-389, 407
Kompression 98, 105, 116, 201, 204, 210, 212,
 227, 231, 237, 241, 292, 317, 331, 338, 359,
 377f, 419, 464, 511, 525, 532f
Kontrast 11, 61, 67, 72, 96, 113, 152, 166f, 169,
 171, 182, 189, 235, 247, 259, 278, 301, 303,
 311, 426, 429, 431, 433, 482, 502, 521, 527
Konvergenz 5, 21, 29, 31f, 38, 44, 52f, 60, 102,
 110f, 145, 147, 149, 195, 206, 246f, 251, 254,
 275, 314, 332-334, 339, 342, 344-348, 353,
 361-369, 377-380, 386-390, 395, 399, 404f,
 448f, 456, 466, 471, 495, 506, 511, 517, 527,
 530f
Konvergenzwinkel 31, 132, 344, 365, 369, 395,
 449, 453, 455, 496, 512, 536
Konvertierung (2D-3D-) 245, 281, 401, 494, 528
Kopierschutz 229
Kreuzblick 147, 512

Krümmung 6, 100f, 377, 528
Kugelgestaltsfehler 118f, 512
Kulisseneffekt 105f, 235, 267, 281f, 354f, 357, 359, 378, 419, 425f, 431, 440, 455, 461f, 464, 501, 512, 536

## L

LANC 322-325
Landschaftsaufnahme 99, 352, 437-440
Laterale Inhibition 11, 513
LCD 162, 166-169, 171, 176f, 202, 506, 512, 519
LCoS/D-ILA/SXRD 166f, 171, 176, 179, 503, 512, 527
Lens-on-Chip 306f
Lens-Shift 197-199, 204f, 341, 513, 523
Liliputismus 106, 513, 536
Linearperspektive 44f, 499, 513, 534, 536
Linien (stürzende-) 12, 465f
Live-Produktion 261, 369, 452, 471
Luftaufnahme 435, 441f, 471
Luftflimmern 480

## M

Machsches Band 513
Maskierung 264
Master 237, 258f, 323, 383, 502, 513, 533
MasterImage 180, 185
Mikrosakkaden 29, 136, 514, 536
Mikroskopie 448, 451, 471
Miniaturisierungseffekt 411
Minikamera 295, 450
Modelleffekt 106, 378, 439, 442, 508, 513f, 519f, 524, 536
monokular 27, 44, 52, 57, 75, 349, 448, 514
monoskopisch 60, 400, 412
Motion Tracking 283
Multibasis 263, 267f, 448, 515, 536
Multi-Display 164

Multiflash 178, 504, 515, 530
Multiplex 146, 496, 515, 517, 533f, 536
Musikvideo 457f, 471

## N

Nachtaufnahme 270, 298, 435, 466f, 471
Nahaufnahme 99, 409f, 435, 448, 461
Nahbereich 9, 27f, 32, 52, 351, 357, 360, 362, 367, 401, 426, 438, 461
Naheinstellungstrias 29, 52, 515, 517
Nahpunkt 28, 44, 193, 200, 246, 336f, 348, 354, 358, 360f, 370, 372-376, 382, 418, 427, 436, 438-441, 456, 459f, 463, 474-476, 489-493, 529f
Nebel 235, 400, 472f
Noniussehschärfe 39, 516, 531, 536
Nullebene 22f, 53, 57, 88, 96, 98f, 102, 104, 111f, 145, 152, 186, 191, 205, 245f, 250f, 255-257, 263-266, 274, 278-280, 318, 332-335, 338, 343, 345-347, 353, 362, 364-366, 369-372, 374, 377f, 380, 415, 423, 426, 433, 462f, 482, 506, 511, 516f, 522, 525, 527, 530, 533, 536
Nystagmus 136, 516, 536

## O

Objektiv 8f, 100, 102, 119f, 122, 127, 129, 171, 196f, 205, 295, 311, 313, 315, 317, 325, 341, 343, 357, 359, 368, 396, 399, 401, 403, 418, 420, 441, 448, 500, 513f, 523, 527, 531
Oblique-Effekt 38
OLED 166f, 171, 517
Optisches Fließen 51, 459
Ortho-Stereo 99, 107, 202f, 350f, 377, 517
Overlay 257f, 327-329, 344, 362

## P

Panumraum, Panumareal 24f, 39, 58f, 62, 507, 518, 536
Parallaxe 21, 23, 27, 53, 132, 164, 518, 536
Parallaxenbarriere 162
Parallaxenwinkel 21f, 31f
Parallelblick 147, 518
Perspektive 19, 44f, 48, 103f, 108, 182, 235, 268, 349, 355f, 360, 375, 382, 407, 442, 445, 447, 459f, 464, 480f, 497, 499, 513, 518, 531, 536
Phi-Phänomen 33
Phorie 131, 509, 518
Photopisches Sehen 37
Picket-Fence-Effekt 90, 103, 518
Plasma 166f, 170, 172, 483
Polarisation 157f, 165, 177, 179, 180, 328
    lineare Polarisation 157
    zirkulare Polarisation 157, 180
Postproduktion 102, 194, 204, 207f, 213, 216, 221, 234f, 245-247, 256, 259f, 260, 268-271, 275, 281, 285, 288, 292, 297, 310, 318, 322, 324, 326, 331f, 339-441, 344, 348, 355, 361, 367, 370, 374, 380f, 392, 400f, 408, 415, 419, 421, 424f, 429, 433, 442, 448, 462, 467f, 479, 513, 528
Produktion 213, 257, 260f, 279, 288, 290, 292, 379, 382f, 426
Projektion 79, 107, 158, 160f, 179, 183-186, 188, 190, 195, 197, 201, 203f, 328, 370, 382, 523
Projektionsverhältnis 183, 195-197, 519, 536
Projektor 34, 177, 179, 183, 197, 204, 498, 505-507, 513, 519, 521
Pseudostereoskopisches Verfahren 165
Pulfrich-Verfahren 164, 519
Punkthoropter 56, 519
Puppenstubeneffekt 106, 519, 536
Purple Fringing 303f

## Q

Querdisparation 21, 503, 520

## R

Rahmenverletzung 263-265, 280, 349, 370, 378, 424f, 462, 499, 520f, 525, 536
Rauch 235, 472f, 476
Raumsehen 19, 38, 130, 135, 518, 520
Raumton 277
RealD 178-180, 185, 190, 505, 513, 520, 533f
Reflexion 290, 476f
Regen 358, 360, 472, 475f
Regenbogen 480, 485
Rezeptives Feld 14-19, 36, 57, 62, 513
Rezeptor 8, 10-14, 16, 18, 30, 32, 35-37, 133, 135, 160, 505, 513, 516, 520f, 524, 534
Rivalität (binokulare -) 72, 74f, 95, 151, 156, 360, 425, 478
Rolling-Shutter 305f, 310, 392, 475
Rot-Grün-Schwäche 134, 505
Rückprojektion 166, 182, 184, 197, 203, 501, 521, 536

## S

Sakkaden 12, 26, 30, 85, 498, 514, 521, 536
Schachbrettmuster 243
Schatten 44, 46, 96, 139, 182, 235, 331, 468, 476, 482f, 499, 502, 505, 521f, 536
Scheinbewegung 33, 406, 521f
Scherung 104, 521
Schielen 5, 31, 130, 132, 139, 248, 363, 496, 522, 526, 536
Schnee 358, 433, 476f
Schnitt 83f, 112, 208, 216f, 245, 271-276, 382, 414, 416, 428
Schnittfrequenz 276, 412, 458
Schrift 85, 277-280
Schwachsichtigkeit 131-134, 139, 496

Schwebefenster 186, 204f, 263, 265f, 371, 374, 415, 425, 500, 506, 522, 525
Schwenk 384, 394, 413, 415
Sehschärfe 35-39, 94, 134, 136-139, 497, 505, 514, 523, 529, 531f, 536f
Sehwinkel 13, 20, 22f, 97, 105
Sehzentrum 5, 12, 14-16, 63, 497, 520, 523, 531
Sensio 159, 237, 454
Separationsformat 238
Shutter 165, 173f, 243, 298, 305f, 310, 392, 475
Side-by-Side 237, 239, 248, 290, 294-296, 329, 331, 336, 342-344, 381-390, 395, 398, 407, 438, 440-442, 452, 454, 456-459, 523f
Silhouette 483
Skalierung 244, 253, 255f, 270, 339, 365, 530f
Skotopisches Sehen 37
Smear 304f
Sphärische Aberration 119-121, 523
Spiegelung 270f, 277f
Sportaufnahme 408, 435, 455f, 471
Staub 48, 180, 360, 391, 518
Stereo-3D-Automatik 346
Stereo-3D-Layout 239, 241
Stereo-3D spiegeln 270f
Stereo-3D-Storyboard 275, 412f, 426, 494, 526
Stereo-3D-Testtafel 340-344, 527, 537
Stereobasis 3, 98, 102, 105-107, 149, 201, 203, 268, 289, 314, 332, 334-337, 340-343, 348-357, 361-369, 374f, 378-380, 383-387, 390f, 393, 395, 397, 404f, 419, 435-442, 446f, 450f, 453, 455-466, 468-470, 473f, 478, 483f, 489, 491, 493, 497f, 508, 511, 515f, 524, 536
Stereofaktor 99, 333, 376-380, 505, 511, 525, 529f
Stereofenster 186, 198, 201, 250f, 263-266, 271, 370f, 383, 408, 423f, 512, 521f, 525, 536
Stereo-Gebrauchssehen 39
Stereograf, Stereographer 194, 251, 273, 275, 288, 327, 331f, 340, 349, 361, 378, 403, 435, 525f, 528, 537

Stereogramm 64
Stereoneurone 19, 22, 26, 57, 62, 65, 70, 526
Stereopsis 24-27, 30-32, 45, 53-55, 59, 61-66, 71, 76, 81, 95, 130, 132f, 136f, 226, 264, 353, 411, 416, 423, 467, 473, 476, 480f, 484f, 502f, 507, 512, 519-521
   qualitative Stereopsis 62, 81, 133
   quantitative Stereopsis 61f, 81, 133
   globale Stereopsis 62, 65
   lokale Stereopsis 59, 62
   statische Stereopsis 62
stereo-ready 172
Stereosehgrenze 27
Stereosehschärfe 39, 525, 537
Stereoskop 144, 148, 513, 533
Stereoskopische Grenze 27, 508
Stereoskopischer Glanz 91, 151, 526
Stereozellen 19, 22f, 57, 70
Stereozone 163f, 173, 524, 536
Stilllebenaufnahme 435, 467, 469-471
Stopp-Trick 416
Strabismus 132f, 139, 526, 536
Sukzessivaufnahme 405, 442, 468f
Sukzessivstereo 469
Summation 67-72, 75f, 91-93, 135, 139, 479, 526
Suppression 57, 73f, 76, 134, 363
Sweet Spot 103, 163, 173, 524, 536
Sync-Doubling 244
Synchronität 186, 189f, 206, 228, 239, 244, 252, 259, 291, 320, 322, 324, 420, 434, 447

**T**

Teilbildausrichtung 88, 99, 102, 194, 208, 245-252, 256-259, 270, 275, 285, 321, 326, 329, 334f, 346, 353, 364-366, 369f, 373, 376, 382, 406, 428, 433, 463, 498, 500, 511, 527, 529f, 537
Teilbildkonflikt 41, 43, 67, 76, 113
Telepräsenz 117, 289, 519, 527, 537

Texturgradient 49, 499, 527, 537
TFT 166, 169, 506, 527
Tiefenanschluss 273f, 408, 428, 528, 537
Tiefenausdehnung 97, 99, 191f, 200f, 259, 267,
    272f, 331, 334, 346, 349f, 354f, 358, 361, 367,
    372f, 277, 379, 418f, 438, 447, 463-466, 493,
    518, 527-530, 537
Tiefenbild 234f, 270, 281, 401, 497, 537
Tiefenbildformat 235, 494, 503, 528
Tiefenhinweise 3, 41, 43-45, 47, 50, 52, 54, 59,
    64, 77, 134, 249, 410, 425, 443, 445, 458,
    473, 481f, 496, 499, 520f, 525, 529, 531, 533
Tiefenindikatoren 3, 50, 54, 78
Tiefenkarte 234f, 241, 269, 494, 503, 528f
Tiefenkeying 236, 262, 400
Tiefenkrümmung 101, 529, 537
Tiefenscankamera 234-236, 382, 399-401
Tiefenschnitt 275f, 504, 504, 528f, 537
Tiefensehschärfe 34, 39, 94f, 525, 529
Tiefenskalierung 270, 529, 537
Tiefenspielraum 267, 332, 334, 347, 352, 372-
    375, 388, 440, 520, 529, 537
Tiefensprung 274, 276f, 529, 537
Tiefenumfang 112f, 192-194, 255, 260, 269f, 272,
    274, 326, 333, 347- 349, 352f, 358, 366f, 372-
    376, 382, 388, 408, 411, 415, 418, 422f, 435f,
    438441, 446f, 456, 462f, 465-467, 473, 476,
    478, 489, 494, 518, 520, 528-530, 537
Tiefenverzerrung 97f, 201, 516, 525, 527f,
    530, 537
Totalhoropter 56, 530
Tracking 163f, 173, 185, 260, 283, 318, 514
Trapezverzerrung 511, 530, 532, 537

## U
Überlappung 46
Übertragungsformat 207-209
Unterwasseraufnahme 360, 435, 443f, 460, 471

## V
Verdeckung 44-46, 52-55, 82, 134, 235, 264, 281,
    353-355, 361, 364, 387, 414, 425, 438, 440,
    473, 480f, 497, 499f, 529, 531, 537
Verdeckungsbewegung 45, 52, 499, 531
Vergenz 32, 503, 511, 515, 531, 537
Vernier-Sehschärfe 37, 531, 537
Versatz 22, 26, 32, 57, 61, 63, 91, 101, 113, 145,
    159, 164, 189, 255, 264, 324, 338, 369, 371,
    402, 468f
    vertikaler Versatz 26, 91
    horizontaler Versatz 27
    positiver Versatz 369
    negativer Versatz 369, 264
Version 531, 537
Vertigo-Fahrt 418f
Vertikalmaskierung 269
Verzerrung 13, 79, 98, 100-102, 204f, 253, 326,
    376, 466, 478, 480, 528, 532, 537
VFX 235f, 245, 256f, 259, 263, 267f, 382, 401,
    419, 472, 528, 531f
Videoformat 208
Vignettierung 118, 126f, 450, 532, 537
Visuelle Überforderung 87f, 109f, 112-115, 192f,
    255, 280, 288, 319, 409, 424, 498, 505,
    532, 537
Visus 35f, 523, 532
Volumendisplay 143

## W
Wasser 24, 48, 443f, 472, 474f, 477, 485
Weißabgleich 318
Winkelgrad 20f
Winkelmaß 501, 533
Winkelminute 35f, 66, 75, 532f
Winkelsekunde 27, 34, 533
Wölbung 478

**X**

XpanD 159, 179f, 185, 190, 505, 513, 533

**Z**

Zeilensprungverfahren 159, 187, 206, 382, 388, 534, 537
Zeitmultiplex 401f, 500, 515, 523, 533f, 537
Zerstreuungskreisdurchmesser 36, 316f
Zoom 119f, 196, 313-315, 317, 396, 409, 418, 450, 456
Zoomfahrt 409, 417-419

# Bildnachweis

| | | | |
|---|---|---|---|
| 30 | Eye Movements and Visual Perception, David und Norton Stark, 1971 | 190 | William Hook |
| 42 | M.C. Escher: "Wasserfall" © 2010 The M.C. Escher Company – Holland. Alle Rechte vorbehalten. www.mcescher.com | 206 | Panasonic Deutschland |
| | | 208 | Roger Thornton, Quantel |
| | | 214 | © Fraunhofer Heinrich-Hertz-Institut |
| | | 217, l | Sony |
| 64 | Julesz, Bela (1971), Foundations of Cyclopean Perception, Chicago: The University of Chicago Press | 220 | Techwiz, www.techwiz.com.au |
| | | 222 | Logo FireWire, Apple, Logo i.Link, Sony |
| | | 222 | Logo USB, DocMiller |
| 77, r | Potts park, Erlebnispark mit Science Center. www.pottspark-minden.de | 223 | Logo HDMI Licensing, LLC |
| | | 225 | Logo WireLessHD, Inc., Logo WHDI Special Interest Group |
| 105f | Copyright D. Broberg, used by permission. www.flickr.com/photos/dbroberg | 226 | Logo HDTV |
| | | 231 | Roger Thornton, Quantel |
| 107, o | 3D-Fotografie von Yasutaka Sakata, www.flickr.com/photos/pinboke (Originalfotografie von Shintaro Yamada www.flickr.com/photos/gorimon) | 235 | Masahiro Kawakita, Keigo Iizuka, Haruhito Nakamura, Itaru Mizuno, Taiichirou Kurita, Tahito Aida, Yuko Yamanouchi, Hideki Mitsumine, Takashi Fukaya, Hiroshi Kikuchi, and Fumio Sato: "High-definition real-time depth-mapping TV camera: HDTV Axi-Vision Camera", Optics Express, Vol.12, no.12, 2781-2794 (2004), http://www.opticsexpress.org/abstract.cfm?URI=OPEX-12-12-2781 |
| 121 | Jean-Jacques Cordier (Fotolia) | | |
| 143, o | Hidei Kimura, Burton inc. | | |
| 143, u | USC Institute for Creative Technologies, http://gl.ict.usc.edu/Research/3DDisplay/ | | |
| 148, o | Contributions to the Physiology of Vision Charles Wheatstone, London, 1838 | | |
| 148, u | Jan Rubinowicz, Warschau | | |
| 150, r | Akemi Hayashi, Brother | 236 | Screenshot aus "Eden" (Keller/Keip) |
| 161 | Dolby Laboratories, Inc. www.dolby.com | 245 | Roger Thornton, Quantel |
| 163 | © Fraunhofer Heinrich-Hertz-Institut | 260 | Marcos Silva-Santisteban, Film Entertainment Systems (FES) |
| 172 | Planar, www.planar3d.com | | |
| 173 | JVC Professional Europe Ltd. | 261 | Sony |
| 174 | Hyundai IT Europe GmbH | 262, o | Michelle Balon, Evertz |
| 175, o | © Hitachi Consumer Electronics Co., Ltd. 2010. All rights reserved | 262 | Masahiro Kawakita, NHK Science & Technical Research Laboratories |
| 175, u | Carl Zeiss AG Deutschland | 263, 266 | Kulturhistorisches Museum Rostock |
| 177 | Lightspeed Design Group | 278 | Christoph Keller |
| 179, o | Sony | 281 | JVC Professional Europe Ltd. |
| 179, u | XpanD Cinema | 283 | Screenshot aus "Eden" (Keller/Keip) |
| 180, o | Simon Cho, CTO bei Masterimage | 284, o | Max Edwin Wahyudi |
| 180 | Dolby Laboratories, Inc. www.dolby.com | 284 | Google Earth |
| 184, r | Klaus-Günther Rautenberg, Fraunhofer Institut für Intelligente Analyse- und Informationssysteme | 288 | Permission to illustrate courtesy RED Digital Cinema |
| | | 293 | Grass Valley Viper FilmStream CameraTM |
| 188 | Samsung Electronics GmbH | 294f | Ikegami Electronics (Europe) GmbH |

| | | | |
|---|---|---|---|
| 296 | Sony | 401 | Sony |
| 297 | Vision Research/PCO AG | 403, o | Mindflux, Virtual Reality Software & Hardware |
| 299 | John S Page, flickr.com/photos/jonspage | | |
| 312 | Fujinon (Europe) GmbH, Canon, Carl Zeiss AG Deutschland | 403 | Kommer Kleijn SBC, VFX Cinematographer |
| | | 404 | Loreo Asia Ltd. |
| 314 | Evergreen Films/Element Technica, LLC | 411, r | Copyright D. Broberg, used by permission. www.flickr.com/photos/dbroberg |
| 325 | Rob Crockett, Ledametrix (LANC Shepard) | | |
| 327, l | Fotograf: Andreas Lakatos; zur Verfügung gestellt von tpc, tv productioncenter zürich ag | 412 | Innoventive Software, LLC |
| | | 413 | Photo: © Pursuit-Europe – Advanced Camera Car Systems |
| 327, r | 21st Century 3D | 414 | Enrique Criado |
| 329 | Inition | 418 | Element Technica, LLC |
| 331 | Angus Cameron, VISION3 Ltd | 419 | Bildzitat aus dem Film Vertigo von Alfred Hitchcock |
| 337, r | Copyright Takashi Sekitani, 2010 | | |
| 340 | DSC Labs | 420, r | Bob Ziegler |
| 346 | © Fraunhofer Heinrich-Hertz-Institut | 425 | Copyright D. Broberg, used by permission. www.flickr.com/photos/dbroberg |
| 347, r | Images courtesy of Binocle | | |
| 368 | Sinar Photography AG | 429, o | Chrosziel GmbH |
| 370 | Hyundai IT Europe GmbH | 429 | Lee Filters |
| 383 | Céline Tricart | 439 | Ralf Fackiner |
| 386 | Digital Magic/Film Magic/ i-Magic | 440, r | Courtesy of 3D Camera Company |
| 387 | Panasonic Deutschland | 443 | © Michele Hall//howardhall.com |
| 389, o | Ikegami Electronics (Europe) GmbH | 452, l | Johan van Elk, Cinevideo Group/Yke Erkens, More2cam |
| 389 | 21st Century 3D | | |
| 390 | Martin Mueller (Gemini Camera) | 452 | Courtesy of 3D Camera Company |
| 391 | HinesLab, Inc. | 454, l | Céline Tricart |
| 395, r | Johan van Elk, Cinevideo Group/Yke Erkens, More2cam | 454 | Copyright D. Broberg, used by permission. www.flickr.com/photos/dbroberg |
| 395 | 21st Century 3D | 456 | Sony |
| 397 | Element Technica, LLC | 457 | Encyclopedia Pictura |
| 398f | HinesLab, Inc. | 459 | Céline Tricart |
| 400 | Masahiro Kawakita, Keigo Iizuka, Haruhito Nakamura, Itaru Mizuno, Taiichirou Kurita, Tahito Aida, Yuko Yamanouchi, Hideki Mitsumine, Takashi Fukaya, Hiroshi Kikuchi, and Fumio Sato: "High-definition real-time depth-mapping TV camera: HDTV Axi-Vision Camera", Optics Express, Vol.12, no.12, 2781-2794 (2004), http://www.opticsexpress.org/abstract.cfm?URI=OPEX-12-12-2781 | 468 | Mark Roberts Motion Control |
| | | 469 | Justin Kohn animates a cat throwing a mouse into the air for the film "Runaway Ralph", 1987, Stereo photo by Joel Fletcher |
| | | 484, r | Copyright D. Broberg, used by permission. www.flickr.com/photos/dbroberg |

# Danksagung

Für die Hilfe und Unterstützung beim Verfassen des Buchs „Stereo-3D" danke ich folgenden Personen:

Antje Adam, Reinhard Börner, David Broberg (SMPTE/IEEE), Angus Cameron, Simon Cho (Masterimage), Rob Crockett, Yke Erkens (more2cam), Ralf Fackiner, Joel Fletcher, Karl R. Gegenfurtner, Maik Gröger, Robert Hedinger, Steve Hines, Anke Huckauf, Chris „Admiral 3D" Keller, Kommer Kleijn, Kawakita Masahiro (NHK), Martin Mueller (Gemini), Thomas Pinkau, Gudrun Quandel (HHI), Joey Romero (Element Technica), Detlef Ruschin (HHI), Jörg Schulze (HU Berlin), Marcos Silva-Santisteban (FES), Ken Schafer (FrameForge), Roger Thornton (Quantel) Celine Tricart, Genneah Turner, Heiko Willrett (Sony), Frank Wirth

Ganz besonderer Dank für die große Geduld, Rücksicht und Unterstützung gebührt meiner Sabine sowie meiner gesamten Familie. Außerdem bedanke ich mich bei Nora Leszak, Anne-Kristin Rudorf und Maria Wirth vom Fachverlag Schiele & Schön, die mit großem Enthusiasmus zum Gelingen des Buchs beigetragen haben.